Grundkurs Funktionalanalysis

Winfried Kaballo

Grundkurs
Funktionalanalysis

2. Auflage

 Springer Spektrum

Prof. Dr. Winfried Kaballo
Fakultät für Mathematik
Technische Universität Dortmund
Dortmund, Deutschland

Die Darstellung von manchen Formeln und Strukturelementen war in einigen elektronischen Ausgaben nicht korrekt, dies ist nun korrigiert. Wir bitten damit verbundene Unannehmlichkeiten zu entschuldigen und danken den Lesern für Hinweise.

ISBN 978-3-662-54747-2   ISBN 978-3-662-54748-9 (eBook)
https://doi.org/10.1007/978-3-662-54748-9

Die Deutsche Nationalbibliothek verzeichnet diese Publikation in der Deutschen Nationalbibliografie; detaillierte bibliografische Daten sind im Internet über http://dnb.d-nb.de abrufbar.

Springer Spektrum

Planung: Dr. Andreas Rüdinger

Gedruckt auf säurefreiem und chlorfrei gebleichtem Papier

Springer Spektrum ist ein Imprint der eingetragenen Gesellschaft Springer-Verlag GmbH, DE und ist Teil von Springer Nature
Die Anschrift der Gesellschaft ist: Heidelberger Platz 3, 14197 Berlin, Germany

Für
Paz, Michael und *Angela*

Vorwort zur zweiten Auflage

Für die vorliegende zweite Auflage des Buches wurde der Text gründlich durchgesehen und überarbeitet, Tippfehler und kleinere Ungenauigkeiten wurden korrigiert. Im Hinblick auf eine noch bessere Verständlichkeit wurden viele Konzepte und Beweise ausführlicher erklärt. Weiterhin wurde der Text um einige Themen erweitert. An größeren Änderungen seien erwähnt:

In Abschn. 3.2 zeigen wir die Isometrie $\mathcal{C}(K \times L) \cong \mathcal{C}(K, \mathcal{C}(L))$ für den Banachraum der stetigen Funktionen auf einem Produkt kompakter metrischer Räume. In Abschn. 5.4 gehen wir ausführlicher auf schwache Ableitungen ein, insbesondere auf die Produktregel und auf partielle Integration. In Kap. 6 erklären wir die (unbedingte) Konvergenz orthogonaler Summen genauer. In Abschn. 7.2 zeigen wir mittels Gram-Schmidt-Orthonormalisierung, dass die Legendre-Polynome eine Orthonormalbasis von $L_2[-1, 1]$ bilden. In Kap. 9 formulieren wir einige Resultate über reflexive Banachräume und stetige lineare Projektionen in der Sprache der exakten Sequenzen. Im etwas umgestellten Kap. 10 fassen wir nun die Anwendungen der schwachen Konvergenz auf Variations- und auf Randwertprobleme in dessen beiden letzten Abschnitten zusammen.

Für zahlreiche Hinweise und Anregungen für die Überarbeitung des Textes möchte ich mich bei Herrn Dipl.-Math. P. Meier bedanken. Nicht zuletzt gilt mein Dank Herrn Dr. A. Rüdinger vom Springer Spektrum-Verlag für die Anregung zu dieser zweiten Auflage und für die vertrauensvolle Zusammenarbeit.

Dortmund, im April 2017   Winfried Kaballo

Vorwort

Das vorliegende Buch gibt eine Einführung in die Funktionalanalysis, die nur geringe mathematische Vorkenntnisse voraussetzt. Es ist aus Vorlesungen „Funktionalanalysis I" bzw. „Functional Analysis" und „Höhere Mathematik IV" (für Studierende der Physik) entstanden, die der Autor mehrmals an der TU Dortmund und an der University of the Philippines gehalten hat.

Das Buch wendet sich an Studierende von Bachelor-, Master-, Diplom- und gymnasialen Lehramtsstudiengängen der Fachrichtungen Mathematik, Physik, Statistik und Informatik. Es sollte als Begleittext zu einer einführenden Vorlesung über Funktionalanalysis auf Bachelor-Niveau wie auch zum Selbststudium gut geeignet sein. Der Autor hat sich sehr um eine ausführliche und möglichst gut verständliche Darstellung bemüht. Abstrakte Theorien werden durch viele Beispiele motiviert und auf konkrete Probleme der Analysis angewendet. Zur Veranschaulichung des Stoffs sollen zahlreiche Abbildungen dienen, die mithilfe des Programms *TeXCad32* angefertigt wurden.

In der vorliegenden Einführung entwickeln wir die Funktionalanalysis im Rahmen *normierter Räume*. Allgemeinere topologische Vektorräume und schwache Topologien sollen erst in einem folgenden Aufbaukurs behandelt werden; hier treten nur schwach konvergente *Folgen* auf. Auch Distributionen und partielle Differentialgleichungen bleiben dem Aufbaukurs vorbehalten; hier behandeln wir nur *schwache Ableitungen* und *Sobolev-Räume* für Funktionen *einer* reellen Veränderlichen. Daher werden nur die folgenden Vorkenntnisse benötigt: Eine solide Beherrschung der „Analysis I" (Funktionen von einer reellen Veränderlichen), Grundkenntnisse der „Linearen Algebra I" sowie aus „Analysis II/III" Grundkenntnisse der Topologie metrischer Räume und Vertrautheit mit Lebesgue-Integralen. An wenigen Stellen verwenden wir elementare Tatsachen der Differentialrechnung in mehreren reellen Veränderlichen und der Funktionentheorie. Viele der erforderlichen Vorkenntnisse (mit Ausnahme des Standardstoffs des ersten Semesters) sind im Anhang zur Auffrischung zusammengestellt; insbesondere enthält Anhang A.3 eine recht ausführliche Einführung in die Maß- und Integrationstheorie, die alle im Text benötigten Tatsachen abdeckt.

Eine Übersicht über den Inhalt des Buches geben natürlich das detaillierte Inhaltsverzeichnis und auch die Einleitung; letztere gibt auch Empfehlungen für mögliche Schwerpunkte bei der Auswahl des Stoffes und enthält ein Diagramm über die wesentlichen
Abhängigkeiten der Kapitel und Abschnitte voneinander.

Erfahrungsgemäß erlernen Studierende eine mathematische Theorie nur durch aktive Mitarbeit, nicht durch passives Konsumieren von Vorlesungen oder Büchern. Den
Leserinnen und Lesern sei daher sehr empfohlen, dieses Buch „mit Papier und Bleistift durchzuarbeiten". Insbesondere ist eine ernsthafte Beschäftigung mit den zahlreichen
Übungsaufgaben wichtig, die sich am Ende der Kapitel befinden. Darüber hinaus startet
jedes Kapitel mit einigen Fragen, die sich an der entsprechenden Stelle bereits formulieren, aber erst mithilfe später entwickelter Methoden ohne Weiteres lösen lassen (oder auch
gelöst werden). Ein ernsthaftes Nachdenken über diese Fragen vor der Lektüre des Kapitels ist für ein wirkliches Verständnis des Textes sehr hilfreich. Dies gilt natürlich auch
für Versuche, vor der Lektüre eines Beweises einen solchen selbst zu finden. Lösungen zu
Fragen und Übungsaufgaben sind auf der Webseite zum Buch unter www.springer.de zu
finden.

Herrn Prof. Dr. B. Gramsch danke ich für die Anregung, dieses Buch zu schreiben.
Für die kritische Durchsicht von Teilen früherer Versionen des Textes danke ich meiner
Frau M. Sc. Paz Kaballo, den Mathematikern Dr. P. Furlan, Priv.-Doz. Dr. F. Guias, Dipl.-
Math. M. Jaraczewski und Dr. J. Sawollek sowie den Physik-Studenten A. Behring, M.
Kaballo und M. Schlupp, Herrn Dr. P. Furlan insbesondere auch für sein Programm *TeX-
Cad32*. Nicht zuletzt gilt mein Dank Herrn Dr. A. Rüdinger vom Spektrum-Verlag für die
vertrauensvolle Zusammenarbeit.

Dortmund, im Oktober 2010   Winfried Kaballo

Inhaltsverzeichnis

Einleitung

Das Thema des vorliegenden Buches sind die *Grundlagen der Funktionalanalysis,* die im Wesentlichen im ersten Drittel des 20. Jahrhunderts entwickelt wurden. Am Anfang dieser Periode stehen grundlegende Arbeiten von I. Fredholm (1900/03) und D. Hilbert (1904/06) über *lineare Integralgleichungen* und *unendliche lineare Gleichungssysteme,* der *Integralbegriff* von H. Lebesgue (1902) und das Konzept einer *Metrik* von M. Fréchet (1906), am Ende S. Banachs Buch „Théorie des opérations linéaires" (1932) mit einem Resümee der bis dahin entwickelten Konzepte und Resultate zu *normierten Räumen und beschränkten linearen Operatoren* sowie Untersuchungen von J. von Neumann (1929/30) und M.H. Stone (1932) über *unbeschränkte selbstadjungierte Operatoren* in enger Verbindung zur kurz zuvor entstandenen *Quantenmechanik.*

Als Leitfaden für die Lektüre dieses Buches formulieren wir ein *Grundproblem* der Funktionalanalysis und skizzieren verschiedene Ansätze und Strategien zu seiner Lösung. Dabei stellen wir wichtige Begriffe und Ergebnisse der Funktionalanalysis vor und geben einige historischen Anmerkungen.

Problem.
Gegeben sei ein *linearer Operator* $T : E \to F$ zwischen Vektorräumen E, F über dem Körper der reellen oder dem der komplexen Zahlen. Zu untersuchen ist die *Struktur des Operators* T, insbesondere die Frage nach *Existenz, Eindeutigkeit* und *Stabilität* von *Lösungen der Gleichung*

$$Tx = y \quad (y \in F \text{ gegeben}, \ x \in E \text{ gesucht}).$$

Wichtige konkrete Beispiele sind *Differential-* oder *Integraloperatoren* zwischen geeigneten *Funktionenräumen.* Allgemeiner ist das soeben formulierte Problem natürlich auch für nicht notwendig lineare Operatoren $T : D \to F$ interessant, die auf geeigneten Definitionsbereichen $D \subseteq E$ erklärt sind. Auf die *Nichtlineare Funktionalanalysis* gehen wir in diesem Buch in den Abschn. 4.4–4.6 kurz ein.

Im Fall *endlichdimensionaler* Räume E, F kann man Konzepte und Methoden der *Linearen Algebra* verwenden. In der Funktionalanalysis versucht man, ausgehend von konkreten Gleichungen der Analysis, diese auf den unendlichdimensionalen Fall zu erweitern. Dazu kombiniert man Konzepte und Methoden der *Linearen Algebra* mit solchen der *Analysis* und der *Topologie:*

Normen.

Diese Kombination erfolgt über *Stetigkeitseigenschaften* der zu untersuchenden Operatoren. Um von „Stetigkeit" sprechen zu können, benötigt man eine *Topologie* oder mindestens einen *Konvergenzbegriff.* Beides wird durch eine *Norm* auf einem Vektorraum induziert; das grundlegende abstrakte Konzept eines normierten Raumes wurde 1920 von S. Banach und N. Wiener eingeführt, ausgehend von Beispielen konkreter Funktionenräume. Wesentliche Sätze über Operatoren auf normierten Räumen benötigen deren *Vollständigkeit;* seit etwa 1928 werden vollständige normierte Räume als *Banachräume* bezeichnet.

Supremums-Normen beschreiben *gleichmäßige Konvergenz;* unter ihr sind Räume *beschränkter* und *stetiger Funktionen* vollständig. L_p *-Integralnormen* beschreiben *Konvergenz im p-ten Mittel.* Die Vollständigkeit der entsprechenden L_p -Räume beruht wesentlich auf dem Lebesgueschen Integralbegriff; sie wurde 1907 von E. Fischer und F. Riesz im Fall $p = 2$ und 1909 von F. Riesz für alle $1 \leq p < \infty$ gezeigt.

Integralnormen für Ableitungen auf Räumen differenzierbarer Funktionen liefern nur dann vollständige Räume, wenn man den klassischen Differenzierbarkeitsbegriff erweitert. Dazu führte S.L. Sobolev 1936 *schwache Ableitungen* ein, die wir in Abschn. 5.5 mit den zugehörigen *Sobolev-Räumen* vorstellen, allerdings nur für Funktionen einer Veränderlichen. Auf Sobolev-Räume in mehreren Veränderlichen und die umfassendere Theorie der *Distributionen* von L. Schwartz (1950) gehen wir im Aufbaukurs ein.

Skalarprodukte und Fourier-Entwicklungen.

Besonders wichtige und einfache Banachräume sind solche, deren Norm durch ein *Skalarprodukt* induziert wird. Dies ist für den Raum ℓ_2 der quadratsummierbaren Folgen der Fall, den D. Hilbert seinen Untersuchungen über unendliche lineare Gleichungssysteme seit 1904 zugrunde legte. Für diesen Raum bürgerte sich schnell der Name *Hilbertraum* ein, und dieser übertrug sich auch auf L_2 -Räume, die nach F. Riesz (1907) zu ℓ_2 *isometrisch* sind. Die abstrakte Definition eines (separablen) Hilbertraumes wurde erst 1930 von J. von Neumann gegeben; jeder solche Raum ist isometrisch zu ℓ_2 .

Die nach J.B. Fourier benannten Reihen wurden von diesem bereits Anfang des 19. Jahrhunderts in Verbindung mit Wärmeleitungsproblemen eingeführt. Grundlegende Resultate zu Fourier-Reihen stellen wir in Kap. 5 vor; in Abschn. 6.2 untersuchen wir mittels Fourier-Entwicklung *Sobolev-Hilberträume* $H_{2\pi}^s$ periodischer Funktionen, auch für nicht ganze Exponenten $s \geq 0$.

In Hilberträumen hat man *Fourier-Entwicklungen* nach beliebigen *Orthonormalbasen,* und damit können lineare Operatoren durch unendliche *Matrizen* repräsentiert werden.

Mithilfe des Skalarprodukts lassen sich *adjungierte Operatoren* erklären, und Formeln wie etwa $R(T)^\perp = N(T^*)$ liefern Informationen über die Gleichung $Tx = y$. Wie in der Linearen Algebra ergeben sich die interessanten speziellen Klassen der *selbstadjungierten, normalen* oder *unitären* beschränkten Operatoren. Eine Einführung in diese Themen geben wir in den Kap. 6 und 7. Die *Diagonalisierung selbstadjungierter Matrizen* mittels *unitärer Transformationen* wurde von D. Hilbert (1904/06) und J. von Neumann (1929/1930) auf *selbstadjungierte Operatoren* in Hilberträumen erweitert. In diesem Grundkurs können wir darauf nur in Verbindung mit *Kompaktheitsbedingungen* eingehen (Kap. 12 und 13); den allgemeinen Fall untersuchen wir im Aufbaukurs.

Prinzipien der Funktionalanalysis.
Für lineare Operatoren zwischen allgemeinen Banachräumen können wir an Stelle adjungierter Operatoren *duale* oder *transponierte Operatoren* betrachten. Dies beruht auf einem der *drei Prinzipien der Funktionalanalysis,* einem *Fortsetzungssatz* für *stetige Linearformen,* der nach Vorarbeiten von E. Helly (1912) von H. Hahn (1927) und S. Banach (1929) bewiesen wurde. Dieser *Satz von Hahn-Banach* impliziert eine gewisse *Reichhaltigkeit* des *Dualraums* X' aller stetigen Linearformen auf einem Banachraum X. Er ist der Ausgangspunkt für die *Dualitätstheorie* von Banachräumen, die in den Kap. 9 und 10 behandelt wird. Man hat eine *kanonische Isometrie* von X in den *Bidualraum* X'', deren *Surjektivität* die wichtige Klasse der *reflexiven Banachräume* charakterisiert. Wichtig für konkrete Anwendungen ist eine *explizite Darstellung der Dualräume von Funktionenräumen;* solche Darstellungssätze wurden bereits 1909 von F. Riesz für Räume stetiger Funktionen und für L_p-Räume bewiesen.

Die beiden anderen *Prinzipien der Funktionalanalysis* sind das Thema von Kap. 8. Sie beruhen wesentlich auf *Vollständigkeit* und können aus einem abstrakt scheinenden topologischen Satz von R. Baire (1899) gefolgert werden. Das *Prinzip der gleichmäßigen Beschränktheit* besagt, dass eine *punktweise beschränkte Menge* linearer Operatoren auf einem Banachraum bereits in der *Norm beschränkt* ist; der Limes einer punktweise konvergenten Folge stetiger linearer Operatoren ist wieder stetig. In dieser Form stammt das Resultat nach Vorarbeiten früherer Autoren von S. Banach und H. Steinhaus (1927). Das dritte Prinzip ist der *Satz von der offenen Abbildung.* Dieser stammt von S. Banach (1929) und J. Schauder (1930) und besagt, dass eine surjektive stetige lineare Abbildung zwischen Banachräumen eine *offene* Abbildung ist; im bijektiven Fall ist also der inverse Operator automatisch *stetig.* Beide Prinzipien haben eine Reihe wichtiger Anwendungen in der Analysis; in Abschn. 8.4 stellen wir solche auf *Fourier-Reihen* vor.

Kompaktheit.
Der Begriff der *Kompaktheit* bildet eine wichtige „Brücke" zwischen endlichdimensionalen und allgemeinen unendlichdimensionalen Situationen. In Abschn. 2 stellen wir diesen Begriff vor und charakterisieren die kompakten Teilmengen von Räumen stetiger Funktionen. Der entsprechende *Satz von Arzelà-Ascoli (1883)* ist für die Operatortheorie fundamental.

Die Lösung von *Variationsproblemen* beruht oft auf Kompaktheitsargumenten. In einem unendlichdimensionalen Banachraum besitzt eine beschränkte Folge i. a. keine konvergente Teilfolge, in einem *reflexiven* Raum aber doch eine *schwach konvergente Teilfolge*. Schwach konvergente Folgen wurden von D. Hilbert 1906 eingeführt und zur exakten Begründung des *Dirichletschen Prinzips* der *Potentialtheorie* verwendet. In Kap. 10 stellen wir diese Überlegungen für den einfacheren Fall von Randwertproblemen bei *gewöhnlichen* Differentialgleichungen vor.

Nach I. Schur (1921) ist in dem (nicht reflexiven) Raum ℓ_1 der summierbaren Folgen jede *schwach* konvergente Folge bereits *Norm*-konvergent. Wir benutzen diese Tatsache in Abschn. 10.3 zur Konstruktion *nicht komplementierter* abgeschlossener Unterräume von ℓ_1.

Schwache *Topologien* auf Banachräumen verwenden wir in diesem Grundkurs nicht. Dazu passt, dass diese und insbesondere *schwache Kompaktheit* erst seit den Dreißigerjahren des 20. Jahrhunderts studiert wurden, obwohl das Konzept eines topologischen Raumes bereits 1914 von F. Hausdorff eingeführt worden war.

Störungstheorie.

Eine wichtige Methode zur Untersuchung linearer (und nichtlinearer) Gleichungen ist die *Störungstheorie*. Die zu untersuchenden Operatoren besitzen oft eine Zerlegung $T = E - S$. Hierbei ist E ein „einfach" zu behandelnder linearer Operator, z. B. die *Identität* oder ein *invertierbarer Operator*, und S eine „*kleine*" oder „*kompakte Störung*".

Die Invertierbarkeit eines linearen Operators bleibt bei Störungen mit genügend kleiner Norm erhalten; dieses einfache und wichtige Resultat behandeln wir bereits in Abschn. 4. Es beruht auf einer „*Operator-Version*" der *geometrischen Reihe*, die auf C. Neumann (1877) zurückgeht. Damit lässt sich nach F. Riesz (1918) der wichtige Begriff des *Spektrums* $\sigma(T) \subseteq \mathbb{C}$ eines beschränkten linearen Operators T einführen, womit der *Eigenwert-Begriff* der Linearen Algebra erweitert wird. Auf dem Komplement des Spektrums ist die *Resolvente* $R_T : \lambda \mapsto (\lambda I - T)^{-1}$ *holomorph*. *Funktionentheoretische Methoden* spielen eine große Rolle in der Spektraltheorie, worauf wir aber bis auf wenige Ausnahmen in diesem Grundkurs nicht eingehen können.

Kompakte Operatoren zwischen Banachräumen untersuchen wir ab Kap. 11; sie bilden beschränkte Mengen in relativ kompakte Mengen ab. Ein invertierbarer Operator E bleibt unter einer *kompakten Störung* S i. a. nicht invertierbar, ist aber noch ein *Fredholmoperator*, d. h. die Dimension seines Kerns und die Kodimension seines Bildes sind *endlich*. Die Fredholm-Eigenschaft und der *Index*

$$\text{ind}\, T \;=\; \dim N(T) - \text{codim}\, R(T)$$

sind unter kleinen und kompakten Störungen *stabil*. Insbesondere ist für obigen Operator $\text{ind}(E - S) = 0$, d. h. die Gleichung $(E - S)x = y$ ist genau dann für alle y lösbar, wenn die homogene Gleichung $(E - S)x = 0$ nur die Lösung $x = 0$ besitzt. Diese *Alternative* wurde von *I. Fredholm* bereits 1900/03 für lineare Integralgleichungen bewiesen; der Begriff des Index wurde von F. Noether 1921 im Zusammenhang mit *singulären Integralgleichungen* eingeführt.

Die *Spektraltheorie kompakter linearer Operatoren* stammt von F. Riesz (1918) mit Ergänzungen von J. Schauder (1930): Das Spektrum eines solchen Operators ist eine höchstens abzählbare Teilmenge von $\mathbb{C}$, die sich nur in 0 häufen kann.

Selbstadjungierte Operatoren.

Besonders starke Resultate ergeben sich aus einer Kombination von Kompaktheitsbedingungen mit solchen an den adjungierten Operator. Für *selbstadjungierte*, allgemeiner *normale, kompakte Operatoren* auf einem Hilbertraum gilt eine *Spektralzerlegung*

$$Sx = \sum_{j=0}^{\infty} \lambda_j \langle x|e_j \rangle e_j, \quad x \in H,$$

mit der Nullfolge der *Eigenwerte* $(\lambda_j(S))$ und orthonormalen *Eigenvektoren* $\{e_j\}$, die auf D. Hilbert (1904) zurückgeht. Dieser *Spektralsatz* ist ein Hauptergebnis des Buches und besitzt zahlreiche Anwendungen in der Analysis.

Für beliebige kompakte Operatoren S zwischen Hilberträumen wird die „Größe" von S durch die Folge $(s_j(S) := \sqrt{\lambda_j(S^*S)})$ der *singulären Zahlen* gemessen; dieses Konzept geht auf E. Schmidt (1907) zurück. Integraloperatoren mit *quadratintegrierbaren Kernen* sind *Hilbert-Schmidt-Operatoren*, d. h. man hat $(s_j(S)) \in \ell_2$. Durch die Bedingung „$(s_j(S)) \in \ell_p$" für $0 < p < \infty$ erhält man *Operatorideale* S_p, die 1946/48 von R. Schatten und J. von Neumann untersucht wurden. In Abschn. 12.5 schließen wir aus *Glattheitsbedingungen* an den Kern auf die Zugehörigkeit eines Integraloperators zum Ideal S_p; dies verallgemeinert Abschätzungen in Abschn. 6.2 für *Fourier-Koeffizienten* von periodischen Funktionen mit solchen Glattheitsbedingungen.

Im letzten Kapitel des Buches stellen wir *unbeschränkte selbstadjungierte Operatoren in Hilberträumen* vor. Dieses Konzept wurde von J. von Neumann um 1929 entwickelt; es ist grundlegend für eine *mathematische Formulierung der Quantenmechanik* und für eine *Spektraltheorie linearer Differentialoperatoren*. Eine Erweiterung des Operatorbegriffs ist notwendig, da man weder die *Heisenbergsche Vertauschungsrelation* $PQ - QP = \frac{\hbar}{i} I$ noch lineare Differentialoperatoren im Rahmen *beschränkter* linearer Operatoren auf einem Hilbertraum (oder einem Banachraum) realisieren kann.

Auch für diese allgemeinen selbstadjungierten Operatoren gilt ein *Spektralsatz,* den wir hier nur für den Spezialfall beweisen können, dass der Operator *kompakte Resolventen* bzw. einen *kompakt* in den Hilbertraum *eingebetteten Definitionsbereich* besitzt. Wir wenden diese Version des Spektralsatzes auf *reguläre Sturm-Liouville-Randwertprobleme* für gewöhnliche Differentialgleichungen 2. Ordnung an und beweisen mithilfe eines auf R. Courant, E. Fischer und H. Weyl (1912) zurückgehenden *MiniMax-Prinzips* die *Asymptotik* $\lambda_j \sim j^2$ für die Eigenwerte. Anschließend verwenden wir den Spektralsatz zur

Lösung von *Evolutionsgleichungen,* speziell von *Diffusionsgleichungen.* Im letzten Abschnitt des Buches skizzieren wir die Rolle der selbstadjungierten Operatoren in der *Quantenmechanik* und die Lösung von *Schrödinger-Gleichungen.*

Ausführlichere historische Bemerkungen enthalten z. B. die Lehrbücher (Schröder 1997), (Werner 2007) oder (Rudin 1973). Eine ausführliche Schilderung der Entstehung der Funktionalanalysis findet man im Anhang von (Heuser 2006), einen umfassenden Überblick über die Geschichte (und einen großen Teil) der Funktionalanalysis bis in die neueste Zeit in (Pietsch 2007).

Dieses Buch enthält viel Stoff für eine einsemestrige Vorlesung. Die Kap. 1–3 und Abschn. 5.1–5.3 haben vorbereitenden Charakter und können, bei entsprechenden Vorkenntnissen der Studierenden, relativ zügig behandelt werden. Zum Kern einer einführenden Vorlesung über Funktionalanalysis gehören sicher die Kapitel und Abschn. 4.1–4.3, 6.1, 7, 8.1–8.3, 9.1–9.4, 11.1 und 12.1–12.2. Darüber hinaus kann man

a) das Studium von Banachräumen und/oder beschränkten linearen Operatoren vertiefen (Abschn. 9.5 und die Kap. 10 und/oder 11),

b) die Operatortheorie in Hilberträumen weiterentwickeln, etwa im Hinblick auf die Quantenmechanik (Abschn. 5.4 und 12.3–12.4 sowie Kap. 13) oder

c) weitere konkrete Anwendungen auf Fourier-Reihen und lineare Integralgleichungen behandeln (Abschn. 5.4–5.5, 6.2, 8.4 und 12.3–12.5).

Die wesentlichen Abhängigkeiten der Kapitel und Abschnitte voneinander werden in dem folgenden Diagramm angegeben:

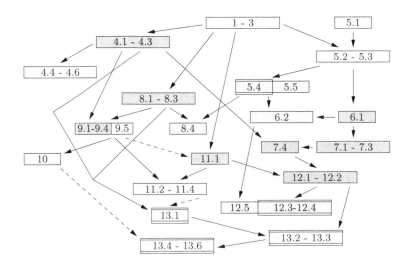

Teil I

Banachräume und lineare Operatoren

Übersicht

In diesem ersten Teil des Buches werden grundlegende Konzepte der Funktionalanalysis eingeführt. Wir untersuchen *Banachräume beschränkter, stetiger, integrierbarer* und *differenzierbarer Funktionen* sowie *Gleichungen,* z. B. *Integralgleichungen* oder *Differentialgleichungen,* die durch *Operatoren* zwischen solchen Räumen gegeben sind.

Banachräume sind Vektorräume mit einem *Abstandsbegriff,* der durch eine *Norm* gegeben wird und in dem das *Cauchysche Konvergenzkriterium* gilt. Endlichdimensionale Räume sind Banachräume, und auf ihnen sind alle Normen äquivalent. *Funktionenräume* sind i. a. *unendlichdimensional,* und zu ihrem Studium kombinieren wir *Methoden der Linearen Algebra* mit solchen der *Analysis.* Als „Brücke zum Endlichdimensionalen" spielt dabei der Begriff der *Kompaktheit* eine wichtige Rolle. In Kap. 2 untersuchen wir kompakte Mengen in Banachräumen und beweisen insbesondere den *Satz von Arzelà-Ascoli.* Wir zeigen einen *Approximationssatz* für stetige Funktionen und die *Separabilität* von $\mathcal{C}(K)$- und L_p-Räumen.

In Kap. 3 stellen wir *stetige lineare Operatoren* vor und berechnen *Operatornormen* von Matrizen, Linearformen auf $\mathcal{C}(K)$ und linearen Integraloperatoren. Kap. 4 gibt eine Einführung in die *Störungstheorie:* Die Invertierbarkeit eines Operators bleibt unter kleinen Störungen erhalten. Für lineare Operatoren beruht diese Aussage auf der *geometrischen* oder *Neumannschen Reihe,* für nichtlineare Operatoren auf dem *Banachschen*

Fixpunktsatz. Wir wenden diese Resultate auf *Fredholm-, Volterra- und Hammerstein-Integralgleichungen* an und beweisen den *Existenz- und Eindeutigkeitssatz* von *Picard-Lindelöf* für gewöhnliche Differentialgleichungen. Als Einführung in die *Spektraltheorie* leiten wir grundlegende Eigenschaften von *Spektrum* und *Resolvente* im Rahmen von *Banachalgebren* her.

Banachräume

1

Fragen

1. Wie lässt sich die „Größe" einer Funktion bzw. der „Abstand" zweier Funktionen messen?
2. Welche Konvergenzbegriffe für Funktionenfolgen sind Ihnen bekannt? Lassen diese sich über einen Abstandsbegriff definieren?
3. In welchen Fällen wird die Konvergenz einer Funktionenfolge durch Integration bzw. Differentiation respektiert?

In diesem Kapitel werden *Banachräume,* d. h. *vollständige normierte Räume,* vorgestellt; *stetige lineare Operatoren* zwischen Banachräumen folgen ab Kap. 3. Die Untersuchung dieser für die Funktionalanalysis grundlegenden Konzepte erfolgt durch ein *Zusammenspiel algebraischer und analytischer Methoden.* Ihr Verständnis erfordert daher eine gewisse Vertrautheit mit elementaren Tatsachen über *Vektorräume* und über *metrische Räume,* wie sie in den Grundvorlesungen vermittelt werden. An einige dieser elementaren Begriffe und Resultate wird im Text erinnert, weitere sind in den Anhängen A.1 und A.2 knapp zusammengestellt. Ausführlichere Darstellungen findet man natürlich in Lehrbüchern über *Lineare Algebra* und *Analysis.*

Die Untersuchung von Operatoren zwischen Banachräumen wird durch das Studium *von Differential-* und *Integralgleichungen* motiviert. Diese sind in *Räumen stetiger, differenzierbarer* oder *integrierbarer Funktionen* formuliert, die unter *Supremums-Normen* oder *Integralnormen* vollständig sind. Für den Umgang mit Integralnormen und Räumen integrierbarer Funktionen ist eine gewisse Vertrautheit mit *Lebesgue-Integralen,* wie sie in Analysis-Vorlesungen vermittelt wird, von Vorteil. Einige Tatsachen der Maß- und Integrationstheorie sind in Abschn. 1.3 zusammengestellt; insbesondere führen wir dort

© Springer-Verlag GmbH Deutschland 2018
W. Kaballo, *Grundkurs Funktionalanalysis,*
https://doi.org/10.1007/978-3-662-54748-9_1

die L_p-Räume ein, wodurch auch die *Folgenräume* ℓ_p erfasst werden. In Anhang A.3 werden dann ein Zugang zur Maß- und Integrationstheorie und die in diesem Buch benötigten Resultate ausführlich erklärt.

1.1   Normen und Metriken

Wir beginnen mit der Vorstellung grundlegender Begriffe der Funktionalanalysis. Das abstrakte Konzept eines *normierten Raumes* wurde 1920 von S. Banach und N. Wiener eingeführt. *Vektorräume* waren bereits 1888 von G. Peano definiert, aber erst 1918 von H. Weyl „wiederentdeckt" worden.

Normierte Räume
Es sei X ein Vektorraum über $\mathbb{K} = \mathbb{R}$ oder $\mathbb{K} = \mathbb{C}$. Eine Abbildung $\| \ \| : X \to [0, \infty)$ heißt *Norm* auf X, falls stets gilt:

$$\| x \| = 0 \ \Leftrightarrow \ x = 0, \tag{1.1}$$

$$\| \alpha x \| = | \alpha | \, \| x \| \quad \text{für } \alpha \in \mathbb{K} \text{ und } x \in X, \tag{1.2}$$

$$\| x + y \| \leq \| x \| + \| y \| \quad \text{(Dreiecks-Ungleichung)}. \tag{1.3}$$

Das Paar $(X, \| \ \|)$ heißt *normierter Raum*. Statt $(X, \| \ \|)$ schreibt man kurz X, wenn klar ist, welche Norm gemeint ist. Zur Verdeutlichung schreibt man manchmal auch $\| \ \|_X$ für die Norm des Raumes X.

Metrische Räume
a) Auf einem normierten Raum $(X, \| \ \|)$ wird durch

$$d(x, y) := \| x - y \| \quad \text{für } x, y \in X$$

eine *Metrik* definiert.

b) Eine *Metrik* auf irgendeiner Menge M ist eine Funktion $d : M \times M \to [0, \infty)$ mit den Eigenschaften

$$d(x, y) = 0 \ \Leftrightarrow \ x = y, \tag{1.4}$$

$$d(x, y) = d(y, x) \quad \text{(Symmetrie)} \text{ und} \tag{1.5}$$

$$d(x, y) \leq d(x, z) + d(z, y) \quad \text{(Dreiecks-Ungleichung)}. \tag{1.6}$$

Das Paar (M, d) heißt dann *metrischer Raum*. Statt (M, d) schreibt man kurz M, wenn klar ist, welche Metrik gemeint ist. *Metrische Räume* und *topologische Grundbegriffe* in diesen wurden von M. Fréchet 1906 eingeführt.

c) Die Eigenschaften (1.4)–(1.6) folgen leicht aus (1.1)–(1.3). Zum Nachweis von (1.5) genügt an Stelle von (1.2) auch die schwächere Bedingung „$\| -x \| = \| x \|$ für alle $x \in X$".

d) Jede *Teilmenge* eines metrischen Raumes ist ebenfalls ein metrischer Raum; dagegen sind nur *Unterräume* normierter Räume ebenfalls normierte Räume.

e) Eine *Folge* (x_n) in einem metrischen Raum M *konvergiert* gegen $x \in M$, falls $d(x_n, x) \to 0$ gilt; man schreibt dann $x = \lim\limits_{n \to \infty} x_n$ oder $x_n \to x$.

f) Metriken, Normen, Addition und Skalarmultiplikation sind stets *stetig* auf ihren Definitionsbereichen (vgl. Anhang A.2 und Aufgabe 1.1).

Vollständige Räume

a) Eine *Folge* (x_n) in einem metrischen Raum M heißt *Cauchy-Folge*, falls gilt:

$$\forall\, \varepsilon > 0 \;\exists\, n_0 \in \mathbb{N} \;\forall\, n, m \geq n_0 \;:\; d(x_n, x_m) < \varepsilon. \tag{1.7}$$

b) Der Raum M heißt *vollständig*, wenn jede Cauchy-Folge in X konvergiert. Ein vollständiger Raum ist in jedem Oberraum *abgeschlossen* (vgl. S. 343). Die Körper $\mathbb{R}$ und $\mathbb{C}$ der reellen und komplexen Zahlen sind vollständig.

c) Ein vollständiger normierter Raum heißt *Banachraum*.

Kugeln und konvexe Mengen

a) Es seien M ein metrischer Raum, $a \in M$ und $r > 0$. Mit

$$U_r(a) := U_r^M(a) := \{x \in M \mid d(x, a) < r\} \quad \text{und}$$
$$B_r(a) := B_r^M(a) := \{x \in M \mid d(x, a) \leq r\}$$

werden die *offene* und die *abgeschlossene* Kugel um $a \in M$ mit *Radius* $r > 0$ bezeichnet. Die offene bzw. abgeschlossene *Einheitskugel* eines *normierten* Raumes X bezeichnen wir kurz mit $U := U_X := U_1(0)$ und $B := B_X := B_1(0)$.

b) Eine Teilmenge C eines Vektorraums E heißt *konvex,* wenn für alle $x, y \in C$ auch die Verbindungsstrecke

$$\mathrm{co}\,\{x, y\} := \{(1 - t)x + ty \mid 0 \leq t \leq 1\}$$

in C enthalten ist. Allgemeiner wird für irgendeine Menge $A \subseteq E$ die Menge

$$\mathrm{co}\,(A) := \{\sum_{k=1}^{n} s_k x_k \mid n \in \mathbb{N},\, x_k \in A,\, s_k \in [0, 1],\, \sum_{k=1}^{n} s_k = 1\} \tag{1.8}$$

aller *Konvexkombinationen* von Elementen aus A als *konvexe Hülle* von A bezeichnet. Es ist co(A) der Durchschnitt aller konvexen Obermengen von A (vgl. Aufg. 1.4).

c) Kugeln in *normierten* Räumen sind *konvex.* Für $x, y \in U_r(a)$ und $0 \leq t \leq 1$ ist in der Tat auch

$$\| (1 - t)x + ty - a \| = \| (1 - t)(x - a) + t(y - a) \|$$
$$\leq (1 - t)\| x - a \| + t\| y - a \| < r,$$

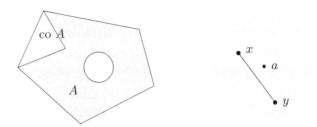

Abb. 1.1 Eine Menge A mit konvexer Hülle co A und eine konvexe Kugel $U_r(a)$

und man hat co $\{x, y\} \subseteq U_r(a)$. Für abgeschlossene Kugeln argumentiert man genauso.

Äquivalente Normen

Zwei Normen $\| \ \|_1$ und $\| \ \|_2$ auf einem Vektorraum X heißen *äquivalent*, falls die folgenden Abschätzungen gelten:

$$\exists\, c,\, C > 0\, \forall\, x \in X\ :\ c\, \|x\|_1 \leq \|x\|_2 \leq C\, \|x\|_1. \tag{1.9}$$

Äquivalente Normen liefern den *gleichen Konvergenzbegriff* auf X, d. h. eine *Folge* (x_n) in X *konvergiert* gegen $x \in X$ bezüglich $\| \ \|_1$ genau dann, wenn dies bezüglich $\| \ \|_2$ der Fall ist.

Unsere ersten Beispiele normierter Räume sind endlichdimensional:

Normen auf $\mathbb{K}^n$

a) Der *Satz des Pythagoras* suggeriert, insbesondere auf $\mathbb{R}^2$ und $\mathbb{R}^3$, die Verwendung der *Euklidischen Norm* oder ℓ_2-*Norm* (vgl. Abb. 1.2)

$$|x| := \|x\|_2 := \Big(\sum_{j=1}^{n} |x_j|^2\Big)^{1/2}, \quad x = (x_1, \ldots, x_n) \in \mathbb{K}^n.$$

Diese wird von dem *Skalarprodukt*

$$\langle x|y \rangle := \sum_{j=1}^{n} x_j\, \overline{y}_j, \quad x = (x_1, \ldots, x_n),\ y = (y_1, \ldots, y_n) \in \mathbb{K}^n$$

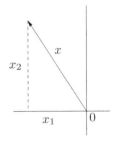

Abb. 1.2 Satz des Pythagoras: $|x|^2 = x_1^2 + x_2^2$

mittels $|x|^2 = \langle x|x \rangle$ induziert, und die Dreiecks-Ungleichung (1.3) folgt aus der *Schwarzschen Ungleichung* (vgl. Satz 6.1).

b) Die Euklidische Norm beschreibt die *koordinatenweise Konvergenz:* Für eine Folge $(x^{(\ell)}) = ((x_j^{(\ell)}))$ in $\mathbb{K}^n$ und $x = (x_j) \in \mathbb{K}^n$ gilt

$$|x^{(\ell)} - x| \to 0 \Leftrightarrow x_j^{(\ell)} \to x_j \quad \text{für } j = 1, \dots, n.$$

Entsprechendes gilt für *Cauchy-Folgen;* mit $\mathbb{K}$ ist daher auch $\mathbb{K}^n$ unter der Euklidischen Norm *vollständig.*

c) In manchen Situationen ist es günstig, andere Normen auf $\mathbb{K}^n$ zu verwenden, z. B. bei der Berechnung von *Matrizennormen* auf S. 51. Für $1 \le p < \infty$ wird auf $\mathbb{K}^n$ die ℓ_p *-Norm* durch

$$\|x\|_p := (\sum_{j=1}^{n} |x_j|^p)^{1/p}, \quad x = (x_1, \dots, x_n) \in \mathbb{K}^n, \tag{1.10}$$

erklärt; die Euklidische Norm ist der Spezialfall $p = 2$. Die Dreiecks-Ungleichung (1.3) ist für $p = 1$ klar und für $p \ge 1$ die Aussage der *Minkowskischen Ungleichung;* diese wiederum ergibt sich aus der *Hölderschen Ungleichung*

$$|\sum_{j=1}^{n} x_j y_j| \le (\sum_{j=1}^{n} |x_j|^p)^{1/p} (\sum_{j=1}^{n} |y_j|^q)^{1/q}, \quad \frac{1}{p} + \frac{1}{q} = 1. \tag{1.11}$$

Die beiden Ungleichungen werden in den Sätzen 1.3 und 1.4 allgemeiner für Integrale gezeigt.

d) Neben der ℓ_2 -Norm werden vor allem die ℓ_1 -Norm und die durch

$$\|x\|_\infty := \max_{j=1}^{n} |x_j|, \quad x = (x_1, \dots, x_n) \in \mathbb{K}^n, \tag{1.12}$$

erklärte ℓ_∞ *-Norm* oder *Maximum-Norm* auf $\mathbb{K}^n$ verwendet. Die Notation wird durch

$$\|x\|_\infty = \lim_{p \to \infty} \|x\|_p \quad \text{für } x \in \mathbb{K}^n$$

motiviert. Für $1 \le p \le \infty$ schreibt man kurz ℓ_p^n oder $\ell_p^n(\mathbb{K})$ für $(\mathbb{K}^n, \| \ \|_p)$.

e) Es zeigt Abb. 1.3 die Einheitskugeln von $\ell_1^2(\mathbb{R})$, $\ell_2^2(\mathbb{R})$ und $\ell_\infty^2(\mathbb{R})$. „Kugeln" sind also nicht immer „rund".

Satz 1.1

Alle Normen auf $\mathbb{K}^n$ sind äquivalent.

Abb. 1.3 Einheitskugeln B_p
von $\ell_p^2(\mathbb{R})$ für $p = 1, 2, \infty$

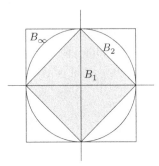

BEWEIS. a) Es sei $\|\ \|$ eine Norm auf $\mathbb{K}^n$. Die *Einheitsvektoren* $e_k := (\delta_{kj})_j, k = 1, \ldots, n$,

lassen sich mit dem *Kronecker-Symbol* $\delta_{kj} := \begin{cases} 1 & , \quad k = j \\ 0 & , \quad k \neq j \end{cases}$ bequem notieren. Für

$x = \sum\limits_{k=1}^{n} x_k e_k \in \mathbb{K}^n$ gilt die Abschätzung

$$\|x\| = \|\sum_{k=1}^{n} x_k e_k\| \leq \sum_{k=1}^{n} |x_k|\, \|e_k\| \leq C\,\|x\|_1$$

mit $C = \max\limits_{k=1}^{n} \|e_k\|$. Insbesondere ist $\|\ \| : \ell_1^n \to \mathbb{R}$ stetig.

b) Nun ist die Einheitssphäre $S = \{x \in \mathbb{K}^n \mid \|x\|_1 = 1\}$ *kompakt* in ℓ_1^n (vgl. Kap. 2). Die
auf S *stetige positive* Funktion $\|\ \|$ nimmt dort ihr *Minimum* an (vgl. Satz A.2.8); es gibt
also ein $\alpha > 0$ mit $\|y\| \geq \alpha$ für alle $y \in S$. Ist nun $0 \neq x \in \mathbb{K}^n$, so gilt $\frac{x}{\|x\|_1} \in S$, also
$\|\frac{x}{\|x\|_1}\| \geq \alpha$ und damit $\|x\| \geq \alpha\,\|x\|_1$. $\diamond$

Somit beschreiben *alle* Normen auf $\mathbb{K}^n$ die koordinatenweise Konvergenz, und $\mathbb{K}^n$ ist
unter jeder Norm *vollständig*.

1.2   Supremums-Normen

Nun stellen wir Banachräume beschränkter Funktionen und beschränkter Folgen vor:

Räume beschränkter Funktionen

a) Eine Teilmenge $A \subseteq Y$ eines normierten Raums Y heißt *beschränkt*, wenn es $r > 0$
mit $A \subseteq B_r(0)$ gibt; eine *Funktion* $f : M \to Y$ heißt *beschränkt*, wenn ihr Bild $f(M)$ in

Y beschränkt ist. Beachten Sie bitte, dass dieser Beschränktheitsbegriff nur in normierten, *nicht* aber in metrischen Räumen verwendet wird (vgl. dazu Aufgabe 1.8).

b) Auf dem Vektorraum $\mathcal{B}(M, Y) = \ell_\infty(M, Y)$ aller auf einer Menge M *beschränkten Funktionen* mit Werten in Y wird die *Supremums-Norm* oder *sup-Norm* erklärt durch

$$\| f \|_{\sup} := \| f \|_\infty := \| f \|_M := \sup_{t \in M} \| f(t) \|_Y, \quad f \in \mathcal{B}(M, Y).$$

Für $Y = \mathbb{K}$ erhält man den Raum $\mathcal{B}(M) = \ell_\infty(M)$ aller beschränkten skalaren Funktionen auf M.

c) Die sup-Norm beschreibt die *gleichmäßige Konvergenz* von Funktionenfolgen; für eine Folge (f_n) in $\mathcal{B}(M, Y)$, eine Funktion $f \in \mathcal{B}(M, Y)$ und $\varepsilon > 0$ gilt in der Tat

$$\| f - f_n \|_{\sup} \leq \varepsilon \iff \forall\, t \in M \,:\, \| f(t) - f_n(t) \|_Y \leq \varepsilon. \tag{1.13}$$

d) Für eine endliche Menge $M = \{1, \ldots, n\}$ kann $\mathcal{B}(M, \mathbb{K})$ mit $(\mathbb{K}^n, \| \ \|_\infty) = \ell_\infty^n(\mathbb{K})$ identifiziert werden.

e) Für eine *abzählbare* Menge M ist $\ell_\infty(M, Y)$ ein *Folgenraum*; speziell hat man die Notation $\ell_\infty = \ell_\infty(\mathbb{N}_0, \mathbb{K})$. Interessante abgeschlossene Unterräume von ℓ_∞ sind (vgl. Aufgabe 1.12) der Raum aller *Nullfolgen*

$$c_0 := \{ x = (x_j)_{j=0}^\infty \mid \lim_{j \to \infty} x_j = 0 \}$$

und der Raum aller *konvergenten Folgen*

$$c := \{ x = (x_j)_{j=0}^\infty \mid \lim_{j \to \infty} x_j \text{ existiert} \}.$$

Räume stetiger Funktionen

Es sei K ein *kompakter* metrischer *Raum* (vgl. Kap. 2 und Anhang 2), z. B. ein kompaktes Intervall $K = [a, b]$ in $\mathbb{R}$. Für eine *stetige Funktion* $f \in \mathcal{C}(K, Y)$ ist die stetige reellwertige Funktion $t \mapsto \| f(t) \|$ auf K beschränkt (und nimmt ihr Maximum an). Somit ist der Raum $\mathcal{C}(K, Y)$ aller stetigen Funktionen von K nach Y ein *Unterraum* von $\ell_\infty(K, Y)$. Dieser ist *abgeschlossen,* da sich bei *gleichmäßiger* Konvergenz die Stetigkeit auf die Grenzfunktion vererbt (vgl. Satz A.2.1). Bei nur *punktweiser* Konvergenz ist dies i. a. nicht der Fall, wie etwa das Beispiel der Funktionenfolge $(f_n(t) := t^n)$ in $\mathcal{C}([0, 1], \mathbb{R})$ zeigt (vgl. Abb. 1.4).

Eine Kugel $B_\varepsilon(f)$ vom Radius $\varepsilon > 0$ in $\mathcal{C}([0, 1], \mathbb{R})$ kann als ε-*Schlauch* veranschaulicht werden (vgl. Abb. 1.5).

Satz 1.2

Es seien M eine Menge und Y ein Banachraum. Dann ist auch $\ell_\infty(M, Y)$ vollständig, also ein Banachraum.

Abb. 1.4 Die Funktionen
t, t^2, t^4, t^8

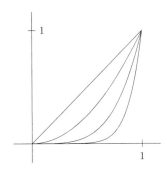

Abb. 1.5 Ein ε -Schlauch

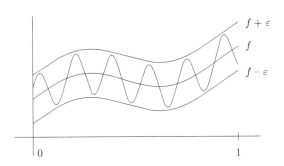

BEWEIS. Es sei (f_n) eine Cauchy-Folge in $\ell_\infty(M, Y)$. Für festes $t \in M$ gilt

$$\|f_n(t) - f_m(t)\|_Y \le \|f_n - f_m\|_{\sup},$$

und daher ist $(f_n(t))$ eine Cauchy-Folge in Y. Wegen der Vollständigkeit von Y ist diese konvergent, und wir definieren $f : M \to Y$ durch

$$f(t) := \lim_{n \to \infty} f_n(t), \, t \in M.$$

Da (f_n) eine Cauchy-Folge bezüglich der sup -Norm ist, gilt gemäß (1.7) und (1.13)

$$\forall\, \varepsilon > 0 \, \exists\, n_0 \in \mathbb{N} \, \forall\, n, m \ge n_0 \, \forall t \in M \; : \; \|f_n(t) - f_m(t)\|_Y \le \varepsilon.$$

Für festes $t \in M$ und $n \in \mathbb{N}$ liefert dann $m \to \infty$ auch $\|f_n(t) - f(t)\|_Y \le \varepsilon$, und daraus folgt $\|f_n - f\|_{\sup} \le \varepsilon$ für $n \ge n_0$. Insbesondere gilt $f - f_n \in \ell_\infty(M, Y)$, daher auch $f = (f - f_n) + f_n \in \ell_\infty(M, Y)$, und man hat $f_n \to f$ in $\ell_\infty(M, Y)$. $\diamond$

Folgerungen

a) Zunächst ergibt sich noch einmal die Vollständigkeit von $\ell_\infty^n(\mathbb{K}) = (\mathbb{K}^n, \| \ \|_\infty)$, nach Satz 1.1 also auch die des Raumes $\mathbb{K}^n$ unter jeder Norm.

b) Der Raum ℓ_∞ aller beschränkten Folgen ist vollständig; dies gilt dann auch für die *abgeschlossenen* Unterräume c_0 und c aller Nullfolgen und konvergenten Folgen.

c) Für einen kompakten Raum K und einen Banachraum Y ist $\mathcal{C}(K, Y)$ als *abgeschlossener* Unterraum von $\ell_\infty(K, Y)$ ebenfalls ein Banachraum.

1.3 L_p-Normen und Quotientenräume

Im Gegensatz zur letzten Folgerung sind Räume stetiger Funktionen unter *Integralnormen nicht vollständig;* durch *Vervollständigung* erhält man dann Räume integrierbarer Funktionen.

Vervollständigungen

a) Eine Abbildung $f : M \to N$ zwischen metrischen Räumen heißt *Isometrie*, falls stets $d(f(x), f(y)) = d(x, y)$ gilt, falls sie also Distanzen nicht ändert.

b) Ein metrischer Raum M kann in einen *vollständigen* metrischen Raum $\widehat{M}$ eingebettet werden, d. h. es gibt eine *Isometrie* $\iota : M \to \widehat{M}$, sodass $\iota(M)$ in $\widehat{M}$ dicht ist. Der Raum $\widehat{M}$ ist *bis auf Isometrie eindeutig* und heißt die *Vervollständigung* von M.

c) Man kann $\widehat{M}$ etwa als Menge von Äquivalenzklassen der Cauchy-Folgen in M konstruieren, analog zu G. Cantors Konstruktion der reellen Zahlen aus den rationalen Zahlen (vgl. etwa [Kaballo 2000], 15.4); dies liefert eine „abstrakte Vervollständigung" von M. Eine *„konkretere Vervollständigung"* kann man erhalten, indem man M in einen „konkreten" vollständigen Raum isometrisch einbettet und dort *abschließt.*

d) Für normierte Räume X ist $\widehat{X}$ ein *Banachraum.* Man kann diesen als *Abschluss* einer isometrischen Kopie von X in dessen vollständigem *Bidualraum* konstruieren, vgl. Abschn. 9.3.

e) Die L_1-*Norm* oder *Integralnorm* auf $\mathcal{C}[a, b]$ ist gegeben durch

$$\| f \|_{L_1} := \int_a^b |f(t)| \, dt, \quad f \in \mathcal{C}[a, b];$$

sie beschreibt die *Konvergenz im Mittel.* Unter dieser Norm ist der Raum $\mathcal{C}[a, b]$ *nicht vollständig;* die Vervollständigung wird mit $L_1[a, b]$ bezeichnet. Diese kann mit dem *Raum der* (Äquivalenzklassen von) *Lebesgue-integrierbaren Funktionen* auf $[a, b]$ (vgl. S. 15) identifiziert werden.

Wir stellen nun einige Grundtatsachen der Maß- und Integrationstheorie vor, die wir in diesem Buch benötigen; insbesondere führen wir die L_p-Räume ein.

Maße, Integrale und $\mathcal{L}_p$-Räume

a) Wir betrachten ein *positives Maß* μ auf einer σ-*Algebra* Σ in einer Menge Ω; die Elemente von Σ heißen *messbare Mengen*. Diese Begriffe werden in Anhang A.3 ausführlich erklärt. Wir nehmen stets an, dass der Maßraum (Ω, Σ, μ) *vollständig* ist; dies bedeutet, dass jede Teilmenge einer Nullmenge in Σ liegt und somit ebenfalls eine Nullmenge ist.

b) Ein wichtiges Beispiel ist das *Lebesgue-Maß* $\lambda = \lambda^n$ auf der σ-Algebra $\mathfrak{M}(\mathbb{R}^n)$ der *Lebesgue-messbaren Mengen* in $\mathbb{R}^n$. Dieses kann auf jede Lebesgue-messbare Menge $\Omega \subseteq \mathbb{R}^n$ eingeschränkt werden, insbesondere also auf offene oder auf abgeschlossene Mengen.

c) Für $1 \leq p < \infty$ werden die zugehörigen $\mathcal{L}_p$-Räume definiert durch

$$\mathcal{L}_p(\Omega, \Sigma, \mu) := \{f : \Omega \to \mathbb{K} \mid f \text{ ist } \Sigma - \text{ messbar und}$$
$$\|f\|_{L_p} := \left(\int_\Omega |f(t)|^p \, d\mu\right)^{1/p} < \infty\}.$$

Insbesondere ist $\mathcal{L}_1(\Omega, \Sigma, \mu)$ der Raum der μ-integrierbaren Funktionen auf Ω. Messbarkeit für Funktionen ist ein *schwacher Regularitätsbegriff*, der bei punktweiser Konvergenz (fast überall, d. h. ausserhalb einer Nullmenge) erhalten bleibt. Stetige Funktionen auf $\mathbb{R}^n$ sind stets Lebesgue-messbar. Für $r > 0$ liegt die Funktion $t \mapsto t^{-r}$ genau dann in $\mathcal{L}_p(0, 1)$, wenn $rp < 1$ gilt.

d) Wir schreiben meist kürzer $\mathcal{L}_p(\Omega, \Sigma)$, $\mathcal{L}_p(\Omega)$ oder $\mathcal{L}_p(\mu)$, wenn klar ist, welche σ-Algebra, welches Maß bzw. welcher Grundraum gemeint ist. An Stelle von $d\mu$ schreibt man auch $d\mu(t)$, wenn die Integrationsvariable betont werden soll, im Falle des Lebesgue-Maßes auch einfach $d\lambda^n(t) = d^n t$ oder $d\lambda(t) = dt$.

e) Für eine beliebige Teilmenge A von $\Omega := \mathbb{N}$ definieren wir $\mu(A)$ als Anzahl der Elemente von A. Dieses *Zählmaß* μ liefert die *Folgenräume*

$$\ell_p := \{x = (x_j)_{j=0}^\infty \mid \|x\|_p := \left(\sum_{j=0}^\infty |x_j|^p\right)^{1/p} < \infty\}.$$

Für $r > 0$ liegt die Folge $((j+1)^{-r})$ genau dann in ℓ_p, wenn $rp > 1$ gilt.

f) Für $\Omega := \{1, \ldots, n\}$ und das Zählmaß μ ergibt sich insbesondere $\mathcal{L}_p(\Omega, \mu) = \ell_p^n$.

g) Eine Σ-messbare Funktion $f : \Omega \to \mathbb{K}$ heißt *wesentlich beschränkt*, Notation: $f \in \mathcal{L}_\infty(\Omega, \Sigma, \mu)$, wenn es eine Konstante $C \geq 0$ gibt, sodass $|f(t)| \leq C$ für *fast alle* $t \in \Omega$, d. h. außerhalb einer μ-*Nullmenge* gilt. Das Infimum dieser Konstanten $C \geq 0$ heißt *wesentliches Supremum* von $|f|$ und wird so bezeichnet:

$$\|f\|_{L_\infty} = \operatorname*{ess-sup}_{t \in \Omega} |f(t)|.$$

h) Für $f \in \mathcal{L}_\infty(\Omega, \mu)$ und $k \in \mathbb{N}$ gilt also $|f(t)| \leq \|f\|_{L_\infty} + \frac{1}{k}$ für $t \notin A_k$ und $\mu(A_k) = 0$. Dann ist auch $A := \bigcup_{k=1}^\infty A_k$ eine Nullmenge, und man hat

$$|f(t)| \leq \|f\|_{L_\infty} \quad \text{für fast alle } t \in \Omega. \tag{1.14}$$

Das Infimum in g) ist also sogar ein Minimum.

Satz 1.3 (Höldersche Ungleichung)

Es seien $p, q \in [1, \infty]$ konjugierte Exponenten, d. h. es gelte $\frac{1}{p} + \frac{1}{q} = 1$. Für Funktionen $f \in \mathcal{L}_p(\Omega, \mu)$ und $g \in \mathcal{L}_q(\Omega, \mu)$ gilt $f \cdot g \in \mathcal{L}_1(\Omega, \mu)$ sowie

$$\| f \cdot g \|_{L_1} \leq \| f \|_{L_p} \cdot \| g \|_{L_q}. \tag{1.15}$$

BEWEIS. a) Für $p = 1$ ist $q = \infty$. Nach (1.14) gilt dann $|f(t)g(t)| \leq |f(t)| \, \| g \|_{L_\infty}$ μ-fast überall (μ-f.ü.) und somit

$$\int_\Omega |f(t)g(t)| \, d\mu \leq \| g \|_{L_\infty} \int_\Omega |f(t)| \, d\mu.$$

b) Nun gelte $1 < p, q < \infty$. Für $a, b > 0$ seien $x = \log a$ und $y = \log b$; die *Konvexität der Exponentialfunktion* liefert dann

$$a \cdot b = e^x \cdot e^y = e^{x+y} \leq \tfrac{1}{p} \exp(px) + \tfrac{1}{q} \exp(qy) = \tfrac{1}{p} a^p + \tfrac{1}{q} b^q. \tag{1.16}$$

Dies ist auch noch richtig für $a, b \geq 0$.

c) Für $\varepsilon \geq 0$ setzen wir

$$A_\varepsilon := (\int\limits_\Omega |f(t)|^p \, d\mu)^{1/p} + \varepsilon, \quad B_\varepsilon := (\int\limits_\Omega |g(t)|^q \, d\mu)^{1/q} + \varepsilon.$$

Da $A_0 = 0$ oder $B_0 = 0$ möglich ist, sei nun $\varepsilon > 0$. Für $t \in \Omega$ wenden wir (1.16) auf $a := \frac{|f(t)|}{A_\varepsilon}$, $b := \frac{|g(t)|}{B_\varepsilon}$ an und erhalten

$$\frac{|f(t)g(t)|}{A_\varepsilon B_\varepsilon} \leq \frac{1}{p} \frac{|f(t)|^p}{A_\varepsilon^p} + \frac{1}{q} \frac{|g(t)|^q}{B_\varepsilon^q}.$$

Integration über Ω liefert dann

$$\frac{1}{A_\varepsilon B_\varepsilon} \int\limits_\Omega |f(t)g(t)| \, d\mu \leq \frac{1}{pA_\varepsilon^p} \int\limits_\Omega |f(t)|^p \, d\mu + \frac{1}{qB_\varepsilon^q} \int\limits_\Omega |g(t)|^q \, d\mu$$

$$\leq \tfrac{1}{p} + \tfrac{1}{q} = 1, \quad \text{also}$$

$$\int\limits_\Omega |f(t)g(t)| \, d\mu \leq A_\varepsilon \cdot B_\varepsilon.$$

Mit $\varepsilon \to 0$ folgt daraus die Behauptung (1.15). $\Diamond$

Satz 1.4 (Minkowskische Ungleichung)

Für $1 \leq p \leq \infty$ ist $\mathcal{L}_p(\Omega, \mu)$ ein Vektorraum, und für $\| \ \|_{L_p}$ gilt die Dreiecks-Ungleichung (1.3). Für $1 \leq p < \infty$ und Funktionen $f, g \in \mathcal{L}_p(\Omega, \mu)$ gilt also

$$(\int_\Omega |f + g|^p \, d\mu)^{1/p} \leq (\int_\Omega |f|^p \, d\mu)^{1/p} + (\int_\Omega |g|^p \, d\mu)^{1/p}. \tag{1.17}$$

BEWEIS. a) Für $p = 1$ ist das klar, ebenso für $p = \infty$ aufgrund von (1.14).

b) Nun sei $1 < p < \infty$. Die Konvexität der Funktion $t \to t^p$ auf $[0, \infty)$ liefert

$$(\tfrac{a+b}{2})^p \leq \tfrac{1}{2}(a^p + b^p) \quad \text{für } a, b \geq 0.$$

Aus $f, g \in \mathcal{L}_p(\Omega, \mu)$ folgt also auch $f + g \in \mathcal{L}_p(\Omega, \mu)$.

c) Für $f, g \in \mathcal{L}_p(\Omega, \mu)$ gilt zunächst

$$\int_\Omega |f + g|^p \, d\mu \leq \int_\Omega |f| \, |f + g|^{p-1} \, d\mu + \int_\Omega |g| \, |f + g|^{p-1} \, d\mu \, ;$$

wegen $(p - 1)q = p$ liefert dann die Höldersche Ungleichung

$$\begin{aligned}
\int_\Omega |f + g|^p \, d\mu &\leq (\int_\Omega |f|^p \, d\mu)^{1/p} (\int_\Omega |f + g|^{(p-1)q} \, d\mu)^{1/q} \\
&+ (\int_\Omega |g|^p \, d\mu)^{1/p} (\int_\Omega |f + g|^{(p-1)q} \, d\mu)^{1/q} \\
&= (\|f\|_{L_p} + \|g\|_{L_p}) (\int_\Omega |f + g|^p \, d\mu)^{1/q} \, .
\end{aligned}$$

Für $\|f + g\|_{L_p} \neq 0$ folgt dann (1.17) mittels Division durch $(\int_\Omega |f + g|^p \, d\mu)^{1/q}$. $\qquad \Diamond$

Nullfunktionen

a) Für $1 \leq p \leq \infty$ werden auf den Räumen $\mathcal{L}_p(\Omega, \mu)$ durch $\| \; \|_{L_p}$ *Halbnormen* definiert, d. h. es gelten (1.2) und (1.3), letzteres aufgrund der Minkowskischen Ungleichung, an Stelle von (1.1) hat man aber nur $\| \; \|_{L_p} \geq 0$. Weiter gilt

$$\|f\|_{L_p} = 0 \; \Leftrightarrow \; f(t) = 0 \; \text{ fast überall} \tag{1.18}$$

(vgl. S. 353). Der *Kern* der L_p-Halbnorm ist also (unabhängig von p) gegeben durch den Raum der *Nullfunktionen*

$$\mathcal{N} = \mathcal{N}(\Omega, \Sigma, \mu) = \{f : \Omega \to \mathbb{K} \mid f(t) = 0 \; \text{f.ü.}\}.$$

b) Für das Zählmaß μ auf $\mathbb{N}_0$ ist $\mathcal{N}(\mathbb{N}_0, \mu) = \{0\}$, und somit ist $\| \; \|_p$ eine *Norm* auf dem Folgenraum ℓ_p. Dieser ist *vollständig*, also ein Banachraum (s. Aufgabe 1.9).

Halbnormen und Äquivalenzklassen

a) *Halb*normen spielen eine große Rolle in der Funktionalanalysis. Wichtige Funktionenräume können nicht durch *eine* Norm, wohl aber durch *unendlich viele Halb*normen beschrieben werden; auf die Untersuchung solcher *lokalkonvexer Räume* gehen wir im Aufbaukurs ein.

b) Zu einem *halbnormierten* Raum $(E, \| \; \|)$ kann man einen *normierten* Raum von Äquivalenzklassen assoziieren: Der *Kern*

$$N := \{x \in E \mid \|x\| = 0\} \tag{1.19}$$

Abb. 1.6 Eine
Äquivalenzklasse $\pi x = x + V$
in $Q = {}^X/_V$ und ihre Norm
$d = \| \pi x \|$.

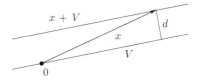

der Halbnorm ist offenbar ein Unterraum von E. Durch

$$x \sim y :\Leftrightarrow x - y \in N \;\Leftrightarrow\; \| x - y \| = 0$$

wird eine *Äquivalenzrelation* (vgl. S. 340) auf E definiert. Die *Äquivalenzklassen*

$$\tilde{x} = \{y \in E \mid y \sim x\} = x + N := \{x + n \mid n \in N\}, \quad x \in E, \tag{1.20}$$

sind affine Unterräume von E „parallel" zu N (vgl. Abb. 1.6 und S. 17).

c) Offenbar folgt aus $x \sim x'$ und $y \sim y'$ auch $x + y \sim x' + y'$ und $\alpha x \sim \alpha x'$ für $\alpha \in \mathbb{K}$. Daher kann man auf den Äquivalenzklassen Addition und Skalarmultiplikation durch

$$\tilde{x} + \tilde{y} := \widetilde{x + y}, \quad \alpha \tilde{x} := \widetilde{\alpha x}, \quad x, y \in E, \quad \alpha \in \mathbb{K}, \tag{1.21}$$

definieren. Diese bilden damit einen Vektorraum, den *Quotientenraum* ${}^E/_N$.

d) Auf diesem Quotientenraum wird durch

$$\| \tilde{x} \| := \| x \|, \quad x \in E,$$

dann eine *Norm* definiert: Aus $\| \tilde{x} \| = 0$ folgt nämlich sofort $x \in N$, und somit ist $\tilde{x}$ das Nullelement von ${}^E/_N$. Man nennt $({}^E/_N, \| \; \|)$ den zu $(E, \| \; \|)$ *assoziierten normierten Raum*.

L_p -Räume

Der zu $(\mathcal{L}_p(\Omega, \Sigma, \mu), \| \; \|_{L_p})$ assoziierte normierte Raum wird mit

$$L_p(\Omega, \Sigma, \mu) = {}^{\mathcal{L}_p(\Omega, \Sigma, \mu)}/_{\mathcal{N}(\Omega, \Sigma, \mu)}$$

bezeichnet; er besteht also aus Äquivalenzklassen fast überall gleicher messbarer Funktionen. Die L_p -Norm beschreibt die *Konvergenz im p -ten Mittel*, im wichtigen Spezialfall $p = 2$ die *Konvergenz im quadratischen Mittel*. In diesem Fall wird die Norm von einem *Skalarprodukt* induziert; $L_2(\Omega, \Sigma, \mu)$ ist ein *Hilbertraum* (vgl. Kap. 6). In der Notation wird zwischen einer Funktion $f \in \mathcal{L}_p(\Omega, \mu)$ und ihrer Äquivalenzklasse $\tilde{f} \in L_p(\Omega, \mu)$ meist nicht unterschieden.

Theorem 1.5

Die Räume $L_p(\Omega, \Sigma, \mu)$ *sind* vollständig, *also* Banachräume.

Für $p = \infty$ lässt sich dieses wichtige Resultat wegen (1.14) wie Satz 1.2 beweisen, da
eine Cauchy-Folge in $\mathcal{L}_\infty(\mu)$ außerhalb einer Nullmenge eine Cauchy-Folge bezüglich
der sup-Norm ist (vgl. Aufgabe 1.13). Für $1 \le p < \infty$ ist dieses Argument nicht anwendbar, da aus einer Cauchy-Bedingung für eine Folge in $\mathcal{L}_p(\mu)$ *nicht* eine *punktweise*
Cauchy-Bedingung (fast überall) folgt (vgl. Aufgabe 1.6). Jedoch sind *absolut konvergente
Reihen* in $L_p(\mu)$ fast überall punktweise und im Raum $L_p(\mu)$ konvergent; dies ist der Inhalt
des für die Integrationstheorie fundamentalen *Satzes von Beppo Levi* (vgl. die Sätze A.3.4
und A.3.14 im Anhang). Theorem 1.5 ergibt sich dann aus dem folgenden Satz 1.6.

Reihen
a) Eine *(unendliche) Reihe* $\sum_k a_k$ in einem normierten Raum X heißt *konvergent*, falls
die Folge der *Partialsummen* ($s_n := \sum_{k=1}^{n} a_k$) konvergiert; die *Summe* der Reihe ist dann
gegeben durch

$$\sum_{k=1}^{\infty} a_k := s := \lim_{n \to \infty} s_n . \tag{1.22}$$

b) Eine Reihe $\sum_k a_k$ heißt *absolut konvergent*, falls $\sum_{k=1}^{\infty} \| a_k \| < \infty$ gilt.

Satz 1.6
*Ein normierter Raum X ist genau dann vollständig, wenn in X jede absolut konvergente
Reihe konvergiert.*

BEWEIS. „$\Rightarrow$": Für $m > n$ gilt $\| s_m - s_n \| = \| \sum_{k=n+1}^{m} a_k \| \le \sum_{k=n+1}^{m} \| a_k \|$; wegen
$\sum_{k=1}^{\infty} \| a_k \| < \infty$ ist (s_n) eine Cauchy-Folge in X und damit konvergent.

„$\Leftarrow$": Es sei (s_n) eine Cauchy-Folge in X. Zu $\varepsilon := 2^{-j}$ gibt es dann $n_j \in \mathbb{N}$ mit
$\| s_n - s_m \| \le 2^{-j}$ für $n, m \ge n_j$. Man kann $n_j > n_{j-1}$ annehmen. Es seien nun $a_1 := s_{n_1}$
und $a_k := s_{n_k} - s_{n_{k-1}}$ für $k \ge 2$; für die *Teilfolge* (s_{n_j}) von (s_n) gilt dann

$$s_{n_j} = \sum_{k=1}^{j} a_k \quad \text{für alle } j \in \mathbb{N} .$$

Nach Konstruktion ist $\| a_k \| \le 2^{-(k-1)}$, also $\sum_{k=1}^{\infty} \| a_k \| < \infty$. Nach Voraussetzung ist (s_{n_j})
konvergent, und nach dem folgenden Lemma konvergiert dann auch die Folge (s_n) gegen
den gleichen Limes. $\Diamond$

Lemma 1.7
*Gegeben sei eine Cauchy-Folge (x_n) in einem metrischen Raum M. Hat (x_n) eine
konvergente Teilfolge $x_{n_j} \to x \in M$, so konvergiert auch (x_n) gegen x.*

BEWEIS. Zu $\varepsilon > 0$ gibt es $n_0 \in \mathbb{N}$ mit $d(x_n, x_m) < \varepsilon$ für $n, m \geq n_0$ und $j_0 \in \mathbb{N}$ mit $d(x_{n_j}, x) < \varepsilon$ für $j \geq j_0$. Man wählt dann $m = n_j$ mit $j \geq \max\{j_0, n_0\}$ und erhält $d(x_n, x) \leq d(x_n, x_{n_j}) + d(x_{n_j}, x) < 2\varepsilon$ für $n \geq n_0$.   ◇

Eine weitere Anwendung von Satz 1.6 ist Satz 1.8 unten über die Vollständigkeit von Quotientenräumen.

Quotientenräume

a) Es seien X ein Vektorraum und $V \subseteq X$ ein Unterraum. Wie in (1.19) wird durch

$$x \sim y \; :\Leftrightarrow \; x - y \in V$$

eine *Äquivalenzrelation* auf X defininiert. Wie in (1.20) sind die *Äquivalenzklassen*

$$\pi x := \{y \in X \mid y \sim x\} = x + V = \{x + v \mid v \in V\}, \quad x \in X,$$

affine Unterräume von X „parallel" zu V (vgl. Abb. 1.6 auf S. 15) und bilden den *Quotientenraum* $Q := {}^X\!/_V$.

b) Die *Quotientenabbildung* $\pi = \pi_V : X \to Q = {}^X\!/_V$ ist *linear*, da wie in (1.21)

$$\pi(x + y) = \pi x + \pi y \quad \text{und} \quad \pi(\alpha x) = \alpha\, \pi x, \quad x, y \in X, \; \alpha \in \mathbb{K},$$

gilt. Weiter ist $\pi : X \to Q$ offenbar *surjektiv*.

c) Ist nun $\|\;\|_X$ eine Norm auf X, so wird durch

$$\|q\|_Q := \inf\{\|x\|_X \mid x \in X, \pi x = q\} \quad \text{oder} \tag{1.23}$$

$$\|\pi x\|_Q := \inf\{\|x - v\|_X \mid v \in V\} \tag{1.24}$$

eine Halbnorm auf dem Quotientenraum Q definiert. Für $x \in X$ ist $\|\pi x\|_Q$ nach (1.24) die *Distanz* von x zu V (vgl. Abb. 1.6 und (1.26) unten). Es handelt sich genau dann um eine *Norm*, wenn V in X *abgeschlossen* ist; diese heißt dann *Quotientennorm* von $\|\;\|_X$ auf Q (vgl. Aufgabe 1.15).

d) Es ist $\|\pi(x)\|_Q \leq \|x\|_X$ für alle $x \in X$. Daraus ergibt sich sofort

$$\|\pi x - \pi y\|_Q = \|\pi(x - y)\|_Q \leq \|x - y\|_X$$

für $x, y \in X$, und somit ist die Quotientenabbildung $\pi : X \to Q$ (gleichmäßig) *stetig* (vgl. auch Satz 3.1 auf S. 40).

e) Weiter gilt $\pi(U_X) = U_Q$ nach (1.23). Daher ist für *jede offene Menge* $D \subseteq X$ auch $\pi(D)$ *offen in* Q : Zu $q \in \pi(D)$ wählt man $x \in D$ mit $\pi x = q$. Da D offen ist, gibt es $r > 0$ mit

$x + rU_X = U_r(x) \subseteq D$, und wegen der Linearität von π folgt

$$U_r(q) = q + rU_Q = \pi(x + rU_X) \subseteq \pi(D).$$

Die Quotientenabbildung ist also eine *stetige* und *offene lineare Abbildung*.

Im kurzen Beweis der Aussage e) wurden die Notationen

$$A + B := \{a + b \mid a \in A, \, b \in B\}, \quad \alpha B := \{\alpha b \mid b \in B\} \tag{1.25}$$

für Teilmengen A, B eines Vektorraumes und $\alpha \in \mathbb{K}$ verwendet. Für $\{a\} + B$ schreibt man einfach $a + B$.

Satz 1.8
Es seien X ein Banachraum und $V \subseteq X$ ein abgeschlossener Unterraum. Dann ist auch der Quotientenraum $Q = {}^X/_V$ vollständig, also ebenfalls ein Banachraum.

BEWEIS. Es sei $\sum_k q_k$ eine Reihe in Q mit $\sum_{k=1}^{\infty} \| q_k \| < \infty$. Nach (1.23) gibt es $x_k \in X$ mit $\pi x_k = q_k$ und $\| x_k \| \leq 2 \| q_k \|$. Dann ist auch $\sum_{k=1}^{\infty} \| x_k \| < \infty$, und nach Satz 1.6 existiert $x := \sum_{k=1}^{\infty} x_k \in X$. Daraus folgt dann $\pi x = \sum_{k=1}^{\infty} q_k$ wegen der Linearität und Stetigkeit von π. Wiederum nach Satz 1.6 ist also Q vollständig. $\Diamond$

Proxima
a) Es sei M ein metrischer Raum. Die *Distanz* oder der *Abstand* eines Punktes $x \in M$ zu einer Teilmenge $A \subseteq M$ von M wird definiert durch

$$d_A(x) := \inf \{d(x,a) \mid a \in A\}. \tag{1.26}$$

Es gilt $| d_A(x) - d_A(y) | \leq d(x,y)$ für $x, y \in M$ (vgl. Satz A.2.2 im Anhang), und daher ist die Distanzfunktion d_A (gleichmäßig) *stetig* auf M.

b) Ein Punkt $a \in A$ mit $d(x,a) = d_A(x)$ heißt *Bestapproximation* oder *Proximum* zu x in A. Im Fall einer *kompakten* Menge A gibt es stets ein Proximum, das aber i. a. nicht eindeutig ist (vgl. Abb. 1.7 und Aufgabe 1.16). Auf die Frage der Existenz und Eindeutigkeit von Proxima gehen wir später mehrmals ein, insbesondere auch für den Fall eines abgeschlossenen Unterraumes V eines Banachraumes X.

Abb. 1.7 Distanz $d = d_A(x)$
eines Punktes zu einer Menge

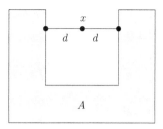

1.4 Aufgaben

Aufgabe 1.1

Es seien (x_n) und (y_n) Folgen in einem metrischen Raum X, und es gelte $x_n \to x$, $y_n \to y$ in X.

a) Zeigen Sie $d(x_n, y_n) \to d(x, y)$.

b) Nun seien X ein normierter Raum und (α_n) eine Folge in $\mathbb{K}$ mit $\alpha_n \to \alpha$ in $\mathbb{K}$. Zeigen Sie $\|x_n\| \to \|x\|$ und $\alpha_n x_n + y_n \to \alpha x + y$.

Aufgabe 1.2

Definieren Sie auf einem Produkt $X := X_1 \times \ldots \times X_n$ metrischer bzw. normierter Räume analog zu (1.10) und (1.12) Metriken bzw. Normen, die die koordinatenweise Konvergenz auf X induzieren. Beweisen Sie, dass aus der Vollständigkeit von $X_1, \ldots, X_n$ auch die des Produkts X folgt.

Aufgabe 1.3

a) Es sei $(X, \| \ \|)$ ein normierter Raum mit offener bzw. abgeschlossener Einheitskugel U bzw. B. Zeigen Sie

$$\|x\| = \inf \{t > 0 \mid \tfrac{1}{t}x \in U\} = \inf \{t > 0 \mid \tfrac{1}{t}x \in B\}, \quad x \in X.$$

b) Nun seien $\| \ \|_1$ und $\| \ \|_2$ Normen auf X, und es gelte $U_1 = U_2$ oder $B_1 = B_2$ für die Einheitskugeln. Folgern Sie $\|x\|_1 = \|x\|_2$ für alle $x \in X$.

Eine Norm wird also durch ihre Einheitskugel eindeutig bestimmt.

Aufgabe 1.4

Zeigen Sie, dass die nach (1.8) gebildete Menge co(A) die kleinste konvexe Obermenge einer Teilmenge $A \subseteq E$ eines Vektorraumes E ist.

Aufgabe 1.5

Untersuchen Sie, ob folgende Mengen A in den angegebenen normierten Räumen beschränkt sind:

a) $A = \{(z, w) \mid z^2 + w^2 = 1\}$ in $\ell_2^2(\mathbb{C})$,

b) $A = \{f \in \mathcal{C}[0, 1] \mid \|f\|_{\sup} \leq 1\}$ in $L_p[0, 1]$,

c) $A = \{f \in \mathcal{C}^1[0, 1] \mid \|f'\|_{\sup} \leq 1\}$ in $\mathcal{C}[0, 1]$,

d) $A = \{f \in \mathcal{C}[0, 1] \mid \|f\|_{L_1} \leq 1\}$ in $\mathcal{C}[0, 1]$.

Aufgabe 1.6

a) Sind die Normen $\|\ \|_{\sup}$ und $\|\ \|_1$ auf $\mathcal{C}[a, b]$ äquivalent?

b) Sind die Normen $\|\ \|_1$ und $\|\ \|_2$ auf $\mathcal{C}[a, b]$ äquivalent?

c) Impliziert die punktweise Konvergenz auf $\mathcal{C}[a, b]$ die im Mittel? Gilt die umgekehrte Implikation?

Aufgabe 1.7

Beweisen Sie die Formel $\|x\|_\infty = \lim\limits_{p \to \infty} \|x\|_p$ für $x \in \mathbb{K}^n$.

Aufgabe 1.8

Es sei (M, d) ein metrischer Raum. Beweisen Sie, dass durch

$$d^*(x, y) := \frac{d(x,y)}{1+d(x,y)}$$

eine neue Metrik auf M definiert wird. Zeigen Sie $d^* \leq \min\{1, d\}$ und

$$d^*(x_n, x) \to 0 \ \Leftrightarrow \ d(x_n, x) \to 0$$

für Folgen in M. Gilt auch $d \leq C\, d^*$ mit einer Konstanten $C \geq 0$?

Aufgabe 1.9

Beweisen Sie die Vollständigkeit der Folgenräume ℓ_p für $1 \leq p < \infty$.

HINWEIS. Sie können ähnlich wie im Fall $p = \infty$ verfahren.

Aufgabe 1.10

a) Es sei Ω ein Maßraum mit $\mu(\Omega) < \infty$, z. B. $\Omega = [a, b]$. Für $1 \leq r < s \leq \infty$ zeigen Sie $\mathcal{L}_s(\Omega) \subseteq \mathcal{L}_r(\Omega)$ und $\|f\|_{L_r} \leq \mu(\Omega)^{1/r - 1/s} \|f\|_{L_s}$ für $f \in \mathcal{L}_s(\Omega)$.

b) Zeigen Sie $\ell_r \subseteq \ell_s$ und $\|x\|_s \leq \|x\|_r$ für $x \in \ell_r$ und $1 \leq r < s \leq \infty$.

Aufgabe 1.11

Der Raum der *endlichen* Folgen ist definiert durch

$$\varphi := \{x = (x_j)_{j=0}^\infty \mid \exists\, k \ \forall\, j > k \ : \ x_j = 0\}.$$

Bestimmen Sie die Abschlüsse von φ in den Räumen ℓ_p für $1 \leq p \leq \infty$.

Aufgabe 1.12

Zeigen Sie, dass die Folgenräume c aller konvergenten Folgen und c_0 aller Nullfolgen Banachräume sind und beweisen Sie $\dim{}^c/_{c_0} = 1$.

Aufgabe 1.13

Beweisen Sie die Vollständigkeit der normierten Räume $L_\infty(\Omega, \Sigma, \mu)$.

Aufgabe 1.14

Es seien X ein normierter Raum, $V \subseteq X$ ein abgeschlossener Unterraum und $\pi : X \to Q = {}^X/_V$ die Quotientenabbildung. Zeigen Sie:

a) Zu einer konvergenten Folge (q_n) in Q gibt es eine konvergente Folge (x_n) in X mit $\pi x_n = q_n$ für alle $n \in \mathbb{N}$.

b) Eine Menge $W \subseteq Q$ ist genau dann offen in Q, wenn $\pi^{-1}(W)$ offen in X ist.

c) Eine Abbildung $f : Q \to M$ von Q in einen metrischen Raum M ist genau dann stetig, wenn $f \circ \pi : X \to M$ stetig ist.

Aufgabe 1.15

Es seien $(E, \| \ \|)$ ein halbnormierter Raum und $V \subseteq E$ ein Unterraum. Zeigen Sie, dass durch

$$\| \pi x \|_Q := \inf \{ \| x - v \|_E \mid v \in V \} \quad \text{für } \pi x \in Q = {}^E/_V$$

eine Halbnorm auf dem Quotientenraum $Q = {}^E/_V$ definiert wird. Wann ist diese sogar eine Norm?

Aufgabe 1.16

a) Zeigen Sie anhand eines Beispiels, dass das Infimum in (1.26) nicht immer angenommen wird.

b) Gegeben seien die Banachräume $X = \ell_\infty^2(\mathbb{R})$ und $X = \ell_1^2(\mathbb{R})$. Finden Sie jeweils einen Unterraum V von X und einen Vektor $x \in X \backslash V$, sodass es unendlich viele Vektoren $v \in V$ mit $\| x - v \| = d_V(x)$ gibt.

Aufgabe 1.17

Es seien X ein normierter Raum und $\emptyset \neq A, B \subseteq E$. Zeigen Sie:

a) Mit A ist auch $A + B$ offen in X.

b) Sind A und B konvex, so gilt dies auch für $A + B$.

c) Ist A kompakt und B abgeschlossen, so ist auch $A + B$ abgeschlossen. d) Gilt Aussage c) auch für nur abgeschlossene Mengen $A \subseteq X$?

Kompakte Mengen

2

Fragen

1. Gegeben sei eine punktweise konvergente Folge stetiger Funktionen. Finden Sie Bedingungen, die die Stetigkeit der Grenzfunktion implizieren.
2. Gegeben sei eine beschränkte Folge in einem konkreten Banachraum wie $C[a, b]$, c_0 oder ℓ_p. Finden Sie Bedingungen, die die Existenz einer konvergenten Teilfolge implizieren.
3. Lassen sich Banachräume „der Größe nach" vergleichen?

In diesem Kapitel bestimmen wir die kompakten Teilmengen des Banachraums $C(K)$ der stetigen Funktionen auf einem kompakten metrischen Raum K *(Satz von Arzelà-Ascoli 1883)* und beweisen auch die *Separabilität* dieses Raumes. Beispiele für kompakte Teilmengen von $C[a, b]$ sind Funktionenmengen, die bezüglich einer *Hölder-Norm* oder einer *Sobolev-Norm* beschränkt sind.

Wir beginnen mit knappen Erinnerungen an den Kompaktheitsbegriff (fehlende Beweise findet man in Anhang A.2).

Kompakte Räume

a) Ein metrischer Raum K heißt *folgenkompakt,* wenn jede Folge in K eine in K konvergente Teilfolge besitzt.

b) Ein metrischer Raum K heißt *überdeckungskompakt,* wenn jede *offene Überdeckung* von K eine *endliche Teilüberdeckung* besitzt. Dies bedeutet: Ist $\mathfrak{U}$ ein System offener Mengen von K mit $K \subseteq \bigcup \{U \mid U \in \mathfrak{U}\}$, so genügen bereits endlich viele Mengen $U_1, \dots, U_r \in \mathfrak{U}$ zur Überdeckung von K, d. h. man hat $K \subseteq U_1 \cup \dots \cup U_r$.

c) Die in a) und b) formulierten Eigenschaften sind *äquivalente* Formulierungen der *Kompaktheit* eines metrischen Raumes (Satz A.2.11).

© Springer-Verlag GmbH Deutschland 2018
W. Kaballo, *Grundkurs Funktionalanalysis*,
https://doi.org/10.1007/978-3-662-54748-9_2

Abb. 2.1 Eine injektive
Abbildung

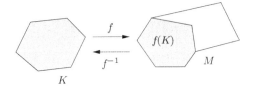

d) Es seien K, M metrische Räume und K kompakt. Dann ist eine stetige Abbildung $f : K \to M$ *gleichmäßig stetig* mit *kompakter Bildmenge* $f(K) \subseteq M$. Ist f zusätzlich *injektiv*, so ist auch die *Umkehrabbildung* $f^{-1} : f(K) \to K$ stetig (vgl. Abb. 2.1).

e) Ein kompakter Raum ist wegen Lemma 1.7 vollständig und daher in jedem Oberraum abgeschlossen. Kompakte Teilmengen $K \subseteq X$ *normierter* Räume sind beschränkt und abgeschlossen; kompakte Mengen $K \subseteq \mathbb{R}$ besitzen ein Maximum und ein Minimum.

f) Nach dem *Satz von Bolzano-Weierstraß* ist umgekehrt in $\mathbb{K}^n$ jede beschränkte und abgeschlossene Menge auch kompakt; dies gilt jedoch *nicht in unendlichdimensionalen* normierten Räumen (vgl. das Beispiel auf der folgenden Seite sowie Satz 3.10 auf S. 50).

Präkompakte Mengen

a) Für $\varepsilon > 0$ heißt eine Menge $N \subseteq M$ ein ε-*Netz* des metrischen Raumes M, wenn $M \subseteq \bigcup \{ U_\varepsilon(a) \mid a \in N \}$ gilt (vgl. Abb. 2.2).

b) Ein metrischer Raum M heißt *präkompakt* oder *total beschränkt*, wenn er für jedes $\varepsilon > 0$ ein *endliches* ε-*Netz* besitzt.

c) Ein metrischer Raum M ist genau dann präkompakt, wenn jede Folge in M eine Cauchy-Teilfolge besitzt (Satz A.2.10).

d) Aufgrund von c) ist ein metrischer Raum M genau dann kompakt, wenn er präkompakt und vollständig ist.

e) Eine Teilmenge $A \subseteq M$ eines metrischen Raumes heißt *relativ kompakt* in M, wenn ihr Abschluss $\overline{A}$ in M kompakt ist. Der Begriff der relativen Kompaktheit hängt also von der *Wahl eines Oberraums* ab; im Gegensatz dazu sind „kompakt", „präkompakt" und auch „vollständig" absolute Begriffe.

f) Relativ kompakte Mengen sind präkompakt, da wegen c) Teilmengen präkompakter Räume wieder präkompakt sind.

g) Ist $A \subseteq M$ präkompakt, so auch $\overline{A}$. Ist in der Tat N ein endliches ε-Netz von A, so ist N auch ein endliches 2ε-Netz von $\overline{A}$. Wegen d) sind daher in vollständigen Räumen die Begriffe „präkompakt" und „relativ kompakt" äquivalent.

Abb. 2.2 Ein ε-Netz

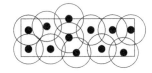

g) Präkompakte Teilmengen $A \subseteq X$ *normierter Räume* sind *beschränkt,* da sie ja endliche ε -Netze besitzen. Nach dem *Satz von Bolzano-Weierstraß* ist umgekehrt in $\mathbb{K}^n$ jede beschränkte Menge auch präkompakt; dies gilt jedoch *nicht in unendlichdimensionalen* normierten Räumen (vgl. wiederum das folgende Beispiel und Satz 3.10 auf S. 50).

2.1 Der Satz von Arzelà-Ascoli

Das erste Ziel dieses Kapitels ist der Beweis des *Satzes von Arzelà-Ascoli* 2.5. Dieser besagt, dass eine Teilmenge des Banachraumes $\mathcal{C}(K)$ der stetigen Funktionen auf einem kompakten metrischen Raum K genau dann präkompakt ist, wenn sie beschränkt und *gleichstetig* ist. Zur Motivation dieses Begriffs diene das folgende

Beispiel
a) Für die durch $f_n(t) := \cos 2^n t$ definierte Funktionenfolge (f_n) in $\mathcal{C}[0, 2\pi]$ (vgl. Abb. 2.3) gilt stets $\|f_n\| = 1$; wegen $f_n(2^{-n}\pi) = \cos \pi = -1$ und $f_m(2^{-n}\pi) = \cos 2^{m-n}\pi = +1$ für $m > n$ hat man $\|f_m - f_n\| = 2$ für $m \neq n$. Daher hat die Folge (f_n) keine Cauchy-Teilfolge; die abgeschlossene Einheitskugel B von $\mathcal{C}[0, 2\pi]$ ist nicht präkompakt und erst recht nicht kompakt.
b) Wegen $\|f_n'\| = \| - 2^n \sin 2^n t \| = 2^n$ gilt nach dem *Mittelwertsatz der Differentialrechnung* $|f_n(t) - f_n(s)| \leq 2^n |t - s|$ für $t, s \in [0, 2\pi]$. Folglich hat man für f_n die *gleichmäßige Stetigkeit* (vgl. auch S. 342):

$$\forall \, \varepsilon > 0 \; \exists \, \delta > 0 \; \forall \, t, s \in [0, 2\pi] \, : \; |t - s| < \delta \; \Rightarrow \; |f_n(t) - f_n(s)| < \varepsilon \qquad (2.1)$$

mit $\delta = 2^{-n} \varepsilon$. Wegen $f_n(0) = 1$ und $f_n(2^{-n}\pi) = -1$ *muss* für $\varepsilon \leq 2$ in der Tat zwingend $\delta = \delta_n \leq 2^{-n}\pi$ gewählt werden. Wegen $\delta_n \to 0$ für $n \to \infty$ kann also δ *nicht unabhängig von n* gewählt werden!

Das soeben beobachtete Phänomen führt auf den folgenden Begriff:

Gleichstetige Funktionenmengen
a) Es seien M und N metrische Räume. Eine *Funktionenmenge* $\mathcal{H} \subseteq \mathcal{C}(M, N)$ mit der Eigenschaft

Abb. 2.3 Die Funktionen $\cos 2t$, $\cos 4t$ und $\cos 8t$

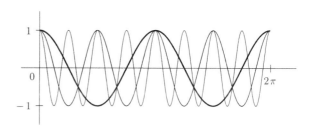

$$\forall\, \varepsilon > 0\; \exists\, \delta > 0\; \forall\, t, s \in M\; \forall\, f \in \mathcal{H}\; :\; d(t,s) < \delta\; \Rightarrow\; d(f(t), f(s)) < \varepsilon \tag{2.2}$$

heißt *gleichstetig* oder *gleichgradig stetig*.

b) Eine Funktionenmenge $\mathcal{H} \subseteq \mathcal{C}(M, N)$ ist also genau dann gleichstetig, wenn für jedes $\varepsilon > 0$ die Zahl $\delta > 0$ aus der Stetigkeitsbedingung (2.1) *unabhängig* von $f \in \mathcal{H}$ (und auch von $t, s \in M$) wählbar ist.

Satz 2.1

Für eine Folge (f_n) in $\mathcal{C}(M, N)$ existiere $f(t) := \lim\limits_{n \to \infty} f_n(t)$ punktweise auf M, und die Menge $\{f_n\}$ sei gleichstetig. Dann ist auch die Menge $\{f_n\} \cup \{f\}$ gleichstetig, und insbesondere ist die Grenzfunktion stetig.

BEWEIS. Zu $\varepsilon > 0$ gibt es $\delta > 0$ mit $d(f_n(t), f_n(s)) \leq \varepsilon$ für alle $n \in \mathbb{N}$ und $t, s \in M$ mit $d(t, s) \leq \delta$. Mit $n \to \infty$ folgt sofort auch $d(f(t), f(s)) \leq \varepsilon$ für $d(t, s) \leq \delta$. $\Diamond$

Beispiele

a) Die Menge der Monome $\{p_n(t) := t^n \mid n \in \mathbb{N}\}$ in $\mathcal{C}[0, 1]$ (vgl. Abb. 1.4 auf S. 10) ist nicht gleichstetig. Dies folgt sofort aus Satz 2.1; man sieht aber auch leicht, dass (2.2) nicht erfüllt ist.

b) Die Beschränktheit der Ableitung impliziert die gleichmäßige Stetigkeit einer Funktion. Ist entsprechend $\mathcal{H} \subseteq \mathcal{C}^1[a, b]$ eine Funktionenmenge mit $\|f'\|_{\sup} \leq C$ für alle $f \in \mathcal{H}$ und ein $C > 0$, so ergibt sich aus dem *Hauptsatz der Differential- und Integralrechnung* sofort

$$|f(t) - f(s)| = \left| \int_s^t f'(\tau)\, d\tau \right| \leq \|f'\|_{\sup} |t - s| \leq C\,|t - s|$$

für $f \in \mathcal{H}$ und $t, s \in [a, b]$; somit ist (2.2) mit $\delta = \frac{\varepsilon}{C}$ erfüllt, und die Funktionenmenge $\mathcal{H} \subseteq \mathcal{C}[a, b]$ ist gleichstetig.

Satz 2.2

Es seien K ein kompakter metrischer Raum und $\mathcal{H} \subseteq \mathcal{C}(K)$ präkompakt. Dann ist $\mathcal{H}$ gleichstetig.

BEWEIS. Zu $\varepsilon > 0$ gibt es Funktionen $f_1, \ldots, f_r \in \mathcal{H}$ mit $\mathcal{H} \subseteq \bigcup\limits_{j=1}^{r} U_\varepsilon(f_j)$. Jede Funktion f_j ist *gleichmäßig* stetig, d. h. es gibt $\delta_j > 0$ mit $|f_j(t) - f_j(s)| < \varepsilon$ für $d(t, s) < \delta_j$. Es seien nun $\delta := \min\limits_{j=1}^{r} \delta_j > 0$ und $f \in \mathcal{H}$. Wir wählen $j \in \{1, \ldots, r\}$ mit $\|f - f_j\| < \varepsilon$ und erhalten für $d(t, s) < \delta$:

$$|f(t) - f(s)| \leq |f(t) - f_j(t)| + |f_j(t) - f_j(s)| + |f_j(s) - f(s)|$$
$$\leq \|f - f_j\| + \varepsilon + \|f - f_j\| \leq 3\varepsilon. \qquad \Diamond$$

Der Satz von Arzelà-Ascoli besagt, dass $\mathcal{H} \subseteq \mathcal{C}(K)$ *genau dann präkompakt ist, wenn* $\mathcal{H}$ *gleichstetig und beschränkt ist.* Dem Beweis von „$\Leftarrow$" schicken wir zwei Hilfsaussagen voraus, die wir auch später noch verwenden werden:

Lemma 2.3

Es seien A eine abzählbare Menge und (f_n) eine punktweise beschränkte *Folge von Funktionen auf A, d. h. für alle $a \in A$ seien die Folgen $(f_n(a))$ in $\mathbb{K}$ beschränkt. Dann hat (f_n) eine punktweise konvergente Teilfolge.*

BEWEIS. Es sei $A = \{a_j \mid j \in \mathbb{N}\}$. Da $(f_n(a_1))$ in $\mathbb{K}$ beschränkt ist, hat (f_n) eine Teilfolge $(f_n^{(1)})$, für die $(f_n^{(1)}(a_1))$ konvergiert. Dann hat $(f_n^{(1)})$ eine Teilfolge $(f_n^{(2)})$, für die $(f_n^{(2)}(a_2))$ konvergiert. So fortfahrend wählen wir für $j \in \mathbb{N}$ rekursiv Teilfolgen $(f_n^{(j)})$ von $(f_n^{(j-1)})$, für die $(f_n^{(j)}(a_j))$ konvergiert. Nach Konstruktion konvergiert dann $(f_n^{(j)}(a_k))$ für $k \leq j$. Aus diesen sukzessive ausgewählten Teilfolgen

$$
\begin{array}{ccccccc}
f_1 & f_2 & f_3 & f_4 & f_5 & f_6 & \cdots \\
f_1^{(1)} & f_2^{(1)} & f_3^{(1)} & f_4^{(1)} & f_5^{(1)} & f_6^{(1)} & \cdots \\
f_1^{(2)} & f_2^{(2)} & f_3^{(2)} & f_4^{(2)} & f_5^{(2)} & f_6^{(2)} & \cdots \\
f_1^{(3)} & f_2^{(3)} & f_3^{(3)} & f_4^{(3)} & f_5^{(3)} & f_6^{(3)} & \cdots \\
f_1^{(4)} & f_2^{(4)} & f_3^{(4)} & f_4^{(4)} & f_5^{(4)} & f_6^{(4)} & \cdots \\
f_1^{(5)} & f_2^{(5)} & f_3^{(5)} & f_4^{(5)} & f_5^{(5)} & f_6^{(5)} & \cdots \\
\vdots & \vdots & \vdots & \vdots & \vdots & \vdots & \ddots
\end{array}
$$

bilden wir nun die *Diagonalfolge* $(f_n^*) := (f_n^{(n)})$. Diese ist Teilfolge von (f_n) und, für $n \geq j$, auch von $(f_n^{(j)})$; daher konvergiert $(f_n^*(a_j))$ für *alle* $j \in \mathbb{N}$. $\Diamond$

Lemma 2.4

Es seien M, N metrische Räume, und N sei vollständig. Weiter sei (g_n) eine gleichstetige Folge in $\mathcal{C}(M, N)$, die auf einer dichten Menge $A \subseteq M$ punktweise konvergiert. Dann ist (g_n) auf ganz M punktweise konvergent, und die Konvergenz ist gleichmäßig auf präkompakten Teilmengen von M.

BEWEIS. a) Zu $\varepsilon > 0$ wählen wir $\delta > 0$ mit $d(g_n(t), g_n(s)) < \varepsilon$ für $n \in \mathbb{N}$ und $d(t, s) < 2\delta$. Für eine präkompakte Menge $K \subseteq M$ gibt es $b_1, \ldots, b_r \in K$ mit $K \subseteq \bigcup_{j=1}^{r} U_\delta(b_j)$. Für $j = 1, \ldots, r$ wählen wir $a_j \in A$ mit $d(a_j, b_j) < \delta$. Da $(g_n(a_j))$ konvergiert, gibt es $n_0 \in \mathbb{N}$ mit $d(g_n(a_j), g_m(a_j)) < \varepsilon$ für $n, m \geq n_0$ und $j = 1, \ldots, r$.
b) Es seien nun $n, m \geq n_0$ und $t \in K$. Wir wählen $j \in \{1, \ldots, r\}$ mit $d(t, a_j) < 2\delta$ und erhalten

$$
d(g_n(t), g_m(t)) \leq d(g_n(t), g_n(a_j)) + d(g_n(a_j), g_m(a_j)) + d(g_m(a_j), g_m(t)) < 3\varepsilon.
$$

Somit gilt $\sup_{t \in K} d(g_n(t), g_m(t)) \leq 3\varepsilon$ für $n, m \geq n_0$, und wegen der Vollständigkeit von N ist die Folge (g_n) auf K gleichmäßig konvergent (vgl. Satz 1.2). Insbesondere konvergiert dann $(g_n(t))$ für alle Punkte $t \in M$. $\Diamond$

Nun benötigen wir noch die *Separabilität* präkompakter Räume:

Separable Räume

a) Ein metrischer Raum M heißt *separabel*, falls es in M eine abzählbare dichte Teilmenge gibt.

b) Der Raum $\mathbb{R}^n$ ist separabel, da die abzählbare Menge $\mathbb{Q}^n$ der rationalen n-Tupel in $\mathbb{R}^n$ dicht ist.

c) Präkompakte metrische Räume M sind separabel: Zu $\varepsilon := \frac{1}{j}$ gibt es ein endliches $\frac{1}{j}$-Netz A_j in M. Dann ist $A := \bigcup_{j=1}^{\infty} A_j$ eine abzählbare dichte Teilmenge von M; in der Tat gibt es zu $x \in M$ und $j \in \mathbb{N}$ ein $a_j \in A_j \subseteq A$ mit $d(x, a_j) < \frac{1}{j}$.

Insgesamt ergibt sich nun:

Theorem 2.5 (Arzelà-Ascoli)

Es sei K ein kompakter metrischer Raum. Eine Funktionenmenge $\mathcal{H} \subseteq \mathcal{C}(K)$ ist genau dann

a) präkompakt, wenn $\mathcal{H}$ beschränkt und gleichstetig ist,

b) kompakt, wenn $\mathcal{H}$ beschränkt, abgeschlossen und gleichstetig ist.

BEWEIS. a) „$\Rightarrow$": Präkompakte Mengen sind stets beschränkt, und die Gleichstetigkeit ist gerade Satz 2.2.

„$\Leftarrow$": Wie wir soeben gesehen haben, ist K separabel; es gibt also eine abzählbare dichte Teilmenge A in K. Es sei nun (f_n) eine Folge in $\mathcal{H}$. Da $\mathcal{H}$ beschränkt ist, besitzt diese nach Lemma 2.3 eine Teilfolge, die auf A punktweise konvergiert. Da $\mathcal{H}$ gleichstetig ist, muss diese Teilfolge nach Lemma 2.4 sogar gleichmäßig konvergent sein.

b) Wegen der Vollständigkeit von $\mathcal{C}(K)$ folgt nun b) aus a) und der Tatsache, dass Kompaktheit zu Präkompaktheit und Vollständigkeit äquivalent ist. $\Diamond$

Bemerkungen

a) Der Beweis des Satzes von Arzelà-Ascoli zeigt, dass eine gleichstetige Menge $\mathcal{H} \subseteq \mathcal{C}(K)$ bereits dann präkompakt ist, wenn sie nur *punktweise* beschränkt ist.

b) Es gilt die folgende Erweiterung des Satzes von Arzelà-Ascoli für vektorwertige Funktionen (s. Aufgabe 2.7): Für einen kompakten metrischen Raum K und einen normierten Raum Y ist eine Menge $\mathcal{H} \subseteq \mathcal{C}(K, Y)$ genau dann präkompakt, wenn $\mathcal{H}$ gleichstetig ist und für alle $t \in K$ die Mengen $\{f(t) \mid f \in \mathcal{H}\}$ in Y präkompakt sind.

c) Es gibt zum Satz von Arzelà-Ascoli analoge Kompaktheitskriterien in anderen Funktionenräumen, die in diesem Buch allerdings nicht benötigt werden. Wir verweisen, insbesondere für L_p-Räume, etwa auf (Appell und Väth 2005), Kap. 3; beachten Sie auch die Aufgaben 2.8, 2.9, 2.16 und 2.17.

2.2 Separable Räume und ein Approximationssatz

In diesem Abschnitt zeigen wir einen Approximationssatz, der u. a. die Separabilität wichtiger Funktionenräume impliziert. Wir beginnen mit der folgenden nicht ganz offensichtlichen Tatsache:

Satz 2.6
Es sei M ein separabler metrischer Raum. Dann ist auch jede Teilmenge $N \subseteq M$ separabel.

BEWEIS. a) Es sei $A \subseteq M$ eine abzählbare dichte Menge in M. Wir betrachten das System $\mathfrak{A}_1 := \{U_r(a) \mid a \in A, \, 0 < r \in \mathbb{Q}\}$ der offenen Kugeln mit rationalen Radien um Punkte aus A und dessen Teilsystem $\mathfrak{A}_2 := \{U_r(a) \in \mathfrak{A}_1 \mid U_r(a) \cap N \neq \emptyset\}$; dann sind $\mathfrak{A}_1$ und $\mathfrak{A}_2$ abzählbare Mengen. Für jede Kugel $U_r(a) \in \mathfrak{A}_2$ wählen wir ein $b \in U_r(a) \cap N$ und erhalten so eine abzählbare Menge $B \subseteq N$. Dieses Verfahren wird in Abb. 2.4 veranschaulicht.

b) Es seien nun $t \in N$ und $\varepsilon > 0$. Wir wählen $a \in A$ mit $d(t, a) < \frac{\varepsilon}{3}$ und $r \in \mathbb{Q}$ mit $\frac{\varepsilon}{3} < r < \frac{\varepsilon}{2}$. Dann ist $t \in U_r(a)$ und somit $U_r(a) \in \mathfrak{A}_2$; es gibt also $b \in B \cap U_r(a)$. Es folgt $d(t, b) \leq d(t, a) + d(a, b) < \frac{\varepsilon}{3} + r < \varepsilon$; B ist also dicht in N. $\diamond$

Für kompakte metrische Räume K sind die Banachräume $\mathcal{C}(K)$ separabel. Zum Nachweis dieser Tatsache benutzen wir spezielle

Stetige Zerlegungen der Eins
a) Es seien M ein metrischer Raum und Y ein normierter Raum. Für eine Funktion $f : M \to Y$ heißt die in M abgeschlossene Menge

$$\operatorname{supp} f := \overline{\{t \in M \mid f(t) \neq 0\}}$$

der *Träger* (oder *support*) der Funktion f.

Abb. 2.4 Illustration des Beweises von Satz 2.6

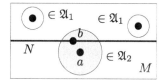

Abb. 2.5 Illustration der
Konstruktion stetiger ZdE's

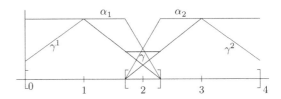

b) Ein metrischer Raum M werde durch offene Kugeln $\{U_j = U_{r_j}(s_j)\}_{j=1}^m$ überdeckt. Mit $U_j^c = M \backslash U_j$ gilt für die auf M stetigen Distanzfunktionen $\gamma_j = d_{U_j^c}$ dann offenbar supp $\gamma_j \subseteq B_j := B_{r_j}(s_j)$ und $\gamma(t) := \sum_{j=1}^m \gamma_j(t) > 0$ auf M. Für die Funktionen $\alpha_j := \frac{\gamma_j}{\gamma} \in \mathcal{C}(M)$ hat man dann

$$0 \le \alpha_j \le 1, \quad \text{supp } \alpha_j \subseteq B_j, \quad \sum_{j=1}^m \alpha_j = 1; \tag{2.3}$$

sie bilden eine der Überdeckung $\{U_j\}_{j=1}^m$ von M untergeordnete *stetige Zerlegung der Eins (ZdE)* auf M. Die folgende Abbildung illustriert die Konstruktion auf einem Intervall.

Zur bequemen Abb. 2.5 illustriert Formulierung des wichtigen Approximationssatzes 2.7 unten dient die folgende Notation:

Tensorprodukte

a) Für eine Menge M und einen Vektorraum E bezeichnen wir mit $\mathcal{F}(M, E)$ den Raum aller Funktionen von M nach E. Für Teilmengen $\mathcal{H} \subseteq \mathcal{F}(M) = \mathcal{F}(M, \mathbb{K})$ und $A \subseteq E$ wird das *Tensorprodukt* definiert durch

$$\mathcal{H} \otimes A := \{ \sum_{k=1}^n \phi_k\, y_k \mid n \in \mathbb{N},\, \phi_k \in \mathcal{H},\, y_k \in A \} \subseteq \mathcal{F}(M, E). \tag{2.4}$$

b) Es ist $\mathcal{F}(M) \otimes E$ der Raum der E-wertigen Funktionen auf M mit *endlichdimensionalem Bild*. In der Tat ist das Bild einer Funktion wie in (2.4) in der linearen Hülle $[y_1, \ldots, y_n]$ der Vektoren $y_1, \ldots, y_n \in E$ enthalten. Für $f \in \mathcal{F}(M, E)$ gelte umgekehrt $f(M) \subseteq V$ für einen Unterraum V von E mit dim $V < \infty$. Ist dann $\{v_1, \ldots, v_n\}$ eine Basis von V, so hat man $f(t) = \sum_{k=1}^n \alpha_k(t)\, v_k$ mit skalaren Funktionen $\alpha_k \in \mathcal{F}(M)$.

Theorem 2.7 (Approximationssatz)

Es seien K ein kompakter metrischer Raum und Y ein normierter Raum. Zu einer Funktion $f \in \mathcal{C}(K, Y)$ und $\varepsilon > 0$ gibt es $g \in \mathcal{C}(K) \otimes Y$ mit $g(K) \subseteq \text{co}\,(f(K))$ und $\|f - g\|_{\sup} \le \varepsilon$.

BEWEIS. Da f *gleichmäßig* stetig ist, gibt es $n \in \mathbb{N}$ mit $\|f(t) - f(s)\| \le \varepsilon$ für $d(t, s) \le \frac{1}{n}$. Der präkompakte Raum K besitzt ein endliches $\frac{1}{n}$-Netz: $K \subseteq \bigcup_{j=1}^r U_j$ mit

$U_j = U_{1/n}(t_j)$, $t_j \in K$. Mit den Funktionen α_j gemäß (2.3) setzen wir

$$g(t) := \sum_{j=1}^{r} \alpha_j(t) f(t_j) \in \mathcal{C}(K) \otimes Y. \tag{2.5}$$

Wegen (2.3) ist $g(t)$ eine Konvexkombination von Werten von f, liegt also in der konvexen Hülle $\operatorname{co} f(K)$ des Bildes von f. Weiter gilt für $t \in K$

$$\| f(t) - g(t) \| = \| \sum_{j=1}^{r} \alpha_j(t)(f(t) - f(t_j)) \| \le \varepsilon \sum_{j=1}^{r} \alpha_j(t) \le \varepsilon,$$

da ja für $\alpha_j(t) \ne 0$ stets $t \in B_j$ ist und somit $\| f(t) - f(t_j) \| \le \varepsilon$ gilt. $\Diamond$

Die Argumente im Beweis des Approximationssatzes zeigen auch:

Satz 2.8
Es seien K ein kompakter metrischer Raum und Y ein separabler *normierter Raum. Dann ist auch der Raum $\mathcal{C}(K, Y)$ separabel.*

BEWEIS. a) Für festes $n \in \mathbb{N}$ ist die Menge $\mathcal{Z}_n \subseteq \mathcal{C}(K)$ der im Beweis von Theorem 2.7 konstruierten Funktionen $\{\alpha_j\}$ endlich, ihre Vereinigung $\mathcal{Z} = \bigcup_{n=1}^{\infty} \mathcal{Z}_n$ also abzählbar. Für die Funktion g aus (2.5) gilt offenbar $g \in \mathcal{Z} \otimes Y$.

b) Nun sei $A \subseteq Y$ eine abzählbare dichte Menge; dann ist auch die Menge $\mathcal{Z} \otimes A$ abzählbar. Zu $f \in \mathcal{C}(K, Y)$ und $\varepsilon > 0$ wählen wir $g \in \mathcal{Z} \otimes Y$ wie in (2.5) und $a_j \in A$ mit $\| f(t_j) - a_j \| < \varepsilon$. Für $h(t) := \sum_{j=1}^{r} \alpha_j(t) a_j \in \mathcal{Z} \otimes A$ gilt dann $\| h - g \|_{\sup} \le \varepsilon$ und somit $\| h - f \|_{\sup} \le 2\varepsilon$. Folglich ist $\mathcal{Z} \otimes A$ dicht in $\mathcal{C}(K, Y)$. $\Diamond$

Aus Satz 2.8 folgt auch die Separabilität von L_p-Räumen. Dazu benutzen wir

Räume stetiger Funktionen mit kompaktem Träger
Für eine Menge $M \subseteq \mathbb{R}^n$ definieren wir den Raum

$$\mathcal{C}_c(M) := \{f \in \mathcal{C}(\mathbb{R}^n) \mid \operatorname{supp} f \text{ ist kompakte Teilmenge von } M\}.$$

Der Raum $\mathcal{C}_c(\mathbb{R}^n)$ der stetigen Funktionen auf $\mathbb{R}^n$ mit kompaktem Träger ist *dicht* in $L_p(\mathbb{R}^n, \lambda)$ für $1 \le p < \infty$ (vgl. S. 364 in Anhang A.3).

Satz 2.9
Für $1 \le p < \infty$ und jede messbare Menge $\Omega \subseteq \mathbb{R}^n$ ist $L_p(\Omega, \lambda)$ separabel.

Abb. 2.6 Illustration zum Beispiel

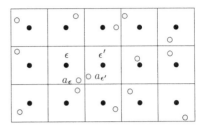

BEWEIS. a) Für eine kompakte Menge $K \subseteq \mathbb{R}^n$ ist $\mathcal{C}_c(K) \subseteq \mathcal{C}(K)$ aufgrund der Sätze 2.8 und 2.6 bezüglich der sup -Norm separabel. Dies gilt erst recht bezüglich der schwächeren L_p -Norm.

b) Mit $B_j := B_j(0)$ gilt $\mathcal{C}_c(\mathbb{R}^n) = \bigcup_{j=1}^{\infty} \mathcal{C}_c(B_j)$, da jede kompakte Teilmenge des $\mathbb{R}^n$ in einem geeigneten B_j liegt. Somit ist der dichte Unterraum $\mathcal{C}_c(\mathbb{R}^n)$ von $L_p(\mathbb{R}^n)$ separabel und daher auch $L_p(\mathbb{R}^n)$ separabel.

c) Für eine messbare Menge $\Omega \subseteq \mathbb{R}^n$ können wir $L_p(\Omega)$ mit einem abgeschlossenen Unterraum von $L_p(\mathbb{R}^n)$ identifizieren, indem wir die Funktionen aus $L_p(\Omega)$ durch 0 auf ganz $\mathbb{R}^n$ fortsetzen. Nach Satz 2.6 ist also auch $L_p(\Omega)$ separabel. $\diamondsuit$

Es gibt auch interessante Banachräume, die *nicht separabel* sind:

Beispiel

Der Folgenraum ℓ_∞ ist *nicht* separabel. In der Tat enthält ℓ_∞ die überabzählbare Menge

$$E := \{\epsilon = (\epsilon_j)_{j=0}^{\infty} \mid \epsilon_j = \pm 1 \text{ für } j \in \mathbb{N}_0\}.$$

Es ist $\| \epsilon - \epsilon' \| = 2$ für $\epsilon, \epsilon' \in E$ mit $\epsilon \neq \epsilon'$. Nun sei A eine dichte Menge in ℓ_∞. Zu $\epsilon \in E$ wählen wir $a_\epsilon \in A$ mit $\| \epsilon - a_\epsilon \| < 1$. Dann gilt $a_\epsilon \neq a_{\epsilon'}$ für $\epsilon, \epsilon' \in E$ mit $\epsilon \neq \epsilon'$, und daher kann A nicht abzählbar sein (vgl. Abb. 2.6).

Dagegen sind die Folgenräume c_0, c und ℓ_p für $1 \leq p < \infty$ separabel (s. Aufgabe 2.11).

2.3 Hölder- und Sobolev-Normen

Nun stellen wir weitere wichtige Funktionenräume vor. *Hölder-Bedingungen* wurden 1934 von J.P. Schauder für Abschätzungen bei elliptischen Differentialgleichungen verwendet; sie liefern eine Skala von Räumen stetiger Funktionen durch Quantifizierung ihrer (gleichmäßigen) Stetigkeit.

Räume Hölder-stetiger Funktionen

a) Es seien K ein kompakter metrischer Raum und $0 < \alpha \leq 1$. Eine Funktion $f : K \to \mathbb{K}$ erfüllt eine *O-Hölder-Bedingung* zum Exponenten α, falls es $C > 0$ gibt mit

$$|f(t) - f(s)| \leq C \, d(t, s)^\alpha \quad \text{für alle } t, s \in K.$$

Der Raum all dieser Funktionen ist gegeben durch

$$\Lambda^\alpha(K) := \{f : K \to \mathbb{K} \mid [f]_\alpha := \sup_{t \neq s} \frac{|f(t) - f(s)|}{d(t,s)^\alpha} < \infty\}.$$

Der Ausdruck $[\ ]_\alpha$ ist eine *Halbnorm* auf $\Lambda^\alpha(K)$. Mit

$$\|f\|_{\Lambda^\alpha} := [f]_\alpha + \|f\|_{\sup}$$

erhält man eine *Norm*, unter der $\Lambda^\alpha(K)$ dann ein *Banachraum* ist (vgl. Aufgabe 2.14). Eine Hölder-Bedingung zum Exponenten $\alpha = 1$ heißt auch *Lipschitz-Bedingung*.

b) Ein abgeschlossener Unterraum von $\Lambda^\alpha(K)$ ist für $0 < \alpha < 1$ der Raum

$$\lambda^\alpha(K) := \{f \in \Lambda^\alpha(K) \mid \lim_{d(t,s) \to 0} \frac{|f(t) - f(s)|}{d(t,s)^\alpha} = 0\}$$

aller Funktionen, die eine *o-Hölder-Bedingung* zum Exponenten α erfüllen.

Satz 2.10
Für $0 < \alpha \leq 1$ ist eine in $\Lambda^\alpha(K)$ beschränkte Funktionenmenge $\mathcal{H}$ in $\mathcal{C}(K)$ relativ kompakt.

BEWEIS. Die Funktionenmenge $\mathcal{H}$ ist *gleichstetig*, da

$$|f(t) - f(s)| \leq [f]_\alpha \, |t - s|^\alpha$$

für alle $f \in \mathcal{H}$ gilt. Die Behauptung folgt also aus dem Satz von Arzelà-Ascoli.   ◇

Ab jetzt beschränken wir uns auf Funktionen von *einer* Variablen, da wir dann bequem mit dem *Hauptsatz der Differential- und Integralrechnung* argumentieren können. Entsprechende Räume in *mehreren* Variablen werden im Aufbaukurs untersucht.

Räume differenzierbarer Funktionen

a) Der Raum $\mathcal{C}^1[a, b]$ der stetig differenzierbaren Funktionen ist im Banachraum $(\mathcal{C}[a, b], \|\ \|_{\sup})$ nicht abgeschlossen, da die $\mathcal{C}^1$-Eigenschaft bei gleichmäßiger Konvergenz *nicht* erhalten bleibt. In der Tat gibt es eine Folge in $\mathcal{C}^1[-1, 1]$, die gleichmäßig gegen

Abb. 2.7 $\mathcal{C}^1$-Approximation
der Betragsfunktion

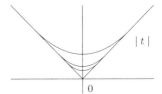

die Betragsfunktion $A : t \mapsto |t|$ konvergiert (vgl. Abb. 2.7); nach dem *Weierstraßschen Approximationssatz* 5.7 ist sogar $\mathcal{C}^1[a,b]$ *dicht* in $\mathcal{C}[a,b]$.

b) Zur Vererbung der $\mathcal{C}^1$-Eigenschaft auf Grenzfunktionen benötigt man gleichmäßige Konvergenz der Funktionenfolge *und* die der *Folge der Ableitungen* (vgl. etwa [Kaballo 2000], Satz 22.14 für eine etwas schärfere Aussage); diese wird von der $\mathcal{C}^1$-*Norm*

$$\| f \|_{\mathcal{C}^1} := \| f \|_{\sup} + \| f' \|_{\sup}$$

beschrieben. Unter dieser Norm ist $\mathcal{C}^1[a,b]$ dann ein *Banachraum.*

c) Für $0 < \alpha < \beta \le 1$ gelten die *Inklusionen*

$$\mathcal{C}^1[a,b] \subseteq \Lambda^1[a,b] \subseteq \Lambda^\beta[a,b] \subseteq \lambda^\alpha[a,b] \subseteq \Lambda^\alpha[a,b] \subseteq \mathcal{C}[a,b],$$

und für $f \in \mathcal{C}^1[a,b]$ hat man mit geeigneten Konstanten $C^\alpha_\beta \ge 0$

$$\| f \|_{\sup} \le \| f \|_{\Lambda^\alpha} \le C^\alpha_\beta \| f \|_{\Lambda^\beta} \text{ sowie } \| f \|_{\Lambda^1} \le \| f \|_{\mathcal{C}^1}.$$

d) Analog zu b) hat man für $m \in \mathbb{N}$ die Banachräume $\mathcal{C}^m[a,b]$ der m-mal stetig differenzierbaren Funktionen mit der $\mathcal{C}^m$-Norm

$$\| f \|_{\mathcal{C}^m} := \sum_{k=0}^m \| f^{(k)} \|_{\sup}. \tag{2.6}$$

e) Für $m \in \mathbb{N}_0$ und $0 < \alpha \le 1$ ist

$$\Lambda^{m,\alpha}[a,b] := \{ f \in \mathcal{C}^m[a,b] \,|\, f^{(m)} \in \Lambda^\alpha[a,b] \}$$

ein Banachraum unter der Norm

$$\| f \|_{\Lambda^{m,\alpha}} := \| f \|_{\mathcal{C}^m} + [f^{(m)}]_\alpha$$

mit dem abgeschlossenen Unterraum

$$\lambda^{m,\alpha}[a,b] := \{ f \in \mathcal{C}^m[a,b] \,|\, f^{(m)} \in \lambda^\alpha[a,b] \}.$$

Sobolev-Normen

gehen für Funktionen von *einer* Variablen bereits auf S. Banach (1922) zurück und wurden für Funktionen von *mehreren* Variablen 1938 von S.L. Sobolev eingeführt. Für $1 \le p < \infty$ werden sie auf $\mathcal{C}^m[a,b]$ definiert durch

$$\| f \|_{W_p^m} := \left(\sum_{k=0}^{m} \int_a^b |f^{(k)}(t)|^p \, dt \right)^{1/p}.$$

Unter diesen Normen sind die Räume $\mathcal{C}^m[a,b]$ nicht vollständig; ihre *Vervollständigungen* heißen *Sobolev-Räume* $W_p^m(a,b)$. Diese Räume liefern, insbesondere für $p = 2$, „natürliche Definitionsbereiche" für Differentialoperatoren. Sobolev-Räume in mehreren Variablen spielen eine große Rolle bei der Untersuchung *partieller Differentialgleichungen*.

Satz 2.11 (Sobolev-Abschätzungen)

a) Für $1 \le p < \infty$ gibt es eine Konstante $C = C_p > 0$ mit

$$\| f \|_{\sup} \le C \| f \|_{W_p^1} \quad \text{für } f \in \mathcal{C}^1[a,b]. \tag{2.7}$$

b) Für $1 < p < \infty$ sei $\alpha = \frac{1}{q} = 1 - \frac{1}{p}$. Es gibt eine Konstante $C' = C_p' > 0$ mit

$$\| f \|_{\Lambda^\alpha} \le C' \| f \|_{W_p^1} \quad \text{für } f \in \mathcal{C}^1[a,b]. \tag{2.8}$$

c) Für $1 < p < \infty$ ist eine bezüglich der Sobolev-Norm $\| \ \|_{W_p^1}$ in $\mathcal{C}^1[a,b]$ beschränkte Menge $\mathcal{H}$ in $C[a,b]$ relativ kompakt.

BEWEIS. a) Für $f \in \mathcal{C}^1[a,b]$ gibt es nach dem *Mittelwertsatz der Integralrechnung* einen Punkt $t_0 \in [a,b]$ mit

$$\frac{1}{b-a} \int_a^b f(s) \, ds = f(t_0).$$

Aus dem *Hauptsatz* ergibt sich dann

$$f(t) = f(t_0) + \int_{t_0}^t f'(\tau) \, d\tau = \frac{1}{b-a} \int_a^b f(\tau) \, d\tau + \int_{t_0}^t f'(\tau) \, d\tau$$

für alle $t \in [a,b]$, und daraus folgt (2.7) mit $\frac{1}{p} + \frac{1}{q} = 1$ aus der *Hölderschen Ungleichung*:

$$\| f \|_{\sup} \le \frac{1}{b-a} \| f \|_{L_1} + \| f' \|_{L_1} \le (b-a)^{-1/p} \| f \|_{L_p} + (b-a)^{1/q} \| f' \|_{L_p}.$$

b) Für $1 < p < \infty$ und $\frac{1}{p} + \frac{1}{q} = 1$ ergibt sich weiter (2.8) aus

$$|f(t) - f(s)| = \left| \int_s^t f'(\tau) \, d\tau \right| \le \| f' \|_{L_p} |t - s|^{1/q}.$$

c) Die Funktionenmenge $\mathcal{H}$ ist in $\Lambda^{1/q}[a,b]$ beschränkt, nach Satz 2.10 also in $\mathcal{C}[a,b]$ *relativ kompakt.*   ◇

Aussage c) ist für $p = 1$ nicht richtig, vgl. Aufgabe 5.13. Wir zeigen in Abschn. 5.4, dass die Sobolev-Räume $W_p^1(a,b)$ als *Unterräume* von $\mathcal{C}[a,b]$ *realisiert* werden können, vgl. auch die Bemerkungen am Ende von Abschn. 3.2. Genauer identifizieren wir $W_p^1(a,b)$ mit dem Raum der stetigen Funktionen auf $[a,b]$, die eine *schwache Ableitung* in $L_p[a,b]$ besitzen.

2.4   Aufgaben

Aufgabe 2.1
Es seien M, N metrische Räume und $A \subseteq M \times N$ kompakt. Zeigen Sie $A \subseteq K \times L$ für geeignete kompakte Mengen $K \subseteq M$ und $L \subseteq N$.

Aufgabe 2.2
Es seien X ein normierter Raum und $x_1, \ldots, x_r \in E$. Zeigen Sie, dass die konvexe Hülle $\mathrm{co}\{x_1, \ldots, x_r\}$ dieser Punkte kompakt ist.

Aufgabe 2.3
Es sei M ein metrischer Raum, sodass es für jedes $\varepsilon > 0$ ein *präkompaktes ε-Netz* in M gibt. Zeigen Sie, dass M präkompakt ist.

Aufgabe 2.4
Es seien X ein normierter Raum und $A, B \subseteq X$ beschränkt, präkompakt oder kompakt. Untersuchen Sie, ob auch $A \cap B$, $A \cup B$, $A + B$, $\overline{A}$ und $\mathrm{co}\, A$ beschränkt, präkompakt oder kompakt sind.

Aufgabe 2.5
Gilt Lemma 2.3 auch für überabzählbare Mengen A?

Aufgabe 2.6
Es seien M, N metrische Räume. Eine *Funktionenmenge* $\mathcal{H} \subseteq \mathcal{C}(M,N)$ heißt *punktweise gleichstetig*, falls folgendes gilt:

$$\forall a \in M \,\forall \varepsilon > 0 \,\exists \delta > 0 \,\forall t \in M \,\forall f \in \mathcal{H} : d(t,a) < \delta \Rightarrow d(f(t),f(a)) < \varepsilon.$$

Zeigen Sie, dass für *kompakte* metrische Räume K jede punktweise gleichstetige Menge $\mathcal{H} \subseteq \mathcal{C}(K,N)$ sogar gleichstetig ist.

Aufgabe 2.7
Beweisen Sie die auf S. 28 formulierte Erweiterung des Satzes von Arzelà-Ascoli für vektorwertige Funktionen.

Aufgabe 2.8
Es sei $1 \leq p < \infty$. Zeigen Sie, dass eine beschränkte Menge $A \subseteq \ell_p$ genau dann präkompakt ist, falls gilt:

$$\lim_{m \to \infty} \sup_{x=(x_j) \in A} \sum_{j=m}^{\infty} |x_j|^p = 0.$$

Aufgabe 2.9
Zeigen Sie für eine beschränkte Menge $A \subseteq c_0$ die Äquivalenz der folgenden Aussagen:

(a) Die Menge A ist präkompakt.

(b) Es gilt $\lim\limits_{m \to \infty} \sup\limits_{x=(x_j) \in A} |x_m| = 0$.

(c) Es gibt eine Nullfolge $b = (b_j) \in c_0$ mit $|x_j| \leq b_j$ für alle $x \in A$ und $j \in \mathbb{N}$.

Aufgabe 2.10
Es sei M ein metrischer Raum. Zeigen Sie die Äquivalenz der folgenden Aussagen:

(a) Der Raum M ist separabel.

(b) Jede offene Überdeckung von M besitzt eine *abzählbare* Teilüberdeckung.

(c) Für jedes $\varepsilon > 0$ besitzt M ein abzählbares ε-Netz.

Aufgabe 2.11
Beweisen Sie die Separabilität der Folgenräume c_0 und ℓ_p für $1 \leq p < \infty$.

Aufgabe 2.12
Bestimmen Sie den Abschluss des Raumes $\mathcal{C}_c(\mathbb{R}^n)$ in $\ell_\infty(\mathbb{R}^n)$.

Aufgabe 2.13
Zeigen Sie, dass der Raum $L_\infty[0, 1]$ nicht separabel ist.

Aufgabe 2.14
Zeigen Sie, dass die Räume $\Lambda^\alpha(K)$, $\lambda^\alpha(K)$, $\mathcal{C}^m[a,b]$, $\Lambda^{m,\alpha}[a,b]$ und $\lambda^{m,\alpha}[a,b]$ Banachräume sind.

Aufgabe 2.15
Es sei $0 < \alpha < 1$. Zeigen Sie $\| e^{ikt} \|_{\Lambda^\alpha[-\pi,\pi]} = 1 + ck^\alpha$ für alle $k \geq 0$ mit einer von k unabhängigen Konstanten $c = c(\alpha) > 0$.

Aufgabe 2.16

Charakterisieren Sie die präkompakten Teilmengen von $(\mathcal{C}^1[a,b], \|\ \|_{\mathcal{C}^1})$. Ist die abgeschlossene Einheitskugel dieses Banachraums auch im Banachraum $(\mathcal{C}[a,b], \|\ \|_{\sup})$ abgeschlossen?

Aufgabe 2.17

Es seien K ein kompakter metrischer Raum und $0 < \alpha < \beta \leq 1$.

a) Zeigen Sie, dass eine beschränkte Menge $A \subseteq \lambda^\alpha(K)$ genau dann präkompakt ist, falls gilt:

$$\lim_{d(s,t) \to 0} \sup_{f \in A} \frac{|f(s) - f(t)|}{d(s,t)^\alpha} = 0.$$

b) Folgern Sie, dass eine beschränkte Teilmenge von $\Lambda^\beta(K)$ in $\lambda^\alpha(K)$ präkompakt ist.

Aufgabe 2.18

a) Zeigen Sie, dass für $0 < \alpha \leq 1$ eine beschränkte Teilmenge von $\Lambda^{m,\alpha}[a,b]$ in $\mathcal{C}^m[a,b]$ präkompakt ist.

b) Zeigen Sie, dass für $1 < p < \infty$ eine bezüglich der Sobolev-Norm $\|\ \|_{W_p^{m+1}}$ in $\mathcal{C}^{m+1}[a,b]$ beschränkte Menge auch in $\Lambda^{m,1/q}[a,b]$ beschränkt und in $\mathcal{C}^m[a,b]$ relativ kompakt ist.

Lineare Operatoren

3

Fragen

1. Wie kann man die „Größe" einer Matrix messen oder abschätzen?
2. Zeigen Sie, dass ein linearer Operator zwischen endlichdimensionalen Banachräumen automatisch stetig ist. Gilt dies auch im unendlichdimensionalen Fall?
3. Wie kann man lineare Differentialoperatoren als stetig auffassen?

In diesem Kapitel stellen wir *stetige* oder *beschränkte lineare Operatoren* zwischen normierten Räumen vor und behandeln erste wichtige Beispiele, insbesondere *Integral-* und *Differentialoperatoren*. Wir diskutieren *Isometrien* und *Isomorphien* und zeigen ein einfaches *Fortsetzungsprinzip*, das u. a. bei *Integralkonstruktionen* verwendet wird.

Lineare Abbildungen

Es seien E, F Vektorräume über $\mathbb{K} = \mathbb{R}$ oder $\mathbb{K} = \mathbb{C}$. Eine Abbildung $T : E \to F$ heißt *linear*, falls

$$T(\alpha\, x_1 + x_2) = \alpha\, T(x_1) + T(x_2) \quad \text{für } x_1, x_2 \in E,\ \alpha \in \mathbb{K},$$

gilt. Der *Nullraum* oder *Kern* von T,

$$N(T) = T^{-1}\{0\} = \{x \in E \mid T(x) = 0\}$$

ist ein Unterraum von E, das *Bild („Range")*

$$R(T) = T(E) = \{T(x) \mid x \in E\}$$

von T ist ein Unterraum von F.

© Springer-Verlag GmbH Deutschland 2018
W. Kaballo, *Grundkurs Funktionalanalysis*,
https://doi.org/10.1007/978-3-662-54748-9_3

3.1   Operatornormen

Wir beginnen mit Charakterisierungen der Stetigkeit linearer Abbildungen:

Satz 3.1
Für normierte Räume X, Y und lineare Operatoren $T : X \to Y$ sind äquivalent:

(a) $\exists\, C \geq 0 \,\forall\, x \in X : \; \| T(x) \| \leq C \, \| x \| .$

(b) T *ist gleichmäßig stetig auf X.*

(c) T *ist in einem Punkt $a \in X$ stetig.*

(d) T *ist im Nullpunkt $0 \in X$ stetig.*

(e) *Es gilt* $\| T \| := \sup\limits_{\|x\| \leq 1} \| T(x) \| < \infty .$

BEWEIS. „$(a) \Rightarrow (b)$": Man hat $\| T(x) - T(y) \| = \| T(x - y) \| \leq C \, \| x - y \|$ aufgrund der Linearität von T; in (2.1) kann also $\delta = \frac{\varepsilon}{C}$ gewählt werden.

„$(b) \Rightarrow (c)$" ist klar.

„$(c) \Rightarrow (d)$": Für eine Folge $x_n \to 0$ gilt $x_n + a \to a$, nach (c) also $T(x_n) + T(a) = T(x_n + a) \to T(a)$ und somit $T(x_n) \to 0$.

„$(d) \Rightarrow (e)$": Andernfalls gibt es für alle $n \in \mathbb{N}$ Vektoren $x_n \in X$ mit $\| x_n \| \leq 1$ und $\| T(x_n) \| > n$. Dies liefert den Widerspruch $\frac{1}{n} x_n \to 0$, aber $T(\frac{1}{n} x_n) \not\to 0$.

„$(e) \Rightarrow (a)$": Für $x \neq 0$ ist $\| \frac{x}{\|x\|} \| = 1$, also $\| T(\frac{x}{\|x\|}) \| \leq \| T \|$, und daher gilt

$$\| T(x) \| \leq \| T \| \, \| x \| \quad \text{für alle } \; x \in E. \qquad \Diamond \qquad\qquad 3.1$$

Bemerkungen und Definitionen

a) Nach Satz 3.1 ist also ein linearer Operator $T : X \to Y$ genau dann stetig, wenn er die *Einheitskugel* $B = B_X$ von X in eine beschränkte Teilmenge von Y abbildet oder wenn er alle beschränkten Teilmengen von X in beschränkte Teilmengen von Y abbildet. Daher nennt man *stetige* lineare Operatoren oder Linearformen auch *beschränkte* lineare Operatoren oder Linearformen.

b) Im Fall $\dim X < \infty$ ist ein linearer Operator $T : X \to Y$ automatisch stetig; wir zeigen dies in den Ausführungen a) zu Matrizen-Normen auf S. 51. Typische Beispiele *unstetiger* linearer Operatoren in normierten Räumen sind *Differentialoperatoren,* vgl. das Beispiel auf S. 56. Dort wird auch ein unstetiger linearer Operator auf einem *Banach-raum* konstruiert; die Existenz solcher Beispiele ist wegen des *Satzes vom abgeschlossenen Graphen* 8.10 nicht offensichtlich.

c) Das in Satz 3.1 (e) definierte Supremum $\| T \|$ ist wegen (3.1) die minimal mögliche Konstante C in Satz 3.1 (a) und definiert eine *Norm* auf dem Vektorraum $L(X, Y)$ aller *stetigen* linearen Abbildungen von X nach Y. Statt $L(X, X)$ schreiben wir einfach $L(X)$. Der

Raum $X' := L(X, \mathbb{K})$ heißt *Dualraum* von X, seine Elemente heißen *stetige Linearformen* oder *stetige lineare Funktionale* auf X.

d) Für normierte Räume X, Y, Z und Operatoren $T \in L(X, Y)$ und $S \in L(Y, Z)$

$$X \xrightarrow{T} Y \xrightarrow{S} Z$$

gilt auch $ST \in L(X, Z)$ sowie $\|ST\| \leq \|S\|\|T\|$ für die *Komposition* dieser Operatoren. Wegen (3.1) folgt dies sofort aus

$$\|STx\| \leq \|S\|\|Tx\| \leq \|S\|\|T\|\|x\| \quad \text{für } x \in X.$$

Vollständigkeit vererbt sich von einem Zielraum Y auf den Operatorenraum $L(X, Y)$:

Satz 3.2

a) Es seien X, Y normierte Räume. Mit Y ist dann auch $L(X, Y)$ vollständig.

b) Der Dualraum X' eines normierten Raumes X ist ein Banachraum.

BEWEIS. Die Behauptung kann ähnlich wie in Satz 1.2 gezeigt werden: Es sei (T_n) eine Cauchy-Folge in $L(X, Y)$. Für festes $x \in X$ gilt

$$\|T_m(x) - T_n(x)\| \leq \|T_m - T_n\|\|x\|;$$

daher ist $(T_n(x))$ eine Cauchy-Folge in Y und somit konvergent. Durch

$$T(x) := \lim_{n \to \infty} T_n(x), \quad x \in X,$$

wird eine lineare Abbildung $T : X \to Y$ definiert. Zu $\varepsilon > 0$ gibt es $n_0 \in \mathbb{N}$ mit

$$\|T_m(x) - T_n(x)\| \leq \|T_m - T_n\|\|x\| \leq \varepsilon\|x\| \quad \text{für } n, m \geq n_0.$$

Mit $m \to \infty$ folgt auch $\|T(x) - T_n(x)\| \leq \varepsilon\|x\|$ für $n \geq n_0$. Somit ist $T - T_n$, also auch $T = (T - T_n) + T_n$ stetig, und es gilt $\|T - T_n\| \leq \varepsilon$ für $n \geq n_0$. Folglich konvergiert (T_n) in $L(X, Y)$ gegen $T \in L(X, Y)$. $\diamond$

Nach Satz 3.1 ist für lineare Operatoren (gleichmäßige) Stetigkeit äquivalent zur Beschränktheit auf der Einheitskugel des Definitionsbereichs. Dementsprechend ist für eine Menge von linearen Operatoren *Gleichstetigkeit* äquivalent zu *gleichmäßiger Beschränktheit* auf der Einheitkugel:

Gleichstetige Mengen von Operatoren

Für normierte Räume X, Y ist eine Menge von Operatoren $\mathcal{H} \subseteq L(X, Y)$ genau dann *gleichstetig*, wenn $C := \sup \{ \| T \| \mid T \in \mathcal{H} \} < \infty$ gilt. In der Tat folgt „$\Leftarrow$" sofort aus

$$\| Tx - Ty \| \;\leq\; \| T \| \, \| x - y \| \;\leq\; C \, \| x - y \| \quad \text{für } T \in \mathcal{H} \, .$$

Gilt „$\Rightarrow$" nicht, so gibt es zu $n \in \mathbb{N}$ einen Operator $T_n \in \mathcal{H}$ mit $\| T_n \| > n$ und einen Vektor $x_n \in X$ mit $\| x_n \| \leq 1$ und $\| T_n x_n \| > n$. Für $y_n := \frac{1}{n} x_n$ gilt dann $\| y_n - 0 \| \leq \frac{1}{n}$, aber $\| T_n y_n - T 0 \| > 1$; somit ist $\mathcal{H}$ nicht gleichstetig.

Damit können wir den folgenden Spezialfall von Lemma 2.4 formulieren:

Satz 3.3

Es seien X, Y normierte Räume, und Y sei vollständig. Weiter sei (T_n) eine Folge in $L(X, Y)$ mit $C := \sup\limits_{n \in \mathbb{N}} \| T_n \| < \infty$, die auf einer dichten Menge $A \subseteq X$ punktweise konvergiert. Dann existiert

$$T x := \lim_{n \to \infty} T_n x$$

für alle $x \in X$; man hat $T \in L(X, Y)$ mit $\| T \| \leq C$, und die Konvergenz ist gleichmäßig auf präkompakten Teilmengen von X.

BEWEIS. Zu zeigen bleiben nur die Aussagen $T \in L(X, Y)$ und $\| T \| \leq C$. Die Linearität von T ist klar; Stetigkeit und Normabschätzung ergeben sich sofort aus

$$\| Tx \| \;=\; \lim_{n \to \infty} \| T_n x \| \;\leq\; C \, \| x \| \quad \text{für } x \in X. \hspace{3em} \Diamond$$

Im letzten Teil dieses Abschnitts stellen wir stetige Linearformen auf $\mathcal{C}(K)$-Räumen vor:

Dirac-Funktionale

a) Es sei K ein kompakter metrischer Raum. Für $a \in K$ wird das *Dirac-* oder δ-*Funktional* $\delta_a \in \mathcal{C}(K)'$ definiert durch

$$\delta_a(f) := f(a) \, , \quad f \in \mathcal{C}(K).$$

Wegen $| \delta_a(f) | = | f(a) | \leq \| f \|$ gilt $\| \delta_a \| \leq 1$. Für die konstante Funktion $f : t \mapsto 1$ gilt $\| f \| = 1$ und $| \delta_a(f) | = 1$, und daraus ergibt sich $\| \delta_a \| = 1$.

b) Für eine Linearkombination

$$L := \sum_{j=1}^{r} c_j \, \delta_{a_j} \, , \quad a_j \in K, \; c_j \in \mathbb{K} \backslash \{0\},$$

Abb. 3.1 Eine Funktion mit
$\|f\| = 1$ und $L(f) = \|L\|$

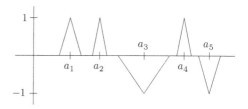

verschiedener Dirac-Funktionale hat man $\|L\| \leq \sum\limits_{j=1}^{r} |c_j|$. Nun wählen wir $\delta_j > 0$, so-
dass die offenen Kugeln $\{U_j = U_{\delta_j}(a_j)\}_{j=1}^{r}$ disjunkt sind, und mit $\gamma_j = d_{U_j^c}$ setzen wir
$f(t) = \sum\limits_{j=1}^{r} \frac{|c_j|}{c_j} \frac{\gamma_j(t)}{\gamma_j(a_j)}$. Dann ist $f \in \mathcal{C}(K)$ mit $\|f\| = 1$ und $c_j f(a_j) = |c_j|$ für $j = 1, \ldots, r$
(im reellen Fall ist $f(a_j) = \pm 1$, vgl. Abb. 3.1).

Es folgt $L(f) = \sum\limits_{j=1}^{r} |c_j|$, und wir erhalten

$$\|L\| = \sum\limits_{j=1}^{r} |c_j|. \tag{3.2}$$

Für kompakte Mengen $K \subseteq \mathbb{R}^n$ können wir eine integrierbare Funktion $g \in L_1(K)$ mit
einem stetigen linearen Funktional auf $\mathcal{C}(K)$ identifizieren. Dazu benötigen wir

Eine Dichtheitsaussage
Für $1 \leq p < \infty$ ist $\mathcal{C}(K)$ dicht in $L_p(K)$. Dies kann man darauf zurückführen, dass $\mathcal{C}_c(\mathbb{R}^n)$
in $L_p(\mathbb{R}^n)$ dicht ist (vgl. S. 31 und S. 364): Eine Funktion $g \in L_p(K)$ setzt man durch
$g(t) := 0$ für $t \notin K$ zu einer L_p-Funktion auf $\mathbb{R}^n$ fort. Dann gibt es eine Folge in $\mathcal{C}_c(\mathbb{R}^n)$,
die in $L_p(\mathbb{R}^n)$ gegen g konvergiert. Durch Einschränkung auf K erhält man eine Folge (g_j)
in $\mathcal{C}(K)$ mit $\|g - g_j\|_{L_p(K)} \to 0$.

Satz 3.4
Es seien $K \subseteq \mathbb{R}^n$ kompakt und $g \in L_1(K)$. Durch

$$J(g)(f) := \int_K f(t)\, g(t)\, dt\,, \quad f \in \mathcal{C}(K), \tag{3.3}$$

wird ein stetiges lineares Funktional $J(g) \in \mathcal{C}(K)'$ definiert mit

$$\|J(g)\| = \int_K |g(t)|\, dt = \|g\|_{L_1}. \tag{3.4}$$

BEWEIS. a) Wegen $|J(g)(f)| \leq \|g\|_{L_1} \|f\|_{\sup}$ gilt $\|J(g)\| \leq \|g\|_{L_1}$; es ist also
$J : L_1(K) \to \mathcal{C}(K)'$ ein stetiger linearer Operator.

b) Nun sei zunächst $g \in \mathcal{C}(K)$. Zu $\varepsilon > 0$ definieren wir $f(t) := \frac{\overline{g(t)}}{|g(t)|+\varepsilon}$. Dann ist $f \in \mathcal{C}(K)$ mit $\|f\|_{\sup} \leq 1$, und man hat

$$J(g)(f) = \int_K \frac{|g(t)|^2}{|g(t)|+\varepsilon}\, dt \geq \int_K \frac{|g(t)|^2-\varepsilon^2}{|g(t)|+\varepsilon}\, dt \geq \int_K (|g(t)|-\varepsilon)\, dt = \|g\|_{L_1} - \varepsilon\,\lambda(K).$$

Somit gilt die Behauptung (3.4) für $g \in \mathcal{C}(K)$.

c) Nach obiger Dichtheitsaussage ist $\mathcal{C}(K)$ dicht in $L_1(K)$. Es gibt also eine Folge (g_ℓ) in $\mathcal{C}(K)$ mit $\|g - g_\ell\|_{L_1(K)} \to 0$. Aus a) und b) ergibt sich dann schließlich

$$\|J(g)\| = \lim_{\ell \to \infty} \|J(g_\ell)\| = \lim_{\ell \to \infty} \|g_\ell\|_{L_1} = \|g\|_{L_1}. \qquad \diamond$$

3.2 Isomorphien und Fortsetzungen

Isometrien und Isomorphien

a) Zwei normierte Räume X und Y heißen *isometrisch* oder auch *isometrisch isomorph*, Notation: $X \cong Y$, falls es eine lineare *Isometrie* von X auf Y gibt, d. h. eine bijektive lineare Abbildung $T : X \to Y$ mit $\|Tx\|_Y = \|x\|_X$ für alle $x \in X$.

b) Zwei metrische Räume M und N heißen *homöomorph*, falls es eine *Homöomorphie* von X auf Y gibt, d. h. eine bijektive Abbildung $f : X \to Y$, sodass f und f^{-1} stetig sind.

c) Zwei normierte Räume X und Y heißen *isomorph*, Notation: $X \simeq Y$, falls es eine *lineare* Homöomorphie von X auf Y gibt. Isometrische Räume sind natürlich auch isomorph; einige der folgenden Beispiele zeigen, dass die Umkehrung i. a. nicht richtig ist.

d) Eine nicht notwendig surjektive lineare Abbildung $T : X \to Y$ heißt Isometrie bzw. Isomorphie von X *in* Y, wenn $T : X \to R(T)$ eine Isometrie bzw. Isomorphie von X auf das *Bild* von T ist. So ist z. B. die Abbildung J aus Satz 3.4 eine *Isometrie von* $L_1(K)$ *in* $\mathcal{C}(K)'$, die *nicht surjektiv* ist (vgl. Aufgabe 3.5).

Ein interessantes Beispiel einer Isometrie betrifft

Funktionen von zwei Variablen

Für eine Funktion $f : M \times N \to \mathbb{C}$ auf einer Produktmenge betrachten wir die *partiellen Funktionen*

$$f_t : s \mapsto f(t,s) \quad \text{und} \quad f^s : t \mapsto f(t,s) \quad \text{für } t \in M\,,\, s \in N, \qquad (3.5)$$

sowie die vektorwertige Funktion

$$F := \Phi(f) \in \mathcal{F}(M, \mathcal{F}(N))\,, \quad F(t) := f_t \quad \text{für } t \in M. \qquad (3.6)$$

Offenbar ist $\Phi : \mathcal{F}(M \times N) \to \mathcal{F}(M, \mathcal{F}(N))$ linear und bijektiv; für $F \in \mathcal{F}(M, \mathcal{F}(N))$ hat man

$$f := \Phi^{-1}(F) \in \mathcal{F}(M \times N), \quad f(t, s) = F_t(s) \quad \text{für} \ (t, s) \in M \times N. \tag{3.7}$$

Satz 3.5

a) Für kompakte metrische Räume K und L ist $\Phi : \mathcal{C}(K \times L) \to \mathcal{C}(K, \mathcal{C}(L))$ eine lineare bijektive Isometrie.

b) Das Tensorprodukt $\mathcal{C}(K) \otimes \mathcal{C}(L)$ ist dicht im Banachraum $\mathcal{C}(K \times L)$.

BEWEIS. a) Eine stetige Funktion $f \in \mathcal{C}(K \times L)$ ist gleichmäßig stetig auf $K \times L$, da dieser Raum kompakt ist (vgl. Satz A.2.9). Aus $t_n \to t$ in K folgt daher $\| F(t_n) - F(t) \|_{\sup} \to 0$, und $F : K \to \mathcal{C}(L)$ ist stetig. Weiter gilt offenbar

$$\| \Phi(f) \| \ = \ \sup_{t \in K} \| F(t) \|_{\mathcal{C}(L)} \ = \ \sup_{t \in K} \sup_{s \in L} |f(t, s)| \ = \ \| f \|.$$

Umgekehrt ist für $F \in \mathcal{C}(K, \mathcal{C}(L))$ auch die Funktion $f := \Phi^{-1}(F) : K \times L \to \mathbb{C}$ stetig. Aus $(t_n, s_n) \to (t, s)$ in $K \times L$ folgt in der Tat

$$|f(t_n, s_n) - f(t, s)| \ \leq \ |f(t_n, s_n) - f(t, s_n)| + |f(t, s_n) - f(t, s)|$$

$$\leq \ \| F(t_n) - F(t) \|_{\mathcal{C}(L)} + | F(t)(s_n) - F(t)(s) | \to 0.$$

b) Für $f \in \mathcal{C}(K \times L)$ sei $F = \Phi(f) \in \mathcal{C}(K, \mathcal{C}(L))$. Zu $\varepsilon > 0$ gibt es nach Theorem 2.7 eine Funktion $G : t \to \sum_{j=1}^{r} \alpha_j(t) \beta_j \in \mathcal{C}(K) \otimes \mathcal{C}(L) \subseteq \mathcal{C}(K, \mathcal{C}(L))$ mit $\| F - G \|_{\sup} \leq \varepsilon$. Für $g = \Phi^{-1}(G) : (t, s) \to \sum_{j=1}^{r} \alpha_j(t) \beta_j(s) \in \mathcal{C}(K) \otimes \mathcal{C}(L) \subseteq \mathcal{C}(K \times L)$ gilt dann ebenfalls $\| f - g \|_{\sup} \leq \varepsilon$. $\diamond$

Aussage b) ist auch ein Spezialfall des *Satzes von Stone-Weierstraß* (vgl. [Kaballo 1997], Theorem 12.3 und Folgerung 12.6). Als Anwendung von Satz 3.5 zeigen wir nun eine elementare Version des Satzes von Tonelli A.3.17 über die Vertauschbarkeit von Integrationen:

Iterierte Integrale

Es seien $K, L \subseteq \mathbb{R}^n$ kompakte Mengen, $f \in \mathcal{C}(K \times L)$ eine stetige Funktion und $F = \Phi(f) \in \mathcal{C}(K, \mathcal{C}(L))$. Dann ist die Funktion

$$h : t \mapsto \int_L f(t, s)\, ds \ = \ \int_L F(t)(s)\, ds \ = \ J(1)(F(t)) \quad \text{(vgl. (3.3))}$$

nach Satz 3.4 stetig auf K, und man hat $\| h \|_{\sup} \leq \lambda(L) \| f \|_{\sup}$. Somit existiert das iterierte Integral

$$\int_K \int_L f(t, s)\, ds\, dt \ = \ \int_K h(t)\, dt,$$

und es ist $| \int_K \int_L f(t, s)\, ds\, dt | \leq \lambda(K) \| h \|_{\sup} \leq \lambda(K) \lambda(L) \| f \|_{\sup}$. Entsprechendes gilt auch für das iterierte Integral $\int_L \int_K f(t, s)\, dt\, ds$ in der umgekehrten Reihenfolge.

Satz 3.6
Für eine stetige Funktion $f \in C(K \times L)$ gilt $\int_K \int_L f(t, s)\, ds\, dt = \int_L \int_K f(t, s)\, dt\, ds$.

BEWEIS. Beide itertierten Integrale definieren stetige Linearformen auf dem Banachraum $C(K \times L)$. Für eine Funktion $f(t, s) = \sum_{j=1}^{r} \alpha_j(t)\, \beta_j(s) \in C(K) \otimes C(L)$ gilt offenbar

$$\int_K \int_L f(t, s)\, ds\, dt = \sum_{j=1}^{r} \int_K \alpha_j(t)\, dt \int_L \beta_j(s)\, ds = \int_L \int_K f(t, s)\, dt\, ds.$$

Da das Tensorprodukt $C(K) \otimes C(L)$ nach Satz 3.5 in $C(K \times L)$ dicht ist, folgt die Behauptung.   ◇

Für den Fall kompakter Invervalle $K, L \subseteq \mathbb{R}$ wird in (Kaballo 1999), Satz 2.3 ein anderer Beweis für Satz 3.6 angegeben. Dieses Resultat kann als Ausgangspunkt für die Integralrechnung für Funktionen von mehreren Variablen dienen.

Weitere Beispiele von Isometrien und Isomorphien

Die Frage, ob zwei vorgegebene Banachräume isometrisch oder isomorph sind, ist ein interessantes und oft schwieriges Thema der Funktionalanalysis. Wir geben einige Resultate dazu an:

a) Normierte Räume gleicher endlicher Dimension sind stets isomorph (vgl. Satz 3.8). Dagegen sind etwa die Räume $\ell_1^2(\mathbb{R})$ und $\ell_2^2(\mathbb{R})$ nicht isometrisch. In der Tat enthält die *Einheitssphäre* $S := \{x \in X \mid \| x \| = 1\}$ von $\ell_1^2(\mathbb{R})$ ganze *Strecken* (vgl. Abb. 3.2); gäbe es nun eine lineare Isometrie von $\ell_1^2(\mathbb{R})$ auf $\ell_2^2(\mathbb{R})$, so müsste dies auch für die *Einheitssphäre* von $\ell_2^2(\mathbb{R})$ gelten, was aber nicht der Fall ist.

b) Für messbare Mengen $\Omega \subseteq \mathbb{R}^n$ (mit $\lambda(\Omega) > 0$) zeigen wir $L_2(\Omega) \cong \ell_2$ in Satz 6.8. Diese Aussage ist wichtig für die Quantenmechanik (vgl. S. 141 und Abschn. 13.6). Nach einem Resultat von A. Pelczynski gilt auch $L_\infty[a, b] \simeq \ell_\infty$ (vgl. Aufgabe 10.19 und [Kaballo 2014], Theorem 9.38). Dagegen ist für $p \neq 2, \infty$ stets $L_p[a, b] \not\simeq \ell_p$. Im Fall $p = 1$ beweisen wir dies mittels des *Satzes von Schur* in Abschn. 10.3. Für den allgemeinen Fall verweisen wir auf (Lindenstrauß und Tzafriri 1973), S. 124 oder (Woytaszcyk

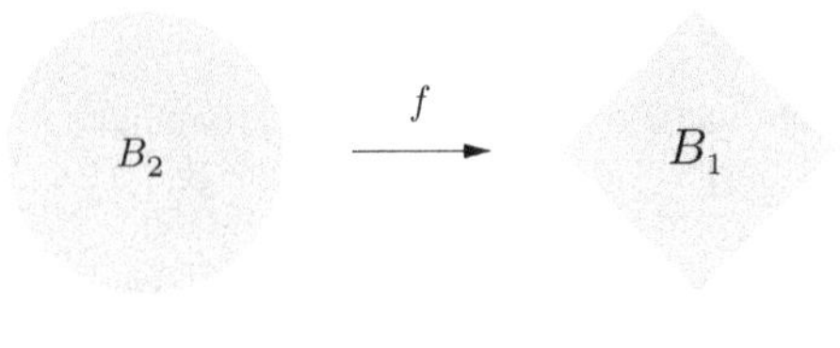

Abb. 3.2 Eine Homöomorphie der Einheitskugeln von $\ell_2^2(\mathbb{R})$ und $\ell_1^2(\mathbb{R})$

1991), III.A; in diesen Quellen ist auch eine Klassifikation nach Isometrie aller separablen $L_p(\mu)$-Räume angegeben.

c) Die Klassifikation von $C(K)$-Räumen nach Isometrie bzw. Isomorphie ist vollkommen verschieden: Für kompakte metrische Räume K und L sind $C(K)$ und $C(L)$ genau dann *isometrisch*, wenn K und L *homöomorph* sind; dagegen sind $C(K)$ und $C(L)$ für beliebige *überabzählbare* kompakte metrische Räume K und L stets *isomorph* (Satz von Milutin). Für diese Aussagen sei auf (Lindenstrauß und Tzafriri 1973), S. 153 und S. 174 verwiesen.

d) Für $0 < \alpha < 1$ gilt $\Lambda^\alpha(K) \simeq \ell_\infty$ und $\lambda^\alpha(K) \simeq c_0$ für jede unendliche kompakte Menge $K \subseteq \mathbb{R}^n$ nach R. Bonic, J. Frampton und A. Tromba[1].

e) Nach K. Borsuk gilt die Isomorphie $C^1[a,b] \simeq C[a,b]$, und analog hat man auch $\Lambda^1[a,b] \simeq L_\infty[a,b]$. Beweise dieser Aussagen werden in den Aufgaben 3.9–3.11 sowie 5.14 skizziert. Diese Isomorphien gelten jedoch *nicht* für Funktionen von mehreren Veränderlichen[2].

e) Für isomorphe Banachräume X, Y heißt

$$d(X,Y) := \inf\{\,\|T\|\,\|T^{-1}\| \mid T : X \to Y \text{ Isomorphismus}\} \quad (\geq 1) \tag{3.8}$$

die *Banach-Mazur-Distanz* von X und Y. Nach Aufgabe 3.7 sind die Folgenräume c und c_0 nicht isometrisch, wohl aber isomorph mit $d(c,c_0) \leq 3$. Das Produkt $\|T\|\,\|T^{-1}\|$ wird in der Numerischen Mathematik als *Konditionszahl* von T bezeichnet, vgl. dazu S. 53.

Der folgende einfache Fortsetzungssatz gilt auch für *halbnormierte* Räume X und kann z. B. für die *Konstruktion von Integralen* verwendet werden (vgl. Anhang A.3).

Satz 3.7

Es seien X ein normierter Raum, Y ein Banachraum, $V \subseteq X$ ein Unterraum und $T : V \to Y$ eine stetige lineare Abbildung. Dann existiert genau eine stetige Fortsetzung $\overline{T} : \overline{V} \to Y$ von T, und diese ist linear mit $\|\overline{T}\| = \|T\|$.

BEWEIS. Es seien $x \in \overline{V}$ und (v_n) eine Folge in V mit $\|x - v_n\| \to 0$. Falls eine stetige Fortsetzung $\overline{T}$ von T existiert, so gilt für diese

$$\overline{T}(x) = \lim_{n \to \infty} T(v_n); \tag{3.9}$$

sie ist also eindeutig bestimmt. Umgekehrt ist nun wegen

$$\|T(v_n) - T(v_m)\| = \|T(v_n - v_m)\| \leq \|T\|\,\|v_n - v_m\|$$

[1] J. Funct. Anal., 310–320 (1969)
[2] vgl. W. Kaballo, J. Reine Angew. Math. **309**, 56–85 (1979)

die Folge $(T(v_n))$ eine Cauchy-Folge in Y, und wegen der Vollständigkeit von Y existiert der Grenzwert $\lim_{n \to \infty} T(v_n)$.

Für eine weitere Folge (u_n) in V mit $\| x - u_n \| \to 0$ gilt

$$\| T(v_n) - T(u_n) \| \le \| T \| \, \| v_n - u_n \| \le \| T \| \, (\| v_n - x \| + \| x - u_n \|) \to 0,$$

d. h. durch (3.9) kann $\overline{T}$ auf $\overline{V}$ (wohl)definiert werden. Offenbar ist $\overline{V}$ ein Unterraum von X, und $\overline{T}$ ist linear. Aus $\| T(v_n) \| \le \| T \| \, \| v_n \|$ folgt mit $n \to \infty$ sofort auch $\| \overline{T}(x) \| \le \| T \| \, \| x \|$ für $x \in \overline{V}$; somit ist $\overline{T}$ stetig, und es gilt $\| \overline{T} \| \le \| T \|$. $\Diamond$

Bemerkungen und Beispiele

a) Ist in Satz 3.7 der Operator $T : V \to Y$ *injektiv*, so muss dies nicht für die Fortsetzung $\overline{T} : \overline{V} \to Y$ von T gelten, vgl. Aufgabe 5.9.

b) Ist aber $T : V \to Y$ *isometrisch*, so gilt dies wegen (3.9) auch für $\overline{T} : \overline{V} \to Y$; dies sieht man wie in Beweisteil c) von Satz 3.4 ein.

c) Nach Satz 2.11 hat man für $1 \le p < \infty$ die stetige Inklusion

$$j : (\mathcal{C}^1[a,b], \| \ \|_{W_p^1}) \ \to \ \mathcal{C}[a,b].$$

Nach Satz 3.7 existiert genau eine stetige lineare Fortsetzung auf die Vervollständigung $W_p^1(a,b)$, die *Sobolev-Einbettung*

$$\overline{j} : W_p^1(a,b) \ \to \ \mathcal{C}[a,b]. \tag{3.10}$$

Wir zeigen in Abschn. 5.4 auf S. 106, dass diese Abbildung *injektiv*, also wirklich eine Einbettung ist; der Sobolev-Raum $W_p^1(a,b)$ kann also tatsächlich mit einem Unterraum von $\mathcal{C}[a,b]$ identifiziert werden. Für $1 < p < \infty$ lässt sich die Sobolev-Einbettung über $\Lambda^{1/q}[a,b]$ faktorisieren, bildet also beschränkte Mengen von $W_p^1(a,b)$ in relativ kompakte Teilmengen von $\mathcal{C}[a,b]$ ab.

3.3   Lineare Operatoren auf endlichdimensionalen Räumen

Endlichdimensionale normierte Räume sind dadurch charakterisiert, dass ihre Einheitskugel präkompakt ist. Zwei Räume gleicher endlicher Dimension sind stets isomorph, und jeder auf einem solchen Raum X definierte lineare Operator T ist automatisch stetig. Im Fall $X = \ell_1^n$ lässt sich die Operatornorm von T explizit angeben.

Satz 3.8

Ein normierter Raum V mit $\dim V = n < \infty$ ist isomorph zu ℓ_1^n. Insbesondere ist V vollständig.

BEWEIS. Es sei $v_1, \ldots, v_n$ eine Basis von V. Durch

$$T : (x_1, \ldots, x_n) \mapsto \sum_{j=1}^{n} x_j \, v_j$$

wird eine bijektive lineare Abbildung von $\mathbb{K}^n$ auf V definiert. Es ist $\| x \|_T := \| Tx \|_V$ eine *Norm* auf $\mathbb{K}^n$, nach Satz 1.1 gibt es also $0 < c \leq C \in \mathbb{R}$ mit

$$c \, \| x \|_1 \; \leq \; \| x \|_T \; = \; \| Tx \|_V \; \leq \; C \, \| x \|_1 \quad \text{für } x \in \mathbb{K}^n. \qquad \Diamond$$

Beispiel

Für ein festes $m \in \mathbb{N}$ sei (P_n) eine Folge von Polynomen vom Grad $\leq m$, die auf $[0, 1]$ punktweise gegen eine Funktion f konvergiert. Dann ist auch f ein Polynom vom Grad $\leq m$, und die Konvergenz ist *gleichmäßig*.

In der Tat hat der Raum $\mathcal{P}_m$ aller Polynome vom Grad $\leq m$ die endliche Dimension $m + 1$. Für verschiedene Punkte $t_0, \ldots, t_m \in [0, 1]$ wird durch

$$\| P \| := \sum_{j=0}^{m} | P(t_j) |, \quad P \in \mathcal{P}_m,$$

eine Norm auf $\mathcal{P}_m$ definiert. Da alle $(P_n(t_j))$ konvergieren, ist (P_n) eine Cauchy-Folge in $(\mathcal{P}_m, \| \; \|)$. Nach Satz 3.8 existiert $P := \lim_{n \to \infty} P_n$ in $\mathcal{P}_m$, und die Konvergenz ist gleichmäßig auf $[0, 1]$, da $\| \; \|_{\sup}$ eine äquivalente Norm auf $\mathcal{P}_m$ ist. Da auch (P_n) punktweise gegen die Funktion f konvergiert, muss schließlich $f = P \in \mathcal{P}_m$ gelten. $\qquad \Diamond$

Mittels Satz 3.8 können wir nun die *Existenz von Proxima* zu endlichdimensionalen Unterräumen zeigen (vgl. Abb. 3.3):

Satz 3.9

Es seien X ein normierter Raum und $V \subseteq X$ ein endlichdimensionaler Unterraum. Zu $x \in X$ existiert dann eine Bestapproximation $v_0 \in V$ mit

$$\| x - v_0 \| \; = \; d_V(x) \; = \; \inf \{ \| x - v \| \mid v \in V \}.$$

BEWEIS. Es sei $B := B_R(0) \cap V$ die abgeschlossene Kugel mit Radius $R \geq 2 \, \| x \|$ um 0 in V. Für $v \in V \backslash B$ ist $\| x - v \| \geq \| v \| - \| x \| \geq R - \| x \| \geq \| x \| \geq d_B(x)$, und daher hat man $d_V(x) = d_B(x)$. Nach Satz 3.8 ist aber B kompakt, und daher nimmt die stetige Funktion $v \mapsto \| x - v \|$ ihr Minimum auf B an. $\qquad \Diamond$

Im Allgemeinen kann es zu $x \in X \backslash V$ *mehrere* Proxima in V geben, vgl. Aufgabe 1.16.

Der folgende bereits am Anfang von Kap. 2 erwähnte Satz zeigt, dass das Argument im Beweis von Satz 3.9 für unendlichdimensionale Unterräume V *nicht* anwendbar ist (vgl. auch Aufgabe 3.12):

Abb. 3.3 Illustration des
Beweises von Satz 3.9

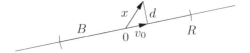

Satz 3.10
Es sei X ein normierter Raum mit präkompakter Einheitskugel *B . Dann ist dim X* $< \infty$.

BEWEIS. Zu $\varepsilon = \frac{1}{2}$ gibt es endlich viele Kugeln $B_{1/2}(a_j) = a_j + \frac{1}{2}B$ mit

$$B \subseteq \bigcup_{j=1}^{r}(a_j + \tfrac{1}{2}B) \subseteq V + \tfrac{1}{2}B$$

mit dem endlichdimensionalen Raum $V := [a_1, \dots, a_r]$. Durch Iteration folgt weiter

$$B \subseteq V + \tfrac{1}{2}B \subseteq V + \tfrac{1}{2}(V + \tfrac{1}{2}B) = V + \tfrac{1}{4}B \subseteq \cdots \subseteq V + \tfrac{1}{2^n}B$$

für alle $n \in \mathbb{N}$. Für $x \in B$ und $n \in \mathbb{N}$ gibt es also $v_n \in V$ mit $\| x - v_n \| \leq \frac{1}{2^n}$, und daher ist $x \in \overline{V}$. Nun ist aber V als vollständiger Raum in X abgeschlossen; es gilt also $B \subseteq \overline{V} = V$. Somit hat man $X = V$ und dim $X < \infty$. $\Diamond$

Nun bestimmen wir Operatornormen für einige auf endlichdimensionalen Räumen definierte lineare Operatoren:

Lineare Operatoren auf ℓ_1^n

a) Es seien ein normierter Raum Y und eine lineare Abbildung $T : \mathbb{K}^n \to Y$ gegeben. Für $x = (x_1, \dots, x_n) \in \mathbb{K}^n$ gilt $x = \sum_{j=1}^{n} x_j e_j$ mit den *Einheitsvektoren* e_j. Es folgt

$$\| T(x) \| = \| T (\sum_{j=1}^{n} x_j e_j) \| = \| \sum_{j=1}^{n} x_j T(e_j) \| \leq \sum_{j=1}^{n} |x_j| \, \| T(e_j) \|$$

$$\leq \max_{j=1}^{n} \| Te_j \| \sum_{j=1}^{n} |x_j|;$$

folglich ist $T : \ell_1^n \to Y$ stetig mit $\| T \| \leq \max\limits_{j=1}^{n} \| Te_j \|$, und wegen $\| Te_j \| \leq \| T \|$ ist

$$\| T \|_{L(\ell_1^n, Y)} = \max_{j=1}^{n} \| Te_j \|. \tag{3.11}$$

b) Aus Satz 3.8 ergibt sich nun, dass *jede* lineare Abbildung von einem *endlichdimensionalen* normierten Raum nach Y *stetig* ist.

Spaltensummen- und Zeilensummen-Normen von Matrizen

a) Eine lineare Abbildung $T \in L(\mathbb{K}^n, \mathbb{K}^m)$ kann eindeutig repräsentiert werden durch eine *Matrix* $A = (a_{ij}) = \mathbb{M}(T) \in \mathbb{M}(m,n) = \mathbb{M}_{\mathbb{K}}(m,n)$; mittels der *Einheitsvektoren* werden die *Matrixelemente* $a_{ij} \in \mathbb{K}$ festgelegt durch

$$T(e_j) = \sum_{i=1}^{m} a_{ij} e_i, \quad j = 1, \ldots, n. \tag{3.12}$$

Im Zusammenhang mit dem Matrizenkalkül schreiben wir ab jetzt Vektoren im $\mathbb{K}^n$ stets als *Spalten*

$$x = (x_1, \ldots, x_n)^{\top},$$

wobei „$^{\top}$" allgemein die *Transposition* von Matrizen bezeichnet, bei der Zeilen und Spalten vertauscht werden.

b) Für $T \in L(\mathbb{K}^n, \mathbb{K}^m)$ ist also $T(e_j)$ nach (3.12) die j-te Spalte der Matrix $A = (a_{ij})$, und wegen (3.11) ist daher

$$\| T \|_{L(\ell_1^n, \ell_1^m)} = \| A \|_{SS} := \max_{j=1}^{n} \sum_{i=1}^{m} |a_{ij}| \tag{3.13}$$

die *Spaltensummen-Norm* der Matrix A.

c) Analog zu b) ist für $T \in L(\mathbb{K}^n, \mathbb{K}^m)$

$$\| T \|_{L(\ell_\infty^n, \ell_\infty^m)} = \| A \|_{ZS} := \max_{i=1}^{m} \sum_{j=1}^{n} |a_{ij}| \tag{3.14}$$

die *Zeilensummen-Norm* der Matrix $A = (a_{ij}) = \mathbb{M}(T)$, vgl. Aufgabe 3.16.

Abschätzungen von Operatornormen auf ℓ_2^n

a) Die von Euklidischen Normen induzierte Operatornorm lässt sich *nicht* explizit mittels der Matrixelemente angeben. Wir zeigen aber zwei interessante Abschätzungen, in denen man i. a. keine Gleichheit hat: Zunächst gilt für $x \in \mathbb{K}^n$ aufgrund der Schwarzschen Ungleichung

$$\| Tx \|_2^2 = \| \sum_{j=1}^{n} x_j \, Te_j \|_2^2 = \| \sum_{j=1}^{n} x_j \sum_{i=1}^{m} a_{ij} e_i \|_2^2 = \| \sum_{i=1}^{m} \sum_{j=1}^{n} a_{ij} x_j e_i \|_2^2$$

$$= \sum_{i=1}^{m} | \sum_{j=1}^{n} a_{ij} x_j |^2 \le \sum_{i=1}^{m} \left\{ (\sum_{j=1}^{n} |a_{ij}|^2)(\sum_{j=1}^{n} |x_j|^2) \right\}$$

$$\le \sum_{i=1}^{m} \sum_{j=1}^{n} |a_{ij}|^2 \cdot \| x \|_2^2, \quad \text{also}$$

$$\| T \|_{L(\ell_2^n, \ell_2^m)} \leq \| A \|_{HS} := \Big(\sum_{i=1}^m \sum_{j=1}^n |a_{ij}|^2 \Big)^{1/2}. \tag{3.15}$$

Die Zahl $\| A \|_{HS}$ heißt *Hilbert-Schmidt-Norm* von A bzw. T (vgl. Abschn. 12.3).

b) Eine andere Abschätzung ergibt sich so:

$$\| Tx \|_2^2 \leq \sum_{i=1}^m \Big\{ \sum_{j=1}^n \sqrt{|a_{ij}|} \big(\sqrt{|a_{ij}|} \, |x_j| \big) \Big\}^2 \leq \sum_{i=1}^m \Big\{ \big(\sum_{j=1}^n |a_{ij}| \big) \big(\sum_{j=1}^n |a_{ij}| \, |x_j|^2 \big) \Big\}$$

$$\leq \| A \|_{ZS} \sum_{i=1}^m \sum_{j=1}^n |a_{ij}| \, |x_j|^2 = \| A \|_{ZS} \sum_{j=1}^n \sum_{i=1}^m |a_{ij}| \, |x_j|^2$$

$$\leq \| A \|_{ZS} \| A \|_{SS} \cdot \| x \|_2^2, \quad \text{also}$$

$$\| T \|_{L(\ell_2^n, \ell_2^m)} \leq \sqrt{\| A \|_{ZS} \| A \|_{SS}}. \tag{3.16}$$

c) Die Matrix der Identität ist die *Einheitsmatrix* $E = (\delta_{ij})$. Offenbar hat man $\| I \|_{L(\ell_2^n)} = \sqrt{\| E \|_{ZS} \| E \|_{SS}} = 1$, aber $\| E \|_{HS} = \sqrt{n}$. Für die $(n \times n)$-Matrix

$$A_n = \begin{pmatrix} 1 & 1 & 1 & \cdots & 1 \\ 1 & 0 & 0 & \cdots & 0 \\ 1 & 0 & 0 & \cdots & 0 \\ \vdots & \vdots & & \ddots & \\ 1 & 0 & 0 & \cdots & 0 \end{pmatrix} \tag{3.17}$$

gilt $\| A_n \|_{L(\ell_2^n)} \geq \| A_n e_1 \| = \sqrt{n}$, und man hat $\sqrt{\| A_n \|_{ZS} \| A_n \|_{SS}} = n$, aber $\| A_n \|_{HS} = \sqrt{2n-1}$. Folglich gilt weder $\| A \|_{HS}^2 \leq C \| A \|_{ZS} \| A \|_{SS}$ noch eine umgekehrte Abschätzung $\| A \|_{ZS} \| A \|_{SS} \leq C \| A \|_{HS}^2$ mit von den Dimensionen n und m unabhängigen Konstanten.

Konditionszahlen

a) Für eine *invertierbare quadratische* Matrix $A \in \mathbb{M}_{\mathbb{K}}(n)$ und eine Norm auf $\mathbb{K}^n$ heißt $\| A \| \, \| A^{-1} \| \in [1, \infty)$ die *Konditionszahl* von A; dieses Produkt tritt auch bei der Banach-Mazur-Distanz (3.8) auf.

b) Für $b \in \mathbb{K}^n$ betrachten wir das lineare Gleichungssystem $Ax = b$ sowie ein *gestörtes* System $(A + \Delta A)x = b + \Delta b$ mit „kleinen" Störungen $\Delta A \in \mathbb{M}_{\mathbb{K}}(n)$ und $\Delta b \in \mathbb{K}^n$. Ist $\| \Delta A \|$ „genügend klein", so ist auch die Matrix $A + \Delta A$ invertierbar (vgl. S. 67). Gilt nun $A\xi = b$ und $(A + \Delta A)(\xi + \Delta \xi) = b + \Delta b$, so folgt

$$A \, \Delta \xi + \Delta A \, \xi + \Delta A \, \Delta \xi = \Delta b,$$

bei Vernachlässigung des „quadratisch kleinen" Terms $\Delta A \, \Delta \xi$ also

$$\Delta \xi \sim A^{-1} (\Delta b - \Delta A \, \xi) \quad \text{und} \quad \| \Delta \xi \| \leq \| A^{-1} \| \, (\| \Delta b \| + \| \Delta A \| \, \| \xi \|).$$

Für $\xi \neq 0$ folgt daraus wegen $\| b \| \leq \| A \| \| \xi \|$

$$\frac{\| \Delta \xi \|}{\| \xi \|} \preceq \| A \| \| A^{-1} \| \left(\frac{\| \Delta b \|}{\| b \|} + \frac{\| \Delta A \|}{\| A \|} \right); \tag{3.18}$$

die *Konditionszahl* ist also eine *obere Schranke* für die *Verstärkung der relativen Fehler.*

3.4 Lineare Integral- und Differentialoperatoren

Wir untersuchen nun lineare *Integraloperatoren*

$$S := S_\kappa : f \mapsto (Sf)(t) := \int_K \kappa(t,s) f(s) \, ds , \quad t \in K, \tag{3.19}$$

die durch stetige Kerne $\kappa \in C(K^2)$ über einer kompakten Teilmenge K von $\mathbb{R}^n$ definiert werden. Wir können $\kappa(t,s)$ als „kontinuierliches Analogon" einer quadratischen Matrix (a_{ij}) betrachten und schätzen Normen des Integraloperators S_κ in $C(K)$- und L_p-Räumen analog zu den Abschätzungen für Matrix-Normen in Abschn. 3.3 ab. Anschließend diskutieren wir Möglichkeiten zur Untersuchung linearer *Differentialoperatoren.*

Lineare Integraloperatoren

a) Es seien $K \subseteq \mathbb{R}^n$ kompakt und $\kappa \in C(K^2)$ ein *stetiger Kern.* In Analogie zu (3.13) und (3.14) nennen wir

$$\| \kappa \|_{SI} := \sup_{s \in K} \int_K | \kappa(t,s) | \, dt \quad \text{und} \quad \| \kappa \|_{ZI} := \sup_{t \in K} \int_K | \kappa(t,s) | \, ds \tag{3.20}$$

die *Spaltenintegral-Norm* und *Zeilenintegral-Norm* des Kerns κ. Offenbar gilt stets $\| \kappa \|_{SI} \leq \lambda(K) \| \kappa \|_{\sup}$ und $\| \kappa \|_{ZI} \leq \lambda(K) \| \kappa \|_{\sup}$.

b) Der Integraloperator $S = S_\kappa$ aus (3.19) bildet $L_1(K)$ in $C(K)$ ab: Nach Satz 3.5 ist die vektorwertige Funktion $\Phi(\kappa)$ gemäß (3.6) stetig; zu $\varepsilon > 0$ gibt es also $\delta > 0$ mit $| \kappa(t_1,s) - \kappa(t_2,s) | \leq \varepsilon$ für $| t_1 - t_2 | \leq \delta$ und alle $s \in K$. Daraus ergibt sich dann für $| t_1 - t_2 | \leq \delta$ die Abschätzung

$$| Sf(t_1) - Sf(t_2) | \leq \int_K | \kappa(t_1,s) - \kappa(t_2,s) | \, | f(s) | \, ds \leq \varepsilon \| f \|_{L_1}. \tag{3.21}$$

Diese zeigt auch, dass S *beschränkte* Teilmengen von $L_1(K)$ in *gleichstetige* Teilmengen von $C(K)$ abbildet.

c) Für $1 \leq p \leq \infty$ und $\frac{1}{p} + \frac{1}{q} = 1$ hat man nach der Hölderschen Ungleichung

$$| Sf(t) | \leq \left(\int_K | \kappa(t,s) |^q \, ds \right)^{1/q} \| f \|_{L_p}, \quad \text{also}$$

$$\| Sf \|_{\sup} \;\leq\; (\sup_{t \in K} \textstyle\int_K |\kappa(t,s)|^q \, ds)^{1/q} \|f\|_{L_p}. \tag{3.22}$$

In den Grenzfällen $p = 1$ und $p = \infty$ ist dies so zu lesen:

$$\| Sf \|_{\sup} \;\leq\; \|\kappa\|_{\sup} \|f\|_{L_1} \quad \text{und} \quad \| Sf \|_{\sup} \;\leq\; \|\kappa\|_{ZI} \|f\|_{L_\infty}. \tag{3.23}$$

Aufgrund von b) und des *Satzes von Arzelà-Ascoli* bildet also S *beschränkte* Teilmengen von $L_p(K)$ in *relativ kompakte* Teilmengen von $\mathcal{C}(K)$ ab. Aufgrund der Stetigkeit der Inklusion $i : \mathcal{C}(K) \to L_p(K)$ ist insbesondere auch S ein beschränkter linearer Operator auf $L_p(K)$, der beschränkte Teilmengen dieses Raumes in relativ kompakte Teilmengen abbildet.

d) Insbesondere gilt $\| Sf \|_{\sup} \;\leq\; \|\kappa\|_{ZI} \|f\|_{\sup}$ für $f \in \mathcal{C}(K)$, und nach Satz 3.4 ist sogar

$$\| S_\kappa \|_{L(\mathcal{C}(K))} \;=\; \|\kappa\|_{ZI}. \tag{3.24}$$

In der Tat gibt es $\tau \in K$ mit $\|\kappa\|_{ZI} = \int_K |\kappa(\tau,s)| \, ds$, und zu $\varepsilon > 0$ existiert wegen (3.4) eine Funktion $f \in \mathcal{C}(K)$ mit $\|f\|_{\sup} \leq 1$ und

$$\| S_\kappa f \| \;\geq\; |(S_\kappa f)(\tau)| \;=\; |\textstyle\int_K \kappa(\tau,s) f(s)\, ds| \;\geq\; \int_K |\kappa(\tau,s)| \, ds - \varepsilon \;=\; \|\kappa\|_{ZI} - \varepsilon.$$

Somit ist auch die letzte Ungleichung in (3.23) sogar eine Gleichung.

Es gelten *Normabschätzungen* analog zu (3.15), (3.13) und (3.16):

Satz 3.11
Es seien $1 < p < \infty$ und $\frac{1}{p} + \frac{1}{q} = 1$. Für den Operator $S = S_\kappa$ aus (3.19) gelten die Abschätzungen

$$\| S_\kappa f \|_{L_2} \;\leq\; \|\kappa\|_{L_2(K^2)} \cdot \|f\|_{L_2}, \quad f \in L_2(K), \tag{3.25}$$

$$\| S_\kappa f \|_{L_1} \;\leq\; \|\kappa\|_{SI} \cdot \|f\|_{L_1}, \quad f \in L_1(K), \quad \text{und} \tag{3.26}$$

$$\| S_\kappa f \|_{L_p} \;\leq\; \|\kappa\|_{ZI}^{1/q} \|\kappa\|_{SI}^{1/p} \cdot \|f\|_{L_p}, \quad f \in L_p(K). \tag{3.27}$$

BEWEIS. a) Abschätzung (3.25) ergibt sich aus der *Schwarzschen Ungleichung:*

$$\begin{aligned}
\textstyle\int_K |S_\kappa f(t)|^2 \, dt &= \textstyle\int_K |\int_K \kappa(t,s) f(s)\, ds|^2 \, dt \\
&\leq \textstyle\int_K \big(\int_K |\kappa(t,s)|^2 \, ds \int_K |f(s)|^2 \, ds\big) \, dt.
\end{aligned}$$

b) Mit Satz 3.6 folgt Abschätzung (3.26) für stetige Funktionen $f \in \mathcal{C}(K)$ aus

$$\begin{aligned}
\textstyle\int_K |S_\kappa f(t)| \, dt &\leq \textstyle\int_K \int_K |\kappa(t,s)| \, |f(s)| \, ds \, dt \\
&= \textstyle\int_K \int_K |\kappa(t,s)| \, dt \, |f(s)| \, ds \;\leq\; \|\kappa\|_{SI} \cdot \|f\|_{L_1}.
\end{aligned}$$

Mittels der Stetigkeit von $S \in L(L_1(K))$ und der Dichtheit von $C(K)$ in $L_1(K)$ (vgl. S. 43) ergibt sich daraus (3.26) für alle $f \in L_1(K)$ (vgl. auch Satz 3.7).

c) Auch zum Beweis von (3.27) vertauschen wir für stetige Funktionen $f \in C(K)$ die Reihenfolge von Integrationen mittels Satz 3.6. Analog zum Nachweis von (3.16) ergibt sich mit der Hölderschen Ungleichung

$$\int_K |S_\kappa f(t)|^p \, dt \leq \int_K \left\{ \int_K |\kappa(t,s)|^{1/q} (|\kappa(t,s)|^{1/p} |f(s)|) \, ds \right\}^p dt$$

$$\leq \int_K \left\{ (\int_K |\kappa(t,s)| \, ds)^{p/q} \int_K |\kappa(t,s)| \, |f(s)|^p) \, ds) \right\} dt$$

$$\leq \|\kappa\|_{ZI}^{p/q} \int_K \int_K |\kappa(t,s)| \, |f(s)|^p \, ds \, dt$$

$$= \|\kappa\|_{ZI}^{p/q} \int_K \int_K |\kappa(t,s)| \, dt \, |f(s)|^p \, ds$$

$$\leq \|\kappa\|_{ZI}^{p/q} \|\kappa\|_{SI} \int_K |f(s)|^p \, ds.$$

Wie in b) überträgt sich diese Abschätzung durch Approximation auf alle Funktionen $f \in L_p(K)$. ◊

Es ist $\|\kappa\|_{L_2}$ die *Hilbert-Schmidt-Norm* von S_κ (vgl. Abschn. 12.3). Man kann Abschätzung (3.27) als „*Interpolation*" der Abschätzungen (3.23) für $p = \infty$ und (3.26) für $p = 1$ auffassen; dazu sei auf (Werner 2007), Abschn. II.4 oder (König 1986), Abschn. 2c verwiesen.

Abschätzungen für messbare Kerne

a) Im Beweis von Satz 3.11 b) ist die Vertauschung der Integrationen auch für L_1-Funktionen aufgrund des Satzes von Tonelli A.3.17 möglich. In der Tat ist eine Funktion $f \in L_1(K)$ auch als Funktion $f : (t,s) \mapsto f(s)$ auf $K \times K$ messbar (vgl. Aussage e) auf S. 368), und das nach der Vertauschung auftretende iterierte Integral einer messbaren Funktion ≥ 0 existiert aufgrund der angegebenen Abschätzung. Dies gilt entsprechend auch für den Beweis von Satz 3.11 c).

b) Satz 3.11 gilt auch für Integraloperatoren (3.19) mit auf $\Omega \times \Omega$ nur *messbaren* Kernen κ über (vollständigen) Maßräumen (Ω, Σ, μ). Für die Abschätzungen (3.26) und (3.27) müssen diese σ-*endlich* sein. Dies bedeutet, dass es eine Folge (Ω_j) in Σ mit $\mu(\Omega_j) < \infty$ und $\Omega = \bigcup_{j=1}^{\infty} \Omega_j$ gibt; diese Bedingung wird für den Satz von Tonelli A.3.17 benötigt. Weiter sind die Suprema in (3.20) dann als *wesentliche Suprema* (vgl. S. 12) zu interpretieren. Der Beweis von Satz 3.11 in diesen Fällen erfordert zusätzliche Überlegungen im Rahmen der Integrationstheorie und wird daher am Ende von Abschnitt A.3 im Anhang durchgeführt.

Im Gegensatz zu linearen *Integraloperatoren* lassen sich lineare *Differentialoperatoren nicht* als stetige lineare Operatoren auf einem Banachraum realisieren; dies zeigt bereits das folgende einfache Beispiel:

Beispiel

a) Für $b > 0$ ist der lineare *Differentialoperator*

$$D : f \mapsto \tfrac{df}{dt}, \quad f \in \mathcal{C}^1[0, b],$$

unstetig als Operator von $(\mathcal{C}^1[0, b], \| \ \|_{\sup})$ nach $(\mathcal{C}[0, b], \| \ \|_{\sup})$, da aus $\| f_n \|_{\sup} \to 0$
nicht $\| f_n' \|_{\sup} \to 0$ folgt; ein entsprechendes Beispiel ist die Funktionenfolge
$(f_n(t) = \tfrac{1}{n} \sin nt)$. Dagegen ist

$$D : (\mathcal{C}^1[0, b], \| \ \|_{\mathcal{C}^1}) \to (\mathcal{C}[0, b], \| \ \|_{\sup})$$

stetig wegen $\| D(f) \|_{\sup} \leq \| f \|_{\mathcal{C}^1}$.

b) Man kann mittels a) auch einen *unstetigen linearen Operator* auf einem *Banachraum*
konstruieren. Dazu wählt man ein *algebraisches Komplement* W von $\mathcal{C}^1[0, b]$ in $\mathcal{C}[0, b]$,
d. h. einen Unterraum W von $\mathcal{C}[0, b]$ mit

$$\mathcal{C}[0, b] = \mathcal{C}^1[0, b] \oplus W.$$

Zur Konstruktion von W erweitert man eine algebraische Basis von $\mathcal{C}^1[0, b]$ zu einer solchen von $\mathcal{C}[0, b]$ (vgl. Satz A.1.1 im Anhang). Nun erweitert man D durch $Df := 0$ für
$f \in W$ zu einem linearen Operator $D : \mathcal{C}[0, b] \to \mathcal{C}[0, b]$, der offenbar unstetig ist.

Trotz dieses desillusionierenden Beispiels gibt es für die Untersuchung linearer *Diffe-*
rentialoperatoren T die folgenden Möglichkeiten:

Methoden

zur Untersuchung von linearen Differentialoperatoren:

a) Man formuliert das Problem in eine *Integralgleichung* um (vgl. z. B. S. 65). Dies
gelingt auch manchmal bei nichtlinearen Differentialoperatoren (vgl. den Satz von
Picard-Lindelöf in Abschn. 4.6).

b) Man realisiert $T : D(T) \to X$ als *unbeschränkten* linearen Operator in X mit einem
echt in X enthaltenen Definitionsbereich $D(T)$. In diesem Grundkurs geben wir in Kap. 13
eine Einführung in die entsprechende *Spektraltheorie;* im Aufbaukurs gehen wir auf diese
dann ausführlich ein.

c) Man realisiert T als stetigen linearen Operator auf einem nicht normierbaren Raum,
z. B. auf einem Raum von $\mathcal{C}^\infty$-Funktionen. Auch stetige lineare Operatoren zwischen
solchen *lokalkonvexen Räumen* sind ein wesentliches Thema des Aufbaukurses.

3.5 Aufgaben

Aufgabe 3.1
Es seien X, Y normierte Räume. Zeigen Sie, dass $L(X, Y)$ ein Vektorraum ist, auf dem durch das Supremum in Satz 3.1 (e) eine Norm definiert wird.

Aufgabe 3.2
Es seien X, Y, Z normierte Räume. Zeigen Sie die Stetigkeit der Abbildungen

$$L(X, Y) \times X \to Y, (T, x) \mapsto T(x) \quad \text{und}$$
$$L(Y, Z) \times L(X, Y) \to L(X, Z), (S, T) \mapsto ST.$$

Aufgabe 3.3
Gegeben seien die Linearformen $S : f \mapsto \int_{-1}^{1} f(t)\, dt$ und $\delta : f \mapsto f(0)$ auf $\mathcal{C}^1[-1, 1]$. Untersuchen Sie, ob diese Linearformen bezüglich der Normen $\| \ \|_{\sup}, \| \ \|_{L_1}, \| \ \|_{L_2}$ oder $\| \ \|_{\mathcal{C}^1}$ stetig sind, und berechnen Sie gegebenenfalls ihre Normen.

Aufgabe 3.4
Beweisen Sie Satz 3.2 mithilfe von Satz 1.6.

Aufgabe 3.5
In der Situation von Satz 3.4 zeigen Sie $\delta_t \notin J(L_1(K))$ für $t \in K$.

Aufgabe 3.6
Definieren Sie analog zu (3.3) eine Isometrie von ℓ_1 in c_0' und beweisen Sie deren Surjektivität. Es gilt also $c_0' \cong \ell_1$.

Aufgabe 3.7
Konstruieren Sie eine Isomorphie $T : c \to c_0$ mit $\| T \| \| T^{-1} \| \leq 3$. Zeigen Sie, dass die Räume c und c_0 nicht isometrisch sind.

HINWEIS. Der Punkt $x = (1, 1, 1, \ldots)$ in der Einheitskugel von c hat eine spezielle Eigenschaft.

Aufgabe 3.8
Sind die Banachräume c_0 und $\mathcal{C}[a, b]$ isomorph?

Aufgabe 3.9
Zeigen Sie $\mathbb{K} \times c_0 \simeq c_0$ sowie $\mathbb{K} \times \ell_p \simeq \ell_p$ für $1 \leq p \leq \infty$.

Aufgabe 3.10
Zeigen Sie $\mathcal{C}^1[a, b] \simeq \mathbb{K} \times \mathcal{C}[a, b]$.

HINWEIS. Verwenden Sie den Hauptsatz der Differential- und Integralrechnung.

Aufgabe 3.11

a) Konstruieren Sie ein Isometrie Φ von c_0 in $\mathcal{C}[a,b]$.

HINWEIS. Für $[a,b] = [0,1]$ definieren Sie $\Phi(x_j)_{j=0}^{\infty} := f$ durch $f(2^{-j}) := x_j$ und lineare Interpolation.

b) Konstruieren Sie einen linearen Operator $P : \mathcal{C}[a,b] \to c_0$ mit $\|P\| \leq 2$ und $P\Phi = I$ auf c_0. Folgern Sie

$$\mathcal{C}[a,b] \simeq c_0 \times N(P).$$

c) Schließen Sie mittels der Aufgaben 3.9, 3.10 und 3.11 a), b)

$$\mathcal{C}^1[a,b] \simeq \mathbb{K} \times \mathcal{C}[a,b] \simeq \mathbb{K} \times c_0 \times N(P) \simeq c_0 \times N(P) \simeq \mathcal{C}[a,b].$$

Aufgabe 3.12

Es seien X ein normierter Raum und $V \subseteq X$ ein abgeschlossener Unterraum. Zu $x \in X$ sei

$$P_V(x) := \{v_0 \in V \mid \|x - v_0\| = d_V(x)\}$$

die Menge aller Bestapproximationen an x in V.

a) Zeigen Sie, dass $P_V(x)$ eine konvexe Menge ist.

b) Es seien $X = c_0$ und $V := N(\varphi)$ der Kern der stetigen Linearform

$$\varphi : x \mapsto \sum_{j=0}^{\infty} 2^{-j} x_j \quad \text{für } x = (x_j) \in c_0.$$

Zeigen Sie $P_V(x) = \emptyset$ für $x \notin V$.

Aufgabe 3.13

a) Beweisen Sie das *Rieszsche Lemma:* Es seien X ein normierter Raum und $V \subseteq X$ ein echter abgeschlossener Unterraum. Zu $0 < \varepsilon < 1$ gibt es dann $x \in X$ mit $\|x\| = 1$ und $d_V(x) \geq \varepsilon$.

b) Geben Sie mithilfe des Rieszschen Lemmas einen weiteren Beweis von Satz 3.10.

Aufgabe 3.14

Es sei $1 \leq p \leq \infty$. Definieren Sie eine Norm auf $L_p[a,b]^{m+1}$ so, dass die lineare Abbildung

$$f \mapsto (f, f', f'', \ldots, f^{(m)})$$

eine Isometrie von $(\mathcal{C}^m[a,b], \| \; \|_{W_p^m})$ in $L_p[a,b]^{m+1}$ wird, und konstruieren Sie so eine Isometrie von $W_p^m(a,b)$ in $L_p[a,b]^{m+1}$.

Aufgabe 3.15

a) Zeigen Sie, dass die *Translationsoperatoren* $T_h : f \mapsto f(t-h)$ für $h \in \mathbb{R}^n$ *Isometrien* auf $L_p(\mathbb{R}^n)$ definieren.

b) Für $1 \leq p < \infty$ zeigen Sie $\| T_h f - f \|_{L_p} \to 0$ für $f \in L_p(\mathbb{R}^n)$ und $h \to 0$.

HINWEIS. Verwenden Sie die Dichtheit von $\mathcal{C}_c(\mathbb{R}^n)$ in $L_p(\mathbb{R}^n)$ und Satz 3.3.

Aufgabe 3.16

a) Beweisen Sie Formel (3.14).

b) Zeigen Sie $\| T \|^2_{L(\ell^n_2, \ell^m_2)} \geq \max_{j=1}^{n} \sum_{i=1}^{m} |a_{ij}|^2$ und $\| T \|^2_{L(\ell^n_2, \ell^m_2)} \geq \max_{i=1}^{m} \sum_{j=1}^{n} |a_{ij}|^2$.

c) Geben Sie für $1 < p < \infty$ eine Abschätzung für $\| T \|_{L(\ell^n_p, \ell^m_p)}$ mittels Matrixelementen an.

Aufgabe 3.17

Es seien $K \subseteq \mathbb{R}^n$ kompakt und $\kappa_1, \kappa_2 \in \mathcal{C}(K^2)$ stetige Kerne auf K.

a) Zeigen Sie $S_{\kappa_1} S_{\kappa_2} = S_\kappa$, wobei $\kappa := \kappa_1 \odot \kappa_2 \in \mathcal{C}(K^2)$ gegeben ist durch

$$\kappa(t, s) = \int_K \kappa_1(t, u) \kappa_2(u, s) \, du, \quad t, s \in K,$$

b) Beweisen Sie die Abschätzungen $\| \kappa_1 \odot \kappa_2 \| \leq \| \kappa_1 \| \| \kappa_2 \|$ für die drei Normen $\| \ \|_{ZI}$, $\| \ \|_{SI}$ und $\| \ \|_{L_2(K^2)}$.

Aufgabe 3.18

Es seien Ω ein σ-endlicher Maßraum und κ ein messbarer Kern auf Ω^2 mit

$$\kappa^* := \sup_{t \in \Omega} \int_\Omega |\kappa(t, s)|^2 \, ds < \infty.$$

Zeigen Sie

$$\sup_{t \in \Omega} |S_\kappa f(t)| \leq \sqrt{\kappa^*} \| f \|_{L_2}, \quad f \in L_2(\Omega).$$

Aufgabe 3.19

Es seien $\Omega \subseteq \mathbb{R}^n$ messbar und beschränkt, $\sigma \in L_\infty(\Omega^2)$ und $0 \leq \gamma < n$. Zeigen Sie, dass der *schwach singuläre Integraloperator*

$$Sf(t) := \int_\Omega \frac{\sigma(t,s)}{|t-s|^\gamma} f(s) \, ds$$

für alle $1 \leq p \leq \infty$ einen beschränkten linearen Operator auf $L_p(\Omega)$ definiert. Für welche Exponenten γ liegt der Kern $\kappa(t, s) = \frac{\sigma(t,s)}{|t-s|^\gamma}$ in $L_2(\Omega^2)$?

Aufgabe 3.20

Beweisen Sie das *Lemma von Auerbach:* Ein normierter Raum X mit $\dim X = n < \infty$ hat eine Basis $\{x_1, \ldots, x_n\}$ von X mit $\| x_j \| = 1$ für $j = 1, \ldots, n$, sodass auch für die durch $\varphi_i(x_j) = \delta_{ij}$ gegebene *duale Basis* $\{\varphi_1, \ldots, \varphi_n\}$ von X' gilt $\| \varphi_i \| = 1$ für $i = 1, \ldots, n$.

HINWEIS. Verwenden Sie $X \simeq \mathbb{K}^n$ und maximieren Sie den Betrag der Determinante auf einer geeigneten Einheitskugel!

Kleine Störungen

4

In diesem Kapitel behandeln wir *lineare* und auch *nichtlineare kleine Störungen* der Identität oder eines invertierbaren Operators; die Resultate beruhen auf der *Neumannschen Reihe* im linearen Fall und dem *Banachschen Fixpunktsatz* im nichtlinearen Fall. Wir entwickeln die Grundlagen der *Spektraltheorie* und geben Anwendungen auf *Integralgleichungen* und *Differentialgleichungen*.

4.1   Banachalgebren und Neumannsche Reihe

Für einen Banachraum X ist der Banachraum $L(X)$ auch ein *Ring* unter der Komposition von Operatoren. Diese Tatsache wurde bis etwa 1930 kaum beachtet; erst seit grundlegenden Arbeiten von J. von Neumann (ab 1930) und I.M. Gelfand (1941) spielen multiplikative Strukturen eine wesentliche Rolle in der Operatortheorie.

© Springer-Verlag GmbH Deutschland 2018
W. Kaballo, *Grundkurs Funktionalanalysis*,
https://doi.org/10.1007/978-3-662-54748-9_4

Banachalgebren

Eine *Banachalgebra* ist ein Banachraum $\mathcal{A}$ über $\mathbb{K} = \mathbb{R}$ oder $\mathbb{K} = \mathbb{C}$ mit einer Multiplikation $\mathcal{A} \times \mathcal{A} \to \mathcal{A}$, für die das Assoziativ- und Distributivgesetz sowie

$$(\alpha \, x) \, y \;=\; x \, (\alpha \, y) \;=\; \alpha \, (xy) \quad \text{für } \alpha \in \mathbb{K}, \; x, y \in \mathcal{A}$$

und die *Submultiplikativität* der Norm

$$\| \, xy \, \| \;\leq\; \| \, x \, \| \, \| \, y \, \| \quad \text{für } x, y \in \mathcal{A}$$

gelten, sodass $\| \, e \, \| = 1$ für ein Einselement $e \in \mathcal{A}$ ist.

In diesem Buch kommen nur Banachalgebren mit Einselement vor.

Beispiele

a) Für einen kompakten Raum K ist $\mathcal{C}(K)$ mit der punktweisen Multiplikation eine *kommutative* Banachalgebra.

b) Für einen Banachraum X ist $L(X)$ eine *(nicht kommutative)* Banachalgebra. Dies gilt insbesondere für $L(\mathbb{K}^n)$ und auch für die Matrizenalgebra $\mathbb{M}_{\mathbb{K}}(n)$ etwa unter der Spaltensummen- oder Zeilensummen-Norm.

c) Für einen kompakten Raum K und eine Banachalgebra $\mathcal{A}$ ist $\mathcal{C}(K, \mathcal{A})$ mit der punktweisen Multiplikation eine Banachalgebra. Ist $\mathcal{A}$ *kommutativ*, so gilt dies auch für $\mathcal{C}(K, \mathcal{A})$.

d) Abgeschlossene Unteralgebren von Banachalgebren sind wieder Banachalgebren.

Die *geometrische Reihe* liefert das folgende einfache, aber fundamentale Resultat der Störungstheorie in Banachalgebren; die Methode wurde bereits 1877 von C. Neumann zur Untersuchung von Integralgleichungen benutzt:

Satz 4.1 (Neumannsche Reihe)
Es seien $\mathcal{A}$ *eine* Banachalgebra *und* $x \in \mathcal{A}$ *ein Element mit* $\| \, x \, \| < 1$. *Dann ist die Reihe* $\sum_k x^k$ *in* $\mathcal{A}$ *absolut konvergent, und es gilt*

$$\sum_{k=0}^{\infty} x^k \;=\; (e - x)^{-1} \, . \tag{4.1}$$

Insbesondere ist also $e - x$ *invertierbar.*

BEWEIS. Die absolute Konvergenz der Reihe folgt aus $\| \, x^k \, \| \leq \| \, x \, \|^k$ und $\| \, x \, \| < 1$. Nach Satz 1.6 existiert also $s := \sum_{k=0}^{\infty} x^k \in \mathcal{A}$, und man hat

$$(e - x) \, s \;=\; s(e - x) \;=\; \sum_{k=0}^{\infty} x^k - \sum_{k=1}^{\infty} x^k \;=\; e. \qquad \Diamond$$

Bemerkungen

a) Die Summe $s := \sum_{k=0}^{\infty} x^k$ lässt sich *iterativ* berechnen: Für die Partialsummen $s_n := \sum_{k=0}^{n} x^k$
gilt offenbar $s_0 = e$, $s_{n+1} = e + xs_n$ und $s_n \to s$.

b) Für $n \in \mathbb{N}$ hat man die *Fehlerabschätzung*

$$\| s - s_n \| = \| \sum_{k=n+1}^{\infty} x^k \| \leq \sum_{k=n+1}^{\infty} \| x^k \| \leq \sum_{k=n+1}^{\infty} \| x \|^k = \frac{\| x \|^{n+1}}{1 - \| x \|} \; ;$$

es liegt also mindestens *lineare Konvergenz* vor.

Als erste Anwendung der Neumannschen Reihe stellen wir vor:

Input-Output-Analyse nach V. Leontieff

a) Eine Volkswirtschaft besitze die Industrien $X_1, \ldots, X_n$, die gewisse Outputs erzeugen. Um einen Output im Wert von 1 Euro zu erzeugen, benötigt Industrie X_j Inputs der Industrien X_i im Wert von t_{ij} Euro, $i = 1, \ldots, n$. Dabei ist vernünftigerweise

$$0 \leq t_{ij}, \ i,j = 1, \ldots, n \quad \text{und} \quad \sum_{i=1}^{n} t_{ij} < 1, \ j = 1, \ldots, n, \tag{4.2}$$

anzunehmen. Produziert nun jede Industrie X_i einen Output im Wert von x_i Euro, so stehen für Konsumenten nur noch die Outputs $x_i - \sum_{j=1}^{n} t_{ij}x_j$ zur Verfügung. Das Problem besteht darin, genau soviel zu produzieren, dass eine gegebene Nachfrage $d = (d_1, \ldots, d_n)^\top$ befriedigt werden kann.

b) Dazu schreibt man $x = (x_1, \ldots, x_n)^\top$ für den Produktionsvektor und führt die Matrix $T := (t_{ij}) \in \mathbb{M}_\mathbb{R}(n)$ ein. Zu lösen ist dann die Gleichung $x - Tx = d$ oder $(I - T)x = d$.

c) Nun folgt aus (4.2) sofort $\| T \|_{SS} < 1$ für die *Spaltensummen-Norm* aus (3.13). Nach Satz 4.1 existiert also $(I - T)^{-1}$ und kann gemäß obiger Bemerkung iterativ berechnet werden. Wegen $(I - T)^{-1} = \sum_{k=0}^{\infty} T^k$ sind alle Matrixelemente von $(I - T)^{-1}$ nichtnegativ.

Eine abstraktere Anwendung der Neumannschen Reihe betrifft

Ideale und Quotientenalgebren

a) Es sei $\mathcal{A}$ eine Banachalgebra. Ein *echter* Unterraum $\mathcal{I} \subseteq \mathcal{A}$ heißt *zweiseitiges Ideal* in $\mathcal{A}$, falls

$$\mathcal{A} \mathcal{I} \mathcal{A} := \{ xuy \mid x, y \in \mathcal{A}, \ u \in \mathcal{I} \} \subseteq \mathcal{I}$$

gilt. Wegen $\mathcal{I} \neq \mathcal{A}$ ist $e \notin \mathcal{I}$, und wegen $xx^{-1} = e$ enthält $\mathcal{I}$ auch keine invertierbaren Elemente von $\mathcal{A}$.

b) Mit $\mathcal{I}$ ist auch $\overline{\mathcal{I}}$ ein zweiseitiges Ideal in $\mathcal{A}$: Aus $\mathcal{A} \mathcal{I} \mathcal{A} \subseteq \mathcal{I}$ folgt sofort auch $\mathcal{A} \overline{\mathcal{I}} \mathcal{A} \subseteq \overline{\mathcal{I}}$. Nach Satz 4.1 und a) ist weiter $\mathcal{I} \cap U_1(e) = \emptyset$ und damit auch $\overline{\mathcal{I}} \cap U_1(e) = \emptyset$.

c) Für ein abgeschlossenes zweiseitiges Ideal $\mathcal{I}$ in $\mathcal{A}$ ist auch der Quotientenraum $\mathcal{A}/\mathcal{I}$ eine Banachalgebra. Ist in der Tat $\pi : \mathcal{A} \to \mathcal{A}/\mathcal{I}$ die Quotientenabbildung, so kann man wegen $\mathcal{A} \mathcal{I} \mathcal{A} \subseteq \mathcal{I}$ Äquivalenzklassen analog zu (1.21) gemäß

$$\pi(x)\,\pi(y) := \pi(xy) \quad \text{für } x, y \in \mathcal{A} \tag{4.3}$$

multiplizieren. Die Submultiplikativität der Norm ist analog zur Dreiecksungleichung leicht zu sehen; für die Aussage $\| \pi(e) \| = 1$ benötigt man die Neumannsche Reihe: Ist $\| \pi(e) \| < 1$, so gibt es $x \in \mathcal{I}$ mit $\| e - x \| < 1$. Nach Satz 4.1 ist dann $x = e - (e - x)$ invertierbar, was aber wegen $x \in \mathcal{I}$ unmöglich ist.

Spektralradius

Statt „$\| x \| < 1$" genügt für die Konvergenz der Neumannschen Reihe auch die schwächere Bedingung

$$\sum_{k=0}^{\infty} \| x^k \| < \infty \, ; \tag{4.4}$$

diese Verschärfung ist z. B. für *Volterrasche Integralgleichungen* (vgl. S. 66) wesentlich. Nach dem Wurzelkriterium folgt (4.4) bereits aus

$$r(x) := \limsup \sqrt[k]{\| x^k \|} < 1. \tag{4.5}$$

Die Zahl $r(x) \in [0, \| x \|]$ heißt *Spektralradius* von x; die Namensgebung erklären wir in (4.18) und Satz 9.9. Der Limes superior in (4.5) ist sogar ein echter Limes (vgl. Aufgabe 4.5).

4.2   Lineare Integralgleichungen

Die Neumannsche Reihe hat wichtige Anwendungen auf lineare Integralgleichungen. Wesentliche Resultate dazu stammen u. a. von V. Volterra (1896), I. Fredholm (1900/03), D. Hilbert (1904/06) und F. Riesz (1918); diese waren ein Ausgangspunkt für ein zentrales Thema dieses Buches: die Spektraltheorie linearer Operatoren auf Hilberträumen und Banachräumen.

Fredholmsche Integralgleichungen
a) Es seien $K \subseteq \mathbb{R}^n$ eine kompakte Menge und $\kappa \in C(K^2)$ ein stetiger Kern. Die *Integralgleichung*

$$f(t) - \int_K \kappa(t,s) f(s)\, ds = g(t), \quad t \in K, \tag{4.6}$$

hat dann nach Satz 4.1 und (3.24) im Fall

$$\| \kappa \|_{ZI} = \sup_{t \in K} \int_K |\kappa(t,s)|\, ds < 1 \tag{4.7}$$

für jede Funktion $g \in C(K)$ genau eine Lösung $f \in C(K)$.

b) Gilt nun $\| S_\kappa \|_{L(L_p(\Omega))} < 1$ für ein $1 \leq p \leq \infty$, etwa aufgrund einer der Abschätzungen in Satz 3.11, so hat $(I - S_\kappa)f = g$ für alle Funktionen $g \in L_p(\Omega)$ genau eine Lösung $f \in L_p(\Omega)$. Ist nun $g \in C(K)$, so folgt wegen $S_\kappa f \in C(K)$ auch $f \in C(K)$; der Operator $I - S_\kappa$ ist unter der Bedingung „$\| S_\kappa \|_{L(L_p(\Omega))} < 1$" also auch auf $C(K)$ bijektiv.

c) Wir kommen in Teil IV des Buches auf Fredholmsche Integralgleichungen zurück, dann *ohne Kleinheitsbedingungen* wie (4.7) oder „$\| S_\kappa \|_{L(L_p(\Omega))} < 1$". Wie bei Volterraschen Integralgleichungen unten kann man natürlich auch Fredholmsche Integralgleichungen mit *Matrix-wertigen Kernen* betrachten.

Wie am Ende von Abschn. 3.4 angekündigt, lassen sich Differentialgleichungen manchmal in Integralgleichungen umformulieren:

Lineare Systeme von Differentialgleichungen
a) Es seien $J = [a,b]$ ein kompaktes Intervall in $\mathbb{R}$, $\xi \in \mathbb{K}^n$, $A \in C(J, \mathbb{M}_{\mathbb{K}}(n))$ eine stetige Matrixfunktion und $b \in C(J, \mathbb{K}^n)$ eine stetige Vektorfunktion. Wir lösen das *Anfangswertproblem*

$$\dot{x} = A(t)\, x + b(t), \quad x(a) = \xi. \tag{4.8}$$

Allgemeiner kann man auch die Lösung an einer beliebigen Stelle in J vorgeben. Nun ist (4.8) äquivalent zur *Integralgleichung*

$$x(t) = \xi + \int_a^t (A(s)\, x(s) + b(s))\, ds, \quad t \in J. \tag{4.9}$$

Gilt in der Tat (4.9), so liefern der Hauptsatz der Differential- und Integralrechnung und Einsetzen von $t = a$ sofort (4.8). Umgekehrt folgt aus (4.8) mittels Hauptsatz auch

$$x(t) = x(a) + \int_a^t \dot{x}(s)\, ds = \xi + \int_a^t (A(s)\, x(s) + b(s))\, ds, \quad t \in J.$$

b) Wir führen den *Integraloperator*

$$(Vx)(t) := \int_a^t A(s)\, x(s)\, ds, \quad t \in J, \ x \in C(J, \mathbb{K}^n),$$

ein. Mit $B(t) := \xi + \int_a^t b(s)\,ds, t \in J$, ist dann (4.9) die Gleichung

$$(I - V)\,x \;=\; B \quad \text{im Banachraum } \mathcal{C}(J, \mathbb{K}^n). \tag{4.10}$$

c) Es ist V ein spezieller *Volterra-Operator* auf $\mathcal{C}(J, \mathbb{K}^n)$. Nach dem folgenden Satz 4.2 besitzt die Gl. (4.10) und daher auch das Anfangswertproblem (4.8) genau eine Lösung in $\mathcal{C}(J, \mathbb{K}^n)$. Dieses Resultat ist der *Satz von Picard-Lindelöf* für lineare Systeme, den wir in Satz 4.14 auch für nichtlineare Systeme beweisen werden.

Volterra-Operatoren

a) Es sei $J = [a, b] \subseteq \mathbb{R}$ ein kompaktes Intervall. Für einen stetigen Matrix-wertigen *Kern* $\kappa \in \mathcal{C}(J^2, \mathbb{M}_{\mathbb{K}}(n))$ wird durch

$$(Vf)(t) := (V_\kappa f)(t) := \int_a^t \kappa(t, s) f(s)\,ds, \;\; t \in J, \; f \in \mathcal{C}(J, \mathbb{K}^n), \tag{4.11}$$

ein stetiger linearer *Volterra-Operator* $V : \mathcal{C}(J, \mathbb{K}^n) \to \mathcal{C}(J, \mathbb{K}^n)$ definiert; wegen

$$\| Vf(t) \| \;\leq\; (t - a)\,\| \kappa \|_{\sup}\,\| f \|_{\sup}, \;\; t \in J, \tag{4.12}$$

gilt in der Tat $V \in L(\mathcal{C}(J, \mathbb{K}^n))$ (vgl. auch Aufgabe 4.8).

Satz 4.2

a) Für den Spektralradius des in (4.11) definierten Volterra-Operators $V \in L(\mathcal{C}(J, \mathbb{K}^n))$ gilt $r(V) = 0$.

b) Die Volterrasche Integralgleichung

$$f(t) - \int_a^t \kappa(t, s) f(s)\,ds \;=\; (I - V)f(t) \;=\; g(t) \tag{4.13}$$

ist für alle $g \in \mathcal{C}(J, \mathbb{K}^n)$ durch $f = (I - V)^{-1} g$ in $\mathcal{C}(J, \mathbb{K}^n)$ eindeutig lösbar.

BEWEIS. a) Aus (4.11) und (4.12) ergibt sich

$$\| V^2 f(t) \| \;\leq\; \| \kappa \|\,\int_a^t \| Vf(s) \|\,ds \;\leq\; \| \kappa \|^2\,\| f \|\,\int_a^t (s - a)\,ds \;=\; \tfrac{(t-a)^2}{2}\,\| \kappa \|^2\,\| f \|.$$

Induktiv zeigen wir nun

$$\| V^j f(t) \| \;\leq\; \tfrac{(t-a)^j}{j!}\,\| \kappa \|^j\,\| f \| \quad \text{für alle } t \in J. \tag{4.14}$$

Ist in der Tat (4.14) für $j \in \mathbb{N}$ bereits gezeigt, so liefert obiges Argument auch

$$\| V^{j+1} f(t) \| \leq \| \kappa \|\,\int_a^t \| V^j f(s) \|\,ds \;\leq\; \| \kappa \|^{j+1}\,\| f \|\,\int_a^t \tfrac{(s-a)^j}{j!}\,ds$$

$$= \tfrac{(t-a)^{j+1}}{(j+1)!}\,\| \kappa \|^{j+1}\,\| f \|,$$

also (4.14) für $j + 1$. Aus (4.14) folgt nun sofort

$$\| V^j \| \leq \tfrac{(b-a)^j}{j!} \| \kappa \|^j \quad \text{für} \ j \in \mathbb{N} \tag{4.15}$$

und somit $r(V) = \limsup \sqrt[j]{\| V^j \|} = 0$.

b) Nach (4.15) konvergiert die Neumannschen Reihe $\sum\limits_{j=0}^{\infty} V^j = (I - V)^{-1}$. ◊

Bemerkungen

a) In Satz 4.12 stellen wir einen weiteren Beweis von Satz 4.2 vor.

b) Die Lösung der Volteraschen Integralgleichung (4.13) kann gemäß Bemerkung a) zur Neumannschen Reihe auf S. 63 iterativ berechnet werden. Mit $c := (b - a) \| \kappa \|$ hat man die *Fehlerabschätzung*

$$\| f - \sum_{j=0}^{n} V^j g \| \leq \sum_{j=n+1}^{\infty} \| V^j \| \| g \| \leq \sum_{j=n+1}^{\infty} \tfrac{c^j}{j!} \| g \| \leq e^c \tfrac{c^{n+1}}{(n+1)!} \| g \|;$$

die Konvergenz ist also *schneller als linear.*

c) Man kann die Volterasche Integralgleichung (4.13) auch als Fredholmsche Integralgleichung (4.6) auffassen mit dem i. a. unstetigen aber quadratintegrierbaren Kern

$$\widetilde{\kappa}(t, s) = \left\{ \begin{array}{ll} \kappa(t, s) & , \quad s \leq t \\ 0 & , \quad s > t \end{array} \right. .$$

4.3 Grundlagen der Spektraltheorie

Wir kommen nun zu den Grundlagen der *Spektraltheorie linearer Operatoren,* die das Studium von *Eigenwerten* und *Eigenvektoren* von Matrizen auf den „unendlichdimensionalen Fall" verallgemeinert. Ausgangspunkte dieser Spektraltheorie waren natürlich der endlichdimensionale Fall und die Untersuchung der im letzten Abschnitt vorgestellten Fredholmschen Integralgleichungen; eine wichtige Rolle spielt dabei die *Neumannsche Reihe.* Wir formulieren die Grundlagen der Theorie hier im Rahmen von Banachalgebren; dadurch werden auch *abgeschlossene Unteralgebren* sowie *Quotientenalgebren* von Operatoralgebren $L(X)$ erfasst. Letzteres ist wichtig für die Untersuchung von *Fredholmoperatoren* (vgl. Abschn. 11.2 und den Aufbaukurs).

Offene Gruppe und stetige Inversion

a) Für eine Banachalgebra $\mathcal{A}$ sei

$$G(\mathcal{A}) := G\mathcal{A} := \{ x \in \mathcal{A} \mid \exists\, y \in \mathcal{A} \ : \ xy = yx = e \}$$

die *Gruppe der invertierbaren Elemente* von $\mathcal{A}$.

b) Für $a \in G(\mathcal{A})$ und $x \in \mathcal{A}$ mit $\| x - a \| < \| a^{-1} \|^{-1}$ gilt

$$x = a + (x - a) = (e + (x - a) a^{-1}) a \quad \text{und} \quad \| (x - a) a^{-1} \| < 1.$$

Nach Satz 4.1 folgt $e + (x - a) a^{-1} \in G(\mathcal{A})$ und damit auch $x \in G(\mathcal{A})$. Weiter ist

$$x^{-1} = a^{-1} (e + (x - a) a^{-1})^{-1} = a^{-1} \sum_{k=0}^{\infty} (-1)^k ((x - a) a^{-1})^k ,$$

und daraus folgt

$$\| x^{-1} - a^{-1} \| \leq \| a^{-1} \| \sum_{k=1}^{\infty} \| x - a \|^k \| a^{-1} \|^k = \frac{\| a^{-1} \|^2 \| x - a \|}{1 - \| a^{-1} \| \| x - a \|} .$$

c) Nach b) ist also $G(\mathcal{A})$ *offen* in $\mathcal{A}$, und die *Inversion* $a \mapsto a^{-1}$ ist *stetig*. Da die Inversion mit ihrer Umkehrabbildung übereinstimmt, ist sie sogar eine *Homöomorphie* von $G(\mathcal{A})$ auf $G(\mathcal{A})$.

Spektrum und Resolvente

Es seien $\mathcal{A}$ eine Banachalgebra und $x \in \mathcal{A}$.

a) Die Menge $\sigma(x) := \{ \lambda \in \mathbb{K} \mid \lambda e - x \notin G(\mathcal{A}) \}$ heißt *Spektrum* von x.

b) Das Komplement $\rho(x) := \mathbb{K} \backslash \sigma(x)$ des Spektrums heißt *Resolventenmenge* von x. Diese ist *offen* in $\mathbb{K}$, da $G(\mathcal{A})$ offen in $\mathcal{A}$ ist. Die durch $R_x : \lambda \to (\lambda e - x)^{-1}$ definierte Funktion $R_x : \rho(x) \to G(\mathcal{A})$ heißt *Resolvente* von x; sie ist *stetig*, da die Inversion auf $G(\mathcal{A})$ stetig ist.

c) Für $\lambda, \mu \in \rho(x)$ gilt $\lambda e - x = (\mu e - x) + (\lambda - \mu) e$; Multiplikation von links mit $R_x(\lambda)$ und von rechts mit $R_x(\mu)$ liefert die *Resolventengleichung*

$$R_x(\lambda) - R_x(\mu) = -(\lambda - \mu) R_x(\lambda) R_x(\mu), \quad \lambda, \mu \in \rho(x). \tag{4.16}$$

d) Diese impliziert sofort

$$\lim_{\lambda \to \mu} \frac{R_x(\lambda) - R_x(\mu)}{\lambda - \mu} = -R_x(\mu)^2 \quad \text{für} \quad \mu \in \rho(x);$$

die Resolvente ist im Fall $\mathbb{K} = \mathbb{C}$ also *holomorph* auf $\rho(x)$. *Funktionentheoretische Metho-den* spielen eine große Rolle in der Spektraltheorie. Als erste Illustration dazu zeigen wir in Satz 4.4 die wichtige Aussage $\sigma(x) \neq \emptyset$ für alle Elemente einer Banachalgebra. In diesem Grundkurs werden funktionentheoretische Methoden allerdings nur gelegentlich auftauchen; erst im Aufbaukurs werden sie systematisch verwendet.

e) Für $| \lambda | > r(x)$ existiert

$$R_x(\lambda) = [\lambda (e - \tfrac{x}{\lambda})]^{-1} = \lambda^{-1} (e - \tfrac{x}{\lambda})^{-1} = \tfrac{1}{\lambda} \sum_{k=0}^{\infty} (\tfrac{x}{\lambda})^k ; \tag{4.17}$$

Abb. 4.1 Spektrum und
Spektralradius

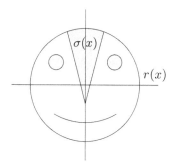

daher ist das Spektrum $\sigma(x)$ *kompakt* mit (vgl. Abb. 4.1)

$$\max\{\,|\lambda|\mid \lambda \in \sigma(x)\} \le r(x). \tag{4.18}$$

Im Fall $\mathbb{K} = \mathbb{C}$ gilt sogar *Gleichheit* in (4.18), was den Namen *Spektralradius* für $r(x)$ erklärt. Wir beweisen dieses Resultat von I.M. Gelfand (1941) in Satz 9.9 mit einem funktionentheoretischen Argument. Insbesondere ist der Spektralradius von $T \in L(\mathbb{C}^n)$ von der Wahl einer Norm auf $\mathbb{C}^n$ unabhängig. Weiter erhält man aus (4.17) die Abschätzung

$$\| R_x(\lambda) \| \le \tfrac{1}{|\lambda|-\|x\|} \quad \text{für } |\lambda| > \|x\|. \tag{4.19}$$

Eigenwerte

Die bisherigen Konzepte und Resultate gelten natürlich insbesondere für die Banachalgebra $\mathcal{A} = L(X)$ aller stetigen linearen Operatoren auf einem Banachraum X.

a) Für $T \in L(X)$ heißt eine Zahl $\lambda \in \mathbb{K}$ *Eigenwert* von T, falls es einen Vektor $0 \ne x \in X$ mit $Tx = \lambda x$ gibt; x heißt dann *Eigenvektor* von T zum Eigenwert λ.

b) Für $\lambda \in \mathbb{K}$ gilt stets

$$N(\lambda I - T) \ne \{0\} \ \Rightarrow\ \lambda I - T \notin GL(X) \ \Leftrightarrow\ \lambda \in \sigma(T), \tag{4.20}$$

und im Fall $\dim X < \infty$ gilt auch die Umkehrung dieser Aussage. Eigenwerte von T liegen also stets in $\sigma(T)$, und im Fall $\dim X < \infty$ stimmt $\sigma(T)$ mit der Menge aller Eigenwerte von T überein.

c) Im Fall $\dim X < \infty$ hat man weiter

$$\lambda \in \sigma(T) \ \Leftrightarrow\ \chi_T(\lambda) := \det(\lambda I - T) = 0;$$

die Eigenwerte von T sind also die *Nullstellen* des *charakteristischen Polynoms* von T. Die *Existenz von Eigenwerten* im Fall $\mathbb{K} = \mathbb{C}$ und $\dim X < \infty$ beruht daher auf dem *Fundamentalsatz der Algebra* und ist zu diesem sogar *äquivalent,* da jedes komplexe Polynom charakteristisches Polynom einer geeigneten Matrix ist. Der Fundamentalsatz der Algebra kann mithilfe des funktionentheoretischen *Satzes von Liouville* bewiesen werden. Dieser besagt, dass jede auf ganz $\mathbb{C}$ holomorphe beschränkte Funktion konstant ist (vgl. etwa [Kaballo 1999], Satz 22.18).

d) Der spezielle Volterra-Operator

$$(Vf)(t) := \int_a^t f(s)\,ds, \ \ t \in [a,b], \tag{4.21}$$

auf $\mathcal{C}[a,b]$ ist wegen $(Vf)' = f$ injektiv, wegen $(Vf)(a) = 0$ oder $Vf \in \mathcal{C}^1[a,b]$ aber nicht surjektiv; die Umkehrung von (4.20) ist in diesem Fall also falsch. Man hat $0 \in \sigma(V)$, aber 0 ist kein Eigenwert von V. Wegen $r(V) = 0$ gilt also $\sigma(V) = \{0\}$, der Operator V hat aber keinen Eigenwert.

Wir zeigen jedoch nun, dass stetige lineare Operatoren stets ein nichtleeres Spektrum haben. Dieses auf M.H. Stone (1932) und A.E. Taylor (1938) zurückgehende wichtige Resultat ist also eine *Verallgemeinerung des Fundamentalsatzes der Algebra*. Zum Beweis verwenden wir ebenfalls den *Satz von Liouville* sowie die folgende Konsequenz aus dem *Satz von Hahn-Banach* 9.3, die für einige konkrete Banachräume leicht zu verifizieren ist (vgl. Aufgabe 4.14):

Satz 4.3
Zu jedem Vektor $x \neq 0$ in einem Banachraum X gibt es eine stetige Linearform $f \in X'$ mit $f(x) \neq 0$.

Satz 4.4
Es seien $\mathcal{A}$ eine Banachalgebra über $\mathbb{C}$ und $x \in \mathcal{A}$. Dann gilt $\sigma(x) \neq \emptyset$.

BEWEIS. Andernfalls ist die Resolvente R_x auf ganz $\mathbb{C}$ holomorph (vgl. Aussage d) auf S. 68), und aus (4.19) folgt $\lim\limits_{|\lambda| \to \infty} \| R_x(\lambda) \| = 0$. Ist nun R_x nicht konstant, so gibt es nach Satz 4.3 eine stetige Linearform $f \in \mathcal{A}'$, für die $f \circ R_x$ nicht konstant ist. Nun ist aber $f \circ R_x \in \mathcal{O}(\mathbb{C})$ eine beschränkte ganze Funktion, und man hat einen Widerspruch zum Satz von Liouville. Somit ist R_x konstant, und aus $\| R_x(\lambda) \| \to 0$ für $|\lambda| \to \infty$ ergibt sich schließlich der Widerspruch $R_x = 0$. $\diamond$

Diagonaloperatoren
Als erstes Beispiel untersuchen wir Diagonaloperatoren auf den Folgenräumen ℓ_p für $1 \leq p \leq \infty$. Mit einer beschränkten Folge $a = (a_j)$ in $\mathbb{C}$ wird $D_a = \mathrm{diag}(a_j) : \ell_p \to \ell_p$ definiert durch

$$D_a : (x_0, x_1, x_2, \ldots) \mapsto (a_0 x_0, a_1 x_1, a_2 x_2, \ldots).$$

Für die „Einheitsvektoren" $e_j = (0, \ldots, 0, 1, 0, 0, \ldots)$ (hier steht die 1 an der j-ten Stelle) gilt offenbar $D_a e_j = a_j e_j$; diese sind also Eigenvektoren zu den *Eigenwerten* a_j des Operators D_a. Wegen der Kompaktheit des Spektrums folgt daraus $\overline{\{a_j \mid j \in \mathbb{N}_0\}} \subseteq \sigma(D_a)$. Für $\lambda \in \mathbb{C} \backslash \overline{\{a_j \mid j \in \mathbb{N}_0\}}$ gibt es $\delta > 0$ mit $|\lambda - a_j| \geq \delta$ für alle $j \in \mathbb{N}_0$. Der Diagonaloperator $\mathrm{diag}(\frac{1}{\lambda-a_j})$ ist daher auf ℓ_p beschränkt und offenbar die Inverse von $\lambda I - D_a$. Somit gilt:

$$\sigma(D_a) = \overline{\{a_j \mid j \in \mathbb{N}_0\}} \quad \text{und} \quad R_{D_a}(\lambda) = \mathrm{diag}(\tfrac{1}{\lambda-a_j}) \text{ für } \lambda \in \rho(D_a). \tag{4.22}$$

Wegen (4.22) und (4.18) gilt $\sup_{j \in \mathbb{N}_0} |a_j| \leq r(D_a)$. Andererseits ist offenbar $\| D_a \| \leq \| a \|_\infty$, und somit gilt

$$r(A) = \| D_a \| = \| a \|_\infty = \sup_{j \in \mathbb{N}_0} |a_j|. \tag{4.23}$$

Aus (4.22) ergibt sich sofort die folgende Aussage:

Satz 4.5
Es sei eine kompakte Menge $\emptyset \neq K \subseteq \mathbb{C}$ gegeben. Dann gibt es einen Banachraum X und einen beschränkten linearen Operator $T \in L(X)$ mit $\sigma(T) = K$.

BEWEIS. Wir wählen $X = \ell_p$ für ein $1 \leq p \leq \infty$ und $T = D_a = \mathrm{diag}(a_j)$ mit einer Folge (a_j), für die $\{a_j \mid j \in \mathbb{N}_0\}$ eine dichte Teilmenge von K ist. $\Diamond$

Ein Shift-Operator
Der *Links-Shift-Operator* wird für $1 \leq p \leq \infty$ auf den Folgenräumen ℓ_p definiert durch

$$S_-(x_0, x_1, x_2, x_3, \ldots) := (x_1, x_2, x_3, x_4, \ldots). \tag{4.24}$$

Wegen $\| S_- \| = 1$ hat man $\sigma(S_-) \subseteq D := \{\lambda \in \mathbb{C} \mid |\lambda| \leq 1\}$. Für $|\lambda| < 1$ ist offenbar

$$S_-(1, \lambda, \lambda^2, \lambda^3, \ldots) = \lambda(1, \lambda, \lambda^2, \lambda^3, \ldots),$$

d. h. λ ist ein *Eigenwert* von S_-. Folglich gilt $D^\circ \subseteq \sigma(S_-)$, und wegen der Kompaktheit des Spektrums muss $\sigma(S_-) = D$ sein. Im Fall $p = \infty$ sind auch die Punkte $\lambda \in \mathbb{C}$ mit $|\lambda| = 1$ Eigenwerte von S_-.

Gerschgorin-Kreise
a) Es sei $A = (a_{ij}) \in \mathbb{M}_\mathbb{C}(n)$ eine komplexe Matrix mit $a_{jj} \neq 0$ für alle $j = 1, \ldots, n$. Mit $D := \mathrm{diag}(a_{jj})$ und $A = D - R$ ist die Matrix $A = D(I - D^{-1}R)$ invertierbar, falls $\| D^{-1}R \| < 1$ gilt; A heißt dann *diagonal-dominante Matrix*. Für die Spaltensummen-Norm bedeutet diese Bedingung

$$\max_{j=1}^{n} \frac{1}{|a_{jj}|} \sum_{i \neq j} |a_{ij}| < 1.$$

Ein Gleichungssystem

$$Ax = b \Leftrightarrow (I - D^{-1}R)x = D^{-1}b$$

kann dann durch die Iteration der Neumannschen Reihe gelöst werden; diese wird in der Numerik als *Gesamtschrittverfahren* bezeichnet.

b) Nun seien $A = (a_{ij}) \in \mathbb{M}_{\mathbb{C}}(n)$ und $\lambda \in \mathbb{C}$ mit $\sum_{i \neq j} |a_{ij}| < |\lambda - a_{jj}|$ für alle $j = 1, \ldots, n$.

Aus a) folgt dann $\lambda I - A \in GL(\mathbb{C}^n)$, und somit liegen alle Eigenwerte von A in der Vereinigung der *Gerschgorin-Kreise*

$$G_j := \{ z \in \mathbb{C} \mid |z - a_{jj}| \leq \sum_{i \neq j} |a_{ij}| \}, \quad j = 1, \ldots, n.$$

c) Varianten von a) und b) erhält man bei Verwendung der Zeilensummen-Norm oder der Abschätzung (3.15). Abb. 4.2 zeigt Gerschgorin-Kreise um die Zahlen 2, 5 und 6 bezüglich der Spaltensummen-Norm und der Zeilensummen-Norm.

Nilpotente und quasinilpotente Operatoren

a) Ein Element $x \in \mathcal{A}$ einer Banachalgebra $\mathcal{A}$ heißt *nilpotent,* wenn $x^p = 0$ für ein $p \in \mathbb{N}$ gilt und *quasinilpotent,* wenn $r(x) = 0$ ist.

b) Nach (4.15) sind Volterra-Integraloperatoren quasinilpotent; der Operator aus (4.21) zeigt, dass sie i. a. aber nicht nilpotent sind.

c) Im Fall $\mathbb{K} = \mathbb{C}$ ist $x \in \mathcal{A}$ genau dann quasinilpotent, wenn $\sigma(x) = \{0\}$ gilt. Dies folgt aus Satz 4.4 und der noch nicht bewiesenen Gleichheit in (4.18).

Satz 4.6
Es sei X ein normierter Raum über $\mathbb{C}$ mit dim $X = n < \infty$. Für einen Operator $T \in L(X)$ sind äquivalent:

(a) T ist quasinilpotent,

(b) $\sigma(T) = \{0\}$,

(c) T ist nilpotent mit $T^n = 0$.

Abb. 4.2 Eigenwerte in Gerschgorin-Kreisen

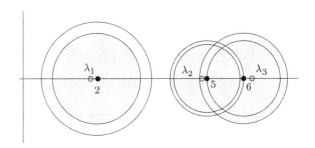

BEWEIS. Die Aussagen „(a) $\Rightarrow$ (b)" und „(c) $\Rightarrow$ (a)" sind klar.

„(b) $\Rightarrow$ (c)": Wir betrachten die Kette der Bildräume

$$X \supseteq R(T) \supseteq R(T^2) \supseteq \ldots \supseteq R(T^j) \supseteq R(T^{j+1}) \ldots$$

Aus Dimensionsgründen gibt es $0 \leq p \leq n$ mit $R(T^p) = R(T^{p+1})$. Dann ist $T \in L(R(T^p))$ surjektiv, also invertierbar. Ist $T^p \neq 0$, so hat T in $R(T^p)$ einen Eigenvektor zu einem Eigenwert $\neq 0$ im Widerpruch zu $\sigma(T) = \{0\}$. $\diamond$

Kommutatoren

a) In der *Quantenmechanik* werden physikalische Größen wie Ort, Impuls, Energie usw. durch *selbstadjungierte, i. a. unbeschränkte lineare Operatoren* beschrieben (vgl. Abschn. 13.6); das *Spektrum* eines solchen Operators ist dann *reell* und entspricht der Menge der möglichen Messergebnisse.

b) Der *Kommutator* $[P,Q] := PQ - QP$ der Operatoren Q und P von Ort und Impuls eines eindimensionalen Teilchens muss die *Heisenbergsche Vertauschungsrelation*

$$PQ - QP = \frac{\hbar}{i} I \tag{4.25}$$

erfüllen, wobei $2\pi\hbar > 0$ die Plancksche Konstante ist; diese impliziert dann die *Heisenbergsche Unschärferelation* (vgl. Aufgabe 13.19). Durch

$$Qf(t) := t f(t), \quad Pf(t) := \frac{\hbar}{i} \frac{df}{dt} \tag{4.26}$$

kann (4.25) leicht auf etwa den Definitionsbereichen $\mathcal{C}^\infty(\mathbb{R})$ oder dem Raum der *Testfunktionen* $\mathcal{D}(\mathbb{R}) := \mathcal{C}^\infty(\mathbb{R}) \cap \mathcal{C}_c(\mathbb{R})$ (vgl. Satz 5.9) realisiert werden.

c) Andererseits kann (4.25) *nicht* durch stetige lineare Operatoren auf einem Banachraum realisiert werden:

Satz 4.7
Für Elemente $x, y \in \mathcal{A}$ einer Banachalgebra $\mathcal{A}$ gilt stets

$$xy - yx \neq e. \tag{4.27}$$

BEWEIS. Für Elemente $x, y \in \mathcal{A}$ mit $xy - yx = e$ zeigen wir induktiv

$$x^n y - y x^n = n x^{n-1} \neq 0. \tag{4.28}$$

Für $n = 1$ ist (4.28) offenbar erfüllt. Gilt nun (4.28) für $n \in \mathbb{N}$, so folgt zunächst $x^n \neq 0$ und dann auch

$$x^{n+1} y - y x^{n+1} = x(yx^n + nx^{n-1}) - yx^{n+1} = (xy - yx)x^n + nx^n = (n+1)x^n.$$

Aus (4.28) erhält man dann

$$n \, \| \, x^{n-1} \, \| \; = \; \| \, x^n y - y x^n \, \| \; \leq \; 2 \, \| \, x^n \, \| \, \| \, y \, \| \; \leq \; 2 \, \| \, x^{n-1} \, \| \, \| \, x \, \| \, \| \, y \, \|$$

und somit den Widerspruch $n \leq 2 \, \| \, x \, \| \, \| \, y \, \|$ für alle $n \in \mathbb{N}$.   ◊

Die Aussage von Satz 4.7 folgt auch aus der Gleichung

$$\sigma(xy) \cup \{0\} \; = \; \sigma(yx) \cup \{0\}, \tag{4.29}$$

die in jeder Algebra (ohne eine Norm) gültig ist (vgl. Aufgabe 4.16).

4.4   Der Banachsche Fixpunktsatz

Das Iterationsverfahren der Neumannschen Reihe funktioniert auch für nicht notwendig lineare Operatoren und erlaubt die Behandlung *nichtlinearer kleiner Störungen;* diese Beobachtung geht auf S. Banach (1922) zurück.

Kontraktionen
a) Es seien M, N metrische Räume. Eine Abbildung $g : M \to N$ heißt *Lipschitz-stetig,* falls

$$[g] := [g]_1 := \sup_{x \neq y} \frac{d(g(x), g(y))}{d(x, y)} < \infty \tag{4.30}$$

gilt. Im Fall $[g] < 1$ heißt g eine *Kontraktion*.

b) Für Banachräume X, Y und lineare Operatoren $T : X \to Y$ ist $[T] = \| T \|$. Es ist also $[\;]$ eine Art „Normersatz" für nichtlineare Abbildungen.

Satz 4.8 (Banachscher Fixpunktsatz)
Es seien M ein vollständiger *metrischer Raum und $g : M \to M$ eine* Kontraktion. *Dann besitzt g genau einen Fixpunkt $x^* \in X$, d. h. es gibt genau eine Lösung $x^* \in X$ der Gleichung $g(x) = x$. Definiert man zu einem $x_0 \in X$ rekursiv $x_n := g(x_{n-1})$ für $n \geq 1$, so gilt stets $\lim\limits_{n \to \infty} x_n = x^*$.*

BEWEIS. a) Es gelte $g(x) = x$ und $g(y) = y$. Für $q := [g] < 1$ folgt dann sofort
$d(x, y) = d(g(x), g(y)) \leq q\, d(x, y)$, also $d(x, y) = 0$.

b) Wegen (4.30) ist g stetig. Für einen beliebigen Startpunkt $x_0 \in X$ definiert man
$x_n := g(x_{n-1}) = g^2(x_{n-2}) = \ldots = g^n(x_0)$, $n \geq 1$. Für $m > n$ folgt

$$
\begin{aligned}
d(x_m, x_n) &\leq \sum_{k=n+1}^{m} d(x_k, x_{k-1}) = \sum_{k=n+1}^{m} d(g^{k-n}(x_n), g^{k-n}(x_{n-1})) \\
&\leq \sum_{k=n+1}^{m} q^{k-n} d(x_n, x_{n-1}) \leq \tfrac{q}{1-q} d(x_n, x_{n-1}) \\
&\leq \tfrac{q^2}{1-q} d(x_{n-1}, x_{n-2}) \leq \ldots \leq q^n \tfrac{d(x_1, x_0)}{1-q},
\end{aligned}
$$

d. h. (x_n) ist eine Cauchy-Folge in M. Da M vollständig ist, existiert $\lim_{n \to \infty} x_n =: x^*$, und es
folgt sofort

$$
g(x^*) = \lim_{n \to \infty} g(x_n) = \lim_{n \to \infty} x_{n+1} = x^*. \qquad\qquad \Diamond
$$

Aus den Abschätzungen im Beweis erhält man mit $m \to \infty$ sofort die *a priori*- und *a posteriori-Fehlerabschätzungen*

$$
\begin{aligned}
d(x^*, x_n) &\leq q^n \tfrac{d(x_1, x_0)}{1-q}, \quad n \in \mathbb{N}, \\
d(x^*, x_n) &\leq \tfrac{q}{1-q} d(x_n, x_{n-1}), \quad n \in \mathbb{N},
\end{aligned}
$$

mit $q = [g] < 1$; man hat also *lineare Konvergenz*.

Eine wichtige Anwendung des Banachschen Fixpunktsatzes ist ein Beweis des *Satzes über inverse Funktionen* (vgl. etwa [Kaballo 1997], Theorem 21.6), der auch für C^1-Abbildungen zwischen *Banachräumen* gilt. Anwendungen auf Integralgleichungen und gewöhnliche Differentialgleichungen folgen in den Abschn. 4.5 und 4.6. Zunächst formulieren wir eine „nichtlineare Version" von Satz 4.1 über die Neumannsche Reihe:

Satz 4.9

Es seien X ein Banachraum und $A : X \to X$ eine Kontraktion. Dann ist die Abbildung $I - A : X \to X$ eine Homöomorphie.

BEWEIS. Für $y \in X$ gilt

$$
(I - A)(x) = y \Leftrightarrow x = A(x) + y.
$$

Da auch $A_y : x \mapsto A(x) + y$ eine Kontraktion ist, hat diese Gleichung für jedes $y \in X$ eine eindeutige Lösung $x = (I - A)^{-1}(y)$. Diese ist mit $x_0(y) := 0$ gegeben als Limes der

Iteration $x_n(y) = A_y(x_{n-1}(y)) = A_y^n(0)$, $n \geq 1$. Wegen $[A_y] = [A]$ für alle $y \in X$ hat man

$$\| x_n(y) - x_{n-1}(y) \| \ \leq \ [A]^{n-1} \| x_1(y) - 0 \| \ \leq \ [A]^{n-1} \| A(0) + y \|.$$

Die Konvergenz ist also gleichmäßig in y auf beschränkten Kugeln von X, und somit ist $(I - A)^{-1}$ stetig. $\Diamond$

Folgerung

Es seien X, Y Banachräume und $U \in L(X, Y)$ invertierbar. Weiter sei $S : X \to Y$ Lipschitz-stetig mit $\| U^{-1} \| [S] < 1$. Dann ist $U - S : X \to Y$ eine Homöomorphie.

BEWEIS. Wegen $[U^{-1}S] \leq \| U^{-1} \| [S] < 1$ ist $U - S = U(I - U^{-1}S)$ nach Satz 4.9 eine Homöomorphie. $\Diamond$

4.5 Nichtlineare Integralgleichungen

Nemytskij- und Hammerstein-Operatoren

a) Es seien $K \subseteq \mathbb{R}^d$ kompakt und $\Psi : K \times \mathbb{R}^n \to \mathbb{R}^n$ eine stetige Funktion. Ψ definiert einen *Nemytskij-Operator* durch

$$N_\Psi : \mathcal{C}(K, \mathbb{R}^n) \to \mathcal{C}(K, \mathbb{R}^n), \quad N_\Psi f(t) := \Psi(t, f(t)).$$

b) Nun sei $\kappa \in \mathcal{C}(K^2, \mathbb{M}_\mathbb{R}(n))$ ein stetiger *Kern*. Durch

$$(Hf)(t) := (H_{\kappa,\Psi}f)(t) := \int_K \kappa(t, s) \, \Psi(s, f(s)) \, ds, \ \ t \in K, \tag{4.31}$$

wird dann ein *Hammerstein-Operator* H auf $\mathcal{C}(K, \mathbb{R}^n)$ definiert. Es ist $H = S_\kappa \circ N_\Psi$ Komposition eines linearen Integraloperators mit einem Nemytskij-Operator.

c) Im Fall $K = J := [a, b]$ erhält man durch Komposition mit V_κ einen *Hammerstein-Volterra-Operator*

$$(Vf)(t) := (V_{\kappa,\Psi}f)(t) := \int_a^t \kappa(t, s) \, \Psi(s, f(s)) \, ds, \ \ t \in J. \tag{4.32}$$

Satz 4.10

Für ein $L > 0$ erfülle $\Psi \in \mathcal{C}(K \times \mathbb{R}^n, \mathbb{R}^n)$ die Lipschitz-Bedingung

$$\| \Psi(t, x_1) - \Psi(t, x_2) \| \ \leq \ L \| x_1 - x_2 \| \ \ \textit{für } t \in K, \ x_1, x_2 \in \mathbb{R}^n. \tag{4.33}$$

Dann ist der Hammerstein-Operator $H = H_{\kappa,\Psi}$ Lipschitz-stetig mit (vgl. (3.20))

$$[H] \ \leq \ L \| \kappa \|_{ZI} \ = \ L \sup_{t \in K} \int_K \| \kappa(t, s) \| \, ds. \tag{4.34}$$

BEWEIS. Für $f, g \in \mathcal{C}(K, \mathbb{R}^n)$ und $t \in J$ hat man

$$\| (Hf)(t) - (Hg)(t) \| \leq \int_K \| \kappa(t, s) \| \, \| \Psi(s, f(s)) - \Psi(s, g(s)) \| \, ds$$
$$\leq L \int_K \| \kappa(t, s) \| \, \| f(s) - g(s) \| \, ds$$
$$\leq L \int_K \| \kappa(t, s) \| \, ds \, \| f - g \|$$
$$\leq L \, \| \kappa \|_{ZI} \, \| f - g \| . \qquad \diamond$$

Bemerkungen

a) Ähnlich wie in Beispiel b) auf S. 26 impliziert die Existenz stetiger beschränkter Ableitungen nach den x-Variablen die Lipschitz-Bedingung (4.33). Genauer gilt diese für $\Psi \in \mathcal{C}(K \times \mathbb{R}^n, \mathbb{R}^n)$ mit $\Psi(t, \cdot) \in \mathcal{C}^1(\mathbb{R}^n, \mathbb{R}^n)$ für alle $t \in K$ und

$$L := \sup_{t \in K} \sup_{x \in \mathbb{R}^n} \| D_x \Psi(t, x) \| < \infty,$$

wobei D_x die Matrix der partiellen Ableitungen nach $x_1, \ldots, x_n$ bezeichnet. Zum Nachweis dieser Aussage betrachten wir für $x_1, x_2 \in \mathbb{R}^n$ auf $[0, 1]$ die Hilfsfunktion $h(s) := \Psi(t, x_2 + s(x_1 - x_2))$ und erhalten nach dem Hauptsatz

$$\| \Psi(t, x_1) - \Psi(t, x_2) \| = \| h(1) - h(0) \| = \| \int_0^1 h'(s) \, ds \|$$
$$= \| \int_0^1 D_x \Psi(t, x_2 + s(x_1 - x_2))(x_1 - x_2) \, ds \|$$
$$\leq L \, \| x_1 - x_2 \| .$$

b) Für $L \, \| \kappa \|_{ZI} < 1$ ist also $H_{\kappa, \Psi}$ eine Kontraktion, und die Sätze 4.8 und 4.9 liefern Resultate über nichtlineare Integralgleichungen. Beachten Sie, dass in (4.34) eine Operatornorm $\| \kappa(t, s) \|$ von $\kappa(t, s) \in \mathbb{M}_{\mathbb{R}}(n) \cong L(\mathbb{R}^n)$ auftritt; die Gültigkeit der Bedingung „$L \, \| \kappa \|_{ZI} < 1$" kann also von der Wahl einer Norm auf $\mathbb{R}^n$ abhängen.

Aus den Sätzen 4.10 und 4.9 ergibt sich sofort:

Satz 4.11
Es sei $\kappa \in \mathcal{C}(K^2, \mathbb{M}_{\mathbb{R}}(n))$ *ein stetiger Kern, und* $\Psi \in \mathcal{C}(K \times \mathbb{R}^n, \mathbb{R}^n)$ *erfülle eine* Lipschitz-Bedingung (4.33). *Für* $| \lambda | L \, \| \kappa \|_{ZI} < 1$ *hat dann die* Hammerstein-Integralgleichung

$$f(t) - \lambda \int_K \kappa(t, s) \, \Psi(s, f(s)) \, ds = g(t) \qquad (4.35)$$

für alle $g \in \mathcal{C}(K, \mathbb{R}^n)$ *eine eindeutige Lösung* $f \in \mathcal{C}(K, \mathbb{R}^n)$, *und diese hängt stetig von* g *ab.*

Analog zu Abschn. 4.2 gilt eine solche Aussage für *Hammerstein-Volterra-Operatoren* über kompakten Invervallen $J = [a, b]$ sogar *ohne Kleinheitsbedingung* an den Parameter λ. Dies beruht auf folgender Tatsache:

Satz 4.12
Für $\Psi \in C(J \times \mathbb{R}^n, \mathbb{R}^n)$ *gelte eine* Lipschitz-Bedingung *(4.33). Für* $\varepsilon > 0$ *gibt es dann eine zu* $\| \ \|_{\sup}$ *äquivalente Norm auf* $C(J, \mathbb{R}^n)$, *unter der der Hammerstein-Volterra-Operator* $V_{\kappa, \Psi}$ *aus (4.32) Lipschitz-stetig mit* $[V] \leq \varepsilon$ *ist.*

BEWEIS. Für $\alpha > 0$ definieren wir

$$\| f \|_\alpha := \sup \{ e^{-\alpha t} \| f(t) \| \mid t \in J \};$$

wegen $0 < c \leq e^{-\alpha t} \leq C$ auf J liefert dies eine zu $\| \ \|_{\sup}$ äquivalente Norm auf $C(J, \mathbb{R}^n)$. Für $f, g \in C(J, \mathbb{R}^n)$ und $t \in J$ hat man dann

$$\begin{aligned}
\| (Vf)(t) - (Vg)(t) \| &\leq \int_a^t \| \kappa(t, s) \| \ \| \Psi(s, f(s)) - \Psi(s, g(s)) \| \, ds \\
&\leq L \int_a^t \| \kappa(t, s) \| \ \| f(s) - g(s) \| \, ds \\
&\leq L \int_a^t e^{\alpha s} \| \kappa(t, s) \| \, ds \, \| f - g \|_\alpha \\
&\leq L \tfrac{1}{\alpha} (e^{\alpha t} - e^{\alpha a}) \| \kappa \|_{\sup} \| f - g \|_\alpha, \quad \text{also} \\
\| Vf - Vg \|_\alpha &\leq \tfrac{L}{\alpha} \| \kappa \|_{\sup} \| f - g \|_\alpha \ \leq \ \varepsilon \| f - g \|_\alpha,
\end{aligned}$$

für genügend große $\alpha > 0$. $\Diamond$

Bemerkung
Satz 4.12 gilt insbesondere für *lineare* Volterra-Operatoren V (mit $\Psi(t, x) = x$). Es gilt also $\| V \| \leq \varepsilon$ bezüglich $\| \ \|_\alpha$ und somit auch $r(V) \leq \varepsilon$. Da $\varepsilon > 0$ beliebig ist, folgt $r(V) = 0$ für den Spektralradius von V, was wir in Satz 4.2 bereits mit einer anderen Methode gezeigt haben.

Aus den Sätzen 4.12 und 4.9 ergibt sich nun sofort:

Satz 4.13
Es sei $\kappa \in C(J^2, \mathbb{M}_{\mathbb{R}}(n))$ *ein stetiger Kern, und* $\Psi \in C(J \times \mathbb{R}^n, \mathbb{R}^n)$ *erfülle eine* Lipschitz-Bedingung *(4.33). Dann hat die Hammerstein-Volterra-Integralgleichung*

$$f(t) - \int_a^t \kappa(t, s) \, \Psi(s, f(s)) \, ds \ = \ g(t) \tag{4.36}$$

für alle $g \in C(J, \mathbb{R}^n)$ *eine eindeutige Lösung* $f \in C(J, \mathbb{R}^n)$, *und diese hängt stetig von* g *ab.*

4.6   Der Satz von Picard-Lindelöf

Der folgende grundlegende *Existenz- und Eindeutigkeitssatz* für Anfangswertprobleme bei Systemen gewöhnlicher Differentialgleichungen ist ein Spezialfall von Satz 4.13 :

Satz 4.14 (Globaler Satz von Picard-Lindelöf)
Es seien $J = [a, b] \subseteq \mathbb{R}$ ein kompaktes Intervall, $\xi \in \mathbb{R}^n$, und $\Psi \in \mathcal{C}(J \times \mathbb{R}^n, \mathbb{R}^n)$ erfülle eine Lipschitz-Bedingung *(4.33). Dann hat das* Anfangswertproblem

$$\dot{x} = \Psi(t, x), \quad x(a) = \xi, \tag{4.37}$$

eine eindeutige Lösung $\varphi^* \in \mathcal{C}(J, \mathbb{R}^n)$, und diese hängt stetig von ξ ab.

BEWEIS. Es ist (4.37) äquivalent zur Hammerstein-Volterra-Integralgleichung

$$x(t) = \xi + \int_a^t \Psi(s, x(s)) \, ds, \quad t \in J, \tag{4.38}$$

analog zum Spezialfall (4.8), und die Behauptung folgt aus Satz 4.13.   ◊

Eine *Lipschitz-Bedingung* (4.33) auf dem ganzen Raum $\mathbb{R}^n$ ist eine recht starke Voraussetzung. Oft hat man eine solche Bedingung nur *lokal* und erhält dann die folgende Version des Satzes:

Satz 4.15 (Lokaler Satz von Picard-Lindelöf)
Es seien $J = [a, b] \subseteq \mathbb{R}$ ein kompaktes Intervall, $D \subseteq \mathbb{R}^n$ offen, $\xi \in D$, und $\Psi \in \mathcal{C}(J \times D, \mathbb{R}^n)$ erfülle lokal *Lipschitz-Bedingungen (4.33), d. h. zu jeder kompakten Kugel $B \subseteq D$ gebe es $L > 0$ mit*

$$\| \Psi(t, x_1) - \Psi(t, x_2) \| \leq L \| x_1 - x_2 \| \quad \text{für } t \in J, \ x_1, x_2 \in B. \tag{4.39}$$

Dann gibt es $\delta > 0$, sodass mit $J_\delta := [a, a + \delta] \subseteq J$ das Anfangswertproblem (4.37) genau eine Lösung $\varphi_\delta \in \mathcal{C}^1(J_\delta, \mathbb{R}^n)$ hat.

BEWEIS. a) Wir wählen $r > 0$ mit $B_r(\xi) \subseteq D$, setzen $\delta := r \, \| \Psi \, \|_{J \times B_r(\xi)}^{-1}$ und wählen zu $B_r(\xi)$ eine Lipschitz-Konstante L gemäß (4.39). Für $0 < \gamma \leq \delta$ ist dann der Operator

$$T : \varphi(t) \mapsto \xi + \int_a^t \Psi(s, \varphi(s)) \, ds$$

auf der Menge

$$M_\gamma := \{ \varphi \in \mathcal{C}(J_\gamma, \mathbb{R}^n) \mid \varphi(J_\gamma) \subseteq B_r(\xi) \}$$

definiert. Es ist M_γ in $\mathcal{C}(J_\gamma, \mathbb{R}^n)$ abgeschlossen und somit ein *vollständiger* metrischer Raum. Für $\varphi \in M_\gamma$ und $t \in J_\gamma$ gilt

$$\| (T\varphi)(t) - \xi \| = \| \int_a^t \Psi(s, \varphi(s))\, ds \| \leq \gamma \| \Psi \|_{J \times B_r(\xi)} \leq r,$$

also auch $T\varphi \in M_\gamma$. Wie im Beweis von Satz 4.12 sieht man, dass $T : M_\gamma \to M_\gamma$ für $\alpha = 2L$ bezüglich $\| \ \|_\alpha$ eine Kontraktion ist. Nach dem *Banachschen Fixpunktsatz* hat $T : M_\gamma \to M_\gamma$ genau einen Fixpunkt $\varphi_\gamma \in M_\gamma$; dieser ist die eindeutig bestimmte Lösung der Integralgleichung (4.38) in M_γ und somit auch die des Anfangswertproblems (4.37) in M_γ. Offenbar gilt $\varphi_\delta|_{J_\gamma} = \varphi_\gamma$ für $0 < \gamma \leq \delta$.

b) Nun sei $\psi \in \mathcal{C}^1(J_\delta, \mathbb{R}^n)$ eine weitere Lösung des Anfangswertproblems (4.37) und $A := \{ s \in J_\delta \mid \psi(t) = \varphi_\delta(t) \text{ für } a \leq t \leq s \}$. Offenbar gilt $a \in A$. Wegen der Stetigkeit von ψ gibt es $\beta > 0$ mit $\psi \in M_\beta$, und die Eindeutigkeitsaussage in Beweisteil a) liefert $a + \beta \in A$.

c) Nun sei $u := \sup A$; offenbar gilt dann $u \in A$. Ist $u < a+\delta$, so liefert das Argument in b) für den Anfangswert $\psi(u) = \varphi_\delta(u)$ auch $u + \eta \in A$ für ein $\eta > 0$, also einen Widerspruch. Somit gilt $\psi = \varphi_\delta$ auf J_δ. $\diamond$

Bemerkungen

a) Satz 4.15 gilt insbesondere für Funktionen $\Psi \in \mathcal{C}(J \times D, \mathbb{R}^n)$, für die alle partiellen Ableitungen $\partial_{x_j} \Psi$ in $\mathcal{C}(J \times D, \mathbb{R}^n)$ existieren; die Lipschitz-Bedingung (4.39) ergibt sich dann auf kompakten konvexen Mengen $B \subseteq D$ wie in der Bemerkung a) nach Satz 4.10 auf S. 77.

b) Der Beweis des Satzes von Picard-Lindelöf mittels Banachschem Fixpunktsatz ist *konstruktiv*: Man startet mit einem $\varphi_0 \in M_\delta$, z. B. $\varphi_0(t) = \xi$, und erhält die Lösung als *gleichmäßigen Limes* der *Iteration*

$$\varphi_{n+1}(t) = \xi + \int_a^t \Psi(s, \varphi_n(s))\, ds, \quad t \in J_\delta. \tag{4.40}$$

c) Satz 4.15 gilt entsprechend auch bei Vorgabe der Lösung an einer beliebigen Stelle in J.

d) In der Situation des lokalen Satzes von Picard-Lindelöf kann das Existenzintervall J_δ der Lösung kleiner sein als J. Für $r > 0$ ist das Anfangswertproblem

$$\dot{x} = r(1 + x^2), \quad x(0) = 0,$$

auf ganz $\mathbb{R} \times \mathbb{R}$ definiert; die *Lösung* $\varphi^*(t) = \tan(rt)$ existiert aber nur auf dem Intervall $J_\delta(r) = [-\frac{\pi}{2r}, \frac{\pi}{2r}]$, und man hat $| J_\delta(r) | \to 0$ für $r \to \infty$ (vgl. Abb. 4.3).

e) Man kann lokale Lösungen von Anfangswertproblemen auf eindeutige Weise zu *maximalen Lösungen fortsetzen,* die immer „von Rand zu Rand" verlaufen. Darauf wollen wir hier nicht mehr eingehen, sondern verweisen etwa auf (Walter 2000), § 6.

Abb. 4.3 Die Funktionen
$\tan t/2$, $\tan t$ und $\tan 2t$

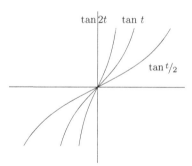

$\tan 2t$ $\tan t$

$\tan t/2$

Schlussbemerkung

Der Banachsche Fixpunktsatz und seine Folgerungen sind nicht sehr tiefliegend. Trotzdem können sie oft zur Lösung konkreter Gleichungen, insbesondere auch *partieller Differentialgleichungen,* benutzt werden. Die Schwierigkeit liegt dann darin, Räume und Normen so zu konstruieren, dass die Voraussetzungen des Fixpunktsatzes erfüllt sind. Satz 4.12 ist ein einfaches Beispiel für eine solche Konstruktion.

4.7 Aufgaben

Aufgabe 4.1

a) Finden Sie eine zu der $\mathcal{C}^m$-Norm aus (2.6) äquivalente Norm auf $\mathcal{C}^m[a,b]$, unter der $\mathcal{C}^m[a,b]$ eine Banachalgebra ist.

b) Es sei $f \in \mathcal{C}^m[a,b]$ mit $\|f\|_{\sup} < 1$. Zeigen Sie die Konvergenz der Neumannschen Reihe $\sum\limits_{k=0}^{\infty} f^k$ (gegen $\frac{1}{1-f}$) in $\mathcal{C}^m[a,b]$.

Aufgabe 4.2

Es sei X ein Banachraum, und für $T \in L(X)$ gelte $\sum\limits_{k=0}^{\infty} \|T^k x\| < \infty$ für alle $x \in X$. Zeigen Sie, dass $I - T : X \to X$ bijektiv ist, und versuchen Sie, die Stetigkeit von $(I - T)^{-1}$ zu beweisen.

Aufgabe 4.3

Es sei $(a_{jk})_{j,k=0}^{\infty}$ eine Matrix mit $\sum\limits_{j,k=0}^{\infty} |a_{jk}|^2 < 1$.

a) Zeigen Sie, dass das unendliche lineare Gleichungssystem

$$x_j - \sum_{k=0}^{\infty} a_{jk} x_k = y_j, \quad j = 0, 1, 2, \ldots$$

für alle $y \in \ell_2$ genau eine Lösung $x \in \ell_2$ hat.

b) Zeigen Sie, dass die endlichen linearen Gleichungssysteme

$$x_j - \sum_{k=0}^{n} a_{jk} x_k = y_j, \quad j = 0, 1, 2, \ldots, n,$$

eindeutige Lösungen $(x_0^{(n)}, \ldots, x_n^{(n)})^\top \in \mathbb{K}^{n+1}$ besitzen. Definieren Sie

$$z_n := (x_0^{(n)}, \ldots, x_n^{(n)}, 0, 0, \ldots)$$

und beweisen Sie $z_n \to x$ in ℓ_2.

Aufgabe 4.4

Bestimmen Sie alle zweiseitigen Ideale der Banachalgebra $L(\mathbb{C}^n)$.

Aufgabe 4.5

Es sei (α_n) eine Folge positiver Zahlen mit $\alpha_{n+k} \leq \alpha_n \alpha_k$ für alle $n, k \in \mathbb{N}$. Zeigen Sie $\limsup \alpha_n^{1/n} \leq \inf \alpha_n^{1/n}$ und somit die Existenz von $\lim_{n \to \infty} \alpha_n^{1/n}$.

Aufgabe 4.6

Es seien $\mathcal{A}$ eine Banachalgebra und $x, y \in \mathcal{A}$ mit $xy = yx$. Zeigen Sie

$$r(xy) \leq r(x)\, r(y) \quad \text{und} \quad r(x + y) \leq r(x) + r(y).$$

Aufgabe 4.7

Es seien Ω ein σ-endlicher Maßraum und $\kappa \in L_2(\Omega^2)$ mit $\|\kappa\|_{L_2} < 1$.

a) Zeigen Sie $(I - S_\kappa)^{-1} = I + S_\eta$ in $L(L_2(\Omega))$ für einen Kern $\eta \in L_2(\Omega^2)$.

HINWEIS. Erweitern Sie Aufgabe 3.17 geeignet !

b) Wie in Aufgabe 3.18 gelte nun zusätzlich

$$\kappa^* = \sup_{t \in \Omega} \int_\Omega |\kappa(t, s)|^2 \, ds < \infty.$$

Beweisen Sie $S_\eta f = \sum_{j=1}^{\infty} S_\kappa^j f$ gleichmäßig auf Ω für alle $f \in L_2(\Omega)$.

Aufgabe 4.8

Es seien $J = [a, b] \subseteq \mathbb{R}$ ein kompaktes Intervall und $f \in \mathcal{C}(J^2)$ eine stetige Funktion. Zeigen Sie, dass die Funktion $F : t \mapsto \int_a^t f(t, s) \, ds$ auf J stetig ist.

Aufgabe 4.9

a) Es seien K ein kompakter metrischer Raum und $a \in \mathcal{C}(K)$ eine stetige Funktion. Zeigen Sie $r(a) = \|a\|$ und bestimmen Sie das Spektrum $\sigma(a)$.

b) Durch $\mu_a : f \mapsto af$ für $f \in \mathcal{C}(K)$ wird ein *Multiplikationsoperator* μ_a auf $\mathcal{C}(K)$ definiert. Zeigen Sie, dass die Abbildung $\Phi : a \mapsto \mu_a$ eine multiplikative Isometrie von $\mathcal{C}(K)$ in $L(\mathcal{C}(K))$ ist und bestimmen Sie das Spektrum $\sigma(\mu_a)$.

c) Im Fall $K \subseteq \mathbb{R}^n$ wird durch $M_a : f \mapsto af$ für $f \in L_2(K)$ ein *Multiplikationsoperator* M_a auf $L_2(K)$ definiert. Bestimmen Sie $\|M_a\|$, $r(M_a)$ und $\sigma(M_a)$. Finden Sie eine Bedingung an K, unter der $\|M_a\| = \|\mu_a\| = \|a\|$ und $\sigma(M_a) = \sigma(\mu_a)$ gilt.

d) Besitzen die Operatoren μ_a bzw. M_a Eigenwerte?

Aufgabe 4.10

Es seien $D \subseteq \mathbb{C}$ offen, $\mathcal{A}$ eine Banachalgebra und $x \in \mathcal{A}$ mit $\sigma(x) \subseteq D$. Zeigen Sie: Es gibt $\varepsilon > 0$, sodass für $\|y\| < \varepsilon$ auch $\sigma(x+y) \subseteq D$ gilt.

Aufgabe 4.11

Es sei $\mathcal{A}$ eine Banachalgebra. Wir definieren die Mengen

$$G^\ell(\mathcal{A}) := \{x \in \mathcal{A} \mid \exists\, y \in \mathcal{A} : yx = e\} \quad \text{und} \quad G^r(\mathcal{A}) := \{x \in \mathcal{A} \mid \exists\, y \in \mathcal{A} : xy = e\}$$

der *links- bzw. rechtsinvertierbaren Elemente* in $\mathcal{A}$.

a) Zeigen Sie, dass die Mengen $G^\ell(\mathcal{A})$, $G^\ell(\mathcal{A})\backslash G(\mathcal{A})$, $G^r(\mathcal{A})$ und $G^r(\mathcal{A})\backslash G(\mathcal{A})$ *offen* sind.

b) Für $x \in \mathcal{A}$ sei $\lambda \in \partial\sigma(x)$. Zeigen Sie, dass $\lambda e - x$ weder links- noch rechtsinvertierbar ist.

c) Es sei S_- der *Links-Shift-Operator* auf ℓ_p aus (4.24). Konstruieren Sie eine holomorph von λ abhängige Rechtsinverse von $\lambda I - S_-$ für $|\lambda| < 1$.

Aufgabe 4.12

Es seien $\mathcal{A}$ eine Banachalgebra, K ein kompakter metrischer Raum und $f \in \mathcal{C}(K, \mathcal{A})$ mit $f(t) \in G^\ell(\mathcal{A})$ für alle $t \in K$. Konstruieren Sie eine stetige Funktion $g \in \mathcal{C}(K, \mathcal{A})$ mit $g(t)f(t) = e$ für alle $t \in K$.

HINWEIS. Konstruieren Sie zunächst g *lokal* und „kleben" Sie die lokalen Lösungen mittels einer Zerlegung der Eins „zusammen."

Aufgabe 4.13

Es seien $\mathcal{A}$ eine Banachalgebra und $x \in \mathcal{A}$.

a) Entwickeln Sie die Resolvente R_x in eine Potenzreihe um einen Punkt $\mu \in \rho(x)$.

b) Zeigen Sie $\|R_x(\lambda)\| \geq (d_{\sigma(x)}(\lambda))^{-1}$ für $\lambda \in \rho(x)$.

Aufgabe 4.14

a) Beweisen Sie Satz 4.3 für die Folgenräume c_0 und ℓ_p ($1 \leq p \leq \infty$), für die Funktionenräume $C(K)$ und möglichst viele weitere konkrete Banachräume.

b) Es seien X und Y Banachräume, sodass Satz 4.3 für Y gilt. Zeigen Sie Satz 4.3 auch für den Banachraum $L(X, Y)$.

Aufgabe 4.15

Folgern Sie aus Satz 4.4 den *Satz von Gelfand-Mazur:* Es sei $\mathcal{A}$ eine Banachalgebra mit $G(\mathcal{A}) = \mathcal{A}\backslash\{0\}$. Dann ist $\mathcal{A} = \mathbb{C}\,e = \{ze \mid z \in \mathbb{C}\}$.

Aufgabe 4.16

a) Beweisen Sie Formel (4.29). Gilt sogar stets $\sigma(xy) = \sigma(yx)$?

HINWEIS. Für $z := (e - xy)^{-1}$ betrachten Sie $e + yzx$.

b) Warum widerspricht (4.29) nicht der in (4.26) angegebenen Realisierung der Heisenbergschen Vertauschungsrelation durch Operatoren auf $C^\infty(\mathbb{R})$?

Aufgabe 4.17

Es seien M ein vollständiger metrischer Raum und $g : M \to M$ eine Abbildung mit $[g^p] < 1$ für ein $p \in \mathbb{N}$. Zeigen Sie, dass g genau einen Fixpunkt $x^* \in M$ hat sowie $x^* = \lim\limits_{n\to\infty} g^n(x_0)$ für jeden Startwert $x_0 \in M$.

Aufgabe 4.18

Es sei M ein metrischer Raum. Eine Abbildung $g : M \to M$ heißt *schwache Kontraktion*, wenn $d(g(x), g(y)) < d(x, y)$ für alle $x, y \in M$ mit $x \neq y$ gilt.

a) Zeigen Sie, dass g höchstens einen Fixpunkt hat.

b) Zeigen Sie die Existenz eines Fixpunktes für kompakte Räume M. Existiert ein Fixpunkt auch für vollständige Räume M?

Aufgabe 4.19

a) Zeigen Sie, dass die Gleichung $\cosh x = 2x$ genau zwei Lösungen $\xi_1 \approx 0,6$ und $\xi_2 \approx 2,1$ in $\mathbb{R}$ hat und fertigen Sie eine entsprechende Skizze an.

b) Auf welchen Intervallen ist $g : x \mapsto \frac{1}{2}\cosh x$ eine Kontraktion ? Für welche Startwerte konvergiert die Iteration $x_{n+1} = g(x_n)$?

c) Geben Sie ein Iterationsverfahren zur Berechnung von ξ_2 an.

Aufgabe 4.20

Für welche $\gamma > 0$ und $\lambda \in \mathbb{R}$ besitzen die Gleichungen

$$f(t) - \lambda \int_0^\pi e^{ts}\,\sin|f(s)|^\gamma\,ds = g(t) \quad \text{und}$$
$$f(t) - \lambda \int_0^t e^{ts}\,\sin|f(s)|^\gamma\,ds = g(t)$$

für alle $g \in C[0, \pi]$ eindeutige Lösungen in $C[0, \pi]$?

Aufgabe 4.21

Transformieren Sie das Anfangswertproblem

$$\ddot{x} = x, \quad x(0) = 0, \quad \dot{x}(0) = 1$$

in ein System erster Ordnung und lösen Sie dieses mithilfe der Iteration (4.40).

Teil II

Fourier-Reihen und Hilberträume

Übersicht

Ein zentrales Thema des zweiten Teils des Buches sind *Hilberträume,* ein weiteres grundlegendes Konzept der Funktionalanalysis. Die Norm eines Hilbertraumes wird von einem Skalarprodukt induziert, und auf diesem wiederum beruht das Konzept der *Orthogonalität.* Eine *maximale orthonormale Menge* von Vektoren bildet eine *Orthonormalbasis* eines Hilbertraumes. Jeder Vektor kann in eine *Fourier-Reihe* nach diesen Basisvektoren entwickelt werden; dabei gilt die *Parsevalsche Gleichung,* eine weitgehende Erweiterung des Satzes des Pythagoras.

Fourier-Entwicklungen in abstrakten Hilberträumen sind natürlich durch *konkrete Fourier-Reihen* motiviert, die in Kap. 5 ausführlich vorgestellt werden. Dort gehen wir auf *Konvergenzfragen* für Fourier-Reihen ein, auf die wir in Kap. 8 mithilfe des *Satzes von Baire* noch einmal zurückkommen. In Abschn. 6.2 folgen Abschätzungen für Fourier-Koeffizienten, die wir in Abschn. 12.5 auf solche für *Eigenwerte von linearen Integraloperatoren* erweitern werden.

In Kap. 7 untersuchen wir beschränkte lineare Operatoren auf Hilberträumen. Wir konstruieren *orthogonale Projektionen* und identifizieren die beschränkten Linearformen auf einem Hilbertraum mit den Vektoren dieses Raumes. Anschließend können wir dann adjungierte Operatoren definieren und studieren. Das Spektrum eines *selbstadjungierten Operators* ist reell, und für *unitäre Operatoren* zeigen wir einen *Ergodensatz.*

Fourier-Reihen und Approximationssätze

Fragen

1. Versuchen Sie, möglichst allgemeine [periodische] Funktionen durch [trigonometrische] Polynome zu approximieren.
2. Kann man gewissen divergenten Reihen sinnvoll eine Art „Summe" zuordnen?
3. Kann man gewissen nicht stetig differenzierbaren Funktionen eine „Ableitung" in einem L_p-Raum zuordnen, sodass der Hauptsatz gilt?

In diesem Kapitel untersuchen wir u. a. die *Entwicklung periodischer Funktionen in Fourier-Reihen.* Diese wurden im ersten Drittel des 19. Jahrhunderts von J.B.J. Fourier in Verbindung mit seinen Untersuchungen zur Wärmeleitung eingeführt. Das wichtige und schwierige *Konvergenzproblem* für Fourier-Reihen hatte einen großen Einfluss auf die Entwicklung der Analysis seit dem 19. Jahrhundert; wir werden in diesem Buch mehrmals darauf eingehen und einige Antworten dazu liefern.

Die Partialsummen s_n einer Fourier-Reihe sind durch *Faltung* mit *Dirichlet-Kernen* gegeben, ihre *arithmetischen Mittel* σ_n durch Faltung mit *Fejér-Kernen*. Letztere bilden eine *Dirac-Folge,* und daher sind die durch Mittelung „geglätteten Partialsummen" σ_n wesentlich leichter zu behandeln als die s_n. Konvergenzaussagen für die σ_n macht der *Satz von Fejér,* den wir in Abschn. 5.1 in mehreren Versionen beweisen.

Eine Folgerung aus dem Satz von Fejér ist der *Weierstraßsche Approximationssatz* über die gleichmäßige Approximation stetiger Funktionen durch Polynome, woraus sich auch die Dichtheit der *Testfunktionen* in L_p-Räumen ergibt. Diese benutzen wir in Abschn. 5.4 zur Einführung *schwacher Ableitungen* und von Sobolev-Räumen.

Schließlich gehen wir in Abschn. 5.5 auf die Partialsummen s_n einer Fourier-Reihe ein und beweisen ihre Konvergenz in speziellen Punkten z. B. unter der Annahme geeigneter Hölder-Bedingungen.

© Springer-Verlag GmbH Deutschland 2018
W. Kaballo, *Grundkurs Funktionalanalysis,*
https://doi.org/10.1007/978-3-662-54748-9_5

Überlagerung harmonischer Schwingungen

a) *Schwingungsphänomene* werden durch *periodische Funktionen* beschrieben. Für die Periode 2π hat man die *Grundschwingungen* $\sin t$ und $\cos t$, aber auch die *Oberschwingungen* $\sin kt$ und $\cos kt$ für $k \geq 2$, vgl. etwa Abb. 2.3 auf S. 25.

b) Man versucht nun, möglichst allgemeine 2π-periodische Funktionen als *Überlagerungen* dieser *harmonischen Schwingungen* zu schreiben, d. h. als *Fourier-Reihen*

$$\tfrac{1}{2}a_0 + \sum_{k=1}^{\infty} (a_k \cos kt + b_k \sin kt), \quad a_k, b_k \in \mathbb{C}, \ t \in \mathbb{R}. \tag{5.1}$$

Nach der Eulerschen Formel $e^{it} = \cos t + i \sin t$ ist es äquivalent, Reihen der Form

$$\sum_{k=-\infty}^{\infty} c_k e^{ikt}, \quad c_k \in \mathbb{C}, \ t \in \mathbb{R},$$

zu betrachten, deren Konvergenz über die Partialsummen $(s_n(t) := \sum_{k=-n}^{n} c_k e^{ikt})$ definiert sei. Die Koeffizienten hängen folgendermaßen zusammen:

$$c_k = \begin{cases} \tfrac{1}{2}(a_k - ib_k) & , \quad k > 0 \\ \tfrac{1}{2} a_0 & , \quad k = 0 \\ \tfrac{1}{2}(a_{-k} + ib_{-k}) & , \quad k < 0 \end{cases}, \tag{5.2}$$

$$\begin{cases} a_k = c_k + c_{-k} & , \quad k \geq 0 \\ b_k = i(c_k - c_{-k}) & , \quad k \geq 1 \end{cases}. \tag{5.3}$$

d) Es sei nun die Reihe $\sum_{k \in \mathbb{Z}} c_k e^{ikt}$ auf $\mathbb{R}$ *gleichmäßig konvergent*. Dann wird durch

$$f(t) := \sum_{k=-\infty}^{\infty} c_k e^{ikt}, \quad t \in \mathbb{R}, \tag{5.4}$$

eine *stetige* und 2π-*periodische* Funktion $f \in \mathcal{C}_{2\pi} := \mathcal{C}_{2\pi}(\mathbb{R}, \mathbb{C})$ definiert. Mittels Restriktion und Fortsetzung kann man für festes $\tau \in \mathbb{R}$ den Raum $\mathcal{C}_{2\pi}$ mit dem Unterraum

$$\mathcal{C}_{2\pi}[\tau - \pi, \tau + \pi] := \{ f \in \mathcal{C}[\tau - \pi, \tau + \pi] \mid f(\tau - \pi) = f(\tau + \pi) \}$$

von $\mathcal{C}[\tau - \pi, \tau + \pi]$ identifizieren.

Orthogonalitätsrelationen

Für $m, n \in \mathbb{Z}$ gilt

$$\frac{1}{2\pi} \int_{-\pi}^{\pi} e^{int} e^{-imt} \, dt = \delta_{nm} := \begin{cases} 1 & , \quad n = m \\ 0 & , \quad n \neq m \end{cases},$$

wie man sofort nachrechnet. Damit lassen sich in (5.4) die Koeffizienten c_m aus der Funktion f zurückgewinnen:

$$\frac{1}{2\pi} \int_{-\pi}^{\pi} f(t)e^{-imt}\, dt = \sum_{k=-\infty}^{\infty} c_k \frac{1}{2\pi} \int_{-\pi}^{\pi} e^{ikt} e^{-imt}\, dt = \sum_{k=-\infty}^{\infty} c_k \delta_{km} = c_m.$$

Es liegt daher der Versuch nahe, eine *vorgegebene* Funktion f folgendermaßen in eine Fourier-Reihe zu entwickeln:

Fourier-Reihen

a) Für $f \in L_1[-\pi, \pi]$ sei

$$\widehat{f}(k) := \frac{1}{2\pi} \int_{-\pi}^{\pi} f(s)\, e^{-iks}\, ds, \quad k \in \mathbb{Z}, \tag{5.5}$$

der k-te *Fourier-Koeffizient* von f, und

$$f(t) \;\sim\; \sum_{k \in \mathbb{Z}} \widehat{f}(k)\, e^{ikt} \tag{5.6}$$

sei die zu f assoziierte *Fourier-Reihe*.

b) Wie in a) kann man auch die Fourier-Reihe einer Funktion f definieren, die auf irgendeinem Intervall der Länge 2π Lebesgue-integrierbar ist. Mit $\widetilde{f}$ bezeichnen wir deren 2π - periodische Fortsetzung auf $\mathbb{R}$.

c) Das Symbol „$\sim$" in (5.6) behauptet zunächst keinerlei Konvergenz der Reihe. Konvergiert die Reihe aber auf einem halboffenen Intervall der Länge 2π, so konvergiert sie auf ganz $\mathbb{R}$ gegen eine 2π -periodische Funktion.

d) Für *gerade* bzw. *ungerade* Funktionen $f \in L_1[-\pi, \pi]$ berechnet man die Fourier-Reihe zweckmäßigerweise in der Form (5.1), da dann die b_k bzw. a_k dort verschwinden. Aus (5.3) und (5.5) folgt

$$a_k = \frac{1}{\pi} \int_{-\pi}^{\pi} f(s)\, \cos ks\, ds, \quad k \in \mathbb{N}_0,$$
$$b_k = \frac{1}{\pi} \int_{-\pi}^{\pi} f(s)\, \sin ks\, ds, \quad k \in \mathbb{N}.$$

Beispiel

Es wird die Fourier-Reihe der Funktion $h \in \mathcal{L}_\infty[0, 2\pi]$ berechnet, die durch
$h(t) := \begin{cases} \frac{\pi - t}{2} & , \ 0 < t < 2\pi \\ 0 & , \ t = 0,\, 2\pi \end{cases}$ definiert sei (vgl. Abb. 5.1). Da $\widetilde{h}$ ungerade ist, gilt $a_k = 0$, und man hat

$$b_k = \frac{1}{\pi} \int_0^{2\pi} \frac{\pi - s}{2} \sin ks\, ds \;=\; -\frac{1}{2\pi} \int_0^{2\pi} s \sin ks\, ds$$
$$= \frac{1}{2\pi} \left(s\, \frac{\cos ks}{k} \Big|_0^{2\pi} \right) - \frac{1}{2\pi} \int_0^{2\pi} \frac{\cos ks}{k}\, ds \;=\; \frac{1}{2\pi k}\, 2\pi \cos 2\pi k \;=\; \frac{1}{k}.$$

Abb. 5.1 Approximation
durch Partialsummen

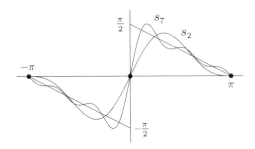

Folglich gilt

$$h(t) \sim \sum_{k=1}^{\infty} \frac{\sin kt}{k}. \tag{5.7}$$

Wegen $\sum_{k=1}^{\infty} \frac{1}{k} = \infty$ ist es zunächst unklar, ob diese Reihe konvergiert oder sogar gegen $\widetilde{h}$ konvergiert. Abb. 5.1 zeigt $\widetilde{h}$ zusammen mit den Partialsummen s_2 und s_7 seiner Fourier-Reihe auf $[-\pi, \pi]$.

5.1   Der Satz von Fejér

Es stellt sich nun allgemein die Frage, ob und in welchem Sinne die Fourier-Reihe einer Funktion $f \in L_1[-\pi, \pi]$ konvergiert und ob die Summe mit $\widetilde{f}$ übereinstimmt. Viele Ergebnisse dazu beruhen auf der folgenden Darstellung der Partialsummen:

Satz 5.1
a) Es sei $f \in L_1[-\pi, \pi]$. *Für die Partialsummen*

$$s_n(f; t) := \sum_{k=-n}^{n} \widehat{f}(k) e^{ikt}, \quad t \in \mathbb{R}, \tag{5.8}$$

der Fourier-Reihe gilt die Darstellung

$$s_n(f; t) = \frac{1}{2\pi} \int_{-\pi}^{\pi} D_n(t-s) f(s) \, ds, \quad t \in \mathbb{R}, \tag{5.9}$$

mit den geraden, stetigen *und* 2π - periodischen Dirichlet-Kernen

$$D_n(u) = \frac{\sin\left((2n+1)\frac{u}{2}\right)}{\sin \frac{u}{2}}, \quad u \in \mathbb{R} \quad (D_n(2k\pi) = 2n+1). \tag{5.10}$$

BEWEIS. Nach (5.5) und (5.8) gilt

$$s_n(f;t) = \sum_{k=-n}^{n} \frac{1}{2\pi} \int_{-\pi}^{\pi} f(s)\, e^{-iks}\, ds\, e^{ikt} = \frac{1}{2\pi} \int_{-\pi}^{\pi} f(s) \sum_{k=-n}^{n} e^{ik(t-s)}\, ds$$

$$= \frac{1}{2\pi} \int_{-\pi}^{\pi} D_n(t-s) f(s)\, ds \quad \text{mit}$$

$$D_n(u) = \sum_{k=-n}^{n} e^{iku} = 1 + 2 \sum_{k=1}^{n} \cos ku; \tag{5.11}$$

die Funktionen D_n sind gerade, C^∞ und 2π-periodisch. Zum Beweis von (5.10) berechnen wir für $t \in \mathbb{R}\backslash \pi\mathbb{Z}$ mittels geometrischer Summenformel und Eulerscher Formel

$$\sum_{k=-n}^{n} e^{2ikt} = e^{-2int} \sum_{k=0}^{2n} e^{2ikt} = e^{-2int}\, \frac{\exp(2i(2n+1)t)-1}{\exp(2it)-1}$$

$$= \frac{\exp(i(2n+1)t)-\exp(-i(2n+1)t)}{\exp(it)-\exp(-it)} = \frac{\sin((2n+1)t)}{\sin t}. \qquad \diamond$$

Aus den Orthogonalitätsrelationen ergibt sich

$$\frac{1}{2\pi} \int_{-\pi}^{\pi} D_n(u)\, du = \frac{1}{2\pi} \int_{-\pi}^{\pi} \sum_{k=-n}^{n} e^{iku}\, du = 1; \tag{5.12}$$

allerdings haben die Dirichlet-Kerne positive und negative Werte, und es gilt $\int_{-\pi}^{\pi} |D_n(u)|\, du \to \infty$ für $n \to \infty$ (vgl. Abb. 5.2 und Aufgabe 5.3). Wegen dieser Eigenschaften sind Konvergenzuntersuchungen für Fourier-Reihen schwierig.

Wir bilden daher zunächst *arithmetische Mittel ihrer Partialsummen*, untersuchen also die *Cesàro-Konvergenz* von Fourier-Reihen. An diesen Begriff sei zuvor kurz erinnert:

Abb. 5.2 Dirichlet-Kerne

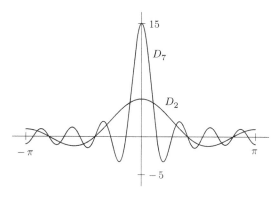

Cesàro-Konvergenz

Eine Reihe $\sum_{k \geq 0} a_k$ heißt *Cesàro-konvergent,* wenn die Folge

$$\left(\sigma_n := \frac{1}{n} \sum_{j=0}^{n-1} s_j\right)$$

der *arithmetischen Mittel* der Partialsummen s_n konvergiert. In diesem Fall heißt

$$\text{c-}\sum_{k=0}^{\infty} a_k := \lim_{n \to \infty} \sigma_n$$

die *Cesàro-Summe* der Reihe.

Bemerkungen und Beispiel

a) Eine *konvergente* Reihe ist auch Cesàro-konvergent; Summe und Cesàro-Summe stimmen dann überein (vgl. Aufgabe 5.4 a)).

b) Für die divergente Reihe $\sum_{k \geq 0} (-1)^k$ hat man offenbar $(s_j) = (1, 0, 1, 0, \ldots)$ und $(\sigma_n) = (1, \frac{1}{2}, \frac{2}{3}, \frac{1}{2}, \frac{3}{5}, \ldots)$; sie ist *Cesàro-konvergent* mit c-$\sum_{k=0}^{\infty} (-1)^k = \lim_{n \to \infty} \sigma_n = \frac{1}{2}$.

c) Die Umkehrung von a) ist also i. a. falsch; sie gilt jedoch, wenn eine Abschätzung $|a_k| = O(\frac{1}{k})$ vorliegt (vgl. Aufgabe 5.4 b) und [Kaballo 2000], 38.19).

Wir untersuchen nun also die Cesàro-Konvergenz von Fourier-Reihen. Die arithmetischen Mittel ihrer Partialsummen werden durch die *Fejér-Kerne* dargestellt, die aufgrund von Satz 5.2 unten wesentlich leichter als die Dirichlet-Kerne behandelt werden können.

Fejér-Kerne

a) Wir definieren die *Fejér-Kerne* $F_n \in \mathcal{C}_{2\pi}$ (vgl. Abb. 5.3) als *arithmetische Mittel* der Dirichlet-Kerne:

$$F_n(u) := \frac{1}{n} \sum_{j=0}^{n-1} D_j(u), \quad u \in \mathbb{R}. \tag{5.13}$$

Abb. 5.3 Fejér-Kerne

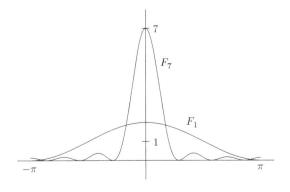

Abb. 5.4 Fejér-
Approximation

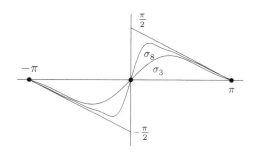

Für die arithmetischen Mittel

$$\sigma_n(f;t) := \frac{1}{n} \sum_{j=0}^{n-1} s_j(f;t) \tag{5.14}$$

der Partialsummen $s_n(f;t)$ der Fourier-Reihe von $f \in L_1[-\pi,\pi]$ gilt dann

$$\sigma_n(f;t) = \frac{1}{2\pi} \int_{-\pi}^{\pi} F_n(t-s)f(s)\,ds, \quad t \in \mathbb{R}. \tag{5.15}$$

Abb. 5.4 zeigt die Funktion h aus dem Beispiel auf S. 91 zusammen mit $\sigma_3(h)$ und $\sigma_8(h)$.

Satz 5.2
a) Für die Fejér-Kerne $F_n \in \mathcal{C}_{2\pi}$ gilt

$$F_n(u) = \frac{1}{n} \left(\frac{\sin \frac{nu}{2}}{\sin \frac{u}{2}} \right)^2, \quad u \in \mathbb{R} \quad (F_n(2k\pi) = n). \tag{5.16}$$

b) Es ist F_n gerade und $F_n \geq 0$; weiter gilt

$$\frac{1}{2\pi} \int_{-\pi}^{\pi} F_n(u)\,du = 1, \tag{5.17}$$

$$\forall\, \eta > 0 \,:\, \lim_{n \to \infty} \sup_{\eta \leq |u| \leq \pi} F_n(u) = 0. \tag{5.18}$$

BEWEIS. a) Wegen (5.10) ergibt sich Formel (5.16) aus

$$2\sin^2 \tfrac{u}{2} \sum_{j=0}^{n-1} D_j(u) = \sum_{j=0}^{n-1} 2\sin \tfrac{u}{2} \sin\left((2j+1)\tfrac{u}{2}\right)$$

$$= \sum_{j=0}^{n-1} \left(\cos ju - \cos(j+1)u \right) = 1 - \cos nu = 2\sin^2 \tfrac{nu}{2}.$$

b) Die ersten Aussagen folgen sofort aus a), Formel (5.17) aus Formel (5.12). Schließlich gibt es $\alpha > 0$ mit $\sin^2 \frac{u}{2} \geq \alpha > 0$ für $\eta \leq |u| \leq \pi$, und daraus ergibt sich
$\sup\limits_{\eta \leq |u| \leq \pi} F_n(u) \leq \frac{1}{\alpha n} \to 0.$ ◊

Es folgt nun ein Hauptergebnis dieses Kapitels:

Theorem 5.3 (Fejér)
Für $f \in \mathcal{C}_{2\pi}$ gilt $\sigma_n(f;t) \to f(t)$ gleichmäßig auf $\mathbb{R}$.

BEWEIS. a) Für $t \in \mathbb{R}$ folgt aus (5.15) mit der Substitution $s = t - u$ auch

$$\sigma_n(f;t) = -\frac{1}{2\pi} \int_{t+\pi}^{t-\pi} F_n(u) f(t-u)\, du = \frac{1}{2\pi} \int_{-\pi}^{\pi} F_n(u) f(t-u)\, du. \qquad (5.19)$$

b) Zu $\varepsilon > 0$ gibt es $\eta > 0$ mit $|f(t) - f(t-u)| \leq \varepsilon$ für $t \in \mathbb{R}$ und $|u| \leq \eta$, da ja $f \in \mathcal{C}_{2\pi}$ gleichmäßig stetig ist. Nach (5.18) gibt es $n_0 \in \mathbb{N}$ mit $\sup\limits_{\eta \leq |u| \leq \pi} F_n(u) \leq \varepsilon$ für $n \geq n_0$. Mit (5.19) ergibt sich

$$\begin{aligned}
|f(t) - \sigma_n(f;t)| &= |\frac{1}{2\pi} \int_{-\pi}^{\pi} F_n(u)\,(f(t) - f(t-u))\, du| \\
&\leq \frac{1}{2\pi} \int_{-\eta}^{\eta} F_n(u)\,|f(t) - f(t-u)|\, du \\
&\quad + \frac{1}{2\pi} \int_{\eta \leq |u| \leq \pi} F_n(u)\,|f(t) - f(t-u)|\, du \\
&\leq \varepsilon\, \frac{1}{2\pi} \int_{-\eta}^{\eta} F_n(u)\, du + \varepsilon\, \frac{1}{2\pi} \int_{\eta \leq |u| \leq \pi} |f(t) - f(t-u)|\, du \\
&\leq \varepsilon\,(1 + \frac{1}{\pi} \int_{-\pi}^{\pi} |f(u)|\, du)
\end{aligned}$$

für $n \geq n_0$ und alle $t \in \mathbb{R}$. $\hfill \diamond$

Wir zeigen in Satz 8.16, dass dieses Theorem für die Folge $(s_n(f;t))$ der Partialsummen der Fourier-Reihe *nicht* gilt; für $f \in \mathcal{C}_{2\pi}$ ist die Folge $(s_n(f;t))$ i. a. nicht einmal punktweise konvergent.

Einseitige Grenzwerte
Wir zeigen nun, dass für $\mathcal{L}_1$-Funktionen f noch $\sigma_n(f;t) \to f(t)$ in *Stetigkeitspunkten* von f gilt. Existieren allgemeiner für $t \in \mathbb{R}$ die *einseitigen Grenzwerte*

$$\widetilde{f}(t^+) := \lim_{s \to t^+} \widetilde{f}(s), \quad \widetilde{f}(t^-) := \lim_{s \to t^-} \widetilde{f}(s),$$

so definiert man

$$f^*(t) := \frac{1}{2}\,(\widetilde{f}(t^+) + \widetilde{f}(t^-)) \qquad (5.20)$$

als ihren Mittelwert. In Stetigkeitspunkten von $\widetilde{f}$ gilt natürlich $f^*(t) = \widetilde{f}(t)$. Für die Funktion h aus dem Beispiel auf S. 91 gilt $h^*(t) = \widetilde{h}(t)$ auch in den Sprungstellen.

Satz 5.4 (Fejér)
Für $f \in \mathcal{L}_1(-\pi, \pi]$ und $t \in \mathbb{R}$ mögen die einseitigen Grenzwerte $\widetilde{f}(t^+)$ und $\widetilde{f}(t^-)$ existieren. Dann gilt $\sigma_n(f;t) \to f^*(t)$.

BEWEIS. Da die F_n *gerade* Funktionen sind, gilt $\frac{1}{2\pi} \int_0^\pi F_n(u)\, du = \frac{1}{2}$. Wie im Beweis von Theorem 5.3 folgt daher

$$\tfrac{1}{2}\widetilde{f}(t^-) - \tfrac{1}{2\pi} \int_0^\pi F_n(s)\widetilde{f}(t-s)\, ds = \tfrac{1}{2\pi} \int_0^\pi F_n(s)\, (\widetilde{f}(t^-) - \widetilde{f}(t-s))\, ds \;\to\; 0$$

für $n \to \infty$ und ebenso $\frac{1}{2\pi} \int_{-\pi}^0 F_n(s)\widetilde{f}(t-s)\, ds \to \frac{1}{2}\widetilde{f}(t^+)$. ◇

Beispiele und Bemerkungen

a) *Ist* in der Situation von Satz 5.4 *die Fourier-Reihe von f an der Stelle $t \in \mathbb{R}$ konvergent,* so konvergieren auch die arithmetischen Mittel $\sigma_n(f;t)$ der Partialsummen gegen ihre Summe, und nach Satz 5.4 hat man $\sum\limits_{k=-\infty}^{\infty} \widehat{f}(k)\, e^{ikt} = f^*(t)$.

b) Satz 5.4 gilt insbesondere für die Funktion h aus dem Beispiel auf S. 91. Für $t = \frac{\pi}{2}$ ist ihre Fourier-Reihe die nach dem Leibniz-Kriterium *konvergente Leibniz-Reihe,* und somit ergibt sich für deren Summe:

$$\sum_{k=0}^{\infty} \frac{(-1)^k}{2k+1} \;=\; 1 - \tfrac{1}{3} + \tfrac{1}{5} - \tfrac{1}{7} + \cdots \;=\; h(\tfrac{\pi}{2}) \;=\; \tfrac{\pi}{4}\,.$$

c) Nach dem *Dirichlet-Kriterium* (vgl. etwa [Kaballo 2000], 38.4) konvergiert die Fourier-Reihe von h sogar für alle $t \in \mathbb{R}$; a) impliziert dann die Gleichheit in (5.7). Wir werden dies in (5.39) noch einmal ohne Verwendung des Dirichlet-Kriteriums beweisen.

5.2   Faltung und Dirac-Folgen

Die Formeln in diesem Kapitel zeigen, dass wir im Zusammenhang mit Fourier-Reihen das *normalisierte* Lebesgue-Maß $đt := \frac{1}{2\pi}\, dt$ auf $[-\pi, \pi]$ verwenden. Diese Notation werden wir in diesem Abschnitt nun benutzen, gelegentlich auch später.

Dirac-Folgen

a) Im Beweis des Theorems von Fejér wurden nicht die explizite Formel (5.16) für die Fejér-Kerne benutzt, sondern nur deren in Satz 5.2 b) formulierten Eigenschaften.

b) Eine Folge (δ_n) in $\mathcal{C}_{2\pi}$ heißt *Dirac-Folge* oder eine *approximative Eins*, wenn sie die folgenden Eigenschaften hat:

$$\delta_n \geq 0, \quad \int_{-\pi}^\pi \delta_n(u)\, đu = 1, \tag{5.21}$$

$$\lim_{n \to \infty} \int_{\eta \leq |u| \leq \pi} \delta_n(u)\, đu \;=\; 0 \text{ für alle } \eta > 0. \tag{5.22}$$

c) Das Theorem von Fejér 5.3 gilt für eine beliebige Dirac-Folge an Stelle der Fejér-Kerne, obwohl Bedingung (5.22) natürlich schwächer ist als (5.18). Im Beweis erhält man an

Stelle von

$$|f(t) - \sigma_n(f;t)| \;\leq\; \varepsilon \left(1 + 2 \int_{-\pi}^{\pi} |f(u)| \, du\right)$$

mittels (5.22) die Abschätzung

$$\left|f(t) - \int_{-\pi}^{\pi} \delta_n(t-s)f(s)\,ds\right| \;\leq\; \varepsilon \left(1 + \tfrac{1}{\pi} \|f\|_{\sup}\right). \tag{5.23}$$

Entsprechend erhält man im Fall *gerader* Dirac-Folgen Satz 5.4 nur für $f \in \mathcal{L}_\infty(-\pi,\pi]$. Gilt jedoch (5.18) für die Folge (δ_n), so gilt Satz 5.4 auch für $f \in \mathcal{L}_1(-\pi,\pi]$.

d) Für Dirac-Folgen ist δ_n für große n stark um den Nullpunkt konzentriert. Die Folge (δ_n) approximiert das Dirac-Funktional $\delta_0 \in \mathcal{C}'_{2\pi}$ (vgl. Satz 3.4 und Aufgabe 3.5); für $n \to \infty$ gilt in der Tat nach Theorem 5.3

$$\int_{-\pi}^{\pi} \delta_n(s)f(s)\,ds \;\to\; f(-0) \;=\; \delta_0(f) \quad \text{für alle } f \in \mathcal{C}_{2\pi}.$$

e) Ein weiteres Beispiel einer Dirac-Folge (für $r \uparrow 1$) liefern die in der *Potentialtheorie* wichtigen *Poisson-Kerne* $P_r \in \mathcal{C}_{2\pi}$,

$$P_r(u) \;:=\; \tfrac{1-r^2}{1+r^2-2r\cos u} \,.$$

Wir gehen in Aufgabe 5.6 etwas genauer darauf ein.

f) Die Dirichlet-Kerne bilden *keine* Dirac-Folge, da sie auch negative Werte annehmen (vgl. auch Aufgabe 5.3).

Faltung

a) In (5.15) tritt die *Faltung* einer Dirac-Folge mit einer Funktion auf. Diese wird für Funktionen $g \in \mathcal{C}_{2\pi}$ und $f \in L_1[-\pi,\pi]$ allgemein definiert durch

$$(g \star f)(t) \;:=\; \int_{-\pi}^{\pi} g(t-s)f(s)\,ds, \quad t \in \mathbb{R}. \tag{5.24}$$

Dann ist $g \star f \in \mathcal{C}_{2\pi}$, und man hat z. B. $\sigma_n(f;t) = (F_n \star f)(t)$ für $t \in \mathbb{R}$.

b) Wie in (5.19) gilt aufgrund der Substitutionsregel auch

$$(g \star f)(t) \;=\; \int_{-\pi}^{\pi} g(u)\widetilde{f}(t-u)\,du, \quad t \in \mathbb{R}. \tag{5.25}$$

Satz 5.5
Es sei $1 \leq p \leq \infty$. *Für* $g \in \mathcal{C}_{2\pi}$ *und* $f \in L_p([-\pi,\pi],dt)$ *gilt*

$$\|g \star f\|_{L_p} \;\leq\; \|f\|_{L_p}\,\|g\|_{L_1}. \tag{5.26}$$

BEWEIS. Dies ist ein Spezialfall von Satz 3.11, insbesondere Abschätzung (3.27). Für den stetigen Kern $\kappa(t,s) = g(t-s)$ gilt nämlich

$$\int_{-\pi}^{\pi} |\kappa(t,s)| \, ds = \int_{-\pi}^{\pi} |\kappa(t,s)| \, dt = \|g\|_{L_1},$$

also $\|\kappa\|_{SI} = \|\kappa\|_{ZI} = \|g\|_{L_1}$. $\qquad\qquad\diamond$

Faltung von L_1-Funkionen

a) Mittels (5.24) können wir die Faltung auch für Funktionen $f, g \in L_1[-\pi, \pi]$ definieren, wobei wir wie in (5.25) auch ihre 2π-periodischen Fortsetzungen benutzen. Dazu benötigen wir die *Messbarkeit* des Kerns $\kappa(t,s) = g(t-s)$ auf $\mathbb{R}^2$: Nach Satz A.3.23 können wir annehmen, dass g *Borel-messbar* ist, und nach Aussage d) auf S. 371 gilt dies dann auch für κ. Aufgrund von Satz A.3.20 gilt dann Abschätzung (5.26) auch für Funktionen $g \in L_1[-\pi, \pi]$ und $f \in L_p[-\pi, \pi]$.

b) Insbesondere ist $L_1[-\pi, \pi]$ mit der Faltung eine *kommutative Banachalgebra*, allerdings ohne Einselement. Das „fehlende" Einselement wird nach dem folgenden Satz durch Dirac-Folgen approximiert, wodurch die Bezeichnung „approximative Eins" für diese erklärt wird. Satz 5.6 enthält insbesondere eine Version des Satzes von Fejér für L_p-Funktionen:

Satz 5.6

Es seien (δ_n) eine Dirac-Folge in $\mathcal{C}_{2\pi}$ und $1 \leq p < \infty$. Für $f \in L_p[-\pi, \pi]$ gilt dann $\|f - \delta_n \star f\|_{L_p} \to 0$.

BEWEIS. Nach Satz 5.5 ist die Faltung $\delta_n \star : L_p[-\pi, \pi] \to L_p[-\pi, \pi]$ mit der festen Funktion δ_n ein linearer Operator mit $\|\delta_n \star\| \leq \|\delta_n\|_{L_1} = 1$. Für $g \in \mathcal{C}_{2\pi}$ gilt $\delta_n \star g \to g$ in $L_p[-\pi, \pi]$ nach dem Theorem von Fejér 5.3. Mit $\mathcal{C}[-\pi, \pi]$ ist auch $\mathcal{C}_{2\pi}$ in $L_p[-\pi, \pi]$ dicht (vgl. auch 5.8 Satz unten), und daher folgt die Behauptung aus Satz 3.3. $\qquad\diamond$

Folgerungen

a) In der Situation von Satz 5.6 gilt sogar $\|f - \delta_n \star f\|_{L_p} \to 0$ gleichmäßig auf präkompakten Teilmengen von $L_p[-\pi, \pi]$ aufgrund von Satz 3.3.

b) Für alle Funktionen $g \in \mathcal{C}_{2\pi}$ gilt bezüglich des Maßes $dt = \frac{dt}{2\pi}$

$$\|g\|_{L_1} = \sup\{\|g \star f\|_{L_1} \mid f \in L_1([-\pi, \pi], dt) \text{ mit } \|f\|_{L_1} \leq 1\}. \qquad (5.27)$$

In der Tat folgt „$\geq$" sofort aus (5.26), und wegen Satz 5.6 gilt $\|g \star \delta_n\|_{L_1} \to \|g\|_{L_1}$ für eine Dirac-Folge (δ_n) in $\mathcal{C}_{2\pi} \subseteq L_1([-\pi, \pi], dt)$.

5.3   Der Weierstraßsche Approximationssatz

Das Theorem von Fejér 5.3 impliziert, dass stetige 2π-periodische Funktionen gleich-mäßig durch *trigonometrische Polynome* in $\mathcal{T} = [e^{ikt}]_{k \in \mathbb{Z}}$ approximiert werden können. Daraus folgt leicht auch die folgende wichtige Aussage über die *gleichmäßige Approxi-mation stetiger Funktionen durch Polynome*:

Theorem 5.7 (Weierstraßscher Approximationssatz)
Es seien $J = [a, b] \subseteq \mathbb{R}$ ein kompaktes Intervall, $f \in \mathcal{C}(J, \mathbb{C})$ und $\varepsilon > 0$. Dann gibt es ein Polynom $P \in \mathbb{C}[t]$ mit

$$\| f - P \|_J = \sup_{t \in J} | f(t) - P(t) | \leq \varepsilon.$$

BEWEIS. Nach einer linearer Transformation können wir $J \subseteq (-\pi, \pi)$ annehmen und setzen f zu einer stetigen Funktion in $\mathcal{C}_{2\pi}$ fort (vgl. Abb. 5.5). Nach dem Theorem von Fejér 5.3 gibt es ein $m \in \mathbb{N}$ und Zahlen $\{c_k\}_{-m \leq k \leq m} \subseteq \mathbb{C}$ mit

$$\sup_{t \in J} | f(t) - \sum_{k=-m}^{m} c_k e^{ikt} | \leq \frac{\varepsilon}{2}.$$

Aufgrund der auf J gleichmäßig konvergenten Entwicklung $e^{ikt} = \sum_{\ell=0}^{\infty} \frac{(ikt)^\ell}{\ell!}$ gibt es für $|k| \leq m$ ein $n_k \in \mathbb{N}$ mit

$$\sup_{t \in J} | c_k | \, | e^{ikt} - \sum_{\ell=0}^{n_k} \frac{(ikt)^\ell}{\ell!} | \leq \frac{\varepsilon}{2(2m+1)}.$$

Mit $P(t) := \sum_{k=-m}^{m} c_k \sum_{\ell=0}^{n_k} \frac{(ikt)^\ell}{\ell!} \in \mathbb{C}[t]$ folgt dann die Behauptung.   ◇

Für $f \in \mathcal{C}(J, \mathbb{R})$ kann natürlich $P \in \mathbb{R}[t]$ gewählt werden; notfalls ersetzt man einfach das Polynom P durch dessen Realteil $\operatorname{Re} P$.

Abb. 5.5 Fortsetzung von f

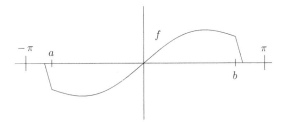

Insbesondere ist also der Raum $C^\infty[a, b]$ dicht in $C[a, b]$. Nun wollen wir daraus schließen, dass der Raum $\mathcal{D}(a, b) = C^\infty(\mathbb{R}) \cap C_c(a, b)$ der *Testfunktionen* auf (a, b) für $1 \leq p < \infty$ in $L_p[a, b]$ dicht ist. Der Grund für diese Bezeichnung wird im nächsten Abschnitt deutlich werden. Wir benötigen

C^∞-Abschneidefunktionen

a) Wir wählen eine Funktion $\rho \in C^\infty(\mathbb{R})$ mit

$$\rho \geq 0, \quad \text{supp}\, \rho \subseteq [-1, 1] \quad \text{und} \quad \int_\mathbb{R} \rho(t)\, dt = 1, \tag{5.28}$$

z. B. $\rho(t) = c \exp(\frac{1}{t^2-1})$ für $|t| < 1$ und ein geeignetes $c > 0$ sowie $\rho(t) = 0$ für $|t| \geq 1$. In der Tat gilt offenbar $\rho \in C^\infty(\mathbb{R}\backslash\{\pm 1\})$. Für die Ableitungen zeigt man induktiv

$$\rho^{(k)}(t) = \frac{P_k(t)}{(t^2 - 1)^{m_k}} \exp(\frac{1}{t^2 - 1}) \quad \text{für} \ |t| < 1$$

mit geeigneten Polynomen P_k und Exponenten $m_k \in \mathbb{N}_0$. Daher gilt $\lim\limits_{t \to \pm 1} \rho^{(k)}(t) = 0$ für alle $k \in \mathbb{N}_0$, und insbesondere ist ρ stetig auf $\mathbb{R}$. Ist nun für $k \in \mathbb{N}_0$ bereits $\rho \in C^k(\mathbb{R})$ gezeigt, so liefert der Mittelwertsatz für $h \neq 0$

$$\tfrac{1}{h}\,(\rho^{(k)}(\pm 1 + h) - \rho^{(k)}(\pm 1)) = \rho^{(k+1)}(\pm 1 + \theta h) \quad \text{für ein} \ 0 < \theta < 1,$$

und mit $h \to 0$ folgt auch $\rho^{(k+1)}(\pm 1) = 0$ und schließlich $\rho \in C^\infty(\mathbb{R})$. Für ein geeignetes $c > 0$ ist also (5.28) erfüllt.

b) Für $\varepsilon > 0$ definieren wir dann $\rho_\varepsilon(t) := \tfrac{1}{\varepsilon}\,\rho(\tfrac{t}{\varepsilon})$ und erhalten (vgl. Abb. 5.6)

$$\rho_\varepsilon \in C^\infty(\mathbb{R}), \quad \rho_\varepsilon \geq 0, \quad \text{supp}\, \rho_\varepsilon \subseteq [-\varepsilon, \varepsilon] \quad \text{und} \quad \int_\mathbb{R} \rho_\varepsilon(t)\, dt = 1. \tag{5.29}$$

c) Für ein kompaktes Intervall $J = [a, b] \subseteq \mathbb{R}$ und $\varepsilon > 0$ sei

$$\chi_{J,\varepsilon}(t) := \int_a^b \rho_\varepsilon(t - s)\, ds, \quad t \in \mathbb{R}. \tag{5.30}$$

Abb. 5.6 Funktionen ρ_ε

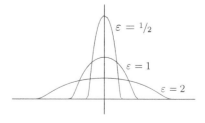

$\varepsilon = {}^1/_2$

$\varepsilon = 1$

$\varepsilon = 2$

Abb. 5.7 Eine
C^∞-Abschneidefunktion

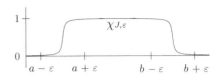

Offenbar gilt $0 \leq \chi_{J,\varepsilon} \leq 1$, $\chi_{J,\varepsilon}(t) = 0$ für $t \leq a - \varepsilon$ und $t \geq b + \varepsilon$ sowie $\chi_{J,\varepsilon}(t) = 1$ für $a + \varepsilon \leq t \leq b - \varepsilon$ (vgl. Abb. 5.7).

Satz 5.8
Für $1 \leq p < \infty$ und $a < b \in \mathbb{R}$ ist der Raum $\mathcal{D}(a,b)$ dicht in $L_p[a,b]$.

BEWEIS. Nach dem Weierstraßschen Approximationssatz ist der Raum $C^\infty[a,b]$ dicht in $C[a,b]$, also auch in $L_p[a,b]$. Für $f \in C^\infty[a,b]$ und kleine $\varepsilon > 0$ definieren wir mit dem Intervall $J := [a + 2\varepsilon, b - 2\varepsilon]$ die Testfunktion $f_\varepsilon := f \cdot \chi_{J,\varepsilon}$ in $\mathcal{D}(a,b)$ und erhalten

$$\| f - f_\varepsilon \|_{L_p}^p \; \leq \; \left(\int_a^{a+3\varepsilon} + \int_{b-3\varepsilon}^b \right) \; |f(t)(1 - \chi_{J,\varepsilon}(t))|^p \, dt \; \leq \; 6\,\varepsilon \, \| f \|_{\mathrm{sup}}^p \, . \qquad \Diamond$$

5.4   Schwache Ableitungen und Sobolev-Räume

Wir führen nun *schwache Ableitungen* und *Sobolev-Räume* für Funktionen von *einer* reellen Variablen ein. Diese Konzepte wurden 1938 von S.L. Sobolev auch für Funktionen von *mehreren* reellen Variablen eingeführt und sind für das Studium *partieller Differentialgleichungen sehr wichtig,* vgl. etwa (Alt 1991) oder (Dobrowolski 2006). Durch die Beschränkung auf Funktionen von einer Variablen in diesem Grundkurs lassen sich zahlreiche technische Schwierigkeiten vermeiden, wesentliche Ideen werden aber trotzdem (oder deswegen?) deutlich. Sobolev-Räume in mehreren Variablen werden im Aufbaukurs behandelt, wobei schwache Ableitungen dann auch allgemeiner im Rahmen von *Distributionen* erklärt werden.

Das folgende Resultat ist grundlegend für die Einführung von *schwachen Ableitungen* oder *Distributionsableitungen:*

Satz 5.9
Für eine Funktion $f \in \mathcal{L}_1[a,b]$ gelte

$$\int_a^b f(t)\,\varphi(t)\,dt \; = \; 0 \quad \text{für alle} \ \ \varphi \in \mathcal{D}(a,b)\,. \tag{5.31}$$

Dann ist $f = 0$ fast überall.

BEWEIS. a) Nach Satz 3.4 folgt $f = 0$ im Raum der Äquivalenzklassen $L_1[a, b]$, wenn (5.31) sogar für alle $\varphi \in C[a, b]$ gilt. Wegen der Dichtheit von $C^\infty[a, b]$ in $C[a, b]$ genügt es, (5.31) für alle $\varphi \in C^\infty[a, b]$ zu zeigen.

b) Wie im Beweis von Satz 5.8 definieren wir Intervalle $J := [a + 2\varepsilon, b - 2\varepsilon]$ und Testfunktionen $\varphi_\varepsilon := \varphi \cdot \chi_{J,\varepsilon} \in \mathcal{D}(a, b)$. Dann gelten $\varphi_\varepsilon(t) \to \varphi(t)$ für $\varepsilon \to 0$ sowie die Abschätzung $|f(t) \varphi_\varepsilon(t)| \leq |f(t)| \, |\varphi(t)|$ für alle $t \in (a, b)$. Mit dem *Satz über majorisierte Konvergenz* A.3.8 folgt dann

$$\int_a^b f(t) \varphi(t) \, dt = \lim_{\varepsilon \to 0} \int_a^b f(t) \varphi_\varepsilon(t) \, dt = 0. \qquad \qquad \diamond$$

Satz 5.9 liefert eine Erklärung für den Namen „*Raum der Testfunktionen*" für $\mathcal{D}(a, b)$: Eine L_1-Funktion ist durch ihre „Wirkung" gemäß (5.31) auf alle Testfunktionen eindeutig festgelegt.

Schwache Ableitungen

a) Insbesondere können wir nun *Ableitungen,* die ja durch punktweise Grenzwerte von Differenzenquotienten definiert sind, auch mittels Testfunktionen charakterisieren: Für Funktionen $F \in C^1[a, b]$ und $f \in C[a, b]$ ist die Aussage $F' = f$ nach Satz 5.9 und partieller Integration *äquivalent* zu

$$\int_a^b F(t) \varphi'(t) \, dt = -\int_a^b f(t) \varphi(t) \, dt \quad \text{für alle} \quad \varphi \in \mathcal{D}(a, b). \qquad (5.32)$$

b) Dies lässt sich nun auf eine größere Klasse von Funktionen verallgemeinern: Eine Funktion $f \in L_1[a, b]$ heißt *schwache Ableitung* einer Funktion $F \in L_1[a, b]$, falls Bedingung (5.32) erfüllt ist.

c) Nach Satz 5.9 hat eine Funktion $F \in L_1[a, b]$ *höchstens eine* schwache Ableitung, und im Fall $F \in C^1[a, b]$ stimmt diese nach a) mit der klassischen Ableitung überein. Wir können daher auch für schwache Ableitungen die übliche Notation $f(t) = F'(t) = \frac{dF}{dt}$ verwenden.

d) Hat die schwache Ableitung $F' \in L_1[a, b]$ einer Funktion $F \in L_1[a, b]$ wiederum eine schwache Ableitung $(F')' \in L_1[a, b]$, so wird diese als *zweite schwache Ableitung* $F'' = (F')'$ von F bezeichnet. Entsprechend definiert man auch *schwache Ableitungen höherer Ordnung.*

Beispiele

a) Die Betragsfunktion $A : t \mapsto |t|$ liegt in $C[-1, 1] \subseteq L_1[-1, 1]$, ist in 0 aber nicht im klassischen Sinn differenzierbar. Für $\varphi \in \mathcal{D}(-1, 1)$ berechnen wir

$$\int_{-1}^1 |t| \, \varphi'(t) \, dt = -\int_{-1}^0 t \, \varphi'(t) \, dt + \int_0^1 t \, \varphi'(t) \, dt$$

$$= -t\varphi(t)|_{-1}^0 + \int_{-1}^0 \varphi(t) \, dt + t\varphi(t)|_0^1 - \int_0^1 \varphi(t) \, dt$$

$$= -\int_{-1}^1 \text{sign}(t) \, \varphi(t) \, dt$$

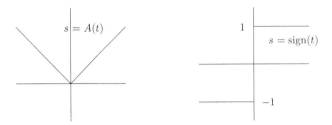

Abb. 5.8 Betragsfunktion und Signum-Funktion

mit der *Signum-Funktion* $\mathrm{sign}(t) := \begin{cases} -1 & , \quad t < 0 \\ 1 & , \quad t \geq 0 \end{cases}$ (vgl. Abb. 5.8). Somit ist also sign die schwache Ableitung der Betragsfunktion A.

b) Wir untersuchen nun die Frage, ob A auch eine zweite schwache Ableitung in $L_1[-1, 1]$ besitzt. Für $\varphi \in \mathcal{D}(-1, 1)$ hat man

$$\int_{-1}^{1} \mathrm{sign}(t)\, \varphi'(t)\, dt \;=\; -\int_{-1}^{0} \varphi'(t)\, dt + \int_{0}^{1} \varphi'(t)\, dt \;=\; -2\,\varphi(0);$$

die stetige Linearform $\delta_0 : \varphi \mapsto \varphi(0)$ lässt sich aber nicht in der Form

$$\delta_0(\varphi) \;=\; \int_{-1}^{1} g(t)\, \varphi(t)\, dt \quad \text{für eine Funktion } g \in L_1[-1, 1]$$

schreiben (vgl. Satz 3.4 und Aufgabe 3.5). Folglich besitzt die Signum-Funktion *keine* schwache Ableitung in $L_1[-1, 1]$; man kann allerdings $2\delta_0 \in \mathcal{C}[-1, 1]'$ als *Distributionsableitung* von sign auffassen. Dieser Begriff wird im Aufbaukurs behandelt, vgl. etwa auch (Kaballo 1999), Abschn. 39.

c) Die Funktion $f_\alpha : t \mapsto t^\alpha$ liegt in $L_1[0, 1]$ für $\alpha > -1$ (vgl. Abb. 5.9). Für $'\varphi \in \mathcal{D}(0, 1)$ und $\varepsilon > 0$ hat man

$$\int_{\varepsilon}^{1} t^\alpha\, \varphi'(t)\, dt \;=\; t^\alpha\, \varphi(t)\big|_{\varepsilon}^{1} - \alpha \int_{\varepsilon}^{1} t^{\alpha-1}\, \varphi(t)\, dt\,.$$

Für $\alpha \geq 0$ liegt auch $\alpha f_{\alpha-1} : t \mapsto \alpha\, t^{\alpha-1}$ in $L_1[0, 1]$, und mit $\varepsilon \to 0$ sieht man, dass diese Funktion die schwache Ableitung von f_α ist. Für $p \geq 1$ und $\alpha > 0$ gilt offenbar

$$f_\alpha' \in L_p[0, 1] \quad \Leftrightarrow \quad (1 - \alpha)\, p < 1\,.$$

Sobolev-Räume

Es seien $m \in \mathbb{N}_0$ und $1 \leq p \leq \infty$. Der *Sobolev-Raum* $\mathcal{W}_p^m(a, b)$ wird definiert als Raum der Funktionen in $L_p[a, b]$, die k-te schwache Ableitungen in $L_p[a, b]$ für $0 \leq k \leq m$ besitzen. Auf $\mathcal{W}_p^m(a, b)$ definieren wir die Norm

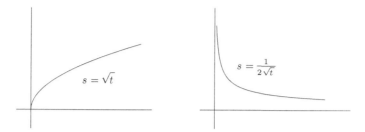

Abb. 5.9 Die Funktionen $f_{1/2}$ und $f'_{1/2}$

$$\|f\|_{W_p^m} := \left(\sum_{k=0}^{m} \int_a^b |f^{(k)}(t)|^p \, dt \right)^{1/p}, \quad 1 \le p < \infty,$$

$$\|f\|_{W_\infty^m} := \max_{k=0}^{m} \|f^{(k)}\|_{L_\infty}.$$

Beispiele

a) Für $1 < p < q < \infty$ hat man offenbar die *stetigen Inklusionen*

$$\mathcal{C}^m[a, b] \longrightarrow \mathcal{W}_\infty^m(a, b) \longrightarrow \mathcal{W}_q^m(a, b) \longrightarrow \mathcal{W}_p^m(a, b) \longrightarrow \mathcal{W}_1^m(a, b);$$

dies bedeutet, dass die Abbildungen *stetig* und *injektiv* sind.

b) Wie soeben gezeigt, liegt die Betragsfunktion $A : t \mapsto |t|$ in $\mathcal{W}_\infty^1(-1, 1)$, und für $\alpha > 0$ liegt die Funktion $f_\alpha : t \mapsto t^\alpha$ genau dann in $\mathcal{W}_p^1(0, 1)$, wenn $p < \frac{1}{1-\alpha}$ ist.

Satz 5.10

Die Sobolev-Räume $\mathcal{W}_p^m(a, b)$ sind Banachräume.

BEWEIS. Für eine Cauchy-Folge (f_n) in $\mathcal{W}_p^m(a, b)$ sind für $0 \le k \le m$ die Folgen $(f_n^{(k)})$ von schwachen Ableitungen Cauchy-Folgen in $L_p[a, b]$. Da diese Räume vollständig sind, existieren die Grenzwerte $F_k := \lim_{n \to \infty} f_n^{(k)}$ in $L_p[a, b]$. Für $0 \le k \le m-1$ und Testfunktionen $\varphi \in \mathcal{D}(a, b)$ gilt nach (5.32)

$$\int_a^b f_n^{(k)}(t) \, \varphi'(t) \, dt = -\int_a^b f_n^{(k+1)}(t) \, \varphi(t) \, dt,$$

und mit $n \to \infty$ folgt daraus sofort auch

$$\int_a^b F_k(t) \, \varphi'(t) \, dt = -\int_a^b F_{k+1}(t) \, \varphi(t) \, dt.$$

Folglich existieren die schwachen Ableitungen $F_0^{(k)} = F_k$ für $0 \le k \le m$ in $L_p[a, b]$. Daher ist $F_0 \in \mathcal{W}_p^m(a, b)$, und es gilt $\|f_n - F_0\|_{W_p^m} \to 0$ für $n \to \infty$. ◇

Folgerungen

Für $1 \leq p < \infty$ ist $\iota : (\mathcal{C}^1[a,b], \| \ \|_{W_p^1}) \to \mathcal{W}_p^1(a,b)$ eine Isometrie, und wegen der Vollständigkeit von $\mathcal{W}_p^1(a,b)$ gilt dies auch für die Fortsetzung $\bar{\iota} : W_p^1(a,b) \to \mathcal{W}_p^1(a,b)$ auf die Vervollständigung $W_p^1(a,b)$ gemäß Satz 3.7. Für die Inklusionen $i : (\mathcal{C}^1[a,b], \| \ \|_{W_p^1}) \to L_p[a,b]$ und $i_{\mathcal{W}} : \mathcal{W}_p^1(a,b) \to L_p[a,b]$ ist dann $\bar{i} = i_{\mathcal{W}} \, \bar{\iota} : W_p^1(a,b) \to L_p[a,b]$ injektiv. Mit $i_{\mathcal{C}} : \mathcal{C}[a,b] \to L_p[a,b]$ gilt aber auch $\bar{i} = i_{\mathcal{C}} \, \bar{j}$ mit der Abbildung $\bar{j} : W_p^1(a,b) \to \mathcal{C}[a,b]$ aus (3.10); daher muss auch $\bar{j}$ injektiv sein.

Der *Hauptsatz* der Differential- und Integralrechnung gilt auch *für schwache Ableitungen*. Zur Vorbereitung zeigen wir zunächst:

Lemma 5.11

Es sei $f \in \mathcal{W}_1^1(a,b)$ mit schwacher Ableitung $f' \in L_1[a,b]$.

a) Gilt $f' = 0$, so ist f eine konstante Funktion.

b) Gilt $f' \in \mathcal{C}[a,b]$, so folgt $f \in \mathcal{C}^1[a,b]$.

BEWEIS. a) Für $\varphi \in \mathcal{D}(a,b)$ setzen wir $\Phi(t) := \int_a^t \varphi(s)\,ds$, $a \leq t \leq b$. Ist nun $\mathcal{I}(\varphi) := \int_a^b \varphi(s)\,ds = 0$, so folgt $\Phi \in \mathcal{D}(a,b)$, und die Voraussetzung $f' = 0$ liefert

$$\int_a^b f(t)\,\varphi(t)\,dt \;=\; \int_a^b f(t)\,\Phi'(t)\,dt \;=\; -\int_a^b f'(t)\,\Phi(t)\,dt \;=\; 0.$$

Nun wählen wir eine feste Testfunktion $\chi \in \mathcal{D}(a,b)$ mit $\mathcal{I}(\chi) = 1$. Für $\varphi \in \mathcal{D}(a,b)$ gilt dann $\mathcal{I}(\varphi - \mathcal{I}(\varphi)\chi) = 0$. Wie soeben gezeigt, folgt daraus

$$\int_a^b f(t)\,(\varphi(t) - \mathcal{I}(\varphi)\,\chi(t))\,dt = 0, \quad \text{also}$$

$$0 \;=\; \int_a^b f(t)\,\varphi(t)\,dt - \int_a^b f(s)\,\chi(s)\,(\int_a^b \varphi(t)\,dt)\,ds \;=\; \int_a^b (f(t) - \mathcal{I}(f\chi))\,\varphi(t)\,dt;$$

nach Satz 5.9 stimmt daher f (fast überall) mit der konstanten Funktion $\mathcal{I}(f\chi)$ überein.

b) Wir setzen $g(t) := \int_a^t f'(s)\,ds$ für $t \in [a,b]$; dann gilt $g \in \mathcal{C}^1[a,b]$ und $g' = f'$. Somit folgt $f = g + C \in \mathcal{C}^1[a,b]$ aus a). $\diamond$

Wir zeigen nun den *Hauptsatz* zusammen mit einem *Approximationssatz:*

Satz 5.12

a) Für eine Funktion $g \in L_1[a,b]$ wird durch $G(t) := \int_a^t g(s)\,ds$ eine stetige Funktion $G \in \mathcal{W}_1^1(a,b)$ definiert, und es gilt $G' = g$ im schwachen Sinne.

b) Jede Funktion $f \in \mathcal{W}_1^1(a,b)$ ist stetig auf $[a,b]$, und es gilt

$$f(t) \;=\; f(a) + \int_a^t f'(s)\,ds \quad \text{für } a \leq t \leq b. \tag{5.33}$$

c) *Für* $1 \leq p < \infty$ *gibt es zu einer Funktion* $f \in \mathcal{W}_p^1(a,b)$ *eine Folge* (f_n) *von* Polynomen *mit* $\|f - f_n\|_{\sup} \to 0$ *und* $\|f' - f_n'\|_{L_p} \to 0$, *insbesondere also auch* $\|f - f_n\|_{W_p^1} \to 0$.

BEWEIS. a) Da $\mathcal{C}[a,b]$ in $L_1[a,b]$ dicht ist, gibt es zu $g \in L_1[a,b]$ eine Folge (g_n) in $\mathcal{C}[a,b]$ mit $\|g - g_n\|_{L_1} \to 0$. Nach dem Weierstraßschen Approximationssatz gibt es eine Folge (p_n) von Polynomen mit $\|g_n - p_n\|_{\sup} < \frac{1}{n}$, also auch $\|g_n - p_n\|_{L_1} \to 0$ und somit $\|g - p_n\|_{L_1} \to 0$. Für die Polynome

$$P_n(t) := \int_a^t p_n(s)\,ds\,, \quad a \leq t \leq b\,, \tag{5.34}$$

gilt $P_n' = p_n$ und $\|G - P_n\|_{\sup} \leq \|g - p_n\|_{L_1} \to 0$. Daher ist G stetig, und man hat $G' = g$ im schwachen Sinn. In der Tat gilt wie im Beweis von Satz 5.10 für Testfunktionen $\varphi \in \mathcal{D}(a,b)$ nach (5.32)

$$\int_a^b P_n(t)\,\varphi'(t)\,dt = -\int_a^b p_n(t)\,\varphi(t)\,dt\,,$$

und mit $n \to \infty$ folgt daraus sofort auch

$$\int_a^b G(t)\,\varphi'(t)\,dt = -\int_a^b g(t)\,\varphi(t)\,dt\,.$$

Damit ist Aussage a) bewiesen.

b) Nun sei $f \in \mathcal{W}_1^1(a,b)$ gegeben. Wir wenden a) auf die Funktion $g := f' \in L_1[a,b]$ an. Für $G(t) := \int_a^t f'(s)\,ds$ gilt dann $(f - G)' = 0$. Nach Lemma 5.11 ist $f - G$ konstant, und wegen $G(a) = 0$ muss $f(t) = f(a) + G(t)$ gelten. Insbesondere ist f stetig, und Aussage b) ist bewiesen.

c) Für $f \in \mathcal{W}_1^p(a,b)$ gilt $g := f' \in L_p[a,b]$. Da $\mathcal{C}[a,b]$ auch in $L_p[a,b]$ dicht ist, können wir wie in Beweisteil a) Polynome mit $\|G - P_n\|_{\sup} \leq C \|g - p_n\|_{L_p} \to 0$ konstruieren. Wegen $f = f(a) + G$ gemäß (5.33) setzen wir $f_n := f(a) + P_n$; mit diesen Polynomen gilt dann $\|f - f_n\|_{\sup} = \|G - P_n\|_{\sup} \to 0$ und $\|f' - f_n'\|_{L_p} = \|g - p_n\|_{L_p} \to 0$. $\diamond$

Es sei darauf hingewiesen, dass es in mehreren Variablen unstetige $\mathcal{W}_1^1$-Funktionen gibt, vgl. (Alt 1991), A.8.3.

Folgerungen

a) Für $m \in \mathbb{N}_0$ und $1 \leq p < \infty$ sind die *Polynome dicht* in $\mathcal{W}_p^m(a,b)$. Dies ergibt sich durch Anwendung von Satz 5.12 c) auf die $(m-1)$-te Ableitung einer Funktion in $\mathcal{W}_p^m(a,b)$ und $(m-1)$-fache Integration. Insbesondere sind die Räume $\mathcal{W}_p^m(a,b)$ *separabel*.

b) Nach Folgerung a) ist die auf S. 106 betrachtete Isometrie $\bar{\imath} : W_p^1(a,b) \to \mathcal{W}_1^p(a,b)$ *bijektiv*. Ensprechend ist der Sobolev-Raum $\mathcal{W}_p^m(a,b)$ für alle $m \in \mathbb{N}$ eine konkrete Realisierung der Vervollständigung $W_p^m(a,b)$ des Raumes $(\mathcal{C}^m[a,b], \|\ \|_{W_p^m})$.

Satz 5.13

Für Funktionen $f, g \in \mathcal{W}_1^1(a, b)$ ist auch $f \cdot g \in \mathcal{W}_1^1(a, b)$. Für schwache Ableitungen gelten die Produktregel

$$(fg)' = f'g + fg', \quad f, g \in \mathcal{W}_1^1(a, b), \tag{5.35}$$

und die Formel der partiellen Integration

$$\int_a^b f'(t)\, g(t)\, dt = f(t)\, g(t)\big|_a^b - \int_a^b f(t)\, g'(t)\, dt, \quad f, g \in \mathcal{W}_1^1(a, b). \tag{5.36}$$

BEWEIS. a) Wegen $\mathcal{W}_1^1(a, b) \subseteq \mathcal{C}[a, b]$ gilt zunächst $fg, f'g, fg' \in L_1[a, b]$. Nun approximieren wir f und g durch Folgen (f_n) und (g_n) von Polynomen wie in Satz 5.12 c). Für Testfunktionen $\varphi \in \mathcal{D}(a, b)$ gilt dann

$$-\int_a^b f_n(t)\, g_n(t)\, \varphi'(t)\, dt = \int_a^b (f_n'(t)\, g_n(t) + f_n(t)\, g_n'(t))\, \varphi(t)\, dt. \tag{5.37}$$

Nun hat man

$$\begin{aligned}
\| f'g - f_n'g_n \|_{L_1} &\leq \| f'g - f'g_n \|_{L_1} + \| f'g_n - f_n'g_n \|_{L_1} \\
&\leq \| f' \|_{L_1} \| g - g_n \|_{\sup} + \| f' - f_n' \|_{L_1} \| g_n \|_{\sup} \to 0
\end{aligned}$$

für $n \to \infty$, und ebenso folgen $\| fg' - f_ng_n' \|_{L_1} \to 0$ und $\| fg - f_ng_n \|_{\sup} \to 0$. Mit $n \to \infty$ in (5.37) ergibt sich daher

$$-\int_a^b f(t)\, g(t)\, \varphi'(t)\, dt = \int_a^b (f'(t)\, g(t) + f(t)\, g'(t))\, \varphi(t)\, dt, \quad \varphi \in \mathcal{D}(a, b).$$

Somit ist $f'g + fg' \in L_1[a, b]$ die schwache Ableitung von fg, und insbesondere ist $fg \in \mathcal{W}_1^1(a, b)$.

b) Formel (5.36) folgt nun aufgrund des Hauptsatzes (5.33) aus der Produktregel wie im Fall von $\mathcal{C}^1$ -Funktionen:

$$f(t)\, g(t)\big|_a^b = \int_a^b (f\, g)'(t)\, dt = \int_a^b f'(t)\, g(t)\, dt + \int_a^b f(t)\, g'(t)\, dt. \qquad \Diamond$$

Wir können nun einen *Sobolevschen Einbettungssatz* formulieren:

Satz 5.14 (Sobolevscher Einbettungssatz)

a) Für $m \in \mathbb{N}$ hat man die stetigen Inklusionen $\mathcal{W}_1^m(a, b) \to \mathcal{C}^{m-1}[a, b]$.

b) Für $1 < p \leq \infty$ und $\frac{1}{p} + \frac{1}{q} = 1$ ist sogar $\mathcal{W}_p^m(a, b) \to \Lambda^{m-1, 1/q}[a, b]$ stetig, und eine in $\mathcal{W}_p^m(a, b)$ beschränkte Menge ist relativ kompakt in $\mathcal{C}^{m-1}[a, b]$.

BEWEIS. a) Für $f \in \mathcal{W}_p^m(a,b)$ ist in der Tat $f^{(m-1)}$ nach Satz 5.12 a) stetig, und eine Abschätzung $\|f^{(j)}\|_{\sup} \leq C \|f^{(j)}\|_{W_p^1}$ für $j = 0, \ldots, m-1$ ergibt sich mit dem Hauptsatz (5.33) wie im Beweis der Abschätzung (2.7) auf S. 35.

b) Die Abschätzung $\|f\|_{\Lambda^{m-1,\alpha}} \leq C \|f\|_{W_p^m}$ für $\alpha = \frac{1}{q}$ ergibt sich durch Anwendung des Hauptsatzes auf $f^{(m-1)}$ für $1 < p < \infty$ wie in (2.8) und für $p = \infty$ und $\alpha = 1$ genauso. Die letzte Aussage folgt dann mittels Aufgabe 2.18. $\diamond$

Bemerkungen

a) Für $f \in \mathcal{W}_1^1(a,b)$ kann man $f' = f'_+ - f'_-$ als Differenz *nichtnegativer* L_1-Funktionen schreiben; nach dem Hauptsatz (5.33) ist daher f eine *Differenz monoton wachsender Funktionen* und somit *von beschränkter Variation* (vgl. Aufgabe 5.17 und [Kaballo 2000], Abschn. 23).

b) Eine Funktion $f \in \mathcal{W}_1^1(a,b)$ ist sogar *absolut stetig,* und $f'(t)$ ist für fast alle $t \in [a,b]$ die klassische Ableitung von f in t; umgekehrt liegt auch jede absolut stetige Funktion in $\mathcal{W}_1^1(a,b)$. Für diese Konzepte und Resultate sei etwa auf (Kaballo 1999), Abschn. 15 verwiesen, vgl. auch Aufgabe 5.18.

c) Lipschitz-stetige Funktionen $f \in \Lambda^1[a,b]$ sind absolut stetig und liegen aufgrund von b) in $\mathcal{W}_\infty^1(a,b)$. Nach Satz 5.14 gilt also $\mathcal{W}_\infty^1(a,b) = \Lambda^1[a,b]$ und dann auch $\mathcal{W}_\infty^m(a,b) = \Lambda^{m-1,1}[a,b]$ für $m \in \mathbb{N}$.

5.5 Punktweise Konvergenz von Fourier-Reihen

Wir untersuchen nun die Konvergenz von Fourier-Reihen ohne die Bildung arithmetischer Mittel. Grundlegend dafür ist:

Lemma 5.15 (Riemann-Lebesgue)
Für $f \in L_1[a,b]$ gilt

$$\lim_{|\lambda| \to \infty} \int_a^b f(s)\, e^{-i\lambda s}\, ds = 0.$$

BEWEIS. a) Für $f \in \mathcal{D}(a,b)$ folgt die Behauptung mittels partieller Integration:

$$\left| \int_a^b f(s)\, e^{-i\lambda s}\, ds \right| = \left| f(s) \frac{e^{-i\lambda s}}{-i\lambda} \Big|_a^b + \frac{1}{i\lambda} \int_a^b f'(s)\, e^{-i\lambda s}\, ds \right|$$

$$\leq \frac{1}{|\lambda|} \int_a^b |f'(s)|\, ds \to 0 \quad \text{für } |\lambda| \to \infty.$$

b) Durch $F_\lambda : f \mapsto \int_a^b f(s)\, e^{-i\lambda s}\, ds$ werden stetige Linearformen F_λ auf $L_1[a,b]$ mit $\|F_\lambda\| \leq 1$ definiert. Nach Satz 5.8 ist $\mathcal{D}(a,b)$ dicht in $L_1[a,b]$, und die Behauptung folgt somit aus a) und Satz 3.3. $\diamond$

Bemerkungen

a) In Beweisteil a) kann man an Stelle der Testfunktionen auch Treppenfunktionen verwenden, da die Behauptung für charakteristische Funktionen von Intervallen offensichtlich ist.

b) Aufgrund von Satz 3.3 gilt in der Situation des Lemmas von Riemann-Lebesgue sogar $F_\lambda f \to 0$ gleichmäßig auf präkompakten Teilmengen von $L_1[a,b]$. Für Fourier-Koeffizienten ergibt sich insbesondere also $\lim\limits_{|k| \to \infty} \widehat{f}(k) = 0$ gleichmäßig auf präkompakten Teilmengen von $L_1[-\pi,\pi]$.

c) Wegen $|\widehat{f}(k)| \le \frac{1}{2\pi} \int_{-\pi}^{\pi} |f(t)|\, dt$ hat man die lineare stetige *Fourier-Abbildung*

$$\mathcal{F} :\ L_1[-\pi,\pi] \to c_0(\mathbb{Z}), \quad \mathcal{F}(f) := (\widehat{f}(k))_{k \in \mathbb{Z}}.$$

Diese ist aufgrund von Satz 5.6 *injektiv*. Wir zeigen jedoch in Satz 8.17 auf S. 180, dass $\mathcal{F} : L_1[-\pi,\pi] \to c_0(\mathbb{Z})$ *nicht surjektiv* ist.

Wir können nun ein wichtiges Resultat zur punktweisen Konvergenz von Fourier-Reihen zeigen:

Satz 5.16 (Dini)
Es seien $f \in \mathcal{L}_1(-\pi,\pi]$ und $t \in \mathbb{R}$, sodass die einseitigen Grenzwerte $\widetilde{f}(t^+)$ und $\widetilde{f}(t^-)$ existieren und

$$s \mapsto \frac{\widetilde{f}(t-s)-\widetilde{f}(t^-)}{s} \in \mathcal{L}_1[0,\pi] \quad und \quad s \mapsto \frac{\widetilde{f}(t-s)-\widetilde{f}(t^+)}{s} \in \mathcal{L}_1[-\pi,0]$$

gilt. Dann hat man $\sum\limits_{k=-\infty}^{\infty} \widehat{f}(k)\, e^{ikt} = f^*(t)$.

BEWEIS. Da die Dirichlet-Kerne gerade sind und die Faltung kommutativ ist, gilt nach (5.9), (5.20) und (5.12)

$$s_n(f;t) - f^*(t) = \int_0^\pi (\widetilde{f}(t-s) - \widetilde{f}(t^-))\, D_n(s)\, ds + \int_{-\pi}^0 (\widetilde{f}(t-s) - \widetilde{f}(t^+))\, D_n(s)\, ds$$

$$= \int_0^\pi \frac{\widetilde{f}(t-s) - \widetilde{f}(t^-)}{\sin \frac{s}{2}} \sin(2n+1)\frac{s}{2}\, ds$$

$$+ \int_{-\pi}^0 \frac{\widetilde{f}(t-s) - \widetilde{f}(t^+)}{\sin \frac{s}{2}} \sin(2n+1)\frac{s}{2}\, ds.$$

Wegen $\lim\limits_{s \to 0} \frac{\sin s}{s} = 1$ und der Voraussetzung liegen die Funktionen $s \mapsto \frac{\widetilde{f}(t-s)-\widetilde{f}(t^-)}{\sin \frac{s}{2}}$ und $s \mapsto \frac{\widetilde{f}(t-s)-\widetilde{f}(t^+)}{\sin \frac{s}{2}}$ in $\mathcal{L}_1[0,\pi]$ bzw. in $\mathcal{L}_1[-\pi,0]$, und das Lemma von Riemann-Lebesgue liefert unter Beachtung der Eulerschen Formel $s_n(f;t) - f^*(t) \to 0$ für $n \to \infty$. $\Diamond$

Da für $\alpha > 0$ die Funktion $s \mapsto |s|^{\alpha-1}$ in $\mathcal{L}_1[-\pi, \pi]$ liegt, impliziert der Satz von Dini sofort:

Folgerung (Lipschitz)

Für $f \in \mathcal{L}_1(-\pi, \pi]$ erfülle $\widetilde{f}$ für ein $0 < \alpha \leq 1$ in $t \in \mathbb{R}$ die (einseitige) *Hölder-Bedingung*

$$\exists \, \eta > 0, \, C > 0 \; \forall \, s \in (0, \eta] \; : \; |\widetilde{f}(t \pm s) - \widetilde{f}(t^{\pm})| \; \leq \; C \, |s|^{\alpha} . \tag{5.38}$$

Dann gilt $\sum\limits_{k=-\infty}^{\infty} \widehat{f}(k) \, e^{ikt} = f^*(t)$.

Insbesondere hat man die folgende Aussage:

Folgerung

Für eine Funktion $f \in \mathcal{L}_1(-\pi, \pi]$ sei $\widetilde{f}$ in $t \in \mathbb{R}$ differenzierbar. Dann gilt $\sum\limits_{k=-\infty}^{\infty} \widehat{f}(k) \, e^{ikt} = \widetilde{f}(t)$.

Beispiel

Die Funktion h aus dem Beispiel auf S. 91 erfüllt die einseitige Hölder-Bedingung (5.38) in jedem Punkt mit $\alpha = 1$. Folglich hat man Gleichheit in (5.7), und es folgt

$$\frac{\pi-t}{2} \; = \; \sum_{k=1}^{\infty} \frac{\sin kt}{k} , \quad 0 < t < 2\pi . \tag{5.39}$$

Satz 5.17 (Riemannscher Lokalisierungssatz)

Gegeben seien Funktionen $g, h \in \mathcal{L}_1(-\pi, \pi]$. Stimmen $\widetilde{g}$ und $\widetilde{h}$ auf einem kleinen offenen Intervall um $t \in \mathbb{R}$ überein, so gilt $\sum\limits_{k=-n}^{n} (\widehat{g}(k) - \widehat{h}(k)) \, e^{ikt} \to 0$.

BEWEIS. Für ein $\eta > 0$ gilt $\widetilde{g}(s) - \widetilde{h}(s) = 0$ für $|s-t| \leq \eta$; die Funktion $f := g - h$ erfüllt also Bedingung (5.38).   ◊

Die *Konvergenz* der Fourier-Reihe einer Funktion $f \in \mathcal{L}_1(-\pi, \pi]$ in einem speziellen Punkt $t \in \mathbb{R}$ hängt also nur vom *Verhalten* von $\widetilde{f}$ *in der Nähe von* t ab, obwohl für die Bestimmung der Fourier-Koeffizienten $\widehat{f}(k)$ nach (5.5) *alle* Funktionswerte von f auf $(-\pi, \pi]$ benötigt werden.

Gleichmäßige Varianten der Folgerung von Lipschitz und des Riemannschen Lokalisierungssatzes werden in den Aufgaben 5.19 und 5.20 skizziert.

Auch für *Funktionen von beschränkter Variation* (vgl. Bemerkung a) nach Satz 5.14), insbesondere also für $\mathcal{W}_1^1$-Funktionen, konvergiert die Fourier-Reihe punktweise. Da wir dieses Resultat im Folgenden nicht benötigen, wollen wir es hier nur skizzieren:

Satz 5.18 (Dirichlet-Jordan)

Es sei $f \in \mathcal{L}_1(-\pi, \pi]$, sodass $\widetilde{f}$ auf einem kompakten Intervall $[a, b] \subseteq \mathbb{R}$ von beschränkter Variation ist. Dann gilt $\sum_{k=-\infty}^{\infty} \widehat{f}(k) e^{ikt} = f^*(t)$ für $t \in (a, b)$.

BEWEIS-SKIZZE. Nach dem Riemannschen Lokalisierungssatz kann man annehmen, dass f von beschränkter Variation auf $[-\pi, \pi]$ ist. Dann ist f eine *Differenz monotoner Funktionen,* sodass die einseitigen Grenzwerte und $f^*(t)$ für alle $t \in \mathbb{R}$ existieren. Weiter gilt $|\widehat{f}(k)| = O(\frac{1}{|k|})$ für $|k| \to \infty$ aufgrund des *zweiten Mittelwertsatzes der Integralrechnung* (vgl. [Kaballo 2000], 38.20 und 40.17); daher folgt die Behauptung nun aus Satz 5.4 und der Aussage c) über Cesàro-Konvergenz auf S. 94.

5.6   Aufgaben

Aufgabe 5.1

Berechnen Sie die Fourier-Entwicklung der „Sägezahn-Funktion"

$$f(t) := \begin{cases} t + \frac{\pi}{2} & , \quad -\pi \leq t \leq 0 \\ -t + \frac{\pi}{2} & , \quad 0 \leq t \leq \pi \end{cases}. \quad \text{Was ergibt sich für } t = 0?$$

Aufgabe 5.2

Zeigen Sie die absolut und gleichmäßig konvergente Entwicklung

$$|\sin t| = \frac{2}{\pi} - \frac{4}{\pi} \sum_{k=1}^{\infty} \frac{\cos 2kt}{(2k-1)(2k+1)}.$$

Was erhält man für $t = 0$ und $t = \frac{\pi}{2}$?

Aufgabe 5.3

Zeigen Sie die folgende Abschätzung für die Dirichlet-Kerne:

$$\exists c > 0 \, \forall n \in \mathbb{N} : \frac{1}{2\pi} \int_0^{\pi} |D_n(t)| \, dt \geq c \log n.$$

Aufgabe 5.4

a) Zeigen Sie, dass eine konvergente Reihe $\sum_{k \geq 0} a_k$ auch Cesàro-konvergent ist mit

$$\text{c-} \sum_{k=0}^{\infty} a_k = \sum_{k=0}^{\infty} a_k.$$

b) Beweisen Sie die Umkehrung von a) unter der Zusatzbedingung $|a_k| = o(\frac{1}{k})$.

c) Es sei $f \in L_1[-\pi, \pi]$. Zeigen Sie

$$\int_a^b f(t) \, dt = \widehat{f}(0)(b-a) + \sum_{|k|=1}^{\infty} \widehat{f}(k) \frac{e^{ikb} - e^{ika}}{ik} \quad \text{für } -\pi \leq a \leq b \leq \pi.$$

d) Zeigen Sie $|a_k| = o(k)$ für jede Cesàro-konvergente Reihe.

Aufgabe 5.5

a) Zeigen Sie mittels partieller Integration

$$\widehat{f}(k) = \tfrac{1}{ik}\widehat{f'}(k) \quad \text{für} \quad k \neq 0 \text{ und } f \in \mathcal{C}_{2\pi}^1 = \mathcal{C}_{2\pi}(\mathbb{R}) \cap \mathcal{C}^1(\mathbb{R}).$$

b) Folgern Sie

$$\sum_{k=-\infty}^{\infty} |\widehat{f}(k)| < \infty \quad \text{und} \quad \sum_{k=-\infty}^{\infty} \widehat{f}(k)\, e^{ikt} = f(t) \quad \text{für } f \in \mathcal{C}_{2\pi}^2 = \mathcal{C}_{2\pi}(\mathbb{R}) \cap \mathcal{C}^2(\mathbb{R}).$$

Aufgabe 5.6

Zeigen Sie folgende Formeln für die Poisson-Kerne von S. 98:

$$P_r(s) = \tfrac{1-r^2}{1+r^2-2r\cos s} = \sum_{k=-\infty}^{\infty} r^{|k|}\, e^{iks}, \quad 0 \leq r < 1,$$

$$(P_r \star f)(t) = \sum_{k=-\infty}^{\infty} r^{|k|}\widehat{f}(k)\, e^{ikt}, \quad 0 \leq r < 1, \ f \in L_1[-\pi, \pi];$$

es ist also $\lim\limits_{r \to 1^-} P_r \star f$ die *Abel-Summe* der Fourier-Reihe von f (falls dieser Limes existiert).

Aufgabe 5.7

a) Definieren Sie eine *Faltung* für Funktionen $g \in \mathcal{C}_c(\mathbb{R}^n)$ und $f \in L_p(\mathbb{R}^n)$ durch

$$(g * f)(t) := \int_{\mathbb{R}^n} g(t-s)f(s)\,ds = \int_{\mathbb{R}^n} g(t)f(t-s)\,ds, \quad t \in \mathbb{R}^n.$$

b) Beweisen Sie $g * f \in \mathcal{C}(\mathbb{R}^n) \cap L_p(\mathbb{R}^n)$ und

$$\|g * f\|_{L_p} \leq \|g\|_{L_1}\, \|f\|_{L_p}.$$

c) Zeigen Sie

$$\text{supp}\,(g * f) \subseteq \text{supp}\, g + \text{supp}\, f \quad \text{für } g \in \mathcal{C}_c(\mathbb{R}^n),\, f \in L_p(\mathbb{R}^n).$$

Aufgabe 5.8

a) Zeigen Sie, dass die auf S. 101 eingeführten Funktionen ρ_ε eine (nicht periodische) *Dirac-Folge* für $\varepsilon \to 0$ bilden. Erweitern Sie diese Konstruktion auf Funktionen von n Variablen.

b) Zeigen Sie $\rho_\varepsilon * f \in \mathcal{C}^\infty(\mathbb{R}^n)$ für $f \in L_p(\mathbb{R}^n)$.

c) Beweisen Sie $\|\rho_\varepsilon * f - f\|_{\sup} \to 0$ für $\varepsilon \to 0$ und $f \in \mathcal{C}_c(\mathbb{R}^n)$ und anschließend $\|\rho_\varepsilon * f - f\|_{L_p} \to 0$ für $\varepsilon \to 0$ und $f \in L_p(\mathbb{R}^n)$, $1 \leq p < \infty$.

Es ist also $\mathcal{D}(\mathbb{R}^n)$ dicht in $\mathcal{C}_c(\mathbb{R}^n)$ und in $L_p(\mathbb{R}^n)$ für $1 \leq p < \infty$.

Aufgabe 5.9

Es sei $\mathcal{P}[-1, 1]$ der Raum der Polynome auf $[-1, 1]$. Zeigen Sie, dass die Restriktions-abbildung $\rho : \mathcal{P}[-1, 1] \to \mathcal{C}[0, 1]$ *injektiv*, ihre Fortsetzung $\overline{\rho} : \mathcal{C}[-1, 1] \to \mathcal{C}[0, 1]$ aber *nicht injektiv* ist.

Aufgabe 5.10

Es seien $1 \leq p \leq \infty$ und $f, g \in \mathcal{W}_p^1(a, b)$. Zeigen Sie: Es gilt auch $fg \in \mathcal{W}_p^1(a, b)$ sowie $\frac{1}{f} \in \mathcal{W}_p^1(a, b)$, falls f keine Nullstelle auf $[a, b]$ besitzt.

Aufgabe 5.11

Es seien $A \in \mathcal{C}([a, b], \mathbb{M}_{\mathbb{C}}(n))$ eine stetige Matrixfunktion und $b \in \mathcal{C}([a, b], \mathbb{C}^n)$ eine ste-tige Vektorfunktion. Ein Tupel $f \in \mathcal{W}_1^1((a, b), \mathbb{C}^n)$ von Sobolev-Funktionen löse das lineare System von Differentialgleichungen

$$f'(t) + A(t)f(t) = b(t)$$

im schwachen Sinne. Zeigen Sie, dass dann $f \in \mathcal{C}^1([a, b], \mathbb{C}^n)$ gilt und eine klassische Lösung des Systems ist.

HINWEIS. Konstruieren Sie mit dem Satz von Picard-Lindelöf (vgl. S. 65) eine *invertier-bare* Matrixfunktion $\Psi \in \mathcal{C}^1([a, b], \mathbb{M}_{\mathbb{C}}(n))$ mit $\Psi' = \Psi A$ und beachten Sie $(\Psi f)' = \Psi b$.

Aufgabe 5.12

a) Zeigen Sie, dass für $1 \leq p < \infty$ der Abschluss von $\mathcal{D}(a, b)$ in $\mathcal{W}_p^1(a, b)$ gegeben ist durch

$$\overset{\circ}{\mathcal{W}}_p^1(a, b) := \{ f \in \mathcal{W}_p^1(a, b) \mid f(a) = f(b) = 0 \}.$$

b) Folgern Sie, dass der Raum

$$\{ f \in \mathcal{W}_p^1(a, b) \mid f(a) = f(b) \}$$

der Abschluss des Raumes $\mathcal{C}_{2\pi}^1 = \mathcal{C}_{2\pi}(\mathbb{R}) \cap \mathcal{C}^1(\mathbb{R})$ der periodischen $\mathcal{C}^1$-Funktionen in $\mathcal{W}_p^1(a, b)$ ist.

Aufgabe 5.13

Finden Sie eine in $\mathcal{W}_1^1(a, b)$ beschränkte Folge, die in $\mathcal{C}[a, b]$ nicht gleichstetig ist.

Aufgabe 5.14

a) Zeigen Sie mittels Hauptsatz $\mathcal{W}_\infty^1(a, b) \simeq \mathbb{K} \times L_\infty[a, b]$.

b) Konstruieren Sie eine Isometrie Ψ von ℓ_∞ in $L_\infty[a, b]$. Folgern Sie, dass die Räume $L_\infty[a, b]$ und $\mathcal{W}_\infty^1(a, b)$ nicht separabel sind.

HINWEIS. Für $[a, b] = [0, 1]$ sei $\Psi(x_j)_{j=0}^\infty := g$ durch $g(t) := x_j$ für $2^{-j-1} < t < 2^{-j}$ definiert.

c) Konstruieren Sie einen linearen Operator $Q : L_\infty[a, b] \to \ell_\infty$ mit $\| Q \| = 1$ und $Q\Psi = I$ auf ℓ_∞. Folgern Sie $L_\infty[a, b] \simeq \ell_\infty \times N(Q)$.

d) Schließen Sie mittels Aufgabe 3.9 wie in Aufgabe 3.11

$$\mathcal{W}_\infty^1(a, b) \simeq \mathbb{K} \times L_\infty[a, b] \simeq \mathbb{K} \times \ell_\infty \times N(Q) \simeq \ell_\infty \times N(Q) \simeq L_\infty[a, b].$$

Aufgrund von Bemerkung c) auf S. 109 gilt dann auch $\Lambda^1[a, b] \simeq \mathcal{W}_\infty^1(a, b) \simeq L_\infty[a, b]$. Wie auf S. 46 erwähnt, gilt auch $L_\infty[a, b] \simeq \ell_\infty$ (vgl. Aufgabe 10.19 und [Kaballo 2014], Theorem 9.38).

Aufgabe 5.15

a) Definieren Sie schwache Ableitungen und Sobolev-Räume über beliebigen offenen Intervallen $I \subseteq \mathbb{R}$.

b) Zeigen Sie, dass Funktionen aus $\mathcal{W}_p^1(I)$ stetig sind und beweisen Sie eine Abschätzung

$$\sup_{t \in I} |f(t)| \le C \|f\|_{W_p^1} \quad \text{für } f \in \mathcal{W}_p^1(I).$$

c) Es sei $f \in \mathcal{W}_2^1(0, \infty)$. Zeigen Sie die Existenz von $\lim\limits_{t \to 0^+} f(t)$ sowie $\lim\limits_{t \to \infty} f(t) = 0$.

HINWEIS. Für $t > 1$ gilt $f(t)^2 - f(1)^2 = 2 \int_1^t f(s) f'(s) \, ds$.

Aufgabe 5.16

Eine stetige Funktion $f : [a, b] \to \mathbb{R}$ heißt *stückweise stetig differenzierbar*, Notation: $f \in \mathcal{C}_{st}^1[a, b]$, falls es eine Zerlegung

$$Z = \{a = t_0 < t_1 < \ldots < t_r = b\} \in \mathfrak{Z}[a, b]$$

des Intervalls $[a, b]$ gibt mit $f|_{[t_{k-1}, t_k]} \in \mathcal{C}^1[t_{k-1}, t_k]$ für alle $k = 1, \ldots, r$. Beweisen Sie $\mathcal{C}_{st}^1[a, b] \subseteq \mathcal{W}_\infty^1(a, b)$.

Aufgabe 5.17

Eine Funktion f heißt von *beschränkter Variation*, Notation: $f \in \mathcal{BV}[a, b]$, falls

$$V(f) := V_a^b(f) := \sup \{ \sum_{k=1}^r |f(t_k) - f(t_{k-1})| \mid Z \in \mathfrak{Z}[a, b] \} < \infty$$

gilt. $V(f)$ heißt dann *totale Variation* von f über J.

a) Zeigen Sie: f ist genau dann von beschränkter Variation, wenn f Differenz zweier monoton wachsender Funktionen ist *(Jordan-Zerlegung)*. Ist f zusätzlich stetig, so existiert eine solche Jordan-Zerlegung aus stetigen Funktionen.

b) Finden Sie eine Funktion $f \in \mathcal{C}[a,b]$, die nicht von beschränkter Variation ist.

c) Zeigen Sie $\mathcal{W}_1^1(a,b) \subseteq \mathcal{BV}[a,b]$ und $V(f) = \int_a^b |f'(t)| \, dt$ für $f \in \mathcal{W}_1^1(a,b)$.

d) Definieren Sie eine Norm $\| \ \|_{BV}$ auf $\mathcal{BV}[a,b]$, unter der dieser Raum vollständig ist und $\mathcal{W}_1^1(a,b)$ isometrisch enthält.

Aufgabe 5.18

Eine Funktion $f : [a,b] \to \mathbb{R}$ heißt *absolut stetig*, falls zu jedem $\varepsilon > 0$ ein $\delta > 0$ existiert, sodass für jedes *disjunkte* endliche (oder abzählbare) System von offenen Intervallen $\{(a_k, b_k)\}$ in $[a,b]$ gilt:

$$\sum_k (b_k - a_k) < \delta \ \Rightarrow \ \sum_k |f(b_k) - f(a_k)| < \varepsilon.$$

a) Zeigen Sie, dass eine Funktion $f \in \mathcal{W}_1^1[a,b]$ absolut stetig ist.

b) Beweisen Sie: Eine absolut stetige Funktion ist gleichmäßig stetig, von beschränkter Variation und bildet Nullmengen in Nullmengen ab.

Aufgabe 5.19

Zeigen Sie die folgende Variante des Satzes von Lipschitz: Es sei $f \in \mathcal{L}_1(-\pi, \pi]$, und $\widetilde{f}$ erfülle auf einer kompakten Menge $K \subseteq \mathbb{R}$ die *Hölder-Bedingung*

$$\exists \, \eta > 0, \, C > 0 \, \forall \, t \in K, \, |s| \leq \eta \ : \ |\widetilde{f}(t) - \widetilde{f}(t-s)| \ \leq \ C \, |s|^\alpha$$

für ein $0 < \alpha \leq 1$. Dann gilt $\sum_{k=-\infty}^{\infty} \widehat{f}(k) \, e^{ikt} = \widetilde{f}(t)$ gleichmäßig auf K.

HINWEIS. Verwenden Sie Aufgabe 3.15 und Satz 3.3.

Aufgabe 5.20

Zeigen Sie die folgende Variante des Riemannschen Lokalisierungssatzes: Für Funktionen $g, h \in \mathcal{L}_1(-\pi, \pi]$ gelte $\widetilde{g} = \widetilde{h}$ auf einer offenen Umgebung einer kompakten Menge $K \subseteq \mathbb{R}$. Dann folgt $\sum_{k=-n}^{n} (\widehat{g}(k) - \widehat{h}(k)) \, e^{ikt} \to 0$ gleichmäßig auf K.

Hilberträume

6

Hilberträume sind spezielle Banachräume, deren Norm durch ein *Skalarprodukt* induziert wird; die abstrakte Definition eines (separablen) Hilbertraumes stammt von J. von Neumann (1930). Auf dem Skalarprodukt beruht das wichtige Konzept der *Orthogonalität*. Hilberträume besitzen *Orthonormalbasen,* nach denen jeder Vektor eine „*Fourier-Entwicklung*" hat. Zwei Hilberträume mit gleichmächtigen Orthonormalbasen sind isometrisch. Wesentlich ist die *Parsevalsche Gleichung,* eine weitgehende Erweiterung des *Satzes des Pythagoras.*

Insbesondere liegen die Fourier-Koeffizienten einer Funktion $f \in L_2[-\pi, \pi]$ in $\ell_2(\mathbb{Z})$, und ihre Fourier-Reihe konvergiert im Hilbertraum $L_2[-\pi, \pi]$ gegen f. Aus *Glattheitsbedingungen* an 2π-periodische Funktionen folgen bessere *Summierbarkeitseigenschaften ihrer Fourier-Koeffizienten;* dies untersuchen wir in Abschn. 6.2 mittels einer Skala $H_{2\pi}^s$, $s \geq 0$, von *Sobolev-Hilberträumen.* Die Resultate werden in Abschn. 12.5 zur *Abschätzung von Eigenwerten von Integraloperatoren* verwendet.

Skalarprodukte

Es sei H ein Vektorraum über $\mathbb{K} = \mathbb{R}$ oder $\mathbb{K} = \mathbb{C}$.

a) Eine Abbildung $\langle \, | \, \rangle : H \times H \to \mathbb{K}$ heißt *Halbskalarprodukt* auf H, falls gilt:

$$\langle \alpha x_1 + x_2 | y \rangle = \alpha \langle x_1 | y \rangle + \langle x_2 | y \rangle, \quad \alpha \in \mathbb{K}, \ x_1, x_2, y \in H, \tag{6.1}$$

$$\langle x | y \rangle = \overline{\langle y | x \rangle}, \quad x, y \in H, \tag{6.2}$$

© Springer-Verlag GmbH Deutschland 2018
W. Kaballo, *Grundkurs Funktionalanalysis,*
https://doi.org/10.1007/978-3-662-54748-9_6

$$\langle x|x\rangle \geq 0, \quad x \in H. \tag{6.3}$$

b) Gilt zusätzlich $\langle x|x\rangle > 0$ für $x \neq 0$, so heißt $\langle\ |\ \rangle$ *definit* und dann ein *Skalarprodukt* auf H.

c) Für $x, y \in H$ gilt nach (6.1) und (6.2) die „binomische Formel"

$$\langle x+y|x+y\rangle = \langle x|x\rangle + 2\operatorname{Re}\langle x|y\rangle + \langle y|y\rangle. \tag{6.4}$$

Satz 6.1 (Schwarzsche Ungleichung)
Es sei $\langle\ |\ \rangle$ ein Halbskalarprodukt auf H. Für alle $x, y \in H$ gilt dann

$$|\langle x|y\rangle|^2 \leq \langle x|x\rangle \cdot \langle y|y\rangle. \tag{6.5}$$

BEWEIS.   Für alle $\lambda \in \mathbb{K}$ gilt nach (6.3) und (6.4)

$$0 \leq \langle \lambda x+y|\lambda x+y\rangle = |\lambda|^2\langle x|x\rangle + 2\operatorname{Re}\langle \lambda x|y\rangle + \langle y|y\rangle.$$

Aus $\langle x|x\rangle = 0$ folgt dann auch $\langle x|y\rangle = 0$; im Fall $\langle x|x\rangle \neq 0$ setzt man $\lambda = -\frac{\langle y|x\rangle}{\langle x|x\rangle}$ und erhält (6.5) aus

$$0 \leq \frac{|\langle x|y\rangle|^2}{\langle x|x\rangle^2}\langle x|x\rangle - 2\frac{|\langle x|y\rangle|^2}{\langle x|x\rangle} + \langle y|y\rangle. \qquad\qquad \Diamond$$

Hilberträume
a) Für ein (Halb-)Skalarprodukt $\langle\ |\ \rangle$ wird durch

$$\|x\| := \sqrt{\langle x|x\rangle} \quad \text{für}\ x \in H \tag{6.6}$$

eine (Halb-)Norm auf H definiert. In der Tat folgt die Dreiecks-Ungleichung wegen (6.4) und (6.5) aus

$$\|x+y\|^2 = \langle x+y|x+y\rangle = \langle x|x\rangle + 2\operatorname{Re}\langle x|y\rangle + \langle y|y\rangle$$
$$\leq \|x\|^2 + 2\|x\|\,\|y\| + \|y\|^2 = (\|x\| + \|y\|)^2.$$

b) Ist der Raum H unter der Norm aus (6.6) *vollständig,* so heißt H ein *Hilbertraum*.

Beispiele
a) Der Folgenraum ℓ_2 ist ein Hilbertraum mit dem Skalarprodukt

$$\langle x|y\rangle := \sum_{j=0}^{\infty} x_j\,\overline{y_j} \quad \text{für}\ x = (x_j),\ y = (y_j) \in \ell_2; \tag{6.7}$$

für $x, y \in \ell_2$ ist in der Tat aufgrund der Schwarzschen Ungleichung für endliche Summen die Reihe in (6.7) absolut konvergent. Die *Vollständigkeit* von ℓ_2 wurde in Aufgabe 1.9 gezeigt, die *Separabilität* in Aufgabe 2.11.

b) Allgemeiner ist für ein *positives Maß* μ auf einer σ-*Algebra* Σ in einer Menge Ω (vgl. S. 12) der Raum $L_2(\Omega, \mu)$ ein Hilbertraum mit dem Skalarprodukt

$$\langle f | g \rangle_{L_2} := \int_\Omega f(t)\, \overline{g(t)}\, d\mu. \tag{6.8}$$

Die *Schwarzsche Ungleichung* ist dann der Spezialfall $p = 2$ der *Hölderschen Ungleichung*. Die Vollständigkeit von $L_2(\Omega, \mu)$ wurde in Theorem 1.5 formuliert und beruht auf Satz A.3.14 im Anhang. Für eine Lebesgue-messbare Menge $\Omega \subseteq \mathbb{R}^n$ ist $L_2(\Omega, \lambda)$ nach Satz 2.9 *separabel*.

c) Für $m \in \mathbb{N}_0$ ist der Sobolev-Raum $\mathcal{W}_2^m(a, b)$ ein *separabler* (vgl. Folgerung a) von Satz 5.12) Hilbertraum mit dem Skalarprodukt

$$\langle f | g \rangle_{W_2^m} := \sum_{k=0}^{m} \int_a^b f^{(k)}(t)\, \overline{g^{(k)}(t)}\, dt. \tag{6.9}$$

Mit dem *normierten* Lebesgue-Maß $dt = \frac{dt}{b-a}$ erhält man eine äquivalente Norm.

Stetige Linearformen

a) Es sei H ein Hilbertraum. Für $y \in H$ wird durch

$$\eta : x \mapsto \langle x | y \rangle \quad \text{für } x \in H$$

wegen (6.1) eine Linearform auf H definiert. Aufgrund der Schwarzschen Ungleichung gilt $\| \eta \| \le \| y \|$, und wegen $\eta(y) = \| y \|^2$ ist $\| \eta \| = \| y \|$. Die Abbildung

$$j = j_H : H \to H', \quad j(y)(x) := \langle x | y \rangle, \quad x, y \in H, \tag{6.10}$$

ist eine *additive Isometrie* von H in H', die im Fall $\mathbb{K} = \mathbb{R}$ *linear* und im Fall $\mathbb{K} = \mathbb{C}$ *antilinear* ist, d. h. $j(\alpha x) = \bar{\alpha} j(x)$ erfüllt. Im Fall $\dim H < \infty$ gilt $\dim H' = \dim H$, und daher ist j_H auch surjektiv. Der *Rieszsche Darstellungssatz* 7.3 auf S. 146 besagt, dass j_H auch für unendlichdimensionale Hilberträume *surjektiv* ist.

b) Die Aussage von Satz 4.3 auf S. 70 ist also für einen Hilbertraum H erfüllt: Für $0 \neq x \in H$ gilt $j_H(x)(x) := \langle x | x \rangle > 0$.

Sie gilt auch für den Banachraum $L(H)$: Für $0 \neq T \in L(H)$ gibt es $x \in H$ mit $Tx \neq 0$. Durch $\varphi : S \mapsto \langle Sx | Tx \rangle$ wird eine stetige Linearform auf $L(H)$ definiert, und für diese gilt $\varphi(T) > 0$. Nach Satz 4.4 gilt daher $\sigma(T) \neq \emptyset$ für jeden Operator $T \in L(H)$.

Wir zeigen in Satz 6.8 auf S. 127, dass jeder separable Hilbertraum zum Folgenraum ℓ_2 isometrisch ist. Um ein ähnliches Resultat auch für nicht separable Hilberträume zu erhalten, betrachten wir nun auch „Folgenräume" über beliebigen Indexmengen.

Summierbare Familien

a) Es seien I eine Indexmenge und X ein Banachraum. Eine Funktion $x : I \to X$ wird in Analogie zu einer Folge auch als *Familie* bezeichnet, Notation: $x = (x_i)_{i \in I}$. Mit $\mathfrak{E}(I)$ bezeichnen wir das System aller *endlichen* Teilmengen von I.

b) Eine Familie $(x_i)_{i \in I}$ heißt *absolutsummierbar,* im Fall $X = \mathbb{K}$ auch einfach *summierbar,* falls

$$\| x \|_1 := \sum_{i \in I} \| x_i \| := \sup \{ \sum_{i \in I'} \| x_i \| \mid I' \in \mathfrak{E}(I) \} < \infty \qquad (6.11)$$

gilt. Mit $\ell_1(I, X)$ wird der Raum aller absolutsummierbaren X-wertigen Familien auf I bezeichnet. Speziell ist $\ell_1(\mathbb{N}, X)$ der Banachraum aller X-wertigen Folgen, für die die entsprechende Reihe absolut konvergiert.

c) Für $x \in \ell_1(I, X)$ ist der *Träger* $\operatorname{tr} x = \{ i \in I \mid x_i \neq 0 \}$ *abzählbar.* In der Tat ist die Menge $S_n := \{ i \in I \mid \| x_i \| \geq \frac{1}{n} \}$ wegen (6.11) für alle $n \in \mathbb{N}$ *endlich,* und man hat $\operatorname{tr} x = \bigcup_{n=1}^{\infty} S_n$.

d) Für eine Familie $x \in \ell_1(I, X)$ mit unendlichem Träger wählen wir nun eine Bijektion $\varphi : \mathbb{N} \to \operatorname{tr} x$ und definieren

$$\sum_{i \in I} x_i := \sum_{k=1}^{\infty} x_{\varphi(k)}; \qquad (6.12)$$

wie im skalaren Fall $X = \mathbb{R}$ ist nach dem folgenden Satz diese Summe von der Wahl der Bijektion unabhängig:

Satz 6.2

Es seien X ein Banachraum und $x = \sum_{k=1}^{\infty} x_k$ die Summe einer in X absolut konvergenten Reihe. Für eine Bijektion $\psi : \mathbb{N} \to \mathbb{N}$ gilt dann auch $x = \sum_{j=1}^{\infty} x_{\psi(j)}$.

BEWEIS. Wegen der absoluten Konvergenz der Reihe gibt es zu $\varepsilon > 0$ ein $k_0 \in \mathbb{N}$ mit $\sum_{k=k_0+1}^{\infty} \| x_k \| \leq \varepsilon$. Wir wählen $j_0 \in \mathbb{N}$ mit $\{ 1, \dots, k_0 \} \subseteq \{ \psi(1), \dots, \psi(j_0) \}$. Für $m \geq j_0$ folgt dann

$$\| x - \sum_{j=1}^{m} x_{\psi(j)} \| \leq \| x - \sum_{k=1}^{k_0} x_k \| + \| \sum_{k=1}^{k_0} x_k - \sum_{j=1}^{m} x_{\psi(j)} \|$$

$$\leq \| \sum_{k=k_0+1}^{\infty} x_k \| + \sum_{k=k_0+1}^{\infty} \| x_k \| \leq 2\varepsilon,$$

da in der zweiten Summe jeder Summand x_k gegen ein geeignetes $x_{\psi(j)}$ wegfällt. $\qquad \Diamond$

Für Zahlen $x_i \geq 0$ stimmen die Definitionen (6.11) und (6.12) offenbar überein.

Quadratsummierbare Familien

Auf dem Raum

$$\ell_2(I) := \{x = (x_i)_{i \in I} \mid \|x\|_2^2 := \sum_{i \in I} |x_i|^2 < \infty\}$$

der *quadratsummierbaren Familien* auf I mit Werten in $\mathbb{K}$ wird analog zu (6.7) ein Skalarprodukt gegeben durch

$$\langle x|y \rangle := \sum_{i \in I} x_i \overline{y_i} ; \tag{6.13}$$

für $x, y \in \ell_2(I)$ ist in der Tat aufgrund der Schwarzschen Ungleichung für endliche Summen die Familie $(x_i \overline{y_i})_{i \in I}$ summierbar. Wie in Aufgabe 2.11 sieht man, dass $\ell_2(I)$ *vollständig,* also ein Hilbertraum ist; diese Tatsache ist auch ein Spezialfall von Theorem 1.5.

6.1 Die Parsevalsche Gleichung

Wir kommen nun zum wichtigen Konzept der *Orthogonalität.*

Orthonormalsysteme

a) Zwei Vektoren $x, y \in H$ in einem Hilbertraum heißen *orthogonal,* Notation: $x \perp y$, falls $\langle x|y \rangle = 0$ gilt. Das *Orthogonalkomplement* einer Menge $\emptyset \neq M \subseteq H$ wird definiert durch

$$M^\perp := \{x \in H \mid \langle x|y \rangle = 0 \text{ für alle } y \in M\}.$$

Es ist $M^\perp$ ein abgeschlossener Unterraum von H.

b) Eine Menge $\{e_i\}_{i \in I} \subseteq H$ heißt *Orthonormalsystem* (vgl. Abb. 6.1), falls gilt:

$$\langle e_i|e_j \rangle = \delta_{ij} = \left\{ \begin{array}{ccc} 0 & , & i \neq j \\ 1 & , & i = j \end{array} \right. , \quad i, j \in I.$$

Ein Orthonormalsystem $\{e_i\}_{i \in I}$ in H mit $\{e_i\}^\perp = \{0\}$ heißt *maximal.* Maximalität bedeutet offenbar, dass $\{e_i\}_{i \in I}$ nicht zu einem echt größeren Orthonormalsystem erweitert werden kann.

Abb. 6.1 Ein
Orthonormalsystem

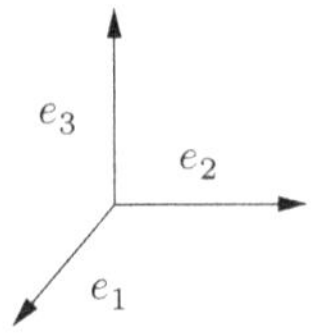

c) Ein Orthonormalsystem in $\ell_2(I)$ bilden die „Einheitsvektoren" $\{e_k := (\delta_{ki})_{i \in I}\}_{k \in I}$. Dieses ist *maximal:* Ist nämlich $\xi = (\xi_i) \in \ell_2(I)$ mit $\langle \xi | e_k \rangle = \xi_k = 0$ für alle $k \in I$, so muss offenbar $\xi = 0$ sein.

d) Aufgrund der Orthogonalitätsrelationen auf S. 90 bilden die Funktionen $\{e^{ikt}\}_{k \in \mathbb{Z}}$ ein Orthonormalsystem im Hilbertraum $L_2([-\pi, \pi], dt)$.

e) Analog zur konkreten Situation in d) heißen für ein Orthonormalsystem $\{e_i\}_{i \in I}$ in einem Hilbertraum H und $x \in H$ die Zahlen

$$\widehat{x}(i) := \langle x | e_i \rangle, \quad i \in I, \tag{6.14}$$

Fourier-Koeffizienten von x bezüglich $\{e_i\}_{i \in I}$.

Lemma 6.3

Es sei $\{e_i\}_{i \in I}$ *ein Orthonormalsystem in einem Hilbertraum* H. *Für eine* endliche *Teilmenge* $I' \in \mathfrak{E}(I)$ *von* I *gilt*

$$\| \sum_{i \in I'} \xi_i e_i \|^2 = \sum_{i \in I'} | \xi_i |^2, \quad \xi_i \in \mathbb{K}, \quad und \tag{6.15}$$

$$\| x - \sum_{i \in I'} \widehat{x}(i) e_i \|^2 = \| x \|^2 - \sum_{i \in I'} | \widehat{x}(i) |^2, \quad x \in H. \tag{6.16}$$

BEWEIS. Zunächst ergibt sich (6.15) aus

$$\| \sum_{i \in I'} \xi_i e_i \|^2 = \langle \sum_{i \in I'} \xi_i e_i | \sum_{j \in I'} \xi_j e_j \rangle = \sum_{i,j \in I'} \xi_i \overline{\xi_j} \delta_{ij} = \sum_{i \in I'} | \xi_i |^2,$$

daraus mit (6.4) und (6.14) dann (6.16):

$$\| x - \sum_{i \in I'} \widehat{x}(i) e_i \|^2 = \| x \|^2 - 2 \sum_{i \in I'} | \widehat{x}(i) |^2 + \| \sum_{i \in I'} \widehat{x}(i) e_i \|^2$$

$$= \| x \|^2 - \sum_{i \in I'} | \widehat{x}(i) |^2. \qquad \diamond$$

Aussage (6.15) ist eine Version des *Satzes des Pythagoras.* Wir zeigen auf S. 145 unten, dass $Px := \sum_{i \in I'} \widehat{x}(i) e_i$ die *orthogonale Projektion* von $x \in H$ auf die lineare Hülle $[e_i]_{i \in I'}$ der $\{e_i\}_{i \in I'}$ ist. Aus Formel (6.16) folgt sofort diese wichtige Abschätzung:

Satz 6.4 (Besselsche Ungleichung)
Für $x \in H$ gilt $(\widehat{x}(i))_{i \in I} \in \ell_2(I)$ und

$$\sum_{i \in I} |\widehat{x}(i)|^2 \leq \|x\|^2.$$

Eine erste konkrete Anwendung der Besselschen Ungleichung ist die folgende Aussage über die *absolute Konvergenz* von Fourier-Reihen, vgl. auch Aufgabe 5.5:

Satz 6.5
Für eine periodische C^1-Funktion $f \in C^1_{2\pi} = C_{2\pi}(\mathbb{R}) \cap C^1(\mathbb{R})$ gelten $\widehat{f}(k) = \frac{1}{ik} \widehat{f'}(k)$ für $k \neq 0$ sowie $\sum_{k=-\infty}^{\infty} |\widehat{f}(k)| < \infty$ und $f(t) = \sum_{k=-\infty}^{\infty} \widehat{f}(k) \, e^{ikt}$ gleichmäßig auf $\mathbb{R}$.

BEWEIS. Mit partieller Integration ergibt sich für $k \in \mathbb{Z} \backslash \{0\}$

$$\widehat{f}(k) = \frac{1}{2\pi} \int_{-\pi}^{\pi} f(t) \, e^{-ikt} \, dt = \frac{1}{ik} \frac{1}{2\pi} \int_{-\pi}^{\pi} f'(t) \, e^{-ikt} \, dt = \frac{1}{ik} \widehat{f'}(k),$$

da die ausintegrierten Terme wegfallen. Dann liefern Schwarzsche und Besselsche Ungleichung

$$\left(\sum_{|k|=1}^{n} |\widehat{f}(k)| \right)^2 \leq \left(\sum_{|k|=1}^{n} \frac{1}{k^2} \right) \left(\sum_{|k|=1}^{n} |\widehat{f'}(k)|^2 \right) \leq C \|f'\|_{L_2}^2$$

für alle $n \in \mathbb{N}$, also $\sum_{k=-\infty}^{\infty} |\widehat{f}(k)| < \infty$. Die letzte Aussage folgt dann aus dem Satz von Fejér (vgl. Aufgabe 5.4a)). $\diamondsuit$

Satz 6.5 wird in Abschn. 6.2 wesentlich verschärft, vgl. Satz 6.13 und das darauf folgende Beispiel d).

Orthogonale Summen
a) Es seien $\{e_i\}_{i \in I}$ ein Orthonormalsystem in einem Hilbertraum H und $\xi = (\xi_i) \in \ell_2(I)$, sodass der Träger $\operatorname{tr} \xi$ unendlich ist. Obwohl die Familie $\{\xi_i e_i\}_{i \in I}$ i. a. nicht absolutsummierbar ist, kann man analog zu (6.12) die *orthogonale Summe* $\sum_{i \in I} \xi_i e_i \in H$ definieren:

b) Für eine Bijektion $\varphi : \mathbb{N} \to \operatorname{tr} \xi$ gilt nach dem Satz des Pythagoras (6.15)

$$\left\| \sum_{k=m}^{n} \xi_{\varphi(k)} e_{\varphi(k)} \right\|^2 = \sum_{k=m}^{n} |\xi_{\varphi(k)}|^2,$$

und daher ist die Reihe $\sum_k \xi_{\varphi(k)} e_{\varphi(k)}$ in H konvergent. Für $y \in H$ ist wegen

$$\sum_{k=1}^{n} |\xi_{\varphi(k)} \langle e_{\varphi(k)} | y \rangle| \leq (\sum_{k=1}^{n} |\xi_{\varphi(k)}|^2)^{1/2} \sum_{k=1}^{n} |\langle e_{\varphi(k)} | y \rangle|^2)^{1/2} \leq \|\xi\| \|y\|$$

für alle $n \in \mathbb{N}$ die Reihe $\sum_k \xi_{\varphi(k)} \langle e_{\varphi(k)} | y \rangle$ sogar *absolut* konvergent.

c) Für eine weitere Bijektion $\psi : \mathbb{N} \to \text{tr}\,\xi$ und alle Vektoren $y \in H$ gilt dann

$$\langle \sum_{k=1}^{\infty} \xi_{\varphi(k)} e_{\varphi(k)} | y \rangle = \sum_{k=1}^{\infty} \xi_{\varphi(k)} \langle e_{\varphi(k)} | y \rangle = \sum_{j=1}^{\infty} \xi_{\psi(j)} \langle e_{\psi(j)} | y \rangle = \langle \sum_{j=1}^{\infty} \xi_{\psi(j)} e_{\psi(j)} | y \rangle$$

aufgrund von Satz 6.2. Die orthogonale Summe

$$\sum_{i \in I} \xi_i e_i := \sum_{k=1}^{\infty} \xi_{\varphi(k)} e_{\varphi(k)} \tag{6.17}$$

ist somit von der Wahl der Bijektion *unabhängig*.

Reihen in Hilberträumen

Für eine orthonormale *Folge* $(e_k)_{k \geq 0}$ ist also für $\xi = (\xi_k) \in \ell_2$ die Reihe $\sum_k \xi_k e_k$ in H *unbedingt konvergent*, d.h. alle Umordnungen der Reihe konvergieren (gegen die gleiche Summe). Dagegen ist die Reihe nur für $\xi = (\xi_k) \in \ell_1$ sogar *absolut konvergent*. Im Gegensatz zum skalaren und zum endlichdimensionalen Fall gibt es also in jedem *unendlichdimensionalen* Hilbertraum unbedingt konvergente Reihen, die nicht absolut konvergieren. Nach einem Resultat von A. Dvoretzky und C. A. Rogers (vgl. [König 1986], 1. d. 8 oder [Lindenstrauß und Tzafriri 1977], 1.c.2) gibt es solche Reihen auch in jedem *unendlichdimensionalen Banachraum*.

Die Fourier-Abbildung

Es sei $\{e_i\}_{i \in I}$ ein Orthonormalsystem in einem Hilbertraum H. Aufgrund der Besselschen Ungleichung hat man die lineare *Fourier-Abbildung*

$$\mathcal{F} : H \to \ell_2(I), \quad \mathcal{F}(x) := (\widehat{x}(i))_{i \in I}$$

mit $\|\mathcal{F}\| \leq 1$. Diese ist stets *surjektiv*: Für $\xi = (\xi_i) \in \ell_2(I)$ setzt man $x = \sum_{i \in I} \xi_i e_i$ und erhält sofort $\langle x | e_j \rangle = \xi_j$ für alle $j \in I$ und somit $\mathcal{F}(x) = \xi$.

Die Fourier-Abbildung ist genau dann *injektiv*, wenn das Orthonormalsystem *maximal* ist. Weitere dazu äquivalente Aussagen enthält der folgende

Satz 6.6

Für ein Orthonormalsystem $\{e_i\}_{i \in I}$ in einem Hilbertraum H sind äquivalent:

(a) Es gilt $x = \sum_{i \in I} \widehat{x}(i) e_i$ für alle $x \in H$.

(b) Für alle $x \in H$ gilt die Parsevalsche Gleichung

$$\sum_{i \in I} |\widehat{x}(i)|^2 = \|x\|^2 . \tag{6.18}$$

(c) Die Fourier-Abbildung $\mathcal{F} : H \to \ell_2(I)$ ist isometrisch.

(d) Die lineare Hülle $[e_i]_{i \in I}$ von $\{e_i\}_{i \in I}$ ist dicht in H.

(e) Die Fourier-Abbildung $\mathcal{F} : H \to \ell_2(I)$ ist injektiv.

(f) Das Orthonormalsystem $\{e_i\}_{i \in I}$ ist maximal.

BEWEIS. „(a) $\Leftrightarrow$ (b)" folgt sofort aus (6.16), (6.12) und (6.17), die Aussagen „(b) $\Leftrightarrow$ (c)"
und „(a) $\Rightarrow$ (d)" sind klar.

„(d) $\Rightarrow$ (e)": Aus $\mathcal{F}(x) = 0$ folgt $\langle x|y \rangle = 0$ für alle $y \in [e_i]_{i \in I}$, wegen der Dichtheit dieser
Menge in H also auch $\langle x|x \rangle = 0$.

„(e) $\Rightarrow$ (f)": Für $x \in \{e_i\}^\perp$ gilt $\mathcal{F}(x) = 0$, also auch $x = 0$.

„(f) $\Rightarrow$ (a)": Für $x \in H$ ist $(\widehat{x}(i))_{i \in I} \in \ell_2(I)$, und daher existiert $x_1 := \sum_{i \in I} \widehat{x}(i) e_i$ in H. Man
berechnet sofort $\langle x - x_1 | e_i \rangle = 0$ für alle $i \in I$, und die Maximalität von $\{e_i\}_{i \in I}$ impliziert
dann $x - x_1 = 0$.   ◊

Polarformel

a) Das Skalarprodukt eines Hilbertraumes kann mittels der *Polarformel* aus der Norm
rekonstruiert werden. Diese ergibt sich leicht aus (6.4) und lautet im reellen Fall

$$4 \langle x|y \rangle = \|x + y\|^2 - \|x - y\|^2 ; \tag{6.19}$$

im komplexen Fall hat man

$$4 \langle x|y \rangle = \|x + y\|^2 - \|x - y\|^2 + i \|x + iy\|^2 - i \|x - iy\|^2 . \tag{6.20}$$

b) Aufgrund der Polarformel ist die Parsevalsche Gleichung (6.18) äquivalent zu

$$\sum_{i \in I} \widehat{x}(i) \overline{\widehat{y}(i)} = \langle x|y \rangle \quad \text{für } x, y \in H. \tag{6.21}$$

Orthonormalbasen

Ein maximales Orthonormalsystem $\{e_i\}_{i \in I}$ in einem Hilbertraum H heißt *vollständig* oder
eine *Orthonormalbasis* von H; es gelten dann also die Eigenschaften (a)–(f) aus Satz 6.6.
Insbesondere besitzt nach (a) dann jeder Vektor $x \in H$ eine „*Fourier-Entwicklung*"
$x = \sum_{i \in I} \widehat{x}(i) e_i$ nach den Basisvektoren $\{e_i\}$.

Die „Einheitsvektoren" $\{e_k := (\delta_{ki})_{i \in I}\}_{k \in I}$ sind ein maximales Orthonormalsystem in $\ell_2(I)$ (vgl. S. 121), bilden also eine Orthonormalbasis dieses Hilbertraumes. Ein weiteres wesentliches Beispiel liefern natürlich die „konkreten" Fourier-Reihen:

Theorem 6.7
Die Funktionen $\{e^{ikt}\}_{k \in \mathbb{Z}}$ bilden eine Orthonormalbasis des Hilbertraumes $L_2([-\pi, \pi], dt)$. Für $f \in L_2[-\pi, \pi]$ konvergiert also die Fourier-Reihe im quadratischen Mittel gegen f, d. h. es gilt

$$\| f - \sum_{k=-n}^{n} \widehat{f}(k) e^{ikt} \|_{L_2} \to 0 \quad \textit{für } n \to \infty .$$

Man hat die Parsevalsche Gleichung

$$\sum_{k=-\infty}^{\infty} |\widehat{f}(k)|^2 = \| f \|_{L_2}^2 = \tfrac{1}{2\pi} \int_{-\pi}^{\pi} |f(t)|^2 \, dt , \quad f \in L_2[-\pi, \pi] , \qquad (6.22)$$

und somit die isometrische und surjektive Fourier-Abbildung

$$\mathcal{F} : L_2[-\pi, \pi] \to \ell_2(\mathbb{Z}) , \quad \mathcal{F}(f) := (\widehat{f}(k))_{k \in \mathbb{Z}} .$$

BEWEIS. Nach dem Satz von Fejér ist die lineare Hülle $[e^{ikt}]_{k \in \mathbb{Z}}$ der Basisfunktionen dicht in $\mathcal{C}_{2\pi}$, nach Satz 5.8 also auch in $L_2[-\pi, \pi]$; somit ist Bedingung (d) von Satz 6.6 erfüllt. Man kann natürlich auch direkt Satz 5.6 verwenden.   ◇

Beispiele und Folgerungen
a) Mit den Koeffizienten a_k, b_k der *reellen* Fourier-Entwicklung von $f \in L_2[-\pi, \pi]$ (vgl. die Formeln (5.1) – (5.3)) gilt die Parsevalsche Gleichung in der Form

$$\tfrac{|a_0|^2}{2} + \sum_{k=1}^{\infty} |a_k|^2 + \sum_{k=1}^{\infty} |b_k|^2 = \tfrac{1}{\pi} \int_{-\pi}^{\pi} |f(t)|^2 \, dt . \qquad (6.23)$$

b) Die Entwicklung $\frac{\pi-t}{2} = \sum_{k=1}^{\infty} \frac{\sin kt}{k}$ (vgl. Formel (5.39)) gilt nach Theorem 6.7 also in $L_2[0, 2\pi]$. Die Parsevalsche Gleichung (6.23) liefert dann die auf *L. Euler* zurückgehende Formel

$$\sum_{k=1}^{\infty} \tfrac{1}{k^2} = \tfrac{1}{\pi} \int_0^{2\pi} \left(\tfrac{\pi-t}{2} \right)^2 \, dt = \tfrac{\pi^2}{6} .$$

c) Für $f \in L_2[-\pi, \pi]$ gilt die Entwicklung

$$f(t) = \sum_{k=-\infty}^{\infty} \widehat{f}(k) e^{ikt} \qquad (6.24)$$

in $L_2[-\pi,\pi]$, also auch in $L_1[-\pi,\pi]$. Es folgt

$$\int_a^b f(t)\,dt = \widehat{f}(0)\,(b-a) + \sum_{|k|=1}^{\infty} \widehat{f}(k)\,\frac{e^{ikb}-e^{ika}}{ik} \quad \text{für} \; -\pi \le a \le b \le \pi. \tag{6.25}$$

Wir zeigen in Satz 8.15 auf S. 178, dass für $f \in L_1[-\pi,\pi]$ die Entwicklung (6.24) in $L_1[-\pi,\pi]$ i. a. *nicht* gilt. Trotzdem ist Formel (6.25) für alle $f \in L_1[-\pi,\pi]$ richtig, vgl. Aufgabe 5.4 c).

Existenz von Orthonormalbasen

Jeder Hilbertraum H besitzt eine Orthonormalbasis. Um dies einzusehen, startet man mit einem Orthonormalsystem, z. B. mit einem einzigen Einheitsvektor, und erweitert dieses „so lange durch zusätzliche orthonormale Vektoren, bis dies nicht mehr möglich ist"; das so konstruierte Orthonormalsystem ist dann *maximal,* also eine Orthonormalbasis von H. Dieses „naive" Erweiterungsargument kann mithilfe *transfiniter Induktion* oder des *Zornschen Lemmas* (vgl. Lemma A.1.2 im Anhang) präzisiert werden:

Satz 6.8

a) Jeder Hilbertraum H besitzt eine Orthonormalbasis $\{e_i\}_{i\in I}$ und ist dann isometrisch isomorph zu $\ell_2(I)$.

b) Ein Hilbertraum H besitzt genau dann eine abzählbare *Orthonormalbasis, wenn H separabel ist. In diesem Fall ist H isometrisch isomorph zum Folgenraum ℓ_2.*

BEWEIS. a) Die Menge $\mathfrak{S}$ aller Orthonormalsysteme in H ist durch die Inklusion halbgeordnet. Ist nun $\mathfrak{C}$ eine *Kette,* d. h. eine total geordnete Teilmenge von $\mathfrak{S}$, so ist die Vereinigung aller Orthonormalsysteme in $\mathfrak{C}$ wieder ein solches und somit eine obere Schranke von $\mathfrak{C}$. Nach dem Zornschen Lemma besitzt dann $\mathfrak{S}$ ein maximales Element $\{e_i\}_{i\in I}$, und dieses ist dann eine Orthonormalbasis von H. Nach Satz 6.6 ist dann die Fourier-Abbildung $\mathcal{F}: H \to \ell_2(I)$ eine isometrische Bijektion.

b) Hat H eine abzählbare Orthonormalbasis, so kann man $\mathbb{N}_0$ als deren Indexmenge wählen und erhält eine Isometrie von H auf ℓ_2; mit ℓ_2 ist dann auch H separabel. Nun seien $\{e_i\}_{i\in I}$ ein überabzählbares Orthonormalsystem in H und A eine dichte Teilmenge von H. Wir wählen $a_i \in A$ mit $\|e_i - a_i\| < \frac{1}{2}$. Wegen $\|e_i - e_j\|^2 = 2$ ist dann $a_i \ne a_j$ für $i \ne j$; somit ist A überabzählbar und H nicht separabel. $\diamond$

Das letzte Argument ist das gleiche wie im Fall des Folgenraumes ℓ_∞ auf S. 32.

Für Aussage b) geben wir auf S. 146 mittels Gram-Schmidt-Orthonormalisierung einen weiteren Beweis, der weder die allgemeinere Aussage a) noch das Zornsche Lemma benutzt.

6.2   Sobolev-Hilberträume und Fourier-Koeffizienten

Nach dem Lemma von Riemann-Lebesgue und der Besselschen Ungleichung definiert die
Fourier-Abbildung $\mathcal{F} : f \mapsto (\widehat{f}(k))_{k \in \mathbb{Z}}$ stetige lineare Abbildungen

$$\mathcal{F} : \; L_1[-\pi, \pi] \to c_0(\mathbb{Z}) \quad \text{und} \quad \mathcal{F} : L_2[-\pi, \pi] \to \ell_2(\mathbb{Z}).$$

Für $1 < p < 2$ liefert sie auch die stetigen linearen Abbildungen

$$\mathcal{F} : \; L_p[-\pi, \pi] \to \ell_q(\mathbb{Z}) \quad \text{mit} \quad \tfrac{1}{p} + \tfrac{1}{q} = 1.$$

Einen Beweis dieses *Satzes von Hausdorff-Young* mittels „*Interpolation*" findet man in
[Rudin 1974], Theorem 12.11, vgl. auch [König 1986], 3. a. 4. Für $p \geq 2$ gilt natürlich
$\mathcal{F}(L_p[-\pi, \pi]) \subseteq \ell_2(\mathbb{Z})$, wobei der Index 2 aber *nicht* verbessert werden kann. Es gibt
sogar *stetige* periodische Funktionen $f \in \mathcal{C}_{2\pi}$ mit $\mathcal{F}(f) \notin \ell_r(\mathbb{Z})$ für alle $r < 2$ (vgl.
[Zygmund 2002], V.4.9).

Bessere Summierbarkeitseigenschaften $\sum\limits_{k=-\infty}^{\infty} |\widehat{f}(k)|^r < \infty$ für geeignete $0 < r < 2$
folgen aus *Glattheitsbedingungen* an 2π -periodische Funktionen f; dies werden wir in
diesem Abschnitt mithilfe der *Parsevalschen Gleichung* zeigen. Die folgenden Notationen
sind nützlich:

Räume periodischer Funktionen

Es seien $m \in \mathbb{N}_0$, $1 \leq p \leq \infty$ und $0 < \alpha \leq 1$. Eine Funktion $f : \mathbb{R} \to \mathbb{C}$ liegt *lokal*
in einem Funktionenraum $\mathcal{W}_p^m$ oder $\Lambda^{m,\alpha}$, wenn ihre Einschränkung auf jedes kompakte
Intervall $[a, b]$ in $\mathcal{W}_p^m(a, b)$ oder $\Lambda^{m,\alpha}[a, b]$ liegt. Mit $\mathcal{W}_{p,2\pi}^m$ und $\Lambda_{2\pi}^{m,\alpha}$ bezeichnen wir
die Räume der 2π -periodischen Funktionen auf $\mathbb{R}$, die lokal in $\mathcal{W}_p^m$ bzw. $\Lambda^{m,\alpha}$ liegen.
Speziell schreiben wir auch $L_{p,2\pi}$ für $\mathcal{W}_{p,2\pi}^0$.

Wir definieren nun zunächst mithilfe der Fourier-Koeffizienten:

Eine Skala von Hilberträumen

a) Zur Abkürzung verwenden wir die Notation

$$\langle k \rangle := (1 + |k|^2)^{1/2}, \quad k \in \mathbb{Z}.$$

Für $s \geq 0$ definieren wir den *Sobolev-Raum*

$$H_{2\pi}^s := \{ f \in L_{2,2\pi} \mid \|f\|_{H^s}^2 := \sum_{k=-\infty}^{\infty} \langle k \rangle^{2s} |\widehat{f}(k)|^2 < \infty \}.$$

Aufgrund der *Parsevalschen Gleichung* kann man durch Einschränkung und periodische
Fortsetzung $H_{2\pi}^0$ mit $L_2([-\pi, \pi], dt)$ identifizieren, $H_{2\pi}^s$ dann mit einem Unterraum von

$L_2[-\pi, \pi]$; auf diesem verwenden wir allerdings nicht die L_2-Norm, sondern die soeben definierte stärkere H^s-Norm. Das entsprechende Skalarprodukt ist gegeben durch

$$\langle f|g\rangle_{H^s} \;=\; \sum_{k=-\infty}^{\infty} \langle k\rangle^{2s}\,\widehat{f}(k)\,\overline{\widehat{g}(k)}. \tag{6.26}$$

b) Die Fourier-Abbildung $\mathcal{F}: f \mapsto (\widehat{f}(k))_{k\in\mathbb{Z}}$ liefert dann eine Isometrie von $H^s_{2\pi}$ auf den *gewichteten Folgenraum*

$$\ell^s_2 \;:=\; \ell^s_2(\mathbb{Z}) \;:=\; \{x = (x_k)_{k\in\mathbb{Z}} \mid \|x\|^2_{\ell^s_2} \;=\; \sum_{k=-\infty}^{\infty} \langle k\rangle^{2s}\,|x_k|^2 < \infty\}.$$

Dieser ist ein *Hilbertraum* (vgl. Aufgabe 6.9), und daher gilt dies auch für den Sobolev-Raum $(H^s_{2\pi}, \|\; \|_{H^s})$.

c) Nach (6.26) sind die Funktionen $e^s_k(t) := \langle k\rangle^{-s} e^{ikt}$ orthonormal in $H^s_{2\pi}$. Man hat

$$\widehat{f}(k) \;=\; \langle f|e^0_k\rangle_{H^0} \;=\; \langle k\rangle^{-s}\,\langle f|e^s_k\rangle_{H^s} \quad \text{für } f \in H^s_{2\pi}, \tag{6.27}$$

und daraus folgt

$$\|f - \sum_{k=-n}^{n} \langle f|e^s_k\rangle_{H^s}\,e^s_k\|^2_{H^s} \;=\; \|f - \sum_{k=-n}^{n} \widehat{f}(k)\,e^0_k\|^2_{H^s} \;=\; \sum_{|k|>n} \langle k\rangle^{2s}\,|\widehat{f}(k)|^2 \to 0$$

für $n \to \infty$. Somit ist $\{e^s_k\}_{k\in\mathbb{Z}}$ eine Orthonormalbasis von $H^s_{2\pi}$.

d) Offenbar gilt $H^s_{2\pi} \subseteq H^t_{2\pi}$ für $s > t$ und $\|f\|_{H^t} \leq \|f\|_{H^s}$ für $f \in H^s_{2\pi}$. Weiter ist jede beschränkte Menge in ℓ^s_2 relativ kompakt in ℓ^t_2 (vgl. Aufgabe 6.10), und daher ist auch jede beschränkte Menge in $H^s_{2\pi}$ relativ kompakt in $H^t_{2\pi}$.

Beispiele

a) Aufgrund der Entwicklung $h(t) := \frac{\pi - t}{2} = \sum_{k=1}^{\infty} \frac{\sin kt}{k}$ in $L_2[0, 2\pi]$ aus Formel (5.39) hat man $\widehat{h}(0) = 0$ und $|\widehat{h}(k)| = \frac{1}{2|k|}$ für $k \neq 0$ wegen (5.2). Folglich gilt $h \in H^s_{2\pi} \Leftrightarrow s < \frac{1}{2}$.

b) Allgemeiner gilt $|\widehat{f}(k)| = O(\frac{1}{|k|})$ für *Funktionen von beschränkter Variation* $f \in \mathcal{BV}[-\pi, \pi]$, wie bereits in der Beweis-Skizze des Satzes von Dirichlet-Jordan auf S. 112 bemerkt wurde. Daher hat man

$$\mathcal{BV}[-\pi, \pi] \subseteq H^s_{2\pi} \Leftrightarrow s < \frac{1}{2}; \tag{6.28}$$

hierbei ergibt sich „$\Rightarrow$" aus a) wegen $h \in \mathcal{BV}[-\pi, \pi]$.

Für ganzzahlige Exponenten $m \in \mathbb{N}_0$ gilt nun:

Satz 6.9

a) *Für $m \in \mathbb{N}$ und eine Funktion $f \in \mathcal{W}^m_{2,2\pi}$ gilt*

$$\widehat{f}(k) = \frac{1}{(ik)^j} \widehat{f^{(j)}}(k) \quad \text{für} \quad k \neq 0 \text{ und } 1 \leq j \leq m. \tag{6.29}$$

b) *Es ist $\mathcal{W}^m_{2,2\pi} = H^m_{2\pi}$, und auf diesem Sobolev-Raum sind die Normen $\|\ \|_{H^m}$ und $\|\ \|_{W^m_2}$ äquivalent.*

BEWEIS. a) Nach dem Sobolevscher Einbettungssatz 5.14 ist $\mathcal{W}^m_{2,2\pi} \subseteq \mathcal{C}^{m-1}_{2\pi}$; für $f \in \mathcal{W}^m_{2,2\pi}$ gilt also $f^{(j)}(-\pi) = f^{(j)}(\pi)$, $j = 0, \ldots, m-1$. Durch partielle Integration gemäß (5.36) erhält man für $k \neq 0$

$$\widehat{f}(k) = \frac{1}{2\pi} \int_{-\pi}^{\pi} f(t) \, e^{-ikt} \, dt = \frac{1}{ik} \frac{1}{2\pi} \int_{-\pi}^{\pi} f'(t) \, e^{-ikt} \, dt = \frac{1}{ik} \widehat{f'}(k),$$

da die ausintegrierten Terme wegfallen. Durch Iteration ergibt sich dann (6.29).

b) Für $f \in \mathcal{W}^m_{2,2\pi}$ und $0 \leq j \leq m$ hat man nach a)

$$\sum_{k=-\infty}^{\infty} |k|^{2j} |\widehat{f}(k)|^2 = \sum_{k=-\infty}^{\infty} |\widehat{f^{(j)}}(k)|^2 = \frac{1}{2\pi} \int_{-\pi}^{\pi} |f^{(j)}(t)|^2 \, dt$$

aufgrund der Parsevalschen Gleichung (6.22). Daraus folgt $\mathcal{W}^m_{2,2\pi} \subseteq H^m_{2\pi}$ und die Äquivalenz der Normen $\|\ \|_{H^m}$ und $\|\ \|_{W^m_2}$ auf diesem Raum. Insbesondere ist $\mathcal{W}^m_{2,2\pi}$ ein *abgeschlossener* Unterraum des Raumes $H^m_{2\pi}$, der offenbar dessen orthonormale Basisfunktionen e^m_k enthält. Daher muss in der Tat $\mathcal{W}^m_{2,2\pi} = H^m_{2\pi}$ sein.   ◇

Insbesondere gilt also $\mathcal{C}^m_{2\pi} \subseteq H^m_{2\pi}$ und aufgrund der (in diesem Buch nicht bewiesenen) Bemerkung c) auf S. 109 auch $\Lambda^{m-1,1}_{2\pi} \subseteq H^m_{2\pi}$. Weiter zeigen wir nun $\Lambda^{m,\alpha}_{2\pi} \subseteq H^s_{2\pi}$ für $m + \alpha > s$. Wir starten mit dem folgenden

Lemma 6.10

Für $k \in \mathbb{Z}$ und $0 < s < 1$ sei $A(k,s) := \int_{-\pi}^{\pi} \frac{|e^{ik\tau} - 1|^2}{\langle k \rangle^{2s} |\tau|^{1+2s}} \, d\tau$. Dann existiert $\lim\limits_{|k| \to \infty} A(k,s) =: \mathcal{I}(s) > 0$; folglich gibt es von k unabhängige positive Zahlen $0 < c(s) \leq C(s)$ mit $c(s) \leq A(k,s) \leq C(s)$ für alle $k \in \mathbb{Z}$.

BEWEIS. Für $k \neq 0$ berechnen wir mittels der Substitution $x = k\tau$

$$\int_{-\pi}^{\pi} \frac{|e^{ik\tau} - 1|^2}{|k|^{2s} |\tau|^{2s+1}} \, d\tau = \int_{-|k|\pi}^{|k|\pi} \frac{|e^{ix} - 1|^2}{|x|^{2s+1}} \, dx \to \int_{-\infty}^{\infty} \frac{|e^{ix} - 1|^2}{|x|^{2s+1}} \, dx =: \mathcal{I}(s);$$

wegen $0 < s < 1$ und $|e^{ix} - 1|^2 \leq 4$ sowie

$$|e^{ix} - 1|^2 = (\cos x - 1)^2 + \sin^2 x = 2(1 - \cos x) = x^2 + O(x^4) \quad \text{für} \quad x \to 0$$

existiert dieses Integral in der Tat bei $\pm\infty$ und bei 0. Aus $\lim\limits_{|k|\to\infty}\frac{|k|^{2s}}{\langle k\rangle^{2s}}=1$ folgt dann die Behauptung. $\lozenge$

Wir können nun für $s \notin \mathbb{N}_0$ die $H_{2\pi}^s$-Räume durch „*Hölder-Bedingungen im quadratischen Mittel*" charakterisieren:

Satz 6.11
Für $s = m + \sigma$ mit $m \in \mathbb{N}_0$ und $0 < \sigma < 1$ gilt

$$H_{2\pi}^s = \{f \in H_{2\pi}^m = \mathcal{W}_{2,2\pi}^m \mid \int_{-\pi}^{\pi}\int_{-\pi}^{\pi}\frac{|f^{(m)}(t+\tau)-f^{(m)}(t)|^2}{|\tau|^{1+2\sigma}}\,d\tau\,dt < \infty\},$$

und auf diesem Raum ist die Norm $\|\ \|_{H^s}$ äquivalent zur Sobolev-Slobodeckij-Norm

$$\|f\|_{W_2^s}^2 := \|f\|_{W_2^m}^2 + \int_{-\pi}^{\pi}\int_{-\pi}^{\pi}\frac{|f^{(m)}(t+\tau)-f^{(m)}(t)|^2}{|\tau|^{1+2\sigma}}\,d\tau\,dt.$$

BEWEIS. a) Nach Satz 6.9 a) können wir $m = 0$, also $\sigma = s$ annehmen. Für eine periodische Funktion $f \in H_{2\pi}^0$ gilt

$$f(t+\tau)-f(t) = \sum_{k=-\infty}^{\infty}\widehat{f}(k)(e^{ik\tau}-1)\,e^{ikt},$$

und die Parsevalsche Gleichung liefert

$$\int_{-\pi}^{\pi}|f(t+\tau)-f(t)|^2\,dt = \sum_{k=-\infty}^{\infty}|\widehat{f}(k)|^2\,|e^{ik\tau}-1|^2. \tag{6.30}$$

b) Nun sei zunächst $\int_{-\pi}^{\pi}\int_{-\pi}^{\pi}\frac{|f(t+\tau)-f(t)|^2}{|\tau|^{1+2\sigma}}\,d\tau\,dt < \infty$; nach den Sätzen von Fubini und Tonelli (vgl. Anhang A.3) kann man dann auch die Reihenfolge der Integrationen vertauschen. Mit Lemma 6.10 folgt für alle $n \in \mathbb{N}$

$$\sum_{k=-n}^{n}\langle k\rangle^{2s}|\widehat{f}(k)|^2 \le c(s)^{-1}\sum_{k=-n}^{n}A(k,s)\langle k\rangle^{2s}|\widehat{f}(k)|^2$$

$$= c(s)^{-1}\sum_{k=-n}^{n}\int_{-\pi}^{\pi}\frac{|e^{ik\tau}-1|^2}{|\tau|^{1+2s}}\,d\tau\,|\widehat{f}(k)|^2$$

$$= c(s)^{-1}\int_{-\pi}^{\pi}\frac{1}{|\tau|^{1+2s}}\sum_{k=-n}^{n}|\widehat{f}(k)|^2\,|e^{ik\tau}-1|^2\,d\tau$$

$$\le c(s)^{-1}\int_{-\pi}^{\pi}\frac{1}{|\tau|^{1+2s}}\int_{-\pi}^{\pi}|f(t+\tau)-f(t)|^2\,dt\,d\tau$$

nach (6.30), und dies zeigt $\|f\|_{H^s}^2 \leq c(s)^{-1} \|f\|_{W_2^s}^2$.

c) Nun sei $f \in H_{2\pi}^s$. Mit (6.30), dem Satz von B. Levi A.3.4 und $A(k,s) \leq C(s)$ folgt ähnlich wie wie in b)

$$\int_{-\pi}^{\pi} \int_{-\pi}^{\pi} \frac{|f(t+\tau)-f(t)|^2}{|\tau|^{1+2\sigma}} \, d\tau \, dt = \sum_{k=-\infty}^{\infty} \int_{-\pi}^{\pi} \frac{|e^{ik\tau}-1|^2}{|\tau|^{1+2s}} \, d\tau \, |\widehat{f}(k)|^2$$

$$= \sum_{k=-\infty}^{\infty} A(k,s) \langle k \rangle^{2s} |\widehat{f}(k)|^2 \leq C(s) \|f\|_{H^s}^2 \,.$$

Folglich sind die Normen $\|\ \|_{H^s}$ und $\|\ \|_{W^s}$ äquivalent.   ◇

Aus diesem Resultat ergibt sich nun leicht:

Satz 6.12
Für Zahlen $m \in \mathbb{N}_0$, $0 < \alpha \leq 1$ und $s < m + \alpha$ hat man die stetigen Inklusionen $i_{m,\alpha}^s : \Lambda_{2\pi}^{m,\alpha} \to H_{2\pi}^s$.

BEWEIS. Wir können wieder $m = 0$ annehmen. Für $f \in \Lambda_{2\pi}^{\alpha}$ gilt

$$\int_{-\pi}^{\pi} \int_{-\pi}^{\pi} \frac{|f(t+\tau)-f(t)|^2}{|\tau|^{1+2s}} \, d\tau \, dt \leq \int_{-\pi}^{\pi} \int_{-\pi}^{\pi} \frac{|\tau|^{2\alpha}}{|\tau|^{1+2s}} \, d\tau \, dt \cdot [f]_{\alpha}^2 \leq C \|f\|_{\Lambda^{\alpha}}^2$$

wegen $s < \alpha$. Die Behauptung folgt somit aus Satz 6.11.   ◇

Aufgrund der *Hölderschen Ungleichung* hat man Inklusionen $\ell_2^s(\mathbb{Z}) \subseteq \ell_r(\mathbb{Z})$ für geeignete Indizes $s > 0$ und $0 < r < 2$. Daraus ergibt sich:

Satz 6.13
Es gilt

$$\sum_{k=-\infty}^{\infty} |\widehat{f}(k)|^r < \infty \quad \text{für } f \in H_{2\pi}^s \quad \text{und} \quad \frac{2}{2s+1} < r < 2 \Leftrightarrow s > \frac{1}{r} - \frac{1}{2} > 0.$$

BEWEIS. Wir setzen $p := \frac{2}{r}$ und $q := \frac{2}{2-r}$; dann ist $\frac{1}{p} + \frac{1}{q} = 1$, und es folgt

$$\sum_{k=-\infty}^{\infty} |\widehat{f}(k)|^r = \sum_{k=-\infty}^{\infty} (\langle k \rangle^{rs} |\widehat{f}(k)|^r) \langle k \rangle^{-rs}$$

$$\leq (\sum_{k=-\infty}^{\infty} \langle k \rangle^{2s} |\widehat{f}(k)|^2)^{1/p} (\sum_{k=-\infty}^{\infty} \langle k \rangle^{-rsq})^{1/q} < \infty$$

wegen $f \in H_{2\pi}^s$ und $rsq > r(\frac{1}{r} - \frac{1}{2}) \frac{2}{2-r} = 1$.   ◇

Folgerung

Für $f \in \Lambda_{2\pi}^{m,\alpha}$ und $r > \frac{2}{2(m+\alpha)+1}$ gilt $\sum_{k=-\infty}^{\infty} |\widehat{f}(k)|^r < \infty$. Dies ergibt sich unmittelbar aus den Sätzen 6.13 und 6.12.

Beispiele

a) Nach Satz 6.13 hat man speziell

$$\sum_{k=-\infty}^{\infty} |\widehat{f}(k)|^r < \infty \quad \text{für } r > \tfrac{2}{3} \text{ und } f \in H_{2\pi}^1 = \mathcal{W}_{2,2\pi}^1.$$

Diese Aussage gilt insbesondere für *stückweise* stetig differenzierbare (vgl. Aufgabe 5.16) oder für *Lipschitz-stetige* periodische Funktionen.

b) Die Reihe $f(t) := \sum_{k=-\infty}^{\infty} \langle k \rangle^{-3/2} (\log(1 + \langle k \rangle))^{-1} e^{ikt}$ konvergiert in $H_{2\pi}^1$ wegen

$$\sum_{k=-\infty}^{\infty} (\langle k \rangle \langle k \rangle^{-3/2} (\log(1 + \langle k \rangle))^{-1})^2 = \sum_{k=-\infty}^{\infty} \langle k \rangle^{-1} (\log(1 + \langle k \rangle))^{-2} < \infty,$$

aber es ist

$$\sum_{k=-\infty}^{\infty} |\widehat{f}(k)|^{2/3} = \sum_{k=-\infty}^{\infty} \langle k \rangle^{-1} (\log(1 + \langle k \rangle)^{-2/3} = \infty.$$

Aussage a) ist also falsch für $r = \frac{2}{3}$.

c) Im Fall $r = 1$ ist $p = 2$ im Beweis von Satz 6.13, und dieser zeigt

$$\sum_{k=-\infty}^{\infty} |\widehat{f}(k)| \leq C_s \|f\|_{H^s} < \infty \quad \text{für } s > \tfrac{1}{2} \text{ und } f \in H_{2\pi}^s.$$

Analog zu b) zeigt das Beispiel der Funktion $g(t) := \sum_{k=-\infty}^{\infty} \langle k \rangle^{-1} (\log(1 + \langle k \rangle))^{-1} e^{ikt}$, dass dies für $s = \frac{1}{2}$ nicht gilt.

d) Aufgrund von Satz 6.12 hat man auch $\sum_{k=-\infty}^{\infty} |\widehat{f}(k)| < \infty$ für Funktionen $f \in \Lambda_{2\pi}^{\alpha}$ mit $\alpha > \frac{1}{2}$. Auch diese Aussage ist für $\alpha = \frac{1}{2}$ falsch (vgl. [Katznelson 1976]).

e) Für $s > \frac{1}{2}$ und $f \in H_{2\pi}^s$ konvergiert also die Fourier-Reihe von f absolut und gleichmäßig gegen f, und es folgt insbesondere $f \in C_{2\pi}$. Folglich hat man die *stetige Einbettung* $j_s^0 : H_{2\pi}^s \to C_{2\pi}$ für $s > \frac{1}{2}$. Dies ist für $0 \leq s < \frac{1}{2}$ *nicht richtig*, da dann der Raum $H_{2\pi}^s$ nach (6.28) auch unstetige Funktionen enthält.

Nun zeigen wir allgemeiner Einbettungen von Sobolev-Räumen $H_{2\pi}^s$ in $\Lambda_{2\pi}^{m,\alpha}$-Räume. Dazu benötigen wir das folgende

Lemma 6.14

Es sei $0 < \alpha < 1$. Dann gilt $\| e^{ikt} \|_{\Lambda^\alpha} = 1 + c\,|\,k\,|^\alpha$ für alle $k \in \mathbb{Z}$ mit einer von k unabhängigen Konstanten $c = c(\alpha) > 0$.

BEWEIS. a) Für $-\pi \leq s < t \leq \pi$ und $k \neq 0$ hat man

$$\frac{|\,e^{ikt} - e^{iks}\,|}{|\,t - s\,|^\alpha} = |\,e^{iks}\,|\,\left|\frac{e^{ik(t-s)} - 1}{(t-s)^\alpha}\right| = \frac{|\,e^{ikx} - 1\,|}{x^\alpha} \quad \text{mit } 0 < x := t - s \leq 2\pi .$$

Wir betrachten daher die (mit $f_k(0) := 0$ auf $[0, 2\pi]$ stetigen) Funktionen

$$f_k(x) := \frac{|\,e^{ikx} - 1\,|^2}{2x^{2\alpha}} = \frac{(\cos kx - 1)^2 + \sin^2 kx}{2x^{2\alpha}} = \frac{1 - \cos kx}{x^{2\alpha}} = f_{-k}(x)$$

und bestimmen für $k > 0$ ihr Maximum auf $[0, 2\pi]$ (vgl. Abb. 6.2):

b) Für $x > 0$ ist $f_k'(x) = x^{-4\alpha}\,(x^{2\alpha}\,k\,\sin kx - 2\,\alpha\,(1 - \cos kx)\,x^{2\alpha - 1})$, und somit gilt

$$f_k'(x) = 0 \iff kx\,\sin kx - 2\,\alpha\,(1 - \cos kx) = 0.$$

Die Funktion $g : u \mapsto u\,\sin u - 2\,\alpha\,(1 - \cos u)$ (vgl. Abb. 6.3) besitzt in $(0, 2\pi)$ genau eine Nullstelle $b = b(\alpha)$, und daher ist die einzige Nullstelle von f_k' in $(0, \frac{2\pi}{k})$ gegeben durch $kx = b$.

Abb. 6.2 Die Funktionen f_1 und f_3 für $\alpha = \frac{1}{2}$

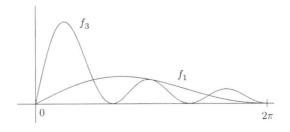

Abb. 6.3 Die Funktionen g für $\alpha = 0,2; 0,5; 0,8$

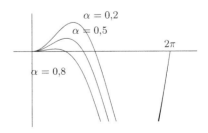

c) Das Maximum der Funktion f_k liegt also im Punkt $x_k = \frac{b}{k}$, und somit hat man

$$[e^{ikt}]_\alpha = \sup_{t \neq s} \frac{|e^{ikt} - e^{iks}|}{|t-s|^\alpha} = \sqrt{2}\sqrt{\frac{1 - \cos b}{x_k^{2\alpha}}} =: c\,|k|^\alpha$$

mit $c = c(\alpha) > 0$. Wegen $\|e^{ikt}\|_{\sup} = 1$ folgt daraus die Behauptung. $\quad\diamond$

Satz 6.15 (Sobolevscher Einbettungssatz)

Für $m \in \mathbb{N}_0$, $0 < \alpha < 1$ und $s > m + \alpha + \frac{1}{2}$ hat man die stetige Inklusion

$$j_s^{m,\alpha} : H_{2\pi}^s \to \Lambda_{2\pi}^{m,\alpha} \,.$$

BEWEIS. Für $f \in H_{2\pi}^s$ kann man die Fourier-Entwicklung m-mal differenzieren, da $2(j-s) < -1$ für $0 \leq j \leq m$ gilt. In der Tat hat man

$$f^{(j)}(t) = \sum_{k=-\infty}^{\infty} \widehat{f}(k)\,(ik)^j\,e^{ikt}$$

aufgrund der Abschätzung

$$\|f^{(j)}\|_{\sup} \leq \sum_{k=-\infty}^{\infty} |\widehat{f}(k)|\,\|(ik)^j\,e^{ikt}\|_{\sup} \leq \sum_{k=-\infty}^{\infty} (\langle k\rangle^s\,|\widehat{f}(k)|)\,\langle k\rangle^{j-s}$$

$$\leq \big(\sum_{k=-\infty}^{\infty} \langle k\rangle^{2(j-s)}\big)^{1/2}\,\|f\|_{H^s},$$

bei der die Schwarzsche Ungleichung benutzt wurde. Mittels dieser und Lemma 6.14 ergibt sich weiter

$$\sum_{k=-\infty}^{\infty} \|\widehat{f}(k)\,(ik)^m\,e^{ikt}\|_{\Lambda^\alpha} \leq c \sum_{k=-\infty}^{\infty} |\widehat{f}(k)|\,\langle k\rangle^{m+\alpha}$$

$$\leq c\,\big(\sum_{k=-\infty}^{\infty} \langle k\rangle^{2(m+\alpha-s)}\big)^{1/2}\,\|f\|_{H^s} < \infty\,;$$

die Reihe konvergiert also in $\Lambda_{2\pi}^\alpha$, und es ist $\|f^{(m)}\|_{\Lambda^\alpha} \leq C\,\|f\|_{H^s}$. Somit ist $f \in \Lambda_{2\pi}^{m,\alpha}$, und es gilt $\|f\|_{\Lambda^{m,\alpha}} \leq C\,\|f\|_{H^s}$. $\quad\diamond$

6.3 Aufgaben

Aufgabe 6.1

Es seien I eine Indexmenge und X ein Banachraum.

a) Zeigen Sie, dass der Raum $\ell_1(I, X)$ der X-wertigen absolutsummierbaren Familien auf I ein Banachraum ist.

b) Definieren Sie den Raum $\ell_2(I, X)$ und zeigen Sie, dass dieser ebenfalls ein Banachraum ist. Wann handelt es sich sogar um einen Hilbertraum?

Aufgabe 6.2

Es seien I eine Indexmenge und $a : I \to \mathbb{C}$ eine Familie von Zahlen. Zeigen Sie die Äquivalenz der folgenden Aussagen:

(a) Die Familie $(a_i)_{i \in I}$ ist summierbar.

(b) Es gibt eine Zahl $a \in \mathbb{C}$ mit

$$\forall\, \varepsilon > 0 \;\exists\, I_0 \in \mathfrak{E}(I) \;\forall\, I' \in \mathfrak{E}(I) \;:\; I_0 \subseteq I' \;\Rightarrow\; \big| \sum_{i \in I'} a_i - a \big| < \varepsilon.$$

(c) Es gilt $\sup \big\{ \big| \sum_{i \in I'} a_i \big| \;\big|\; I' \in \mathfrak{E}(I) \big\} < \infty$.

Aufgabe 6.3

Beweisen Sie die Polarformeln (6.19) und (6.20).

Aufgabe 6.4

Es sei H ein Hilbertraum. Zu $\varepsilon > 0$ sei $\delta := \frac{1}{8} \varepsilon^2$. Zeigen Sie für alle $x, y \in H$ mit $\| x \| = \| y \| = 1$:

$$\| \tfrac{1}{2}(x + y) \| \geq 1 - \delta \;\Rightarrow\; \| x - y \| \leq \varepsilon.$$

Aufgabe 6.5

a) Es seien $\{ e_1, \dots, e_m \}$ ein Orthonormalsystem in einem Hilbertraum H und $x \in H$. Für welchen Vektor $y = \sum_{i=1}^{m} \alpha_i e_i \in [e_1, \dots, e_m]$ wird der *Abstand* $\| x - y \|$ minimal?

b) Zeigen Sie $\| f - s_n(f) \|_{L_2} \leq \| f - \sigma_n(f) \|_{L_2}$ für alle $f \in L_2[-\pi, \pi]$.

Aufgabe 6.6

Berechnen Sie $\sum_{k=1}^{\infty} \frac{1}{k^4}$ durch Integration der Entwicklung $\frac{\pi - t}{2} = \sum_{k=1}^{\infty} \frac{\sin kt}{k}$ über $[0, 2\pi]$ (vgl. Formel (5.39)).

Aufgabe 6.7

Es seien $\Omega_1 \subseteq \mathbb{R}^n$ und $\Omega_2 \subseteq \mathbb{R}^m$ messbare Mengen und $\{ \varphi_j \}_{j=0}^{\infty}$ bzw. $\{ \psi_k \}_{k=0}^{\infty}$ eine Orthonormalbasis von $L_2(\Omega_1)$ bzw. $L_2(\Omega_2)$. Zeigen Sie, dass $\{ \varphi_j(t)\, \psi_k(s) \}_{j,k=0}^{\infty}$ eine Orthonormalbasis von $L_2(\Omega_1 \times \Omega_2)$ ist. Erweitern Sie diese Aussage auf allgemeine Maßräume.

Aufgabe 6.8

a) Es seien E ein Vektorraum und $U, V, W \subseteq E$ Unterräume mit $E = U \oplus W$ und $V \cap W = \{0\}$. Weiter sei U endlichdimensional. Zeigen Sie $\dim V \leq \dim U$.

b) Es seien $\{e_k\}_{k=0}^{\infty}$ eine Orthonormalbasis eines Hilbertraums H und $\{f_k\}_{k=0}^{\infty}$ eine orthonormale Folge in H mit $\sum\limits_{k=0}^{\infty} \| f_k - e_k \|^2 < \infty$. Zeigen Sie, dass auch $\{f_k\}_{k=0}^{\infty}$ eine Orthonormalbasis von H ist.

HINWEIS. Nehmen Sie zunächst $\sum\limits_{k=0}^{\infty} \| f_k - e_k \|^2 < 1$ an und verwenden Sie die Neumannsche Reihe.

Aufgabe 6.9
Für eine Folge $(a_k)_{k\geq 0}$ positiver Zahlen definiert man den gewichteten Folgenraum

$$\ell_2(a) := \{x = (x_k)_{k\geq 0} \mid \| x \|_{\ell_2(a)}^2 = \sum\limits_{k=0}^{\infty} a_k^2 | x_k |^2 < \infty\}.$$

a) Zeigen Sie, dass $\ell_2(a)$ ein Hilbertraum ist.

b) Zeigen Sie, dass der Raum φ der endlichen Folgen in $\ell_2(a)$ dicht ist und folgern Sie die Separabilität von $\ell_2(a)$.

c) Geben Sie eine Orthonormalbasis von $\ell_2(a)$ an.

d) Charakterisieren Sie die kompakten Teilmengen von $\ell_2(a)$ analog zu Aufgabe 2.8.

Aufgabe 6.10
Es seien $(a_k)_{k\geq 0}$ und $(b_k)_{k\geq 0}$ Folgen positiver Zahlen mit $\sup\limits_{k\geq 0} \frac{a_k}{b_k} < \infty$.

a) Zeigen Sie, dass $\ell_2(b)$ stetig in $\ell_2(a)$ eingebettet ist.

b) Zeigen Sie, dass beschränkte Teilmengen von $\ell_2(b)$ genau dann in $\ell_2(a)$ relativ kompakt sind, wenn $\lim\limits_{k\to\infty} \frac{a_k}{b_k} = 0$ gilt.

Aufgabe 6.11
Es sei $(a_k)_{k\geq 0}$ eine Folge positiver Zahlen.

a) Für welche Folgen $y = (y_k)_{k\geq 0}$ wird durch

$$J(y) : x = (x_k)_{k\geq 0} \mapsto \sum\limits_{k=0}^{\infty} x_k \overline{y_k}$$

eine stetige Linearform auf $\ell_2(a)$ definiert?

b) Identifizieren Sie den Dualraum von $\ell_2(a)$ mittels a) mit einem Folgenraum.

c) Definieren Sie Sobolev-Räume $H_{2\pi}^s$ auch für reelle Zahlen $s < 0$.

d) Zeigen Sie $L_{1,2\pi} \subseteq H_{2\pi}^s$ für $s < -\frac{1}{2}$.

Aufgabe 6.12
Geben Sie für $s, t \geq 0$ eine Isometrie von $H_{2\pi}^s$ auf $H_{2\pi}^t$ an.

Aufgabe 6.13

Für $s \geq 1$ zeigen Sie $f \in H^s_{2\pi} \Leftrightarrow f' \in H^{s-1}_{2\pi}$.

Aufgabe 6.14

Es sei $h \in L_{2,2\pi}$ die Funktion aus Formel (5.39) (vgl. Abb. 5.1).

a) Zeigen Sie $h \in H^s_{2\pi} \Leftrightarrow s < \frac{1}{2}$ direkt, d. h. ohne Verwendung von Satz 6.11.

b) Nun sei $1 \leq p < \infty$. Für welche $0 < s < 1$ gilt dann

$$\| h \|^p_{W^s_p} := \| h \|^p_{W^0_p} + \int_{-\pi}^{\pi} \int_{-\pi}^{\pi} \frac{|h(t+\tau)-h(t)|^p}{|\tau|^{1+ps}} \, d\tau \, dt < \infty \, ?$$

Aufgabe 6.15

a) Es sei $f \in \mathcal{C}^\infty_{2\pi}$. Zeigen Sie $\sum_{k=-\infty}^{\infty} |\widehat{f}(k)|^r < \infty$ für alle $r > 0$.

b) Es sei $s > 0$. Finden Sie eine Funktion $f \in \mathcal{C}_{2\pi} \backslash H^s_{2\pi}$ mit $\sum_{k=-\infty}^{\infty} |\widehat{f}(k)|^r < \infty$ für alle $r > 0$.

Lineare Operatoren auf Hilberträumen 7

Beschränkte lineare Operatoren zwischen Hilberträumen lassen sich mithilfe von Orthonormalbasen durch (unendliche) *Matrizen* darstellen; dabei treten Abschätzungen analog zu denen bei endlichen Matrizen oder linearen Integraloperatoren auf. *Faltungsoperatoren* werden bezüglich der Orthonormalbasis $\{e^{ikt}\}_{k \in \mathbb{Z}}$ von $L_2([-\pi, \pi], dt)$ durch *Diagonalmatrizen* dargestellt, was für ihr Studium natürlich sehr nützlich ist.

In Abschn. 7.2 untersuchen wir *Bestapproximationen* in Hilberträumen. Jeder Vektor besitzt in einer abgeschlossenen konvexen Menge ein eindeutig bestimmtes *Proximum*, das durch die *orthogonale Projektion* des Vektors auf diese Menge gegeben ist. Für abgeschlossene *Unterräume* erhalten wir so eine *orthogonale Zerlegung* des Hilbertraums in den Unterraum und sein *Orthogonalkomplement*. Damit können wir die *stetigen Linearformen* auf einem Hilbertraum mit den *Vektoren* dieses Raumes identifizieren.

Dieser *Rieszsche Darstellungssatz* wiederum erlaubt die Konstruktion *adjungierter Operatoren*, die für die Untersuchung der Lösbarkeit von Gleichungen $Tx = y$ hilfreich sind. Wir geben zahlreiche Beispiele adjungierter Operatoren an. In Abschn. 7.4 diskutieren wir *selbstadjungierte*, *unitäre* und *normale* Operatoren. Für unitäre Operatoren $U \in L(H)$ beweisen wir einen *Ergodensatz* über das Verhalten ihrer Potenzen U^n für $n \to \infty$.

© Springer-Verlag GmbH Deutschland 2018
W. Kaballo, *Grundkurs Funktionalanalysis*,
https://doi.org/10.1007/978-3-662-54748-9_7

7.1   Lineare Operatoren und Matrizen

Einen linearen Operator zwischen Hilberträumen kann man analog zum endlichdimensionalen Fall mithilfe von Orthonormalbasen als *Matrix* repräsentieren:

Matrix-Darstellungen

a) Für Hilberträume H, G mit Orthonormalbasen $\{e_j\}_{j \in J}$ und $\{f_i\}_{i \in I}$ wird ein linearer Operator $T : [e_j]_{j \in J} \to G$ durch die *Matrix*

$$\mathbb{M}(T) := A := (a_{ij})_{i \in I, \, j \in J} := (\langle Te_j | f_i \rangle)_{i \in I, \, \in J} \tag{7.1}$$

in folgendem Sinn repräsentiert: Für $x = \sum\limits_{j \in J} \widehat{x}(j) e_j \in [e_j]_{j \in J}$ gilt

$$Tx = \sum_{j \in J} \widehat{x}(j) Te_j = \sum_{j \in J} \widehat{x}(j) \sum_{i \in I} a_{ij} f_i, \quad \text{also}$$

$$Tx = \sum_{i \in I} \sum_{j \in J} a_{ij} \widehat{x}(j) f_i, \tag{7.2}$$

da die Summe über J endlich ist. Auf solche i. a. unbeschränkte, nur auf einem dichten Unterraum definierte lineare Operatoren gehen wir in Kap. 13 genauer ein.

b) Umgekehrt definiert eine Matrix $A = (a_{ij})_{i \in I, j \in J}$ mittels (7.2) einen linearen Operator $T : [e_j]_{j \in J} \to G$, wenn die Bedingung

$$\sum_{i \in I} |a_{ij}|^2 < \infty \quad \text{für alle } j \in J \tag{7.3}$$

gilt. Mit $\varphi(J) := \{\xi \in \ell_2(J) \mid \operatorname{tr} \varphi \text{ endlich}\}$ definiert dann A insbesondere den *Matrix-Operator* $L_A : \varphi(J) \to \ell_2(I)$ durch

$$L_A(\xi_j)_{j \in J} := \Big(\sum_{j \in J} a_{ij} \xi_j \Big)_{i \in I}. \tag{7.4}$$

c) Mit den *Fourier-Abbildungen* $\mathcal{F}_H : H \to \ell_2(J)$ und $\mathcal{F}_G : G \to \ell_2(I)$ gilt dann $L_A = \mathcal{F}_G \, T \, \mathcal{F}_H^{-1}$. Im Fall $H = G$ wählt man die gleiche Orthonormalbasis $\{e_i\}_{i \in I}$ für Urbildraum und Bildraum; dann ist $L_A = \mathcal{F} \, T \, \mathcal{F}^{-1}$ ähnlich zu T. Da $\mathcal{F}$ ein *unitärer Operator* ist (vgl. S. 149 unten), ist L_A sogar *unitär äquivalent* zu T.

Beschränktheits-Kriterien

a) Offenbar ist $T = \mathcal{F}_G^{-1} \, L_A \, \mathcal{F}_H$ genau dann beschränkt, wenn dies auf L_A zutrifft, und in diesem Fall gibt es nach Satz 3.7 eindeutig bestimmte Fortsetzungen $T \in L(H, G)$ und $L_A \in L(\ell_2(J), \ell_2(I))$. Aus den Abschätzungen (3.15) und (3.16) für endliche Summen ergeben sich sofort zwei *hinreichende* Kriterien für die Beschränktheit von L_A bzw. T :

b) Gilt für die *Hilbert-Schmidt-Norm*

$$\| A \|_{HS} := \Big(\sum_{i \in I} \sum_{j \in J} | a_{ij} |^2 \Big)^{1/2} < \infty \tag{7.5}$$

oder gilt für die *Zeilensummen-Norm* und die *Spaltensummen-Norm*

$$\| A \|_{ZS} := \sup_{i \in I} \sum_{j \in J} | a_{ij} | < \infty \quad \text{und} \quad \| A \|_{SS} := \sup_{j \in J} \sum_{i \in I} | a_{ij} | < \infty, \tag{7.6}$$

so wird durch (7.2) ein beschränkter linearer Operator $T \in L(H, G)$ definiert mit

$$\| T \| \leq \| A \|_{HS} \quad \text{bzw.} \quad \| T \| \leq \sqrt{\| A \|_{ZS} \, \| A \|_{SS}} \, .$$

c) Die Abschätzungen in b) sind auch Spezialfälle der Sätze A.3.18 - A.3.20 und i. a. *nicht notwendig* für die Beschränktheit der Operatoren L_A bzw. T (vgl. etwa die folgenden Beispiele (7.7) und (7.22) sowie Aufgabe 7.3). Eine notwendige Bedingung formulieren wir in (7.21) auf S. 149.

Quantenmechanik

Beobachtbare Größen oder *Observable* der Quantenmechanik, wie etwa Energie oder Impuls, werden als (i. a. unbeschränkte, nur auf einem dichten Unterraum definierte) selbstadjungierte lineare Operatoren in separablen Hilberträumen realisiert, vgl. Abschn. 13.6. Für messbare Mengen $\Omega \subseteq \mathbb{R}^n$ sind die Räume $L_2(\Omega, \lambda)$ nach Satz 2.9 *separabel*, besitzen also *abzählbare* Orthonormalbasen und sind zum Folgenraum ℓ_2 isometrisch isomorph. Observable können daher als (partielle Differential-) Operatoren in $L_2(\Omega)$ oder als Matrix-Operatoren in ℓ_2 realisiert werden; E. Schrödingers *Wellenmechanik* und W. Heisenbergs *Matrizenmechanik* sind äquivalente Formulierungen der Quantenmechanik.

Faltungsoperatoren

a) Für eine stetige Funktion $a \in \mathcal{C}_{2\pi}$ wird durch

$$S_{*a} f(t) := \int_{-\pi}^{\pi} a(t - s) f(s) \, ds \tag{7.7}$$

ein linearer *Faltungsoperator* auf $L_2[-\pi, \pi]$ definiert, und nach Satz 5.5 hat man die Abschätzung $\| S_{*a} \| \leq \| a \|_{L_1}$. Dies gilt auch für Funktionen $a \in L_{1,2\pi}$, vgl. Satz A.3.20 im Anhang.

b) Für die Basis-Funktionen $e_k^0(t) = e^{ikt}$, $k \in \mathbb{Z}$, hat man

$$S_{*a}(e_k^0)(t) = \int_{-\pi}^{\pi} a(t - s) \, e^{iks} \, ds = \int_{-\pi}^{\pi} a(u) \, e^{-iku} \, du \, e^{ikt}, \quad \text{also}$$

$$S_{*a}(e_k^0) = \widehat{a}(k) \, e_k^0, \quad k \in \mathbb{Z}. \tag{7.8}$$

Der Faltungsoperator S_{*a} besitzt also die *Eigenwerte* $\{\widehat{a}(k)\}_{k\in\mathbb{Z}}$ zu den *Eigenfunktionen* $\{e^{ikt}\}_{k\in\mathbb{Z}}$; er wird bezüglich der Orthonormalbasis $\{e_k^0\}_{k\in\mathbb{Z}}$ von $L_2[-\pi,\pi]$ durch die *Diagonalmatrix* $D := \mathbb{M}(S_{*a}) = \mathrm{diag}(\widehat{a}(k))_{k\in\mathbb{Z}}$ repräsentiert:

$$S_{*a}f = \sum_{k=-\infty}^{\infty} \widehat{a}(k)\,\langle f|e_k^0\rangle\,e_k^0,\;\; f \in L_2[-\pi,\pi]. \tag{7.9}$$

In Kap. 12 zeigen wir eine solche *Diagonalisierung* für beliebige *kompakte normale* Operatoren.

c) Für $a \in L_{1,2\pi}$ gilt $\widehat{a}(k) \to 0$ nach dem Lemma von Riemann-Lebesgue; daher hat man aufgrund von (4.22) und (4.23)

$$\sigma(S_{*a}) = \overline{\{\widehat{a}(k)\}_{k\in\mathbb{Z}}} = \{\widehat{a}(k)\}_{k\in\mathbb{Z}} \cup \{0\}\;\; \text{und}$$
$$r(S_{*a}) = \max\{|\widehat{a}(k)| \mid k \in \mathbb{Z}\} = \|S_{*a}\|.$$

Insbesondere gilt $\|S_{*a}\| = \|D\|_{SS} = \|D\|_{ZS}$ für $a \in L_{1,2\pi}$; die Hilbert-Schmidt-Bedingung (7.5) ist aber nur für $a \in L_{2,2\pi}$ erfüllt.

d) Jeder Punkt $\lambda \neq 0$ im Spektrum von S_{*a} ist also ein *Eigenwert endlicher Vielfachheit*, d. h. es gilt $\dim N(\lambda I - S_{*a}) < \infty$. Für $a \in L_{2,2\pi}$ sind die Eigenwerte *quadratsummierbar*, und diese Aussage kann aufgrund der Resultate von Abschn. 6.2 unter geeigneten *Glattheitsbedingungen* an a noch verschärft werden. In Abschn. 12.5 werden wir diese Resultate auf allgemeinere lineare Integraloperatoren erweitern.

7.2   Orthogonale Projektionen

Wir kommen nun zur Existenz und Eindeutigkeit von *Bestapproximationen* in Hilberträumen. Der Beweis des folgenden Resultats beruht auf einem *Variationsargument* und geht auf F. Riesz (1934) und F. Rellich (1935) zurück (vgl. auch Kap. 10):

Satz 7.1
Es seien H ein Hilbertraum und $C \subseteq H$ eine abgeschlossene konvexe Menge. Zu $x \in H$ gibt es genau ein $P(x) = P_C(x) \in C$ mit

$$\|x - P(x)\| = d_C(x) = \inf\{\|x-y\| \mid y \in C\}. \tag{7.10}$$

Die metrische Projektion $P = P_C : H \to C$ ist eine stetige *Abbildung.*

BEWEIS. a) Mittels (6.6) bestätigt man sofort die *Parallelogrammgleichung* (Abb. 7.2)

$$\|\xi + \eta\|^2 + \|\xi - \eta\|^2 = 2(\|\xi\|^2 + \|\eta\|^2)\;\; \text{für}\;\; \xi,\eta \in H. \tag{7.11}$$

b) Nun sei (y_k) eine *Minimalfolge* in C für $x \in H$, d. h. es gelte $\| x - y_k \| \to d_C(x)$. Die Parallelogrammgleichung liefert dann

$$\| x - \tfrac{y_k + y_j}{2} \|^2 + \| \tfrac{y_k - y_j}{2} \|^2 \;=\; \tfrac{1}{2}\,(\| x - y_k \|^2 + \| x - y_j \|^2) \to d_C(x)^2 \,;$$

wegen $\tfrac{y_k + y_j}{2} \in C$ gilt aber auch $\| x - \tfrac{y_k + y_j}{2} \|^2 \geq d_C(x)^2$, und es folgt $\| y_k - y_j \| \to 0$, d. h. (y_k) ist eine *Cauchy-Folge*. Ihr Grenzwert $P(x) := \lim\limits_{k \to \infty} y_k \in C$ erfüllt dann offenbar (7.10).

c) Sind $y, z \in C$ mit $\| y - x \| = \| z - x \| = d_C(x)$, so ist die Folge $(y, z, y, z, y, z, \ldots)$ eine *Minimalfolge* für x, nach b) also eine Cauchy-Folge. Dies impliziert offenbar $y = z$. Somit wird durch (7.10) also tatsächlich eine Abbildung $P = P_C : H \to C$ definiert.

d) Nun sei (x_k) eine Folge in H mit $x_k \to x$. Wegen der Stetigkeit der Distanzfunktion d_C (vgl. Satz A.2.2) gilt

$$\begin{aligned} d_C(x) \leq \| x - P(x_k) \| &\leq \| x - x_k \| + \| x_k - P(x_k) \| \\ &= \| x - x_k \| + d_C(x_k) \to d_C(x), \end{aligned}$$

und $(P(x_k))$ ist eine *Minimalfolge* für x. Aufgrund der Beweisteile b) und c) folgt dann $P(x_k) \to P(x)$. $\diamond$

Für die stetige Abbildung $P_C : H \to C$ gilt offenbar $P_C(x) = x$ für $x \in C$; eine solche Abbildung nennt man eine *Retraktion* von H auf C, vgl. Abb. 7.1.

Für die Formulierung des nächsten Satzes benötigen wir noch einen Begriff:

Direkte und orthogonale Summen

a) Es seien E ein Vektorraum und V, W Unterräume von E. Die *Summe* (vgl. (1.25))

$$V + W \;=\; \{ v + w \mid v \in V,\, w \in W \}$$

Abb. 7.1 Eine metrische Projektion

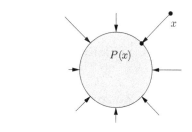

Abb. 7.2 Die Parallelogrammgleichung

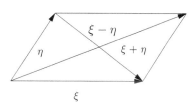

Abb. 7.3 Eine orthogonale
Projektion

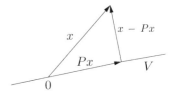

heißt *direkt*, falls $V \cap W = \{0\}$ gilt; dies ist genau dann der Fall, wenn jeder Vektor $x \in V + W$ eine *eindeutige* Zerlegung $x = v + w$ mit $v \in V$ und $w \in W$ hat. Direkte Summen werden als $V \oplus W$ notiert.

b) Nun seien H ein Hilbertraum und V, W Unterräume von H. Die Summe $V + W$ heißt *orthogonal*, falls $V \perp W$ gilt. Eine orthogonale Summe bezeichnen wir mit $V \oplus_2 W$; sie ist natürlich stets direkt.

Für abgeschlossene *Unterräume* $V \subseteq H$ ist die metrische Projektion $P_V : H \to V$ ein *linearer* Operator, die *orthogonale* Projektion von H auf V (Abb. 7.3):

Satz 7.2
Es seien H ein Hilbertraum und $V \subseteq H$ ein abgeschlossener Unterraum.

a) Für $x \in H$ gibt es genau einen Vektor $x_1 \in V$ mit $x - x_1 \perp V$, nämlich $x_1 = P(x) = P_V(x)$.

b) Es gilt die orthogonale Zerlegung

$$H = V \oplus_2 V^{\perp} = R(P) \oplus_2 N(P), \qquad (7.12)$$

und $P : x_1 + x_2 \mapsto x_1$ ist die entsprechende orthogonale Projektion *von H auf V. Man hat $P \in L(H)$, $P^2 = P$ und $\| P \| = 1$ (für $V \neq \{0\}$). Für $x, y \in H$ gilt*

$$\langle Px|y \rangle = \langle Px|Py \rangle = \langle x|Py \rangle. \qquad (7.13)$$

BEWEIS. a) Eindeutigkeit: Sind x_1, $x_1' \in V$ mit $x - x_1 \perp V$ und $x - x_1' \perp V$, so folgt $x_1 - x_1' = (x_1 - x) + (x - x_1') \in V^{\perp} \cap V$, also $x_1 - x_1' = 0$.

Existenz: Wir zeigen, dass für $x \in H$ und die metrische Projektion $x_1 := P_V x$ der Vektor $x - x_1$ zu V orthogonal ist. Für $y \in V$ mit $\| y \| = 1$ und $\alpha := \langle x - x_1|y \rangle$ gilt in der Tat

$$\begin{aligned}
\| x - x_1 \|^2 &\leq \| x - x_1 - \alpha y \|^2 \\
&= \| x - x_1 \|^2 - \bar{\alpha} \langle x - x_1|y \rangle - \alpha \langle y|x - x_1 \rangle + |\alpha|^2 \\
&= \| x - x_1 \|^2 - |\alpha|^2;
\end{aligned}$$

aufgrund von (7.10); dies impliziert $\alpha = 0$ und somit $x - x_1 \perp V$.

b) Wir zeigen zunächst $H = V \oplus_2 V^\perp$: es ist $V \perp V^\perp$ klar, und für $x \in H$ gilt $x = x_1 + x_2$ mit $x_1 = P(x) \in V$ und $x_2 = x - x_1 \in V^\perp$ nach a). Offenbar hat man $V = R(P)$ und $V^\perp = N(P)$.

Die Linearität von P sieht man so: Für $x, y \in H$ und $\alpha \in \mathbb{K}$ hat man

$$(\alpha x + y) - (\alpha Px + Py) = \alpha (x - Px) + (y - Py) \in V^\perp,$$

also $P(\alpha x + y) = \alpha Px + Py$.

Wegen $P(Px) = Px$ gilt $P^2 = P$, und wegen $\| x \|^2 = \| Px \|^2 + \| x - Px \|^2$ hat man $\| P \| = 1$. Aussage (7.13) folgt schließlich aus $\langle Px | y - Py \rangle = \langle x - Px | Py \rangle = 0$. $\diamondsuit$

Bemerkungen und Folgerungen

a) Nach Satz 6.8 besitzt jeder abgeschlossene Unterraum V von H eine Orthonormalbasis $\{ e_i \}_{i \in I}$. Für $x \in H$ hat man $x - \sum_{i \in I} \widehat{x}(i) e_i \perp V$ wegen $\langle x - \sum_{i \in I} \widehat{x}(i) e_i | e_j \rangle = 0$ für alle $j \in I$; folglich gilt

$$Px = \sum_{i \in I} \widehat{x}(i) e_i, \quad x \in H. \tag{7.14}$$

Die orthogonale Projektion von H auf einen abgeschlossenen *Unterraum* V lässt sich also ohne Verwendung von Satz 7.1 auch mittels (7.14) konstruieren, wobei die Existenz einer Orthonormalbasis von V verwendet wird (vgl. Satz 6.8 und für separable Räume das auf S. 146 folgende Argument mittels Gram-Schmidt-Orthonormalisierung).

b) Offenbar gilt $M \subseteq (M^\perp)^\perp$ und damit auch $V := \overline{[M]} \subseteq (M^\perp)^\perp$ für jede nicht leere Menge $M \subseteq H$. Ist $V \neq (M^\perp)^\perp = (V^\perp)^\perp$, so gibt es nach Satz 7.2 einen Vektor $0 \neq x \in (V^\perp)^\perp$ mit $x \in V^\perp$, und wir erhalten den Widerspruch $x = 0$. Es gilt also

$$M^{\perp\perp} := (M^\perp)^\perp = \overline{[M]} \quad \text{für } \emptyset \neq M \subseteq H. \tag{7.15}$$

c) Für einen abgeschlossenen Unterraum V von H ist die Einschränkung der Quotientenabbildung $\pi : H \to {}^H/_V$ auf $V^\perp$ eine *Isometrie* von $V^\perp$ auf ${}^H/_V$; dieser Quotientenraum ist also ebenfalls ein Hilbertraum.

In der Tat gilt $P_V x = 0$ für $x \in V^\perp$ und daher (vgl. (7.10) und (1.24) auf S. 17)

$$\| x \| = \| x - P_V x \| = d_V(x) = \| \pi x \|_{{}^H/_V}.$$

Für $q \in {}^H/_V$ gibt es $y \in H$ mit $q = \pi y$. Dann gilt $x := y - P_V y \in V^\perp$ und $\pi x = \pi y$, und daher ist $\pi : V^\perp \to {}^H/_V$ auch surjektiv.

Eine weitere Anwendung von Satz 7.2 ist ein Beweis der bereits auf S. 119 angekündigten *Surjektivität* der isometrischen Abbildung $j = j_H : H \to H'$ eines Hilbertraums in seinen Dualraum aus (6.10). Dieser stammt von F. Riesz (1934); für *separable* Hilberträume wurde das Resultat bereits 1907 von M. Frechét und F. Riesz unter Verwendung der Existenz einer Orthonormalbasis gezeigt.

Satz 7.3 (Rieszscher Darstellungssatz)
Es sei $\eta \in H'$ eine stetige Linearform auf einem Hilbertraum H. Dann gibt es genau ein $y \in H$ mit

$$\eta(x) = \langle x|y \rangle \quad \text{für } x \in H.$$

BEWEIS. Für $\eta = 0$ wählen wir $y = 0$. Für $\eta \neq 0$ ist der *Kern* $N(\eta)$ ein echter abgeschlossener Unterraum von H. Nach Satz 7.2 gibt es $z \in N(\eta)^\perp$ mit $\|z\| = 1$, also $\eta(z) \neq 0$. Für $x \in H$ gibt es daher $\alpha \in \mathbb{K}$ mit $\eta(x) = \alpha \, \eta(z)$, also $\eta(x - \alpha z) = 0$ und $x - \alpha z \in N(\eta)$. Es folgt $\langle x - \alpha z|z \rangle = 0$, also $\alpha = \langle \alpha z|z \rangle = \langle x|z \rangle$, und man erhält

$$\eta(x) = \langle x|z \rangle \, \eta(z) =: \langle x|y \rangle \quad \text{mit } y := \overline{\eta(z)} z \in N(\eta)^\perp. \qquad \Diamond$$

Der Beweis von Satz 7.3 zeigt auch $H = N(\eta) \oplus_2 [z]$ und $N(\eta)^\perp = [z]$.

Aus jeder Folge linear unabhängiger Vektoren lässt sich mit einem Verfahren von J.P. Gram (1883) und E. Schmidt (1906) eine orthonormale Folge konstruieren. Damit ergibt sich auch die Existenz einer Orthonormalbasis in separablen Hilberträumen ohne Verwendung des Zornschen Lemmas.

Gram-Schmidt-Orthonormalisierung

a) Es sei $\{x_k\}_{k \geq 0}$ eine abzählbare Menge linear unabhängiger Vektoren in einem Hilbertraum H. Wir konstruieren induktiv ein Orthonormalsystem $\{e_k\}_{k \geq 0}$ in H mit

$$[x_0, \ldots, x_k] = [e_0, \ldots, e_k] \quad \text{für } k \geq 0. \tag{7.16}$$

Dazu seien $e_0 := \frac{x_0}{\|x_0\|}$ und orthonormale Vektoren $\{e_0, \ldots, e_{n-1}\}$ mit (7.16) für $k = 0, \ldots, n-1$ schon konstruiert. Dann ist

$$0 \neq w := x_n - \sum_{k=0}^{n-1} \langle x_n|e_k \rangle e_k \in [e_0, \ldots, e_{n-1}]^\perp, \tag{7.17}$$

und man definiert $e_n := \frac{w}{\|w\|}$.

b) Mittels Gram-Schmidt-Orthonormalisierung geben wir einen weiteren Beweis von Satz 6.8 b): In einem *separablen* Hilbertraum wählen wir zunächst eine abzählbare dichte Menge und erhalten durch Weglassen „überflüssiger" Vektoren eine abzählbare Menge $\{x_k\}_{k \geq 0}$ linear unabhängiger Vektoren mit $\overline{[x_k]}_{k \geq 0} = H$. Das gemäß a) konstruierte Orthonormalsystem $\{e_k\}_{k \geq 0}$ ist dann eine *Orthonormalbasis* von H.

In Theorem 6.7 wurde eine Orthonormalbasis von $L_2[-\pi, \pi]$ aus trigonometrischen Polynomen konstruiert. Viele Hilberträume von Funktionen einer Variablen besitzen auch Orthonormalbasen aus *Polynomen*. Wir geben ein solches Beispiel jetzt an und verweisen für weitere auf die Aufgaben 7.7 und 7.8, vgl. auch Aufgabe 7.9.

Legendre-Polynome

Nach dem Weierstraßschen Approximationssatz ist die lineare Hülle $[t^n]_{n \geq 0}$ der Monome dicht in $\mathcal{C}[-1, 1]$, also auch dicht in $L_2([-1, 1], dt)$. Ihre Gram-Schmidt-Orthonormalisierung liefert die Orthonormalbasis $\{L_n\}_{n \geq 0}$ aus *Legendre-Polynomen* von $L_2[-1, 1]$.

Satz 7.4

Für die Legendre-Polynome gilt

$$L_n(t) = \frac{\sqrt{2n + 1}}{2^{n + \frac{1}{2}} n!} \left(\frac{d}{dt}\right)^n \left((t^2 - 1)^n\right), \quad n \in \mathbb{N}_0. \tag{7.18}$$

Alle Nullstellen von L_n sind einfach und liegen im Intervall $(-1, 1)$.

BEWEIS. a) Offenbar ist $L_0(t) = \frac{1}{\sqrt{2}}$, Formel (7.18) also für $n = 0$ richtig. Diese gelte nun für alle $k \in \mathbb{N}_0$ mit $k < n$. Nach (7.16) und (7.17) ist

$$P_n(t) := t^n - \sum_{k=0}^{n-1} \langle t^n | L_k(t) \rangle \, L_k(t)$$

ein Polynom vom Grad n mit höchstem Koeffizienten 1 und der Eigenschaft

$$P_n(t) \in [L_0(t), \dots, L_{n-1}(t)]^{\perp} = [1, \dots, t^{n-1}]^{\perp}. \tag{7.19}$$

b) Auch $Q_n(t) := (\frac{d}{dt})^n \left((t^2 - 1)^n\right)$ ist ein Polynom vom Grad n mit Eigenschaft (7.19); in der Tat liefert partielle Integration für $k < n$

$$\langle t^k | Q_n(t) \rangle = \int_{-1}^{1} t^k \, (\tfrac{d}{dt})^n \left((t^2 - 1)^n\right) dt = (-1)^n \int_{-1}^{1} \left[(\tfrac{d}{dt})^n \, t^k\right] (t^2 - 1)^n \, dt = 0,$$

da die ausintegrierten Terme aufgrund des Faktors $t^2 - 1$ verschwinden. Da Q_n einen positiven höchsten Koeffizienten hat, folgt $Q_n = a_n P_n$ mit $a_n > 0$ und damit auch $L_n = \frac{P_n}{\|P_n\|} = \frac{Q_n}{\|Q_n\|}$.

c) Nun folgt mittels partieller Integration wie in b)

$$\|Q_n\|^2 = \int_{-1}^{1} \left(\tfrac{d}{dt}\right)^n \left((t^2 - 1)^n\right) \left(\tfrac{d}{dt}\right)^n \left((t^2 - 1)^n\right) dt$$

$$= (-1)^n \int_{-1}^{1} (t^2 - 1)^n \left(\tfrac{d}{dt}\right)^{2n} (t^2 - 1)^n \, dt$$

$$= (-1)^n (2n)! \int_{-1}^{1} (t^2 - 1)^n \, dt = (2n)! \int_{-1}^{1} (1 - t^2)^n \, dt,$$

und mit der Substitution $t = \cos u$ ergibt sich

$$\| Q_n \|^2 = (2n)! \int_0^\pi \sin^{2n+1} u \, du .$$

Für $c_k := \int_0^\pi \sin^k u \, du$ liefert partielle Integration für $k \geq 2$

$$c_k = -\cos u \, \sin^{k-1} u \Big|_0^\pi + (k - 1) \int_0^\pi \sin^{k-2} u \, \cos^2 u \, du$$

$$= (k - 1) \int_0^\pi \sin^{k-2} u \, (1 - \sin^2 u) \, du ,$$

also $c_k = (k - 1) c_{k-2} - (k - 1) c_k$ und somit $c_k = \frac{k-1}{k} c_{k-2}$. Wegen $c_1 = 2$ folgt

$$\| Q_n \|^2 = (2n)! \, c_{2n+1} = (2n)! \, \frac{2n}{2n+1} \cdot \frac{2n-2}{2n-1} \cdots \frac{4}{5} \cdot \frac{2}{3} \cdot 2$$

$$= \frac{(2n)!}{(2n+1)!} \cdot (2n \cdot (2n - 2) \cdots 4 \cdot 2)^2 \cdot 2 = \frac{2}{2n+1} (2^n n!)^2$$

und damit die Behauptung (7.18).

d) Mit den Nullstellen $t_1, \ldots, t_k$ ungerader Ordnung von L_n in $(-1, 1)$ gilt für das Polynom $N(t) := (t - t_1)(t - t_2) \cdots (t - t_k)$ offenbar $\int_{-1}^1 N(t) L_n(t) \, dt \neq 0$. Aus (7.19) folgt dann $\deg N = n$ und somit auch $k = n$. Somit hat L_n genau n Nullstellen im Intervall $(-1, 1)$, die dann auch einfach sein müssen. $\diamond$

7.3 Adjungierte Operatoren

Beim Studium von Matrizen über $\mathbb{K} = \mathbb{R}$ oder $\mathbb{K} = \mathbb{C}$ spielen *adjungierte Matrizen* eine wichtige Rolle. Mithilfe des Rieszschen Darstellungssatzes lassen sich allgemeiner *adjungierte Operatoren* definieren:

Satz 7.5
Es seien H, G Hilberträume über $\mathbb{K}$. Zu $T \in L(H, G)$ gibt es genau einen Operator $T^* \in L(G, H)$ mit

$$\langle Tx | y \rangle = \langle x | T^* y \rangle \quad \text{für alle } x \in H \text{ und } y \in G, \tag{7.20}$$

den adjungierten Operator zu T. Es gilt $\| T^* \| = \| T \|$.

BEWEIS. Für $y \in G$ wird durch $x \mapsto \langle Tx | y \rangle$ eine stetige Linearform auf H definiert. Nach dem Rieszschen Darstellungssatz 7.3 gibt es genau einen Vektor $y^* \in H$ mit

$\langle Tx|y \rangle = \langle x|y^* \rangle$ für $x \in H$. Durch $T^* : y \mapsto y^*$ wird dann ein linearer Operator von G nach H mit (7.20) definiert, und man hat

$$\| T^* \| = \sup \{ \| T^*y \| \mid \| y \| \le 1 \} = \sup \{ | \langle x|T^*y \rangle | \mid \| x \|, \| y \| \le 1 \}$$
$$= \sup \{ | \langle Tx|y \rangle | \mid \| x \|, \| y \| \le 1 \} = \sup \{ \| Tx \| \mid \| x \| \le 1 \} = \| T \|. \qquad \Diamond$$

Bemerkungen

Stets gilt $(T^*)^* = T$, $(T_1 + T_2)^* = T_1^* + T_2^*$, $(\lambda T)^* = \bar{\lambda} T^*$ und $(ST)^* = T^*S^*$. Ist T ein Isomorphismus, so gilt dies auch für T^*, und man hat $(T^*)^{-1} = (T^{-1})^*$. Diese Aussagen sind leicht nachzurechnen, vgl. Aufgabe 7.10.

Definitionen

Ein Operator $T \in L(H)$ heißt *selbstadjungiert*, falls $T^* = T$, *unitär*, falls $T^* = T^{-1}$ und *normal*, falls $T^*T = TT^*$ ist.

Der Begriff „unitär" ist auch sinnvoll für Operatoren $T \in L(H, G)$ zwischen verschiedenen Hilберträumen.

Es folgen nun verschiedene Beispiele linearer Operatoren und ihrer adjungierten Operatoren. Zunächst ist bei festen Orthonormalbasen die Matrix von T^* die zur Matrix von T adjungierte Matrix:

Adjungierte Matrizen

a) Wie zu Beginn des Kapitels seien $\{e_j\}_{j \in J}$ und $\{f_i\}_{i \in I}$ Orthonormalbasen der Hilberträume H und G, und ein Operator $T \in L(H, G)$ werde gemäß (7.1) durch die Matrix $\mathbb{M}(T) = (a_{ij})$ repräsentiert. Dann gilt

$$a_{ij} = \langle Te_j|f_i \rangle = \langle e_j|T^*f_i \rangle = \overline{\langle T^*f_i|e_j \rangle} = \overline{a_{ji}^*},$$

und somit ist die Matrix von $T^* \in L(G, H)$ bezüglich der Orthonormalbasen $\{f_i\}_{i \in I}$ und $\{e_j\}_{j \in J}$ gegeben durch $\mathbb{M}(T^*) = (a_{ji}^*) = (\overline{a_{ij}})$, also durch die adjungierte Matrix zu $\mathbb{M}(T)$. Aufgrund der Besselschen Ungleichung gilt dann

$$\sup_{j \in J} \sum_{i \in I} | a_{ij} |^2 < \infty \quad \text{und} \quad \sup_{i \in I} \sum_{j \in J} | a_{ij} |^2 < \infty; \qquad (7.21)$$

diese Abschätzungen sind also *notwendige Bedingungen* für die Beschränktheit der Operatoren T und L_A aus (7.2) und (7.4).

b) Nun sei (α_k) eine beschränkte Folge. Für den *Diagonaloperator* $D = \text{diag}(\alpha_k)$ auf ℓ_2 hat man dann $D^* = \text{diag}(\overline{\alpha_k})$ und $D^*D = DD^* = \text{diag}(| \alpha_k |^2)$. Somit ist D stets *normal;*

D ist genau dann *selbstadjungiert,* wenn alle α_k reell sind und genau dann *unitär,* wenn $|\alpha_k| = 1$ für alle k gilt.

c) Die Aussagen aus b) gelten auch für einen *Faltungsoperator* S_{*a} auf $L_2[-\pi, \pi]$ aufgrund der Diagonalisierung (7.9). Dieser ist also stets *normal,* wegen $\alpha_k \to 0$ allerdings nie unitär.

Multiplikationsoperatoren

a) Es sei $K \subseteq \mathbb{R}^n$ eine kompakte Menge. Für eine Funktion $a \in L_\infty(K)$ wird ein *Multiplikationsoperator* $M_a \in L(L_2(K))$ definiert durch

$$(M_a f)(t) := a(t)f(t), \quad t \in K, \; f \in L_2(K) \tag{7.22}$$

(vgl. Aufgabe 4.9). Offenbar ist $\| M_a \| \le \| a \|_{L_\infty}$. Für $0 < b < \| a \|_{L_\infty}$ gibt es eine Menge $B \in \mathfrak{M}(K)$ mit $\lambda(B) > 0$, sodass $|a(t)| \ge b$ für $t \in B$ gilt. Dann ist $\| \chi_B \|_{L_2}^2 = \lambda(B) > 0$ und $\| M_a \chi_B \|_{L_2}^2 = \int_B |a(t)|^2\, dt \ge b^2 \| \chi_B \|_{L_2}^2$, und daraus ergibt sich $\| M_a \| = \| a \|_{L_\infty}$.

b) Für Funktionen $f, g \in L_2(K)$ hat man

$$\langle M_a f | g \rangle = \int_K a(t)f(t)\, \overline{g(t)}\, dt = \langle f | M_a^* g \rangle \quad \text{mit}$$
$$(M_a^* g)(t) = \overline{a(t)}\, g(t) = (M_{\bar{a}} g)(t), \quad t \in K, \; g \in L_2(K),$$

also $M_a^* = M_{\bar{a}}$. Offenbar ist M_a stets normal; M_a ist genau dann selbstadjungiert, wenn a fast überall reellwertig ist und genau dann unitär, wenn $|a(t)| = 1$ für fast alle $t \in K$ gilt.

c) Für $a \in L_\infty[-\pi, \pi]$ und $H = L_2([-\pi, \pi], dt)$ berechnen wir die Matrix von M_a bezüglich der Basis $\{e^{ikt}\}_{k \in \mathbb{Z}}$. Nach (7.1) ist

$$a_{kj} = \langle M_a\, e_j^0 | e_k^0 \rangle = \int_{-\pi}^{\pi} a(t)\, e^{ijt}\, e^{-ikt}\, dt = \widehat{a}(k - j)$$

für $k, j \in \mathbb{Z}$; somit ist $\mathbb{M}(M_a)$ die zweiseitig unendliche *Toeplitz-Matrix*

$$\mathbb{M}(M_a) = \begin{pmatrix} \ddots & \ddots & \ddots & & \ddots & \\ \ddots & \widehat{a}(0) & \widehat{a}(-1) & \widehat{a}(-2) & \widehat{a}(-3) & \\ \ddots & \widehat{a}(1) & \boxed{\widehat{a}(0)} & \widehat{a}(-1) & \widehat{a}(-2) & \ddots \\ & \widehat{a}(2) & \widehat{a}(1) & \widehat{a}(0) & \widehat{a}(-1) & \ddots \\ & & \ddots & \ddots & \ddots & \ddots \end{pmatrix},$$

wobei das Element $\boxed{\widehat{a}(0)}$ an der Stelle $(0, 0)$ steht. Für diese gilt natürlich (7.21); Bedingung (7.5) ist nur für $a = 0$ erfüllt, Bedingung (7.6) aber für $a \in \mathcal{C}_{2\pi}^1$ und sogar $a \in H_{2\pi}^s$ mit $s > \frac{1}{2}$ (vgl. die Sätze 6.5 und 6.13).

Adjungierte Integraloperatoren

a) Es seien $K \subseteq \mathbb{R}^n$ kompakt und $\kappa \in \mathcal{C}(K^2)$ ein *stetiger Kern*. Für den linearen *Integraloperator* (vgl. Abschn. 3.4)

$$(S_\kappa f)(t) := \int_K \kappa(t,s) f(s)\, ds\,, \quad t \in K\,,$$

auf $L_2(K)$ und Funktionen $f, g \in \mathcal{C}(K)$ ist nach Satz 3.6

$$\langle S_\kappa f | g \rangle = \int_K \int_K \kappa(t,s) f(s)\, ds\, \overline{g(t)}\, dt = \int_K f(s) \overline{\int_K \overline{\kappa(t,s)} g(t)\, dt}\, ds\,.$$

Da $\mathcal{C}(K)$ in $L_2(K)$ dicht ist, gilt mit dem *adjungierten Kern* $\kappa^*(t,s) = \overline{\kappa(s,t)}$ dann

$$(S_\kappa^* g)(t) = (S_{\kappa^*} g)(t) = \int_K \overline{\kappa(s,t)}\, g(s)\, ds\,, \quad t \in K\,, \quad g \in L_2(K)\,. \tag{7.23}$$

Offenbar ist S_κ genau dann selbstadjungiert, wenn $\kappa = \kappa^*$ gilt.

b) Die Aussagen von a) gelten entsprechend auch für messbare Kerne $\kappa : \Omega^2 \to \mathbb{K}$ über σ-endlichen Maßräumen (Ω, Σ, μ) mit

$$\kappa \in L_2(\Omega^2) \quad \text{oder} \quad \|\kappa\|_{SI} \|\kappa\|_{ZI} < \infty\,; \tag{7.24}$$

dazu benötigt man die Resultate aus Abschn. 3.4 im Anhang. Mit κ erfüllt auch der *adjungierte Kern* $\kappa^*(t,s) = \overline{\kappa(s,t)}$ Bedingung (7.24).

c) Die Aussagen aus a) gelten insbesondere für Faltungsoperatoren S_{*a}, $a \in L_{1,2\pi}$. Für den Kern $\kappa(t,s) = a(t-s)$ gilt $\kappa^*(t,s) = \bar{a}(s-t)$; der Operator S_{*a} ist also *selbstadjungiert* für gerade reelle Funktionen oder für ungerade rein imaginäre Funktionen a. Aufgrund der Diagonalisierung (7.9) ist S_{*a} stets *normal*.

Der Shift-Operator

oder Rechts-Shift-Operator auf ℓ_2 ist definiert durch

$$S_+ (x_0, x_1, x_2, x_3, \ldots) := (0, x_0, x_1, x_2, \ldots)\,. \tag{7.25}$$

Er wird durch die Matrix

$$\mathbb{M}(S_+) = \begin{pmatrix} 0 & 0 & 0 & \cdots \\ 1 & 0 & 0 & \cdots \\ 0 & 1 & 0 & \cdots \\ \vdots & \vdots & & \ddots \end{pmatrix}$$

dargestellt. Für diese gilt Bedingung (7.6), nicht aber Bedingung (7.5). Offenbar ist S_+ eine *Isometrie* von ℓ_2 in ℓ_2, die nicht surjektiv ist.

Für Folgen $x = (x_k)_{k=0}^{\infty}$, $y = (y_k)_{k=0}^{\infty} \in \ell_2$ gilt

$$\langle S_+ x | y \rangle = \sum_{k=1}^{\infty} x_{k-1} \overline{y_k} = \sum_{j=0}^{\infty} x_j \overline{y_{j+1}} = \langle x | S_+^* y \rangle$$

mit dem *Links-Shift-Operator*

$$S_+^* = S_- : (y_0, y_1, y_2, y_3, \ldots) \mapsto (y_1, y_2, y_3, \ldots). \tag{7.26}$$

Offenbar ist $S_+^* S_+ = I$ und

$$S_+ S_+^* (y_0, y_1, y_2, y_3, \ldots) = (0, y_1, y_2, y_3, \ldots),$$

also $S_+ S_+^*$ die orthogonale Projektion von ℓ_2 auf den Unterraum $\{y \in \ell_2 \mid y_0 = 0\}$. Insbesondere sind S_+ und $S_+^* = S_-$ *nicht normal*.

Adjungierte Einbettungsoperatoren

a) Für $s > u \geq 0$ hat man den stetigen Sobolev-Einbettungsoperator $i : H_{2\pi}^s \to H_{2\pi}^u$. Für $f \in H_{2\pi}^s$ und $g \in H_{2\pi}^u$ gilt

$$\langle if | g \rangle_{H^u} = \sum_{k=-\infty}^{\infty} \langle k \rangle^{2u} \widehat{f}(k) \overline{\widehat{g}(k)} = \sum_{k=-\infty}^{\infty} \langle k \rangle^{2s} \widehat{f}(k) \langle k \rangle^{2u-2s} \overline{\widehat{g}(k)} = \langle f | i^* g \rangle_{H^s} \quad \text{mit}$$

$$(i^* g)(t) = \sum_{k=-\infty}^{\infty} \langle k \rangle^{2u-2s} \widehat{g}(k) e^{ikt}, \quad g \in H_{2\pi}^u. \tag{7.27}$$

Man beachte, dass das Bild $R(i^*)$ von i^* in $H_{2\pi}^{2s-u}$ enthalten ist.

b) Der selbstadjungierte Operator $i^* i \in L(H_{2\pi}^s)$ mit $R(i^* i) \subseteq H_{2\pi}^{2s-u}$ wird wegen

$$(i^* if) = \sum_{k=-\infty}^{\infty} \langle k \rangle^{2u-2s} \langle f | e_k^s \rangle_{H^s} e_k^s, \quad f \in H_{2\pi}^s, \tag{7.28}$$

(vgl. (6.27)) bezüglich der Orthonormalbasis $\{e_k^s\}$ von $H_{2\pi}^s$ durch die Diagonalmatrix $\mathbb{M}(i^* i) = \mathrm{diag}(\langle k \rangle^{2u-2s})_{\mathbb{Z} \times \mathbb{Z}}$ dargestellt. Für diese gilt stets Bedingung (7.6); Bedingung (7.5) ist genau für $s - u > \frac{1}{4}$ erfüllt.

Mittels adjungierter Operatoren ergeben sich Informationen über die *Lösbarkeit von Gleichungen* $Tx = y$:

Satz 7.6
Es seien H, G Hilberträume. Für $T \in L(H, G)$ gilt

$$R(T)^{\perp} = N(T^*) \quad und \quad \overline{R(T)} = N(T^*)^{\perp}. \tag{7.29}$$

Ist $R(T)$ abgeschlossen, so gilt also $R(T) = N(T^*)^{\perp}$.

BEWEIS. a) Man hat die Äquivalenzen

$$y \in R(T)^{\perp} \Leftrightarrow \forall \, x \in H \; : \; \langle Tx|y \rangle \; = \; 0 \; \Leftrightarrow \; \forall \, x \in H \; : \; \langle x|T^*y \rangle \; = \; 0$$
$$\Leftrightarrow \; T^*y \; = \; 0 \; \Leftrightarrow \; y \in N(T^*).$$

b) Mit (7.15) ergibt sich nun $\overline{R(T)} \; = \; (R(T)^{\perp})^{\perp} \; = \; N(T^*)^{\perp}$.   ◊

Eine erste Anwendung von Satz 7.6 ist die folgende *Charakterisierung orthogonaler Projektionen:*

Satz 7.7
Ein stetiger linearer Operator $P \in L(H)$ ist genau dann eine orthogonale Projektion, wenn $P^* = P = P^2$ gilt.

BEWEIS. „$\Rightarrow$" folgt aus Satz 7.2, insbesondere (7.13).
„$\Leftarrow$": Es sei $V := R(P)$. Wegen $P = P^2$ gilt

$$y \in V \; \Leftrightarrow \; \exists \, x \in H \; : \; y = Px \; \Leftrightarrow \; y = Py \; \Leftrightarrow \; y \in N(I - P).$$

Somit ist $V = N(I - P)$ abgeschlossen, und aus Satz 7.6 folgt

$$V^{\perp} \; = \; R(P)^{\perp} \; = \; N(P^*) \; = \; N(P).$$

Daher ist P die orthogonale Projektion auf V.   ◊

Offenbar ist $I - P \; = \; (I - P)^2 \; = \; (I - P)^*$ die orthogonale Projektion auf den Raum $N(P) = R(P)^{\perp}$.

Satz 7.6 besagt: Hat $T \in L(H, G)$ *abgeschlossenes Bild,* so ist die Gleichung $Tx = y$ für $y \in G$ genau dann lösbar, wenn y zu allen Lösungen der Gleichung $T^*z = 0$ in G orthogonal ist. Lineare Gleichungen mit dieser Eigenschaft heißen nach F. Hausdorff (1932) *normal auflösbar.* Ein Kriterium für normale Auflösbarkeit lautet:

Satz 7.8
Für $T \in L(H, G)$ gelte die Abschätzung

$$\exists \, \gamma > 0 \, \forall \, x \in N(T)^{\perp} \; : \; \| \, Tx \, \| \geq \gamma \, \| \, x \, \|. \tag{7.30}$$

Dann ist $R(T)$ abgeschlossen.

BEWEIS. Es sei P die orthogonale Projektion auf $N(T)^{\perp}$; dann gilt $TP = T$. Für $y \in \overline{R(T)}$ existiert eine Folge (x_n) in H mit $Tx_n \rightarrow y$. Dann folgt auch $TPx_n \rightarrow y$, und wegen (7.30) ist (Px_n) eine Cauchy-Folge in $N(T)^{\perp}$. Aus $Px_n \rightarrow x \in N(T)^{\perp}$ folgt dann $y = \lim_{n \to \infty} TPx_n = Tx$ und somit $y \in R(T)$.   ◊

Es gilt auch die *Umkehrung* dieser Aussage (vgl. Satz 8.9 auf S. 174).

Satz 7.9
Für einen Operator $T \in L(H)$ gelte die Abschätzung

$$\exists \gamma > 0 \, \forall \, x \in H \, : \, |\langle Tx|x \rangle| \geq \gamma \|x\|^2. \tag{7.31}$$

Dann ist $T \in GL(H)$ invertierbar mit $\|T^{-1}\| \leq \gamma^{-1}$.

BEWEIS. Aus (7.31) folgt $\gamma \|x\|^2 \leq |\langle Tx|x \rangle| \leq \|Tx\| \|x\|$ mittels der Schwarzschen Ungleichung, also $\|Tx\| \geq \gamma \|x\|$ für $x \in H$. Somit ist T injektiv, und nach Satz 7.8 ist $R(T)$ abgeschlossen. Nun gilt aber Bedingung (7.31) auch für T^*; daher ist auch T^* injektiv, und nach Satz 7.6 folgt $R(T) = N(T^*)^\perp = \{0\}^\perp = H$.   ◇

7.4   Selbstadjungierte und unitäre Operatoren

Die Sätze 7.8 und 7.9 liefern Informationen über das *Spektrum* und die *Resolvente selbstadjungierter Operatoren* $A = A^* \in L(H)$. Wegen $\langle Ax|x \rangle = \langle x|Ax \rangle = \overline{\langle Ax|x \rangle}$ gilt stets $\langle Ax|x \rangle \in \mathbb{R}$.

Satz 7.10
Es sei H ein Hilbertraum über $\mathbb{C}$. Für einen selbstadjungierten Operator $A \in L(H)$ gelten $\sigma(A) \subseteq \mathbb{R}$ und die Abschätzung

$$\|R_A(\lambda)\| \leq |\operatorname{Im} \lambda|^{-1} \quad \text{für } \lambda \in \mathbb{C} \backslash \mathbb{R}. \tag{7.32}$$

BEWEIS. Für $\lambda = \alpha + i\beta \in \mathbb{C}$ und $x \in H$ ist $\langle Ax|x \rangle \in \mathbb{R}$ und daher

$$|\langle (\lambda I - A)x|x \rangle| = |\langle (\alpha I - A)x|x \rangle + \langle i\beta x|x \rangle| \geq |\beta| \|x\|^2. \tag{7.33}$$

Für $\beta \neq 0$ gilt also (7.31), und die Behauptung folgt aus Satz 7.9.   ◇

Wichtig für die Untersuchung von Operatoren auf Hilberträumen sind die

Polarformeln
a) Wir betrachten wieder Hilberträume H über $\mathbb{K} = \mathbb{R}$ oder $\mathbb{K} = \mathbb{C}$. Die in (7.31) auftretende Abbildung

$$Q_T : H \to \mathbb{K}, \quad Q_T(x) := \langle Tx|x \rangle, \tag{7.34}$$

heißt die *quadratische Form* des linearen Operators $T \in L(H)$. Eine quadratische Form mit Eigenschaft (7.31) heißt *koerziv*.

b) Für $A = A^*$ gelten analog zu (6.19) und (6.20) die *Polarformeln*

$$4 \langle Ax|y \rangle = Q_A(x+y) - Q_A(x-y) \quad \text{bzw.} \tag{7.35}$$

$$4 \langle Ax|y \rangle = Q_A(x+y) - Q_A(x-y) + i(Q_A(x+iy) - Q_A(x-iy)) \tag{7.36}$$

im reellen Fall bzw. im komplexen Fall.

Satz 7.11

Es seien H, G Hilberträume über $\mathbb{K} = \mathbb{R}$ oder $\mathbb{K} = \mathbb{C}$.

a) Für einen selbstadjungierten Operator $A \in L(H)$ gilt

$$\| A \| = \sup \{ | \langle Ax|x \rangle | \, | \, \| x \| \leq 1 \} . \tag{7.37}$$

b) Für einen Operator $T \in L(H,G)$ ist $T^*T \in L(H)$ selbstadjungiert, und man hat

$$\| T^*T \| = \| T \|^2 . \tag{7.38}$$

BEWEIS. a) Für $q(A) := \sup \{ | \langle Ax|x \rangle | \, | \, \| x \| \leq 1 \}$ gilt $q(A) \leq \| A \|$ aufgrund der Schwarzschen Ungleichung, und man erhält $| Q_A(h) | \leq q(A) \| h \|^2$ für alle $h \in H$ ähnlich wie in Satz 3.1. Wegen $Q_A(h) \in \mathbb{R}$ für alle $h \in H$ liefert die Polarformel für $\mathbb{K} = \mathbb{R}$ und $\mathbb{K} = \mathbb{C}$

$$4 \operatorname{Re} \langle Ax|y \rangle = Q_A(x+y) - Q_A(x-y). \tag{7.39}$$

Für $x, y \in H$ mit $\| x \|, \| y \| \leq 1$ gibt es $\alpha \in \mathbb{K}$ mit $| \alpha | = 1$ und

$$\begin{aligned}
| \langle Ax|y \rangle | = \langle \alpha Ax|y \rangle &= \tfrac{1}{4} (Q_A(\alpha x + y) - Q_A(\alpha x - y)) \\
&\leq \tfrac{1}{4} q(A) (\| \alpha x + y \|^2 + \| \alpha x - y \|^2) \\
&\leq \tfrac{1}{2} q(A) (\| \alpha x \|^2 + \| y \|^2) \leq q(A)
\end{aligned}$$

aufgrund von (7.39) und der *Parallelogrammgleichung* (7.11).

b) Man hat

$$\begin{aligned}
\| T \|^2 = \sup_{\| x \| \leq 1} \| Tx \|^2 &= \sup_{\| x \| \leq 1} | \langle Tx|Tx \rangle | = \sup_{\| x \| \leq 1} | \langle T^*Tx|x \rangle | \\
&\leq \| T^*T \| \leq \| T^* \| \| T \| = \| T \|^2 . \qquad \diamond
\end{aligned}$$

Ist also ein Operator $A \in L(H)$ selbstadjungiert, so folgt aus $Q_A = 0$ mittels (7.37) bereits $A = 0$. Für beliebige Operatoren $T \in L(H)$ ist dies im Fall eines reellen Hilbertraums nicht richtig, wie etwa das Beispiel einer Drehung $D : (x_1, x_2) \mapsto (-x_2, x_1)$ des $\mathbb{R}^2$ um den Winkel $\frac{\pi}{2}$ zeigt (vgl. Abb. 7.4). Die Aussage gilt jedoch für alle Operatoren $T \in L(H)$ im Fall eines komplexen Hilbertraums:

Abb. 7.4 Drehung um $\frac{\pi}{2}$

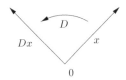

Satz 7.12

Es sei H ein Hilbertraum über $\mathbb{C}$. Ein Operator $T \in L(H)$ ist genau dann selbstadjungiert, wenn $\langle Tx|x \rangle \in \mathbb{R}$ für alle $x \in H$ gilt. Aus $Q_T = 0$ folgt somit $T = 0$.

BEWEIS. Für $x, y \in H$ seien $a := \langle Tx|y \rangle \in \mathbb{C}$ und $b := \langle Ty|x \rangle \in \mathbb{C}$. Wegen

$$Q_T(x + y) = \langle Tx|x \rangle + a + b + \langle Ty|y \rangle$$

folgt $a + b \in \mathbb{R}$, und analog liefert das Ausmultiplizieren

$$Q_T(x + iy) = \langle Tx|x \rangle - ia + ib + \langle Ty|y \rangle$$

die Aussage $i(b-a) \in \mathbb{R}$. Dies erzwingt $a = \bar{b}$, und somit gilt $T = T^*$. Die letzte Aussage folgt dann aus (7.37). $\diamond$

Nun folgt eine Anwendung von Formel (7.38) auf *Spektralradien*:

Satz 7.13

a) Für einen normalen *Operator $T \in L(H)$ auf einem Hilbertraum stimmen Spektralradius und Norm überein, es gilt also*

$$r(T) = \limsup_{n \to \infty} \sqrt[n]{\| T^n \|} = \| T \|. \tag{7.40}$$

b) Für einen beschränkten Operator $T \in L(H, G)$ zwischen Hilberträumen gilt

$$\| T \| = r(T^*T)^{1/2}. \tag{7.41}$$

BEWEIS. a) Wegen $\| T^n \| \leq \| T \|^n$ gilt $r(T) \leq \| T \|$. Aus (7.38) ergibt sich

$$\| T^2 \|^2 = \| (T^2)^*T^2 \| = \| (T^*T)^*(T^*T) \| = \| T^*T \|^2 = \| T \|^4.$$

Induktiv folgt daraus $\| T^{2^k} \| = \| T \|^{2^k}$ für alle $k \in \mathbb{N}$ und somit $r(T) = \| T \|$.

b) Aus (7.38) und (7.40) folgt $\| T \|^2 = \| T^*T \| = r(T^*T)^2$, da der Operator $T^*T \in L(H)$ selbstadjungiert ist. $\diamond$

Die Polarformel liefert Charakterisierungen normaler und unitärer Operatoren:

Satz 7.14
Ein Operator $T \in L(H)$ ist genau dann normal, *wenn $\| Tx \| = \| T^*x \|$ für alle $x \in H$ gilt.*

BEWEIS. Für alle $x \in H$ gilt

$$\| Tx \|^2 = \langle Tx|Tx \rangle = \langle T^*Tx|x \rangle \quad \text{und}$$
$$\| T^*x \|^2 = \langle T^*x|T^*x \rangle = \langle TT^*x|x \rangle .$$

Da T^*T und TT^* selbstadjungiert sind, folgt die Behauptung aus der Polarformel. ◊

Satz 7.15
Ein Operator $U \in L(H)$ ist genau dann unitär, *wenn U eine Isometrie von H auf H ist. In diesem Fall gilt $\sigma(U) \subseteq S^1 = \{z \in \mathbb{C} \mid |z| = 1\}$.*

BEWEIS. a) Ist U unitär, so gilt wegen $U^* = U^{-1}$ für alle $x \in H$

$$\| Ux \|^2 = \langle Ux|Ux \rangle = \langle U^*Ux|x \rangle = \| x \|^2 . \tag{7.42}$$

Umgekehrt impliziert (7.42) aufgrund der Polarformel wieder $U^*U = I$. Nach Voraussetzung ist $U \in GL(H)$, und es folgt $U^* = U^{-1}$.

b) Wegen $\| U \| \leq 1$ gilt $\sigma(U) \subseteq \overline{D} := \{z \in \mathbb{C} \mid |z| \leq 1\}$. Für $|\lambda| < 1$ gilt aber $\lambda I - U = U(\lambda U^{-1} - I) \in GL(H)$ wegen $\| U^{-1} \| = 1$. ◊

Abschließend zeigen wir einen auf J. v. Neumann (1932) zurückgehenden *Ergodensatz*:

Evolution von Systemen
a) Die Evolution eines physikalischen Systems kann oft in der Form

$$x(t) = U(t)x_0, \quad t \in \mathbb{R} \quad \text{Zeitvariable} ,$$

beschrieben werden; hierbei sind die $U(t)$ unitäre Operatoren auf einem Hilbertraum H und $x_0 \in H$ ein Anfangszustand des Systems. Dabei „sollte" stets gelten

$$U(0) = I, \quad U(t+s) = U(t)U(s), \quad t,s \in \mathbb{R} . \tag{7.43}$$

Für quantenmechanische Systeme erläutern wir dies in Abschn. 13.6. Nach einem Prinzip der Thermodynamik sollten makroskopische Systeme für $t \to \infty$ gegen einen Gleichgewichtszustand streben; für eine Diskussion dieses Prinzips sei auf (Reed und Simon 1972), II.5 verwiesen.

b) Wir betrachten hier diskrete Zeitschritte $t = n \in \mathbb{Z}$, wegen (7.43) also die Potenzen $(U^n)_{n \in \mathbb{Z}}$ eines unitären Operators $U \in L(H)$. Das Prinzip der Thermodynamik behauptet dann die Existenz von $\lim_{n \to \infty} U^n x$ für alle $x \in H$ in einem geeigneten Sinn.

c) Im Fall $\dim H = 1$ ist U einfach eine komplexe Zahl mit $|U| = 1$, und für $U \neq 1$ existiert $\lim_{n \to \infty} U^n$ nicht. Für die *arithmetischen Mittel* der U^n gilt jedoch

$$V_n := \frac{1}{n} \sum_{j=0}^{n-1} U^j = \frac{1}{n} \frac{U^n - 1}{U - 1} \to \left\{ \begin{array}{ll} 0 & , \quad U \neq 1 \\ 1 & , \quad U = 1 \end{array} \right. .$$

Diese einfache Beobachtung lässt sich auf den allgemeinen Fall übertragen; die arithmetischen Mittel der Potenzen von U konvergieren punktweise gegen die orthogonale Projektion auf den Raum der Gleichgewichtszustände:

Satz 7.16 (Ergodensatz)
Es seien U ein unitärer Operator auf einem Hilbertraum H und P die orthogonale Projektion auf den Eigenraum $E(U; 1) = \{ y \in H \mid Uy = y \}$. Für alle $x \in H$ gilt dann

$$\lim_{n \to \infty} \frac{1}{n} \sum_{j=0}^{n-1} U^j x = Px. \tag{7.44}$$

BEWEIS. a) Für $x \in E(U; 1)$ gilt natürlich $U^j x = x$ für alle $j \in \mathbb{N}_0$ und somit auch $V_n x := \frac{1}{n} \sum_{j=0}^{n-1} U^j x = x = Px$.

b) Nach Satz 7.6 gilt $E(U; 1)^\perp = N(I - U)^\perp = \overline{R(I - U^*)} = \overline{R(I - U^{-1})}$. Für einen Vektor $x = y - U^{-1}y \in R(I - U^{-1})$ hat man

$$V_n x = \frac{1}{n} \sum_{j=0}^{n-1} U^j x = \frac{1}{n} \sum_{j=0}^{n-1} U^j y - \frac{1}{n} \sum_{j=0}^{n-1} U^{j-1} y = \frac{1}{n} (U^{n-1} y - U^{-1} y) \to 0$$

für $n \to \infty$. Wegen $\| V_n \| \leq 1$ gilt dann nach Satz 3.3 auch $V_n x \to 0 = Px$ für alle $x \in \overline{R(I - U^*)} = E(U; 1)^\perp$. Wegen $H = E(U; 1) \oplus_2 E(U; 1)^\perp$ gemäß (7.12) folgt somit die Behauptung.   ◊

7.5   Aufgaben

Aufgabe 7.1
Es seien $\Omega \subseteq \mathbb{R}^n$ eine messbare Menge, $\kappa \in L_2(\Omega^2)$ ein quadratintegrierbarer Kern und $A = (a_{ij})$ die Matrix des Integraloperators S_κ bezüglich einer Orthonormalbasis von $L_2(\Omega)$. Zeigen Sie

$$\sum_{i,j} | a_{ij} |^2 = \int_{\Omega^2} | \kappa(t, s) |^2 \, d(t, s) < \infty .$$

HINWEIS. Beachten Sie Aufgabe 6.7.

Aufgabe 7.2

Eine Matrix $A = (a_{ij})$ über $\mathbb{N}_0 \times \mathbb{N}_0$ heißt *Bandmatrix,* falls es $N \in \mathbb{N}_0$ gibt mit $a_{ij} = 0$ für $|i - j| > N$. Zeigen Sie, dass eine Bandmatrix $A = (a_{ij})$ genau dann einen beschränkten linearen Operator auf ℓ_2 definiert, wenn $\sup_{i,j} |a_{ij}| < \infty$ gilt und geben Sie eine Abschätzung für $\|A\|$ an.

Aufgabe 7.3

a) Für eine Matrix $A = (a_{ij})$ über $\mathbb{N}_0 \times \mathbb{N}_0$ gelte $a_{ij} = b_{ij} c_{ij}$ mit

$$\sup_{i=0}^{\infty} \sum_{j=0}^{\infty} |b_{ij}|^2 < \infty \quad \text{und} \quad \sup_{j=0}^{\infty} \sum_{i=0}^{\infty} |c_{ij}|^2 < \infty.$$

Zeigen Sie, dass $A = (a_{ij})$ einen beschränkten linearen Operator auf ℓ_2 definiert.

b) Verifizieren Sie Bedingung a) für die Matrix $A = (a_{ij})$ mit $a_{ij} = \begin{cases} \frac{1}{i+1} & , \ j \le i \\ 0 & , \ j > i \end{cases}$.

Gilt $\|A\|_{SS} < \infty$ oder $\|A\|_{ZS} < \infty$?

Aufgabe 7.4

Es seien H ein Hilbertraum, $V \subseteq H$ ein Unterraum, Y ein Banachraum und $T_0 \in L(V, Y)$. Setzen Sie T_0 zu einem stetigen linearen Operator $T \in L(H, Y)$ mit $\|T\| = \|T_0\|$ fort.

Aufgabe 7.5

Es sei H ein Hilbertraum. Eine Abbildung $\beta : H \times H \to \mathbb{C}$ heißt *sesquilinear,* falls β in der ersten Komponente linear und in der zweiten Komponente antilinear ist. Zeigen Sie: Ist β stetig, so gibt genau ein $T \in L(H)$ mit

$$\beta(x, y) = \langle x | Ty \rangle \quad \text{für alle} \ x, y \in H,$$

und man hat $\|T\| = \sup \{|\beta(x, y)| \mid \|x\|, \|y\| \le 1\}$.

Ist β bzw. T zusätzlich *koerziv,* so gilt $T \in GL(H)$ *(Satz von Lax-Milgram)*.

Aufgabe 7.6

Es seien H, G Hilberträume, $T \in L(H, G)$ mit abgeschlossenem Bild $R(T)$ und $y \in G$.

a) Bestimmen Sie $M(y) := \{x \in H \mid \|Tx - y\| \ \text{ist minimal}\}$.

b) Zeigen Sie, dass $M(y)$ genau ein Element $T^{\times} y$ minimaler Norm besitzt.

c) Zeigen Sie, dass die „*verallgemeinerte Inverse*" $T^{\times} : G \to H$ von T linear ist und $TT^{\times}T = T$, $T^{\times}TT^{\times} = T^{\times}$ erfüllt. Versuchen Sie, die Stetigkeit von $T^{\times}$ zu beweisen !

Aufgabe 7.7

Zeigen Sie für $a < b \in \mathbb{R}$: Die Legendre-Polynome

$$L_n(t) = \frac{\sqrt{2n+1}}{(b-a)^{n+\frac{1}{2}} n!} \left(\frac{d}{dt}\right)^n \left((t-a)^n (t-b)^n\right), \quad n \in \mathbb{N}_0,$$

bilden eine Orthonormalbasis von $L_2[a,b]$. Ihre Nullstellen sind einfach und liegen im Intervall (a,b).

Aufgabe 7.8

Zeigen Sie, dass die *Tschebyscheff-Polynome*

$$T_0(t) = \frac{1}{\sqrt{2\pi}}, \quad T_n(t) = \sqrt{\frac{2}{\pi}} \cos(n \arccos t), \quad n \in \mathbb{N},$$

eine Orthonormalbasis des Hilbertraums $L_2([-1,1], \frac{dt}{\sqrt{1-t^2}})$ bilden.

Aufgabe 7.9

Die *Hermite-Polynome* werden definiert durch

$$H_n(t) := (-1)^n e^{t^2} \left(\frac{d}{dt}\right)^n e^{-t^2}, \quad n \in \mathbb{N}_0.$$

a) Zeigen Sie $e^{2ut-u^2} = \sum_{n=0}^{\infty} \frac{1}{n!} H_n(t) u^n$ und schließen Sie daraus $H_n' = 2n H_{n-1}$.

b) Zeigen Sie, dass die *Hermite-Funktionen* $h_n(t) := (2^n n! \sqrt{\pi})^{-\frac{1}{2}} H_n(t) e^{-\frac{t^2}{2}}$ ein Orthonormalsystem in $L_2(\mathbb{R})$ bilden.

Aufgabe 7.10

Beweisen Sie die Bemerkungen über adjungierte Operatoren auf S. 149.

Aufgabe 7.11

a) Verifizieren Sie die Polarformeln (7.35) und (7.36) sowie die Parallelogrammgleichung (7.11).

b) Es sei X ein Banachraum über $\mathbb{R}$, dessen Norm die Parallelogrammgleichung (7.11) erfüllt. Zeigen Sie, dass X ein Hilbertraum ist.

Aufgabe 7.12

a) Es sei S_{*a} der durch $a \in L_{1,2\pi}$ gegebene Faltungsoperator. Zeigen Sie

$$R(\lambda I - S_{*a}) = N(\lambda I - S_{*a})^{\perp} \quad \text{für } \lambda \in \mathbb{C} \backslash \{0\}.$$

b) Es sei $\lambda \neq 0$. Für welche Funktionen $g \in L_2[-\pi, \pi]$ hat die Integralgleichung

$$\lambda f(t) - \int_{-\pi}^{\pi} a(t-s) f(s)\, ds = g(t)$$

Lösungen $f \in L_2[-\pi, \pi]$? Geben Sie alle Lösungen an!

Aufgabe 7.13

Es sei $T \in L(H)$ ein normaler Operator auf einem Hilbertraum. Zeigen Sie, dass Eigenvektoren zu *verschiedenen* Eigenwerten stets *orthogonal* sind.

Aufgabe 7.14

Es sei P die orthogonale Projektion auf den abgeschlossenen Unterraum V des Hilbertraumes H.

a) Zeigen Sie, dass $I - P$ die orthogonale Projektion auf $V^\perp$ ist.

b) Für einen Operator $T \in L(H)$ zeigen Sie

$$T(V) \subseteq V \iff T^*(V^\perp) \subseteq V^\perp \iff PTP = TP.$$

c) Nun sei T normal, und es gelte $T(V) \subseteq V$ und $T(V^\perp) \subseteq V^\perp$. Zeigen Sie, dass die Restriktion $T|_V \in L(V)$ von T auf V ebenfalls normal ist.

Aufgabe 7.15

a) Gegeben sei der durch

$$U_+ : \ (\ldots, x_{-2}, x_{-1}, \boxed{x_0}, x_1, x_2, \ldots) \ \mapsto \ (\ldots, x_{-3}, x_{-2}, \boxed{x_{-1}}, x_0, x_1, \ldots)$$

definierte Rechts-Shift-Operator auf $\ell_2(\mathbb{Z})$. Zeigen Sie, dass U_+ unitär ist.

b) Bestimmen Sie die Einschränkung von U_+ auf dessen invarianten Unterraum $V := \{(x_k)_{k \in \mathbb{Z}} \in \ell_2(\mathbb{Z}) \mid x_k = 0 \text{ für } k < 0\}$. Ist dieser Operator normal?

Aufgabe 7.16

Es seien H ein Hilbertraum und $T \in L(H)$ mit $\dim R(T) < \infty$.

a) Zeigen Sie $Tx = \sum_{j=1}^{m} \langle x | y_j \rangle \, x_j$ für geeignete Vektoren $y_j, x_j \in H$.

b) Finden Sie einen Unterraum V von H mit $\dim V < \infty$ sowie $T(V) \subseteq V$ und $T = 0$ auf $V^\perp$.

Aufgabe 7.17

a) Es seien H ein Hilbertraum und $T \in L(H)$. Der *numerische Wertebereich* von T wird definiert als

$$W(T) := \{\langle Tx | x \rangle \mid \|x\| = 1\}.$$

Zeigen Sie $\sigma(T) \subseteq \overline{W(T)}$.

b) Zeigen Sie $\sigma(S^*S) \subseteq [0, \infty)$ für jeden Operator $S \in L(H)$.

Aufgabe 7.18

a) Berechnen Sie die Matrix-Darstellung des *Volterra-Operators*

$$Vf(t) \;=\; \int_{-\pi}^{t} f(s)\,ds\,, \quad f \in L_2[-\pi,\pi]\,,$$

bezüglich der Orthonormalbasis $\{e^{ikt}\}_{k\in\mathbb{Z}}$ von $L_2([-\pi,\pi],dt)$.

b) Berechnen Sie den adjungierten Operator V^*. Ist V normal?

Aufgabe 7.19

Es sei U ein unitärer Operator auf einem Hilbertraum H.

a) Zeigen Sie $U(M^\perp) = (U(M))^\perp$ für nichtleere Mengen $M \subseteq H$.

b) Zeigen Sie für die Resolvente von U die Abschätzung

$$\| R_U(\lambda) \| \;\leq\; |\,1 - |\lambda|\,|^{-1} \quad \text{für } |\lambda| \neq 1\,.$$

Aufgabe 7.20

Beweisen Sie den Ergodensatz für eine größere Klasse von Operatoren.

Aufgabe 7.21

Finden Sie möglichst viele *invariante Unterräume* des Shift-Operators S_+ aus (7.25), d. h. abgeschlossene Unterräume V von ℓ_2 mit $S_+(V) \subseteq V$.

Teil III

Prinzipien der Funktionalanalysis

Übersicht

Unter den *Prinzipien der Funktionalanalysis* versteht man üblicherweise das *Prinzip der gleichmäßigen Beschränktheit,* den *Satz von der offenen Abbildung* und den *Fortsetzungssatz von Hahn-Banach.* Die beiden erstgenannten Prinzipien beruhen auf dem *Satz von Baire,* einer scheinbar abstrakten Aussage über vollständige metrische Räume, sie sind also *Konsequenzen der Vollständigkeit.* Beide Prinzipien haben eine Reihe konkreter Anwendungen in der Analysis, von denen wir einige hier vorstellen.

Die beiden auf dem Satz von Baire beruhenden Prinzipien sind für Hilberträume ebenso wichtig und schwierig zu beweisen wie für Banachräume. Im Gegensatz dazu ist der *Satz von Hahn-Banach* über die Fortsetzung stetiger Linearformen für Hilberträume aufgrund der Ergebnisse von Kap. 7 klar. Für Banachräume impliziert er die *Existenz „genügend vieler" stetiger Linearformen.* Auch dieser Satz hat viele konkrete Anwendungen in der Analysis. Darüber hinaus ist er der Ausgangspunkt einer reichhaltigen *Dualitätstheorie* für Banachräume mit wichtigen Konsequenzen für die *Operatortheorie,* die u. a. die Erweiterung von Resultaten im Hilbertraum-Fall auf den Banachraum-Fall erlauben.

In den Kap. 9 und 10 identifizieren wir die *Dualräume von* $C(K)$ *- und* L_p *-Räumen* und untersuchen *duale Operatoren, stetige Projektionen, uniform konvexe Räume* und *reflexive Banachräume.* Weiter studieren wir *schwach-* und *schwach*-konvergente Folgen* und zeigen, dass in reflexiven Banachräumen X jede beschränkte Folge eine *schwach konvergente Teilfolge* hat. Diese Aussage impliziert die *Existenz von Minima* für geeignete Klassen nicht notwendig linearer reellwertiger Funktionale auf X.

Konsequenzen der Vollständigkeit

8

Fragen

1. Eine Funktion $f : \mathbb{R} \to \mathbb{R}$ sei punktweise Limes einer Folge stetiger Funktionen. Zeigen Sie, dass f in mindestens einem Punkt stetig ist.
2. Zeigen Sie, dass es eine auf $[a, b]$ stetige Funktion gibt, die nirgends differenzierbar ist.
3. Ist der Raum der Polynome ein Banachraum unter einer geeigneten Norm?
4. Welche Nullfolgen liegen im Bild der Fourier-Abbildung $\mathcal{F} : L_1[-\pi, \pi] \to c_0(\mathbb{Z})$?

In diesem Kapitel behandeln wir zwei grundlegende *Prinzipien der Funktionalanalysis*, deren Gültigkeit im Wesentlichen auf einer *Vollständigkeitsvoraussetzung* an einen normierten Raum beruht. Ausgangspunkt ist der *Satz von Baire* in Abschn. 8.1, eine scheinbar abstrakte Aussage über *vollständige metrische Räume*. Dieser besitzt viele *konkrete Anwendungen* in der Analysis; auf ihm beruhen *Existenzbeweise,* die sofort auch die Existenz *vieler* der gesuchten Objekte liefern.

In Abschn. 8.2 zeigen wir das *Prinzip der gleichmäßigen Beschränktheit* mit einigen Anwendungen, in Abschn. 8.3 den *Satz von der offenen Abbildung* und den *Satz vom abgeschlossenen Graphen.* Weitere Anwendungen auf *Fourier-Reihen* und *Fourier-Koeffizienten* sind dann im letzten Abschnitt des Kapitels zusammengestellt.

8.1   Der Satz von Baire

Im Jahre 1897 zeigte W.F. Osgood den folgenden

© Springer-Verlag GmbH Deutschland 2018
W. Kaballo, *Grundkurs Funktionalanalysis*,
https://doi.org/10.1007/978-3-662-54748-9_8

Satz 8.1 (Osgood)

Es sei $\mathcal{M}$ eine punktweise beschränkte Menge stetiger Funktionen auf $\mathbb{R}$. Dann gibt es ein nichtleeres offenes Intervall, auf dem $\mathcal{M}$ gleichmäßig beschränkt ist.

Nach R. Baire (1899) lässt sich dies so zeigen: Man betrachtet für $n \in \mathbb{N}$ die Mengen $A_n := \{t \in \mathbb{R} \mid \forall f \in \mathcal{M} : |f(t)| \le n\}$. Diese sind wegen der Stetigkeit der Funktionen aus $\mathcal{M}$ in $\mathbb{R}$ *abgeschlossen,* und wegen der punktweisen Beschränktheit dieser Menge ist $\bigcup_{n=1}^{\infty} A_n = \mathbb{R}$. Daraus folgt dann, dass ein A_n ein *nichtleeres Inneres* haben muss. Diese Aussage gilt nach F. Hausdorff (1914) auch über *vollständigen metrischen Räumen* (*Satz von Baire* oder *Satz von Baire-Hausdorff*). Zwecks bequemer Formulierungen führen wir die folgenden Begriffe ein:

Bairesche Kategorien

Es sei M ein metrischer Raum.

a) Eine Menge $A \subseteq M$ heißt *nirgends dicht,* falls das Innere des Abschlusses von A leer ist, also $\overline{A}^{\circ} = \emptyset$ gilt.

b) Eine abzählbare Vereinigung nirgends dichter Teilmengen von M heißt *mager* oder *von erster Kategorie.* Teilmengen und abzählbare Vereinigungen magerer Mengen sind offenbar wieder mager.

c) Nicht magere Teilmengen von M heißen *von* zweiter *Kategorie.*

Beispiele

a) Einpunktige Teilmengen von $\mathbb{R}$ sind nirgends dicht, abzählbare Teilmengen daher mager in $\mathbb{R}$. Dies gilt insbesondere für den unvollständigen Raum $\mathbb{Q}$ der rationalen Zahlen.

b) Es sei V ein Unterraum eines normierten Raumes X. Hat V einen inneren Punkt $a \in V^{\circ}$, so folgt aus $U_{\delta}^X(a) \subseteq V$ für ein $\delta > 0$ sofort auch $U_{\delta}^X(0) = U_{\delta}^X(a) - a \subseteq V$ und somit $X = V$. Ein *echter abgeschlossener Unterraum* von X ist also *nirgends dicht* in X.

c) Es sei $\{x_n\}_{n\in\mathbb{N}}$ eine (algebraische) Basis eines normierten Raumes X (vgl. Anhang A.1). Die Unterräume $V_n := [x_1, \dots, x_n]$ sind nach b) nirgends dicht in X, und daher ist der Raum $X = \bigcup_n V_n$ von erster Kategorie.

Der Satz von Baire besagt, dass *vollständige* metrische Räume stets von zweiter Kategorie sind. Der Beweis wird in Abb. 8.1 illustriert.

Theorem 8.2 (Baire)

Es sei M ein vollständiger metrischer Raum. Dann ist jede offene Teilmenge D von M von zweiter Kategorie.

BEWEIS. Ist D mager, so gilt $D = \bigcup_{n=1}^{\infty} A_n$ mit $\overline{A_n}^{\circ} = \emptyset$ für $n \in \mathbb{N}$. Wir wählen $a \in D$ und $r > 0$ mit $B_r(a) \subseteq D$. Wegen $\overline{A_1}^{\circ} = \emptyset$ gibt es einen Punkt $a_1 \in U_r(a) \setminus \overline{A_1}$, also

Abb. 8.1 Illustration des
Beweises von Theorem 8.2

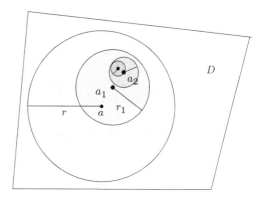

$0 < r_1 \leq \frac{r}{2}$ mit $B_{r_1}(a_1) \subseteq B_r(a)$ und $B_{r_1}(a_1) \cap A_1 = \emptyset$. Wegen $\overline{A_2}^\circ = \emptyset$ gibt es $0 < r_2 \leq \frac{r_1}{2}$ und eine Kugel $B_{r_2}(a_2) \subseteq B_{r_1}(a_1)$ mit $B_{r_2}(a_2) \cap A_2 = \emptyset$. Induktiv finden wir Radien $0 < r_n \leq \frac{r}{2^n}$ und Kugeln $B_{r_n}(a_n) \subseteq B_{r_{n-1}}(a_{n-1})$ mit $B_{r_n}(a_n) \cap A_n = \emptyset$. Insbesondere gilt

$$d(a_n, a_{n-1}) \leq r_{n-1} \leq r\, 2^{-n+1} \quad \text{für } n \geq 2,$$

und wie im Beweis des Banachschen Fixpunktsatzes ergibt sich daraus für $m > n$

$$d(a_m, a_n) \leq \sum_{k=n+1}^{m} d(a_k, a_{k-1}) \leq r \sum_{k=n+1}^{m} 2^{-k+1} \leq r\, 2^{-n+1}.$$

Somit ist (a_n) eine *Cauchy-Folge*, und aufgrund der Vollständigkeit von M existiert $a := \lim_{n \to \infty} a_n \in M$. Offenbar gilt dann $a \in B_{r_n}(a_n)$ für alle $n \in \mathbb{N}$, und wir erhalten den Widerspruch $a \in D \backslash \bigcup_{n=1}^{\infty} A_n$. $\diamond$

Nach Beispiel c) auf S. 166 kann also ein Banachraum nur *endliche oder überabzählbare algebraische Dimension* haben.

Bekanntlich ist der Limes f einer punktweise konvergenten Folge stetiger Funktionen etwa auf $[0, 1]$ i. a. nicht stetig (vgl. Abb. 1.4 auf S. 10). Wir beantworten nun die Eingangsfrage nach der Existenz von Stetigkeitspunkten von f mithilfe des Satzes von Baire. Dabei ergibt sich, dass f nicht nur einen, sondern „*viele*" Stetigkeitspunkte hat; f kann nämlich nur auf einer *mageren* Menge unstetig sein. Dies ist typisch für Anwendungen des Satzes von Baire: die *Existenz* eines Objekts ergibt sich daraus, dass die Menge der gesuchten Objekte von zweiter Kategorie ist.

Satz 8.3
Es seien M, Y metrische Räume und (f_n) eine Folge stetiger Funktionen in $\mathcal{C}(M, Y)$ mit $\lim_{n \to \infty} f_n(x) = f(x)$ für alle $x \in M$. Dann ist die Menge der Unstetigkeitsstellen von f mager in M.

BEWEIS. a) Wegen der Stetigkeit der Funktionen f_n sind die Mengen

$$F_{m,j} := \{x \in M \mid d(f_n(x), f_m(x)) \leq \tfrac{1}{j} \text{ für } n \geq m\}, \quad m, j \in \mathbb{N},$$

in M abgeschlossen, und für alle $j \in \mathbb{N}$ hat man $M = \bigcup_{m=1}^{\infty} F_{m,j}$ wegen der punktwei-

sen Konvergenz der f_n. Für die offenen Mengen $D_j := \bigcup_{m=1}^{\infty} F_{m,j}^{\circ}$ ist ihr *Komplement*

$D_j^c \subseteq \bigcup_{m=1}^{\infty} (F_{m,j} \backslash F_{m,j}^{\circ})$ in M mager, und dies gilt dann auch für $S := \bigcup_{j=1}^{\infty} D_j^c$.

b) Für $x \in S^c = \bigcap_{j=1}^{\infty} D_j$ gibt es zu $j \in \mathbb{N}$ ein $m \in \mathbb{N}$ mit $x \in F_{m,j}^{\circ}$, also $\alpha > 0$ mit

$d(f_n(y), f_m(y)) \leq \tfrac{1}{j}$ für $n \geq m$ und $y \in B_\alpha(x)$. Mit $n \to \infty$ folgt auch $d(f(y), f_m(y)) \leq \tfrac{1}{j}$

auf $B_\alpha(x)$. Wegen der Stetigkeit von f_m gibt es $0 < \delta \leq \alpha$ mit $d(f_m(y), f_m(x)) \leq \tfrac{1}{j}$ für

$d(y, x) \leq \delta$. Für diese $y \in B_\delta(x)$ gilt dann

$$d(f(y), f(x)) \leq d(f(y), f_m(y)) + d(f_m(y), f_m(x)) + d(f_m(x), f(x)) \leq \tfrac{3}{j};$$

folglich ist f stetig in x und somit auf $S^c = M \backslash S$.   ◊

Für *vollständige* metrische Räume M ist nach dem Satz von Baire dann f auf einer *nichtleeren* Menge zweiter Kategorie stetig.

Im Fall *linearer* Operatoren erzwingt die Stetigkeit in einem Punkt nach Satz 3.1 bereits die Stetigkeit auf dem ganzen Raum. Daher gilt:

Folgerung

Es seien X, Y normierte Räume, X vollständig und (T_n) eine Folge in $L(X, Y)$ mit $\lim_{n \to \infty} T_n(x) = T(x)$ für alle $x \in X$. Dann ist der lineare Operator $T: X \to Y$ stetig.

Diese Folgerung ergibt sich auch als Teilaussage des Satzes von Banach-Steinhaus 8.5.

Beispiel

Mit dieser Folgerung lässt sich Aufgabe 4.2 sofort lösen: Es seien X ein Banachraum und $T \in L(X)$, sodass die Reihe $\sum_{k=0}^{\infty} T^k x$ für alle $x \in X$ konvergiert. Durch $Sx := \sum_{k=0}^{\infty} T^k x$ für alle $x \in X$ wird dann also ein stetiger linearer Operator $S \in L(X)$ definiert, der $(I-T)Sx = x$ und $S(I-T)x = x$ für alle $x \in X$ erfüllt. Folglich gilt $(I-T)^{-1} = S \in L(X)$.

Nach diesen ersten Anwendungen des Satzes von Baire diskutieren wir noch einige *Umformulierungen*, die sich z. B. für Satz 8.16 als nützlich erweisen werden:

Äquivalenzen und Beispiele

a) Eine Menge $A \subseteq M$ in einem metrischen Raum M ist genau dann abgeschlossen und nirgends dicht, wenn ihr Komplement $A^c = M \backslash A$ in M offen und dicht ist. Folglich ist eine beliebige Menge $N \subseteq M$ *genau dann nirgends dicht,* wenn dies auf $\overline{N}$ zutrifft, wenn also N zu einer in M *offenen und dichten Menge* (nämlich $\overline{N}^c$) *disjunkt* ist.

b) Nach a) ist eine Menge $S = \bigcup\limits_{j=1}^{\infty} N_j$ genau dann *mager,* wenn S zu einem *abzählbaren Durchschnitt in M offener und dichter Mengen* (nämlich $\bigcap\limits_{j=1}^{\infty} \overline{N_j}^c$) *disjunkt* ist.

c) Eine Illustration dieser Situation liefert etwa das folgende Beispiel (vgl. Abb. 8.2): Es seien $\{r_j\}_{j=1}^{\infty}$ eine Abzählung von $\mathbb{Q} \cap [0,1]$ und $A := [0,1] \backslash \mathbb{Q}$. Dann sind die Mengen $N_j := A \times \{r_j\}$ nirgends dicht in $M := [0,1]^2$, und ihre abzählbare Vereinigung $S = \bigcup\limits_{j=1}^{\infty} N_j = A \times (\mathbb{Q} \cap [0,1])$ ist mager in M.

d) Der Satz von Baire ist äquivalent zu folgender Aussage: In einem *vollständigen* metrischen Raum M besitzt eine *magere* Menge $S \subseteq M$ *keinen inneren Punkt.*

e) Wegen b) liefert Komplementbildung in d) eine weitere zum Satz von Baire äquivalente Aussage: In einem *vollständigen* metrischen Raum M ist ein *abzählbarer Durchschnitt offener und dichter Mengen* in M *dicht.*

G_δ -Mengen

a) Es sei M ein metrischer Raum. Eine Menge $G \subseteq M$ heißt G_δ *-Menge,* wenn sie Durchschnitt abzählbar vieler offener Mengen ist. Nach obiger Bemerkung b) ist das *Komplement einer dichten G_δ -Menge* stets *mager.*

b) In *vollständigen* Räumen ist somit eine dichte G_δ -Menge von zweiter Kategorie.

c) In obigem Beispiel c) ist die magere Menge S disjunkt zu der in $[0,1]^2$ dichten G_δ - Menge $[0,1] \times A$.

8.2 Das Prinzip der gleichmäßigen Beschränktheit

Es seien X, Y normierte Räume. Eine Menge $\mathcal{H} \subseteq L(X, Y)$ stetiger linearer Operatoren ist genau dann auf einer nichtleeren offenen Kugel *gleichmäßig beschränkt,* wenn sie *gleich-*

Abb. 8.2 Illustration des Beispiels c)

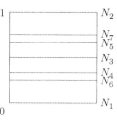

stetig ist bzw. wenn die Menge der *Operatornormen* $\{\,\|\,T\,\|\mid T\in\mathcal{H}\,\}$ *beschränkt* ist (vgl.
S. 42). Für einen *Banachraum X* ist dies nach dem Satz von Osgood bereits dann der Fall,
wenn für alle $x\in X$ die Mengen $\{Tx\mid T\in\mathcal{H}\}$ der Bilder unter den Operatoren aus
$\mathcal{H}$ in Y beschränkt sind. Diese Aussage ist im Wesentlichen das *Prinzip der gleichmäßigen Beschränktheit.* Dieses wurde von mehreren Autoren seit H. Lebesgue (1909) mit
der „*Methode des gleitenden Buckels*" bewiesen (vgl. dazu den Satz 10.15 von Schur); der
folgende einfachere auf den Resultaten von Osgood und Baire basierende Beweis geht auf
S. Saks (1927) zurück:

Theorem 8.4 (Prinzip der gleichmäßigen Beschränktheit)
*Es seien X, Y normierte Räume und $\mathcal{H}\subseteq L(X,Y)$ eine Menge stetiger linearer Operatoren
von X nach Y. Es gebe eine Menge Z von zweiter Kategorie in X, sodass die Mengen
$\{Tz\mid T\in\mathcal{H}\}$ für jedes $z\in Z$ in Y beschränkt sind. Dann gilt*

$$\sup\{\,\|\,T\,\|\mid T\in\mathcal{H}\,\}<\infty\,. \tag{8.1}$$

BEWEIS. Für $n\in\mathbb{N}$ definieren wir die in X abgeschlossenen Mengen

$$X_n:=\{x\in X\mid\forall\,T\in\mathcal{H}:\|\,Tx\,\|\le n\}\,.$$

Nach Voraussetzung ist $Z\subseteq\bigcup_{n=1}^{\infty}X_n$; da Z von zweiter Kategorie ist, gibt es ein $n\in\mathbb{N}$ mit
$X_n^\circ\ne\emptyset$. Es gibt also $a\in X$ und $r>0$ mit $B_r(a)\subseteq X_n$; für $\|x\|\le r$ und alle $T\in\mathcal{H}$ gilt
dann $\|\,T(a+x)\,\|\le n$, also

$$\|\,Tx\,\|\ \le\ n+\|\,Ta\,\|\ \le\ 2n;$$

dies bedeutet aber $\|\,Tx\,\|\le\frac{2n}{r}\|\,x\,\|$ für alle $x\in X$ und $T\in\mathcal{H}$, also (8.1). $\diamond$

Die Voraussetzungen von Theorem 8.4 sind insbesondere dann erfüllt, wenn X ein
Banachraum ist und $Z=X$ gilt. Für unvollständige normierte Räume gilt das Prinzip
der gleichmäßigen Beschränktheit jedoch nicht, vgl. etwa Aufgabe 8.7.

Aus Theorem 8.4 ergibt sich leicht dieses Resultat aus dem Jahre 1927:

Satz 8.5 (Banach-Steinhaus)
*Es seien X, Y normierte Räume, X vollständig und (T_n) eine Folge in $L(X,Y)$, sodass der
Limes*

$$Tx:=\lim_{n\to\infty}T_n x \tag{8.2}$$

*für alle $x\in X$ existiert. Dann gilt $T\in L(X,Y)$, $\|\,T\,\|\le\sup_n\|\,T_n\,\|<\infty$, und man hat
$T_n\to T$ gleichmäßig auf allen präkompakten Teilmengen von X.*

BEWEIS. Nach Voraussetzung sind die Mengen $\{T_n x \mid n \in \mathbb{N}\}$ für alle $x \in X$ beschränkt, und nach Theorem 8.4 gibt es $C > 0$ mit $\|T_n\| \le C$ für alle $n \in \mathbb{N}$. Mit (8.2) folgt sofort auch $\|Tx\| \le C\|x\|$, also ein weiterer Beweis der Folgerung zu Satz 8.3. Die letzte Aussage ergibt sich dann aus Satz 3.3 auf S. 42.   ◊

Aufgrund des Satzes von Banach-Steinhaus kann man folgende Äquivalenzen formulieren:

Satz 8.6
Es seien X, Y Banachräume und (T_n) eine Folge in $L(X, Y)$. Dann sind die folgenden Aussagen äquivalent:

(a) (T_n) konvergiert gleichmäßig auf präkompakten Mengen in X.

(b) (T_n) konvergiert punktweise auf X.

(c) (T_n) konvergiert punktweise auf einer dichten Teilmenge von X,
und es gilt sup $\{\|T_n\| \mid n \in \mathbb{N}\} < \infty$.

BEWEIS. „(a) $\Rightarrow$ (b)" ist klar. Für „(b) $\Rightarrow$ (c)" verwenden wir Theorem 8.4, und die Implikation „(c) $\Rightarrow$ (a)" folgt wieder aus Satz 3.3.   ◊

Wir erwähnen kurz eine Anwendung auf

Quadraturformeln
Das Integral $I(f) := \int_a^b f(t)\,dt$ einer Funktion $f \in \mathcal{C}[a, b]$ soll durch Ausdrücke

$$Q_n(f) := \sum_{k=1}^{r_n} c_k^{(n)} f(t_k^{(n)}), \quad c_k^{(n)} \in \mathbb{C}, \; a \le t_1^{(n)} < \ldots < t_{r_n}^{(n)} \le b, \qquad (8.3)$$

approximiert werden. Ein einfaches Beispiel ist die (summierte) *Trapezregel* (vgl. Abb. 8.3)

$$T(f) = \frac{b-a}{2n}\left(f(a) + 2\sum_{j=1}^{n-1} f\left(a + \frac{j(b-a)}{n}\right) + f(b)\right).$$

Abb. 8.3 Die Trapezregel

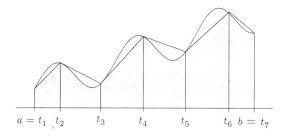

$a = t_1 \;_, t_2 \qquad t_3 \qquad t_4 \qquad t_5 \qquad t_6 \; b = t_7$

Es ist $Q_n = \sum\limits_{k=1}^{r_n} c_k^{(n)} \delta_{t_k^{(n)}} \in \mathcal{C}[a,b]'$, und nach (3.2) hat man

$$\| Q_n \| = \sum_{k=1}^{r_n} | c_k^{(n)} | \, .$$

Aus Satz 8.6 und dem Weierstraßschen Approximationssatz 5.7 folgen daher diese Resultate von G. Pólya- G. Szegö (1933) und W. Steklov:

a) Genau dann gilt $Q_n(f) \to I(f)$ für alle $f \in \mathcal{C}[a,b]$, wenn dies für alle Polynome richtig ist und $\sup\limits_{n\in\mathbb{N}} \sum\limits_{k=1}^{r_n} | c_k^{(n)} | < \infty$ gilt.

b) Im Fall $c_k^{(n)} \geq 0$ gilt genau dann $Q_n(f) \to I(f)$ für alle $f \in \mathcal{C}[a,b]$, wenn dies für alle Polynome richtig ist. Aus der Konvergenz der Folge

$$(Q_n(1) = \sum_{k=1}^{r_n} c_k^{(n)})$$

folgt in diesem Fall nämlich automatisch die Beschränktheit der Folge $(\| Q_n \|)$.

Weitere Anwendungen des Prinzips der gleichmäßigen Beschränktheit werden in Abschn. 8.4 und in den folgenden Kapiteln des Buches vorgestellt.

8.3   Der Satz von der offenen Abbildung

Wir kommen nun zum nächsten Prinzip der Funktionalanalysis, das ebenfalls auf dem Satz von Baire beruht. Für seine Formulierung benötigen wir den folgenden Begriff:

Offene Abbildungen

a) Es seien M, N metrische Räume. Eine Abbildung $f : M \to N$ heißt *offen,* wenn für jede offene Menge $D \subseteq M$ auch $f(D)$ in N offen ist. Diese Eigenschaft ist äquivalent zu der Bedingung

$$\forall\, x \in M \;\forall\, \varepsilon > 0 \;\exists\, \delta > 0 : f(U_\varepsilon^M(x)) \supseteq U_\delta^N(f(x)) \tag{8.4}$$

(vgl. Abb. 8.4 mit $U := U_\varepsilon^M(x)$ und $V := U_\delta^N(f(x))$).

b) Eine *bijektive* Abbildung $f : M \to N$ ist genau dann *offen,* wenn die Umkehrabbildung $f^{-1} : N \to M$ *stetig* ist (vgl. Satz A.2.5 im Anhang).

c) In einem normierten Raum X gilt $U_\varepsilon(x) = x + U_\varepsilon(0) = x + \varepsilon\, U_X$ für alle $\varepsilon > 0$. Ein *linearer* Operator $T : X \to Y$ zwischen normierten Räumen ist daher genau dann offen, wenn gilt:

$$\exists\, \delta > 0 : f(U_X) \supseteq \delta\, U_Y. \tag{8.5}$$

Abb. 8.4 Eine offene
Abbildung

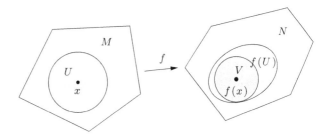

Somit sind lineare offene Abbildungen stets *surjektiv.*

d) Für *Quotientenabbildungen* $\pi : X \to Q = {}^X\!/_V$ gilt $\pi(U_X) = U_Q$; sie sind also *offen* (vgl. Aussage e) auf S. 17). Bis auf Isomorphie ist *jede* stetige und offene lineare Abbildung eine Quotientenabbildung:

e) Einen linearen Operator $T : X \to Y$ zwischen normierten Räumen kann man über den Quotientenraum $\hat{X} := {}^X\!/_{N(T)}$ *faktorisieren;* dazu definiert man

$$\hat{T} : \hat{X} \to Y \quad \text{durch} \quad \hat{T}(\hat{x}) := \hat{T}(\pi x) := Tx, \quad x \in X, \tag{8.6}$$

wobei $\pi : X \to \hat{X}$ die Quotientenabbildung bezeichnet. Aus $\pi x_1 = \pi x_2$ folgt sofort $\pi(x_1 - x_2) = 0$, also $x_1 - x_2 \in N(T)$ und daher $T x_1 = T x_2$; somit ist also $\hat{T} : \hat{X} \to Y$ wohldefiniert und linear. Folglich hat man $T = \hat{T} \pi$, also das *kommutative Diagramm* aus Abb. 8.5.

Stets ist $\hat{T}$ *injektiv,* und es gilt $R(\hat{T}) = R(T)$. Wegen $\hat{T}(U_{\hat{X}}) = T(U_X)$ ist $\hat{T}$ genau dann offen bzw. stetig, wenn dies auf T zutrifft, und in letzterem Fall gilt $\| \hat{T} \| = \| T \|$. Für einen stetigen und offenen Operator $T \in L(X, Y)$ ist also $\hat{T} : \hat{X} \to Y$ eine *Isomorphie.*

Wir können nun ein weiteres Prinzip der Funktionalanalysis formulieren:

Theorem 8.7 (Satz von der offenen Abbildung)
Es seien X, Y Banachräume und $T \in L(X, Y)$, sodass das Bild $R(T)$ des Operators T von zweiter Kategorie in Y ist. Dann ist T eine offene Abbildung.

Wir führen den Beweis am Ende dieses Abschnitts; zuvor notieren wir einige Spezialfälle und Folgerungen. Ein wesentlicher Spezialfall von Theorem 8.7 ist:

Satz 8.8 (vom inversen Operator)
Es seien X, Y Banachräume und $T \in L(X, Y)$ bijektiv. Dann ist auch der inverse lineare Operator $T^{-1} : Y \to X$ stetig.

Abb. 8.5 $T = \hat{T} \pi$

Der Satz vom inversen Operator stammt von S. Banach (1929); der am Ende des Abschnitts vorgestellte Beweis mithilfe des Satzes von Baire sowie der Satz von der offenen Abbildung stammen von J.P. Schauder (1930).

Beispiel
Aus Satz 8.8 ergibt sich sofort eine weitere Lösung von Aufgabe 4.2: Es seien X ein Banachraum und $T \in L(X)$, sodass die Reihe $Sx := \sum_{k=0}^{\infty} T^k x$ für alle $x \in X$ konvergiert. Dann gilt $(I-T)Sx = x$ und $S(I-T)x = x$ für alle $x \in X$, und somit ist $I-T \in L(X)$ bijektiv. Nach Satz 8.8 ist dann $(I-T)^{-1} = S \in L(X)$ stetig.

Normal auflösbare Gleichungen
a) Aus Satz 8.8 ergibt sich auch die Umkehrung von Satz 7.8: Es seien H, G Hilberträume, und $T \in L(H, G)$ habe abgeschlossenes Bild. Dann definiert T eine stetige lineare Bijektion $T_0 : N(T)^\perp \to R(T)$ zwischen Hilberträumen, und nach Satz 8.8 ist die Umkehrabbildung stetig. Daher gilt (7.30):

$$\exists \gamma > 0 \, \forall \, x \in N(T)^\perp : \| Tx \| \geq \gamma \| x \|.$$

b) Aus a) ergibt sich sofort eine Lösung von Aufgabe 7.6 c): Mit der orthogonalen Projektion Q von G auf $R(T)$ ist die „verallgemeinerte Inverse" von T gegeben durch $T^\times = T_0^{-1} Q : G \to H$; diese ist also linear und stetig.

c) Die Argumente aus a) gelten auch im Fall von Banachräumen; die Rolle des Orthogonalkomplements $N(T)^\perp$ wird dann von dem Quotientenraum $\hat{X} := {}^X\!/_{N(T)}$ aus den obigen Ausführungen e) zu offenen Abbildungen übernommen:

Satz 8.9
Es seien X, Y Banachräume und $T \in L(X, Y)$. Das Bild $R(T)$ ist genau dann abgeschlossen, wenn die folgende Abschätzung gilt:

$$\exists \gamma > 0 \, \forall x \in X : \| Tx \| \geq \gamma \| \hat{x} \| = \gamma \, d_{N(T)}(x). \tag{8.7}$$

BEWEIS. „$\Leftarrow$": Es sei (y_n) eine Folge in $R(T) = R(\hat{T})$ mit $y_n \to y$ in Y. Die Folge $(\hat{x}_n := \hat{T}^{-1} y_n)$ ist wegen $\| \hat{x}_n - \hat{x}_m \| \leq \gamma^{-1} \| y_n - y_m \|$ eine Cauchy-Folge in $\hat{X}$. Nach Satz 1.8 ist dieser Quotientenraum vollständig, und für $\hat{x} := \lim_{n \to \infty} \hat{x}_n$ gilt dann $\hat{T}\hat{x} = y$.

„$\Rightarrow$": Da $R(\hat{T}) = R(T)$ abgeschlossen ist, ist $\hat{T} \in L(\hat{X}, R(T))$ ein bijektiver stetiger linearer Operator zwischen *Banachräumen*. Nach Satz 8.8 ist $\hat{T}^{-1}$ *stetig*, und somit gilt eine Abschätzung (8.7). $\Diamond$

Eine weitere wichtige Anwendung von Satz 8.8 betrifft

Operatoren mit abgeschlossenen Graphen

a) Es seien X, Y normierte Räume. Für eine *lineare Abbildung* $T : X \to Y$ ist der *Graph*

$$\Gamma(T) = \{(x, Tx) \mid x \in X\}$$

ein Unterraum von $X \times Y$; dieser ist genau dann *abgeschlossen* in $X \times Y$, wenn für jede Folge (x_n) in X gilt:

$$x_n \to x \text{ in } X \text{ und } Tx_n \to y \text{ in } Y \Rightarrow y = Tx. \tag{8.8}$$

b) *Stetige* lineare Operatoren $T \in L(X, Y)$ besitzen also abgeschlossene Graphen. Die Umkehrung dieser Aussage ist i. a. *nicht* richtig: Der Differentialoperator

$$\frac{d}{dt} : (\mathcal{C}^1[a, b], \| \ \|_{\sup}) \to (\mathcal{C}[a, b], \| \ \|_{\sup}), \quad \frac{d}{dt} f : = f', \tag{8.9}$$

ist unstetig. Gilt aber $\| f_n - f \|_{\sup} \to 0$ und $\| \frac{d}{dt} f_n - g \|_{\sup} \to 0$, so folgt $\frac{d}{dt} f = g$ (vgl. [Kaballo 2000], 22.14), und somit ist $\Gamma(\frac{d}{dt})$ abgeschlossen. Es gilt jedoch:

Satz 8.10 (vom abgeschlossenen Graphen)
Es seien X, Y Banachräume und $T : X \to Y$ eine lineare Abbildung mit abgeschlossenem Graphen. Dann ist T stetig.

BEWEIS. Durch $j : x \mapsto (x, Tx)$ wird eine lineare Bijektion von X auf $\Gamma(T)$ definiert. Offenbar ist j^{-1} stetig. Da X und $\Gamma(T)$ Banachräume sind, ist nach Satz 8.8 auch j stetig, und dies gilt dann auch für T.   ◊

Eine typische Anwendung des Graphensatzes ist der Beweis des folgenden Resultats:

Satz 8.11 (Hellinger-Toeplitz)
Es seien H ein Hilbertraum und $T : H \to H$ ein symmetrischer linearer Operator, d. h. es gelte $\langle Tx|y \rangle = \langle x|Ty \rangle$ für alle $x, y \in H$. Dann ist T stetig.

BEWEIS. Es gelte $x_n \to x$ und $Tx_n \to y$ in H. Für $z \in H$ ist dann

$$\langle Tx|z \rangle = \langle x|Tz \rangle = \lim_{n \to \infty} \langle x_n|Tz \rangle = \lim_{n \to \infty} \langle Tx_n|z \rangle = \langle y|z \rangle,$$

und es folgt $y = Tx$. Nach (8.8) hat also T einen abgeschlossenen Graphen und ist somit stetig aufgrund von Satz 8.10.   ◊

Wir notieren noch einige weitere Folgerungen aus Theorem 8.7:

Beispiele

Ist ein stetiger linearer Operator $T \in L(X, Y)$ zwischen Banachräumen *nicht surjektiv,* so ist sein *Bild* $R(T)$ nach Theorem 8.7 *mager* in Y. So sind etwa die Räume $\mathcal{C}^{k+1}[a, b]$ oder $\Lambda^{k,\alpha}[a, b]$ mager in $\mathcal{C}^k[a, b]$ für $k \in \mathbb{N}_0$ und $0 < \alpha \leq 1$ oder $L_p[a, b]$ mager in $L_r[a, b]$ für $1 \leq r < p \leq \infty$. Die „meisten" Funktionen aus $\mathcal{C}^k[a, b]$ liegen also nicht in $\Lambda^{k,\alpha}[a, b]$, und die „meisten" Funktionen aus $L_r[a, b]$ nicht in $L_p[a, b]$.

Nun beweisen wir Theorem 8.7 in zwei Schritten, die wir als Lemmata formulieren. Zur Abkürzung seien U und V die offenen Einheitskugeln von X und Y.

Lemma 8.12

Es seien X, Y *normierte Räume und* $T : X \to Y$ *ein linearer Operator, sodass das Bild* $R(T)$ *von* T *von zweiter Kategorie in* Y *ist. Dann gilt*

$$\exists\, \delta > 0 : \overline{T(U)} \supseteq \delta\, V. \tag{8.10}$$

BEWEIS. Wegen $X = \bigcup_{k=1}^{\infty} k\, U$ gilt $R(T) = \bigcup_{k=1}^{\infty} T(kU)$. Da $R(T)$ von zweiter Kategorie in Y ist, gibt es $n \in \mathbb{N}$ mit $\overline{T(nU)}^{\circ} \neq \emptyset$. Somit existieren $y_0 \in Y$ und $\alpha > 0$ mit $y_0 + \alpha V \subseteq \overline{T(nU)}$. Für $y \in \alpha V$ gilt dann $y_0 \in \overline{T(nU)}$ und $y + y_0 \in \overline{T(nU)}$; es gibt also Folgen (a_j) und (b_j) in U mit $nT(a_j) \to y_0$ und $nT(b_j) \to y + y_0$ für $j \to \infty$. Folglich gilt $nT(b_j - a_j) \to y$, und wegen $\| b_j - a_j \| < 2$ erhält man $y \in \overline{T(2nU)}$ und damit $\alpha V \subseteq \overline{T(2nU)} = 2n\,\overline{T(U)}$. Daraus folgt (8.10) mit $\delta = \frac{\alpha}{2n}$.   ◇

Lemma 8.13

Es seien X *ein Banachraum,* Y *ein normierter Raum und* $T : X \to Y$ *ein linearer Operator mit abgeschlossenem Graphen, sodass Bedingung* (8.10) *gilt. Dann folgt*

$$(1 + \varepsilon)\, T(U) \supseteq \overline{T(U)} \quad \textit{für alle} \;\; \varepsilon > 0. \tag{8.11}$$

BEWEIS. a) Es sei $\varepsilon_1 := 1$, und $\delta > 0$ erfülle Bedingung (8.10). Wir wählen eine Nullfolge $(\varepsilon_n)_{n \geq 2}$ in $(0, \infty)$ mit $\varepsilon_{n-1} > \varepsilon_n$ und $\sum_{n=2}^{\infty} \varepsilon_n < \varepsilon$ und setzen $\delta_n = \delta\, \varepsilon_n$. Zu $y \in \overline{T(U)}$ gibt es $z_1 \in T(U)$ mit $y - z_1 =: y_2 \in \delta_2 V$. Wegen (8.10) gilt $\delta_2 V \subseteq \overline{T(\varepsilon_2 U)}$; zu y_2 gibt es also $z_2 \in T(\varepsilon_2 U)$ mit $y - z_1 - z_2 = y_2 - z_2 =: y_3 \in \delta_3 V \subseteq \overline{T(\varepsilon_3 U)}$. So fortfahrend konstruieren wir für $n \in \mathbb{N}$ Elemente $z_n \in T(\varepsilon_n U)$ und $y_n \in \delta_n V$ mit

$$y - \sum_{j=1}^{n} z_j = y_{n+1}, \quad n \in \mathbb{N}. \tag{8.12}$$

b) Nun wählen wir $x_j \in \varepsilon_j\, U$ mit $Tx_j = z_j$. Wegen $\sum\limits_{j=1}^{\infty} \|x_j\| \le 1 + \sum\limits_{j=2}^{\infty} \varepsilon_j < 1 + \varepsilon$ und der

Vollständigkeit von X existiert $x := \sum\limits_{j=1}^{\infty} x_j \in (1+\varepsilon)\, U$. Wegen (8.12) gilt

$$\sum_{j=1}^{n} x_j \to x \quad \text{und} \quad T\Big(\sum_{j=1}^{n} x_j\Big) = \sum_{j=1}^{n} z_j = y - y_{n+1} \to y,$$

und daraus folgt $y = Tx \in T((1+\varepsilon)\, U) = (1+\varepsilon)\, T(U)$, da T einen abgeschlossenen Graphen hat. $\diamond$

Beweis von Theorem 8.7

Dieser folgt sofort aus den beiden Lemmata und (8.5). Wir haben sogar die folgende etwas allgemeinere Formulierung bewiesen:

Es seien X ein Banachraum, Y ein normierter Raum und $T : X \to Y$ ein linearer Operator mit abgeschlossenem Graphen, sodass das Bild $R(T)$ von T von zweiter Kategorie in Y ist. Dann ist T eine offene Abbildung.

In dieser Situation ist dann natürlich $R(T) = Y$. Es gibt unvollständige normierte Räume von zweiter Kategorie, vgl. Aufgabe 8.5. Ist aber Y vollständig, so muss T nach dem Satz vom abgeschlossenen Graphen auch stetig sein. Wird umgekehrt T als stetig vorausgesetzt, so gilt $Y \cong X/N(T)$ (vgl. S. 173), und somit ist Y vollständig nach Satz 1.8.

8.4 Anwendungen auf Fourier-Reihen

Wir wenden nun die auf dem Satz von Baire beruhenden Prinzipien auf die Untersuchung von Fourier-Reihen an. Grundlegend dafür ist die folgende Abschätzung:

Satz 8.14
Für die Dirichlet-Kerne (vgl. (5.10)) gilt

$$\exists\, 0 < c \le C \; \forall\, n \ge 2 : c \log n \;\le\; \int_{-\pi}^{\pi} \big| D_n(t) \big|\, dt \;\le\; C \log n.$$

BEWEIS. Es gibt $\alpha > 0$ mit $\alpha \frac{t}{2} \le \sin \frac{t}{2} \le \frac{t}{2}$ für $0 \le t \le \pi$. Daraus ergibt sich

$$\int_{-\pi}^{\pi} |D_n(t)|\, dt = \frac{1}{\pi} \int_0^{\pi} \Big| \frac{\sin((2n+1)\frac{t}{2})}{\sin \frac{t}{2}} \Big|\, dt \;\ge\; \frac{2}{\pi} \int_0^{\pi} |\sin(2n+1)\tfrac{t}{2}|\, \frac{dt}{t}$$

$$= \frac{2}{\pi} \int_0^{(2n+1)\frac{\pi}{2}} |\sin u|\, \frac{du}{u} \;\ge\; \frac{2}{\pi} \sum_{k=1}^{n} \int_{(k-1)\pi}^{k\pi} |\sin u|\, \frac{du}{u}$$

$$\ge \frac{2}{\pi} \sum_{k=1}^{n} \frac{1}{k\pi} \int_{(k-1)\pi}^{k\pi} |\sin u|\, du \;=\; \frac{4}{\pi^2} \sum_{k=1}^{n} \frac{1}{k}$$

Abb. 8.6 Die Funktionen
$t \mapsto \frac{|\sin t|}{t}$ und $t \mapsto \frac{1}{t}$

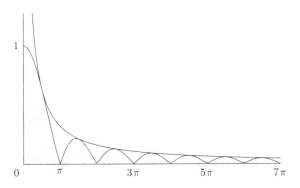

(vgl. Abb. 8.6). Genauso erhält man

$$\int_{-\pi}^{\pi} |D_n(t)| \, dt \leq \frac{2}{\alpha\,\pi} \int_{0}^{\pi} |\sin(2n+1)\tfrac{t}{2}| \, \frac{dt}{t} = \frac{2}{\alpha\,\pi} \int_{0}^{(2n+1)\frac{\pi}{2}} |\sin u| \, \frac{du}{u}$$

$$\leq \frac{2}{\alpha\,\pi} \sum_{k=1}^{n+1} \int_{(k-1)\pi}^{k\pi} |\sin u| \, \frac{du}{u} \leq \frac{2}{\alpha\,\pi} \left(\pi + \sum_{k=2}^{n+1} \frac{1}{(k-1)\pi} \int_{(k-1)\pi}^{k\pi} |\sin u| \, du\right)$$

$$\leq \frac{2}{\alpha} + \frac{4}{\alpha\,\pi^2} \sum_{k=1}^{n} \frac{1}{k} \, .$$

Daraus folgt nun die Behauptung aufgrund der Existenz des Grenzwerts (*Eulersche Konstante*, vgl. [Kaballo 2000], 18.9) $\gamma := \lim_{n\to\infty} \left(\sum_{k=1}^{n} \frac{1}{k} - \log n\right)$.   ◇

Wir zeigen nun die Existenz einer Funktion $f \in L_1[-\pi, \pi]$, deren Fourier-Reihe *nicht* in $L_1[-\pi, \pi]$ konvergiert, sowie die einer Funktion $f \in C_{2\pi}$, deren Fourier-Reihe *nicht* punktweise konvergiert. Der Beweis mithilfe des Satzes von Baire zeigt sogar, dass dies für die „meisten" Funktionen in $L_1[-\pi, \pi]$ bzw. $C_{2\pi}$ der Fall ist. Wie in Kap. 5 seien

$$s_n(f; t) = \sum_{k=-n}^{n} \widehat{f}(k) e^{ikt} = (D_n \star f)(t)$$

die Partialsummen der Fourier-Reihe von f.

Satz 8.15
Die Menge $M := \{f \in L_1[-\pi, \pi] \mid \sup_{n\in\mathbb{N}} \|s_n(f)\|_{L_1} < \infty\}$ *ist mager in* $L_1[-\pi, \pi]$.

BEWEIS. Für den linearen Operator $s_n : f \mapsto s_n(f) = D_n \star f$ auf $L_1([-\pi, \pi], dt)$ gilt $\|s_n\| = \|D_n\|_{L_1}$ nach Folgerung b) von Satz 5.6. Ist nun die Menge M nicht mager, so folgt $\sup_{n\in\mathbb{N}} \|s_n\| < \infty$ aus dem Prinzip der gleichmäßigen Beschränktheit; dies widerspricht jedoch Satz 8.14.   ◇

Bemerkungen

a) Es sei $1 < p < \infty$. Dann ist der Raum $\mathcal{C}^1_{2\pi}$ dicht in $L_p[-\pi,\pi]$ nach Satz 5.8, und für $f \in \mathcal{C}^1_{2\pi}$ gilt $s_n(f) \to f$ in $L_p[-\pi,\pi]$ aufgrund der Sätze 5.6 und 6.5. Nach Satz 8.6 gilt daher

$$\|f - s_n(f)\|_{L_p} \to 0 \ \text{für alle } f \in L_p[-\pi,\pi] \ \Leftrightarrow \ \sup_{n\in\mathbb{N}} \| s_n \|_{L(L_p[-\pi,\pi])} < \infty. \qquad (8.13)$$

b) Für $p = 2$ sind diese Aussagen nach Theorem 6.7 natürlich richtig. Sie gelten in der Tat für alle Exponenten $1 < p < \infty$ (vgl. [Katznelson 1976]).

Wir kommen nun zu Fourier-Reihen *stetiger* periodischer Funktionen. Bereits 1873 fand P. Du Bois-Reymond eine solche Funktion, deren Fourier-Reihe nicht gleichmäßig gegen diese konvergiert. Mithilfe des Satzes von Baire können wir nun zeigen:

Satz 8.16

a) Für $t \in [-\pi,\pi]$ ist der Funktionenraum

$$M_t : = \{f \in \mathcal{C}_{2\pi} \mid \sup_{n\in\mathbb{N}} | s_n(f;t) | < \infty\}$$

mager in $\mathcal{C}_{2\pi}$.

b) Es gibt eine dichte G_δ-Menge $G \subseteq \mathcal{C}_{2\pi}$, sodass es für alle $f \in G$ eine dichte G_δ-Menge $S(f) \subseteq [-\pi,\pi]$ gibt mit

$$\sup_{n\in\mathbb{N}} | s_n(f;t) | = \infty \ \ \text{für alle } \ t \in S(f).$$

BEWEIS. a) Für $t \in [-\pi,\pi]$ ist $s_n^t : f \mapsto s_n(f;t)$ eine Linearform auf $\mathcal{C}_{2\pi}$ mit

$$\| s_n^t \| \ = \ \int_{-\pi}^{\pi} | D_n(t-s) | \, ds \ = \ \| D_n \|_{L_1};$$

dies ergibt sich wie im Beweis von Satz 3.4. Ist also M_t von zweiter Kategorie, so gilt $\sup_{n\in\mathbb{N}} \| s_n^t \| < \infty$ nach dem Prinzip der gleichmäßigen Beschränktheit im Widerspruch zu Satz 8.14.

b) Wir wählen eine abzählbare dichte Menge $\{t_j\}_{j=1}^{\infty}$ in $[-\pi,\pi]$; dann ist auch die Menge $M : = \bigcup_{j=1}^{\infty} M_{t_j}$ mager in $\mathcal{C}_{2\pi}$. Nach einer Bemerkung auf S. 169 gibt es eine zu M disjunkte dichte G_δ-Menge G in $\mathcal{C}_{2\pi}$, und für $f \in G$ gilt $\sup_{n\in\mathbb{N}} | s_n(f;t_j) | = \infty$ für alle $j \in \mathbb{N}$. Für $k \in \mathbb{N}$ sind die Mengen

$$S_k(f) : = \{t \in [-\pi,\pi] \mid \sup_{n\in\mathbb{N}} | s_n(f;t) | > k\}$$

offen in $[-\pi, \pi]$: Für $t_0 \in S_k(f)$ gibt es $n \in \mathbb{N}_0$ mit $|s_n(f; t_0)| > k$, und wegen der Stetigkeit von $s_n(f)$ gilt dann auch $|s_n(f; t)| > k$ und somit $t \in S_k(f)$ für alle t nahe t_0. Somit ist die Menge

$$S(f) := \{t \in [-\pi, \pi] \mid \sup_{n \in \mathbb{N}} |s_n(f; t)| = \infty\} = \bigcap_{k \in \mathbb{N}} S_k(f)$$

eine G_δ-Menge, die wegen $t_j \in S(f)$ für alle $j \in \mathbb{N}$ in $[-\pi, \pi]$ dicht ist. $\Diamond$

Bemerkungen

Als dichte G_δ-Menge in $[-\pi, \pi]$ ist $S(f)$ *überabzählbar*, und das Komplement von $S(f)$ ist *mager*. Allerdings ist $S(f)$ eine *Lebesgue-Nullmenge*, da nach einem tiefliegenden Satz von L. Carleson[3] die Fourier-Reihe einer L_2-Funktion *fast überall konvergent* ist. R.A. Hunt zeigte 1968, dass dies für $p > 1$ auch für die Fourier-Reihe einer L_p-Funktion gilt. Bereits 1926 hatte aber A. Kolmogorov eine L_1-Funktion konstruiert, deren Fourier-Reihe *überall divergent* ist. Für diesen Themenkreis verweisen wir auf (Zygmund 2002).

Für das Bild der Fourier-Abbildung $\mathcal{F}: L_1[-\pi, \pi] \to c_0(\mathbb{Z})$ gelten diese Aussagen:

Satz 8.17
a) Die Fourier-Abbildung $\mathcal{F}: L_1[-\pi, \pi] \to c_0(\mathbb{Z})$ ist injektiv, aber nicht surjektiv. Ihr Bild $\mathcal{F}(L_1[-\pi, \pi])$ ist mager in $c_0(\mathbb{Z})$.

b) Es ist $\mathcal{F}(L_1[-\pi, \pi])$ für $p < \infty$ nicht in $\ell_p(\mathbb{Z})$ enthalten.

BEWEIS. a) Die Fourier-Abbildung $\mathcal{F}: L_1[-\pi, \pi] \to c_0(\mathbb{Z})$ ist injektiv; aus $\mathcal{F}(f) = 0$ folgt in der Tat $f = 0$ aufgrund des Satzes von Fejér 5.6. Wäre $\mathcal{F}$ auch *surjektiv*, so müsste $\mathcal{F}^{-1}$ nach Satz 8.8 *stetig* sein, also eine Abschätzung

$$\|f\|_{L_1} \leq C \|\mathcal{F}(f)\|_{\sup} = C \sup\{|\widehat{f}(k)| \mid k \in \mathbb{Z}\}$$

gelten. Für die *Dirichlet-Kerne* gilt aber $\widehat{D_n}(k) = 1$ für $|k| \leq n$ und $\widehat{D_n}(k) = 0$ für $|k| > n$, also $\|\mathcal{F}(D_n)\|_{\sup} = 1$ sowie $\|D_n\|_{L_1} \to \infty$ nach Satz 8.14. Folglich ist $\mathcal{F}: L_1[-\pi, \pi] \to c_0(\mathbb{Z})$ *nicht surjektiv*, und nach Theorem 8.7 muss $\mathcal{F}(L_1[-\pi, \pi])$ sogar *mager* in $c_0(\mathbb{Z})$ sein.

b) Gilt $\mathcal{F}(L_1[-\pi, \pi]) \subseteq \ell_p(\mathbb{Z})$ für $1 \leq p < \infty$, so hat $\mathcal{F}: L_1[-\pi, \pi] \to \ell_p(\mathbb{Z})$ einen *abgeschlossenen Graphen*. Gilt in der Tat $f_n \to f$ in $L_1[-\pi, \pi]$ und $\mathcal{F}f_n \to g$ in $\ell_p(\mathbb{Z})$, so folgt auch $\mathcal{F}f_n \to g$ in $c_0(\mathbb{Z})$ und somit $g = \mathcal{F}f$. Nach dem *Graphensatz* 8.10 ist also $\mathcal{F}: L_1[-\pi, \pi] \to \ell_p(\mathbb{Z})$ *stetig*. Für die *Dirichlet-Kerne* gilt aber

$$\|\mathcal{F}(D_n)\|_{\ell_p} = (2n + 1)^{\frac{1}{p}} \quad \text{und} \quad \|D_n\|_{L_1} \leq C \log n$$

---

[3] Acta Math. 116, 135-157 (1966)

nach Satz 8.14; folglich kann keine Abschätzung $\| \mathcal{F}f \|_{\ell_p} \leq C \|f\|_{L_1}$ gelten. ◊

Aussage b) lässt sich noch wesentlich verschärfen (vgl. Aufgabe 8.15). Wir haben die angegebene Formulierung gewählt, weil ihr Beweis eine typische Anwendung des *Graphensatzes* 8.10 ist. Es ist jedoch schwierig, das Bild der Fourier-Abbildung $\mathcal{F} : L_1[-\pi, \pi] \to c_0(\mathbb{Z})$ *genau* zu beschreiben.

8.5 Aufgaben

Aufgabe 8.1
Konstruieren Sie eine Folge stetiger Funktionen auf $\mathbb{Q}$, deren Limes auf ganz $\mathbb{Q}$ unstetig ist.

Aufgabe 8.2
Zeigen Sie, dass ein Durchschnitt abzählbar vieler dichter G_δ-Mengen in einem vollständigen metrischen Raum wieder eine dichte G_δ-Menge ist.

Aufgabe 8.3
Zeigen Sie, dass für $n \in \mathbb{N}$ die Mengen

$$A_n := \{f \in \mathcal{C}[a,b] \mid \exists\, x \in [a,b]\ \forall\, y \in [a,b] : |f(x)-f(y)| \leq n\,|x-y|\}$$

in $\mathcal{C}[a,b]$ abgeschlossen und nirgends dicht sind. Schließen Sie, dass es eine dichte G_δ-Menge in $\mathcal{C}[a,b]$ aus *nirgends differenzierbaren Funktionen* gibt.

Aufgabe 8.4
Es sei $\{r_n\}_{n\in\mathbb{N}}$ die Menge der rationalen Zahlen in $[0,1]$. Wir definieren die Mengen $M_k := \bigcup_{n\in\mathbb{N}} U_{2^{-k-n}}(r_n)$ und $M := \bigcap_{k\in\mathbb{N}} M_k \cap [0,1]$. Zeigen Sie:
a) Die Menge $N := [0,1]\backslash M$ ist mager, hat aber Lebesgue-Maß $\lambda(N) = 1$.

b) Es ist M eine Lebesgue-Nullmenge und eine dichte G_δ-Menge in $[0,1]$.

Aufgabe 8.5
a) Konstruieren Sie einen dichten echten Unterraum von zweiter Kategorie in ℓ_2.

HINWEIS. Erweitern Sie die Einheitsvektoren zu einer algebraischen Basis von ℓ_2 und wählen Sie in dieser eine zu jenen disjunkte Folge.

b) Es sei X ein unendlichdimensionaler separabler Banachraum. Konstruieren Sie eine in X dichte Folge linear unabhängiger Vektoren.

c) Es sei X ein unendlichdimensionaler Banachraum. Konstruieren Sie einen unvollständigen Unterraum von zweiter Kategorie in X.

Aufgabe 8.6

Es sei H ein Hilbertraum. Zeigen Sie, dass eine Menge $M \subseteq H$ genau dann beschränkt ist, wenn $\sup\{|\langle x, y \rangle| \mid y \in M\} < \infty$ für alle $x \in H$ gilt.

Aufgabe 8.7

Gegeben sei der Unterraum $X := \{f \in \mathcal{C}[a,b] \mid \operatorname{supp} f \subseteq (a,b)\}$ von $\mathcal{C}[a,b]$. Finden Sie eine Folge (φ_n) in $\mathcal{C}[a,b]'$ mit $\varphi_n(f) \to 0$ für $f \in X$ und $\|\varphi_n\| \to \infty$. Schließen Sie, dass X mager in $\mathcal{C}[a,b]$ ist.

Aufgabe 8.8

Es seien X ein Banachraum sowie (A_n) und (B_n) Folgen in $L(X)$ mit $A_n x \to Ax$ und $B_n x \to Bx$ für alle $x \in X$. Zeigen Sie $A_n B_n x \to ABx$ für alle $x \in X$.

Aufgabe 8.9

Es seien X, Y, Z Banachräume und $\beta : X \times Y \to Z$ eine *getrennt stetige* bilineare Abbildung. Zeigen Sie, dass β *stetig* ist. Wie lassen sich die Voraussetzungen abschwächen oder variieren?

Aufgabe 8.10

Es sei $X = (\mathbb{C}[t], \|\ \|_{L_1[0,1]})$ der Raum der komplexen Polynome auf $[0,1]$ mit der Norm $\|p\| := \int_0^1 |p(t)|\, dt$. Zeigen Sie, dass durch $\beta(p,q) := \int_0^1 p(t)\, q(t)\, dt$ eine getrennt stetige, aber unstetige Bilinearform auf X definiert wird.

Aufgabe 8.11

Es seien X ein Banachraum und J ein *Rechtsideal* in $L(X)$, d.h. es gelte $J \cdot L(X) \subseteq J$. Unter einer Norm $\|\ \|_J$ mit $\|T\| \leq C\, \|T\|_J$ für $T \in J$ sei J ein Banachraum. Zeigen Sie, dass die Multiplikation von $J \times L(X)$ nach J *stetig* ist.

Aufgabe 8.12

Es seien K ein kompakter metrischer Raum und $\|\ \|$ eine Norm auf $\mathcal{C}(K)$, sodass Konvergenz bezüglich dieser Norm $\|\ \|$ die punktweise Konvergenz impliziert. Zeigen Sie: Ist $(\mathcal{C}(K), \|\ \|)$ vollständig, so sind die Normen $\|\ \|$ und $\|\ \|_{\sup}$ auf $\mathcal{C}(K)$ äquivalent.

Aufgabe 8.13

Folgern Sie Satz 8.8 aus dem Graphensatz 8.10.

Aufgabe 8.14

Eine Folge $(x_k)_{k \in \mathbb{N}_0}$ in einem Banachraum X heißt *Schauder-Basis* von X, falls jeder Vektor $x \in X$ eine *eindeutige* Darstellung $x = \sum_{k=0}^{\infty} \alpha_k x_k$ mit $\alpha_k \in \mathbb{K}$ hat. Zeigen Sie:

a) Ein Raum mit Schauder-Basis ist separabel.

b) Eine Orthonormalbasis ist eine Schauder-Basis eines separablen Hilbertraumes.

c) Die Räume c_0 und ℓ_p für $1 \leq p < \infty$ besitzen eine Schauder-Basis.

d) Es sei X ein Banachraum mit Schauder-Basis. Dann sind die *Projektionen* $P_n : x \mapsto \sum_{k=0}^{n} \alpha_k x_k$ stetig, und man hat $\sup_n \| P_n \| < \infty$ sowie $P_n x \to x$ gleichmäßig auf präkompakten Teilmengen von X.

HINWEIS. Durch $\| x \|^* := \sup_n \| P_n x \|$ wird eine äquivalente Norm auf X definiert.

Aufgabe 8.15

a) Es sei X ein normierter Raum. Eine Menge $A \subseteq X$ heißt *absolutkonvex* (vgl. S. 214), falls $tA + sA \subseteq A$ für $|t| + |s| \leq 1$ gilt. Eine Menge $T \subseteq X$ heißt *Tonne*, falls sie abgeschlossen und absolutkonvex ist und $X = \bigcup_{j \in \mathbb{N}} jT$ gilt. Zeigen Sie: Ist X von zweiter Kategorie und T eine Tonne in X, so gibt es $\varepsilon > 0$ mit $U_\varepsilon(0) \subseteq T$.

b) Zeigen Sie, dass die folgenden Mengen in $L_1[-\pi, \pi]$ mager sind:

$$S := \{ f \in L_1[-\pi, \pi] \mid \exists\, 1 \leq p < \infty : \sum_{k=-\infty}^{\infty} |\widehat{f}(k)|^p < \infty \},$$

$$M := \{ f \in L_1[-\pi, \pi] \mid \sup_{k \in \mathbb{Z}} a_k^{-1} |\widehat{f}(k)| < \infty \};$$

hierbei sei (a_k) irgendeine Nullfolge positiver Zahlen.

Stetige lineare Funktionale

9

Fragen

1. Es seien X, Y Banachräume, $V \subseteq X$ ein Unterraum und $T_0 \in L(V, Y)$. Kann man T_0 zu einem stetigen linearen Operator $T \in L(X, Y)$ fortsetzen?
2. Es seien $\pi : Y \to Q$ eine Quotientenabbildung von Banachräumen, X ein weiterer Banachraum und $T_0 \in L(X, Q)$. Kann man T_0 zu einem Operator $T \in L(X, Y)$ liften, sodass also $T_0 = \pi T$ gilt?
3. Versuchen Sie für konkrete Banachräume, den Dualraum konkret „anzugeben".

In diesem Kapitel behandeln wir ein weiteres grundlegendes *Prinzip der Funktionalanalysis,* den *Fortsetzungssatz von Hahn-Banach.* Dieser besagt, dass ein stetiges lineares Funktional auf einem Unterraum eines normierten Raumes unter Erhaltung seiner Norm auf den ganzen Raum fortgesetzt werden kann. Der Satz von Hahn-Banach hat wichtige Anwendungen in der *Approximationstheorie* und der *Spektraltheorie,* oft im Zusammenspiel mit *funktionentheoretischen* Methoden.

Im Fall von Hilberträumen folgt der Satz von Hahn-Banach leicht aus dem Rieszschen Darstellungssatz 7.3 oder mittels orthogonaler Projektionen. Man kann ihn dazu verwenden, die Konzepte der *Orthogonalkomplemente* und der *adjungierten Operatoren* im Rahmen von Banachräumen zu imitieren.

Aufgrund des Satzes von Hahn-Banach ist ein Vektor in einem Banachraum X durch die Wirkung *aller* stetigen Linearformen auf ihn *eindeutig festgelegt;* so erhält man die *kanonische Einbettung* von X in den *Bidualraum* X''. Der Raum X heißt *reflexiv,* wenn diese surjektiv ist; dieses Konzept spielt ab Abschn. 9.3 eine wichtige Rolle. In Abschn. 9.4 identifizieren wir die Dualräume von $C(K)$- und L_p-Räumen und untersuchen ihre Reflexivität.

© Springer-Verlag GmbH Deutschland 2018
W. Kaballo, *Grundkurs Funktionalanalysis,*
https://doi.org/10.1007/978-3-662-54748-9_9

In Abschn. 9.5 gehen wir auf das Fortsetzungsproblem für stetige lineare *Operatoren* ein und stellen eine Verbindung zu *stetigen Projektionen* her.

9.1   Der Fortsetzungssatz von Hahn-Banach

Motivation

a) Eine sehr wichtige Aussage der Spektraltheorie wurde in Satz 4.4 formuliert: Das *Spektrum* eines Elements einer komplexen Banachalgebra ist stets *nicht leer*. Ihr Beweis beruht auf der in Satz 4.3 formulierten Existenzaussage für stetige Linearformen auf Banachräumen:

b) Zu jedem Vektor $x \neq 0$ in einem Banachraum X gibt es eine stetige Linearform $f \in X'$ mit $f(x) \neq 0$.

c) Zum Beweis dieser Aussage definieren wir zunächst $f_0 : [x] \mapsto \mathbb{K}$ einfach durch $f_0(\lambda x) := \lambda \, \| x \|$ und erhalten $f_0 \in [x]'$ mit $f_0(x) = \| x \| > 0$ und $\| f_0 \| = 1$. Diese Linearform f_0 können wir dann zu einer Linearform $f \in X'$ mit $\| f \| = 1$ auf den ganzen Raum *fortsetzen;* dies ist ein Spezialfall des folgenden *Satzes von Hahn-Banach 9.3*. Dieser wurde im reellen Fall unabhängig voneinander von H. Hahn 1927 und S. Banach 1929 bewiesen; der wesentliche Beweisschritt 1 geht bereits auf E. Helly (1912) zurück. S. Banach zeigte 1929 auch die allgemeinere Version 9.1 des Fortsetzungssatzes; im komplexen Fall wurde dieser erst von F. J. Murray (1936), H.F. Bohnenblust und A. Sobczyk (1938) sowie G.A. Sukhomlinov (1938) gezeigt.

Wir starten mit einer allgemeinen Version 9.1 dieses Satzes im *reellen* Fall; dabei verwenden wir:

Sublineare Funktionale

Es sei E ein Vektorraum über $\mathbb{R}$. Ein *sublineares Funktional* auf E ist eine Abbildung $p : E \to \mathbb{R}$ mit den Eigenschaften

$$p(x + y) \leq p(x) + p(y) \quad \text{für } x, y \in E,$$
$$p(tx) = t \, p(x) \qquad \quad \text{für } x \in E, \, t \geq 0.$$

Spezialfälle sublinearer Funktionale sind *Halbnormen* und *Normen;* andere Beispiele findet man in Aufgabe 9.1. Nun gilt (vgl. Abb. 9.1):

Theorem 9.1 (Hahn-Banach)

Gegeben seien ein reeller Vektorraum E und ein Unterraum $V_0 \subseteq E$. Weiter seien $p : E \to \mathbb{R}$ sublinear und $f_0 : V_0 \to \mathbb{R}$ linear mit $f_0(x) \leq p(x)$ für alle $x \in V_0$. Dann gibt es eine Linearform $f : E \to \mathbb{R}$ mit $f|_{V_0} = f_0$ und

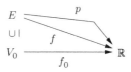

Abb. 9.1 Fortsetzung von $f_0 \leq p$ zu $f \leq p$

$$-p(-x) \ \leq \ f(x) \ \leq \ p(x), \quad x \in E. \tag{9.1}$$

Der Beweis erfolgt in zwei Schritten. Zunächst erweitern wir die Linearform f_0 unter Erhaltung der Abschätzung $f_0 \leq p$ um eine Dimension und schließen daraus dann auf die allgemeine Behauptung.

BEWEISSCHRITT 1

a) Wir wählen $x_1 \in E \backslash V_0$ und setzen

$$V_1 := \ V_0 \oplus [x_1] \ = \ \{x + \lambda x_1 \mid x \in V_0 , \lambda \in \mathbb{R}\}.$$

Für eine lineare Fortsetzung $f_1 : V_1 \to \mathbb{R}$ von $f_0 : V_0 \to \mathbb{R}$ gilt

$$f_1(x + \lambda x_1) \ = \ f_0(x) + \lambda f_1(x_1) \quad \text{für} \ \ v = x + \lambda x_1 \in V_1 , \tag{9.2}$$

und es ist $\alpha := f_1(x_1) \in \mathbb{R}$ so zu wählen, dass die Abschätzung $f_1(v) \leq p(v)$ für alle $v \in V_1$ gilt.

b) Für $x \in V_0$ und $\lambda > 0$ gilt wegen (9.2)

$$f_1(x + \lambda x_1) \ \leq \ p(x + \lambda x_1) \ \Leftrightarrow \ f_0(\tfrac{x}{\lambda}) + \alpha \ \leq \ p(\tfrac{x}{\lambda} + x_1) ;$$

dies ist also äquivalent zu der Bedingung

$$\alpha \ \leq \ p(x + x_1) - f_0(x) \quad \text{für alle} \ \ x \in V_0 . \tag{9.3}$$

Entsprechend hat man für $y \in V_0$ und $\lambda < 0$

$$f_1(y + \lambda x_1) \ \leq \ p(y + \lambda x_1) \ \Leftrightarrow \ f_0(\tfrac{y}{-\lambda}) - \alpha \ \leq \ p(\tfrac{y}{-\lambda} - x_1) ,$$

und dies ist äquivalent zu der Bedingung

$$\alpha \ \geq \ f_0(y) - p(y - x_1) \quad \text{für alle} \ \ y \in V_0 . \tag{9.4}$$

c) Für $x, y \in V_0$ hat man

$$f_0(y) + f_0(x) = f_0(y + x) \ \leq \ p(y + x) \ \leq \ p(y - x_1) + p(x_1 + x), \quad \text{also}$$
$$f_0(y) - p(y - x_1) \leq p(x + x_1) - f_0(x) \quad \text{für} \ x, y \in V_0 .$$

Somit existiert eine Zahl $\alpha \in \mathbb{R}$, die beide Bedingungen (9.3) und (9.4) erfüllt.

Nach Beweisschritt 1 können wir also die Linearform unter Erhaltung der Abschätzung $f \leq p$ stets um eine Dimension erweitern. Dies tun wir nun „so lange, bis es nicht mehr möglich ist"; dann muss aber die Linearform auf dem ganzen Raum E definiert sein. Ähnlich wie in Satz 6.8 kann dieses „naive" Erweiterungsargument mithilfe *transfiniter Induktion* oder des *Zornschen Lemmas* A.1.2 präzisiert werden:

BEWEISSCHRITT 2

Wir betrachten das System $\mathfrak{S}$ aller Paare (V', f') von Unterräumen $V_0 \subseteq V' \subseteq E$ und Linearformen $f' : V' \to \mathbb{R}$ mit $f'|_{V_0} = f_0$ und $f' \leq p$ auf V'. Auf $\mathfrak{S}$ definieren wir eine Halbordnung durch

$$(V', f') \prec (V'', f'') \;:\Leftrightarrow\; V' \subseteq V'' \text{ und } f''|_{V'} = f'.$$

Nun sei $\mathfrak{C}$ eine *Kette*, d. h. eine total geordnete Teilmenge von $\mathfrak{S}$. Die Vereinigung V^* aller in $\mathfrak{C}$ vorkommenden Unterräume ist ein Unterraum von E, und durch $f^*(x) := f'(x)$ für $x \in V'$ wird eine lineare Fortsetzung von f_0 auf V^* mit $f^* \leq p$ definiert. Somit ist (V^*, f^*) eine obere Schranke von $\mathfrak{C}$. Nach dem Zornschen Lemma besitzt daher $\mathfrak{S}$ ein maximales Element (V, f). Wegen Beweisschritt 1 muss dann $V = E$ gelten. Aus $f \leq p$ folgt insbesondere $-f(x) = f(-x) \leq p(-x)$ für alle $x \in E$ und somit schließlich (9.1). $\diamond$

Nun folgt eine Version des Satzes von Hahn-Banach für *Halbnormen* im reellen oder *komplexen* Fall. Dabei benutzen wir die für $z = x + iy \in \mathbb{C}$ gültige Formel

$$z = x + iy = \operatorname{Re} z - i \operatorname{Re}(iz),\qquad\qquad(9.5)$$

die man durch Nachrechnen sofort bestätigt.

Theorem 9.2 (Hahn-Banach)

Es seien E ein Vektorraum über $\mathbb{K} = \mathbb{R}$ oder $\mathbb{K} = \mathbb{C}$ und $V_0 \subseteq E$ ein Unterraum. Weiter seien $p : E \to \mathbb{R}$ eine Halbnorm und $f_0 : V_0 \to \mathbb{K}$ linear mit $|f_0(x)| \leq p(x)$ für alle $x \in V_0$. Dann gibt es eine Linearform $f : E \to \mathbb{K}$ mit $f|_{V_0} = f_0$ und

$$|f(x)| \leq p(x), \quad x \in E.\qquad\qquad(9.6)$$

BEWEIS. a) Im Fall $\mathbb{K} = \mathbb{R}$ ist Behauptung (9.6) äquivalent zu (9.1), da für Halbnormen $p(-x) = p(x)$ gilt. Somit folgt in diesem Fall Theorem 9.2 aus Theorem 9.1.

b) Für $\mathbb{K} = \mathbb{C}$ betrachten wir die *reelle* Linearform $u_0 := \operatorname{Re} f_0 : V_0 \to \mathbb{R}$. Nach Theorem 9.1 hat u_0 eine $\mathbb{R}$-lineare Fortsetzung $u : E \to \mathbb{R}$ mit $u \leq p$. Wir definieren

$$f : E \to \mathbb{C} \quad \text{durch} \quad f(x) := u(x) - i\,u(ix).$$

Dann ist f ein $\mathbb{C}$-lineares Funktional wegen

$$f(ix) = u(ix) - i\,u(-x) = u(ix) + i\,u(x) = i[u(x) - i\,u(ix)] = if(x),$$

und aufgrund von (9.5) gilt für alle $x \in V_0$

$$f(x) = u_0(x) - i\,u_0(ix) = \operatorname{Re} f_0(x) - i\,\operatorname{Re} f_0(ix) = \operatorname{Re} f_0(x) - i\,\operatorname{Re}\,(if_0(x)) = f_0(x),$$

also $f|_{V_0} = f_0$. Zum Nachweis von (9.6) wählen wir zu $x \in E$ eine Zahl $\alpha \in \mathbb{C}$ mit $|\alpha| = 1$ und $\alpha f(x) = |f(x)|$ und erhalten

$$|f(x)| = \alpha f(x) = f(\alpha x) = u(\alpha x) \le p(\alpha x) = p(x). \qquad \Diamond$$

Schließlich formulieren wir einen wichtigen Spezialfall explizit:

Theorem 9.3 (Hahn-Banach)
Es seien X ein normierter Raum über $\mathbb{K} = \mathbb{R}$ oder $\mathbb{K} = \mathbb{C}$, $V_0 \subseteq X$ ein Unterraum und $f_0 \in V_0'$ eine stetige Linearform auf V_0. Dann hat f_0 eine Fortsetzung *zu einer stetigen Linearform $f \in X'$ auf X mit $\|f\| = \|f_0\|$.*

Zum Beweis von Theorem 9.3 wählen wir in Theorem 9.2 einfach $p(x) = \|f_0\|\,\|x\|$.

Ein weiterer Beweis für separable Räume
Für *separable* normierte Räume X lässt sich Theorem 9.3 *ohne Verwendung des Zornschen Lemmas* beweisen:
Wir wählen eine in X dichte abzählbare Menge $\{x_j\}_{j=1}^{\infty}$ und setzen

$$V_n := V_0 + [x_1, \dots, x_n] \quad \text{für } n \in \mathbb{N}.$$

Dann gilt $V_n = V_{n-1}$ oder $V_n = V_{n-1} \oplus [y_n]$ für einen Vektor $y_n \in V_n \backslash V_{n-1}$. Mittels Schritt 1 und *vollständiger Induktion* konstruieren wir Fortsetzungen $f_n \in V_n'$ von $f_{n-1} \in V_{n-1}'$ mit $\|f_n\| = \|f_{n-1}\| = \dots = \|f_0\|$, und erhalten so eine Fortsetzung von f_0 auf $V := \bigcup_n V_n$ mit Norm $\|f_0\|$. Da V in X dicht ist, können wir schließlich diese mittels Satz 3.7 zu einer Linearform $f \in X'$ mit $\|f\| = \|f_0\|$ fortsetzen. $\Diamond$

Mit Theorem 9.3 ist nun insbesondere Satz 4.4 bewiesen: Es seien $\mathcal{A}$ eine Banachalgebra über $\mathbb{C}$ und $x \in \mathcal{A}$. Dann gilt $\sigma(x) \ne \emptyset$.

Satz 4.3 lässt sich folgendermaßen verallgemeinern:

Satz 9.4
Es seien V ein abgeschlossener Unterraum eines normierten Raumes X und $x_1 \in X \backslash V$. Dann gibt es eine stetige Linearform $f \in X'$ mit $f|_V = 0$ und $f(x_1) \ne 0$.

BEWEIS. Wir betrachten die Quotientenabbildung $\pi : X \to {}^X\!/_V$. Wegen $\pi x_1 \neq 0$ gibt es nach Satz 4.3 eine stetige Linearform $g \in ({}^X\!/_V)'$ mit $g(\pi x_1) \neq 0$. Die Behauptung folgt dann mit $f := g \circ \pi \in X'$. $\Diamond$

Satz 9.4 ist ein *Trennungssatz* für *Punkte* und abgeschlossene *Unterräume;* er wird in Theorem 10.2 zu einem *Trennungssatz für konvexe Mengen* erweitert.

Satz 9.4 hat auch wichtige Anwendungen auf *Approximationsprobleme.* Genau dann kann jedes Element $x \in X$ eines normierten Raumes durch eine Folge aus einem gegebenen Unterraum $V \subseteq X$ approximiert werden, wenn V in X *dicht* ist. Eine Umformulierung von Satz 9.4 besagt dazu:

Satz 9.5

Es sei V ein Unterraum eines normierten Raumes X, sodass für jede stetige Linearform $f \in X'$ aus $f|_V = 0$ bereits $f = 0$ folgt. Dann ist V dicht in X.

BEWEIS. Andernfalls gibt es $x_1 \in X \setminus \overline{V}$, und Satz 9.4 liefert einen Widerspruch. $\Diamond$

Satz 9.5 wird im Beweis der folgenden Erweiterung des Weierstraßschen Approximationssatzes verwendet, die von H. Müntz (1914) und O. Szász (1916) stammt.

Theorem 9.6 (Müntz-Szász)

Es seien (λ_k) eine streng monoton wachsende Folge in $(0, \infty)$ und V der Abschluss des Raumes $[1, t^{\lambda_1}, t^{\lambda_2}, t^{\lambda_3}, \ldots]$ in $\mathcal{C}[0, 1]$.

a) Im Fall $\sum\limits_{k=1}^{\infty} \frac{1}{\lambda_k} = \infty$ gilt $V = \mathcal{C}[0, 1]$.

b) Im Fall $\sum\limits_{k=1}^{\infty} \frac{1}{\lambda_k} < \infty$ gilt $t^{\lambda} \notin V$ für alle $0 \neq \lambda \notin \{\lambda_k\}_{k=1}^{\infty}$.

BEWEIS-SKIZZE. Wir skizzieren nur den Beweis von a); für einen vollständigen Beweis von a) und b) sei auf [Rudin 1974], Theorem 15.26 verwiesen.

Es sei $\mu \in \mathcal{C}[0, 1]'$ mit $\mu|_V = 0$, also $\mu(1) = 0$ und $\mu(t^{\lambda_k}) = 0$ für $k \in \mathbb{N}$. Man zeigt, dass die Hilfsfunktion $h(z) := \mu(t^z)$ *holomorph* in der rechten Halbebene $H := \{z \in \mathbb{C} \mid \operatorname{Re} z > 0\}$ ist. Offenbar gilt $|h(z)| \leq \|\mu\|$ für $z \in H$, und man hat $h(\lambda_k) = 0$ für $k \in \mathbb{N}$. Wegen $\sum\limits_{k=1}^{\infty} \frac{1}{\lambda_k} = \infty$ implizieren diese Bedingungen aufgrund eines *Identitätssatzes* für *beschränkte* holomorphe Funktionen $h = 0$; dieser beruht auf der *Jensen-Formel* der Funktionentheorie. Folglich gilt $\mu(t^k) = 0$ für alle $k \in \mathbb{N}$ und dann auch für alle $k \in \mathbb{N}_0$, also $\mu(P) = 0$ für alle Polynome P. Der Weierstraßsche Approximationssatz impliziert nun $\mu = 0$, und mit Satz 9.5 folgt Behauptung a).

9.2 Duale Operatoren und Annihilatoren

Aus dem Satz von Hahn-Banach ergibt sich die Existenz „genügend vieler" stetiger Linearformen auf Banachräumen. Wir können daher die in Hilberträumen wichtigen Konzepte der *Orthogonalkomplemente* und der *adjungierten Operatoren* im Rahmen von Banachräumen imitieren. Allerdings liegen *Annihilatoren* von Teilmengen von X im Dualraum X', und ein zu $T \in L(X)$ *dualer* Operator operiert auf X'. Insbesondere gibt es *keine* „selbstdualen" Operatoren.

Duale Operatoren

a) Für einen normierten Raum X, $x \in X$ und eine Linearform $x' \in X'$ verwenden wir in Analogie zu Skalarprodukten die Notation

$$\langle x, x' \rangle_{X \times X'} := \langle x, x' \rangle := x'(x).$$

Wie in Teil c) der Motivation auf S. 186 definieren wir für einen Vektor $x \in X$ zunächst $f_0 : [x] \to \mathbb{K}$ durch $f_0(\lambda x) := \lambda \|x\|$ und erhalten $f_0 \in [x]'$ mit $f_0(x) = \|x\|$ und $\|f_0\| = 1$. Dann setzen wir f_0 aufgrund des Theorems von Hahn-Banach 9.3 zu einer Linearform $x'_0 \in X'$ mit $\|x'_0\| = 1$ und $|\langle x, x'_0 \rangle| = \|x\|$ fort; folglich gilt

$$\|x\| = \max\{|\langle x, x'\rangle| \mid x' \in X', \|x'\| = 1\} \quad \text{für } x \in X. \tag{9.7}$$

b) Nun seien X, Y normierte Räume. Für $T \in L(X, Y)$ definieren wir den *dualen* oder *transponierten Operator* $T' : Y' \to X'$ durch $T'y' := y' \circ T$ für $y' \in Y'$, also

$$\langle Tx, y' \rangle = \langle x, T'y' \rangle \quad \text{für } x \in X \text{ und } y' \in Y'. \tag{9.8}$$

c) Für $T \in L(X, Y)$ gilt $T' \in L(Y', X')$ und $\|T'\| = \|T\|$. Analog zu Satz 7.5 hat man in der Tat wegen (9.7)

$$\|T'\| = \sup\{\|T'y'\| \mid \|y'\| \le 1\} = \sup\{|\langle x, T'y' \rangle| \mid \|x\|, \|y'\| \le 1\}$$
$$= \sup\{|\langle Tx, y' \rangle| \mid \|x\|, \|y'\| \le 1\} = \sup\{\|Tx\| \mid \|x\| \le 1\} = \|T\|.$$

d) Analog zu Bemerkungen auf S. 149 gilt stets $(T_1 + T_2)' = T'_1 + T'_2$, $(\lambda T)' = \lambda T'$ und $(ST)' = T'S'$. Ist T eine surjektive Isomorphie, so gilt dies auch für T', und man hat $(T')^{-1} = (T^{-1})'$. Diese Aussagen sind leicht nachzurechnen, vgl. Aufgabe 9.3.

Annihilatoren

Es sei X ein normierter Raum. Für nichtleere Mengen $M \subseteq X$ und $N \subseteq X'$ definieren wir die *Annihilatoren* durch

$$M^\perp := \{x' \in X' \mid \langle x, x' \rangle = 0 \quad \text{für } x \in M\},$$
$$^\perp N := \{x \in X \mid \langle x, x' \rangle = 0 \quad \text{für } x' \in N\}.$$

Analog zu Satz 7.6 (vgl. auch Satz 13.9) ergeben sich mittels dualer Operatoren Informationen über die *Lösbarkeit von Gleichungen Tx = y*:

Satz 9.7

a) Es ist $^{\perp}N$ ein abgeschlossener Unterraum von X.

b) Für $\emptyset \neq M \subseteq X$ gilt $^{\perp}(M^{\perp}) = \overline{[M]}$.

c) Für $T \in L(X,Y)$ hat man

$$R(T)^{\perp} \; = \; N(T') \quad und \quad \overline{R(T)} \; = \; {}^{\perp}N(T') . \tag{9.9}$$

Ist $R(T)$ abgeschlossen, so gilt also $R(T) = {}^{\perp}N(T')$.

BEWEIS. Aussage a) ist klar.

b) Aus $M \subseteq {}^{\perp}(M^{\perp})$ folgt sofort auch $\overline{[M]} \subseteq {}^{\perp}(M^{\perp})$. Gilt umgekehrt $x \notin \overline{[M]}$, so gibt es nach Satz 9.5 eine Linearform $x' \in M^{\perp}$ mit $\langle x, x' \rangle \neq 0$ und somit hat man $x \notin {}^{\perp}(M^{\perp})$.

c) Man hat die Äquivalenzen

$$y \in R(T)^{\perp} \Leftrightarrow \forall\, x \in X : \langle Tx, y \rangle \; = \; 0 \Leftrightarrow \forall\, x \in X : \langle x, T'y \rangle \; = \; 0$$
$$\Leftrightarrow T'y \; = \; 0 \Leftrightarrow y \in N(T') .$$

Dies zeigt die erste Gleichung in (9.9), und die zweite folgt daraus mittels b).   ◇

Ein Kriterium für die Abgeschlossenheit von Bildräumen wurde in Satz 8.9 formuliert (vgl. auch Satz 7.8).

Eine Erweiterung von Satz 9.7 b) zum *Bipolarensatz* folgt in Satz 10.4. Im Anschluss an diesen zeigen wir, dass für Mengen $\emptyset \neq N \subseteq X'$ der Raum $(^{\perp}N)^{\perp}$ i. a. *echt größer* als der Raum $\overline{[N]}$ ist.

9.3   Kanonische Einbettung und reflexive Räume

Man kann Vektoren eines Banachraumes X als stetige Linearformen auf dem Dualraum X' auffassen, wobei beide Normen wegen Formel (9.7) gleich sind. Besonders interessant sind Räume X, für die man so *alle* stetigen Linearformen auf X' erhält.

Kanonische Einbettung

a) Die *kanonische Einbettung* $\iota = \iota_X : X \to X''$ eines normierten Raumes X in seinen *Bidualraum* $X'' = (X')'$ ist gegeben durch

$$\langle x', \iota x \rangle_{X' \times X''} := \langle x, x' \rangle_{X \times X'} \quad \text{für } x \in X,\, x' \in X'; \tag{9.10}$$

sie geht auf H. Hahn (1927) zurück. Nach (9.7) ist ι_X eine lineare *Isometrie*.

b) Mittels der kanonischen Einbettung lässt sich eine *Vervollständigung* eines normierten Raumes X konstruieren (vgl. S. 11): Man nimmt als $\widehat{X}$ einfach den Abschluss von $\iota(X)$ im Banachraum X''.

c) Die Bezeichnung „*kanonisch*" oder „*natürlich*" für die Einbettung $\iota_X : X \to X''$ bedeutet, dass diese „sich selbst definiert," ohne dass irgendeine Auswahl getroffen werden muss. Dieses Konzept tritt in vielen mathematischen Strukturen auf und kann im Rahmen der Kategorientheorie präzise gefasst werden. Zur Erklärung diene hier folgendes Beispiel:

Ein endlichdimensionaler Raum X ist aus Dimensionsgründen sowohl zu seinem Dualraum X' als auch zu seinem Bidualraum X'' isomorph. Die Isomorphie $X \simeq X'$ ist *nicht kanonisch*, da zur Konstruktion einer solchen etwa Basen von X und X' oder ein Skalarprodukt auf X (vgl. Satz 7.3) willkürlich ausgewählt werden müssen. Die Isomorphie $\iota_X : X \to X''$ dagegen „definiert sich selbst" mittels (9.10).

Mithilfe der kanonischen Einbettung untersuchen wir

Schwach beschränkte Mengen

Eine Menge $M \subseteq X$ in einem normierten Raum X heißt *schwach beschränkt*, wenn

$$\forall\, x' \in X' \,:\, \sup\{\,|\,\langle x, x'\rangle\,|\,|\,x \in M\} < \infty \tag{9.11}$$

gilt. Nach (9.10) ist dies genau dann der Fall, wenn die Menge $\iota(M)$ in $X'' = L(X', \mathbb{K})$ *punktweise beschränkt* ist. Nach dem Prinzip der gleichmäßigen Beschränktheit 8.4 gilt daher:

Satz 9.8

Eine schwach beschränkte Menge in einem normierten Raum ist auch in der Norm des Raumes beschränkt.

Als erste Anwendung beweisen wir die Gleichheit in Formel (4.18):

Satz 9.9

Es sei $\mathcal{A}$ eine Banachalgebra über $\mathbb{C}$ und $x \in \mathcal{A}$. Für den Spektralradius gilt dann

$$\max\{\,|\,\lambda\,|\,|\,\lambda \in \sigma(x)\} \;=\; r(x) \;=\; \lim_{k \to \infty} \sqrt[k]{\|\,x^k\,\|}\,. \tag{9.12}$$

BEWEIS. Abschätzung „$\leq$" wurde in (4.18) gezeigt. Im Fall $r(x) = 0$ hat man Gleichheit, da nach Satz 4.4 stets $\sigma(x) \neq \emptyset$ gilt. Nun gelte

$$0 \leq R := \max\{\,|\,\lambda\,|\,|\,\lambda \in \sigma(x)\} < r(x)\,.$$

Nach (4.17) gilt $R_x(\lambda) = \sum\limits_{k=0}^{\infty} \frac{x^k}{\lambda^{k+1}}$ für $|\lambda| > r(x)$. Für $x' \in \mathcal{A}'$ ist dann $\sum\limits_{k=0}^{\infty} \frac{\langle x^k, x' \rangle}{\lambda^{k+1}}$ die Laurent-Entwicklung in ∞ der skalaren Funktion $\langle R_x, x' \rangle$. Da diese außerhalb des Kreises $U_R(0)$ holomorph ist, konvergiert die Laurent-Entwicklung für $|\lambda| > R$ (vgl. etwa [Kaballo 1999], 23.1). Insbesondere ist für $R < |\lambda| < r(x)$ die Menge $\{\langle \frac{x^k}{\lambda^{k+1}}, x' \rangle\}$ für alle $x' \in \mathcal{A}'$ beschränkt. Nach Satz 9.8 gibt es $C = C(\lambda) \geq 0$ mit $\|\frac{x^k}{\lambda^{k+1}}\| \leq C$ für alle $k \in \mathbb{N}$. Es folgt $\|x^k\|^{1/k} \leq (C|\lambda|)^{1/k}|\lambda|$, und $k \to \infty$ liefert den Widerspruch $r(x) \leq |\lambda|$. $\diamond$

Die folgende wichtige Klasse von Banachräumen wurde von H. Hahn 1927 eingeführt und wird seit E.R. Lorch (1939) so bezeichnet:

Reflexive Räume

a) Ein normierter Raum X heißt *reflexiv*, falls die kanonische Einbettung $\iota = \iota_X : X \to X''$ *surjektiv* ist.

b) Hilberträume sind reflexiv aufgrund des Rieszschen Darstellungssatzes 7.3.

c) Reflexive normierte Räume sind vollständig.

d) Mit X ist auch jeder zu X isomorphe Banachraum reflexiv.

e) Mit X und Y ist auch das Produkt $X \times Y$ reflexiv.

f) Reflexivität bedeutet *nicht*, dass X *irgendwie* isomorph oder isometrisch zu X'' sein muss! Nach R.C. James gibt es einen Banachraum J mit $J \cong J''$ und dim $J''/\iota(J) = 1$, der also nicht reflexiv ist (vgl. [Lindenstrauß und Tzafriri 1977], 1.d.2).

Der Betrag einer stetigen Linearform $x' \in X'$ auf einem reflexiven Raum X besitzt ein Maximum auf der Einheitskugel von X (vgl. Satz 3.1 (e)):

Satz 9.10
Es sei X ein reflexiver Banachraum. Dann gilt für alle $x' \in X'$

$$\|x'\| = \max\{|\langle x, x' \rangle| \mid x \in X, \|x\| = 1\}.\tag{9.13}$$

BEWEIS. Nach (9.7) gibt es $x'' \in X''$ mit $\|x''\| = 1$ und $\|x'\| = |\langle x', x'' \rangle|$. Da X reflexiv ist, gibt es $x \in X$ mit $\|x\| = 1$ und $\iota(x) = x''$, und nach (9.10) gilt dann $\|x'\| = |\langle x, x' \rangle|$.
$\diamond$

Die Bestimmung eines Maximums oder eines Minimums gehört zu den wichtigsten Problemen der Analysis. Wir zeigen im nächsten Kapitel, dass *Reflexivität* unter geeigneten Bedingungen die fehlende Kompaktheit der Einheitskugel „kompensieren" kann, sodass sich Existenzsätze für Extrema ergeben. Nach R.C. James[4] ist die Gültigkeit von Satz 9.10 sogar *äquivalent* zur Reflexivität von X.

Beispiele

a) Formel (9.13) gilt nicht für die stetige Linearform

$$f : x = (x_1, x_2, x_3, \ldots) \mapsto \sum_{k=1}^{\infty} 2^{-k} x_k \quad \text{auf dem Folgenraum } c_0.$$

Wegen $|f(x)| \leq \sum_{k=1}^{\infty} 2^{-k} \|x\| \leq \|x\|$ gilt $\|f\| \leq 1$. Für die Folge $x = (x_1, x_2, x_3, \ldots)$ mit $x_k = 1$ für $1 \leq k \leq n$ und $x_k = 0$ für $k > n$ hat man $f(x) = \sum_{k=1}^{n} 2^{-k}$, und daher ist $\|f\| = 1$. Für jede feste Nullfolge $x \in c_0$ mit $\|x\| \leq 1$ ist aber offenbar $|f(x)| < 1$, und daher nimmt $|f|$ sein Supremum auf der Einheitskugel von c_0 nicht an. Nach Satz 9.10 ist also c_0 nicht reflexiv.

b) Für die stetige Linearform

$$\mu : \varphi \mapsto \int_{-1}^{0} \varphi(t)\, dt - \int_{0}^{1} \varphi(t)\, dt \quad \text{auf } \mathcal{C}[-1, 1] \tag{9.14}$$

gilt $\|\mu\| = 2$ nach Satz 3.4; für jede *stetige* Funktion $\varphi \in \mathcal{C}[-1, 1]$ mit $\|\varphi\| \leq 1$ ist aber $|\mu(\varphi)| < 2$ (vgl. Aufgabe 9.6). Folglich ist auch der Raum $\mathcal{C}[-1, 1]$ nicht reflexiv. Dies ergibt sich auch aus dem folgenden

Satz 9.11

Es sei X ein normierter Raum, dessen Dualraum X' separabel ist. Dann ist auch X separabel.

BEWEIS. Mit X' ist auch die Sphäre $S_{X'} = \{x' \in X' \mid \|x'\| = 1\}$ separabel aufgrund von Satz 2.6. Für eine abzählbare dichte Menge $\{x_n'\}_{n\in\mathbb{N}}$ in $S_{X'}$ wählen wir Vektoren $x_n \in X$ mit

$$\|x_n\| = 1 \quad \text{und} \quad |\langle x_n, x_n'\rangle| \geq \tfrac{1}{2} \quad \text{für alle } n \in \mathbb{N}. \tag{9.15}$$

Dann ist $[x_n]$ dicht in X. Andernfalls gibt es aufgrund von Satz 9.5 ein Funktional $x' \in S_{X'}$ mit $\langle x_n, x'\rangle = 0$ für alle $n \in \mathbb{N}$. Dann folgt

$$\|x_n' - x'\| \geq |\langle x_n, x_n' - x'\rangle| \geq |\langle x_n, x_n'\rangle| \geq \tfrac{1}{2} \quad \text{für alle } n \in \mathbb{N}$$

im Widerspruch zur Dichtheit der Menge $\{x_n'\}_{n\in\mathbb{N}}$ in $S_{X'}$. ◇

---

[4]Studia Math. 23, 205-216 (1964)

Beispiel

Es sei K ein überabzählbarer kompakter metrischer Raum. Der Banachraum $\mathcal{C}(K)$ ist nach Satz 2.8 separabel. Im Dualraum $\mathcal{C}(K)'$ gilt für die überabzählbar vielen δ-Funktionale stets $\| \delta_t - \delta_s \| = 2$ für $t \neq s \in K$. Wie im Fall ℓ_∞ (vgl. das Beispiel auf S. 32) ergibt sich daraus, dass der Dualraum $\mathcal{C}(K)'$ *nicht separabel* ist. Somit kann der Raum $\mathcal{C}(K)$ *nicht reflexiv* sein.

Wir kommen nun zu *Permanenzeigenschaften* der Reflexivität.

Satz 9.12

Ein Banachraum X ist genau dann reflexiv, wenn dies auf den Dualraum X' zutrifft.

BEWEIS. a) Zunächst sei X reflexiv. Für $x''' \in X'''$ ist $x' := \iota_X' x''' = x''' \circ \iota_X \in X'$. Dann folgt für $x'' = \iota_X(x) \in X''$:

$$\langle x'', x''' \rangle \; = \; \langle \iota_X(x), x''' \rangle \; = \; \langle x, x' \rangle \; = \; \langle x', x'' \rangle, \quad \text{also} \;\; x''' \; = \; \iota_{X'}(x').$$

b) Nun sei X' reflexiv und $x''' \in X'''$ mit $\langle \iota_X(x), x''' \rangle = 0$ für alle $x \in X$. Nun gibt es $x' \in X'$ mit $x''' = \iota_{X'}(x')$, und es folgt $\langle x, x' \rangle = \langle \iota_X(x), x''' \rangle = 0$ für alle $x \in X$. Somit ist $x' = 0$, also auch $x''' = 0$, und Satz 9.5 liefert $\iota_X(X) = X''$. $\Diamond$

Reflexivität vererbt sich auch auf abgeschlossene Unterräume und Quotientenräume (vgl. Satz 9.14). Für einen möglichst durchsichtigen Beweis dieser Tatsache verwenden wir die folgenden aus der *homologischen Algebra* stammenden Konzepte:

Exakte Sequenzen

a) Eine Sequenz

$$\cdots \to E_{k-1} \overset{T_{k-1}}{\to} E_k \overset{T_k}{\to} E_{k+1} \to \cdots \tag{9.16}$$

von Vektorräumen E_k und linearen Abbildungen $T_k : E_k \to E_{k+1}$ heißt *Komplex*, falls stets $T_k T_{k-1} = 0$ ist, d. h. wenn stets $R(T_{k-1}) \subseteq N(T_k)$ gilt; sie heißt *exakt*, wenn sogar stets $R(T_{k-1}) = N(T_k)$ gilt.

b) Als Beispiel sei der *de Rham-Komplex*

$$0 \to \widetilde{\mathbb{C}} \overset{j}{\to} \mathcal{C}^\infty(G) \overset{d}{\to} \Omega^1(G) \overset{d}{\to} \Omega^2(G) \overset{d}{\to} \cdots \overset{d}{\to} \Omega^n(G) \to 0 \tag{9.17}$$

über einer offenen Menge $G \subseteq \mathbb{R}^n$ oder einer $\mathcal{C}^\infty$-Mannigfaltigkeit erwähnt. Hierbei bezeichnet $\widetilde{\mathbb{C}}$ den Raum der lokal konstanten Funktionen auf G, $\Omega^p(G)$ den Raum der *Differentialformen* vom Grad p auf G und $d : \Omega^p(G) \to \Omega^{p+1}(G)$ die *Cartan-Ableitung* oder *äußere Ableitung.* Nach dem *Lemma von Poincaré* ist dieser Komplex exakt für *zusammenziehbare* G, insbesondere für *sternförmige* Gebiete (vgl. etwa [Kaballo 1999], Abschn. 30).

c) Wir betrachten hier *kurze exakte Sequenzen*

$$0 \to V \overset{i}{\to} X \overset{\pi}{\to} Q \to 0 \qquad\qquad (S)$$

von Banachräumen. Exaktheit bedeutet, dass i *injektiv* ist, $R(i) = N(\pi)$ gilt und π *surjektiv* ist. Nach dem Satz von der offenen Abbildung ist dann $i : V \to R(i)$ ein Isomorphismus, und $\pi : X \to Q$ ist offen. Bis auf Isomorphie ist dann V ein Unterraum von X und $\pi : X \to Q \simeq {}^X\!/_V$ die Quotientenabbildung.

d) Eine kurze exakte Sequenz (S) heißt *isometrisch exakt*, falls zusätzlich i eine *Isometrie* und π eine *Quotientenabbildung* ist, d. h. falls $\pi(U_X) = U_Q$ gilt (vgl. Aussage e) auf S. 17). In diesem Fall ist dann V ein Unterraum von X und $\pi : X \to Q \simeq {}^X\!/_V$ die Quotientenabbildung bis auf Isometrie.

Satz 9.13

Für eine kurze exakte Sequenz (S) von Banachräumen ist auch die duale Sequenz

$$0 \leftarrow V' \overset{i'}{\leftarrow} X' \overset{\pi'}{\leftarrow} Q' \leftarrow 0 \qquad\qquad (S')$$

exakt, und man hat $R(\pi') = N(i') = R(i)^\perp$. Ist (S) sogar isometrisch exakt, so gilt dies auch für (S').

BEWEIS. a) Ist $q' \in Q'$ mit $\pi'q' = q' \circ \pi = 0$, so folgt sofort auch $q' = 0$ aus der Surjektivität von π; somit ist π' *injektiv.* Ist nun π eine Quotientenabbildung, so gilt

$$\| q' \| = \sup \{ | \langle q, q' \rangle | \mid \| q \| < 1 \} = \sup \{ | \langle \pi x, q' \rangle | \mid \| x \| < 1 \}$$
$$= \sup \{ | \langle x, \pi' q' \rangle | \mid \| x \| < 1 \} = \| \pi' q' \|$$

für $q' \in Q'$ wegen $\pi(U_X) = U_Q$. In diesem Fall ist also $\pi' : Q' \to X'$ eine *Isometrie.*

b) Offenbar ist $i'\pi' = (\pi i)' = 0$. Für $x' \in X'$ mit $i'x' = 0$ ist $x'|_{iV} = x'|_{N(\pi)} = 0$; durch $q' : \pi x \mapsto \langle x, x' \rangle$ kann daher ein lineares Funktional q' auf Q definiert werden. Dieses ist stetig, da dies für $q' \circ \pi$ gilt und π offen ist, nach (8.5) also $\pi(U_X) \supseteq \delta U_Q$ für ein $\delta > 0$ gilt. Somit hat man $\pi'q' = x'$, und es ist $N(i') = R(\pi')$. Die Aussage $N(i') = R(i)^\perp$ folgt sofort aus (9.9).

c) Für $v' \in V'$ definieren wir $z' \in (iV)'$ durch $\langle iv, z' \rangle := \langle v, v' \rangle$ für $v \in V$. Nach dem Satz von Hahn-Banach besitzt $z' \in (iV)'$ eine Fortsetzung $x' \in X'$ mit $\| x' \| = \| z' \|$. Dann gilt $v' = i'x'$, und i' ist *surjektiv.* Ist nun $i : V \to X$ isometrisch, so gilt sogar $\| x' \| = \| z' \| = \| v' \|$, und $i' : X' \to V'$ ist eine *Quotientenabbildung.* $\diamond$

Folgerung

Es seien X ein Banachraum, $V \subseteq X$ ein abgeschlossener Unterraum und $Q = {}^X\!/_V$. In (S')
gilt dann $N(i') = R(\pi') = V^\perp$ und somit

$$V' \simeq {}^{X'}\!/_{V^\perp} \quad \text{und} \quad Q' \simeq V^\perp . \tag{9.18}$$

Biduale Operatoren

Es seien X, Y Banachräume. Ein Operator $T \in L(X, Y)$ kann als „Restriktion von T'' auf
$\iota_X X$ " aufgefasst werden, genauer hat man das *kommutative Diagramm*

$$
\begin{array}{ccc}
X & \xrightarrow{T} & Y \\
\iota_X \downarrow & & \downarrow \iota_Y \\
X'' & \xrightarrow{T''} & Y''
\end{array}
\quad .
$$

Für $x \in X$ und $y' \in Y'$ gilt in der Tat

$$\langle y', T''\iota_X x \rangle = \langle T'y', \iota_X x \rangle = \langle x, T'y' \rangle = \langle Tx, y' \rangle = \langle y', \iota_Y Tx \rangle , \quad \text{also}$$

$$T''\iota_X = \iota_Y T . \tag{9.19}$$

Nun können wir zeigen:

Satz 9.14

Für eine kurze exakte Sequenz

$$0 \longrightarrow V \xrightarrow{i} X \xrightarrow{\pi} Q \longrightarrow 0 \tag{S}$$

von Banachräumen ist X genau dann reflexiv, wenn dies auf V und Q zutrifft.

BEWEIS. Nach (9.19) haben wir das kommutative Diagramm

$$
\begin{array}{ccccccccc}
0 & \longrightarrow & V & \xrightarrow{i} & X & \xrightarrow{\pi} & Q & \longrightarrow & 0 \\
 & & \downarrow \iota_V & & \downarrow \iota_X & & \downarrow \iota_Q & & \\
0 & \longrightarrow & V'' & \xrightarrow{i''} & X'' & \xrightarrow{\pi''} & Q'' & \longrightarrow & 0
\end{array}
\quad ,
$$

dessen Zeilen aufgrund von Satz 9.13 exakt sind.

a) Zunächst sei X reflexiv. Zu $q'' \in Q''$ gibt es $x'' \in X''$ mit $q'' = \pi''x''$ und dann $x \in X$
mit $x'' = \iota_X x$. Für $q := \pi x$ folgt $\iota_Q q = \iota_Q \pi x = \pi''\iota_X x = \pi''x'' = q''$, und somit ist auch Q
reflexiv.

Zu $v'' \in V''$ gibt es $x \in X$ mit $\iota_X x = i''v''$. Wegen $\iota_Q \pi x = \pi''\iota_X x = \pi''i''v'' = 0$ ist auch
$\pi x = 0$; daher gibt es $v \in V$ mit $x = iv$. Nun ist $i''\iota_V v = \iota_X iv = \iota_X x = i''v''$ und daher auch
$\iota_V v = v''$; somit ist also auch V reflexiv.

b) Nun seien V und Q reflexiv. Zu $x'' \in X''$ gibt es $q \in Q$ mit $\iota_Q q = \pi''x''$. Für $x \in X$ mit
$\pi x = q$ gilt dann $\pi''(x'' - \iota_X x) = \pi''x'' - \iota_Q \pi x = 0$; daher gibt es $v'' \in V''$ mit $x'' - \iota_X x = i''v''$.

Nun gibt es $v \in V$ mit $\iota_V v = v''$, und damit folgt schließlich $x'' - \iota_X x = i'' \iota_V v = \iota_X iv$. Somit ist $x'' = \iota_X(x + iv)$, und X ist reflexiv. $\diamond$

Die Argumentation in diesem Beweis wird gelegentlich „Diagrammjagd" genannt; es handelt sich um eine Version des *Fünferlemmas* der homologischen Algebra.

9.4 Beispiele von Dualräumen

Wir wollen nun für einige Folgen- und Funktionenräume die Dualräume konkret „angeben". Der folgende Satz 9.15 stammt im Fall $1 < p < \infty$ von E. Landau (1907); der Grenzfall $p = 1$ wurde von H. Steinhaus 1919 gezeigt.

Satz 9.15
Es seien $1 \leq p < \infty$ und $\frac{1}{p} + \frac{1}{q} = 1$. Durch die Formel

$$\langle x, J_q y \rangle := \sum_{k=1}^{\infty} x_k y_k \quad \text{für } x = (x_k) \in \ell_p, \ y = (y_k) \in \ell_q, \tag{9.20}$$

wird eine bijektive Isometrie $J_q : \ell_q \to \ell_p'$ definiert, kurz: $\ell_p' \cong \ell_q$.

BEWEIS. a) Nach der Hölderschen Ungleichung gilt $|\langle x, J_q y \rangle| \leq \|x\|_p \|y\|_q$ für $y \in \ell_q$ und $x \in \ell_p$; daher ist $J_q y \in \ell_p'$, und man hat $\|J_q y\| \leq \|y\|_q$.

b) Für $f \in \ell_p'$ setzen wir $y_j = f(e_j)$ mit den Einheitsvektoren $e_j = (\delta_{jk}) \in \ell_p$. Für die Folge $y := (y_j)$ gilt im Fall $p = 1$ dann offenbar $y \in \ell_\infty$ und $\|y\|_\infty \leq \|f\|$.

Im Fall $1 < p < \infty$ wählen wir $\alpha_j \in \mathbb{K}$ mit $|\alpha_j| = 1$ und $\alpha_j y_j = |y_j|$. Für $f \neq 0$ und genügend große $n \in \mathbb{N}$ setzen wir $A := (\sum_{j=1}^{n} |y_j|^q)^{-1/p}$ und definieren $x \in \ell_p$ durch

$x_j := A\alpha_j |y_j|^{q/p}$ für $1 \leq j \leq n$ und $x_j = 0$ für $j > n$. Dann gilt $\|x\|_p = A(\sum_{j=1}^{n} |y_j|^q)^{1/p} = 1$, und wegen $x_j y_j = A\alpha_j y_j |y_j|^{q/p} = A|y_j|^q$ folgt

$$(\sum_{j=1}^{n} |y_j|^q)^{1/q} = A \sum_{j=1}^{n} |y_j|^q = |\sum_{j=1}^{n} x_j y_j| = |f(\sum_{j=1}^{n} x_j e_j)| = |f(x)| \leq \|f\|.$$

Folglich gilt $y \in \ell_q$ und $\|y\|_q \leq \|f\|$.

c) Für $1 \leq p < \infty$ bilden die Einheitsvektoren (e_j) eine *Schauder-Basis* von ℓ_p (vgl. Aufgabe 8.14), d. h. es ist

$$x = \sum_{j=1}^{\infty} x_j e_j \quad \text{für } x = (x_j) \in \ell_p; \tag{9.21}$$

in der Tat gilt $\| x - \sum\limits_{j=1}^{n} x_j e_j \|_p^p = \sum\limits_{j=n+1}^{\infty} |x_j|^p \to 0$ für $n \to \infty$. Damit ergibt sich

$$f(x) = \sum_{j=1}^{\infty} x_j f(e_j) = \sum_{j=1}^{\infty} x_j y_j = \langle x, J_q y \rangle;$$

es folgt also $f = J_q y$, und nach a) und b) ist $\| y \|_q = \| f \|$. $\Diamond$

Aus Satz 9.15 ergibt sich sofort die *Reflexivität* der Folgenräume ℓ_p für $1 < p < \infty$:

Dualität und Reflexivität von Folgenräumen

a) Es seien $x \in \ell_p$, $y \in \ell_q$ und $\iota_p : \ell_p \to \ell_p''$ die kanonische Einbettung. Dann gilt

$$\langle y, J_p x \rangle = \langle x, J_q y \rangle = \langle J_q y, \iota_p x \rangle = \langle y, J_q' \iota_p x \rangle, \quad \text{also } J_p = J_q' \iota_p \text{ oder}$$

$$\iota_p = (J_q')^{-1} \circ J_p; \tag{9.22}$$

für $1 < p < \infty$ ist ι_p daher bijektiv und ℓ_p *reflexiv*.

b) Durch Formel (9.20) wird auch eine bijektive Isometrie $J : \ell_1 \to c_0'$ definiert (vgl. Aufgabe 3.6), es ist also $c_0' \cong \ell_1$. Ähnlich kann man auch $c' \cong \ell_1$ für den Raum der konvergenten Folgen zeigen (Aufgabe 9.7). Die Dualräume von c_0 und c sind also *isometrisch;* nach Aufgabe 3.7 sind aber die Räume c_0 und c zwar *isomorph,* aber *nicht isometrisch*.

c) Die Abbildung $J_1 : \ell_1 \to \ell_\infty'$ ist isometrisch, aber *nicht surjektiv.* Die Argumentation in Beweisteil c) von Satz 9.15 gilt in dieser Situation nicht, da die Einheitsvektoren (e_j) *keine* Schauder-Basis von ℓ_∞ bilden. Wäre nun $J_1 : \ell_1 \to \ell_\infty'$ surjektiv, so wäre ℓ_∞' separabel und nach Satz 9.11 auch ℓ_∞ separabel, was aber nach einem Beispiel auf S. 32 nicht der Fall ist. Somit sind die Räume c_0, ℓ_1 und ℓ_∞ *nicht reflexiv;* dies ergibt sich natürlich auch aus Beispiel a) auf S. 195. Eine Beschreibung des Dualraums von ℓ_∞ stammt von T.H. Hildebrandt (1934), vgl. (Köthe 1966), § 31.

Satz 9.15 gilt auch für allgemeinere $L_p(\Omega)$-Räume, der Beweis ist dann aber wesentlich schwieriger. Im Fall $1 < p < \infty$ geht dieses Resultat für $\Omega = [a, b]$ auf F. Riesz (1909) zurück. Wir zeigen zunächst:

Satz 9.16

Es seien μ ein positives Maß auf einem Maßraum Ω, $1 < p < \infty$ und $\frac{1}{p} + \frac{1}{q} = 1$. Durch die Formel

$$\langle f, J_q g \rangle := \int_\Omega f(t) g(t) \, d\mu \quad \text{für } f \in L_p(\Omega), \ g \in L_q(\Omega), \tag{9.23}$$

wird eine isometrische lineare Abbildung $J_q : L_q(\Omega) \to L_p(\Omega)'$ definiert.

BEWEIS. Nach der Hölderschen Ungleichung gilt $|\langle f, J_q g\rangle| \leq \|f\|_{L_p} \|g\|_{L_q}$, also $\|J_q g\| \leq \|g\|_{L_q}$. Zu $g \in L_q(\Omega)$ wählen wir $\alpha \in L_\infty(\Omega)$ mit $|\alpha| = 1$ und $\alpha g = |g|$ fast überall. Für $f := \alpha |g|^{q-1}$ gilt dann $\int_\Omega |f|^p d\mu = \int_\Omega |g|^q d\mu < \infty$ und

$$\int_\Omega |g|^q d\mu = \int_\Omega f g \, d\mu = \langle f, J_q g\rangle \leq \|J_q g\| \|f\|_{L_p} = \|J_q g\| \|g\|_{L_q}^{q/p},$$

und daraus ergibt sich sofort auch $\|g\|_{L_q} \leq \|J_q g\|$. $\Diamond$

Aus der *Surjektivität* der Abbildungen J_q folgt wie im oben behandelten Fall der Folgenräume ℓ_p die *Reflexivität* der Funktionenräume $L_p(\Omega)$ für $1 < p < \infty$. In diesem Buch gehen wir umgekehrt vor: Wir beweisen in Abschn. 10.2 zuerst die Reflexivität der Räume $L_p(\Omega)$ für $1 < p < \infty$ mittels *uniformer Konvexität* und folgern anschließend daraus die Surjektivität der Abbildungen $J_q : L_q(\Omega) \to L_p(\Omega)'$.

Im Hilbertraum-Fall $p = 2$ folgt die Surjektivität von $J_2 : L_2(\Omega) \to L_2(\Omega)'$ sofort aus dem *Rieszschen Darstellungssatz* 7.3. Für $p < 2$ kann sie im Fall von σ-endlichen Maßräumen Ω (vgl. S. 55) auf die von J_2 zurückgeführt werden (vgl. Aufgabe 9.8). Wir verwenden dieses Argument hier für den Fall $p = 1$:

Theorem 9.17

Es seien μ ein positives Maß auf einem σ-endlichen Maßraum Ω. Durch die Formel

$$\langle f, Jg\rangle := \int_\Omega f(t) g(t) \, d\mu \quad \text{für } f \in L_1(\Omega), \ g \in L_\infty(\Omega), \tag{9.24}$$

wird eine isometrische lineare Bijektion $J = J_\infty : L_\infty(\Omega) \to L_1(\Omega)'$ definiert.

BEWEIS. a) Offenbar gilt $|\langle f, Jg\rangle| \leq \|g\|_{L_\infty} \|f\|_{L_1}$ für alle $f \in L_1(\Omega)$ und somit $\|Jg\| \leq \|g\|_{L_\infty}$.

b) Für $\mu(\Omega) < \infty$ hat man nach der Schwarzschen Ungleichung die stetige Inklusion $i : L_2(\Omega) \to L_1(\Omega)$. Für ein Funktional $F \in L_1(\Omega)'$ ist dann $i'F \in L_2(\Omega)'$, und nach dem Rieszschen Darstellungssatz 7.3 gibt es genau ein $g \in L_2(\Omega)$ mit

$$\langle \varphi, F\rangle = \int_\Omega \varphi(t) g(t) \, d\mu \quad \text{für } \varphi \in L_2(\Omega). \tag{9.25}$$

Für $\varepsilon > 0$ sei $A := \{t \in \Omega \mid |g(t)| > \|F\| + \varepsilon\}$ und $\varphi = \chi_A \frac{\bar{g}}{|g|} \in L_\infty(\Omega)$. Dann gilt $\|\varphi\|_{L_1} = \mu(A)$ und

$$|\langle \varphi, F\rangle| = \int_\Omega \varphi(t) g(t) \, d\mu = \int_A |g(t)| \, d\mu \geq \mu(A) (\|F\| + \varepsilon).$$

Wegen $|\langle \varphi, F\rangle| \leq \|F\| \|\varphi\|_{L_1}$ erzwingt dies $\mu(A) = 0$, also $g \in L_\infty(\Omega)$ und $\|g\|_{L_\infty} \leq \|F\|$. Nach (9.25) gilt also $F = Jg$ auf $L_2(\Omega)$, und wegen der Dichtheit dieses

Raumes in $L_1(\Omega)$ (vgl. dessen Definition in Anhang A.3 auf S. 355) folgt (9.25) dann auch für alle $\varphi \in L_1(\Omega)$. Damit ist das Theorem für endliche Maßräume gezeigt.

c) Für ein σ-endliches positives Maß μ auf Ω gibt es eine Folge (Ω_j) messbarer Teilmengen von Ω mit $\Omega_j \subseteq \Omega_{j+1}$, $\mu(\Omega_j) < \infty$ und $\Omega = \bigcup_{j=1}^{\infty} \Omega_j$. Für messbare Mengen $C \subseteq D \subseteq \Omega$ kann man $L_1(C)$ als Unterraum von $L_1(D)$ auffassen, indem man die Funktionen aus $L_1(C)$ durch 0 auf D fortsetzt.

Nun sei $F \in L_1(\Omega)'$ gegeben. Durch Anwendung von b) auf $F|_{L_1(\Omega_j)}$ erhalten wir eindeutig bestimmte Äquivalenzklassen $g_j \in L_\infty(\Omega_j)$ mit $\| g_j \|_{L_\infty} \leq \| F \|$ und

$$\langle \varphi, F \rangle = \int_{\Omega_j} \varphi(t) \, g_j(t) \, d\mu \quad \text{für } \varphi \in L_1(\Omega_j).$$

Da diese Aussage auch für $g_{j+1}|_{\Omega_j}$ gilt, folgt $g_{j+1}(t) = g_j(t)$ für alle $t \in \Omega_j \backslash N_j$ mit einer Nullmenge $N_j \subseteq \Omega_j$. Da auch $\bigcup_{j=1}^{\infty} N_j$ eine Nullmenge ist, definieren die g_j eine eindeutig bestimmte Äquivalenzklasse $g \in L_\infty(\Omega)$ mit $g|_{\Omega_j} = g_j$ für alle $j \in \mathbb{N}$, $\| g \|_{L_\infty} \leq \| F \|$ und

$$\langle \chi_{\Omega_j} f, F \rangle = \int_{\Omega_j} f(t) \, g(t) \, d\mu = \int_\Omega \chi_{\Omega_j}(t) f(t) \, g(t) \, d\mu \quad \text{für } f \in L_1(\Omega). \qquad (9.26)$$

Nun gilt $\chi_{\Omega_j} f \to f$ punktweise und nach dem Satz über majorisierte Konvergenz A.3.8 auch $\| \chi_{\Omega_j} f - f \|_{L_1} \to 0$. Mit $j \to \infty$ in (9.26) folgt dann die Behauptung

$$\langle f, F \rangle = \int_\Omega f(t) \, g(t) \, d\mu \quad \text{für } f \in L_1(\Omega). \qquad \Diamond$$

Bemerkungen

a) Theorem 9.17 gilt nicht für beliebige Maßräume, vgl. dazu [Behrends 1987], S. 184 ff. und Aufgabe 9.9.

b) Nach dem auf S. 46 erwähnten Satz von A. Pelczynski (vgl. auch Aufgabe 10.19) sind die Räume $\ell_1' \cong \ell_\infty$ und $L_1[a,b]' \cong L_\infty[a,b]$ *isomorph;* wir zeigen aber im nächsten Kapitel auf S. 229, dass die Räume ℓ_1 und $L_1[a,b]$ *nicht isomorph* sind.

Der Dualraum von $C(K)$

a) Eine erste Beschreibung des Dualraums von $C[a,b]$ stammt von F. Riesz (1909): Für $F \in C[a,b]'$ gibt es eine *Funktion von beschränkter Variation* α auf $[a,b]$ mit

$$\langle \varphi, F \rangle = \int_a^b \varphi(t) \, d\alpha(t) \quad \text{für alle } \varphi \in C[a,b], \qquad (9.27)$$

wobei rechts ein *Stieltjes-Integral* steht (vgl. [Schröder 1997], Abschn. 2.4).

b) J. Radon erweiterte 1913 dieses Resultat auf Linearformen auf $C([a,b]^n)$ und ersetzte dabei das Stieltjes-Integral durch ein Integral nach einem geeigneten *Borel-Maß* (vgl. S. 371). S. Banach erweiterte diese Konstruktion 1937 auf den Fall kompakter metrischer Räume; das allgemeine Resultat Theorem 9.18 trägt den Namen „Rieszscher Darstellungssatz".

c) Für *positive* Linearformen ist die auf J. Radon zurückgehende grundlegende Konstruktion eine der möglichen Einführungen in die Integrationstheorie; diese erläutern wir in Anhang A.3 und führen dann den Rieszschen Darstellungssatz am Ende von Abschn. A.3 darauf zurück.

Theorem 9.18 (Rieszscher Darstellungssatz)

Es seien K ein kompakter metrischer Raum und $F \in C(K)'$ ein stetiges lineares Funktional auf $C(K)$. Dann gibt es genau ein reguläres positives Borel-Maß μ *auf K mit $\mu(K) = \|F\|$ und genau eine Funktion $g \in L_\infty(K,\mu)$ mit $|g(t)| = 1$ μ-fast überall, sodass gilt:*

$$\langle \varphi, F \rangle = \int_K \varphi(t)\, g(t)\, d\mu \quad \text{für alle} \ \varphi \in C(K). \tag{9.28}$$

Umgekehrt wird wie in Satz 3.4 durch die rechte Seite von (9.28) eine stetige Linearform F auf $C(K)$ definiert mit $\|F\| = \int_K |g(t)|\, d\mu = \mu(K)$.

9.5 Stetige Projektionen

Fortsetzung stetiger linearer Operatoren

Für *Hilberträume* H folgt der Satz von Hahn-Banach 9.3 leicht mittels der orthogonalen Projektion $P : H \to \overline{V}_0$. Allgemeiner ergibt sich die folgende Aussage:

a) Es seien H ein Hilbertraum, Y ein Banachraum, $V_0 \subseteq H$ ein Unterraum und $T_0 \in L(V_0, Y)$. Dann hat T_0 eine *Fortsetzung* zu einem stetigen linearen Operator $T \in L(H, Y)$ mit $\|T\| = \|T_0\|$.

b) Zum Beweis von a) liefert Satz 3.7 zunächst die Fortsetzung $\overline{T}_0 \in L(\overline{V}_0, Y)$, und man setzt $T := \overline{T}_0 P$.

c) Aussage a) gilt auch für einen Unterraum V_0 eines beliebigen Banachraumes X, wenn eine *stetige Projektion* von X auf $\overline{V}_0$ mit Norm 1 existiert (vgl. Abb. 9.2). Die Existenz solcher Projektionen wollen wir nun genauer untersuchen:

Projektionen

a) Es sei X ein normierter Raum. Ein linearer Operator $P \in L(X)$ heißt *Projektion*, falls $P^2 = P$ gilt. In diesem Fall ist auch $I - P$ eine Projektion wegen $(I-P)^2 = I - 2P + P^2 = I - P$.

b) Für alle linearen Operatoren $P \in L(X)$ gilt offenbar

$$R(P) + R(I-P) = X \quad \text{und} \quad N(P) \cap N(I-P) = \{0\}.$$

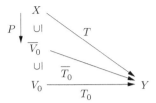

Abb. 9.2 Fortsetzung: $T = \overline{T}_0 P$

Wie in Satz 7.7 gilt für eine Projektion wegen $P = P^2$

$$y \in R(P) \;\Leftrightarrow\; \exists\, x \in E : \; y = Px \;\Leftrightarrow\; y = Py \;\Leftrightarrow\; y \in N(I - P).$$

Somit ist $R(P) = N(I - P)$ *abgeschlossen*. Weiter ist $N(P) = R(I - P)$ und daher

$$X \;=\; R(P) \oplus N(P).$$

c) Nun gelte umgekehrt $X = V \oplus W$ mit Unterräumen V und W von X. Für die Abbildung $P : v \oplus w \mapsto v$ gilt dann $P^2 = P$, $R(P) = V$ und $N(P) = W$; P ist also die *lineare Projektion* von X auf V entlang W. Die direkte Summe $V \oplus W$ heißt *topologisch direkt*, wenn P stetig ist, und in diesem Fall schreiben wir

$$X \;=\; V \oplus_t W. \tag{9.29}$$

Nach b) müssen in diesem Fall V und W *abgeschlossene* Unterräume von X sein. Für *Banachräume* X gilt sogar:

Satz 9.19
Ein Banachraum $X = V \oplus W$ sei die direkte Summe der Unterräume V und W. Die Summe ist genau dann topologisch direkt, *wenn V und W abgeschlossen sind. In diesem Fall hat man $X \simeq V \times W$.*

BEWEIS. „$\Rightarrow$ " haben wir soeben gezeigt.
„$\Leftarrow$ ": Sind V und W abgeschlossen, so ist der Produktraum $V \times W$ ein Banachraum. Die lineare Abbildung

$$T : V \times W \to X, \quad T(v, w) := v + w,$$

ist bijektiv und stetig; nach Satz 8.8 ist also auch $T^{-1} : X \to V \times W$ stetig. Offenbar ist die Abbildung $\pi_V : (v, w) \mapsto v$ eines Paares auf die erste Komponente von $V \times W$ auf V stetig, und dies gilt dann auch für $P = \pi_V T^{-1} : X \to V$. $\qquad\qquad \diamond$

Komplementierte Unterräume

a) Ein abgeschlossener Unterraum V eines Banachraumes X heißt *komplementiert,* wenn es einen *abgeschlossenen* Unterraum W von X mit $X = V \oplus W$ gibt. Nach Satz 9.19 ist dies äquivalent dazu, dass V *stetig projiziert* ist, dass also eine stetige Projektion von X auf V existiert.

b) Orthogonale Summen abgeschlossener Unterräume in Hilberträumen (vgl. S. 143) sind stets topologisch direkt; nach Satz 7.2 ist also in Hilberträumen *jeder* abgeschlossene Unterraum komplementiert. In Banachräumen ist dies i. a. nicht der Fall, ein Gegenbeispiel ist etwa der Unterraum c_0 der Nullfolgen des Raumes ℓ_∞ aller beschränkten Folgen (vgl. [Meise und Vogt 1992], 10.15). In Abschn. 10.3 konstruieren wir einen nicht komplementierten Unterraum von ℓ_1.

c) Nach einem Resultat von J. Lindenstrauß und L. Tzafriri muss ein Banachraum, in dem *alle* abgeschlossenen Unterräume komplementiert sind, zu einem *Hilbertraum isomorph* sein (vgl. [Lindenstrauß und Tzafriri 1973], S. 221).

d) Nach T. Gowers und B. Maurey[5] gibt es einen unendlichdimensionalen Banachraum X, in dem aus $X = V \oplus_t W$ stets dim $V < \infty$ oder dim $W < \infty$ folgt.

Ein *endlichdimensionaler* Unterraum eines Banachraumes ist stets komplementiert:

Satz 9.20

Es seien X ein normierter Raum und $F \subseteq X$ ein Unterraum mit dim $F = n < \infty$. Dann gibt es eine stetige Projektion P von X auf F.

BEWEIS. Es sei $\{x_1, \ldots, x_n\}$ eine Basis von F und $\{\varphi_1, \ldots, \varphi_n\}$ die durch

$$\langle x_i, \varphi_j \rangle := \delta_{ij} \tag{9.30}$$

gegebene *duale Basis* von F'. Für $x = \sum_{j=1}^{n} \xi_j x_j \in F$ gilt dann $\xi_k = \langle x, \varphi_k \rangle$, also $x = \sum_{j=1}^{n} \langle x, \varphi_j \rangle x_j$. Nach dem Satz von Hahn-Banach haben die φ_j Fortsetzungen $x_j' \in X'$, und eine stetige Projektion von X auf F ist dann gegeben durch

$$Px := \sum_{j=1}^{n} \langle x, x_j' \rangle x_j, \quad x \in X. \quad \Diamond \tag{9.31}$$

Normen endlichdimensionaler Projektionen

Nach dem *Lemma von Auerbach* kann man im Beweis von Satz 9.20 $\| x_j \| = \| \varphi_j \| = 1$ also auch $\| x_j' \| = 1$ für alle $j = 1 \ldots, n$ erreichen (vgl. Aufgabe 3.20) und erhält dann $\| P \| \leq n$. Nach einem *Satz von Kadec und Snobar* kann man sogar eine Projektion

---

[5] J. Amer. Math. Soc. 6, 851–874 (1993)

mit $\|P\| \leq \sqrt{n}$ konstruieren (vgl. [Meise und Vogt 1992], 12.14). Gibt es zu einem Banachraum X ein $C \geq 1$, sodass es auf *jeden* endlichdimensionalen Unterraum von X eine Projektion mit Norm $\leq C$ gibt, so ist X isomorph zu einem Hilbertraum (vgl. [Lindenstrauß und Tzafriri 1973], S. 222 und auch [Woytaszcyk 1991], III B für weitere Informationen).

Die Frage nach der Existenz einer stetigen Projektion lässt sich so umformulieren:

Satz 9.21

Für eine kurze exakte Sequenz

$$0 \longrightarrow V \overset{i}{\longrightarrow} X \overset{\pi}{\longrightarrow} Q \longrightarrow 0 \tag{S}$$

von Banachräumen sind äquivalent:

(a) π besitzt eine stetige lineare Rechtsinverse $R \in L(Q, X)$.

(b) Der Raum $N(\pi) = R(i)$ ist stetig projiziert in X.

(c) i besitzt eine stetige lineare Linksinverse $L \in L(X, V)$.

Ist dies der Fall, so gilt $X \simeq V \times Q$.

BEWEIS. „(a) $\Rightarrow$ (b)": Es ist $P := R\pi \in L(X)$ wegen $P^2 = R\pi R\pi = R\pi = P$ eine stetige Projektion. Aus $\pi x = 0$ folgt auch $Px = R\pi x = 0$, und umgekehrt impliziert $Px = 0$ auch $0 = \pi P x = \pi R\pi x = \pi x$. Somit gilt $N(\pi) = N(P)$, und daher ist $I - P$ eine stetige Projektion von X auf $N(\pi)$.

„(b) $\Rightarrow$ (a)": Es sei $X = N(\pi) \oplus_t W$. Dann ist $\pi|_W : W \to Q$ ein Isomorphismus, da ja π stetig und offen ist. Durch $R : y \mapsto (\pi|_W)^{-1}y$ wird dann ein Operator $R \in L(Q, X)$ mit $\pi R = I_Q$ definiert.

„(b) $\Rightarrow$ (c)": Es sei $P \in L(X)$ eine Projektion auf $R(i)$. Mit der Umkehrabbildung i^{-1} von $i : V \to R(i)$ setzen wir einfach $L = i^{-1} P \in L(X, V)$. Offenbar gilt dann $Liy = y$ für $y \in V$.

„(c) $\Rightarrow$ (b)": Es ist $P = iL \in L(X)$ wegen $P^2 = iLiL = iL = P$ eine stetige Projektion. Offenbar gilt $R(P) \subseteq R(i)$, und wegen $P(iy) = iLiy = iy$ für $iy \in R(i)$ ist sogar $R(P) = R(i)$.

Gelten die Aussagen (a)–(c), so ist $X = N(\pi) \oplus_t W \simeq N(\pi) \times W \simeq V \times Q$ nach dem Beweis von „(b) $\Rightarrow$ (a)". $\Diamond$

Splitting exakter Sequenzen und Lösungsoperatoren

a) Eine kurze exakte Sequenz (S) von Banachräumen *splittet* oder *zerfällt*, wenn eine der Bedingungen (a), (b) oder (c) aus Satz 9.21 erfüllt ist; dann gelten also alle diese drei Bedingungen.

b) Wegen der Surjektivität von $\pi : X \to Q$ besitzt die Gleichung $\pi x = q$ für alle $q \in Q$ eine Lösung, die allerdings i. a. nicht eindeutig ist. Ein Operator $R : Q \to X$ mit $\pi R(q) = q$ für alle $q \in Q$ heißt *Lösungsoperator* für die Gleichung $\pi x = q$. Stets gibt es *lineare* Lösungsoperatoren, und nach einem Satz von Bartle und Graves (vgl. [Kaballo 2014],

Theorem 9.29) gibt es auch immer *stetige* Lösungsoperatoren. Dagegen gibt es *stetige lineare Lösungsoperatoren* nur im Fall einer zerfallenden Sequenz.

c) Zerfällt eine exakte Sequenz (S), so gilt dies auch für die *duale Sequenz* (S'); in der Tat impliziert $\pi R = I_Q$ und $Li = I_V$ sofort auch $R'\pi' = I_{Q'}$ und $i'L' = I_{V'}$. Die Umkehrung dieser Aussage ist i. a. nicht richtig, vgl. dazu das Beispiel (10.28) auf S. 230 sowie (Kaballo 2014), Abschn. 12.2.

Wie zu Beginn dieses Abschnitts seien nun X, Y Banachräume, $V \subseteq X$ ein Unterraum und $T_0 \in L(V, Y)$. Die Existenz einer stetigen Projektion von X auf $\overline{V}$ setzen wir *nicht* voraus. Im Fall $Y = \mathbb{K}$ hat T_0 nach dem Satz von Hahn-Banach eine stetige lineare Fortsetzung $T \in L(X, Y)$ mit $\|T\| = \|T_0\|$. Dies gilt auch für $Y = \ell_\infty^n$, wie man durch Anwendung auf die Komponenten von T_0 sieht. Darüber hinaus gilt:

Satz 9.22

Es seien X ein Banachraum, $V \subseteq X$ ein Unterraum, I eine Indexmenge und $T_0 \in L(V, \ell_\infty(I))$. Dann hat T_0 eine stetige lineare Fortsetzung $T \in L(X, \ell_\infty(I))$ mit $\|T\| = \|T_0\|$.

BEWEIS. Für $j \in I$ betrachten wir die durch $\langle (\xi_i)_{i\in I}, \delta_j \rangle := \xi_j$ gegebene Linearform $\delta_j \in \ell_\infty(I)'$. Nach dem Satz von Hahn-Banach hat $T_0'\delta_j = \delta_j \circ T_0 \in V'$ eine stetige lineare Fortsetzung $\eta_j \in X'$ mit $\|\eta_j\| = \|T_0'\delta_j\| \leq \|T_0'\| = \|T_0\|$. Durch

$$T : x \mapsto (\eta_i(x))_{i\in I}, \quad x \in X,$$

wird dann eine Fortsetzung $T \in L(X, \ell_\infty(I))$ von T_0 mit $\|T\| \leq \|T_0\|$ definiert. $\diamond$

Beachten Sie bitte, dass der Beweis für andere ℓ_p-Räume nicht funktioniert, da die Familie $(\eta_i(x))_{i\in I}$ nicht p-summierbar sein muss.

Folgerungen und Bemerkungen

a) Satz 9.22 gilt auch für Räume, die zu $\ell_\infty(I)$ isomorph sind; dann erhält man eine Abschätzung $\|T\| \leq C\|T_0\|$ für die Norm der Fortsetzung. Dies gilt insbesondere im Fall $0 < \alpha < 1$ für die Räume $\Lambda^\alpha(K)$ Hölder-stetiger Funktionen auf kompakten Mengen $K \subseteq \mathbb{R}^n$ (vgl. entsprechende Bemerkungen auf S. 46).

b) Satz 9.22 gilt auch für Räume $L_\infty(\Omega, \mu)$ im Fall σ-endlicher Maßräume; einen Beweis findet man im Aufbaukurs (Kaballo 2014), Satz 9.35. Dieser benutzt Theorem 9.17, und an Stelle der δ-Funktionale werden dort Mittelwerte über Mengen kleinen positiven Maßes verwendet.

c) Die Räume $V = \ell_\infty(I)$ und $V = L_\infty(\Omega, \mu)$ sind in jedem Banach-Oberraum X komplementiert. In der Tat liefert eine stetige lineare Fortsetzung der Identität $I : V \to V$ zu

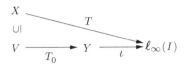

Abb. 9.3 Fortsetzung von ιT_0 zu T

einem Operator $P : X \to V$ eine stetige Projektion von X auf V. Nach Satz 9.21 zerfällt also jede kurze exakte Sequenz (S) im Fall $V \simeq \ell_\infty(I)$ oder $V \simeq L_\infty(\Omega, \mu)$.

d) Ein Raum endlicher Dimension $n \in \mathbb{N}$ ist isomorph zu ℓ_∞^n; Satz 9.22 liefert somit einen weiteren Beweis von Satz 9.20.

e) Der Raum c_0 aller Nullfolgen ist in jedem *separablen* Banach-Oberraum X komplementiert; es gibt eine Projektion P von X auf c_0 mit $\| P \| \leq 2$. Einen Beweis dieses *Satzes von Sobczyk* findet man in [Meise und Vogt 1992], 10.10. Wie auf S. 205 angemerkt, ist c_0 jedoch *nicht* in ℓ_∞ komplementiert.

f) *Jeder* Banachraum Y ist isometrisch zu einem Unterraum von $\ell_\infty(I)$ für eine geeignete Indexmenge I; man kann $I = \mathbb{N}_0$ wählen, wenn Y' *separabel* ist (vgl. auch Aufgabe 9.16). Dazu wählt man I als dichte Teilmenge der Einheitskugel $B_{Y'}$ von Y' und definiert

$$\iota : Y \to \ell_\infty(I), \quad (\iota y)(i) := \langle y, i \rangle. \tag{9.32}$$

Aufgrund von Formel (9.7) ist ι in der Tat eine Isometrie.

g) Für einen Operator $T_0 \in L(V, Y)$ kann somit das Fortsetzungsproblem stets in abgeschwächter Form „gelöst" werden: Der „verlängerte" Operator $\iota \circ T_0 : V \to \ell_\infty(I)$ hat eine stetige lineare Fortsetzung $T : X \to \ell_\infty(I)$, vgl. Abb. 9.3.

9.6   Aufgaben

Aufgabe 9.1

Für eine beschränkte Folge $x = (x_j) \in \ell_\infty(\mathbb{N}_0, \mathbb{R})$ betrachte man die Mittelwerte $\sigma_n(x) := \frac{1}{n} \sum_{j=0}^{n-1} x_j$ und die „nach links verschobene" Folge $S_{-}x := (x_{j+1})$.

a) Zeigen Sie, dass durch

$$p_1(x) := \limsup x_n \quad \text{und} \quad p_2(x) := \limsup \sigma_n(x)$$

sublineare Funktionale auf dem Banachraum $\ell_\infty(\mathbb{N}_0, \mathbb{R})$ definiert werden.

b) Konstruieren Sie ein stetiges lineares Funktional $L \in \ell_\infty(\mathbb{N}_0, \mathbb{R})'$ *(Banach-Limes)* mit folgenden Eigenschaften:

① $\liminf x_n \le \liminf \sigma_n(x) \le L(x) \le \limsup \sigma_n(x) \le \limsup x_n$;

② $L(x) = \lim\limits_{n\to\infty} x_n$ für $x \in c$; $L(x) = \lim\limits_{n\to\infty} \sigma_n(x)$ für $(\sigma_n(x)) \in c$;

③ $L(S_-x) = L(x)$ für $x \in \ell_\infty$; $L(x) \ge 0$ für $x \ge 0$.

Aufgabe 9.2

Es seien X ein normierter Raum, (x_n) eine Folge von Vektoren in X und (α_n) eine Folge in $\mathbb{K}$. Gesucht ist eine stetige Linearform $f \in X'$ mit $f(x_n) = \alpha_n$ für alle $n \in \mathbb{N}$.

a) Zeigen Sie: Dieses *Momentenproblem* ist genau dann lösbar, wenn gilt:

$$\exists\, C > 0 \,\forall\, n \in \mathbb{N} \,\forall\, \lambda_1, \ldots, \lambda_n \in \mathbb{K} \,:\, \Big| \sum_{k=1}^{n} \lambda_k \alpha_k \Big| \le C \, \Big\| \sum_{k=1}^{n} \lambda_k x_k \Big\|.$$

b) Es sei $f_n \in \mathcal{C}[0,1]$ die „Dreiecksfunktion" auf $[\frac{1}{n+1}, \frac{1}{n}]$ mit Höhe 1 (vgl. Abb. 9.4). Für welche Folgen (α_n) in $\mathbb{K}$ gibt es $\mu \in \mathcal{C}[0,1]'$ mit $\mu(f_n) = \alpha_n$ für alle $n \in \mathbb{N}$?

Aufgabe 9.3

a) Verifizieren Sie die Aussagen d) zu dualen Operatoren auf S. 191.

b) Für einen Hilbertraum H sei

$$j = j_H \,:\, H \mapsto H', \quad j(y)(x) := \langle x|y \rangle, \quad x, y \in H,$$

die kanonische antilineare Isometrie von H auf den Dualraum H' aus (6.10). Zeigen Sie $T^* = j_H^{-1} T' j_G$ für Hilberträume H, G und Operatoren $T \in L(H, G)$.

Aufgabe 9.4

Es seien K ein kompakter metrischer Raum, μ ein reguläres positives Borel-Maß auf K und X ein Banachraum. Zeigen Sie, dass durch

$$S_\mu \,:\, \mathcal{C}(K) \otimes X \to X, \quad S_\mu \Big(\sum_{j=1}^{r} \phi_j \otimes x_j \Big) := \sum_{j=1}^{r} \int_K \phi_j \, d\mu \cdot x_j$$

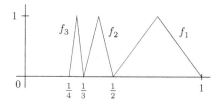

Abb. 9.4 Dreiecksfunktionen

ein linearer Operator (wohl)definiert wird mit $\langle S_\mu(f), x' \rangle = \int_K \langle f, x' \rangle \, d\mu$ für alle $f \in \mathcal{C}(K) \otimes X$ und $x' \in X'$. Zeigen Sie weiter $\| S_\mu \| \leq \mu(K)$ und setzen Sie S_μ mittels Theorem 2.7 zum Integral $\overline{S}_\mu : \mathcal{C}(K, X) \to X$ für X-wertige stetige Funktionen fort.

Aufgabe 9.5

Beweisen Sie die Holomorphie der im Beweis von Satz 9.6 verwendeten Hilfsfunktion $h : z \mapsto \mu(t^z)$ in der rechten Halbebene H.

Aufgabe 9.6

Zeigen Sie, dass für die stetige Linearform aus (9.14) Formel (9.13) nicht gilt.

Aufgabe 9.7

Zeigen Sie, dass die Räume c' und ℓ_1 isometrisch sind.

HINWEIS. Imitieren Sie Formel (9.20) unter Berücksichtigung des Grenzwerts.

Aufgabe 9.8

Es seien $1 < p \leq 2$ und $\mu(\Omega) < \infty$. Beweisen Sie in der Situation von Satz 9.16 die Surjektivität der Abbildung $J_q : L_q(\Omega) \to L_p(\Omega)'$.

Aufgabe 9.9

Es sei I eine überabzählbare Indexmenge. Für $A \subseteq I$ sei $\mu(A) \in [0, \infty]$ die Anzahl der Elemente in A; dies liefert das *Zählmaß* auf der Potenzmenge $\mathfrak{P}(I)$.

a) Zeigen Sie: Der Funktionenraum $L_1(I, \mathfrak{P}(I), \mu) = \ell_1(I)$ stimmt mit dem Raum der summierbaren Familien auf I (vgl. S. 120) überein, und es gilt

$$\int_I x \, d\mu = \sum_{i \in I} x_i \quad \text{für} \quad x = (x_i)_{i \in I} \in L_1(I, \mathfrak{P}(I), \mu) = \ell_1(I).$$

b) Definieren Sie eine bijektive Isometrie $J = J_\infty : \ell_\infty(I) \to \ell_1(I)'$ wie in (9.24).

c) Zeigen Sie: Das System $\Sigma := \{A \in \mathfrak{P}(I) \mid A \text{ abzählbar oder } I \backslash A \text{ abzählbar}\}$ ist eine σ-Algebra in I, und es gilt $L_1(I, \Sigma, \mu) = \ell_1(I)$. Schließen Sie, dass mittels (9.24) eine bijektive Isometrie $J : \ell_\infty(I) \to L_1(I, \Sigma, \mu)'$ definiert wird.

d) Finden Sie im Fall $I = [a, b]$ eine beschränkte Funktion $g \in \ell_\infty(I)$, die nicht Σ-messbar ist. Schließen Sie, dass die Abbildung $J : L_\infty(I, \Sigma, \mu) \to L_1(I, \Sigma, \mu)'$ gemäß (9.24) *nicht surjektiv* ist.

e) Nun definieren wir ein Maß ν auf Σ durch $\nu(A) := 0$ für abzählbare $A \in \Sigma$ und $\nu(A) := \infty$ für überabzählbare $A \in \Sigma$. Zeigen Sie, dass

$$\mathcal{L}_1(I, \Sigma, \nu) = \{x : I \to \mathbb{C} \mid \operatorname{tr} x \text{ abzählbar}\} = \mathcal{N}(I, \Sigma, \nu)$$

nur aus ν-Nullfunktionen besteht und somit $L_1(I, \Sigma, \nu) = \{0\}$ gilt. Schließen Sie, dass die Abbildung $J : L_\infty(I, \Sigma, \nu) \to L_1(I, \Sigma, \nu)'$ gemäß (9.24) *nicht injektiv* ist.

Aufgabe 9.10

Es sei X ein Banachraum. Zeigen Sie, dass $\iota_{X'}(X')$ in X''' komplementiert ist. Ist auch $\iota_X(X)$ stets in X'' komplementiert?

Aufgabe 9.11

Zeigen Sie, dass der Raum der geraden stetigen Funktionen in $\mathcal{C}[-1, 1]$ komplementiert ist.

Aufgabe 9.12

Gegeben sei die Abbildung $T : \mathcal{C}[0, 1] \to c$, $T(f) := (f(\frac{1}{n+1}))_{n \in \mathbb{N}_0}$. Konstruieren Sie eine stetige lineare Rechtsinverse zu T!

Aufgabe 9.13

Es seien H ein Hilbertraum und $P = P^2 \in L(H)$ eine Projektion mit $\| P \| \leq 1$. Beweisen Sie $P = P^*$.

HINWEIS. Zeigen Sie $Py = 0$ für $y \in R(P)^\perp$.

Aufgabe 9.14

Folgern Sie aus dem Satz von Sobczyk diese Fortsetzungssätze:

Es seien X ein separabler Banachraum, $V \subseteq X$ ein Unterraum und $T_0 \in L(V, c_0)$ sowie $S_0 \in L(V, c)$. Dann haben T_0 und S_0 stetige lineare Fortsetzungen $T \in L(X, c_0)$ und $S \in L(X, c)$ mit $\| T \| \leq 2 \| T_0 \|$ und $\| S \| \leq 6 \| S_0 \|$.

Aufgabe 9.15

a) Es seien $\pi \in L(Y, Q)$ eine Surjektion zwischen Banachräumen, I eine Indexmenge und $T_0 \in L(\ell_1(I), Q)$. Konstruieren Sie ein *Lifting* von T_0, d. h. einen Operator $T \in L(\ell_1(I), Y)$ mit $T_0 = \pi T$.

HINWEIS. Liften Sie die Einheitsvektoren!

b) Zeigen Sie, dass jede Surjektion $\pi \in L(Y, \ell_1(I))$ eine stetige lineare Rechtsinverse besitzt, also jede kurze exakte Sequenz (S) im Fall $Q \simeq \ell_1(I)$ zerfällt.

Aufgabe 9.16

Es sei Y ein separabler Banachraum. Zeigen Sie, dass Y und auch Y' zu Unterräumen von ℓ_∞ isometrisch sind.

Schwache Konvergenz

10

Fragen

1. In welchen Banachräumen gilt Satz 7.1?
2. Es sei (x_n) eine beschränkte Folge in einem Hilbertraum. Kann man eine in einem geeigneten Sinn „schwach" konvergente Teilfolge von (x_n) finden?
3. Warum sind die Räume $L_1[a, b]$ und ℓ_1 nicht isomorph?
4. Gibt es eine Lösung $u \in \mathcal{C}^2[0, 1]$ von $-u''(t) + \sqrt{1 - t^2}\, u(t) = \cos t$ unter der Randbedingung $u(0) = u(1) = 1$?

Ein wichtiges Problem der Analysis ist die Bestimmung von *Maximal-* oder *Minimalstellen* beschränkter reellwertiger Funktionen. Zum Nachweis der *Existenz* eines Maximums oder Minimums verwendet man oft *Kompaktheitsargumente*. Nun ist aber die Einheitskugel unendlichdimensionaler Banachräume nach Satz 3.10 *nicht kompakt*. In *reflexiven* Banachräumen jedoch gilt der Satz von Bolzano-Weierstraß im Sinne der *schwachen Konvergenz* (vgl. Theorem 10.18); in solchen Räumen können wir daher die Existenz von Minima in Satz 10.21 für eine große Klasse *konvexer Funktionale* auf abgeschlossenen konvexen Mengen zeigen.

Grundlegend für dieses Kapitel sind *Trennungssätze* für *disjunkte konvexe Mengen* in normierten Räumen durch *reelle affine Hyperebenen*, die wir in Abschn. 10.1 zeigen. Diese Erweiterungen von Satz 9.4 lassen sich als *geometrischen Versionen* des *Satzes von Hahn-Banach* betrachten.

© Springer-Verlag GmbH Deutschland 2018   213
W. Kaballo, *Grundkurs Funktionalanalysis*,
https://doi.org/10.1007/978-3-662-54748-9_10

Als Beispiel eines Minimierungsproblems diskutieren wir die Frage nach Existenz und
Eindeutigkeit eines *Proximums* an abgeschlossene konvexe Mengen in Banachräumen;
dies führt im zweiten Abschnitt zu den Begriffen der *strikten* und *uniformen Konvexität*
dieser Räume. Der wichtige *Satz von Milman-Pettis* 10.7 besagt, dass *uniforme Konvexität*
eines Banachraumes dessen *Reflexivität* impliziert. Daraus können wir die Reflexivität
der L_p-Räume für $1 < p < \infty$ und damit dann die Surjektivität der Dualitätsabbildung
$J_q : L_q(\Omega) \to L_p(\Omega)'$ aus Satz 9.16 folgern.

In Abschn. 10.3 führen wir *schwach konvergente* Folgen in Banachräumen und
schwach*-konvergente Folgen in Dualräumen ein und untersuchen diese Konzepte in einigen konkreten Räumen. Im Gegensatz zum reflexiven Fall ist im Folgenraum ℓ_1 jede
schwach konvergente Folge bereits in der Norm konvergent. Mithilfe dieser Tatsache
konstruieren wir einen *nicht komplementierten* abgeschlossenen Unterraum von ℓ_1.

Im nächsten Abschnitt zeigen wir dann, dass in *reflexiven* Banachräumen jede beschränkte Folge eine schwach konvergente Teilfolge besitzt; zusammen mit dem Trennungssatz erlaubt dies dann einen Beweis des o. a. Satzes 10.21 über die Existenz
gewisser Minima. Für diese Resultate ist Reflexivität eine wesentliche Voraussetzung;
selbst *stetige lineare* Funktionale besitzen *nur* im Fall reflexiver Banachräume stets ein
Betragsmaximum auf der abgeschlossenen Einheitskugel (vgl. S. 194).

In Abschn. 10.5 diskutieren wir das *Dirichletsche Prinzip* zur Lösung von Randwertproblemen bei linearen gewöhnlichen Differentialgleichungen zweiter Ordnung. Mittels
Satz 10.21 zeigen wir die Existenz eines Minimums für gewisse quadratische Funktionale
und gewinnen daraus (schwache) Lösungen von *Sturm-Liouville-Randwertproblemen*.

10.1 Trennung konvexer Mengen

In diesem Abschnitt konstruieren wir *sublineare Funktionale* aus deren „Einheitskugel"
und erhalten daraus die angekündigten *geometrischen Versionen* des *Satzes von Hahn-
Banach,* nämlich *Trennungssätze* für *disjunkte konvexe Mengen* in normierten Räumen
durch *reelle affine Hyperebenen*. Damit können wir Satz 9.7 über Annihilatoren zum *Bipolarensatz* 10.4 erweitern. Die Resultate gehen zurück u. a. auf G. Ascoli (1932), S.
Mazur (1933) und M. Eidelheit (1936).

Absolutkonvexe Mengen
Eine Teilmenge $A \subseteq E$ eines reellen oder komplexen Vektorraumes heißt *absolutkonvex,*
falls gilt

$$\forall\, x, y \in A\ \forall\, s, t \in \mathbb{K}\ :\ |s| + |t| \le 1\ \Rightarrow\ s\, x + t\, y \in A\,. \tag{10.1}$$

Absolutkonvexe Mengen sind natürlich insbesondere konvex. Für eine beliebige Menge
$M \subseteq E$ ist ähnlich wie in (1.8)

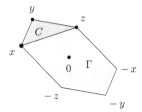

Abb. 10.1 Konvexe Hülle $C = \mathrm{co}\{x, y, z\}$ und absolutkonvexe Hülle $\Gamma = \Gamma\{x, y, z\}$ von 3 Punkten in $\mathbb{R}^2$

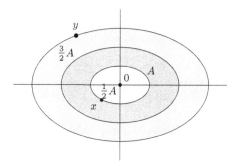

Abb. 10.2 $p_A(x) = \frac{1}{2}$ und $p_A(y) = \frac{3}{2}$

$$\Gamma(M) := \{\sum_{k=1}^{n} s_k x_k \mid n \in \mathbb{N}, \, x_k \in M, \, s_k \in \mathbb{K}, \, \sum_{k=1}^{n} |s_k| \leq 1\} \tag{10.2}$$

der Durchschnitt aller absolutkonvexen Obermengen von M; diese Menge $\Gamma(M)$ heißt *absolutkonvexe Hülle* von $M \subseteq E$ (vgl. Abb. 10.1).

Minkowski-Funktionale

a) Eine Menge $A \subseteq E$ heißt *absorbierend,* falls $E = \bigcup_{t>0} tA$ gilt. Für eine absorbierende Menge $A \subseteq E$ definieren wir das *Minkowski-Funktional* oder *Eichfunktional* $p_A : E \to [0, \infty)$ durch (vgl. Abb. 10.2)

$$p_A(x) := \inf\{t > 0 \mid x \in tA\}, \quad x \in E. \tag{10.3}$$

b) Eine Norm lässt sich mittels $\|x\| = p_U(x) = p_B(x)$ aus ihren Einheitskugeln $U = U_1(0)$ oder $B = B_1(0)$ rekonstruieren (vgl. Aufgabe 1.3).

c) Auch für ein *sublineares Funktional* $p : E \to \mathbb{R}$ (vgl. S. 186) betrachten wir die „*Einheitskugeln*"

$$U_p := \{x \in E \mid p(x) < 1\} \quad \text{und} \quad B_p := \{x \in E \mid p(x) \leq 1\}. \tag{10.4}$$

Diese sind offenbar absorbierend und konvex, für eine Halbnorm p sogar absolutkonvex. Umgekehrt gilt:

Satz 10.1

Für eine absorbierende und konvexe Menge $C \subseteq E$ ist das Minkowski-Funktional $p := p_C : E \to [0, \infty)$ sublinear, und es gilt $U_p \subseteq C \subseteq B_p$. Ist C sogar absolutkonvex, so ist p_C eine Halbnorm.

BEWEIS. a) Man hat $0 \leq p_C(x) < \infty$. Zu $0 \in E$ gibt es $t > 0$ mit $0 \in tC$. Daraus folgt auch $0 \in C$ und $p_C(0) = 0$.

b) Für $\lambda > p(x)$ gibt es $0 < t < \lambda$ mit $x \in tC$, also $\frac{x}{t} \in C$. Aufgrund von $0 \in C$ und der Konvexität von C folgt dann auch $\frac{x}{\lambda} = \frac{t}{\lambda} \frac{x}{t} \in C$. Für $\mu > p(y)$ gilt entsprechend $\frac{y}{\mu} \in C$, und daraus folgt auch

$$\frac{1}{\lambda+\mu} (x + y) = \frac{\lambda}{\lambda+\mu} \frac{x}{\lambda} + \frac{\mu}{\lambda+\mu} \frac{y}{\mu} \in C,$$

also $x + y \in (\lambda + \mu)C$. Folglich gilt $p(x + y) \leq \lambda + \mu$ und daher auch die Dreiecks-Ungleichung $p(x + y) \leq p(x) + p(y)$.

c) Für $t > 0$ ist $tx \in t\lambda C$, also $p(tx) \leq tp(x)$. Für $t > 0$ gilt dann auch umgekehrt $p(x) \leq \frac{1}{t} p(tx)$, insgesamt also $p(tx) = tp(x)$ für $t \geq 0$.

d) Aus $p(x) < 1$ folgt $x \in tC$ für ein $0 < t < 1$, wegen $0 \in C$ also auch $x \in C$. Umgekehrt impliziert $x \in C$ natürlich sofort $p(x) \leq 1$.

e) Nun sei C sogar absolutkonvex und wieder $\lambda > p(x)$. Für $\alpha \in \mathbb{K}$ ist dann $\alpha x \in \alpha \lambda C = |\alpha| \lambda C$, also $p(\alpha x) \leq |\alpha| p(x)$. Wie in Beweisteil c) folgt daraus dann auch $p(\alpha x) = |\alpha| p(x)$. $\Diamond$

Nun können wir den folgenden *Trennungssatz* zeigen (vgl. Abb. 10.3):

Theorem 10.2

Es seien X ein normierter Raum über $\mathbb{K} = \mathbb{R}$ oder $\mathbb{K} = \mathbb{C}$ und $\emptyset \neq D, B \subseteq X$ disjunkte konvexe Mengen.

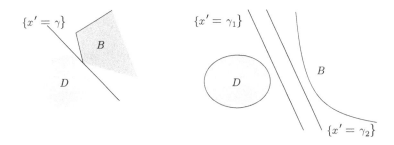

Abb. 10.3 Trennung konvexer Mengen

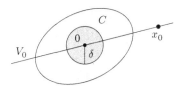

Abb. 10.4 Illustration des Beweises

a) Ist D offen, so gibt es $x' \in X'$ und $\gamma \in \mathbb{R}$ mit

$$Re \langle d, x' \rangle \;<\; \gamma \;\le\; Re \langle b, x' \rangle \quad \text{für } d \in D, \; b \in B. \tag{10.5}$$

b) Ist D kompakt und B abgeschlossen, so gibt es $x' \in X'$ und $\gamma_1 < \gamma_2 \in \mathbb{R}$ mit

$$Re \langle d, x' \rangle \;\le\; \gamma_1 \;<\; \gamma_2 \;\le\; Re \langle b, x' \rangle \quad \text{für } d \in D, \; b \in B. \tag{10.6}$$

BEWEIS. ① Es genügt, dies für $\mathbb{K} = \mathbb{R}$ zu zeigen. Im Fall $\mathbb{K} = \mathbb{C}$ findet man dann zunächst ein $\mathbb{R}$-lineares Funktional $y' : X \to \mathbb{R}$ mit (10.5) bzw. (10.6). Durch

$$\langle x, x' \rangle := \langle x, y' \rangle - i \langle ix, y' \rangle$$

wird dann wegen (9.5) ein $\mathbb{C}$-lineares Funktional $x' \in X'$ mit $y' = \operatorname{Re} x'$ definiert.

② Im Fall $\mathbb{K} = \mathbb{R}$ sei nun D offen in X. Wir wählen $d_0 \in D$, $b_0 \in B$ und setzen $x_0 := b_0 - d_0$. Die Menge $C := D - B + x_0$ ist *konvex* und *offen* (vgl. Aufgabe 1.17); wegen $0 \in C$ gibt es $\delta > 0$ mit $U_\delta(0) \subseteq C$. Folglich ist C *absorbierend,* und nach Satz 10.1 ist das Minkowski-Funktional $p = p_C$ *sublinear.*

③ Wegen $D \cap B = \emptyset$ ist $x_0 \notin C$, und wegen $U_p \subseteq C$ hat man $p(x_0) \ge 1$. Auf $V_0 := [x_0]$ definieren wir eine Linearform $f_0 : V_0 \to \mathbb{R}$ durch $f_0(\alpha x_0) := \alpha$. Dann gilt

$$f_0(\alpha x_0) \;=\; \alpha \;\le\; \alpha\, p(x_0) \;=\; p(\alpha x_0) \quad \text{für } \alpha \ge 0 \;\; \text{und}$$
$$f_0(\alpha x_0) \;=\; \alpha \;\le\; 0 \;\le\; p(\alpha x_0) \quad \text{für } \alpha \le 0, \;\; \text{also}$$

$f_0 \le p$ auf V_0. Nach Theorem 9.1 gibt es eine Linearform $f : X \to \mathbb{R}$ mit $f|_{V_0} = f_0$ und $-p(-x) \le f(x) \le p(x)$ für alle $x \in X$. Aus $\|x\| < \delta$ folgt $x \in C \cap (-C)$, also $|f(x)| \le 1$, und somit ist $x' := f \in X'$ *stetig.*

④ Für $d \in D$ und $b \in B$ hat man

$$\langle d, x' \rangle - \langle b, x' \rangle + 1 \;=\; \langle d - b + x_0, x' \rangle \;\le\; p(d - b + x_0) < 1,$$

da C offen ist. Somit gilt stets $\langle d, x' \rangle < \langle b, x' \rangle$, und mit $\gamma := \sup\limits_{d \in D} \langle d, x' \rangle$ folgt nun Behauptung (10.5), da die Menge $x'(D)$ in $\mathbb{R}$ *offen* ist.

⑤ Nun seien D kompakt und B abgeschlossen. Zu $d \in D$ gibt es dann $\varepsilon = \varepsilon_d > 0$ mit $U_{2\varepsilon}(d) \cap B = \emptyset$. Wegen der Kompaktheit von D gibt es $d_1, \ldots, d_r \in D$ mit $D \subseteq \bigcup\limits_{j=1}^{r} U_{\varepsilon_{d_j}}(d_j)$, und mit $\varepsilon := \min\{\varepsilon_{d_1}, \ldots, \varepsilon_{d_r}\}$ setzen wir $D_\varepsilon := D + U_\varepsilon(0)$. Es ist D_ε offen und konvex mit $D_\varepsilon \cap B = \emptyset$. Nun wenden wir die schon bewiesene Behauptung a) an und erhalten $x' \in X'$ sowie $\gamma_2 \in \mathbb{R}$ mit $\langle x, x' \rangle < \gamma_2 \le \langle b, x' \rangle$ für $x \in D_\varepsilon$ und $b \in B$. Mit $\gamma_1 := \max\limits_{d \in D} \langle d, x' \rangle < \gamma_2$ folgt dann die Behauptung (10.6). ◇

Wir formulieren einen wichtigen Spezialfall des Trennungssatzes:

Satz 10.3

Es seien X ein normierter Raum, $\emptyset \ne A \subseteq X$ eine absolutkonvexe *Menge und x_0 ein Vektor in $X \backslash A$.*

a) Ist A offen, so gibt es $x' \in X'$ mit

$$|\langle a, x' \rangle| < |\langle x_0, x' \rangle| \quad \text{für alle } a \in A. \tag{10.7}$$

b) Ist A abgeschlossen, so gibt es $x' \in X'$ mit

$$\sup\limits_{a \in A} |\langle a, x' \rangle| < |\langle x_0, x' \rangle|. \tag{10.8}$$

BEWEIS. a) Mit $D := A$ und $B := \{x_0\}$ liefert der Trennungssatz 10.2 a) ein Funktional $x' \in X'$ mit

$$\text{Re} \langle a, x' \rangle < \text{Re} \langle x_0, x' \rangle \quad \text{für alle } a \in A.$$

Für $a \in A$ wählen wir $\alpha \in \mathbb{K}$ mit $|\alpha| = 1$ und

$$|\langle a, x' \rangle| = \alpha \langle a, x' \rangle = \langle \alpha a, x' \rangle = \text{Re} \langle \alpha a, x' \rangle.$$

Wegen $\alpha a \in A$ impliziert dies sofort $|\langle a, x' \rangle| < \text{Re} \langle x_0, x' \rangle$, also (10.7).

b) Nun wählen wir $D := \{x_0\}$ und $B := A$ im Trennungssatz 10.2 b) und erhalten ein Funktional $y' \in X'$ und eine Zahl $\gamma \in \mathbb{R}$ mit

$$\text{Re} \langle x_0, y' \rangle < \gamma \le \text{Re} \langle a, y' \rangle \quad \text{für alle } a \in A.$$

Wir setzen $x' := -y'$. Für $a \in A$ wählen wir wieder $\alpha \in \mathbb{K}$ mit $|\alpha| = 1$ und

$$|\langle a, x' \rangle| = \alpha \langle a, x' \rangle = \langle \alpha a, x' \rangle = \text{Re} \langle \alpha a, x' \rangle.$$

Wegen $\alpha a \in A$ impliziert dies $|\langle a, x' \rangle| \le -\gamma < \text{Re} \langle x_0, x' \rangle$, also (10.8). ◇

Polaren

Es sei X ein normierter Raum. Für nichtleere Mengen $M \subseteq X$ und $N \subseteq X'$ werden die *Polaren* definiert durch

$$M^\diamond := \{x' \in X' \mid |\langle x, x' \rangle| \leq 1 \text{ für } x \in M\},$$
$$^\diamond N := \{x \in X \mid |\langle x, x' \rangle| \leq 1 \text{ für } x' \in N\}.$$

Polaren sind stets absolutkonvex und abgeschlossen. Für Unterräume $M \subseteq X$ und $N \subseteq X'$ gilt offenbar $M^\diamond = M^\perp$ und $^\diamond N = {}^\perp N$. Daher erweitert das folgende Resultat Satz 9.7 b); sein Beweis beruht auf Satz 10.3 an Stelle von Satz 9.4:

Satz 10.4 (Bipolarensatz)
Es sei X ein normierter Raum. Für eine nichtleere Menge $M \subseteq X$ gilt

$$^\diamond(M^\diamond) = \overline{\Gamma(M)}. \tag{10.9}$$

BEWEIS. „$\supseteq$" ist klar. Für „$\subseteq$" sei $A := \overline{\Gamma(M)}$ und $x_0 \in X \backslash A$. Nach (10.8) gibt es $x' \in X'$ mit

$$\sup_{x \in A} |\langle x, x' \rangle| \leq 1 < |\langle x_0, x' \rangle|.$$

Dies zeigt $x' \in A^\diamond \subseteq M^\diamond$ und somit $x_0 \notin {}^\diamond(M^\diamond)$. $\diamond$

Beispiele und Bemerkungen

a) Für die abgeschlossenen Einheitskugeln von Banachräumen X, X' und X'' gilt $B_X^\diamond = B_{X'}$ und auch $^\diamond B_{X'} = {}^\diamond(B_X^\diamond) = B_X$ in Übereinstimmung mit (10.9).

b) Mit der kanonischen Einbettung $\iota : X \to X''$ gilt auch $^\diamond(\iota B_X) = B_X^\diamond = B_{X'}$ und somit $(^\diamond(\iota B_X))^\diamond = B_{X''}$. Weiter gilt auch $^\perp(\iota X) = \{0\}$ und somit $(^\perp(\iota X))^\perp = X''$. In den Fällen $N := \iota B_X \subseteq X''$ und $N := \iota X \subseteq X''$ gilt also $(^\diamond N)^\diamond = \overline{\Gamma(N)}$ $(= N)$ nur für reflexive Räume X.

c) Allgemein ist für $\emptyset \neq N \subseteq X'$ die Menge $(^\diamond N)^\diamond$ der Abschluss der absolutkonvexen Hülle $\Gamma(N)$ in der *schwach*-Topologie* auf X'. Dieser stimmt im Fall reflexiver Räume mit dem Abschluss in der *schwachen Topologie* überein, und dieser wiederum aufgrund von Satz 10.3 b) (vgl. auch Satz 10.19 unten) für alle Banachräume mit dem Abschluss in der Norm-Topologie. Wir gehen darauf im Aufbaukurs [Kaballo 2014], Abschn. 8.1 ein; schwach und schwach*-konvergente *Folgen* untersuchen wir bereits im folgenden Abschn. 10.3 dieses Grundkurses.

10.2   Uniform konvexe Räume

In diesem Abschnitt untersuchen wir das wichtige Konzept der *uniformen Konvexität*. Dieses stammt von J.A. Clarkson (1936), der diese Eigenschaft für die L_p-Räume für $1 < p < \infty$ nachwies. Nach D. Milman (1938) und B.J. Pettis (1939) ist jeder uniform konvexe Banachraum *reflexiv*. Durch Kombination dieser beiden Resultate ergibt sich die *Reflexivität* der L_p-Räume für $1 < p < \infty$; zum Beweis diese Aussage genügt es aber auch, die *uniforme Konvexität* von L_p nur für $2 \le p < \infty$ zu zeigen.

Zur Motivation des Begriffs der uniformen Konvexität diskutieren wir Bestapproximationen an abgeschlossene konvexe Mengen in Banachräumen und beginnen mit der Frage nach der *Eindeutigkeit* solcher Proxima:

Strikt normierte Räume
a) Ein normierter Raum X über $\mathbb{K}$ heißt *strikt normiert* oder *strikt konvex,* wenn seine Einheitssphäre $S = \{x \in X \mid \|x\| = 1\}$ keine Strecke enthält, wenn also gilt

$$\|x\| = \|y\| = 1 \text{ und } \|\tfrac{1}{2}(x+y)\| = 1 \ \Rightarrow\ x = y. \tag{10.10}$$

b) Die Räume ℓ_1^2 und ℓ_∞^2 sind *nicht* strikt normiert (vgl. Abb. 10.5), und in diesen Räumen sind Proxima zu abgeschlossenen konvexen Teilmengen nicht eindeutig (vgl. Aufgabe 1.16). Dies gilt allgemeiner für alle Räume mit L_1- und L_∞-Normen.

c) Für $1 < p < \infty$ sind L_p-Räume strikt normiert, da in der Minkowskischen Ungleichung nur für linear abhängige Summanden Gleichheit gilt (Aufgabe 10.4).

Satz 10.5
Es seien X ein strikt normierter Raum und $\emptyset \ne C \subseteq X$ eine abgeschlossene konvexe Menge. Zu $x \in X$ gibt es dann höchstens *ein Proximum $c \in C$ mit*

$$\|x - c\| = d_C(x) = \inf\{\|x - y\| \mid y \in C\}.$$

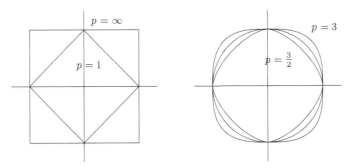

Abb. 10.5 Einheitssphären von ℓ_p^2 für $p = 1$ und $p = \infty$ sowie für $p = \tfrac{3}{2}$, 2 und 3

BEWEIS. Für $d_C(x) = 0$ ist das klar; nun sei also $d_C(x) > 0$. Ist auch $c' \in C$ mit $\| x - c' \| = d_C(x)$, so folgt

$$d_C(x) \;\leq\; \| x - \tfrac{c+c'}{2} \| \;=\; \| \tfrac{x-c}{2} + \tfrac{x-c'}{2} \| \;\leq\; d_C(x).$$

Für $\xi := \frac{x-c}{d_C(x)}$ und $\eta = \frac{x-c'}{d_C(x)}$ gilt dann $\xi = \eta$ nach (10.10), also $c = c'$. $\Diamond$

Eine Gleichmäßigkeitsforderung in Bedingung (10.10) der strikten Konvexität führt nun zum Konzept der *uniformen* oder *gleichmäßigen* Konvexität:

Definition
Ein normierter Raum X heißt *uniform konvex*, falls für je zwei Folgen (x_n) und (y_n) in X mit $\lim\limits_{n \to \infty} \| x_n \| = \lim\limits_{n \to \infty} \| y_n \| = 1$ gilt:

$$\lim_{n \to \infty} \| \tfrac{1}{2}(x_n + y_n) \| \;=\; 1 \;\;\Rightarrow\;\; \lim_{n \to \infty} \| x_n - y_n \| \;=\; 0. \tag{10.11}$$

Hilberträume sind uniform konvex (vgl. die Aufgaben 6.4 und 10.6), und die *Existenz des Proximums* kann in uniform konvexen Räumen genauso wie der Projektionssatz 7.1 in Hilberträumen gezeigt werden (vgl. Aufgabe 10.8). Wir führen dies hier nicht aus, da wir in Satz 10.22 die Existenz eines Proximums sogar in *reflexiven* Banachräumen beweisen.

Zum Beweis des Satzes von Milman-Pettis benutzen wir das folgende „*Interpolations-resultat*" von E. Helly (1921), das auf Satz 10.3 beruht:

Satz 10.6 (Helly)
Gegeben seien ein normierter Raum X, stetige Linearformen $\{x'_1, \ldots, x'_n\} \subseteq X'$ und Zahlen $\{\alpha_1, \ldots, \alpha_n\} \subseteq \mathbb{K}$. Es gebe $C > 0$ mit

$$|\sum_{k=1}^{n} \lambda_k \alpha_k| \;\leq\; C\, \| \sum_{k=1}^{n} \lambda_k x'_k \| \quad \text{für alle } \lambda_k \in \mathbb{K}. \tag{10.12}$$

Zu $\varepsilon > 0$ gibt es dann einen Vektor $x \in X$ mit $\| x \| < C + \varepsilon$ und

$$\langle x, x'_k \rangle \;=\; \alpha_k, \quad k = 1, \ldots, n. \tag{10.13}$$

BEWEIS. a) Wir definieren $T \in L(X, \mathbb{K}^n)$ durch $Tx := (\langle x, x'_k \rangle)_{k=1}^{n}$. Dann ist die induzierte Abbildung $\hat{T} : X_{/N(T)} \to R(T) \subseteq \mathbb{K}^n$ (vgl. (8.6) auf S. 173) ein Isomorphismus und daher $T : X \to R(T)$ eine *offene* Abbildung.

b) Ist die Behauptung für $\varepsilon > 0$ falsch, so gilt also $\alpha := (\alpha_k)_{k=1}^{n} \notin A := T(U_{C+\varepsilon}(0))$. Gilt sogar $\alpha \notin R(T)$, so gibt es nach Satz 9.4 ein Tupel $\lambda = (\lambda_k)_{k=1}^{n} \in (\mathbb{K}^n)'$ mit $\lambda \in R(T)^{\perp}$ und $\langle \alpha, \lambda \rangle \neq 0$, insbesondere also

$$|\langle Tx, \lambda \rangle| \;<\; |\langle \alpha, \lambda \rangle| \quad \text{für alle } x \in U_{C+\varepsilon}(0). \tag{10.14}$$

c) Nun sei $\alpha \in R(T)\backslash A$. Da A in $R(T)$ offen ist, gibt es nach Satz 10.3 a) eine Linearform $\lambda \in R(T)'$ mit (10.14); diese setzen wir zu einer Linearform $\lambda = (\lambda_k)_{k=1}^n$ auf $\mathbb{K}^n$ fort. Nun wählen wir $x \in U_{C+\varepsilon}(0)$ mit

$$C \|\sum_{k=1}^n \lambda_k x_k'\| < |\langle x, \sum_{k=1}^n \lambda_k x_k'\rangle| = |\sum_{k=1}^n \lambda_k \langle x, x_k'\rangle| = |\langle Tx, \lambda\rangle|$$

und erhalten aus (10.14) einen Widerspruch zu (10.12). $\qquad\qquad\qquad\qquad\qquad\Diamond$

Folgerung

Für $x'' \in X''$ und $\alpha_k := \langle x_k', x''\rangle$ gilt Abschätzung (10.12) mit $C = \|x''\|$. Zu $\varepsilon > 0$ gibt es also einen Vektor $x \in X$ mit $\|x\| < \|x''\| + \varepsilon$ und

$$\langle x, x_k'\rangle = \langle x_k', x''\rangle, \quad k = 1, \ldots, n. \tag{10.15}$$

Prinzip der lokalen Reflexivität

Diese Folgerung kann zum *Prinzip der lokalen Reflexivität* ausgebaut werden, das für die *lokale Theorie* der Banchräume grundlegend ist (vgl. [Lindenstrauß und Tzafriri 1973], II.5.1 oder [Woytaszcyk 1991], II.E.14):

Es seien X ein Banachraum und $V \subseteq X'$ sowie $W \subseteq X''$ endlichdimensionale Räume. Zu $\varepsilon > 0$ gibt es eine Isomorphie T von W auf einen endlichdimensionalen Unterraum von X mit $\|T\| \|T^{-1}\| \leq 1 + \varepsilon$, $T(\iota x) = x$ für $\iota x \in W$ sowie

$$\langle Tx'', x'\rangle = \langle x', x''\rangle \quad \text{für } x' \in V \text{ und } x'' \in W.$$

Für uniform konvexe Banachräume impliziert der Satz von Helly sogar die *globale Reflexivität:*

Theorem 10.7 (Milman-Pettis)

Ein uniform konvexer Banachraum X ist reflexiv.

BEWEIS. a) Es sei $F \in X''$ mit $\|F\| = 1$. Es gibt eine Folge (f_n) in X' mit $\|f_n\| = 1$ und $F(f_n) > 1 - \frac{1}{n}$ für $n \in \mathbb{N}$. Nach obiger Folgerung aus dem Satz von Helly gibt es $x_n \in X$ mit

$$f_k(x_n) = F(f_k) \quad \text{für } k = 1, \ldots, n \quad \text{und} \quad \|x_n\| \leq 1 + \frac{1}{n}. \tag{10.16}$$

Dies impliziert auch $\|x_n\| \geq f_n(x_n) = F(f_n) > 1 - \frac{1}{n}$ für $n \in \mathbb{N}$.

b) Für $m \geq n$ hat man

$$2 - \frac{2}{n} \leq 2F(f_n) = f_n(x_n) + f_n(x_m) = f_n(x_n + x_m) \leq \|x_n + x_m\| \leq 2 + \frac{2}{n}. \tag{10.17}$$

Dies impliziert, dass (x_n) eine *Cauchy-Folge* in X ist. Andernfalls gibt es $\varepsilon > 0$ und zu $n \in \mathbb{N}$ einen Index $j_n > n$ mit $\| x_n - x_{j_n} \| \geq \varepsilon$. Nach (10.17) gilt $\| \frac{1}{2}(x_n + x_{j_n}) \| \to 1$ für $n \to \infty$, und nach a) hat man auch $\| x_n \| \to 1$ und $\| x_{j_n} \| \to 1$ für $n \to \infty$. Aus (10.11) folgt dann der Widerspruch $\| x_n - x_{j_n} \| \to 0$ für $n \to \infty$. Somit existiert also $x_0 := \lim_{n \to \infty} x_n \in X$, und man hat

$$\| x_0 \| = 1 \quad \text{und} \quad f_k(x_0) = F(f_k) \text{ für alle } k \in \mathbb{N}. \tag{10.18}$$

c) Wie im Beweisteil b) von Satz 7.1 ist ein Vektor $x_0 \in X$ durch (10.18) eindeutig bestimmt. Gilt (10.18) nämlich auch für $y_0 \in X$, so erfüllt die Folge $(x_0, y_0, x_0, y_0, x_0, \dots)$ Bedingung (10.16) und muss daher eine Cauchy-Folge sein.

d) Ist nun $f_0 \in X'$ beliebig, so betrachten wir die mit f_0 beginnende Folge $(f_n)_{n \geq 0}$. Mit dem Satz von Helly finden wir eine Folge $(y_n)_{n \geq 0}$ mit (10.16) für $n \geq 1$ und zusätzlich $f_0(y_n) = F(f_0)$ für $n \geq 0$. Für $y_0 := \lim_{n \to \infty} y_n \in X$ gilt dann (10.18) für alle $k \geq 0$. Nach c) folgt $y_0 = x_0$ und somit $f_0(x_0) = F(f_0)$. Da nun $f_0 \in X'$ beliebig war, bedeutet dies $F = \iota_X(x_0)$. $\Diamond$

Bemerkungen

Die *Umkehrung* des Satzes von Milman-Pettis gilt *nicht:* Die Räume ℓ_1^n und ℓ_∞^n sind reflexiv, aber nicht einmal strikt konvex. Nach M.M. Day gibt es sogar *reflexive* Banachräume, die unter *keiner äquivalenten Norm uniform konvex* sind. Dagegen ist jeder *separable* Banachraum unter einer geeigneten *äquivalenten Norm strikt konvex*. Hierzu verweisen wir auf (Köthe 1966), 26.9.

Wir zeigen nun, dass L_p-Räume für $2 \leq p < \infty$ uniform konvex sind. Dazu verwenden wir zwei Hilfsaussagen:

Jensensche Ungleichung

Für $0 < r \leq s < \infty$ und eine Folge (x_k) komplexer Zahlen gilt

$$\| x \|_s = \left(\sum_{k=0}^{\infty} | x_k |^s \right)^{1/s} \leq \left(\sum_{k=0}^{\infty} | x_k |^r \right)^{1/r} = \| x \|_r. \tag{10.19}$$

Dies ist klar für $\| x \|_r = 0$ oder $\| x \|_r = \infty$. Andernfalls kann man nach Division durch $\| x \|_r$ sofort $\| x \|_r = 1$ annehmen. Dann ist $| x_k | \leq 1$ für alle k, und es folgt $| x_k |^s \leq | x_k |^r$, also auch $\| x \|_s \leq 1 = \| x \|_r$.

Die folgende Erweiterung der Parallelogrammgleichung (7.11) geht auf J.A. Clarkson (1936) zurück:

Lemma 10.8

Für $2 \leq p < \infty$ und Zahlen $a, b \in \mathbb{C}$ gilt

$$|a+b|^p + |a-b|^p \ \le \ 2^{p-1}\,(|a|^p + |b|^p). \tag{10.20}$$

BEWEIS. Für $p = 2$ folgt dies aus der Parallelogrammgleichung (7.11). Für $p > 2$ ergibt sich mit (10.19) daraus

$$(|a+b|^p + |a-b|^p)^{1/p} \ \le \ (|a+b|^2 + |a-b|^2)^{1/2} \ \le \ \sqrt{2}\,(|a|^2 + |b|^2)^{1/2}. \tag{10.21}$$

Nun definieren wir $r > 1$ durch $\frac{2}{p} + \frac{1}{r} = 1$ und erhalten durch Anwendung der Hölderschen Ungleichung auf die Tupel $(|a|^2, |b|^2)$ und $(1, 1)$ in $\mathbb{R}^2$

$$|a|^2 + |b|^2 \le 2^{1/r}\,(|a|^p + |b|^p)^{2/p}, \quad \text{also}$$

$$\sqrt{2}\,(|a|^2 + |b|^2)^{1/2} \le 2^{\frac{1}{2}+\frac{1}{2r}}\,(|a|^p + |b|^p)^{1/p} \ = \ 2^{\frac{p-1}{p}}\,(|a|^p + |b|^p)^{1/p}.$$

Mit (10.21) folgt daraus die Behauptung (10.20).   ◇

Satz 10.9
Es sei μ ein positives Maß auf einer σ-Algebra in einer Menge Ω. Für $2 \le p < \infty$ ist dann der Raum $L_p(\Omega)$ uniform konvex.

BEWEIS. Es seien (f_n) und (g_n) Folgen in $L_p(\Omega)$ mit $\lim\limits_{n\to\infty} \|f_n\| = \lim\limits_{n\to\infty} \|g_n\| = 1$. Wegen (10.20) ist dann

$$\limsup\,(\|f_n + g_n\|^p + \|f_n - g_n\|^p) \ \le \ 2^p,$$

und aus $\lim\limits_{n\to\infty} \|\tfrac{1}{2}(f_n + g_n)\| = 1$ folgt sofort $\lim\limits_{n\to\infty} \|f_n - g_n\| = 0$.   ◇

Der Satz gilt auch für $1 < p < 2$; der Beweis eines zu 10.8 analogen Lemmas ist in diesem Fall aber schwieriger (vgl. [Hirzebruch und Scharlau 1991], Abschnitt 17 oder [Köthe 1966], 26.7).

Aus dem Satz von Milman-Pettis folgt nun:

Theorem 10.10
Es sei μ ein positives Maß auf einer σ-Algebra in einer Menge Ω. Für $1 < p < \infty$ ist dann der Raum $L_p(\Omega)$ reflexiv.

BEWEIS. Für $2 \le p < \infty$ folgt dies unmittelbar aus den Sätzen 10.9 und 10.7. Für $1 < p < 2$ betrachten wir den konjugierten Index $q > 2$ mit $\frac{1}{p} + \frac{1}{q} = 1$. Nach dem schon gezeigten ist $L_q(\Omega)$ reflexiv, und nach Satz 9.12 gilt dies auch für den Dualraum $L_q(\Omega)'$. Nach Satz 9.15 ist $L_p(\Omega)$ zu einem Unterraum von $L_q(\Omega)'$ isometrisch, und daher folgt nun die Reflexivität von $L_p(\Omega)$ aus Satz 9.14.   ◇

Nun können wir den Dualraum von $L_p(\Omega)$ angeben:

Theorem 10.11
Es seien μ ein positives Maß auf einem Maßraum Ω, $1 < p < \infty$ und $\frac{1}{p} + \frac{1}{q} = 1$. Durch die Formel (10.23)

$$\langle f, J_q g \rangle := \int_\Omega f(t)\, g(t)\, d\mu \quad \text{für } f \in L_p(\Omega)\,, \ \ g \in L_q(\Omega),$$

wird eine bijektive Isometrie $J_q : L_q(\Omega) \to L_p(\Omega)'$ definiert, kurz: $L_p(\Omega)' \cong L_q(\Omega)$.

BEWEIS. Nach Satz 9.15 ist $J_q : L_q(\Omega) \to L_p(\Omega)'$ eine Isometrie. Ist J_q *nicht* surjektiv, so gibt es nach Satz 9.5 ein Element $0 \neq F \in L_p(\Omega)''$ mit $F(J_q(L_q(\Omega))) = 0$. Nach Theorem 10.10 gilt $F = \iota(f)$ für eine Funktion $f \in L_p(\Omega)$. Dann folgt aber $\int_\Omega f(t)\, g(t)\, d\mu = 0$ für alle $g \in L_q(\Omega)$ und somit $f = 0$. Dann ist aber auch $F = \iota(f) = 0$, und dies ist ein Widerspruch. $\diamondsuit$

Ein weiterer Beweis der Surjektivität der Abbildungen J_q für alle $1 < p < \infty$ im Fall σ-endliche Maße beruht auf dem *Satz von Radon-Nikodym* (vgl. [Rudin 1974], Ch. 6).

10.3   Schwach konvergente Folgen

Wir untersuchen nun *schwach* und *schwach*-konvergente* Folgen in normierten Räumen und charakterisieren diese Konzepte in einigen konkreten Folgen- und Funktionenräumen. Der Banachraum ℓ_1 hat die spezielle Eigenschaft, dass jede dort schwach konvergente Folge bereits in der Norm konvergiert. Räume, die diese Eigenschaft *nicht* besitzen, z. B. der Raum $L_1[a, b]$, können nicht zu einem Unterraum von ℓ_1 isomorph sein. Weiter ist aber *jeder separable Banachraum* zu einem *Quotientenraum* von ℓ_1 isometrisch; daraus ergeben sich *Beispiele nicht zerfallender Sequenzen*, also *nicht rechtsinvertierbarer Quotientenabbildungen* und auch *nicht komplementierter Unterräume*.

Schwach konvergente Folgen in ℓ_2 wurden von D. Hilbert 1906 eingeführt und zur exakten Begründung des *Dirichletschen Prinzips* der *Potenzialtheorie* verwendet; hierauf gehen wir in Abschn. 10.5 kurz ein. Der Name „schwache Konvergenz" stammt von H. Weyl (1908). F. Riesz (1909) untersuchte schwach konvergente Folgen in L_p-Räumen, und die folgende allgemeine Definition stammt von S. Banach (1929):

Schwach und schwach*-konvergente Folgen
Es sei X ein normierter Raum.

a) Eine Folge (x_n) in X *konvergiert schwach* gegen $x \in X$, Notation: $x_n \overset{w}{\to} x$, falls gilt

$$\langle x_n, x' \rangle \ \to \ \langle x, x' \rangle \quad \text{für alle } x' \in X'. \tag{10.22}$$

b) Eine Folge (x'_n) in X' *konvergiert schwach** gegen $x' \in X'$, Notation: $x'_n \overset{w*}{\to} x'$, falls gilt

$$\langle x, x'_n \rangle \ \to \ \langle x, x' \rangle \quad \text{für alle } x \in X \tag{10.23}$$

Dabei handelt es sich natürlich um die punktweise Konvergenz im Dualraum $X' = L(X, \mathbb{K})$.

c) Schwach*-Grenzwerte sind eindeutig bestimmt; dies gilt auch für schwache Grenzwerte aufgrund der bereits als Satz 4.3 formulierten Konsequenz des Satzes von Hahn-Banach.

d) Norm-Konvergenz impliziert die schwache Konvergenz, und in Dualräumen impliziert diese die schwach*-Konvergenz.

Beispiele

a) Es sei (e_n) eine *orthonormale Folge* in einem *Hilbertraum* H. Dann gilt $\| e_n \| = 1$, aber $e_n \overset{w}{\to} 0$ aufgrund der *Besselschen Ungleichung* (6.4).

b) Für eine beliebige Folge in H gilt

$$\| x - x_n \| \to 0 \ \Leftrightarrow \ x_n \overset{w}{\to} x \ \text{und} \ \| x_n \| \to \| x \|. \tag{10.24}$$

Aussage „$\Rightarrow$“ ist klar, und „$\Leftarrow$“ folgt aus (vgl. Formel (6.10) auf S. 119)

$$\| x - x_n \|^2 \ = \ \| x \|^2 - 2 \operatorname{Re} \langle x_n | x \rangle + \| x_n \|^2.$$

c) Es sei $e_n = (\delta_{nj})_{j=0}^\infty$ „der n-te Einheitsvektor“ im Folgenraum ℓ_p. Offenbar ist $\| e_n \| = 1$ für alle $1 \le p \le \infty$. Für $1 < p < \infty$ und $y = (y_j)_{j=0}^\infty \in \ell_q \cong \ell'_p$ gilt $\langle e_n, y \rangle = y_n \to 0$; also hat man $e_n \overset{w}{\to} 0$.

d) In ℓ_1 gilt $e_n \overset{w*}{\to} 0$, aber *nicht* $e_n \overset{w}{\to} 0$. Für $x = (x_j)_{j=0}^\infty \in c_0$ hat man in der Tat $\langle x, e_n \rangle = x_n \to 0$, für $y := (1, 1, 1, \ldots)_{j=0}^\infty \in \ell_\infty \cong \ell'_1$ aber $\langle e_n, y \rangle = y_n \not\to 0$.

e) Für die Folge $(e^{int})_{n \in \mathbb{N}}$ gilt $\| e^{int} \|_{L_p} = (b-a)^{1/p}$ und $e^{int} \overset{w}{\to} 0$ in $L_p[a, b]$ für $1 \le p < \infty$ sowie $e^{int} \overset{w*}{\to} 0$ in $L_\infty[a, b]$. Dies folgt aus dem *Lemma von Riemann-Lebesgue* 5.15 und der Dualität $L_p[a, b]' \cong L_q[a, b]$ für $1 \le p < \infty$. Beachten Sie, dass im Gegensatz zu d) auch $e^{int} \overset{w}{\to} 0$ in $L_1[a, b]$ gilt.

Satz 10.12

a) *Es seien X und Y normierte Räume und $T \in L(X, Y)$. Aus $x_n \overset{w}{\to} x$ in X bzw. $y'_n \overset{w*}{\to} y'$ in Y' folgt $Tx_n \overset{w}{\to} Tx$ in Y bzw. $T'y'_n \overset{w*}{\to} T'y'$ in X'.*

b) *Es seien V ein Unterraum des normierten Raumes X und $i : V \to X$ die isometrische Inklusionsabbildung. Für eine Folge (v_n) in V gilt*

$$v_n \overset{w}{\to} v \ \text{in } V \ \Leftrightarrow \ i v_n \overset{w}{\to} i v \ \text{in } X. \tag{10.25}$$

c) Schwach konvergente Folgen in X und schwach*-konvergente Folgen in X′ sind Norm-beschränkt.

BEWEIS. a) Es gilt

$$\langle Tx_n, y' \rangle = \langle x_n, T'y' \rangle \rightarrow \langle x, T'y' \rangle = \langle Tx, y' \rangle \quad \text{für } y' \in Y' \quad \text{und}$$
$$\langle x, T'y'_n \rangle = \langle Tx, y'_n \rangle \rightarrow \langle Tx, y' \rangle = \langle x, T'y' \rangle \quad \text{für } x \in X.$$

b) „⇒ " folgt aus a), und für die Umkehrung verwendet man den *Satz von Hahn-Banach:* Zu $v' \in V'$ gibt es $x' \in X'$ mit $v' = i'x' = x' \circ i$, und damit folgt

$$\langle v_n, v' \rangle = \langle v_n, i'x' \rangle = \langle iv_n, x' \rangle \rightarrow \langle iv, x' \rangle = \langle v, i'x' \rangle = \langle v, v' \rangle.$$

c) Eine schwach konvergente Folge in X ist schwach beschränkt, und eine schwach*-konvergente Folge in X' ist in $X' = L(X, \mathbb{K})$ punktweise beschränkt. Beide sind daher auch Norm-beschränkt aufgrund von Satz 9.8 bzw. des *Prinzips der gleichmäßigen Beschränktheit.* ◊

Die schwache Konvergenz in $\mathcal{C}(K)$-Räumen lässt sich mithilfe des *Rieszschen Darstellungssatzes* 9.18 charakterisieren:

Satz 10.13
Es sei K ein kompakter metrischer Raum. Eine Folge (f_n) konvergiert genau dann schwach gegen f in $\mathcal{C}(K)$, wenn die folgende Bedingung gilt:

$$\sup_{n \in \mathbb{N}} \|f_n\| < \infty \quad \text{und} \quad f_n(t) \rightarrow f(t) \text{ für alle } t \in K. \tag{10.26}$$

BEWEIS. „⇒ " folgt aus Satz 10.12 c) und

$$f_n(t) = \langle f_n, \delta_t \rangle \rightarrow \langle f, \delta_t \rangle = f(t) \quad \text{für } t \in K.$$

„⇐ ": Zu $F \in \mathcal{C}(K)'$ gibt es nach Theorem 9.18 ein reguläres positives Borel-Maß μ auf K und eine Funktion $g \in L_\infty(K, \mu)$ mit

$$\langle f_n, F \rangle = \int_K f_n(t) g(t) \, d\mu \rightarrow \int_K f(t) g(t) \, d\mu = \langle f, F \rangle$$

aufgrund des *Satzes über majorisierte Konvergenz* A.3.8. ◊

Eine analoge Bedingung hat man auch für die schwach*-Konvergenz in dualen Folgenräumen ℓ'_p :

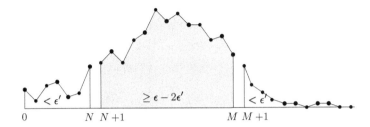

Abb. 10.6 Ein „Buckel" der Folge $(\,|\,x_k\,|\,)$

Satz 10.14

Es seien $1 \leq p < \infty$ und $\frac{1}{p} + \frac{1}{q} = 1$. Eine Folge $(y^{(n)})$ konvergiert genau dann schwach*
gegen y in $\ell_q \cong \ell'_p$, wenn diese Bedingung gilt:

$$\sup_{n \in \mathbb{N}} \|\, y^{(n)}\,\| < \infty \quad und \quad y_k^{(n)} \to y_k \text{ für alle } k \in \mathbb{N}. \tag{10.27}$$

BEWEIS. „$\Rightarrow$" folgt aus Satz 10.12 c) und $y_k = \langle e_k, y \rangle$ für alle $k \in \mathbb{N}$.

„$\Leftarrow$": Wiederum wegen $y_k = \langle e_k, y \rangle$ für alle $k \in \mathbb{N}$ konvergiert $(y^{(n)})$ gegen y punkt-weise auf der in ℓ_p dichten Menge $[e_k]_{k=1}^{\infty}$, und wegen $\sup_{n \in \mathbb{N}} \|\, y^{(n)}\,\| < \infty$ folgt die Behauptung aus Satz 3.3. $\Diamond$

Bedingung (10.27) beschreibt wegen der Reflexivität auch die *schwache* Konvergenz in ℓ_p für $1 < p < \infty$, aber auch die *schwach**-Konvergenz in $\ell_1 \cong c'_0$. Jedoch gilt nach I. Schur (1921):

Satz 10.15 (Schur)

Eine Folge in ℓ_1 ist genau dann schwach *konvergent, wenn sie* Norm*-konvergent ist.*

BEWEIS. a) Wir benutzen die „*Methode des gleitenden Buckels*" (vgl. Abb. 10.6):

Für eine Folge $x = (x_k) \in \ell_1$ gelte $\|\, x\,\| \geq \varepsilon > 0$ und $\sum_{k=0}^{N} |\, x_k\,| \leq \varepsilon' < \frac{\varepsilon}{2}$. Dann gibt es

$M > N$ mit $\sum_{k=M+1}^{\infty} |\, x_k\,| < \varepsilon'$, und es folgt $\sum_{k=N+1}^{M} |\, x_k\,| \geq \varepsilon - 2\varepsilon'$.

b) Es sei $(x^{(n)})$ eine Folge in ℓ_1 mit $x^{(n)} \overset{w}{\to} 0$. Gilt $\|\, x^{(n)}\,\| \not\to 0$, so gibt es $\varepsilon > 0$ und $n_j \uparrow \infty$ mit $\|\, x^{(n_j)}\,\| \geq 5\varepsilon$ für alle $j \in \mathbb{N}$. Wir schreiben kurz j für n_j.

c) Für $j = 1$ gibt es $N_1 \in \mathbb{N}$ mit $\sum_{k=N_1+1}^{\infty} |\, x_k^{(1)}\,| < \varepsilon$, also $\sum_{k=0}^{N_1} |\, x_k^{(1)}\,| \geq 4\varepsilon$. Wir wählen

$\alpha_1, \dots, \alpha_{N_1}$ mit $|\, \alpha_k\,| = 1$ und $\alpha_k x_k^{(1)} = |\, x_k^{(1)}\,|$; für jede Wahl von α_k mit $|\, \alpha_k\,| = 1$ für

$k > N_1$ gilt dann $|\, \sum_{k=0}^{\infty} \alpha_k x_k^{(1)}\,| \geq |\, \sum_{k=0}^{N_1} \alpha_k x_k^{(1)}\,| - \sum_{k=N_1+1}^{\infty} |\, x_k^{(1)}\,| \geq 3\varepsilon$.

d) Nun halten wir N_1 fest. Wegen $x^{(j)} \xrightarrow{w} 0$ gibt es $j_2 > 1$ mit $\sum\limits_{k=0}^{N_1} |x_k^{(j_2)}| < \varepsilon$. Weiter

gibt es $N_2 > N_1$ mit $\sum\limits_{k=N_2+1}^{\infty} |x_k^{(j_2)}| < \varepsilon$, also $\sum\limits_{k=N_1+1}^{N_2} |x_k^{(j_2)}| \geq 3\varepsilon$. Nun wählen wir

$\alpha_{N_1+1}, \ldots, \alpha_{N_2}$ mit $|\alpha_k| = 1$ und $\alpha_k x_k^{(j_2)} = |x_k^{(j_2)}|$; für jede Wahl von α_k mit $|\alpha_k| = 1$ für $k > N_2$ gilt dann

$$| \sum_{k=0}^{\infty} \alpha_k x_k^{(j_2)} | \geq | \sum_{k=N_1+1}^{N_2} \alpha_k x_k^{(j_2)} | - 2\varepsilon = \sum_{k=N_1+1}^{N_2} |x_k^{(j_2)}| - 2\varepsilon \geq \varepsilon.$$

d) So fortfahrend finden wir Folgen $j_\ell \uparrow \infty$ und $N_\ell \uparrow \infty$ sowie Zahlen α_k mit $|\alpha_k| = 1$ und

$$| \sum_{k=0}^{\infty} \alpha_k x_k^{(j_\ell)} | \geq | \sum_{k=N_{\ell-1}+1}^{N_\ell} \alpha_k x_k^{(j_\ell)} | - 2\varepsilon = \sum_{k=N_{\ell-1}+1}^{N_\ell} |x_k^{(j_\ell)}| - 2\varepsilon \geq \varepsilon.$$

Dann liegt aber die Folge $\alpha := (\alpha_k)$ in ℓ_∞, und man hat $|\langle x^{(j_\ell)}, \alpha \rangle| \geq \varepsilon$ im Widerspruch zu $x^{(j_\ell)} \xrightarrow{w} 0$. $\Diamond$

Folgerungen

a) Der Raum ℓ_1 ist *schwach folgenvollständig*. In der Tat zeigt der Beweis des Satzes von Schur auch, dass jede *schwache Cauchy-Folge* eine Norm-Cauchy-Folge und daher *(schwach) konvergent* ist.

b) Der Satz von Schur gilt *nicht* für $C[a,b]$, ℓ_p mit $1 < p < \infty$ und $L_p[a,b]$ mit $1 \leq p < \infty$. Wegen Satz 10.12 b) können daher diese Räume *nicht zu einem Unterraum von ℓ_1 isomorph* sein. Insbesondere ist $L_1[a,b] \not\cong \ell_1$. Dagegen gilt:

Satz 10.16

Jeder separable Banachraum X ist isometrisch zu einem Quotientenraum von ℓ_1.

BEWEIS. a) Es sei $\{x_n\}_{n \in \mathbb{N}_0}$ eine abzählbare dichte Teilmenge der abgeschlossenen Einheitskugel B_X von X. Wir definieren $\pi : \ell_1 \to X$ durch

$$\pi\xi := \sum_{n=0}^{\infty} \xi_n x_n \quad \text{für } \xi = (\xi_n) \in \ell_1.$$

Dann ist π linear, und es gilt $\|\pi\xi\| \leq \sum\limits_{n=0}^{\infty} |\xi_n| = \|\xi\|$.

b) Für $y \in U_X$ wählen wir $\varepsilon > 0$ mit $x := (1 + 2\varepsilon)y \in U_X$ und dann $0 < \delta < 1$ mit $\frac{1}{1-\delta} \leq 1 + \varepsilon$. Es gibt einen Index $n_0 \in \mathbb{N}_0$ mit $\|x - x_{n_0}\| < \delta$, dann $n_1 \in \mathbb{N}_0$ mit $\|\frac{1}{\delta}(x - x_{n_0}) - x_{n_1}\| < \delta$, also $\|x - x_{n_0} - \delta x_{n_1}\| < \delta^2$, dann $n_2 \in \mathbb{N}_0$ mit $\|x - x_{n_0} - \delta x_{n_1} - \delta^2 x_{n_2}\| < \delta^3$. So fortfahrend finden wir Indizes $n_k \in \mathbb{N}_0$ mit

$$\| x - \sum_{k=0}^{m-1} \delta^k x_{n_k} \| < \delta^m \quad \text{für} \quad m \in \mathbb{N},$$

sodass auch $n_k \neq n_\ell$ für $k \neq \ell$ gilt. Nun setzen wir $\xi_{n_k} = \delta^k$ und $\xi_n = 0$ für $n \notin \{ n_k \mid k \in \mathbb{N}_0 \}$; für $\xi = (\xi_n) \in \ell_1$ gilt dann $\| \xi \| \leq \sum_{k=0}^{\infty} \delta^k = \frac{1}{1-\delta} \leq 1 + \varepsilon$ und $\pi \xi = x$.

Für $\eta := \frac{1}{1+2\varepsilon} \xi \in \ell_1$ gilt dann $\| \eta \| < 1$ und $\pi \eta = y$.

c) Nach b) gilt also $\pi(U_{\ell_1}) = U_X$. Daher bildet auch die gemäß (8.6) induzierte Abbildung $\hat{\pi} : \ell_1/N(\pi) \to X$ die offenen Einheitskugeln dieser Räume aufeinander ab und ist somit eine bijektive Isometrie. $\diamond$

Folgerungen

a) Für einen separablen Banachraum Q liefert also Satz 10.16 mit $V = N(\pi)$ eine (isometrisch) exakte Sequenz

$$0 \longrightarrow V \overset{i}{\longrightarrow} \ell_1 \overset{\pi}{\longrightarrow} Q \longrightarrow 0. \tag{10.28}$$

b) Falls diese Sequenz zerfällt, so ist Q nach Satz 9.21 zu einem Unterraum von ℓ_1 isomorph. Dies ist allerdings nach obiger Folgerung b) für „die meisten" Banachräume nicht der Fall, insbesondere nicht für $C[a,b]$, ℓ_p mit $1 < p < \infty$ und $L_p[a,b]$ mit $1 \leq p < \infty$. In diesen Fällen splittet also die Sequenz (10.28) *nicht;* insbesondere besitzt $\pi : \ell_1 \to Q$ keine stetige lineare Rechtsinverse, und $V = N(\pi)$ ist ein abgeschlossener Unterraum von ℓ_1, der *nicht* stetig projiziert ist.

c) Andererseits *splittet* im Fall $Q = L_1[a,b]$ die zu (10.28) *duale Sequenz*

$$0 \longleftarrow V' \overset{i'}{\longleftarrow} \ell_\infty \overset{\pi'}{\longleftarrow} L_\infty[a,b] \longleftarrow 0 \tag{10.29}$$

aufgrund von Bemerkung c) auf S. 207.

10.4 Schwach konvergente Teilfolgen

In diesem Abschnitt zeigen wir, dass in *reflexiven Banachräumen* jede beschränkte Folge eine *schwach konvergente Teilfolge* besitzt; dies ergibt sich im Wesentlichen bereits aus dem Beweis des Satzes von Arzelà-Ascoli. Zusammen mit dem Trennungssatz 10.2 liefert dies ein Resultat über die *Existenz von Minima konvexer Funktionale*, das z. B. auf Variationsprobleme angewendet werden kann. Wir beginnen mit dem folgenden *Auswahlprinzip*, das für $X = C[a,b]$ von E. Helly (1912) und für den allgemeinen Fall von S. Banach (1929) stammt:

Satz 10.17

Es sei X ein separabler *normierter Raum. Dann besitzt jede beschränkte Folge (x_n') in X' eine schwach*-konvergente Teilfolge.*

BEWEIS. Es gibt eine in X dichte abzählbare Menge A. Nach Lemma 2.3 besitzt (x_n') eine auf A punktweise konvergente Teilfolge. Diese ist gleichstetig und daher nach Lemma 2.4 (oder auch Satz 3.3) auf ganz X punktweise konvergent. $\diamond$

Man kann Satz 10.17 auch so formulieren: Für einen separablen normierten Raum X ist die Einheitskugel $B_{X'}$ von X' *schwach*-folgenkompakt*.

Beispiel
Für $n \in \mathbb{N}$ definieren wir stetige Linearformen auf ℓ_∞ durch

$$\varphi_n(x) := x_n \quad \text{für} \quad x = (x_n) \in \ell_\infty .$$

Offenbar gilt $\| \varphi_n \| = 1$, aber die Folge (φ_n) hat keine schwach*-konvergente Teilfolge. In der Tat kann man für eine Teilfolge (φ_{n_j}) einfach $x \in \ell_\infty$ mit $x_{n_j} = (-1)^j$ wählen und erhält dann auch $\varphi_{n_j}(x) = x_{n_j} = (-1)^j$ für $j \in \mathbb{N}$.

Das Beispiel zeigt, dass Satz 10.17 ohne die Annahme der Separabilität von X i. a. nicht richtig ist. Nach einem *Satz von Alaoglu-Bourbaki* ist aber $B_{X'}$ stets *kompakt* in der *schwach*-Topologie,* vgl. den Aufbaukurs [Kaballo 2014], Theorem 8.6. Das folgende Resultat gilt auch ohne die Annahme der Separabilität des Raumes X:

Theorem 10.18
In einem reflexiven Banachraum X besitzt jede beschränkte Folge eine schwach konvergente Teilfolge.

BEWEIS. a) Für separable Räume folgt dies sofort aus Satz 10.17.

b) Nun sei X ein beliebiger reflexiver Banachraum und (x_n) eine beschränkte Folge in X. Der abgeschlossene Unterraum $V := \overline{[x_n]}$ von X ist separabel und nach Satz 9.14 ebenfalls reflexiv. Nach a) hat (x_n) eine Teilfolge, die in V schwach konvergiert, und nach Satz 10.12 b) gilt dies dann auch in X. $\diamond$

Aufgrund des Satzes von Schur gilt die Aussage von Theorem 10.18 nicht im Raum ℓ_1. Man kann das Resultat wieder so formulieren: Die Einheitskugel eines reflexiven Banachraums X ist *schwach folgenkompakt*. Nach Resultatem von W.F. Eberlein und V.L. Šmulian (vgl. [Köthe 1966], 24.2) ist diese Aussage sogar *äquivalent* zur Reflexivität von X.

Eine Konsequenz aus dem *Trennungssatz* 10.2 ist:

Satz 10.19
Es seien X ein normierter Raum, $C \subseteq X$ eine konvexe abgeschlossene *Menge und (x_n) eine Folge in C mit $x_n \overset{w}{\to} x \in X$. Dann folgt auch $x \in C$.*

BEWEIS. Ist $x \notin C$, so gibt es nach dem Trennungssatz ein $x' \in X'$ und $\gamma \in \mathbb{R}$ mit

$$\mathrm{Re}\,\langle x, x' \rangle \; < \; \gamma \; \leq \; \mathrm{Re}\,\langle x_n, x' \rangle \quad \text{für alle}\ \ n \in \mathbb{N}$$

im Widerspruch zu $\langle x_n, x' \rangle \to \langle x, x' \rangle$. $\diamond$

Satz 10.19 ist ohne die Konvexitätsbedingung nicht richtig. So ist z. B. die Einheitssphäre $S = \{x \in \ell_2 \mid \|x\| = 1\}$ in ℓ_2 abgeschlossen, aber für die Einheitsvektoren $e_n \in S$ gilt $e_n \overset{w}{\to} 0$ nach Beispiel b) auf S. 226. Aus Satz 10.19 folgt sofort:

Satz 10.20 (Mazur)
In einem normierten Raum X gelte $x_n \overset{w}{\to} x$. Zu $\varepsilon > 0$ gibt es dann $m \in \mathbb{N}$ und Zahlen $s_k \in [0, 1]$ mit $\sum\limits_{k=1}^{m} s_k = 1$ und $\left\| \sum\limits_{k=1}^{m} s_k x_k - x \right\| < \varepsilon$.

BEWEIS. Es sei $C := \overline{\mathrm{co}\,\{x_n\}}$ der Abschluss der konvexen Hülle der Menge $\{x_n\}$. Nach Satz 10.19 gilt dann auch $x \in C$, und daraus folgt die Behauptung. $\diamond$

Wir wollen nun einen Existenzsatz für Minima reeller Funktionale beweisen. Dazu führen wir die folgenden Begriffe ein:

Konvexe Funktionen und halbstetige Funktionen
a) Es seien E ein Vektorraum und $C \subseteq E$ eine konvexe Menge. Eine Funktion $F : C \to \mathbb{R}$ heißt *konvex*, falls gilt:

$$F \big(\sum_{k=1}^{n} s_k x_k \big) \leq \sum_{k=1}^{n} s_k F(x_k) \quad \text{für}\ x_k \in C,\ 0 \leq s_k \leq 1\ \text{und}\ \sum_{k=1}^{n} s_k = 1 . \qquad (10.30)$$

b) Es seien X ein normierter Raum und $\Omega \subseteq X$. Eine Funktion $F : \Omega \to \mathbb{R}$ heißt *unterhalbstetig* in $x_0 \in \Omega$, wenn diese „Hälfte" der Stetigkeitsbedingung erfüllt ist:

$$\forall\, \varepsilon > 0\ \exists\, \delta > 0\ \forall\, x \in \Omega\ :\ \|x - x_0\| < \delta\ \Rightarrow\ F(x) > F(x_0) - \varepsilon . \qquad (10.31)$$

Eine Funktion F heißt *oberhalbstetig*, wenn sie die andere „Hälfte" der Stetigkeitsbedingung erfüllt, wenn also $-F$ unterhalbstetig ist.

Theorem 10.21
Es seien X ein reflexiver Banachraum und $\emptyset \neq C \subseteq X$ eine abgeschlossene konvexe Menge. Eine unterhalbstetige konvexe Funktion $F : C \to \mathbb{R}$ mit

$$F(x) \to \infty \quad \text{für}\ x \in C\ \text{und}\ \|x\| \to \infty \qquad (10.32)$$

besitzt ein Minimum auf C.

BEWEIS. a) Es sei $d = \inf_{x \in C} F(x) \in [-\infty, \infty)$ und (x_n) eine Folge in C mit $F(x_n) \to d$. Wegen (10.32) ist dann (x_n) beschränkt, und nach Satz 10.18 gibt es eine gegen $x_0 \in X$ schwach konvergente Teilfolge, die wir wieder mit (x_n) bezeichnen. Nach Satz 10.19 gilt $x_0 \in C$.

b) Zu $\alpha > d$ gibt es $k \in \mathbb{N}$ mit $F(x_n) < \alpha$ für $n \geq k$, und zu $x_0 \in C$ und $\varepsilon > 0$ wählen wir $\delta > 0$ gemäß (10.31). Nun wenden wir den Satz von Mazur 10.20 auf die Folge $(x_n)_{n \geq k}$ an und finden eine konvexe Kombination $x = \sum_{j=k}^{r} s_j x_j \in C$ mit $\| x - x_0 \| < \delta$. Wegen (10.31) und der Konvexität von F folgt

$$F(x_0) \leq F(x) + \varepsilon \leq \sum_{j=k}^{r} s_j F(x_j) + \varepsilon \leq \alpha + \varepsilon.$$

Dies zeigt $d > -\infty$, und mit $\alpha \to d$ und $\varepsilon \to 0$ ergibt sich $F(x_0) \leq d$. $\Diamond$

Nun können wir ein bereits auf S. 221 angekündigtes Resultat zeigen:

Satz 10.22

Es seien X ein reflexiver Banachraum und $\emptyset \neq C \subseteq X$ eine abgeschlossene konvexe Menge. Zu $x_0 \in X$ gibt es dann ein Proximum $c \in C$ mit

$$\| x_0 - c \| = d_C(x_0) = \inf \{ \| x_0 - x \| \mid x \in C \}.$$

Ist X strikt normiert, so ist das Proximum c eindeutig bestimmt.

BEWEIS. Die Funktion $F : x \mapsto \| x_0 - x \|$ ist stetig und wegen

$$\| x_0 - \sum_{k=1}^{n} s_k x_k \| = \| \sum_{k=1}^{n} s_k (x_0 - x_k) \| \leq \sum_{k=1}^{n} s_k \| x_0 - x_k \|$$

auch *konvex* auf C. Natürlich gilt auch (10.32). Die Behauptung folgt somit aus Theorem 10.21 und Satz 10.5. $\Diamond$

10.5 Variationsprobleme

In diesem Abschnitt stellen wir eine Anwendung von Theorem 10.21 auf *Sturm-Liouville-Randwertprobleme* bei linearen gewöhnlichen Differentialgleichungen zweiter Ordnung

$$Lu := -(pu')' + qu = f, \quad u(a) = \alpha, \quad u(b) = \beta \tag{10.33}$$

vor. Zu gegebenen reellwertigen Funktionen p, q und f auf einem kompakten Intervall $[a, b]$ und Randwerten α, $\beta \in \mathbb{R}$ suchen wir Lösungen u von (10.33) in einem geeigneten Funktionenraum.

Dazu interpretieren wir das Sturm-Liouville-Problem (10.33) als *Euler-Lagrange-Gleichung* eines Variationsproblems für das durch (10.33) gegebene quadratische *Energiefunktional*

$$F : v \mapsto \tfrac{1}{2} \int_a^b (p\,v'^2 + q\,v^2)\,dt - \int_a^b f\,v\,dt, \tag{10.34}$$

vgl. dazu etwa [Blanchard und Brüning 1982]. Bei Randwertproblemen für elliptische partielle Differentialgleichungen (vgl. dazu etwa [Dobrowolski 2006], Kap. 7) wird dieses Argument als *Dirichletsches Prinzip* bezeichnet.

Es ist naheliegend, ein Minimum dieses Energiefunktionals im Banachraum $\mathcal{C}^1[a, b]$ zu suchen, um damit eine Lösung $u \in \mathcal{C}^2[a, b]$ von (10.33) zu gewinnen. Dies ist jedoch schwierig, da der zu $\mathcal{C}[a, b]$ isomorphe Raum $\mathcal{C}^1[a, b]$ nicht reflexiv ist. Wir verwenden daher den Sobolev-Hilbertraum $\mathcal{W}_2^1(a, b)$, um eine *schwache* Lösung $u \in \mathcal{W}_2^2(a, b)$ von (10.33) zu konstruieren. Im Fall stetiger Daten zeigen wir dann anschließend, dass diese sogar in $\mathcal{C}^2[a, b]$ liegt und somit eine *klassische* Lösung von (10.33) ist.

Satz 10.23

Gegeben seien Funktionen $p \in \mathcal{C}^1([a, b], \mathbb{R})$, $q \in \mathcal{C}([a, b], \mathbb{R})$ und $f \in L_2([a, b], \mathbb{R})$ mit $p(t) > 0$ und $q(t) \geq 0$ für alle $t \in [a, b]$ sowie Randwerte α, $\beta \in \mathbb{R}$. Dann besitzt das quadratische Funktional F aus (10.34) ein Minimum *auf dem affinen Raum*

$$R_{\alpha, \beta} = \{v \in \mathcal{W}_2^1(a, b) \mid v(a) = \alpha,\ v(b) = \beta\}. \tag{10.35}$$

BEWEIS. Nach dem Sobolevschen Einbettungssatz 5.14 sind die Dirac-Funktionale δ_a und δ_b auf $\mathcal{W}_2^1(a, b)$ definiert und stetig; daher ist $R_{\alpha, \beta}$ eine abgeschlossene konvexe Teilmenge des Hilbertraums $\mathcal{W}_2^1(a, b)$. Das Funktional F ist stetig und auch konvex, da die Funktion $t \mapsto t^2$ konvex ist. Für $v \in \mathcal{W}_2^1(a, b)$ mit $v(a) = \alpha$ gilt aufgrund des Hauptsatzes (5.33)

$$\|v\|_{\sup} \leq |\alpha| + \int_a^b |v'(s)|\,ds \leq |\alpha| + (b-a)^{1/2}\,\|v'\|_{L_2}, \quad \text{also}$$

$$\|v\|_{W_2^1} \leq C_1 + C_2\,\|v'\|_{L_2} \tag{10.36}$$

mit Konstanten $C_1, C_2 > 0$. Wegen $p > 0$, $q \geq 0$ und $|\int_a^b f\,v\,dt| \leq \|f\|_{L_2}\,\|v\|_{W_2^1}$ impliziert dies

$$F(v) \geq C_3\,\|v'\|_{L_2}^2 - \|f\|_{L_2}\,\|v\|_{W_2^1} \geq C_4\,(\|v\|_{W_2^1} - C_1)^2 - \|f\|_{L_2}\,\|v\|_{W_2^1}$$

für eine Konstante $C_4 > 0$ und somit $F(v) \to \infty$ für $\| v \|_{W_2^1} \to \infty$ auf $R_{\alpha,\beta}$. Somit folgt die Behauptung aus Theorem 10.21.   ◊

In einer Minimalstelle des Funktionals F verschwindet dessen Ableitung (in tangentiale Richtungen). Dies liefert Aussage a) des folgenden Resultats; Aussage b) ist der bereits erwähnte einfache *Regularitätssatz*:

Satz 10.24

a) Das Funktional F aus (10.34) auf $R_{\alpha,\beta} \subseteq W_2^1(a,b)$ besitze eine Minimalstelle in der Funktion $u \in R_{\alpha,\beta} \subseteq W_2^1(a,b)$. Dann folgt $u \in W_2^2(a,b)$, und u ist eine (schwache) Lösung des Sturm-Liouville-Problems (10.33).

b) Ist die Funktion f stetig, so ist $u \in C^2[a,b]$ sogar eine klassische Lösung von (10.33).

BEWEIS. a) Für eine *Testfunktion* $\varphi \in \mathcal{D}(a,b)$ und $s \in \mathbb{R}$ gilt auch $u + s\varphi \in R_{\alpha,\beta}$, also

$$F(u + s\varphi) \;=\; F(u) + s \int_a^b (p\,u'\varphi' + q\,u\,\varphi - f\,\varphi)\,dt + \tfrac{s^2}{2} \int_a^b (p\,\varphi'^2 + q\,\varphi^2)\,dt \;\geq\; F(u)$$

für alle $s \in \mathbb{R}$. Dies erzwingt

$$\int_a^b (p\,u'\varphi' + q\,u\,\varphi - f\,\varphi)\,dt \;=\; 0 \quad \text{für alle } \varphi \in \mathcal{D}(a,b). \tag{10.37}$$

Folglich besitzt die Funktion pu' eine schwache Ableitung in $L_2[a,b]$ (vgl. Abschn. 5.4). Wegen $p > 0$ gilt dies dann auch für u' (vgl. Satz 5.13); es folgt also $u' \in W_2^1(a,b)$ und somit $u \in W_2^2(a,b)$. Aufgrund von (10.37) ist u eine schwache Lösung der Differential-gleichung $Lu := -(pu')' + qu = f$ und somit von (10.33).

b) Die Differentialgleichung in (10.33) ist wegen $p > 0$ äquivalent zu

$$u'' \;=\; -\tfrac{p'}{p}\,u' + \tfrac{q}{p}\,u - \tfrac{f}{p}. \tag{10.38}$$

Für die Lösung $u \in W_2^2(a,b)$ sind u und u' stetig. Ist nun auch f stetig, so folgt mittels Lemma 5.11 b) sofort $u' \in C^1[a,b]$ und damit $u \in C^2[a,b]$.   ◊

Beispiel

Das Funktional $F : v \mapsto \tfrac{1}{2} \int_{-1}^1 (v'^2 + v^2)\,dt = \tfrac{1}{2} \| v \|_{W_2^1}^2$ besitzt auf $R_{\alpha,\beta}$ ein Mini-mum aufgrund von Satz 10.23 oder auch Satz 7.1. Für eine minimierende Funktion gilt $u'' = u$ aufgrund von (10.33), und für $u(-1) = u(1) = 1$ etwa ergibt sich sofort $u(t) = \dfrac{\cosh t}{\cosh 1}$. Abb. 10.7 zeigt u zusammen mit einigen anderen Funktionen aus $R_{1,1}$.

Man hat $F(u) = \dfrac{e^2\,(1 - e^{-4})}{4\,\cosh^2 1} \approx 0{,}7616$.

Abb. 10.7 Ein
Minimierungsproblem

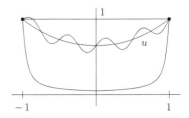

10.6   Aufgaben

Aufgabe 10.1

Es seien X ein normierter Raum und $C, D \subseteq X$ konvexe und absorbierende Mengen mit Minkowski-Funktionalen p_C und p_D. Zeigen Sie:

a) Man hat $C \subseteq D \Rightarrow p_D \le p_C$ und $p_D \le p_C \Rightarrow C \subseteq \overline{D}$.

b) Das sublineare Funktional p_C ist genau dann stetig, wenn $0 \in C^\circ$ gilt. Beschreiben Sie in diesem Fall C° und $\overline{C}$ mittels p_C.

Aufgabe 10.2

Es sei E ein Vektorraum über $\mathbb{K}$. Eine Menge $K \subseteq E$ heißt *kreisförmig*, falls für $x \in K$ und $|\alpha| \le 1$ stets auch $\alpha x \in K$ gilt. Zeigen Sie:

$K \subseteq E$ ist genau dann kreisförmig und konvex, wenn K absolutkonvex ist.

Aufgabe 10.3

Es seien X, Y normierte Räume, $T \in L(X, Y)$ und $\emptyset \ne A \subseteq X$.

a) Zeigen Sie $T(A)^\circ = T'^{-1}(A^\diamond)$.

b) Zeigen Sie $T(A) \subseteq B \Leftrightarrow T'(B^\diamond) \subseteq A^\diamond$ für jede absolutkonvexe und abgeschlossene Menge $B \subseteq Y$.

Aufgabe 10.4

a) Zeigen Sie: Ein normierter Raum X ist genau dann strikt konvex, falls für alle $x, y \in X$ aus $\|x + y\| = \|x\| + \|y\|$ die lineare Abhängigkeit dieser Vektoren folgt.

b) Zeigen Sie, dass für $1 < p < \infty$ die L_p-Räume strikt normiert sind.

Aufgabe 10.5

Ein normierter Raum X heißt *flach normiert* (vgl. Abb. 10.8), wenn es zu jedem $x \in X$ mit $\|x\| = 1$ *genau ein* Funktional $x' \in X'$ mit $1 = \|x'\| = \langle x, x' \rangle$ gibt. Zeigen Sie:

a) Ist X' strikt normiert, so ist X flach normiert.

b) Ist X' flach normiert, so ist X strikt normiert.

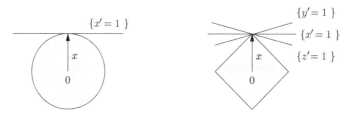

Abb. 10.8 ℓ_2^2 ist flach normiert, ℓ_1^2 ist nicht flach normiert

Aufgabe 10.6
Zeigen Sie: Ein normierter Raum X ist genau dann uniform konvex, wenn gilt: Zu $\varepsilon > 0$ gibt es $\delta > 0$, sodass für alle $x, y \in X$ mit $\|x\| = \|y\| = 1$ gilt:

$$\| \tfrac{1}{2} (x + y) \| \geq 1 - \delta \;\Rightarrow\; \| x - y \| \leq \varepsilon.$$

Aufgabe 10.7
Zeigen Sie, dass ein uniform konvexer normierter Raum auch strikt konvex ist.

Aufgabe 10.8
Beweisen Sie Satz 7.1 in uniform konvexen Räumen.

Aufgabe 10.9
Zeigen Sie die Reflexivität der Sobolev-Räume $\mathcal{W}_p^m(a, b)$ für $1 < p < \infty$.

Aufgabe 10.10
Es seien $\kappa : \Omega \times \Omega \to \mathbb{K}$ ein messbarer Kern auf einem σ-endlichen Maßraum Ω mit $\| \kappa \|_{SI} < \infty$ und $\| \kappa \|_{ZI} < \infty$ und $1 < p < \infty$. Bestimmen Sie den dualen Operator des Integraloperators $S_\kappa \in L(L_p(\Omega))$ unter Verwendung von Theorem 10.11.

Aufgabe 10.11
Beweisen Sie Aussage (10.24) in uniform konvexen Räumen.

Aufgabe 10.12
Es seien X ein Banachraum und (x_n), (x_n') Folgen mit $x_n \overset{w}{\to} x$ und $x_n' \overset{w^*}{\to} x'$ in X und X'. Zeigen Sie, dass $\langle x_n, x_n' \rangle \to \langle x, x' \rangle$ *nicht* gelten muss. Unter welchen zusätzlichen Bedingungen kann man dies doch schließen?

Aufgabe 10.13
Finden Sie eine schwach konvergente Folge in $\mathcal{C}[0, 1]$, die nicht Norm-konvergent ist.

Aufgabe 10.14
Finden Sie eine schwache Cauchy-Folge in c_0, die keinen schwachen Limes in c_0 besitzt.

Aufgabe 10.15

a) Zeigen Sie, dass jeder Banachraum zu einem Quotientenraum von $\ell_1(I)$ für eine geeignete Indexmenge I isometrisch ist.

b) Zeigen Sie den Satz von Schur auch für $\ell_1(I)$.

Aufgabe 10.16

Es sei $1 \leq p \leq \infty$. Ist $L_p(\mu)$ zu einem Quotientenraum von c_0 isomorph?

Aufgabe 10.17

Es sei $\pi : X \to Q$ eine Quotientenabbildung, und es sei (q_n) eine schwach konvergente Folge in Q. Gibt es eine schwach konvergente Folge (x_n) in X mit $\pi x_n = q_n$ für alle $n \in \mathbb{N}$?

Aufgabe 10.18

a) Zeigen Sie: ℓ_∞ ist zu einem komplementierten Unterraum von $L_\infty[0,1]$ isomorph.

b) Schließen Sie, dass $L_\infty[0,1]$ und $L_1[0,1]$ nicht reflexiv sind.

Aufgabe 10.19

a) Schließen Sie mittels Aufgabe 9.16 und der Gültigkeit von Satz 9.22 für $L_\infty[0,1]$, dass dieser Raum zu einem *komplementierten* Unterraum von ℓ_∞ isomorph ist.

b) Folgern Sie Pelczynskis Resultat $L_\infty[0,1] \simeq \ell_\infty$ aus Aufgabe 10.18 und a).

HINWEIS. Verwenden Sie $\ell_\infty \simeq L_\infty[0,1] \times V$ und $L_\infty[0,1] \simeq \ell_\infty \times W$ und betrachten Sie den Raum $L_\infty[0,1] \times \ell_\infty$.

Aufgabe 10.20

Es sei $\pi : \ell_1 \to L_1[0,1]$ eine Quotientenabbildung mit Kern $V = N(\pi)$. Zeigen Sie, dass $\iota_V(V)$ in V'' nicht komplementiert ist. Schließen Sie, dass V nicht zu einem Dualraum isomorph ist. Folgern sie, dass V nicht zu ℓ_1 isomorph ist, und zeigen Sie, dass der Satz von Schur in V gilt.

HINWEIS. Verwenden Sie, dass die Sequenz (10.29) splittet, sowie das Diagramm aus dem Beweis von Satz 9.14.

Aufgabe 10.21

Es seien H ein Hilbertraum und T_n, $T \in L(H)$ *normale* Operatoren mit $T_n x \to Tx$ für alle $x \in H$. Zeigen Sie $T_n^* x \to T^* x$ für alle $x \in H$.

HINWEIS. Verwenden Sie (10.24)!

Aufgabe 10.22

a) Es sei (x_n) eine beschränkte Folge in ℓ_1, die keine Norm-konvergente Teilfolge besitzt. Zeigen Sie, dass die in ℓ_∞' beschränkte Folge (ιx_n) keine schwach*-konvergente Teilfolge besitzt.

b) Zeigen Sie, dass die durch $\lambda_n(f) := n \int_0^{1/n} f(t)\,dt$ definierte Folge (λ_n) in $L_\infty[0,1]'$ beschränkt ist, aber keine schwach*-konvergente Teilfolge besitzt.

Aufgabe 10.23

Es sei H ein Hilbertraum.

a) Zeigen Sie $\| \frac{1}{n} \sum_{j=1}^{n} e_j \| \to 0$ für jede orthonormale Folge (e_n) in H.

b) Beweisen Sie den *Satz von Banach-Saks*: In H gelte $x_n \overset{w}{\to} x$. Dann gibt es eine Teilfolge (x_{n_j}) von (x_n) mit $\| \frac{1}{k} \sum_{j=1}^{k} x_{n_j} - x \| \to 0$.

Dies gilt sogar in L_p-Räumen für $1 < p < \infty$ (vgl. [Woytaszcyk 1991], III.A.27).

Aufgabe 10.24

Beweisen Sie die folgende Version des *Ergodensatzes* 7.16:

Es seien X ein reflexiver Banachraum und $T \in L(X)$ mit $\| T^n \| \le C$ für alle $n \in \mathbb{N}$. Dann existiert der Limes $Px := \lim\limits_{n\to\infty} \frac{1}{n} \sum_{j=0}^{n-1} T^j x$ für alle $x \in X$, und P ist eine stetige Projektion von X auf $N(I - T)$ mit $N(P) = \overline{R(I-T)}$.

Aufgabe 10.25

Es seien X ein Banachraum, $C \subseteq X$ und $F : C \to \mathbb{R}$ ein Funktional.

a) Definieren Sie mittels Folgen eine „schwache Unterhalbstetigkeit" von F und zeigen Sie, dass ein solches Funktional auf einer „schwach folgenkompakten" Menge ein Minimum besitzt.

b) Nun seien C konvex sowie F konvex und Norm-unterhalbstetig. Zeigen Sie, dass F auch schwach unterhalbstetig ist.

Aufgabe 10.26

Zeigen Sie: Das Funktional F aus Satz 10.23 besitzt auch ein Minimum auf

$$R_\alpha = \{ v \in \mathcal{W}_2^1(a,b) \mid v(a) = \alpha \}.$$

Für eine Minimalstelle $v \in R_\alpha$ gilt Formel (10.37) sogar für alle Funktionen $\varphi \in \mathcal{C}^\infty[a,b]$, die nahe a verschwinden, und es ist $v'(b) = 0$.

Aufgabe 10.27

Finden Sie Minima des Funktionals $F : v \mapsto \int_0^1 (v'^2 - 1)^2\,dt$ in $\mathcal{W}_2^1(0,1)$ unter der Randbedingung $v(0) = v(1) = 0$ und zeigen Sie, dass in $\mathcal{C}^1[0,1]$ kein Minimum existiert.

Teil IV

Spektraltheorie kompakter und selbstadjungierter Operatoren

Übersicht

In Kap. 4 haben wir die *Grundlagen der Spektraltheorie* für lineare Operatoren entwickelt; in diesem letzten Teil des Buches entwickeln wir sie für *spezielle Klassen* von Operatoren weiter. In Kap. 11 untersuchen wir *kompakte Operatoren* auf Banachräumen im Zusammenhang mit *Fredholmoperatoren*, in den Kap. 12 und 13 dann *selbstadjungierte Operatoren* in Hilberträumen. Die stärksten Resultate erhält man durch Kombination dieser Eigenschaften, d. h. für *selbstadjungierte Operatoren*, die zusätzlich *kompakt* sind oder eine *kompakte Resolvente* besitzen. Für solche Operatoren gelten *Spektralzerlegungen*, die die *Diagonalisierung selbstadjungierter Matrizen* mittels *unitärer Transformationen* verallgemeinern. Solche Spektralzerlegungen besitzen eine Reihe wichtiger Anwendungen in der Analysis und sind grundlegend für die *Quantenmechanik*.

Fredholmoperatoren und kompakte Störungen

11

Fragen

1. Was lässt sich über das Spektrum eines Integraloperators mit stetigem Kern über einer kompakten Menge im $\mathbb{R}^n$ aussagen?
2. Wie wirken sich „endlichdimensionale Störungen" auf invertierbare Operatoren aus?

Kleine Störungen der Identität oder invertierbarer Operatoren haben wir bereits in Kap. 4 behandelt; in diesem Kapitel untersuchen wir nun *kompakte* Störungen. Ein *kompakter linearer Operator* $S \in K(X, Y)$ zwischen Banachräumen X, Y kann eine beliebig große Norm haben, bildet jedoch *beschränkte* Mengen in *relativ kompakte* Mengen ab. Wesentliche Beispiele kompakter linearer Operatoren sind *Integraloperatoren* mit *stetigen* oder *quadratintegrierbaren Kernen* über kompakten Mengen im $\mathbb{R}^n$; auch viele *Einbettungsoperatoren* zwischen Funktionenräumen über kompakten Mengen sind kompakt. Die kompakten Operatoren bilden ein *abgeschlossenes Operatorideal,* und mit S ist auch der duale Operator S' kompakt. Schließlich diskutieren wir die Frage, wann ein kompakter linearer Operator durch *endlichdimensionale Operatoren approximierbar* ist; im nächsten Kapitel untersuchen wir auch entsprechende *Approximationsgeschwindigkeiten.*

Ein stetiger linearer Operator T mit endlichdimensionalem Kern und endlichkodimensionalem Bild heißt *Fredholmoperator;* die Zahl

$$\operatorname{ind} T := \dim N(T) - \operatorname{codim} R(T) \in \mathbb{Z}$$

heißt *Index* von T. In den Abschn. 11.2 und 11.3 beweisen wir, dass die Fredholm-Eigenschaft und der Index *gegen kleine und kompakte Störungen stabil* sind. Für einen kompakten Operator $S \in K(X)$ ist daher $T := I - S$ stets ein *Fredholmoperator* mit *Index*

© Springer-Verlag GmbH Deutschland 2018
W. Kaballo, *Grundkurs Funktionalanalysis,*
https://doi.org/10.1007/978-3-662-54748-9_11

0; insbesondere ist T genau dann surjektiv, wenn T injektiv ist *(Fredholmsche Alternative)*. Aus diesem Resultat ergibt sich in Abschn. 11.4, dass das *Spektrum* $\sigma(S)$ eines kompakten Operators *abzählbar* ist und höchstens $\{0\}$ als Häufungspunkt besitzen kann.

11.1 Kompakte lineare Operatoren

In den Abschn. 3.4 und 4.2 haben wir lineare *Integraloperatoren*

$$S := S_\kappa : f \mapsto (Sf)(t) := \int_K \kappa(t,s) f(s)\, ds\,, \quad t \in K\,, \tag{11.1}$$

untersucht, die durch stetige Kerne $\kappa \in \mathcal{C}(K^2)$ über einer kompakten Teilmenge K von $\mathbb{R}^n$ definiert werden. Auf S. 53 haben wir gezeigt, dass diese für $1 \leq p \leq \infty$ stetige lineare Operatoren von $L_p(K)$ in $\mathcal{C}(K)$ definieren, die aufgrund des *Satzes von Arzelà-Ascoli beschränkte* Teilmengen von $L_p(K)$ in *relativ kompakte* Teilmengen von $\mathcal{C}(K)$ abbilden.

Operatoren mit dieser Eigenschaft heißen *kompakt*. Dieser Begriff wurde von F. Riesz 1918 eingeführt; zuvor hatte 1904 D. Hilbert *vollstetige* Operatoren auf Hilberträumen mittels schwach konvergenter Folgen definiert, vgl. dazu Satz 11.4 unten.

Kompakte Operatoren

a) Es seien X, Y Banachräume. Ein linearer Operator $S : X \to Y$ heißt *kompakt,* wenn das Bild $S(B_X)$ der abgeschlossenen Einheitskugel B_X von X in Y relativ kompakt ist; S ist dann automatisch stetig. Wegen der Vollständigkeit von Y genügt es auch, die *Präkompaktheit* von $S(B_X)$ zu fordern. Mit $K(X,Y)$ bezeichnen wir die Menge aller kompakten linearen Operatoren von X nach Y, und wir setzen $K(X) := K(X,X)$.

b) Es ist $S \in L(X,Y)$ genau dann kompakt, wenn S beschränkte Mengen von X in relativ kompakte (oder präkompakte) Mengen von Y abbildet. Dies ist auch dazu äquivalent, dass für *jede beschränkte Folge* (x_n) in X die Folge (Sx_n) in Y eine konvergente Teilfolge besitzt.

Beispiele

a) Ein linearer Integraloperator S_κ aus (11.1) liegt also in $K(L_p(K), \mathcal{C}(K))$ für alle $1 \leq p \leq \infty$. Da der Raum $\mathcal{C}(K)$ stetig in $L_p(K)$ eingebettet ist, gilt auch $S_\kappa \in K(\mathcal{C}(K))$ und $S_\kappa \in K(L_p(K))$ für alle $1 \leq p \leq \infty$.

b) Bei unbeschränkten Operatoren (vgl. Kap. 13) spielt die *Kompaktheit von Einbettungsoperatoren* eine wichtige Rolle. Wir haben u. a. die Kompaktheit der folgenden Einbettungen von Funktionenräumen schon gezeigt, wobei K ein kompakter metrischer Raum ist:

$i : \Lambda^{\alpha}(K) \to \mathcal{C}(K)$	für $0 < \alpha \leq 1$	(vgl. Satz 2.10),
$i : \Lambda^{\beta}(K) \to \Lambda^{\alpha}(K)$	für $0 < \alpha < \beta \leq 1$	(vgl. Aufgabe 2.17),
$i : \mathcal{W}_p^m(a,b) \to \mathcal{C}^{m-1}[a,b]$	für $m \in \mathbb{N}$ und $1 < p \leq \infty$	(vgl. Satz 5.14),
$i : H_{2\pi}^s \to H_{2\pi}^t$	für $s > t \geq 0$	(vgl. S. 129).

Satz 11.1

Die Identität $I = I_X$ *auf einem Banachraum* X *ist genau dann* kompakt, *wenn der Raum* X endlichdimensional *ist.*

BEWEIS. Man hat genau dann $I \in K(X)$, wenn die Einheitskugel B_X relativ kompakt ist, und nach Satz 3.10 ist dies genau dann der Fall, wenn $\dim X < \infty$ gilt. $\diamond$

Wir untersuchen nun *Permanenzeigenschaften* kompakter Operatoren:

Satz 11.2

a) Für Banachräume X, Y *ist* $K(X, Y)$ *ein Unterraum von* $L(X, Y)$.

b) Es ist $K(X, Y)$ *sogar ein* abgeschlossener *Unterraum von* $L(X, Y)$.

c) Für weitere Banachräume X_1, Y_1 *und lineare Operatoren* $A \in L(Y, Y_1)$ *sowie* $B \in L(X_1, X)$ *folgt aus* $S \in K(X, Y)$ *auch* $ASB \in K(X_1, Y_1)$:

$$X_1 \xrightarrow{B} X \xrightarrow{S} Y \xrightarrow{A} Y_1 .$$

BEWEIS. a) Es seien $S_1, S_2 \in K(X, Y)$, $\alpha \in \mathbb{K}$ und (x_n) eine beschränkte Folge in X. Es gibt eine Teilfolge (x_{n_j}), für die $(S_1 x_{n_j})$ in Y konvergiert. Für die Folge (x_{n_j}) gibt es eine weitere Teilfolge $(x_{n_{j_k}})$, für die $(S_2 x_{n_{j_k}})$ in Y konvergiert. Offenbar ist dann auch $((\alpha S_1 + S_2) x_{n_{j_k}})$ konvergent.

b) Für eine Folge (S_n) in $K(X, Y)$ gelte nun $S_n \to S$ in $L(X, Y)$. Wir zeigen, dass $S(B_X)$ präkompakt ist: Zu $\varepsilon > 0$ gibt es $n \in \mathbb{N}$ mit $\| S - S_n \| < \varepsilon$. Da $S_n(B_X)$ präkompakt ist, gibt es $y_1, \ldots, y_r \in Y$ mit $S_n(B_X) \subseteq \bigcup_{j=1}^{r} U_{\varepsilon}(y_j)$. Es folgt $S(B_X) \subseteq \bigcup_{j=1}^{r} U_{2\varepsilon}(y_j)$, und somit ist $S(B_X)$ in der Tat präkompakt.

c) Nun sei (x_n) eine beschränkte Folge in X_1. Dann ist (Bx_n) eine beschränkte Folge in X, und wegen $S \in K(X, Y)$ besitzt diese eine Teilfolge, für die (SBx_{n_j}) in Y konvergiert. Dann ist aber auch $(ASBx_{n_j})$ in Y_1 konvergent. $\diamond$

Beispiele

a) Es seien $K \subseteq \mathbb{R}^n$ kompakt und $\kappa \in L_2(K^2)$ ein quadratintegrierbarer Kern. Es gibt eine Folge (κ_j) in $\mathcal{C}(K^2)$ mit $\| \kappa - \kappa_j \|_{L_2(K^2)} \to 0$, und mit (3.25) (vgl. auch Satz A.3.18

im Anhang) folgt auch $\| S_\kappa - S_{\kappa_j} \| \to 0$. Da die Operatoren S_{κ_j} kompakt sind, ist nach Satz 11.2 b) somit auch der Integraloperator S_κ *kompakt*.

b) Auch *schwach singuläre Integraloperatoren* sind kompakt auf $L_2(K)$, vgl. dazu die Aufgaben 3.19 und 11.5.

c) Ist $T \in K(X, Y)$ *invertierbar*, so folgen $I_X = T^{-1}T \in K(X)$ und ebenso auch $I_Y = TT^{-1} \in K(Y)$ nach Satz 11.2 c). Aufgrund von Satz 11.1 müssen dann X und Y *endlichdimensionale* Räume sein.

Ein Produkt stetiger linearer Operatoren ist also bereits dann kompakt, wenn dies auf *einen Faktor* zutrifft. Die in Satz 11.2 formulierten Aussagen bedeuten, dass die kompakten Operatoren ein *abgeschlossenes Operatorideal* bilden. Für $X = Y$ ist $K(X)$ ein Ideal in $L(X)$ im üblichen Sinn:

Calkin-Algebra

Für einen Banachraum X ist $K(X)$ ein *abgeschlossenes zweiseitiges Ideal* in der Banachalgebra $L(X)$. Die Quotienten-Banachalgebra (vgl. S. 63) $Ca(X) := {}^{L(X)}\!/_{K(X)}$ heißt *Calkin-Algebra* von X; sie spielt eine Rolle im nächsten Abschnitt.

Kompaktheit vererbt sich auch von einem Operator auf den *dualen* Operator; dieses Resultat von J.P. Schauder (1930) kann aus dem *Satz von Arzelà-Ascoli* 2.5 gefolgert werden (vgl. auch die Aufgaben 11.9 und 11.10):

Satz 11.3 (Schauder)
Es seien X, Y Banachräume. Ein stetiger linearer Operator $S \in L(X, Y)$ ist genau dann kompakt, wenn dies auf $S' \in L(Y', X')$ zutrifft.

BEWEIS. „$\Rightarrow$": a) Es ist $K := \overline{S(B_X)} \subseteq Y$ ein kompakter metrischer Raum. Für eine Folge (y_n') in Y' mit $\| y_n' \| \leq 1$ betrachten wir die Folge $(\eta_n := y_n'|_K)$ ihrer Einschränkungen auf K. Die Folge (η_n) ist beschränkt in $\mathcal{C}(K)$ und wegen

$$| \eta_n(y_1) - \eta_n(y_2) | = | \langle y_1, y_n' \rangle - \langle y_2, y_n' \rangle | = | \langle y_1 - y_2, y_n' \rangle | \leq \| y_1 - y_2 \|$$

für $y_1, y_2 \in K$ auch gleichstetig. Nach dem Satz von Arzelà-Ascoli hat daher (η_n) eine in $\mathcal{C}(K)$ konvergente Teilfolge (η_{n_j}), für die wir einfach wieder (η_n) schreiben.

b) Die Folge $(S' y_n')$ ist dann eine Cauchy-Folge wegen

$$\| S' y_n' - S' y_m' \| = \sup_{\| x \| \leq 1} | \langle x, S' y_n' - S' y_m' \rangle | = \sup_{\| x \| \leq 1} | \langle Sx, y_n' - y_m' \rangle |$$

$$\leq \sup_{y \in K} | \langle y, y_n' - y_m' \rangle | = \| \eta_n - \eta_m \|_{\mathcal{C}(K)}$$

und somit konvergent im Banachraum X'.

„$\Leftarrow$“: Aus $S' \in K(Y', X')$ folgt nach der schon bewiesenen Aussage „$\Rightarrow$“ zunächst $S'' \in K(X'', Y'')$; aus (9.19) und Satz 11.2 dann auch $\iota_Y S = S'' \iota_X \in K(X, Y'')$. Daraus folgt schließlich $S \in K(X, Y)$, da ι_Y eine Isometrie ist. ◇

Für Operatoren $S \in L(H, G)$ zwischen Hilberträumen H und G gilt entsprechend $S \in K(H, G) \Leftrightarrow S^* \in K(G, H)$, vgl. dazu Aufgabe 9.3. Andere Beweise des Satzes von Schauder in diesem Fall folgen in Satz 11.5 und Aufgabe 11.10.

Es ist naheliegend, die Kompaktheit linearer Operatoren mit *schwacher Konvergenz* in Verbindung zu bringen:

Satz 11.4
a) Es seien X, Y Banachräume. Für $S \in K(X, Y)$ gilt dann

$$x_n \xrightarrow{w} x \text{ in } X \implies \| Sx - Sx_n \|_Y \to 0. \tag{11.2}$$

b) Nun sei X reflexiv, und für $S \in L(X, Y)$ gelte (11.2). Dann folgt $S \in K(X, Y)$.

BEWEIS. a) Es sei also (x_n) eine Folge in X mit $x_n \xrightarrow{w} x$. Ist die Behauptung falsch, so gibt es $\delta > 0$ und eine Teilfolge (x_{n_j}) von (x_n) mit $\| Sx - Sx_{n_j} \| \geq \delta$ für alle j. Nach dem Prinzip der gleichmäßigen Beschränktheit (vgl. Bemerkung c) auf S. 226) ist die Folge (x_{n_j}) beschränkt; für eine geeignete Teilfolge $(x_{n_{j_k}})$ gilt daher $\| Sx_{n_{j_k}} - y \| \to 0$ für ein $y \in Y$. Dann gilt $\| Sx - y \| \geq \delta$, und wegen $Sx_{n_{j_k}} \xrightarrow{w} Sx$ in Y hat man einen Widerspruch aufgrund der Eindeutigkeit schwacher Grenzwerte.

b) Eine beschränkte Folge (x_n) in X hat nach Theorem 10.18 eine Teilfolge mit $x_{n_j} \xrightarrow{w} x$ in X. Mit (11.2) folgt dann $\| Sx - Sx_{n_j} \|_Y \to 0$ und somit $S \in K(X, Y)$. ◇

Beispiele, Folgerungen und Bemerkungen
a) Operatoren $S \in L(X, Y)$, die Bedingung (11.2) erfüllen, heißen *vollstetig*. Nach dem Satz von Schur 10.15 ist die Identität I auf dem Raum ℓ_1 vollstetig, wegen $\dim \ell_1 = \infty$ nach Satz 11.1 aber nicht kompakt. Satz 11.4 b) gilt also nicht für alle Banachräume X.

b) Allgemeiner ist für jeden Banachraum X jeder Operator $S \in L(X, \ell_1)$ vollstetig: Aus $x_n \xrightarrow{w} x$ in X folgt $Sx_n \xrightarrow{w} Sx$ in ℓ_1 und somit $\| Sx - Sx_n \|_{\ell_1} \to 0$ aufgrund des Satzes von Schur. Für reflexive Banachräume X impliziert dies $L(X, \ell_1) = K(X, \ell_1)$ nach Satz 11.4 b). Wegen $c_0' \cong \ell_1$ gilt für $S \in L(c_0, X)$ dann $S' \in L(X', \ell_1) = K(X', \ell_1)$, und aufgrund des Satzes von Schauder folgt auch $L(c_0, X) = K(c_0, X)$.

c) Für einen reflexiven Banachraum X gilt

$$\| S \| = \max \{ \| Sx \| \mid \| x \| \leq 1 \} \quad \text{für } S \in K(X, Y). \tag{11.3}$$

Zum Beweis wählen wir eine Folge (x_n) in B_X mit $\|Sx_n\| \to \|S\|$. Nach Satz 10.18 gibt es eine Teilfolge mit $x_{n_j} \xrightarrow{w} x \in B_X$. Mit (11.2) folgt dann $\|Sx - Sx_{n_j}\|_Y \to 0$ und somit $\|Sx\| = \|S\|$.

d) Aussage (11.3) gilt schon im Fall $Y = \mathbb{K}$ *nur* für reflexive Räume X (vgl. die Bemerkungen und Beispiele nach Satz 9.10 auf S. 194).

Endlichdimensionale Operatoren

a) Ein stetiger linearer Operator $F \in L(X, Y)$ heißt *endlichdimensional,* wenn der *Rang* rk $F := \dim R(F)$ endlich ist, Notation: $F \in \mathcal{F}(X, Y)$. Wir schreiben wieder $\mathcal{F}(X)$ für $\mathcal{F}(X, X)$.

b) Es sei $F \in \mathcal{F}(X, Y)$ mit rk $F = n \in \mathbb{N}$. Nach (9.31) gibt es eine stetige Projektion $P : y \mapsto \sum_{j=1}^{n} \langle y, y_j' \rangle y_j$ von Y auf $R(F)$, wobei $\{y_1, \dots, y_n\}$ eine Basis von $R(F)$ ist und die Funktionale $y_j' \in Y'$ Fortsetzungen der dualen Basis von $R(F)'$ sind. Mit $x_j' := F' y_j'$ folgt

$$Fx = PFx = \sum_{j=1}^{n} \langle Fx, y_j' \rangle y_j = \sum_{j=1}^{n} \langle x, F' y_j' \rangle y_j = \sum_{j=1}^{n} \langle x, x_j' \rangle y_j, \quad x \in X,$$

wofür wir ab jetzt abkürzend

$$F = \sum_{j=1}^{n} x_j' \otimes y_j \tag{11.4}$$

schreiben wollen. Umgekehrt wird durch (11.4) stets ein Operator $F \in \mathcal{F}(X, Y)$ mit rk $F \le n$ definiert.

c) Nun sei $F \in \mathcal{F}(X, Y)$ mit rk $F = n$ durch (11.4) gegeben. Aus

$$\langle x, F' y' \rangle = \langle Fx, y' \rangle = \sum_{j=1}^{n} \langle x, x_j' \rangle \langle y_j, y' \rangle = \langle x, \sum_{j=1}^{n} \langle y_j, y' \rangle x_j' \rangle \quad \text{folgt}$$

$$F' = \sum_{j=1}^{n} \iota_Y y_j \otimes x_j' \quad \text{und dann} \quad F'' = \sum_{j=1}^{n} \iota_{X'} x_j' \otimes \iota_Y y_j, \tag{11.5}$$

also rk $F' \le n = $ rk F und rk $F'' = $ rk F. Somit gilt rk $F' = $ rk F, für Operatoren $F \in \mathcal{F}(H, G)$ zwischen Hilberträumen entsprechend rk $F^* = $ rk F. Nach (11.5) hat man offenbar stets $F''(X'') \subseteq \iota_Y Y$.

d) Für $F \in \mathcal{F}(X, Y)$ sind in $R(F)$ aufgrund des Satzes von Bolzano-Weierstraß beschränkte Mengen relativ kompakt, und daher gilt $\mathcal{F}(X, Y) \subseteq K(X, Y)$.

e) Wie die kompakten Operatoren bilden auch die endlichdimensionalen Operatoren ein *Operatorideal,* d. h. es gelten die Aussagen a) und c) von Satz 11.2. Dieses ist jedoch *nicht abgeschlossen;* nach d) gilt stets $\overline{\mathcal{F}(X, Y)} \subseteq K(X, Y)$.

Beispiele

a) Für $1 \leq p < \infty$ wird für eine beschränkte Folge (α_j) in $\mathbb{C}$ ein *Diagonaloperator* $D \in L(\ell_p)$ definiert durch

$$D : (x_0, x_1, x_2, \ldots) \mapsto (\alpha_0 x_0, \alpha_1 x_1, \alpha_2 x_2, \ldots)$$

(vgl. S. 70). Für $n \in \mathbb{N}_0$ sind die Operatoren

$$D_n : (x_0, x_1, x_2, \ldots) \mapsto (\alpha_0 x_0, \ldots, \alpha_n x_n, 0, 0, \ldots)$$

endlichdimensional und somit kompakt. Wegen

$$\| Dx - D_n x \|^p = \sum_{j=n+1}^{\infty} |\alpha_j|^p |x_j|^p \leq \sup_{j>n} |\alpha_j|^p \| x \|^p \quad \text{für } x = (x_j) \in \ell_p$$

gilt $\| D - D_n \| \to 0$ im Fall einer *Nullfolge* (α_j); in diesem Fall ist also der Diagonaloperator D *kompakt*.

b) Es gilt auch die Umkehrung von a): Ist (α_j) keine Nullfolge, so gibt es $\delta > 0$ und eine Teilfolge (α_{j_k}) von (α_j) mit $|\alpha_{j_k}| \geq \delta$ für alle $k \in \mathbb{N}$. Für $k \neq \ell$ gilt dann $\| De_{j_k} - De_{j_\ell} \|^p = |\alpha_{j_k}|^p + |\alpha_{j_\ell}|^p \geq 2\delta^p$ für die „Einheitsvektoren". Somit hat die Folge (De_{j_k}) keine konvergente Teilfolge, und D ist nicht kompakt.

Beispiele

Es seien $K \subseteq \mathbb{R}^n$ kompakt und $\kappa \in \mathcal{C}(K^2)$ ein stetiger Kern. Aufgrund von Satz 3.5 gibt es eine Folge (κ_j) in $\mathcal{C}(K) \otimes \mathcal{C}(K)$ mit $\| \kappa - \kappa_j \|_{\sup} \to 0$. Es gibt Darstellungen

$$\kappa_j(t, s) = \sum_{\ell=1}^{r} \alpha_\ell(t) \beta_\ell(s) \quad \text{mit } \alpha_\ell, \beta_\ell \in \mathcal{C}(K),$$

und daher ist der entsprechende Integraloperator

$$S_{\kappa_j} f(t) = \int_K \kappa_j(t, s) f(s) \, ds = \sum_{\ell=1}^{r} \int_K \beta_\ell(s) f(s) \, ds \, \alpha_\ell(t)$$

auf $\mathcal{C}(K)$ oder $L_p(K)$ *endlichdimensional*. Aufgrund der Abschätzung (vgl. Satz 3.11) $\| S_\kappa - S_{\kappa_j} \| \leq \lambda(K) \| \kappa - \kappa_j \|_{\sup} \to 0$ ist also der Integraloperator S_κ Limes einer Folge endlichdimensionaler Integraloperatoren.

Es ist eine interessante Frage, welche kompakten Operatoren Limes einer Folge endlichdimensionaler Operatoren sind:

Approximationseigenschaft

a) Ein Banachraum Y hat die *Approximationseigenschaft (A.E.)*, falls für jeden Banachraum X der Raum $\mathcal{F}(X, Y)$ in $K(X, Y)$ *dicht* ist.

b) Für Räume Y mit A.E. lässt sich der Satz von Schauder 11.3 auch so beweisen: Zu $S \in K(X, Y)$ gibt es eine Folge (F_n) in $\mathcal{F}(X, Y)$ mit $\| S - F_n \| \to 0$. Dann folgt auch $\| S' - F_n' \| \to 0$, und wegen $F_n' \in \mathcal{F}(Y', X')$ ergibt sich $S' \in K(Y', X')$. Dieses Argument gilt insbesondere für Integraloperatoren mit stetigen Kernen und auch für kompakte Operatoren zwischen Hilberträumen:

Satz 11.5
Ein Hilbertraum H besitzt die Approximationseigenschaft.

BEWEIS. Es seien also X ein Banachraum und $S \in K(X, H)$. Die präkompakte Menge $S(B_X)$ ist separabel, und daher ist $\overline{R(S)} \subseteq H$ ein *separabler* Hilbertraum. Wir wählen eine Orthonormalbasis $\{e_k\}_{k \in \mathbb{N}}$ von $\overline{R(S)}$ und bezeichnen mit $P_n \in L(H)$ die orthogonale Projektion von H auf $[e_1, \ldots, e_n]$. Wegen $\| P_n \| = 1$ und Satz 3.3 gilt dann $P_n y \to y$ gleichmäßig auf allen präkompakten Mengen von $\overline{R(S)}$, insbesondere also auf $S(B_X)$. Es folgt

$$\| P_n S - S \| = \sup_{\| x \| \leq 1} \| P_n S x - S x \| \to 0 \quad \text{für } n \to \infty$$

und wegen $\operatorname{rk} P_n S \leq n$ damit die Behauptung. $\diamond$

Der Beweis von Satz 11.5 zeigt auch, dass die Räume c_0 und ℓ_p für $1 \leq p < \infty$ die A.E. haben. Die „meisten konkreten Banachräume", z. B. $\mathcal{C}(K)$- und L_p-Räume besitzen die A.E.; von S. Banach (1936) und A. Grothendieck (1955) wurde die Frage formuliert, ob dies nicht sogar auf *alle* Banachräume zutrifft. Dieses *Approximationsproblem* wurde von P. Enflo 1972 *negativ* gelöst durch Konstruktion eines „exotischen" Unterraums von c_0 ohne A.E.; dazu und auf interessante Umformulierungen des Approximationsproblems verweisen wir auf (Lindenstrauß und Tzafriri 1977), Abschn. 1.e und 2.d sowie (Jarchow 1981), Ch. 18, vgl. auch (Kaballo 2014), Abschn. 10.4. Später bewies A. Szankowski[6], dass der konkrete Operatorenraum $L(\ell_2)$ die A.E. *nicht* besitzt.

11.2 Fredholmoperatoren

In diesem Abschnitt stellen wir *Fredholmoperatoren* vor, eines der wichtigsten Konzepte der Operatortheorie. Wir diskutieren einfache Beispiele und untersuchen insbesondere

---

[6] Acta Math. 147, 89-108 (1981)

den engen Zusammenhang zwischen Fredholmoperatoren und kompakten Operatoren. Für Resultate über Fredholm-Eigenschaft und Index von *singulären Integraloperatoren* und *(Pseudo-) Differentialoperatoren* verweisen wir auf (Gohberg et al. 1990) und (Schröder 1997).

Zur Einführung von Fredholmoperatoren benötigen wir den Begriff der

Kodimension

a) Es seien E ein Vektorraum über $\mathbb{K}$ und $V \subseteq E$ ein Unterraum. Die *Kodimension* von V in E wird dann definiert durch codim $V := \dim {}^{E}\!/_{V}$. Ist W ein algebraisches Komplement von V, gilt also $E = V \oplus W$, so ist die Quotientenabbildung $\pi : W \to {}^{E}\!/_{V}$ bijektiv, und es folgt codim $V = \dim W$.

b) Im Fall $E = \mathbb{K}^m$ hat man natürlich codim $V = m - \dim V$.

Fredholmoperatoren

Es seien X, Y Banachräume. Ein stetiger linearer Operator $T \in L(X,Y)$ heißt *Fredholmoperator*, wenn $\dim N(T) < \infty$ und codim $R(T) < \infty$ gilt; die ganze Zahl

$$\text{ind } T := \dim N(T) - \text{codim } R(T) \in \mathbb{Z} \qquad (11.6)$$

heißt dann der *Index* von T. Mit $\Phi(X, Y)$ bezeichnen wir die Menge aller Fredholmoperatoren von X nach Y und definieren

$$\Phi_m(X, Y) := \{ T \in \Phi(X, Y) \mid \text{ind } T = m \} \quad \text{für } m \in \mathbb{Z}. \qquad (11.7)$$

Für $\Phi(X, X)$ bzw. $\Phi_m(X, X)$ schreiben wir einfach $\Phi(X)$ bzw. $\Phi_m(X)$.

Für kompakte Operatoren $S \in K(X)$ gilt $I - S \in \Phi_0(X)$; dieses fundamentale Resultat zeigen wir in den Theoremen 11.7 und 11.11 c). Für Integraloperatoren S geht es auf I. Fredholm (1903) zurück, für abstrakte kompakte Operatoren auf F. Riesz (1918) und J.P. Schauder (1930). F. Noether führte 1921 bei der Untersuchung singulärer Integraloperatoren den wichtigen Begriff des Index ein und gab eine Formel zu seiner Berechnung an (vgl. dazu den Aufbaukurs [Kaballo 2014], Abschn. 14.2).

Beispiele

a) Für einen Operator $T \in \Phi(\mathbb{K}^n, \mathbb{K}^m) = L(\mathbb{K}^n, \mathbb{K}^m)$ gilt bekanntlich $\dim N(T) = n - \text{rk } T$; wegen codim $R(T) = m - \text{rk } T$ ist also ind $T = n - m$. Der Index eines Operators zwischen endlichdimensionalen Räumen hängt also nur von den Dimensionen des Definitionsbereichs und des Zielbereichs ab.

b) Für einen *invertierbaren* Operator $T \in GL(X)$ gilt $T \in \Phi(X)$ und ind $T = 0$.

c) Die *Shift-Operatoren*

$$S_+ : (x_0, x_1, x_2, x_3, \ldots) \mapsto (0, x_0, x_1, x_2, \ldots) \quad \text{und}$$
$$S_- : (x_0, x_1, x_2, x_3, \ldots) \mapsto (x_1, x_2, x_3, x_4, \ldots)$$

(vgl. (4.24), (7.25) und (7.26)) sind für $1 \leq p \leq \infty$ Fredholmoperatoren auf den Folgenräumen ℓ_p mit $\operatorname{ind} S_+ = -1$ und $\operatorname{ind} S_- = +1$.

d) Der *Differentialoperator* $\frac{d}{dt} : C^1[a,b] \to C[a,b]$ ist surjektiv mit $\dim N(\frac{d}{dt}) = 1$; folglich gilt $\frac{d}{dt} \in \Phi(C^1[a,b], C[a,b])$ und $\operatorname{ind} \frac{d}{dt} = 1$. Aufgrund des Hauptsatzes ist eine stetige lineare *Rechtsinverse* von $\frac{d}{dt}$ gegeben durch den *Volterra-Integraloperator*

$$V : C[a,b] \to C^1[a,b], \quad Vf(t) := \int_a^t f(s)\,ds\,;$$

dieser ist injektiv, und man hat $R(V) = \{g \in C^1[a,b] \mid g(a) = 0\}$, also $\operatorname{codim} R(V) = 1$ und $\operatorname{ind} V = -1$.

Beachten Sie, dass die Konstruktion eines *invertierbaren* Operators von $C^1[a,b]$ auf $C[a,b]$ wesentlich schwieriger ist als die Angabe dieses Fredholmoperators $\frac{d}{dt}$ (vgl. Aufgabe 3.11).

Es ist bemerkenswert, dass in der Definition eines Fredholmoperators die Abgeschlossenheit des Bildes nicht gefordert werden muss; nach T. Kato (1958) gilt:

Lemma 11.6 (Kato)
Für einen Fredholmoperator $T \in \Phi(X, Y)$ ist das Bild $R(T)$ stets abgeschlossen.

BEWEIS. Wie in (8.6) betrachten wir den Quotientenraum $\hat{X} := X/N(T)$ und den induzierten Operator

$$\hat{T} : \hat{X} \to Y, \quad \hat{T}(\hat{x}) := Tx \quad \text{für } x \in X\,;$$

dieser ist injektiv, und es gilt $R(\hat{T}) = R(T)$. Wegen $\operatorname{codim} R(T) < \infty$ hat man eine algebraisch direkte Zerlegung $Y = R(T) \oplus Z$ mit $\dim Z < \infty$. Nun setzen wir $\tilde{X} := \hat{X} \times Z$ und definieren

$$\tilde{T} : \tilde{X} \to Y \quad \text{durch} \quad \tilde{T}(\hat{x}, z) := Tx + z \quad \text{für } x \in X, \; z \in Z\,.$$

Dann ist $\tilde{T} \in L(\tilde{X}, Y)$ bijektiv; da $\tilde{X}$ und Y Banachräume sind, ist $\tilde{T}^{-1} : Y \to \tilde{X}$ nach dem Satz vom inversen Operator *stetig*. Daher ist $R(T) = (\tilde{T}^{-1})^{-1}(\hat{X} \times \{0\})$ in Y abgeschlossen.

$\diamond$

Bemerkungen und Folgerungen
a) Beachten Sie, dass im Beweis des Lemmas von Kato die Bedingung „$\dim N(T) < \infty$" nicht verwendet wurde, vgl. auch Aufgabe 11.16 für eine noch allgemeinere Aussage.

b) Es sei $T \in \Phi(X, Y)$. Da $R(T)$ abgeschlossen ist, ergibt sich aus (9.18) und (9.9) die Isometrie

$$(Y/R(T))' \cong R(T)^\perp = N(T')\,. \tag{11.8}$$

Folglich gilt $\operatorname{codim} R(T) = \dim N(T')$ und

$$\operatorname{ind} T = \dim N(T) - \dim N(T'). \tag{11.9}$$

c) Für Hilberträume H, G und $T \in \Phi(H, G)$ gilt entsprechend $\operatorname{codim} R(T) = \dim N(T^*)$ und $\operatorname{ind} T = \dim N(T) - \dim N(T^*)$. Für einen *normalen* Operator $T \in \Phi(H)$ gilt $N(T) = N(T^*)$ nach Satz 7.14 und somit $\operatorname{ind} T = 0$.

Die Fredholm-Eigenschaft eines linearen Operators impliziert natürlich Aussagen über die lineare Gleichung $Tx = y$: Wie für endliche lineare Gleichungssysteme gilt die folgende

Fredholmsche Alternative

a) Es sei $T \in \Phi_0(X, Y)$. Dann ist T *genau dann surjektiv, wenn T injektiv* ist. Die Gleichung $Tx = y$ ist also genau dann für alle $y \in Y$ lösbar, wenn die homogene Gleichung $Tx = 0$ nur die triviale Lösung $x = 0$ hat.

b) Nun habe die homogene Gleichung $Tx = 0$ genau $m \in \mathbb{N}$ linear unabhängige Lösungen. Dann hat auch die duale homogene Gleichung $T'y' = 0$ genau m linear unabhängige Lösungen $y'_1, \ldots, y'_m$. Für $y \in Y$ ist dann die Gleichung $Tx = y$ genau dann lösbar, wenn die m linear unabhängigen Bedingungen $\langle y, y'_j \rangle = 0$ für $j = 1, \ldots, m$ erfüllt sind.

c) Analog lassen sich auch Alternativen für Fredholmoperatoren mit beliebigem Index $\operatorname{ind} T \in \mathbb{Z}$ formulieren.

Ab jetzt betrachten wir der Einfachheit wegen nur noch den Fall $X = Y$; für nicht isomorphe Banachräume ist ohnehin i. a. $\Phi(X, Y) = \emptyset$ (vgl. Aufgabe 11.18). Der allgemeine Fall lässt sich aber mit einfachen Modifikationen genauso behandeln.

Wir zeigen nun das folgende bereits angekündigte

Theorem 11.7
Es seien X ein Banachraum, $S \in K(X)$ ein kompakter linearer Operator und $\lambda \in \mathbb{C} \backslash \{0\}$. Dann ist $T := \lambda I - S \in \Phi(X)$ ein Fredholmoperator.

BEWEIS. a) Auf dem Kern $N(T) = N(\lambda I - S)$ von T ist die Identität $I = \frac{S}{\lambda}$ kompakt, und aus Satz 11.1 folgt $\dim N(T) < \infty$.

b) Trotz des Lemmas von Kato zeigen wir nun zunächst, dass das Bild von T *abgeschlossen* ist. Wie in (8.6) betrachten wir wieder den Quotientenraum $\hat{X} := X/N(T)$ und den induzierten Operator $\hat{T} : \hat{X} \to Y$ und verifizieren Abschätzung (8.7):

$$\exists \, \gamma > 0 \, \forall \, x \in X : \; \| Tx \| \geq \gamma \, \| \hat{x} \| = \gamma \, d_{N(T)}(x).$$

Gilt diese nicht, so gibt es eine Folge (x_n) in X mit $\| \hat{x}_n \| = 1$ und $\| Tx_n \| \to 0$. Wir können nen $1 \leq \| x_n \| \leq 2$ annehmen. Wegen der Kompaktheit von S gibt es eine Teilfolge (x_{n_j}) von (x_n) mit $Sx_{n_j} \to x_0$ in X. Es folgt $\lambda x_{n_j} = Tx_{n_j} + Sx_{n_j} \to x_0$, also $\| \hat{x}_0 \| = |\lambda| > 0$. Andererseits ist aber $Tx_0 = \lambda \lim_{j \to \infty} Tx_{n_j} = 0$, und man hat den Widerspruch $x_0 \in N(T)$, also $\hat{x}_0 = 0$. Abschätzung (8.7) ist also gezeigt, und aus Satz 8.9 folgt dann $R(T) = \overline{R(T)}$.

c) Nach (11.8) gilt nun $(^Y/_{R(T)})' \cong N(T')$. Nach dem Satz von Schauder 11.3 ist auch S' kompakt, und wegen $T' = \lambda I - S'$ folgt $\dim N(T') < \infty$ aus Beweisteil a). Somit ist $\operatorname{codim} R(T) < \infty$.   ◇

Bemerkungen

a) Es gilt sogar $\operatorname{ind}(\lambda I - S) = 0$. Diese wichtige Aussage folgern wir in Theorem 11.11 c) aus der *Stabilität des Index bei kleinen Störungen;* für $S \in \overline{\mathcal{F}(X)}$ wird ein einfacherer Beweis in Aufgabe 11.21 skizziert.

b) Im Fall $\dim X = \infty$ ist ein *kompakter* Operator $S \in K(X)$ nach Beispiel c) auf S. 245 *nicht invertierbar,* es gilt also $0 \in \sigma(S)$. Man hat sogar $S \notin \Phi(X)$; andernfalls wäre $\hat{S} : \hat{X} \to R(S)$ kompakt und invertierbar, also $\dim \hat{X} < \infty$ und dann auch $\dim X < \infty$. Somit gilt Theorem 11.7 *nicht für* $\lambda = 0$.

Zerlegung eines Fredholmoperators

Es sei $T \in \Phi(X)$. Aufgrund der Sätze 9.20 und 9.19 gibt es topologisch direkte Zerlegungen $X = X_1 \oplus_t N(T)$ und $X = R(T) \oplus_t X_2$ mit $\dim X_2 < \infty$ (vgl. Abb. 11.1).

Damit zerfällt T in die direkte Summe $T = T_1 \oplus 0$, wobei $T_1 : X_1 \to R(T)$ bijektiv ist. Nach dem Satz von der offenen Abbildung ist $T_1^{-1} : R(T) \to X_1$ stetig. Mit P bezeichnen wir die Projektion von X auf $N(T)$ mit $N(P) = X_1$ und mit Q die Projektion von X auf $R(T)$ mit $N(Q) = X_2$. Dann gilt offenbar $P \in \mathcal{F}(X)$ und $I - Q \in \mathcal{F}(X)$.

Ein stetiger linearer Operator ist *genau dann* ein *Fredholmoperator,* wenn er *modulo kompakter Operatoren* invertierbar ist; dieses Resultat wurde 1951 von F.V. Atkinson und unabhängig auch von B. Yood gezeigt. Mit $\pi : L(X) \to Ca(X) = {}^{L(X)}/_{K(X)}$ bezeichnen wir die Quotientenabbildung von $L(X)$ auf die Calkin-Algebra von X.

Abb. 11.1 Zerlegung: $T = T_1 \oplus 0$

Satz 11.8

Es sei X ein Banachraum. Für $T \in L(X)$ sind äquivalent:

(a) $T \in \Phi(X)$.

(b) Es gibt $L \in \Phi(X)$ mit $\operatorname{ind} L = -\operatorname{ind} T$, sodass die Operatoren $I - LT$ und $I - TL$ endlichdimenionale Projektionen sind.

(c) Es gibt $L, R \in L(X)$ mit $I - LT \in K(X)$ und $I - TR \in K(X)$.

(d) Es ist $\pi T \in Ca(X)$ invertierbar.

BEWEIS. „(a) $\Rightarrow$ (b)": Wir benutzen die Zerlegung $T = T_1 \oplus 0$ aus Abb. 11.1 und setzen $L := T_1^{-1} Q$. Dann ist $L \in \Phi(X)$ mit $N(L) = X_2$ und $R(L) = X_1$, also $\operatorname{ind} L = \dim X_2 - \dim N(T) = -\operatorname{ind} T$. Weiter ist $LTn = 0$ für $n \in N(T)$ und $LTx_1 = x_1$ für $x_1 \in X_1$ sowie $TLx_2 = 0$ für $x_2 \in X_2$ und $TLr = r$ für $r \in R(T)$. Somit gilt

$$LT = I - P \quad \text{und} \quad TL = Q = I - (I - Q).$$

„(b) $\Rightarrow$ (c)" ist klar, für „(c) $\Rightarrow$ (d)" beachtet man, dass πL eine Linksinverse und πR eine Rechtsinverse von πT in $Ca(X)$ ist. Zum Nachweis von „(d) $\Rightarrow$ (c)" wählt man einfach $L = R \in L(X)$ mit $\pi L = (\pi T)^{-1}$.

„(c) $\Rightarrow$ (a)": Aufgrund von Theorem 11.7 gelten $LT \in \Phi(X)$ und $TR \in \Phi(X)$. Daraus folgt $T \in \Phi(X)$ wegen $N(T) \subseteq N(LT)$ und $R(T) \supseteq R(TR)$. $\Diamond$

Satz 11.8 impliziert sofort die *Stabilität der Fredholm-Eigenschaft* unter *kleinen* und unter *kompakten Störungen* sowie unter der Bildung von *Produkten* und *dualen Operatoren*:

Satz 11.9

a) Für einen Banachraum X ist $\Phi(X)$ offen in $L(X)$.

b) Für $T \in \Phi(X)$ und $S \in K(X)$ gilt auch $T - S \in \Phi(X)$.

c) Für $U, T \in \Phi(X)$ gilt auch $UT \in \Phi(X)$.

d) Für $T \in \Phi(X)$ gilt auch $T' \in \Phi(X')$.

BEWEIS. Zum Nachweis von a)–c) verwenden wir die Charakterisierung der Fredholm-Eigenschaft aus Satz 11.8 (d).

a) Die Gruppe $GCa(X)$ der invertierbaren Elemente der Banachalgebra $Ca(X)$ ist *offen* (vgl. S. 67), und dies gilt dann auch für $\Phi(X) = \pi^{-1}(GCa(X))$.

b) ergibt sich sofort aus $\pi(T - S) = \pi(T)$.

c) Mit πU und πT ist auch $\pi(UT) = \pi U \pi T$ in $Ca(X)$ invertierbar.

d) zeigen wir mittels Eigenschaft (c) in Satz 11.8: Aus $I - LT = S_1 \in K(X)$ und $I - TR = S_2 \in K(X)$ folgt auch $I - T'L' = S_1'$ und $I - R'T' = S_2'$, und nach dem Satz von Schauder 11.3 gilt $S_1', S_2' \in K(X')$. $\Diamond$

Für einen Fredholmoperator $T \in \Phi(H)$ auf einem Hilbertraum H gilt natürlich auch $T^* \in \Phi(H)$. Wegen $T^{**} = T$ und (11.9) ist in diesem Fall

$$\operatorname{ind} T^* = \dim N(T^*) - \dim N(T^{**}) = -\operatorname{ind} T. \tag{11.10}$$

11.3   Stabilität des Index

In der Situation von Satz 11.9 lassen sich auch wichtige Aussagen über die Indizes der Operatoren treffen. Diese gehen zurück auf J. Dieudonné (1943), F.V. Atkinson (1951), I. Gohberg (1951) und B. Yood (1951). Zunächst hat man *Stabilität des Index* unter *kleinen Störungen:*

Theorem 11.10
Es seien X ein Banachraum und $T \in \Phi(X)$. Dann gibt es $\delta > 0$, sodass für alle $U \in L(X)$ mit $\| T - U \| < \delta$ gilt:
a) $U \in \Phi(X)$,   b) $\dim N(U) \leq \dim N(T)$,   c) $\operatorname{ind} U = \operatorname{ind} T$.

BEWEIS. a) Nach Satz 11.9 a) gibt es $\alpha > 0$ mit $U \in \Phi(X)$ für $\| T - U \| < \alpha$.
b) Wir benutzen wieder die Zerlegung $T = T_1 \oplus 0$ aus Abb. 11.1. Da $T_1 : X_1 \to R(T)$ invertierbar ist, gibt es $\varepsilon > 0$ mit

$$\| Tx_1 \| \geq 2\varepsilon \| x_1 \| \quad \text{für } x_1 \in X_1.$$

Für $\| T - U \| < \varepsilon$ gilt dann

$$\| Ux_1 \| \geq \| Tx_1 \| - \| (U - T)x_1 \| \geq \varepsilon \| x_1 \| \quad \text{für } x_1 \in X_1;$$

somit ist U auf X_1 injektiv, und es folgt $\dim N(U) \leq \dim N(T)$. Mit $\delta_1 := \min \{\alpha, \varepsilon\}$ gelten dann a) und b) für $\| T - U \| < \delta_1$.
c) Für $U \in L(X)$ definieren wir nun

$$\check{U} : X_1 \times X_2 \to X \quad \text{durch} \quad \check{U}(x_1, x_2) := Ux_1 + x_2.$$

Für $U = T$ erhalten wir dann einen *bijektiven* und somit *invertierbaren* Operator $\check{T}$ (vgl. Abb. 11.1). Somit gibt es $0 < \delta \leq \delta_1$, sodass für $\| \check{T} - \check{U} \| \leq \| T - U \| < \delta$ auch $\check{U}$ invertierbar ist. Daher gilt

$$\operatorname{codim} R(T) = \dim X_2 = \operatorname{codim} \check{U}(X_1 \times \{0\}) = \operatorname{codim} U(X_1). \tag{11.11}$$

Weiter hat man $X = X_1 \oplus N(U) \oplus Z$ für einen endlichdimensionalen Raum Z, also $U(X) = U(X_1) \oplus U(Z)$. Mit (11.11) folgt dann schließlich

$$\begin{aligned}
\operatorname{ind} U &= \dim N(U) - \operatorname{codim} R(U) \\
&= (\dim N(T) - \dim Z) - (\operatorname{codim} U(X_1) - \dim U(Z)) \\
&= \dim N(T) - \operatorname{codim} U(X_1) = \operatorname{ind} T.
\end{aligned}$$ ◊

Aus Theorem 11.10 ergibt sich auch die Invarianz des Index bei *Homotopien* und bei *kompakten Störungen*:

Theorem 11.11

a) Es seien X ein Banachraum und $H : [0, 1] \to \Phi(X)$ ein stetiger Weg. Dann ist $\operatorname{ind} H(t)$ konstant *auf $[0, 1]$. Der Index $\operatorname{ind} : \Phi(X) \to \mathbb{Z}$ ist also auf wegzusammenhängenden Teilmengen von $\Phi(X)$* konstant.

b) Für $T \in \Phi(X)$ und $S \in K(X)$ gilt $T - S \in \Phi(X)$ und $\operatorname{ind}(T - S) = \operatorname{ind} T$.

c) Für $S \in K(X)$ gilt $I - S \in \Phi_0(X)$.

BEWEIS. a) Wir setzen $M := \{ t \in [0, 1] \mid \operatorname{ind} H(\tau) = \operatorname{ind} H(0) \text{ für } 0 \leq \tau \leq t \}$ und $s := \sup M$. Nach Satz 11.10 gibt es $\delta > 0$ mit $\operatorname{ind} H(\tau) = \operatorname{ind} H(s)$ für alle $\tau \in [0, 1]$ mit $|\tau - s| < 2\delta$. Mit $\tau' := s - \delta$ folgt $\operatorname{ind} H(\tau) = \operatorname{ind} H(s) = \operatorname{ind} H(\tau') = \operatorname{ind} H(0)$ für diese τ, und daraus ergibt sich $s \in M$ und $s = 1$ (vgl. Abb. 11.2).

b) Durch $H(t) := T - tS$ wird ein stetiger Weg in $\Phi(X)$ definiert mit $H(0) = T$ und $H(1) = T - S$. Die Behauptung folgt also aus a).

c) Nach b) ist $\operatorname{ind}(I - S) = \operatorname{ind} I = 0$. ◊

Beispiele

a) Wir betrachten wieder die *Shift-Operatoren* S_+ und S_- aus Beispiel c) auf S. 251 auf den Folgenräumen ℓ_p. Wegen $S_- S_+ = I$ und $S_+ S_- = I - P$ mit $\operatorname{rk} P = 1$ gilt $\pi(S_+)^{-1} = \pi(S_-)$ in der Calkin-Algebra $Ca(\ell_p)$, und wegen $\| S_\pm \| = 1$ hat man auch $\| \pi(S_\pm) \| = 1$. Für $\lambda \in \mathbb{C}$ mit $|\lambda| < 1$ sind daher auch $\lambda \pi(I) - \pi(S_\pm)$ in $Ca(\ell_p)$ invertierbar (vgl. S. 67), und nach Satz 11.8 folgt $\lambda I - S_\pm \in \Phi(\ell_p)$ für $|\lambda| < 1$. Wegen $\operatorname{ind} S_\pm = \mp 1$ folgt auch $\operatorname{ind}(\lambda I - S_\pm) = \mp 1$ für $|\lambda| < 1$ aus Theorem 11.11.

b) Wegen $\| S_\pm \| = 1$ gilt natürlich $\lambda I - S_\pm \in GL(\ell_p)$ für $|\lambda| > 1$. Daraus ergibt sich $\mu I - S_\pm \notin \Phi(\ell_p)$ für $|\mu| = 1$. Andernfalls gäbe es nach Theorem 11.10 ein $\delta > 0$ mit

Abb. 11.2 Illustration des Beweises

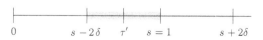

Abb. 11.3 Illustration des
Beispiels

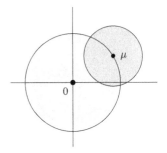

$\operatorname{ind}(\lambda I - S_\pm) = \operatorname{ind}(\mu I - S_\pm)$ für $|\lambda - \mu| < \delta$ im Widerspruch zu $\operatorname{ind}(\lambda I - S_\pm) = \mp 1$ für $|\lambda| < 1$ und $\operatorname{ind}(\lambda I - S_\pm) = 0$ für $|\lambda| > 1$ (vgl. Abb. 11.3).

c) Insbesondere haben wir die folgenden *Spektren* berechnet:

$$\sigma(S_\pm) = \{\lambda \in \mathbb{C} \mid |\lambda| \le 1\} \quad \text{und} \quad \sigma(\pi(S_\pm)) = \{\lambda \in \mathbb{C} \mid |\lambda| = 1\}.$$

Für den Index eines Produkts von Fredholmoperatoren gilt:

Satz 11.12
Es seien X ein Banachraum und $U, T \in \Phi(X)$. Dann gilt $UT \in \Phi(X)$ und

$$\operatorname{ind}(UT) = \operatorname{ind} U + \operatorname{ind} T.$$

BEWEIS. Wir betrachten die Fredholmoperatoren

$$I \oplus U := \begin{pmatrix} I & 0 \\ 0 & U \end{pmatrix} \quad \text{und} \quad T \oplus I := \begin{pmatrix} T & 0 \\ 0 & I \end{pmatrix} \quad \text{in} \ \Phi(X \times X)$$

sowie den stetigen Weg

$$V : \mathbb{R} \to GL(X \times X), \quad V(t) := \begin{pmatrix} I \cos t & -I \sin t \\ I \sin t & I \cos t \end{pmatrix}.$$

Aufgrund von Satz 11.9 c) wird durch

$$H(t) = (I \oplus U)\, V(t)\, (T \oplus I)$$

ein stetiger Weg in $\Phi(X \times X)$ definiert, und nach Satz 11.11 a) ist $\operatorname{ind} H(t)$ auf $\mathbb{R}$ konstant. Man hat aber

$$H(0) = \begin{pmatrix} T & 0 \\ 0 & U \end{pmatrix} \quad \text{und} \quad H(\tfrac{\pi}{2}) = \begin{pmatrix} 0 & -I \\ UT & 0 \end{pmatrix}, \quad \text{also}$$

$$\operatorname{ind} U + \operatorname{ind} T \;=\; \operatorname{ind} H(0) \;=\; \operatorname{ind} H(\tfrac{\pi}{2}) \;=\; \operatorname{ind} UT. \qquad\qquad \Diamond$$

Der Index ind : $\Phi(X) \to (\mathbb{Z}, +)$ zeigt also ein „*logarithmisches Verhalten*" und ist *lokal konstant*. Wegen Satz 11.11 faktorisiert er über einen *lokal konstanten Gruppenhomomorphismus* $i : GCa(X) \to (\mathbb{Z}, +)$.

Schließlich gilt wie im Hilbertraum-Fall:

Satz 11.13
Es seien X ein Banachraum und $T \in \Phi(X)$. Dann gilt auch $T' \in \Phi(X')$ und

$$\operatorname{ind} T' \;=\; -\operatorname{ind} T.$$

BEWEIS. a) Nach (11.9) ist $\operatorname{ind} T = \dim N(T) - \dim N(T')$. Nach Satz 11.9 d) hat man $T' \in \Phi(X')$, also auch $\operatorname{ind} T' = \dim N(T') - \dim N(T'')$. Für reflexive Räume X folgt daraus bereits die Behauptung wie in (11.10). Im allgemeinen Fall gilt jedenfalls $\iota_X(N(T)) \subseteq N(T'')$, also $\dim N(T) \leq \dim N(T'')$ und somit $\operatorname{ind} T \leq -\operatorname{ind} T'$.

b) Nach Satz 11.8 gibt es $L \in \Phi(X)$ mit $\operatorname{ind} L = -\operatorname{ind} T$ und $LT - I \in K(X)$ sowie $TL - I \in K(X)$. Es folgt auch $T'L' - I \in K(X')$ und $L'T' - I \in K(X')$, nach Satz 11.12 also $\operatorname{ind} L' = -\operatorname{ind} T'$. Nach a) gilt $\operatorname{ind} L \leq -\operatorname{ind} L'$, also $\operatorname{ind} T \geq -\operatorname{ind} T'$. Zusammen mit a) folgt nun die Behauptung. $\qquad\qquad \Diamond$

11.4 Spektren kompakter Operatoren

Für einen kompakten Operator $S \in K(X)$ auf einem Banachraum X und $\lambda \in \mathbb{C}\backslash\{0\}$ gilt nach Theorem 11.11 für den Operator $T := T_\lambda := \lambda I - S \in \Phi_0(X)$ die *Fredholmsche Alternative;* insbesondere ist ein Punkt $\lambda \in \sigma(S)\backslash\{0\}$ ein *Eigenwert endlicher (geometrischer) Vielfachheit* $\nu(S; \lambda) := \dim N(T_\lambda)$ von S. F. Riesz zeigte 1918, dass jeder Punkt $\lambda \in \sigma(S)\backslash\{0\}$ *in $\sigma(S)$ isoliert* ist, und daher

$$\sigma(S) \subseteq \{0\} \cup \{\lambda_n \mid n \in \mathbb{N}\} \qquad\qquad (11.12)$$

für eine (eventuell leere oder endliche) *Nullfolge* (λ_n) in $\mathbb{C}$ gilt. Sein Beweis, der Theorem 11.11 nicht verwendet, benutzt Aussagen über die Kerne $N(T^n)$ und Bilder $R(T^n)$ von Potenzen von T und ist in den meisten Lehrbüchern der Funktionalanalysis zu finden. Wie in (Gohberg et. al. 2003), Thm. XIII.6.1 geben wir auf der Basis von Theorem 11.11 oder auch nur Theorem 11.7 einen wesentlich kürzeren Beweis. Auf die Kerne und Bilder der Potenzen T^n und somit die *algebraische* Vielfachheit eines Eigenwerts λ von S gehen wir im Aufbaukurs (Kaballo 2014), Abschn. 14.4 ein.

Lineare Unabhängigkeit von Eigenvektoren

Es sei T ein linearer Operator auf einem Vektorraum E. Wie im endlichdimensionalen Fall sind dann Eigenvektoren $\{v_1, \ldots, v_n\}$ zu *verschiedenen* Eigenwerten $\{\lambda_1, \ldots, \lambda_n\}$ linear unabhängig:

Andernfalls gibt es $2 \le k \le n$, sodass $\{v_1, \ldots, v_{k-1}\}$ linear unabhängig sind, aber $v_k \in [v_1, \ldots, v_{k-1}]$ ist. Es gilt dann $v_k = \sum_{j=1}^{k-1} \alpha_j v_j$ für geeignete $\alpha_j \in \mathbb{K}$. Aus

$$0 = Tv_k - \lambda_k v_k = \sum_{j=1}^{k-1} \alpha_j (\lambda_j - \lambda_k) v_j$$

folgt dann $\alpha_j = 0$ für $j = 1, \ldots, k-1$, also der Widerspruch $v_k = 0$.

Damit können wir nun zeigen (vgl. Abb. 11.4):

Theorem 11.14 (Riesz)

Es seien X ein Banachraum und $S \in K(X)$ ein kompakter linearer Operator. Die Menge $\sigma(S) \cap \{\lambda \in \mathbb{C} \mid |\lambda| \ge \delta\}$ ist für alle $\delta > 0$ endlich. Somit ist das Spektrum $\sigma(S)$ eine abzählbare Menge, die höchstens 0 als Häufungspunkt besitzt.

BEWEIS. a) Andernfalls gibt es $\delta > 0$ und unendlich viele verschiedene Punkte $\{\lambda_j\}_{j=1}^{\infty}$ in $\sigma(S)$ mit $|\lambda_j| \ge \delta$. Wegen $\lambda_j I - S \in \Phi_0(X)$ ist λ_j ein Eigenwert von S zu einem Eigenvektor $x_j \in X$.

b) Wir setzen $V_n := [x_1, \ldots, x_n]$. Da die x_j linear unabhängig sind, gilt $V_{n-1} \ne V_n$. Wir wählen eine Äquivalenzklasse $\eta_n \in V_n/V_{n-1}$ mit $\|\eta_n\| = 1$ und einen Repräsentanten $y_n \in V_n$ mit $1 \le \|y_n\| \le 2$. Da S ein kompakter Operator ist, hat die Folge (Sy_n) eine konvergente Teilfolge.

c) Für $n > m$ gilt offenbar

$$\|Sy_n - Sy_m\| = \|\lambda_n y_n - (\lambda_n y_n - Sy_n + Sy_m)\|.$$

Abb. 11.4 Spektrum eines kompakten Operators

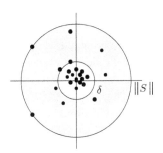

Wegen $m < n$ ist $Sy_m \in V_m \subseteq V_{n-1}$. Weiter hat man $y_n = \sum_{j=1}^{n} \alpha_j x_j$ mit geeigneten Zahlen $\alpha_j \in \mathbb{C}$ und daher auch

$$\lambda_n y_n - Sy_n = \sum_{j=1}^{n-1} \alpha_j (\lambda_n - \lambda_j) x_j \in V_{n-1}.$$

Folglich ist $\| Sy_n - Sy_m \| \geq d_{V_{n-1}}(\lambda_n y_n) = |\lambda_n| \, \| \eta_n \| \geq \delta > 0$, und wir haben einen Widerspruch. $\diamond$

Bemerkungen

a) Das Spektrum $\sigma(S)$ eines kompakten Operators kann endlich oder unendlich sein; im Fall $\dim X = \infty$ gilt stets $0 \in \sigma(S)$ (vgl. Bemerkung b) auf S. 255). Im Fall unendlicher Spektren gilt also $\sigma(S) = \{0\} \cup \{\lambda_n \mid n \in \mathbb{N}\}$ für eine *Nullfolge* (λ_n) in $\mathbb{C}$.

b) Zum Beweis von Theorem 11.14 genügt auch die Aussage von Theorem 11.7; wir benötigen nur, dass die Operatoren $T_\lambda := \lambda I - S$ für $\lambda \neq 0$ stets *abgeschlossenes Bild* haben. Wegen $R(T_\lambda)^\perp = N(T'_\lambda)$ ist dann nämlich jeder Punkt $\lambda \in \sigma(S) \backslash \{0\}$ ein *Eigenwert von S oder von S'*; gilt also Theorem 11.14 nicht, so gibt es $\delta > 0$, sodass S oder S' unendlich viele verschiedene Eigenwerte mit Betrag $\geq \delta$ haben. Da nach dem Satz von Schauder auch S' kompakt ist, liefern die Beweisteile b) und c) von Theorem 11.14 dann wie dort einen Widerspruch.

Am Ende dieses Kapitels formulieren wir wesentliche Ergebnisse noch einmal für

Fredholmsche Integralgleichungen

a) Es seien $K \subseteq \mathbb{R}^n$ kompakt und $\kappa \in L_2(K^2)$ ein quadratintegrierbarer Kern. Für $\lambda \in \mathbb{C} \backslash \{0\}$ hat die *Integralgleichung*

$$\lambda f(t) - \int_K \kappa(t, s) f(s) \, ds = g(t), \quad t \in K, \tag{11.13}$$

genau dann für alle $g \in L_2(K)$ eine Lösung $f \in L_2(K)$, wenn die *homogene* Gleichung

$$\lambda f(t) - \int_K \kappa(t, s) f(s) \, ds = 0, \quad t \in K, \tag{11.14}$$

nur die triviale Lösung $f = 0$ hat. Beides ist der Fall für alle $\lambda \in \mathbb{C} \backslash \{0\}$ mit eventueller Ausnahme einer abzählbaren Menge, die höchstens 0 als Häufungspunkt haben kann.

b) Für $\lambda \in \sigma(S) \backslash \{0\}$ besitzt der Raum aller Lösungen der homogenen Gl. (11.14) eine *endliche Dimension* $n \in \mathbb{N}$. Auch die *adjungierte* Gleichung

$$\bar{\lambda} f(t) - \int_K \overline{\kappa(s, t)} f(s) \, ds = 0, \quad t \in K, \tag{11.15}$$

besitzt dann genau n linear unabhängige Lösungen $h_1, \ldots, h_n \in L_2(K)$, und in diesem Fall ist die Gl. (11.13) für $g \in L_2(K)$ genau dann lösbar, falls gilt:

$$\int_K g(t)\, \overline{h_j(t)}\, dt \; = \; 0 \quad \text{für } j = 1, \ldots, n. \tag{11.16}$$

c) Die Aussagen von a) und b) gelten auch für *schwach singuläre* Kerne, vgl. dazu die Aufgaben 3.19 und 11.5. Für stetige Kerne gilt Aussage a) auch in den Banachräumen $C(K)$ und $L_p(K)$ für $1 \leq p \leq \infty$, und dies gilt sinngemäß auch für Aussage b).

11.5   Aufgaben

Aufgabe 11.1

a) Geben Sie einen einfachen Beweis von Satz 11.1 für Hilberträume an.

b) Beweisen Sie Satz 11.2 b) mit einem Diagonalfolgen-Argument wie in Lemma 2.3.

Aufgabe 11.2

Wie in Aufgabe 7.2 sei $A = (a_{ij})$ eine *Bandmatrix* über $\mathbb{N} \times \mathbb{N}$. Wann definiert A einen *kompakten* linearen Operator auf ℓ_2?

Aufgabe 11.3

Wie in Aufgabe 4.9 definieren wir für eine kompakte Menge $K \subseteq \mathbb{R}^n$ und eine Funktion $a \in L_\infty(K)$ einen *Multiplikationsoperator* M_a auf $L_2(K)$ durch

$$M_a : f \; \mapsto \; af \quad \text{für } f \in L_2(K).$$

Für welche Funktionen $a \in L_\infty(K)$ ist der Operator M_a kompakt?

Aufgabe 11.4

Wie in (4.11) wird für einen stetigen Kern $\kappa \in C([a,b]^2)$ durch

$$(Vf)(t) := (V_\kappa f)(t) := \int_a^t \kappa(t,s) f(s)\, ds, \quad t \in [a,b],$$

ein Volterra-Operator definiert. Zeigen Sie $V \in K(L_p[a,b], C[a,b])$ für $1 < p \leq \infty$. Gilt auch $V \in K(L_1[a,b], C[a,b])$?

Aufgabe 11.5

Es seien $\Omega \subseteq \mathbb{R}^n$ messbar und beschränkt, $\sigma \in L_\infty(\Omega^2)$ und $0 \leq \gamma < n$. Zeigen Sie, dass der *schwach singuläre Integraloperator*

$$Sf(t) := \int_\Omega \frac{\sigma(t,s)}{|t-s|^\gamma} f(s)\, ds$$

einen *kompakten* linearen Operator auf $L_2(\Omega)$ definiert.

HINWEIS. Betrachten Sie $S_\varepsilon f(t) := \int_{|s-t| \geq \varepsilon} \frac{\sigma(t,s)}{|t-s|^\gamma} f(s) \, ds$ für $\varepsilon > 0$.

Aufgabe 11.6

a) Zeigen Sie das Kompaktheitskriterium von S. 249 für Diagonaloperatoren $D \in L(\ell_p)$ auch für den Fall $p = \infty$.

b) Beweisen Sie dieses Kriterium im Fall $1 < p < \infty$ mittels Satz 11.4.

Aufgabe 11.7

Es seien X ein Banachraum und J ein *Ideal* in $L(X)$, z. B. $J = K(X)$. Für einen Operator $S \in J$ sei $I - S$ bijektiv. Zeigen Sie $(I - S)^{-1} = I - S_1$ für einen Operator $S_1 \in J$.

Aufgabe 11.8

Es seien X, Y, Z Banachräume, $S \in K(X, Y)$, und $T \in L(Y, Z)$ sei injektiv. Beweisen Sie das *Lemma von Ehrling:*

$$\forall \varepsilon > 0 \, \exists \, C_\varepsilon > 0 \, \forall \, x \in X \, : \, \| Sx \|_Y \, \leq \, \varepsilon \, \| x \|_X + C_\varepsilon \, \| TSx \|_Z \, .$$

Aufgabe 11.9

Beweisen Sie den Satz von Schauder 11.3 ohne Verwendung des Satzes von Arzelà-Ascoli.

HINWEIS. Es sei $S \in K(X, Y)$. Zu $\varepsilon > 0$ sei $\{Sx_1, \ldots, Sx_n\}$ ein ε-Netz in $S(B_X)$. Definieren Sie $Ry' := (\langle Sx_j, y' \rangle) \in \mathbb{K}^n$ für $y' \in Y'$ und verwenden Sie ein ε-Netz in $R(B_{Y'})$.

Aufgabe 11.10

Es seien H, G Hilberträume und $S \in L(H, G)$, sodass $S^*S \in K(H)$ kompakt ist. Zeigen Sie, dass dann $S \in K(H, G)$ ebenfalls kompakt ist. Geben Sie nun einen weiteren Beweis des Satzes von Schauder 11.3 im Hilbertraum-Fall.

Aufgabe 11.11

Es seien H ein Hilbertraum und $A = A^* \in K(H)$. Zeigen Sie, dass das Supremum in Formel (7.37) angenommen wird:

$$\| A \| \, = \, \max \, \{| \, \langle Ax|x \rangle \, | \mid \| x \| \leq 1 \} \, .$$

Aufgabe 11.12

Zeigen Sie, dass ein Banachraum mit Schauder-Basis (vgl. Aufgabe 8.14) die A.E. hat.

Aufgabe 11.13

Es sei K ein kompakter metrischer Raum. Zeigen Sie, dass der Banachraum $\mathcal{C}(K)$ die A.E. hat.

HINWEIS. Benutzen Sie Formel (2.5).

Aufgabe 11.14
Es seien X, Y Banachräume und $m \in \mathbb{N}$ fest. Eine Folge (F_n) in $\mathcal{F}(X, Y)$ mit $\mathrm{rk}\, F_n \leq m$ für alle $n \in \mathbb{N}$ konvergiere punktweise auf X gegen einen Operator $T \in L(X, Y)$. Zeigen Sie $T \in \mathcal{F}(X, Y)$ und $\mathrm{rk}\, T \leq m$.

Aufgabe 11.15
Es seien $1 \leq p \leq \infty$ und $m \in \mathbb{Z}$ gegeben. Finden Sie einen Fredholmoperator $T \in \Phi_m(\ell_p)$.

Aufgabe 11.16
Für Banachräume X_1, X_2 und Y seien Operatoren $T_1 \in L(X_1, Y)$ und $T_2 \in L(X_2, Y)$ mit $R(T_1) \oplus R(T_2) = Y$ gegeben. Zeigen Sie, dass $R(T_1)$ und $R(T_2)$ abgeschlossen sind.

Aufgabe 11.17
Es seien X ein Banachraum und $T \in \Phi(X)$ mit $\mathrm{ind}\, T = 0$, $\mathrm{ind}\, T \leq 0$ bzw. $\mathrm{ind}\, T \geq 0$. Konstruieren Sie einen endlichdimensionalen Operator $F \in \mathcal{F}(X)$, sodass $T + F$ *bijektiv, injektiv* bzw. *surjektiv* ist.

Aufgabe 11.18
a) Es seien X, Y Banachräume und $T \in \Phi_m(X, Y)$. Zeigen Sie: Für $m \geq 0$ gilt $X \simeq Y \times \mathbb{K}^m$, und für $m \leq 0$ hat man $Y \simeq X \times \mathbb{K}^{-m}$.

b) Zeigen Sie $\Phi(c_0, \ell_p) = \emptyset$ für $1 \leq p \leq \infty$ und $\Phi(\ell_1, \ell_p) = \emptyset$ für $1 < p \leq \infty$.

Aufgabe 11.19
Es seien X ein Banachraum und $T \in \Phi(X)$. Zeigen Sie $R(T') = N(T)^{\perp}$ und geben Sie damit einen weiteren Beweis von Satz 11.13.

Aufgabe 11.20
Es seien X ein Banachraum und $\pi : L(X) \to Ca(X) = {}^{L(X)}/_{K(X)}$ die Quotientenabbildung von $L(X)$ auf die Calkin-Algebra von X. Ein Operator $T \in L(X)$ heißt *linker* bzw. *rechter Semi-Fredholmoperator*, wenn πT in $Ca(X)$ links- bzw. rechtsinvertierbar ist. Charakterisieren Sie diese Eigenschaften durch direkte Bedingungen an die Operatoren.

Aufgabe 11.21
Wir skizzieren einen kurzen Beweis eines Spezialfalls von Theorem 11.11 c):

a) Es seien X ein Banachraum und $F \in \mathcal{F}(X)$. Konstruieren Sie eine Zerlegung $X = X_F \oplus_t N_F$ mit $\dim X_F < \infty$, $F(X_F) \subseteq X_F$ und $F(N_F) = \{0\}$.

b) Zeigen Sie $T := I - F \in \Phi_0(X)$.

c) Zeigen Sie $\mathrm{ind}(UT) = \mathrm{ind}\, T$ für $U \in GL(X)$ und $T \in \Phi(X)$.

d) Beweisen Sie $T := I - S \in \Phi_0(X)$ für $S \in \overline{\mathcal{F}(X)}$.

Aufgabe 11.22

Es seien X ein Banachraum, $p \in \mathbb{N}$, $\lambda \in \mathbb{C}$ und $A \in L(X)$.

a) Zeigen Sie: $\lambda \in \sigma(A) \Rightarrow \lambda^p \in \sigma(A^p)$.

b) Beweisen Sie $\lambda^p I - A^p \in \Phi(X) \Rightarrow \lambda I - A \in \Phi(X)$.

c) Nun sei $A^p \in K(X)$. Zeigen Sie $\lambda I - A \in \Phi_0(X)$ für alle $\lambda \in \mathbb{C} \backslash \{0\}$ und beweisen Sie Theorem 11.14 für A.

d) Finden Sie einen nicht kompakten Operator $A \in L(\ell_2)$ mit $A^2 = 0$.

Aufgabe 11.23

Es seien X ein Banachraum, $S \in K(X)$ und $T = I - S$. Zeigen Sie $N(T^p) = N(T^{p+1})$ für ein geeignetes $p \in \mathbb{N}$.

Spektralzerlegungen

Fragen

1. Kann man geeignete lineare Operatoren auf Hilberträumen „diagonalisieren"?
2. Zeigen Sie, dass ein Integraloperator mit quadratintegrierbarem Kern über einer messbaren Teilmenge von $\mathbb{R}^n$ kompakt ist.
3. Versuchen Sie, Eigenwerte von Integraloperatoren abzuschätzen.
4. Kann man für geeignete lineare Operatoren auf Hilberträumen eine Spur definieren?

Ein wichtiges Ergebnis der Linearen Algebra besagt, dass *normale Matrizen* über $\mathbb{C}$ mittels *unitärer Transformationen diagonalisiert* werden können. Äquivalent dazu ist die Aussage, dass für einen *normalen* linearen Operator S auf einem *endlichdimensionalen* komplexen Hilbertraum H dieser eine Orthonormalbasis aus *Eigenvektoren* von S besitzt. Einen solchen *Spektralsatz* bewies D. Hilbert 1904 für Integraloperatoren mit stetigen symmetrischen Kernen. Hier zeigen wir in Theorem 12.5 den Spektralsatz für *kompakte normale Operatoren* $S \in K(H)$ auf beliebigen komplexen Hilberträumen, für kompakte *selbstadjungierte* Operatoren auch auf reellen Hilberträumen: Die *Eigenwerte* (λ_j) von S bilden eine *Nullfolge*, und mit orthonormalen *Eigenvektoren* (e_j) von S gilt der *Entwicklungssatz*

$$Sx = \sum_{j=0}^{\infty} \lambda_j \langle x|e_j \rangle e_j, \quad x \in H,$$

in der Operatornorm. Für nicht notwendig normale kompakte Operatoren leiten wir in Abschn. 12.4 daraus mittels *Polarzerlegung* eine *Schmidt-Darstellung*

$$Sx = \sum_{j=0}^{\infty} s_j \langle x|e_j \rangle f_j, \quad x \in H,$$

© Springer-Verlag GmbH Deutschland 2018
W. Kaballo, *Grundkurs Funktionalanalysis*,
https://doi.org/10.1007/978-3-662-54748-9_12

mit den *singulären Zahlen* $s_j = s_j(S) \geq 0$ und zwei i. a. verschiedenen Orthonormalsystemen her.

Integraloperatoren mit *quadratintegrierbaren Kernen* sind *Hilbert-Schmidt-Operatoren*, die wir in Abschn. 12.3 untersuchen. Ihre singulären Zahlen sind *quadratsummierbar*. In Abschn. 12.5 definieren wir für $0 < p < \infty$ die *Schatten-Klassen* S_p der kompakten Operatoren zwischen Hilberträumen, deren singuläre Zahlen p-summierbar sind, und untersuchen insbesondere, unter welchen *Glattheitsbedingungen* an die Kerne Integraloperatoren über kompakten Intervallen in S_p liegen.

12.1   Modelle kompakter Operatoren

Als Modellfall für den Spektralsatz erinnern wir zunächst an

Faltungsoperatoren

Wie in Formel (7.7) auf S. 141 wird für eine periodische Funktion $a \in L_{1,2\pi}$ durch

$$S_{*a}f(t) := \int_{-\pi}^{\pi} a(t-s)f(s)\,ds$$

ein linearer *Faltungsoperator* auf $L_2[-\pi, \pi]$ definiert, und nach Satz 5.5 bzw. nach Satz 3.11 für messbare Kerne (vgl. auch Satz A.3.20) hat man $\| S_{*a} \| \leq \| a \|_{L_1}$. Für die Basis-Funktionen $e_k^0(t) = e^{ikt}$, $k \in \mathbb{Z}$, gilt

$$S_{*a}(e_k^0) = \widehat{a}(k)\, e_k^0, \quad k \in \mathbb{Z},$$

mit den *Fourier-Koeffizienten* $\widehat{a}(k)$ von a. Der Faltungsoperator S_{*a} besitzt also die *Eigenwerte* $\{\widehat{a}(k)\}_{k \in \mathbb{Z}}$ zu den *Eigenfunktionen* $\{e^{ikt}\}_{k \in \mathbb{Z}}$; er wird bezüglich der Orthonormalbasis $\{e_k^0\}_{k \in \mathbb{Z}}$ von $L_2[-\pi, \pi]$ durch die *Diagonalmatrix* $\mathbb{M}(S_{*a}) = \operatorname{diag}(\widehat{a}(k))_{k \in \mathbb{Z}}$ repräsentiert:

$$S_{*a}f = \sum_{k=-\infty}^{\infty} \widehat{a}(k)\, \langle f | e_k^0 \rangle\, e_k^0, \quad f \in L_2[-\pi, \pi]. \tag{12.1}$$

Wir zeigen nun, dass ein Diagonaloperator wie in (12.1) stets kompakt und normal ist. Zunächst gilt:

Satz 12.1

Es seien $\{e_j\}_{j \in \mathbb{N}_0}$ *und* $\{f_j\}_{j \in \mathbb{N}_0}$ *Orthonormalsysteme in den Hilberträumen* H *und* G *und* $(\lambda_j)_{j \in \mathbb{N}_0}$ *eine Nullfolge in* $\mathbb{K}$. *Durch*

$$Sx := \sum_{j=0}^{\infty} \lambda_j \, \langle x | e_j \rangle f_j, \quad x \in H, \tag{12.2}$$

wird ein kompakter linearer Operator $S \in K(H,G)$ *definiert; die Reihe in* (12.2) *konvergiert unbedingt in der Operatornorm. Weiter gilt*

$$S^*y = \sum_{j=0}^{\infty} \bar{\lambda}_j \langle y|f_j \rangle e_j, \quad y \in G. \tag{12.3}$$

BEWEIS. Für $\rho_n := \sup\{|\lambda_j| \mid j \geq n\}$ gilt $\rho_n \downarrow 0$. Die Operatoren

$$S_n x := \sum_{j=0}^{n} \lambda_j \langle x|e_j \rangle f_j, \quad x \in H,$$

sind endlichdimensional, und nach der Besselschen Ungleichung hat man

$$\| Sx - S_n x \|^2 = \| \sum_{j=n+1}^{\infty} \lambda_j \langle x|e_j \rangle f_j \|^2 = \sum_{j=n+1}^{\infty} |\lambda_j|^2 |\langle x|e_j \rangle|^2$$
$$\leq \rho_{n+1}^2 \| x \|^2 \quad \text{für} \quad x \in H,$$

also $\| S - S_n \| \to 0$ und $S \in K(H,G)$. Die Konvergenz ist unbedingt, da dieses Argument auch für jede Umordnung der Reihe in (12.2) gilt. Für $x \in H$ und $y \in G$ gilt weiter

$$\langle Sx|y \rangle = \sum_{j=0}^{\infty} \lambda_j \langle x|e_j \rangle \langle f_j|y \rangle = \langle x| \sum_{j=0}^{\infty} \bar{\lambda}_j \overline{\langle f_j|y \rangle} e_j \rangle,$$

und daraus ergibt sich (12.3).   ◇

Wir zeigen in Satz 12.10, dass *jeder* kompakte lineare Operator zwischen Hilберträumen in der Form (12.2) dargestellt werden kann. Sind im Fall $H = G$ die Orthonormalsysteme $\{e_j\}$ und $\{f_j\}$ *gleich*, so erhält man *normale* kompakte Operatoren:

Satz 12.2
Es seien $\{e_j\}_{j \in \mathbb{N}_0}$ *ein Orthonormalsystem im Hilbertraum* H *und* $(\lambda_j)_{j \in \mathbb{N}_0}$ *eine Nullfolge in* $\mathbb{K}$. *Durch*

$$Sx := \sum_{j=0}^{\infty} \lambda_j \langle x|e_j \rangle e_j, \quad x \in H, \tag{12.4}$$

wird ein kompakter normaler *Operator* $S \in K(H)$ *definiert. Dieser ist genau dann selbstadjungiert, wenn alle Eigenwerte* λ_j *von* S reell *sind. Man hat*

$$\sigma(S) = \{0\} \cup \{\lambda_j \mid j \in \mathbb{N}_0\} \quad \text{und} \tag{12.5}$$

$$N(\lambda_j I - S) = [e_i \mid \lambda_i = \lambda_j] \quad \text{für} \quad \lambda_j \neq 0. \tag{12.6}$$

Abb. 12.1 Illustration des
Beweises

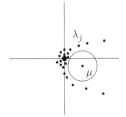

BEWEIS. a) Nach Satz 12.1 gilt $S \in K(H)$. Aus (12.4) und (12.3) folgt sofort $S^*S = SS^*$, und weiter gilt genau dann $S^* = S$, wenn alle λ_j reell sind.

b) Wegen (12.4) gilt $Se_j = \lambda_j e_j$; daraus folgen $\lambda_j \in \sigma(S)$ und „$\supseteq$" in (12.5) und (12.6). Es sei nun P die orthogonale Projektion auf $E := [e_i \mid i \in \mathbb{N}_0]^\perp$. Für $\mu \in \mathbb{C}$ gilt

$$(\mu I - S)x = \sum_{i=0}^\infty (\mu - \lambda_i)\langle x, e_i\rangle e_i + \mu Px, \quad x \in H, \tag{12.7}$$

$$\|(\mu I - S)x\|^2 = \sum_{i=0}^\infty |\mu - \lambda_i|^2 |\langle x, e_i\rangle|^2 + |\mu|^2 \|Px\|^2. \tag{12.8}$$

Für $\lambda_j \neq 0$ folgt aus $(\lambda_j I - S)x = 0$ also $Px = 0$ und $\langle x, e_i\rangle = 0$ für $\lambda_i \neq \lambda_j$, und somit gilt auch „$\subseteq$" in (12.6).

c) Für $\mu \in \mathbb{C} \backslash (\{0\} \cup \{\lambda_j \mid j \in \mathbb{N}_0\})$ schließlich gibt es $\varepsilon > 0$ mit $|\mu| \geq \varepsilon$ und $|\mu - \lambda_j| \geq \varepsilon$ für alle $j \in \mathbb{N}_0$ (vgl. Abb. 12.1). Aus (12.8) folgt dann

$$\|(\mu I - S)x\|^2 \geq \varepsilon^2 \|x - Px\|^2 + \varepsilon^2 \|Px\|^2 = \varepsilon^2 \|x\|^2;$$

folglich ist $\mu I - S$ *injektiv* und hat ein *abgeschlossenes* Bild. Nach (7.29) ist $R(\mu I - S)^\perp = N(\bar{\mu} I - S^*)$, und wegen Satz 7.14 gilt $N(\bar{\mu} I - S^*) = N(\mu I - S) = \{0\}$, da ja S normal ist. Somit ist $\mu I - S$ bijektiv, also $\mu \notin \sigma(S)$. $\Diamond$

Nach dem folgenden Spektralsatz 12.5 kann *jeder* kompakte normale lineare Operator auf einem komplexen Hilbertraum in der Form (12.4) dargestellt werden.

12.2 Der Spektralsatz für kompakte normale Operatoren

Wesentlich für einen Beweis des Spektralsatzes ist die Tatsache, dass ein kompakter normaler Operator einen Eigenwert besitzt, dessen Betrag mit seiner Norm überein-stimmt. Die *Existenz von Eigenwerten* kann mit *funktionentheoretischen* Argumenten oder durch *Lösung eines Variationsproblems,* ähnlich wie in Abschn. 10.5, gezeigt werden. Wir beginnen mit einem kurzen Beweis, der auf einer Reihe früherer Ergebnisse beruht, insbesondere auch auf einem funktionentheoretischen Argument im Beweis von Satz 9.9:

Satz 12.3

Es seien H ein komplexer Hilbertraum und S ∈ L(H) kompakt und normal. Dann hat S einen Eigenwert $\lambda \in \mathbb{C}$ mit $|\lambda| = \|S\|$.

BEWEIS. Wir können $S \neq 0$ annehmen. Aufgrund der Sätze 7.13 und 9.9 gilt

$$\|S\| = r(S) = \max\{|\lambda| \mid \lambda \in \sigma(S)\};$$

es gibt also $\lambda \in \sigma(S)$ mit $|\lambda| = \|S\|$. Nach Satz 11.7 ist $T := \lambda I - S \in \Phi(H)$ ein Fredholmoperator, und es ist ind $T = 0$, da T normal ist (vgl. (11.9)). Somit ist dim $N(T) > 0$, und λ ist ein Eigenwert von S.   ◊

Folgerung

Für einen Eigenvektor $x_0 \in H$ mit $\|x_0\| = 1$ zu einem Eigenwert $\lambda \in \sigma(S)$ mit $|\lambda| = \|S\|$ ist $\lambda = \langle Sx_0|x_0 \rangle$, und daher gilt

$$|\lambda| = \max\{|\langle Sx|x \rangle| \mid \|x\| \leq 1\} = \|S\|. \tag{12.9}$$

Insbesondere wird also für *kompakte* selbstadjungierte Operatoren das Supremum in Formel (7.37) angenommen.

Nun folgt ein weiterer Beweis von Satz 12.3; dieser beruht für *selbstadjungierte* kompakte Operatoren, ähnlich wie im endlichdimensionalen Fall, auf der Maximierung des Betrags der *quadratischen Form* Q_A auf der Einheitssphäre (vgl. etwa [Kaballo 1997], S. 163):

Lemma 12.4

Es seien H ein Hilbertraum über $\mathbb{R}$ oder $\mathbb{C}$ und $A = A^* \in K(H)$. Dann ist $\|A\|$ oder $-\|A\|$ ein Eigenwert von A.

BEWEIS. Wir können $A \neq 0$ annehmen. Nach Satz 7.11 gibt es eine Folge (x_n) in H mit $\|x_n\| = 1$ und $|\langle Ax_n|x_n \rangle| \to \|A\|$, und für diese gilt auch $\|Ax_n\| \to \|A\|$. Wegen $\langle Ax_n|x_n \rangle \in \mathbb{R}$ gibt es eine Teilfolge mit $\langle Ax_n|x_n \rangle \to \lambda := +\|A\|$ oder eine solche mit $\langle Ax_n|x_n \rangle \to \lambda := -\|A\|$, und wegen der Kompaktheit von A können wir für diese auch die Konvergenz der Folge (Ax_n) annehmen. Wegen

$$\|Ax_n - \lambda x_n\|^2 = \|Ax_n\|^2 - 2\lambda \langle Ax_n|x_n \rangle + \lambda^2 \leq 2\lambda^2 - 2\lambda \langle Ax_n|x_n \rangle \to 0$$

und $\lambda \neq 0$ existiert dann $x_0 := \lim_{n \to \infty} x_n$. Es folgt $\|x_0\| = 1$ und

$$Ax_0 = \lim_{n \to \infty} Ax_n = \lim_{n \to \infty} \lambda x_n = \lambda x_0. \quad ◊$$

Ein weiterer Beweis von Satz 12.3

a) Es seien H ein komplexer Hilbertraum und $0 \neq S \in K(H)$ normal. Dann ist $S^*S \in K(H)$ selbstadjungiert; nach Lemma 12.4 gibt es also $v \in H$ mit $\|v\| = 1$ und $S^*Sv = \mu v$ mit $\mu = \pm \|S^*S\| = \pm \|S\|^2$. Wegen $\mu = \langle S^*Sv|v \rangle = \|Sv\|^2 \geq 0$ muss $\mu = +\|S\|^2$ gelten.

b) Für den Eigenraum $N := N(\mu I - S^*S)$ gilt $0 < \dim N < \infty$ aufgrund von Satz 11.1, da auch S^*S kompakt ist. Weiter ist N *invariant* unter S und S^*:

$$u \in N \implies (\mu I - S^*S)S^{(*)}u = S^{(*)}(\mu I - S^*S)u = 0 \implies S^{(*)}u \in N.$$

Folglich ist auch $S|_N \in L(N)$ normal. Es gibt $0 \neq x \in N$ und $\lambda \in \mathbb{C}$ mit $Sx = \lambda x$. Aus Satz 7.14 folgt $S^*x = \bar{\lambda}x$ und dann $S^*Sx = |\lambda|^2x$, also $|\lambda|^2 = \mu = \|S\|^2$. $\diamond$

Nun können wir Hilberts Spektralsatz, ein Hauptresultat dieses Buches, beweisen:

Theorem 12.5 (Spektralsatz)
Es seien H ein komplexer unendlichdimensionaler Hilbertraum und $S \in L(H)$ kompakt und normal. Dann gibt es eine komplexe Nullfolge $(\lambda_j)_{j \in \mathbb{N}_0}$ mit $|\lambda_j| \geq |\lambda_{j+1}|$ für $j \in \mathbb{N}_0$ und ein Orthonormalsystem $\{e_j\}_{j \in \mathbb{N}_0}$ in H, sodass die Entwicklung

$$Sx = \sum_{j=0}^{\infty} \lambda_j \langle x|e_j \rangle e_j, \quad x \in H, \tag{12.4}$$

und alle Aussagen von Satz 12.2 gelten.

BEWEIS. a) Nach Satz 12.3 gibt es $\lambda_0 \in \mathbb{C}$ mit $|\lambda_0| = \|S\|$ und $e_0 \in H$ mit $\|e_0\| = 1$ und $Se_0 = \lambda_0 e_0$. Für $x \in H_1 := e_0^\perp$ gelten $\langle Sx|e_0 \rangle = \langle x|S^*e_0 \rangle = \lambda_0 \langle x|e_0 \rangle = 0$ und $\langle S^*x|e_0 \rangle = \langle x|Se_0 \rangle = \bar{\lambda}_0 \langle x|e_0 \rangle = 0$, also auch $Sx \in H_1$ und $S^*x \in H_1$. Somit ist $S_1 := S|_{H_1} \in L(H_1)$ kompakt und normal.

b) Nun wenden wir Satz 12.3 auf S_1 an, argumentieren wie in a) und fahren entsprechend fort. Induktiv erhalten wir eine Folge $(\lambda_j)_{j \in \mathbb{N}_0}$ in $\mathbb{C}$ und ein Orthonormalsystem $\{e_j\}_{j \in \mathbb{N}_0}$ in H mit $Se_j = \lambda_j e_j$ und $|\lambda_j| = \|S_j\|$ für $j \in \mathbb{N}_0$, wobei S_j die Einschränkung von S auf den unter S und S^* invarianten Hilbertraum $H_j := [e_0, \ldots, e_{j-1}]^\perp$ ist; insbesondere gilt dann $|\lambda_j| \geq |\lambda_{j+1}|$ für $j \in \mathbb{N}_0$.

c) Aufgrund der Kompaktheit von S hat die Folge (Se_j) eine konvergente Teilfolge (Se_{j_k}). Dann gilt $|\lambda_{j_{k+1}}|^2 + |\lambda_{j_k}|^2 = \|Se_{j_{k+1}} - Se_{j_k}\|^2 \to 0$ für $k \to \infty$, und aus der Monotonie der Folge $(|\lambda_j|)$ folgt $|\lambda_j| \to 0$ für $j \to \infty$.

d) Für $x \in H$ sei $x_n := x - \sum_{j=0}^{n-1} \langle x|e_j \rangle e_j \in H_n$ die orthogonale Projektion von x auf H_n. Dann folgt

$$\|Sx - \sum_{j=0}^{n-1} \lambda_j \langle x|e_j \rangle e_j\| = \|Sx_n\| \leq \|S_n\| \|x_n\| \leq |\lambda_n| \|x\|,$$

also (12.4) und auch wieder die Konvergenz dieser Reihe in der Operatornorm. ◊

Bemerkungen

a) Für *selbstadjungierte* kompakte Operatoren gelten Lemma 12.4 und der Spektralsatz auch über *reellen* Hilberträumen.

b) In der Situation des Spektralsatzes gilt genau dann dim $R(S) < \infty$, wenn $\lambda_j \neq 0$ nur für endlich viele j gilt. Andererseits ist S genau dann *injektiv*, wenn alle $\lambda_j \neq 0$ sind und $\{e_j\}_{j\in\mathbb{N}_0}$ eine Orthonormal*basis* von H ist.

c) In der Situation des Spektralsatzes kann man das Orthonormalsystem $\{e_j\}_{j\in\mathbb{N}_0}$ zu einer Orthonormal*basis* $\{e_j\}_{j\in J}$ von H erweitern und setzt $\lambda_j := 0$ für alle zusätzlichen Indizes. Dann wird S bezüglich der Orthonormalbasis $\{e_j\}_{j\in J}$ von H durch die *Diagonalmatrix* $\mathbb{M}(S) = \mathrm{diag}(\lambda_j)_{j\in J}$ repräsentiert. Mittels der *Fourier-Abbildung* $\mathcal{F} : H \to \ell_2(J)$ (vgl. S. 124) erhält man eine *unitäre Transformation* von S auf den Diagonaloperator

$$\mathcal{F}S\mathcal{F}^{-1} = \mathrm{diag}(\lambda_j)_{j\in J} : \ell_2(J) \to \ell_2(J).$$

Beispiel

a) Gegeben sei der stetige Kern (vgl. Abb. 12.2)

$$\kappa(t, s) = \min\{t, s\} \quad \text{auf} \ [0, 1]^2.$$

Der durch κ auf $L_2[0, 1]$ definierte Integraloperator

$$S := S_\kappa : f \mapsto (Sf)(t) := \int_0^1 \kappa(t, s)f(s)\,ds, \quad t \in [0, 1],$$

ist nach Beispiel a) auf S. 244 kompakt und wegen $\overline{\kappa(s, t)} = \kappa(t, s)$ auch selbstadjungiert.

b) Für $\lambda \neq 0$ und eine Eigenfunktion f von S_κ zu λ gilt

$$\lambda f(t) = \int_0^1 \kappa(t, s)f(s)\,ds = \int_0^t sf(s)\,ds + \int_t^1 tf(s)\,ds. \tag{12.10}$$

Daher ist f zunächst stetig und dann auch stetig differenzierbar. Mittels Differentiation ist (12.10) äquivalent zu $f(0) = 0$ und

$$\lambda f'(t) = tf(t) + \int_t^1 f(s)\,ds - tf(t) = \int_t^1 f(s)\,ds.$$

Nochmalige Differentiation zeigt die Äquivalenz von (12.10) mit dem *Randwertproblem*

$$\lambda f''(t) = -f(t), \quad f(0) = 0, \ f'(1) = 0. \tag{12.11}$$

c) Mit $\lambda = \frac{1}{\omega^2}$ ist die allgemeine Lösung der Differentialgleichung $f''(t) + \omega^2 f(t) = 0$ gegeben durch

$$f(t) = A \sin \omega t + B \cos \omega t, \quad A, B \in \mathbb{C}.$$

Abb. 12.2 Der Graph des
Kerns $\kappa(t,s) = \min\{t,s\}$ auf
$[0,1]^2$

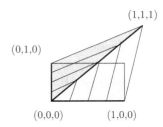

Wegen $f(0) = 0$ muß $B = 0$ sein, und $f'(1) = 0$ liefert die Bedingung $\cos\omega = 0$, also $\omega \in \{(2k+1)\frac{\pi}{2} \mid k \in \mathbb{Z}\}$. Wegen $\lambda = \frac{1}{\omega^2}$ genügt es, nur $k \in \mathbb{N}_0$ zu betrachten. Der Integraloperator S_κ hat also die Eigenwerte

$$\lambda_k = \frac{4}{\pi^2}\frac{1}{(2k+1)^2}, \quad k \in \mathbb{N}_0, \tag{12.12}$$

mit den zugehörigen orthonormalen Eigenfunktionen

$$e_k(t) = \sqrt{2}\,\sin\frac{1}{\sqrt{\lambda_k}}t = \sqrt{2}\,\sin(2k+1)\frac{\pi}{2}t. \tag{12.13}$$

Lösung von Gleichungen

a) Wie im Spektralsatz sei $S \in K(H)$ ein kompakter normaler Operator. Für $\mu \in \mathbb{C}\backslash\{0\}$ gilt $T := \mu I - S \in \Phi_0(H)$ nach Theorem 11.7 und Formel (11.9); für diesen Operator gilt also die *Fredholmsche Alternative* (vgl. S. 253).

b) Diese ergibt sich hier auch aus Formel (12.7) auf S. 270: Für $y \in H$ ist die Gleichung $Tx = y$ genau dann lösbar, wenn $\langle y, e_i\rangle = 0$ für alle i mit $\lambda_i = \mu$ gilt, d. h. wenn $y \in N(T)^\perp = N(T^*)^\perp$ gilt. Mit einem beliebigen $x_0 \in N(T)$ sind dann alle Lösungen von $Tx = y$ gegeben durch

$$x = x_0 + \sum_{\lambda_i \neq \mu}^{\infty}\frac{1}{\mu-\lambda_i}\langle y|e_i\rangle e_i + \frac{1}{\mu}Py = x_0 + \frac{1}{\mu}\Big(y + \sum_{\lambda_i \neq \mu}^{\infty}\frac{\lambda_i}{\mu-\lambda_i}\langle y|e_i\rangle e_i\Big);$$

die letzte Gleichung ergibt sich aus $Py = y - \sum_{\lambda_i \neq \mu}^{\infty}\langle y|e_i\rangle e_i$ für die orthogonale Projektion P von H auf den Raum $[e_i \mid i \in \mathbb{N}_0]^\perp$.

Positive Operatoren

a) Ein selbstadjungierter Operator $A \in L(H)$ heißt *positiv* (semidefinit), Notation: $A \geq 0$, wenn die quadratische Form nicht-negativ ist, also $\langle Ax|x\rangle \geq 0$ für alle $x \in H$ gilt. Im Fall $\mathbb{K} = \mathbb{C}$ folgt aus dieser Eigenschaft bereits $A = A^*$ aufgrund von Satz 7.12.

b) Für $T \in L(H)$ gilt offenbar $T^*T \geq 0$ wegen $\langle T^*Tx|x\rangle = \|Tx\|^2 \geq 0$.

c) Ein *kompakter normaler* Operator S ist genau dann positiv, wenn alle *Eigenwerte* $\lambda_j = \lambda_j(S) \geq 0$ sind. In der Tat ergibt sich „$\Rightarrow$" aus $\lambda_j = \langle Se_j|e_j\rangle$, und für „$\Leftarrow$" schließen wir aus (12.4)

$$\langle Sx|x \rangle = \sum_{j=0}^{\infty} \lambda_j \, |\, \langle x|e_j \rangle \,|^2 \,, \quad x \in H \,.$$

Eigenwerte und quadratische Formen

Es sei $A \in K(H)$ ein positiver kompakter Operator mit den Eigenwerten $\lambda_0 \geq \lambda_1 \geq \ldots \geq 0$ zu den Eigenvektoren $e_0, e_1, \ldots$ wie im Spektralsatz. Nach dessen Beweis, insbesondere Formel (12.9), gilt dann

$$\lambda_0 = \max \{ \langle Ax|x \rangle \mid \| x \| \leq 1 \} \,,$$
$$\lambda_1 = \max \{ \langle Ax|x \rangle \mid \| x \| \leq 1 \,, \, x \in [e_0]^\perp \} \,, \ldots \,,$$

$$\lambda_j = \max \{ \langle Ax|x \rangle \mid \| x \| \leq 1 \,, \, x \in [e_0, \ldots, e_{j-1}]^\perp \} \,, \quad j \in \mathbb{N} \,. \tag{12.14}$$

Formel (12.14) kann so umformuliert werden, dass die Kenntnis der Eigenvektoren von A nicht erforderlich ist. Das folgende Resultat stammt von R. Courant, E.S. Fischer und H. Weyl (1912):

Satz 12.6 (MiniMax-Prinzip)

Es sei A ein positiver kompakter Operator mit den Eigenwerten $\lambda_0 \geq \lambda_1 \geq \ldots \geq 0$. Dann gilt

$$\lambda_j = \min_{codim\,V = j} \max \{ \langle Ax|x \rangle \mid \| x \| \leq 1 \,, \, x \in V \} \,, \quad j \in \mathbb{N}_0 \,, \tag{12.15}$$

wobei das Minimum über alle abgeschlossenen Unterräume V von H der Kodimension j gebildet wird.

BEWEIS. a) Wir zeigen zunächst, dass das Maximum in Formel (12.15) für alle abgeschlossenen Unterräume V von H existiert. Mit der orthogonalen Projektion P von H auf V gilt in der Tat für $x, y \in V$

$$\langle PA|_V x|y \rangle = \langle Ax|Py \rangle = \langle Ax|y \rangle = \langle x|Ay \rangle = \langle Px|Ay \rangle = \langle x|\, PA|_V\, y \rangle \,,$$

insbesondere also $\langle Ax|x \rangle = \langle PA|_V x|x \rangle$. Die Existenz des Maximums in (12.15) ergibt sich daher durch Anwendung von (12.9) auf den *positiven* Operator $PA|_V \in K(V)$.

b) Nun sei V ein Unterraum von H mit $codim\,V = j$. Dann existiert ein Vektor $x_0 \in V \cap [e_0, \ldots, e_j]$ mit $\| x_0 \| = 1$. Mit $x_0 = \sum_{k=0}^{j} \alpha_k e_k$ ergibt sich

$$\langle Ax_0|x_0 \rangle = \langle \sum_{k=0}^{j} \lambda_k \alpha_k e_k, \sum_{k=0}^{j} \alpha_k e_k \rangle = \sum_{k=0}^{j} \lambda_k \, |\alpha_k|^2 \geq \lambda_j \sum_{k=0}^{j} |\alpha_k|^2 = \lambda_j \,,$$

und man hat $\lambda_j \leq \max\{\langle Ax|x\rangle \mid \|x\| \leq 1, x \in V\}$. Dies zeigt „$\leq$" in (12.15).

c) Nach Formel (12.14) ergibt sich mit $V = [e_0, \ldots, e_{j-1}]^\perp$ auch „$\geq$" in (12.15). $\Diamond$

Eine unmittelbare Konsequenz aus dem MiniMax-Prinzip ist:

Folgerung

Es seien $A, B \in K(H)$ positive kompakte Operatoren mit

$$\langle Ax|x\rangle \ \leq \ \langle Bx|x\rangle \quad \text{für alle } x \in H.$$

Für die Eigenwerte von A und B gilt dann $\lambda_j(A) \leq \lambda_j(B)$ für alle $j \in \mathbb{N}_0$.

12.3   Hilbert-Schmidt-Operatoren

Die folgende wichtige Klasse kompakter linearer Operatoren auf Hilберträumen wurde 1927 von J. von Neumann eingeführt:

Hilbert-Schmidt-Operatoren und -Normen

a) Es seien H, G Hilberträume. Ein linearer Operator $S \in L(H, G)$ heißt *Hilbert-Schmidt-Operator*, Notation: $S \in S_2(H, G)$, falls $\sum_{i \in I} \|Se_i\|^2 < \infty$ für eine *Orthonormalbasis* $\{e_i\}_{i \in I}$ von H gilt.

b) Für Orthonormalbasen $\{e_i\}_{i \in I}$ von H und $\{f_j\}_{j \in J}$ von G hat man aufgrund der *Parsevalschen Gleichung*

$$\sum_{i \in I} \|Se_i\|^2 = \sum_{i,j} |\langle Se_i|f_j\rangle|^2 = \sum_{i,j} |\langle e_i|S^*f_j\rangle|^2 = \sum_{j \in J} \|S^*f_j\|^2; \tag{12.16}$$

daher gilt $S \in S_2(H, G) \Leftrightarrow S^* \in S_2(G, H)$. In diesem Fall ist

$$\|S\|_2 := \left(\sum_{i \in I} \|Se_i\|^2\right)^{1/2}$$

unabhängig von der Wahl der Orthonormalbasis und wird als *Hilbert-Schmidt-Norm* von S bezeichnet. Stets gilt

$$\|S^*\|_2 = \|S\|_2 \quad \text{für } S \in S_2(H, G). \tag{12.17}$$

Beispiele

a) Wie auf S. 51 werde ein linearer Operator $T \in L(\mathbb{K}^n, \mathbb{K}^m)$ durch die *Matrix* $A = \mathbb{M}(T) = (a_{ij})$ repräsentiert. Mit den Einheitsvektoren e_j ergibt sich

$$\| T \|_2^2 = \sum_{j=1}^n \| Te_j \|^2 = \sum_{j=1}^n \sum_{i=1}^m | a_{ij} |^2 = \| A \|_{HS}^2 .$$

b) Endlichdimensionale Operatoren sind Hilbert-Schmidt-Operatoren. Ist in der Tat $F \in L(H, G)$ mit $\dim R(F) < \infty$, so ist auch $\dim N(F)^\perp < \infty$. Wir wählen eine Orthonormalbasis $\{e_1, \dots, e_m\}$ von $N(F)^\perp$ und ergänzen diese durch Vektoren in $N(F)$ zu einer Orthonormalbasis $\{e_i\}$ von H. Dann gilt offenbar

$$\sum_{i \in I} \| Fe_i \|^2 = \sum_{j=1}^m \| Fe_j \|^2 < \infty .$$

c) Für einen kompakten Operator $S \in K(H, G)$ der Form (12.2) gilt $Se_j = \lambda_j f_j$, $j \in \mathbb{N}_0$. Daher ist S genau dann ein *Hilbert-Schmidt-Operator*, wenn $(\lambda_j) \in \ell_2$ gilt, und in diesem Fall hat man

$$\sum_{j=0}^\infty | \lambda_j |^2 = \| S \|_2^2 .$$

Für $\lambda_j = \frac{1}{\sqrt{j+1}}$ etwa erhält man einen kompakten Operator, der *kein* Hilbert-Schmidt-Operator ist.

Weitere wesentliche Beispiele von Hilbert-Schmidt-Operatoren liefert der folgende Satz. Für eine Funktion $f : M_1 \times M_2 \to \mathbb{C}$ auf einer Produktmenge betrachten wir wie in (3.5) die *partiellen Funktionen*

$$f_t : s \mapsto f(t, s) \quad \text{und} \quad f^s : t \mapsto f(t, s) \quad \text{für } t \in M_1 , s \in M_2 .$$

Satz 12.7

Es seien Ω eine messbare Menge in $\mathbb{R}^n$ und $\kappa \in L_2(\Omega^2)$ ein quadratintegrierbarer Kern. Der Integraloperator

$$(Sf)(t) := (S_\kappa f)(t) := \int_\Omega \kappa(t, s) f(s) \, ds , \quad t \in \Omega , \ f \in L_2(\Omega) ,$$

ist ein Hilbert-Schmidt-Operator auf $L_2(\Omega)$ mit $\| S \|_2 = \| \kappa \|_{L_2(\Omega^2)}$.

BEWEIS. Für eine Orthonormalbasis $\{e_i\}_{i \in \mathbb{N}}$ von $L_2(\Omega)$ gilt

$$\sum_{i=1}^m \| Se_i \|^2 = \sum_{i=1}^m \int_\Omega | \int_\Omega \kappa(t, s) e_i(s) \, ds |^2 \, dt = \sum_{i=1}^m \int_\Omega | \langle \kappa_t | \overline{e_i} \rangle |^2 \, dt$$

$$= \int_\Omega \sum_{i=1}^m | \langle \kappa_t | \overline{e_i} \rangle |^2 \, dt \leq \int_\Omega \| \kappa_t \|_{L_2(\Omega)}^2 \, dt = \| \kappa \|_{L_2(\Omega^2)}^2$$

für alle $m \in \mathbb{N}$ aufgrund der Besselschen Ungleichung und des Satzes von Tonelli A.3.17. Somit ist S ein Hilbert-Schmidt-Operator, und mit $m \to \infty$ ergibt sich $\| S \|_2 = \| \kappa \|_{L_2(\Omega^2)}$ unter Verwendung des Satzes von B. Levi und der Parsevalschen Gleichung. $\diamond$

Ein anderer Beweis von Satz 12.7 wird in Aufgabe 12.7 skizziert; dieser gilt auch allgemeiner für $\kappa \in L_2(\Omega^2)$ über beliebigen Maßräumen.

Die Menge S_2 der Hilbert-Schmidt-Operatoren hat die folgenden grundlegenden Eigenschaften:

Satz 12.8

Es seien E, H, G, F Hilberträume, $A \in L(E, H)$, $S \in S_2(H, G)$ und $B \in L(G, F)$.

a) Es gilt $\| S \| \leq \| S \|_2$.

b) Der Raum $\mathcal{F}(H, G)$ ist dicht in $S_2(H, G)$ bezüglich der Hilbert-Schmidt-Norm und der Operatornorm.

c) Hilbert-Schmidt-Operatoren sind kompakt*: Es gilt $S_2(H, G) \subseteq K(H, G)$.*

d) Der Operator $BSA : E \xrightarrow{A} H \xrightarrow{S} G \xrightarrow{B} F$ liegt in $S_2(E, F)$, und man hat

$$\| BSA \|_2 \leq \| B \| \, \| S \|_2 \, \| A \| .$$

e) Die Hilbert-Schmidt-Norm auf $S_2(H, G)$ wird durch das Skalarprodukt

$$\langle S | T \rangle_2 := \sum_{i \in I} \langle Se_i | Te_i \rangle \tag{12.18}$$

induziert, wobei $\{ e_i \}$ eine Orthonormalbasis von H ist.

f) Mit dem Skalarprodukt (12.18) ist $S_2(H, G)$ ein Hilbertraum.

BEWEIS. a) Es sei $\{ e_i \}_{i \in I}$ eine Orthonormalbasis von H. Für $x \in H$ hat man $x = \sum_{i \in I} \langle x | e_i \rangle \, e_i$ und somit $Sx = \sum_{i \in I} \langle x | e_i \rangle \, Se_i$, also

$$\| Sx \|^2 \leq \sum_{i \in I} | \langle x | e_i \rangle |^2 \sum_{i \in I} \| Se_i \|^2 \leq \| S \|_2^2 \, \| x \|^2 .$$

b) Es seien $S \in S_2(H, G)$ und $\{ e_i \}_{i \in I}$ eine Orthonormalbasis von H. Da $Se_i \neq 0$ nur für abzählbar viele i gilt, können wir den Träger $T := \operatorname{tr} \{ Se_i \}_{i \in I}$ durch $\mathbb{N}$ indizieren. Für $n \in \mathbb{N}$ definieren wir Operatoren $S_n \in \mathcal{F}(H, G)$ durch $S_n(x) := \sum_{k=1}^{n} \langle x | e_k \rangle \, Se_k$. Wegen $(S - S_n) e_k = Se_k$ für $n < k \in T$ und $(S - S_n) e_i = 0$ für alle anderen $i \in I$ gilt dann

$$\| S - S_n \|_2^2 = \sum_{k=n+1}^{\infty} \| Se_k \|^2 \to 0 \quad \text{für } n \to \infty .$$

Aufgrund von a) folgt dann auch $\| S - S_n \| \to 0$ für $n \to \infty$.

c) ergibt sich nun sofort aus b) und Satz 11.2.

d) Für eine Orthonormalbasis $\{e_i\}_{i \in I}$ von H gilt zunächst

$$\sum_{i \in I} \| BSe_i \|^2 \leq \| B \|^2 \sum_{i \in I} \| Se_i \|^2 ;$$

daher hat man $BS \in S_2(H, F)$ und $\| BS \|_2 \leq \| B \| \| S \|_2$. Wegen (12.17) folgt auch $A^* S^* \in S_2(G, E)$ und $\| A^* S^* \|_2 \leq \| A^* \| \| S^* \|_2 = \| A \| \| S \|_2$, wiederum mit (12.17) also $SA \in S_2(E, G)$ und $\| SA \|_2 \leq \| S \|_2 \| A \|$. Daraus folgt die Behauptung d).

e) Die Konvergenz der Summe in (12.18) ergibt sich aus der Schwarzschen Ungleichung. Die Skalarprodukt-Eigenschaften sind dann klar für jede feste Orthonormalbasis des Hilbertraumes H. Aus (12.16) und der Polarformel (6.20) folgt schließlich die Unabhängigkeit der Summe von der Wahl der Orthonormalbasis.

f) Zum Nachweis der Vollständigkeit sei (S_n) eine Cauchy-Folge in $S_2(H, G)$. Nach a) existiert jedenfalls $S := \lim_{n \to \infty} S_n$ in $L(H, G)$. Zu $\varepsilon > 0$ gibt es $n_0 \in \mathbb{N}$ mit $\| S_n - S_m \|_2 \leq \varepsilon$ für $n, m \geq n_0$. Für eine Orthonormalbasis $\{e_i\}_{i \in I}$ von H und jede feste endliche Indexmenge $I' \subseteq I$ folgt dann

$$\sum_{i \in I'} \| (S_n - S_m)e_i \|^2 \leq \varepsilon^2 ,$$

und $n \to \infty$ liefert auch

$$\sum_{i \in I'} \| (S - S_m)e_i \|^2 \leq \varepsilon^2 ,$$

also $\| S - S_m \|_2 \leq \varepsilon$. Insbesondere hat man $S = S_m + (S - S_m) \in S_2(H, G)$ und dann $\lim_{m \to \infty} \| S - S_m \|_2 = 0$. $\diamond$

Insbesondere ist also $S_2(H)$ ein *zweiseitiges Ideal* in der Operatoralgebra $L(H)$. Dieses ist *nicht abgeschlossen* in der Operatornorm von $L(H)$, wohl aber *vollständig* unter der *stärkeren Hilbert-Schmidt-Norm*.

Der Entwicklungssatz für Integraloperatoren

a) Es sei Ω eine messbare Menge in $\mathbb{R}^n$. Nach den Sätzen 12.7 und 12.8 liegen *Hilbert-Schmidt-Integraloperatoren* mit quadratintegrierbaren Kernen in $S_2(L_2(\Omega))$ und sind insbesondere *kompakt*. Somit gelten der Spektralsatz und seine Folgerungen für *normale* Hilbert-Schmidt-Integraloperatoren, insbesondere also für *selbstadjungierte* Kerne mit der Eigenschaft $\kappa(t, s) = \overline{\kappa(s, t)}$.

b) Für einen Kern gelte nun zusätzlich

$$\kappa^* = \sup_{t \in \Omega} \int_\Omega | \kappa(t, s) |^2 \, ds < \infty . \tag{12.19}$$

Dann ergibt sich mittels Schwarzscher Ungleichung sofort

$$\sup_{t \in \Omega} |S_\kappa f(t)| \leq \sup_{t \in \Omega} \int_\Omega |\kappa(t,s)| |f(s)| ds \leq \sqrt{\kappa^*} \|f\|_{L_2} \tag{12.20}$$

für $f \in L_2(\Omega)$. Die Entwicklung (12.4)

$$S_\kappa f(t) = \sum_{j=0}^\infty \lambda_j \int_\Omega f(s) \overline{e_j(s)} ds\, e_j(t), \quad f \in L_2(\Omega), \tag{12.21}$$

konvergiert dann *absolut-gleichmäßig* auf Ω; in der Tat gilt

$$\sum_{j=n}^m |\lambda_j \langle f|e_j \rangle e_j(t)| \leq (\sum_{j=0}^\infty |S_\kappa e_j(t)|^2)^{\frac{1}{2}} (\sum_{j=n}^m |\langle f|e_j \rangle|^2)^{\frac{1}{2}} \quad \text{und}$$

$$\sum_{j=0}^\infty |S_\kappa e_j(t)|^2 = \sum_{j=0}^\infty |\langle \kappa_t, \overline{e_j} \rangle|^2 \leq \|\kappa_t\|_{L_2(\Omega)}^2 \leq \kappa^*$$

für $t \in \Omega$ und $n \leq m \in \mathbb{N}_0$ aufgrund der Besselschen Ungleichung.

c) Bedingung (12.19) gilt insbesondere für *kompakte* Mengen $\Omega \subseteq \mathbb{R}^n$ und *stetige* Kerne. In diesem Fall sind auch die in der Entwicklung (12.21) auftretenden *Eigenfunktionen* $e_j = \frac{1}{\lambda_j} S_\kappa e_j$ zu Eigenwerten $\neq 0$ *stetig*.

12.4 Singuläre Zahlen und Schmidt-Darstellungen

In diesem Abschnitt zeigen wir, dass *jeder* kompakte lineare Operator $S \in K(H, G)$ zwischen Hilberträumen in der Form (12.2) dargestellt werden kann. Dazu „schreiben wir $S = U|S|$ in Polarkoordinaten" mit einem isometrischen Operator U und dem *positiven Betrag* $|S| \in K(H)$. Für die Definition des Betrags benötigen wir zunächst *Wurzeln aus kompakten positiven Operatoren*:

Satz 12.9
Zu $0 \leq A \in K(H)$ und $p \in \mathbb{N}$ gibt es genau ein $0 \leq B \in K(H)$ mit $B^p = A$, *Notation:* $B := A^{1/p}$.

BEWEIS. a) In der Spektraldarstellung (12.4) von A gilt $\lambda_j \geq 0$, und wir setzen

$$Bx := \sum_{j=0}^\infty \lambda_j^{1/p} \langle x|e_j \rangle e_j, \quad x \in H. \tag{12.22}$$

b) Nun sei auch $D \in K(H)$ positiv mit $D^p = A$. Der Spektralsatz liefert

$$Dx = \sum_{j=0}^{\infty} \mu_j \langle x|f_j \rangle f_j, \quad x \in H,$$

mit einem Orthonormalsystem $\{f_j\}$ und einer *monoton fallenden* Nullfolge (μ_j) in $[0, \infty)$. Wegen des MiniMax-Prinzips 12.6 und

$$D^p x = \sum_{j=0}^{\infty} \mu_j^p \langle x|f_j \rangle f_j = Ax = \sum_{j=0}^{\infty} \lambda_j \langle x|e_j \rangle e_j$$

gilt dann $\mu_j^p = \lambda_j$ für alle $j \geq 0$ sowie $[f_j \mid \mu_j^p = \lambda] = [e_j \mid \lambda_j = \lambda]$ für alle $\lambda \geq 0$. Daraus folgt $D = B$. $\diamond$

Wie in (12.22) kann man auch Potenzen A^α für alle $\alpha > 0$ definieren.

Singuläre Zahlen

a) Es seien H, G Hilberträume und $S \in K(H, G)$ ein kompakter linearer Operator. Der *Absolutbetrag* von S ist gegeben durch

$$|S| := (S^*S)^{1/2} \in K(H);$$

seine Eigenwerte heißen *singuläre Zahlen* von S:

$$s_j(S) := \lambda_j(|S|), \quad j \in \mathbb{N}_0. \tag{12.23}$$

Deren Quadrate sind dann die Eigenwerte von $|S|^2 = S^*S$, und das MiniMax-Prinzip 12.6 liefert wegen $\langle S^*Sx|x \rangle^{1/2} = \|Sx\|$ die Formel

$$s_j(S) = \min_{\mathrm{codim}\, V = j} \| S|_V \|, \quad j \in \mathbb{N}_0, \tag{12.24}$$

wobei das Minimum über alle abgeschlossenen Unterräume V von H der Kodimension j gebildet wird.

b) Ist S ein *normaler* kompakter Operator, so gilt aufgrund von (12.4) und (12.3)

$$s_j(S) = |\lambda_j(S)|, \quad j \in \mathbb{N}_0. \tag{12.25}$$

Polarzerlegung

Für $S \in K(H, G)$ und $x \in H$ gilt stets

$$\| \, |S| \, x \|^2 = \langle \, |S| \, x \, | \, |S| \, x \rangle = \langle \, |S|^2 x | x \rangle = \langle S^* S x | x \rangle = \langle Sx | Sx \rangle = \| Sx \|^2 .$$

Durch $U : |S| \, x \mapsto Sx$ wird also eine Isometrie von $R(|S|)$ auf $R(S)$ definiert, die man gemäß Satz 3.7 zu einer Isometrie $U : \overline{R(|S|)} \to \overline{R(S)}$ der Abschlüsse fortsetzen kann. Dies liefert die *Polarzerlegung*

$$S = U |S|, \quad |S| = U^{-1} S . \tag{12.26}$$

Das folgende wichtige Resultat wurde 1907 von E. Schmidt für Integraloperatoren mit stetigen Kernen bewiesen:

Satz 12.10 (Schmidt-Darstellung)
Für einen kompakten Operator $S \in K(H, G)$ sei $(s_j) = (s_j(S))$ die Folge der singulären Zahlen. Dann gibt es Orthonormalsysteme $\{e_j\}$ in H und $\{f_j\}$ in G mit

$$Sx = \sum_{j=0}^{\infty} s_j \langle x | e_j \rangle f_j , \quad x \in H , \tag{12.2}$$

$$S^* y = \sum_{j=0}^{\infty} s_j \langle y | f_j \rangle e_j , \quad y \in G , \tag{12.3}$$

$$|S| \, x = \sum_{j=0}^{\infty} s_j \langle x | e_j \rangle e_j , \quad x \in H , \tag{12.27}$$

$$|S^*| \, y = \sum_{j=0}^{\infty} s_j \langle y | f_j \rangle f_j , \quad y \in G , \tag{12.28}$$

wobei die Reihen in der Operatornorm konvergieren. Die $\{e_j\}$ und $\{f_j\}$ sind Eigenvektoren von $|S|$ und $|S^*|$, und man hat

$$s_j(S) = s_j(S^*) = s_j(|S|) = s_j(|S^*|) = \lambda_j(|S|) = \lambda_j(|S^*|) .$$

BEWEIS. Wegen $|S| \geq 0$ gilt eine Entwicklung (12.27) für ein Orthonormalsystem $\{e_j\}$ in H. Aus (12.26) folgt dann (12.2) mit $f_j := Ue_j$; es ist $\{f_j\}$ ein Orthonormalsystem in G, da U isometrisch ist. Aus (12.2) folgt (12.3) nach Satz 12.1. Schließlich ergibt sich

$$SS^* y = \sum_{j=0}^{\infty} s_j \langle y | f_j \rangle Se_j = \sum_{j=0}^{\infty} s_j^2 \langle y | f_j \rangle f_j ,$$

also (12.28) wegen $|S^*| = (SS^*)^{1/2}$ und der Eindeutigkeitsaussage von Satz 12.9.   ◇

Abb. 12.3 Graph des
folgenden Kerns auf $[0, 1]^2$

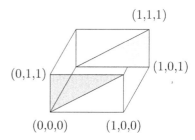

Beispiel

a) Wir berechnen die Schmidt-Darstellung des *Volterra-Operators*

$$Vf(t) = \int_0^t f(s)\, ds \quad \text{auf} \quad L_2[0, 1].$$

Der L_2-Kern von V ist gegeben durch $k(t, s) = \begin{cases} 1 & , & s \le t \\ 0 & , & s > t \end{cases}$ (vgl. Abb. 12.3); nach
(7.23) hat man daher

$$V^*f(t) = \int_t^1 f(s)\, ds, \quad f \in L_2[0, 2\pi].$$

b) Für $\lambda \ne 0$ und eine Eigenfunktion f von V^*V zu λ gilt dann

$$\lambda f(t) = \int_t^1 \int_0^s f(u)\, du\, ds. \tag{12.29}$$

Dies ist äquivalent zu $f(1) = 0$ und

$$\lambda f'(t) = -\int_0^t f(u)\, du.$$

Nochmalige Differentiation zeigt die Äquivalenz von (12.29) mit dem *Randwertproblem*

$$\lambda f''(t) = -f(t), \quad f(1) = 0, f'(0) = 0.$$

c) Mit $\lambda = \frac{1}{\omega^2}$ ist die allgemeine Lösung der Differentialgleichung $f''(t) + \omega^2 f(t) = 0$ wie
in Beispiel 12.2 gegeben durch

$$f(t) = A \sin \omega t + B \cos \omega t, \quad A, B \in \mathbb{C}.$$

Wegen $f'(0) = 0$ muß $A = 0$ sein, und $f(1) = 0$ liefert die Bedingung $\cos \omega = 0$, also
$\omega \in \{(2k + 1)\frac{\pi}{2} \mid k \in \mathbb{Z}\}$. Es genügt wieder, nur $k \in \mathbb{N}_0$ zu betrachten. Der Integraloperator V^*V hat also die Eigenwerte

$$s_k^2 = \frac{4}{\pi^2} \frac{1}{(2k+1)^2}, \quad k \in \mathbb{N}_0, \tag{12.30}$$

mit den zugehörigen orthonormalen Eigenfunktionen

$$e_k(t) = \sqrt{2} \cos \frac{1}{\sqrt{s_k}} t = \sqrt{2} \cos(2k+1)\frac{\pi}{2} t.$$

d) Die Eigenfunktionen von VV^* erhält man aus der Gleichung

$$\lambda f(t) = \int_0^t \int_s^1 f(u)\, du\, ds,$$

die analog zu b) zu dem Randwertproblem (12.11)

$$\lambda f''(t) = -f(t), \quad f(0) = 0, f'(1) = 0$$

äquivalent ist. Es ergeben sich wieder die Eigenwerte s_k^2 aus (12.12) bzw. (12.30) und die orthonormalen Eigenfunktionen

$$f_k(t) = \sqrt{2} \sin \frac{1}{\sqrt{\lambda_k}} t = \sqrt{2} \sin(2k+1)\frac{\pi}{2} t$$

aus (12.13). Die Schmidt-Darstellung des Volterra-Operators lautet also explizit

$$Vf(t) = \sum_{k=0}^{\infty} \frac{4}{(2k+1)\pi} \int_0^1 f(s) \cos(2k+1)\frac{\pi}{2} s\, ds \, \sin(2k+1)\frac{\pi}{2} t.$$

Singuläre Zahlen und Hilbert-Schmidt-Operatoren
Aufgrund von Satz 12.10 ist nach Beispiel c) auf S. 277 ein kompakter Operator $S \in K(H,G)$ genau dann ein *Hilbert-Schmidt-Operator*, wenn $(s_j) \in \ell_2$ gilt, und in diesem Fall hat man

$$\sum_{j=0}^{\infty} s_j(S)^2 = \| S \|_2^2. \tag{12.31}$$

Sobolev-Einbettungen
a) Für $s > u \geq 0$ ist der Sobolev-Einbettungsoperator $i : H_{2\pi}^s \to H_{2\pi}^u$ (vgl. Abschn. 6.2 und S. 152) kompakt. Dies folgt aus Satz 12.1 wegen

$$if = \sum_{k=-\infty}^{\infty} \widehat{f}(k)\, e_k^0 = \sum_{k=-\infty}^{\infty} \langle k \rangle^{u-s} \langle f | e_k^s \rangle_{H^s}\, e_k^u, \quad f \in H_{2\pi}^s.$$

b) Nach Formel (7.28) ist i^*i durch

$$(i^*if) = \sum_{k=-\infty}^{\infty} \langle k \rangle^{2u-2s} \langle f | e_k^s \rangle_{H^s}\, e_k^s$$

diagonalisiert. Wegen $s_j(i)^2 = s_j(i^*i)$ liefert diese zweiseitig unendliche Summe

$$s_0(i) = 1, \quad s_{2k-1}(i) = s_{2k}(i) = \langle k \rangle^{u-s}. \tag{12.32}$$

Insbesondere gilt genau dann $i \in S_2(H_{2\pi}^s, H_{2\pi}^u)$, wenn $s - u > \frac{1}{2}$ ist.

Wir zeigen nun grundlegende Eigenschaften der singulären Zahlen:

Satz 12.11
Es seien E, H, G, F Hilberträume, $S, T \in K(H, G)$, $C \in K(E, H)$, $A \in L(E, H)$ und $B \in L(G, F)$. Dann gilt:

$$s_j(S) = 0 \iff rk\, S \le j, \quad j \in \mathbb{N}_0, \tag{12.33}$$

$$s_j(\lambda S) = |\lambda|\, s_j(S), \quad \lambda \in \mathbb{K}, j \in \mathbb{N}_0, \tag{12.34}$$

$$s_{j+k}(S + T) \le s_j(S) + s_k(T), \quad j, k \in \mathbb{N}_0, \tag{12.35}$$

$$|s_j(S) - s_j(T)| \le \|S - T\|, \quad j \in \mathbb{N}_0, \tag{12.36}$$

$$s_{j+k}(SC) \le s_j(S) \cdot s_k(C), \quad j, k \in \mathbb{N}_0 \tag{12.37}$$

$$s_j(BSA) \le \|B\|\, s_j(S)\, \|A\|, \quad j \in \mathbb{N}_0. \tag{12.38}$$

BEWEIS. ① Aussage (12.33) folgt sofort aus der Schmidt-Darstellung (12.2), Aussage (12.34) aus der MiniMax-Formel (12.24).

② Für $S, T \in K(H, G)$ gibt es nach (12.24) abgeschlossene Unterräume $V, W \subseteq H$ mit $\operatorname{codim} V = j$ und $s_j(S) = \|S|_V\|$ sowie $\operatorname{codim} W = k$ und $s_k(T) = \|T|_W\|$. Dann ist $\operatorname{codim}(V \cap W) \le j + k$, und daher gilt

$$s_{j+k}(S + T) \le \|(S + T)|_{V \cap W}\| \le \|S|_V\| + \|T|_W\| = s_j(S) + s_k(T).$$

Dies zeigt (12.35). Für $k = 0$ ergibt sich insbesondere $s_j(S) \le s_j(T) + \|S - T\|$, und daraus folgt (12.36).

③ Wie in ② wählen wir abgeschlossene Unterräume $V \subseteq H$ und $W \subseteq E$ mit $\operatorname{codim} V = j$ und $s_j(S) = \|S|_V\|$ sowie $\operatorname{codim} W = k$ und $s_k(C) = \|C|_W\|$. Dann ist $U := C^{-1}(V)$ ein abgeschlossener Unterraum von E mit $\operatorname{codim} U \le j$, und man hat $\operatorname{codim}(U \cap W) \le j + k$. Damit folgt (12.37):

$$s_{j+k}(SC) \le \|SC|_{U \cap W}\| \le \|S|_V\| \cdot \|C|_W\| = s_j(S)\, s_k(C).$$

Für $k = 0$ ergibt sich $s_j(SA) \le s_j(S)\|A\|$ auch für nur stetige Operatoren $A \in L(E, H)$. Für $B \in L(G, F)$ ergibt sich $s_j(BS) \le \|B\|\, s_j(S)$ unmittelbar aus (12.24), und dies zeigt schließlich (12.38). ◇

Es folgt eine weitere wichtige Eigenschaft der singulären Zahlen:

Satz 12.12

Für Hilberträume H, G und kompakte Operatoren $S \in K(H, G)$ gilt

$$s_j(S) = \inf \{ \| S - F \| \mid F \in L(H, G), \ rk\, F \leq j \}, \quad j \in \mathbb{N}_0. \tag{12.39}$$

BEWEIS. „$\leq$“: Es sei $F \in L(H, G)$ mit rk $F \leq j$. Für $V := N(F)$ gilt dann codim $V \leq j$, und aufgrund der MiniMax-Formel (12.24) ist

$$s_j(S) \leq \| S|_V \| = \| (S - F)|_V \| \leq \| S - F \|.$$

„$\geq$“: Umgekehrt sei $V \subseteq H$ ein abgeschlossener Unterraum mit codim $V = j$ und $s_j(S) = \| S|_V \|$. Für die orthogonale Projektion P auf $V^\perp$ gilt rk $P = j$ und daher rk $SP \leq j$. Da $I - P$ die orthogonale Projektion auf V ist, ergibt sich die Behauptung nun aus $\| S - SP \| = \| S(I - P) \| = \| S|_V \|$. $\Diamond$

Approximationszahlen

a) Die singulären Zahlen messen also die Güte der Approximation eines kompakten Operators durch endlichdimensionale Operatoren. Diese kann man auch für stetige lineare Operatoren zwischen beliebigen Banachräumen untersuchen:

b) Es seien X, Y Banachräume und $T \in L(X, Y)$. Die *Approximationszahlen* von T sind gegeben durch

$$\alpha_j(T) := \inf \{ \| T - F \| \mid F \in L(X, Y), \ rk\, F \leq j \}, \quad j \in \mathbb{N}_0. \tag{12.40}$$

Für Hilberträume H, G und $S \in K(H, G)$ gilt also $\alpha_j(S) = s_j(S)$ für $j \in \mathbb{N}_0$.

c) Die Folge $(\alpha_j(T))$ in $[0, \infty)$ ist stets monoton fallend, und man hat $\alpha_0(T) = \| T \|$. Die Aussagen (12.33)–(12.38) gelten auch in dieser allgemeinen Situation, vgl. Aufgabe 12.10.

d) Aus $\alpha_j(T) \to 0$ folgt $T \in K(X, Y)$. Die Umkehrung ist genau dann für alle Banachräume X richtig, wenn der Banachraum Y die *Approximationseigenschaft* hat (vgl. S. 250).

12.5 Schatten-Klassen und Integraloperatoren

Die Schatten-Klassen S_p $(0 < p < \infty)$ aller kompakten linearen Operatoren zwischen Hilberträumen, deren singuläre Zahlen p-summierbar sind, wurden 1946/48 von R. Schatten und J. von Neumann eingeführt. Man kann die Räume $S_p(H)$ als „Operatorversionen“ der ℓ_p-Folgenräume betrachten. Wir geben nur eine kurze Einführung in dieses Thema und verweisen für weiterführende Darstellungen auf (König 1986), (Meise und Vogt 1992) oder (Gohberg et al. 1990). Unser Hauptziel hier sind Abschätzungen von singulären Zahlen von Integraloperatoren über kompakten Intervallen, die nach der unten zitierten *Weylschen Ungleichung* (12.41) dann auch für die *Eigenwerte* solcher Operatoren gelten.

Schatten-Klassen

a) Für Hilberträume H, G und $0 < p < \infty$ definieren wir die *Schatten-Klassen*

$$S_p(H, G) := \{ S \in K(H, G) \mid \sum_{j=0}^{\infty} s_j(S)^p < \infty \}$$

und setzen

$$\sigma_p(S) := \Big(\sum_{j=0}^{\infty} s_j(S)^p \Big)^{1/p} \quad \text{für } S \in S_p(H, G) \,.$$

b) Für $S \in S_p(H, G)$ gilt $\sigma_p(S) \geq 0$ und $\sigma_p(S) = 0 \Leftrightarrow S = 0$; für $\lambda \in \mathbb{K}$ hat man weiter $\sigma_p(\lambda S) = |\lambda| \sigma_p(S)$ nach (12.34). Wir zeigen in Satz 12.13 unten die Abschätzung

$$\sigma_p(S + T) \leq C (\sigma_p(S) + \sigma_p(T))$$

mit einer Konstanten $C = C_p \geq 1$; somit ist $S_p(H, G)$ ein Vektorraum, und auf diesem definiert σ_p eine *Quasinorm* (vgl. [Kaballo 2014], Abschn. 6.2).

c) Nach Formel (12.31) ist $S_2(H, G)$ der Raum der Hilbert-Schmidt-Operatoren von H nach G, und $\sigma_2 = \| \ \|_2$ ist eine *Norm* auf $S_2(H, G)$, unter der $S_2(H, G)$ nach Satz 12.8 ein *Hilbertraum* ist. Man kann zeigen (vgl. die o. g. Literatur), dass für $p \geq 1$ auch σ_p eine *Norm* auf $S_p(H, G)$ ist, unter der $S_p(H, G)$ ein *Banachraum* ist. Operatoren in $S_1(H, G)$ heißen auch *nuklear,* und S_1 wird auch als *Spurklasse* bezeichnet (vgl. die Aufgaben 12.15–12.18).

d) Für *normale* Operatoren $S \in S_p(H)$ ist aufgrund von Formel (12.25)

$$\sum_{j=0}^{\infty} |\lambda_j(S)|^p \leq \sigma_p(S)^p < \infty \tag{12.41}$$

für $0 < p < \infty$. Diese Abschätzung gilt sogar für beliebige Operatoren $S \in S_p(H)$, wobei dann die Eigenwerte so oft gezählt werden, wie ihre *algebraische Vielfachheit* angibt. Für einen Beweis dieser von H. Weyl 1949 bewiesenen Ungleichung verweisen wir auf den Aufbaukurs (Kaballo 2014), Abschn. 14.5 und wieder die o. g. Literatur.

e) Mithilfe der *Approximationszahlen* aus (12.40) an Stelle der singulären Zahlen lassen sich auch Räume $S_p(X, Y)$ von Operatoren zwischen beliebigen Banachräumen definieren. H. König bewies 1977 eine Verallgemeinerung der Weylschen Ungleichung auf diese Situation (vgl. [König 1986], Abschn. 2.a).

Beispiele

a) Der durch den stetigen Kern $\kappa(t, s) = \min \{t, s\}$ auf $L_2[0, 1]$ definierte Integraloperator (vgl. S. 273) liegt genau dann in S_p, wenn $p > \frac{1}{2}$ ist.

b) Der Volterra-Integraloperator (vgl. S. 283) liegt in S_p genau für $p > 1$.

Satz 12.13

Es seien $p, q, r > 0$ *mit* $\frac{1}{r} = \frac{1}{p} + \frac{1}{q}$, E, H, G, F *Hilberträume,* $S, T \in S_p(H, G)$ *und* $A \in L(E, H)$, $B \in L(G, F)$. *Dann gilt:*

a) Es ist $S_p(H, G)$ *ein Unterraum von* $K(H, G)$, *und man hat*

$$\sigma_p(S + T) \leq 2^{1/p} (\sigma_p(S) + \sigma_p(T)) \quad \text{für } p \geq 1 \,,$$

$$\sigma_p(S + T)^p \leq 2 (\sigma_p(S)^p + \sigma_p(T)^p) \quad \text{für } 0 < p \leq 1 \,.$$

b) Der Operator $BSA : E \xrightarrow{A} H \xrightarrow{S} G \xrightarrow{B} F$ *liegt in* $S_p(E, F)$, *und es ist*

$$\sigma_p(BSA) \leq \| B \| \, \sigma_p(S) \, \| A \| \,.$$

c) Für $S \in S_p(H, G)$ *und* $A \in S_q(E, H)$ *gilt* $SA \in S_r(E, G)$ *und*

$$\sigma_r(SA) \leq 2^{1/r} \sigma_p(S) \sigma_q(A) \,. \tag{12.42}$$

BEWEIS. a) Für $p \geq 1$ und $n \in \mathbb{N}$ gilt wegen (12.35)

$$\left(\sum_{j=0}^{2n} s_j(S + T)^p \right)^{1/p} \leq \left(2 \sum_{k=0}^{n} s_{2k}(S + T)^p \right)^{1/p} \leq 2^{1/p} \left(\sum_{k=0}^{n} (s_k(S) + s_k(T))^p \right)^{1/p}$$

$$\leq 2^{1/p} (\sigma_p(S) + \sigma_p(T))$$

aufgrund der Minkowskischen Ungleichung. Für $0 < p < 1$ erhält man entsprechend die zweite Abschätzung mittels der elementaren Ungleichung

$$| c + d |^p \leq | c |^p + | d |^p \quad \text{für } c, d \in \mathbb{C} \,.$$

b) Nach (12.37) hat man $s_j(BSA) \leq \| B \| \, s_j(S) \, \| A \|$.

c) Wieder wegen (12.37) hat man für alle $n \in \mathbb{N}$

$$\sum_{j=0}^{2n} s_j(SA)^r \leq 2 \sum_{k=0}^{n} s_{2k}(SA)^r \leq 2 \sum_{k=0}^{n} s_k(S)^r s_k(A)^r$$

$$\leq 2 \left(\sum_{k=0}^{n} s_k(S)^p \right)^{r/p} \left(\sum_{k=0}^{n} s_k(A)^q \right)^{r/q} \leq 2 \, \sigma_p(S)^r \sigma_q(A)^r$$

aufgrund der Hölderschen Ungleichung.   ◇

Ein Produkt von Operatoren ist also mindestens so „glatt" oder „klein" wie einer der Faktoren; die Schatten-Klassen bilden ein *Operatorideal*. Darüber hinaus ist gemäß (12.42) ein Produkt „glatter" oder „kleiner" Operatoren noch „glatter" oder „kleiner" als jeder einzelne Faktor.

Sobolev-Einbettungen

a) Für $s > u$ ist der Sobolev-Einbettungsoperator (vgl. S. 284) $i : H_{2\pi}^s \rightarrow H_{2\pi}^u$ kompakt, und nach Formel (12.32) gilt:

$$i \in S_p(H_{2\pi}^s, H_{2\pi}^u) \quad \Leftrightarrow \quad \sum_{k=0}^{\infty} \langle k \rangle^{p(u-s)} < \infty \quad \Leftrightarrow \quad p\,(s-u) > 1 \,. \tag{12.43}$$

b) Insbesondere liegt für $m \in \mathbb{N}$ die Einbettung $i : H_{2\pi}^m \rightarrow L_2[-\pi, \pi]$ in S_p für alle $p > \frac{1}{m}$. Dies gilt auch für die Einbettung $i : W_2^m(-\pi, \pi) \rightarrow L_2[-\pi, \pi]$, da der Sobolev-Raum $W_2^m(-\pi, \pi)$ (vgl. Satz 6.9 und Aufgabe 5.12) den Raum $H_{2\pi}^m = W_{2,2\pi}^m$ der 2π-periodischen W_2^m-Funktionen als endlichkodimensionalen Unterraum enthält. Diese Aussage gilt natürlich auch über beliebigen kompakten Intervallen.

Integraloperatoren in Schatten-Klassen

a) Nach Satz 12.7 ist ein linearer Integraloperator

$$(Sf)(t) := (S_\kappa f)(t) := \int_a^b \kappa(t, s) f(s)\, ds\,, \quad t \in [a, b]\,,$$

mit stetigem Kern ein *Hilbert-Schmidt-Operator* auf $L_2[a, b]$. Für $0 < p < 2$ untersuchen wir nun, welche zusätzlichen *Glattheitsbedingungen* an den Kern sogar $S_\kappa \in S_p(L_2[a, b])$ implizieren. Dabei genügt es, eine solche Glattheitsbedingung bezüglich der Variablen t zu fordern; wegen $s_j(S_\kappa^*) = s_j(S_\kappa)$ und (vgl. (7.23))

$$(S_\kappa^* g)(t) = \int_a^b \overline{\kappa(s, t)}\, g(s)\, ds\,, \quad t \in [a, b]\,, \quad g \in L_2[a, b]\,,$$

kann man diese stattdessen auch bezüglich der Variablen s fordern.

b) Für $m \in \mathbb{N}_0$ betrachten wir die Räume

$$\mathcal{C}^m\mathcal{C}([a, b]^2) := \{\kappa \in \mathcal{C}([a, b]^2) \mid \forall\, 0 \leq j \leq m\; \exists\, \partial_t^j \kappa \in \mathcal{C}([a, b]^2)\}$$

mit den Normen

$$\|\kappa\|_{\mathcal{C}^m\mathcal{C}} := \sum_{j=0}^m \|\partial_t^j \kappa\|_{\sup}$$

und für $0 < \alpha \leq 1$ zusätzlich die Räume $\Lambda^{m,\alpha}\mathcal{C}([a, b]^2)$ der Funktionen in $\mathcal{C}^m\mathcal{C}([a, b]^2)$, für die

$$\|\kappa\|_{\Lambda^{m,\alpha}\mathcal{C}} := \|\kappa\|_{\mathcal{C}^m\mathcal{C}} + \sup_{t \neq t'}\; \sup_{a \leq s \leq b} \frac{|\partial_t^m \kappa(t, s) - \partial_t^m \kappa(t', s)|}{|t - t'|^\alpha} < \infty$$

gilt. Formal setzen wir noch $\Lambda^{m,0} := C^m$.

c) Für $\kappa \in \Lambda^{m,\alpha}C([a,b]^2)$ bildet der Integraloperator S_κ den Raum $L_2[a,b]$ offenbar stetig in den Raum $\Lambda^{m,\alpha}[a,b]$ ab; der Deutlichkeit wegen bezeichnen wir diesen Operator mit $\widetilde{S}_\kappa$. Der Operator $S_\kappa \in L(L_2[a,b])$ besitzt dann die *Faktorisierung*

$$L_2[a,b] \xrightarrow{\widetilde{S}_\kappa} \Lambda^{m,\alpha}[a,b] \xrightarrow{j} \mathcal{W}_2^m(a,b) \xrightarrow{i} L_2[a,b]. \tag{12.44}$$

Für die Sobolev-Einbettung gilt $i \in S_p(\mathcal{W}_2^m(a,b), L_2[a,b])$ für $p > \frac{1}{m}$, und wegen $j\widetilde{S}_\kappa \in L(L_2[a,b], \mathcal{W}_2^m(a,b))$ ergibt sich daraus $S_\kappa \in S_p(L_2[a,b])$ für $p > \frac{1}{m}$ mittels Satz 12.13 b). Dieses Ergebnis kann allerdings noch wesentlich verschärft werden:

d) Nach Anwendung einer linearen Transformation der Variablen können wir $[a,b] = [-\pi, \pi]$ annehmen. Weiter können wir annehmen, dass der Kern κ eine Einschränkung einer bezüglich t *periodischen* Funktion aus $\Lambda_{2\pi}^{m,\alpha}C(\mathbb{R} \times [-\pi, \pi])$ ist:

e) Wir wählen eine Funktion $\chi \in C^\infty(\mathbb{R})$ mit $\chi(t) = 1$ für $t \leq -2$ und $\chi(t) = 0$ für $t \geq 2$. Für einen Kern $\kappa \in \Lambda^{m,\alpha}C([-\pi, \pi]^2)$ setzen wir

$$\varphi(t,s) := \chi(t) \sum_{j=0}^m (\partial_t^j \kappa(\pi, s) - \partial_t^j \kappa(-\pi, s)) \frac{(t+\pi)^j}{j!} \in C^\infty[-\pi, \pi] \otimes C[-\pi, \pi].$$

Für den Kern $\eta := \kappa + \varphi$ gilt dann $\partial_t^j \eta(-\pi, s) = \partial_t^j \eta(\pi, s)$ für $0 \leq j \leq m$ und $s \in [a,b]$; dieser kann also zu einem Kern $\eta \in \Lambda_{2\pi}^{m,\alpha}C(\mathbb{R} \times [-\pi, \pi])$ periodisch fortgesetzt werden. Wegen $\mathrm{rk}\, S_\varphi \leq m + 1$ und Satz 12.12 hat man dann die Abschätzungen

$$s_j(S_\kappa) \leq s_{j-m-1}(S_\eta) \quad \text{für } j \geq m + 1.$$

Nach diesen Vorbereitungen können wir nun zeigen:

Theorem 12.14

Ein durch einen Kern $\kappa \in \Lambda^{m,\alpha}C([a,b]^2)$ definierter Integraloperator S_κ liegt in $S_p(L_2[a,b])$ für $p > \frac{2}{2(m+\alpha)+1}$.

BEWEIS. a) Aufgrund der obigen Vorbereitungen können wir $[a,b] = [-\pi, \pi]$ und $\kappa \in \Lambda_{2\pi}^{m,\alpha}C(\mathbb{R} \times [-\pi, \pi])$ annehmen. Die Faktorisierung (12.44) von S_κ kann aufgrund von Satz 6.12 verschärft werden zu

$$L_2[a,b] \xrightarrow{\widetilde{S}_\kappa} \Lambda_{2\pi}^{m,\alpha} \xrightarrow{j} H_{2\pi}^s \xrightarrow{i} L_2[-\pi, \pi] \tag{12.45}$$

mit $s = m$ im Fall $\alpha = 0$ und $s = m + \sigma$ mit $0 \leq \sigma < \alpha$ im Fall $0 < \alpha \leq 1$.

b) Ähnlich wie in Satz 12.7 zeigen wir nun, dass $j\widetilde{S}_\kappa \;:\; L_2[-\pi, \pi] \;\rightarrow\; H^s_{2\pi}$ nicht nur stetig, sondern sogar ein *Hilbert-Schmidt-Operator* ist. Dazu verwenden wir die *Sobolev-Slobodeckij-Norm* aus Satz 6.11 auf $H^s_{2\pi}$:

c) Für eine Orthonormalbasis $\{e_k\}_{k\in\mathbb{Z}}$ von $L_2[-\pi, \pi]$ und $\ell \in \mathbb{N}_0$ gilt zunächst

$$\sum_{|k|\leq\ell} \| Se_k \|^2_{W_2^m} = \sum_{|k|\leq\ell} \sum_{j=0}^m \int_{-\pi}^\pi |(\tfrac{d}{dt})^j (Se_k)(t)|^2 \, dt$$

$$= \sum_{|k|\leq\ell} \sum_{j=0}^m \int_{-\pi}^\pi | \int_{-\pi}^\pi \partial_t^j \kappa(t,s)\, e_k(s)\, ds |^2 \, dt$$

$$= \sum_{j=0}^m \int_{-\pi}^\pi \sum_{|k|\leq\ell} | \langle \partial_t^j \kappa_t | \overline{e_k} \rangle_{L_2} |^2 \, dt$$

$$\leq \sum_{j=0}^m \int_{-\pi}^\pi \| \partial_t^j \kappa_t \|^2_{L_2} \, dt \;=\; \sum_{j=0}^m \| \partial_t^j \kappa \|^2_{L_2([-\pi,\pi]^2)}$$

$$\leq C \,\| \kappa \|^2_{\mathcal{C}^m C}$$

aufgrund der Besselschen Ungleichung. Für $0 < \alpha \leq 1$ schätzen wir weiter ab

$$\sum_{|k|\leq\ell} \| (\tfrac{d}{dt})^m Se_k \|^2_{W_2^\sigma} = \sum_{|k|\leq\ell} \int_{-\pi}^\pi \int_{-\pi}^\pi \frac{|\langle \partial_t^m \kappa_{t+\tau} | \overline{e_k} \rangle - \langle \partial_t^m \kappa_t | \overline{e_k} \rangle|^2}{|\tau|^{1+2\sigma}} \, d\tau\, dt$$

$$= \int_{-\pi}^\pi \int_{-\pi}^\pi \sum_{|k|\leq\ell} \frac{|\langle \partial_t^m \kappa_{t+\tau} - \partial_t^m \kappa_t | \overline{e_k} \rangle|^2}{|\tau|^{1+2\sigma}} \, d\tau\, dt$$

$$\leq \int_{-\pi}^\pi \int_{-\pi}^\pi \frac{\| \partial_t^m \kappa_{t+\tau} - \partial_t^m \kappa_t \|^2_{L_2}}{|\tau|^{1+2\sigma}} \, d\tau\, dt$$

$$\leq C \,\| \partial_t^m \kappa \|^2_{\Lambda^\alpha C}$$

wiederum aufgrund der Besselschen Ungleichung. Insgesamt gilt also

$$\sum_{|k|\leq\ell} \| Se_k \|^2_{H^s} \;\leq\; C \,\| \kappa \|^2_{\Lambda^{m,\alpha} C} \tag{12.46}$$

für alle $\ell \in \mathbb{N}_0$ und somit $j\widetilde{S}_\kappa \in S_2(L_2[-\pi, \pi], H^s_{2\pi})$.

d) Nach Formel (12.43) liegt nun die Sobolev-Einbettung i in $S_q(H^s_{2\pi}, L_2[-\pi, \pi])$ für $q > \tfrac{1}{s}$. Nach Satz 12.13 c) folgt insgesamt $S_\kappa \in S_p(L_2[-\pi, \pi])$ für $\tfrac{1}{p} < \tfrac{1}{2} + s$, also für $p > \tfrac{2}{2s+1}$. Da $s < m + \alpha$ beliebig gewählt werden kann, folgt die Behauptung. $\Diamond$

Bemerkungen und Beispiele

a) Für *Faltungsoperatoren* (vgl. Abschn. 12.1) liefert Theorem 12.14 genau die Folgerung zu den Sätzen 6.11 und 6.12 auf S. 132 über *Fourier-Koeffizienten*. Die Bedingung

$p > \frac{2}{2(m+\alpha)+1}$ für die Indizes ist also optimal. Für Verschärfungen von Theorem 12.14 im Rahmen allgemeinerer Funktionenräume und Operatorideale sei auf (König 1986), 3.d oder (Pietsch 1987), 6.4 verwiesen.

b) Für Kerne $\kappa \in \mathcal{C}^1\mathcal{C}([a,b]^2)$ oder $\kappa \in \Lambda^1\mathcal{C}([a,b]^2)$ gilt also $S_\kappa \in S_p(L_2[a,b])$ für $p > \frac{2}{3}$, und man hat $S_\kappa \in S_1(L_2[a,b])$ bereits für $\kappa \in \Lambda^\alpha\mathcal{C}([a,b]^2)$ mit $\alpha > \frac{1}{2}$.

c) Aufgrund der *Weylschen Ungleichung* (12.41) gilt also für die Eigenwerte eines Kerns $\kappa \in \Lambda^{m,\alpha}\mathcal{C}([a,b]^2)$

$$\sum_{j=0}^\infty |\lambda_j(S_\kappa)|^p < \infty \quad \text{für } p > \frac{2}{2(m+\alpha)+1}.$$

12.6   Aufgaben

Aufgabe 12.1

Gegeben sei der auf $[0,1]^2$ stetige Kern $\kappa(t,s) := \begin{cases} s\,(1-t) & , \quad s \leq t \\ t\,(1-s) & , \quad s \geq t \end{cases}$. Geben Sie die Entwicklung (12.4) für den entsprechenden selbstadjungierten Integraloperator S_κ explizit an.

Aufgabe 12.2

Es seien H ein Hilbertraum und $S \in K(H)$ normal mit Spektralzerlegung (12.4). Zeigen Sie für $y \in H$:

$$y \in R(S) \iff y \in N(S)^\perp \quad \text{und} \quad \sum_{\lambda_j \neq 0} \frac{1}{|\lambda_j|^2} |\langle y|e_j\rangle|^2 < \infty.$$

Aufgabe 12.3

Zeigen Sie das folgende „MaxiMin-Prinzip": Es sei $A \in K(H)$ ein positiver kompakter Operator mit den Eigenwerten $\lambda_0 \geq \lambda_1 \geq \ldots \geq 0$. Dann gilt:

$$\lambda_j = \max_{\dim V = j+1} \min\{\langle Ax|x\rangle \mid \|x\| = 1, x \in V\}, \quad j \in \mathbb{N}_0.$$

Aufgabe 12.4

Es seien H ein Hilbertraum und $S, T \in K(H)$ normale Operatoren. Zeigen Sie, dass S und T genau dann *gleichzeitig diagonalisiert* werden können, d. h. dass genau dann ein Orthonormalsystem $\{e_j\}_{j\in\mathbb{N}_0}$ in H mit

$$Sx = \sum_{j=0}^\infty \lambda_j \langle x|e_j\rangle\, e_j \quad \text{und} \quad Tx = \sum_{j=0}^\infty \mu_j \langle x|e_j\rangle\, e_j$$

existiert, wenn $ST = TS$ und $ST^* = T^*S$ gilt.

Bemerkung: Die Bedingung $ST = TS$ impliziert bereits $ST^* = T^*S$, vgl. dazu etwa (Kaballo 2014), Satz 15.8.

Aufgabe 12.5

Es seien H ein Hilbertraum und $S, T \in K(H)$ normale Operatoren. Zeigen Sie, dass S und T genau dann *unitär äquivalent sind,* also $T = U^{-1}SU$ für einen unitären Operator $U \in L(H)$ ist, wenn $\dim(\lambda I - S) = \dim(\lambda I - T)$ für alle $\lambda \in \mathbb{C}$ gilt.

Aufgabe 12.6

Es sei $A = (a_{ij})$ eine Matrix über $\mathbb{N}_0 \times \mathbb{N}_0$ mit (vgl. (7.5))

$$\|A\|_{HS} := \Big(\sum_{i=0}^{\infty} \sum_{j=0}^{\infty} |a_{ij}|^2\Big)^{1/2} < \infty.$$

Zeigen Sie, dass A einen Hilbert-Schmidt-Operator auf ℓ_2 mit $\|A\|_2 = \|A\|_{HS}$ definiert.

Aufgabe 12.7

a) Zeigen Sie Satz 12.7 über allgemeinen Maßräumen (Ω, Σ, μ) mithilfe der Aufgaben 6.8 und 12.6.

b) Zeigen Sie, dass es zu einem Hilbert-Schmidt-Operator $T \in S_2(L_2(\Omega))$ einen Kern $\kappa \in L_2(\Omega^2)$ mit $T = S_\kappa$ gibt.

HINWEIS. Verwenden Sie eine Schmidt-Darstellung (12.2) und beachten Sie S. 124.

Aufgabe 12.8

Es seien $K \subseteq \mathbb{R}^n$ kompakt und $j : \mathcal{C}(K) \to L_2(K)$ die Inklusionsabbildung. Weiter seien H ein Hilbertraum und $T \in L(H, \mathcal{C}(K))$. Zeigen Sie $jT \in S_2(H, L_2(K))$ und $\|jT\|_2^2 \leq \lambda(K) \|T\|^2$.

Aufgabe 12.9

Gegeben sei der Operator

$$T : (x_0, x_1, x_2, x_3, \ldots, x_j, \ldots) \mapsto (0, x_0, \tfrac{x_1}{2}, \tfrac{x_2}{3}, \ldots, \tfrac{x_{j-1}}{j}, \ldots)$$

auf ℓ_2. Berechnen Sie $|T|$ und die singulären Zahlen von T.

Aufgabe 12.10

a) Beweisen Sie die Eigenschaften (12.33)–(12.38) für die Approximationszahlen von Operatoren zwischen Banachräumen.

b) Es sei X ein Banachraum mit $\dim X = j$. Zeigen Sie $\alpha_{j-1}(I_X) = 1$ und $\alpha_j(I_X) = 0$.

Aufgabe 12.11

Es seien X, Y Banachräume und $T \in L(X, Y)$. Die *Gelfand-Zahlen* von T werden definiert durch

$$c_j(T) = \inf_{\operatorname{codim} V = j} \| T|_V \|, \; j \in \mathbb{N}_0,$$

wobei das Infimum über alle abgeschlossenen Unterräume V von X der Kodimension j gebildet wird.

a) Beweisen Sie die Eigenschaften (12.33)–(12.38) für die Gelfand-Zahlen.

b) Es sei $\iota : Y \to Z$ eine Isometrie von Y in einen Banachraum Z. Zeigen Sie $c_j(\iota T) = c_j(T)$ für $T \in L(X, Y)$ und $j \in \mathbb{N}_0$. Gilt dies auch für die Approximationszahlen?

c) Beweisen Sie $c_j(T) \to 0 \iff T \in K(X, Y)$.

Aufgabe 12.12

Es seien X, Y Banachräume und $T \in L(X, Y)$.

a) Zeigen Sie $c_j(T) \leq \alpha_j(T)$ für alle $j \in \mathbb{N}_0$.

b) Beweisen Sie $\alpha_j(T) \leq c_j(T)$ für alle $j \in \mathbb{N}_0$, wenn X ein Hilbertraum ist oder $Y = \ell_\infty(I)$ für eine Indexmenge I gilt.

c) Schließen Sie, dass $\ell_\infty(I)$ die *Approximationseigenschaft* besitzt.

d) Es sei $\iota : Y \to \ell_\infty(I)$ eine Isometrie (vgl. Bemerkung e) auf S. 208). Zeigen Sie $c_j(T) = \alpha_j(\iota T)$ für alle $j \in \mathbb{N}_0$.

Aufgabe 12.13

Es seien H ein Hilbertraum mit Orthonormalbasis $(e_i)_{i \in I}$ und $T \in L(H)$. Beweisen Sie:

a) Aus $0 < p \leq 2$ und $\sum_{i \in I} \| Te_i \|^p < \infty$ folgt $T \in S_p(H)$ und $\sigma_p(T)^p \leq \sum_{i \in I} \| Te_i \|^p$.

b) Aus $p \geq 2$ und $T \in S_p(H)$ folgt $\sum_{i \in I} \| Te_i \|^p \leq \sigma_p(T)^p < \infty$.

Aufgabe 12.14

Für welche Indizes $\alpha, \beta, p > 0$ liegen die Integraloperatoren mit folgenden Kernen $\kappa \in \mathcal{C}([0, 1]^2)$ in $S_p(L_2[0, 1])$?

a) $\kappa(t, s) = t^\alpha (1 - s)^\beta$, b) $\kappa(t, s) = \sin(t^\alpha (1 - s)^\beta)$, c) $\kappa(t, s) = \cos(t^\alpha (1 - s)^\beta)$?

Aufgabe 12.15

a) Es seien H, G Hilberträume. Zeigen Sie, dass $S \in L(H, G)$ genau dann in $S_1(H, G)$ liegt, wenn es Folgen (x_k) in H und (y_k) in G gibt mit

$$\sum_{k=0}^\infty \| x_k \| \, \| y_k \| < \infty \quad \text{und} \quad Sx = \sum_{k=0}^\infty \langle x | x_k \rangle \, y_k \quad \text{für } x \in H. \tag{12.47}$$

b) Beweisen Sie

$$\sigma_1(S) = \inf \{ \sum_{k=0}^\infty \| x_k \| \, \| y_k \| \mid Sx = \sum_{k=0}^\infty \langle x | x_k \rangle \, y_k \} \tag{12.48}$$

für $S \in S_1(H, G)$ und folgern Sie, dass σ_1 eine Norm auf diesem Raum ist.

c) Zeigen Sie, dass $(S_1(H, G), \sigma_1)$ ein Banachraum ist, der $\mathcal{F}(H, G)$ als dichten Unterraum enthält.

Mit diesen Konzepten lässt sich das *Banach-Ideal* (N, ν) der *nuklearen Operatoren* zwischen beliebigen Banachräumen definieren, vgl. etwa (Kaballo 2014), Abschn. 11.2.

Aufgabe 12.16

Es seien H, G, F Hilberträume.

a) Für $S \in S_2(H, G)$ und $T \in S_2(G, F)$ zeigen Sie $TS \in S_1(H, F)$ und die (12.42) verschärfende Abschätzung $\sigma_1(TS) \leq \sigma_2(T)\,\sigma_2(S)$.

b) Nun sei $N \in S_1(H, F)$ gegeben. Konstruieren Sie $S \in S_2(H, F)$ und $T \in S_2(H)$ mit $N = ST$ und $\sigma_1(N) = \sigma_2(T)\,\sigma_2(S)$.

Aufgabe 12.17

Es seien H ein Hilbertraum und $S \in S_1(H)$. Beweisen Sie:

a) Für eine Orthonormalbasis $\{e_i\}_{i \in I}$ von H ist die Familie $(\langle Se_i | e_i \rangle)$ *summierbar*, und die *Spur*

$$\operatorname{tr} S := \sum_{i \in I} \langle Se_i | e_i \rangle$$

ist unabhängig von der Wahl der Orthonormalbasis.

b) Es ist $\operatorname{tr} : (S_1(H), \sigma_1) \to \mathbb{C}$ eine stetige Linearform, und es gilt $\operatorname{tr}(S^*) = \overline{\operatorname{tr}(S)}$.

c) Für jede nukleare Darstellung $S = \sum\limits_{k=0}^{\infty} x_k \otimes y_k$ wie in (12.47) gilt

$$\operatorname{tr} S = \sum_{k=0}^{\infty} \langle y_k | x_k \rangle.$$

d) Für $A \in S_1(H)$ und $B \in L(H)$ oder $A, B \in S_2(H)$ gilt

$$\operatorname{tr}(AB) = \operatorname{tr}(BA).$$

e) Für *normale* Operatoren $S \in S_1(H)$ gilt die *Spurformel*

$$\operatorname{tr} S = \sum_{j=0}^{\infty} \lambda_j(S). \tag{12.49}$$

Formel (12.49) gilt auch für beliebige Operatoren $S \in S_1(H)$, wobei die Eigenwerte so oft gezählt werden, wie ihre *algebraische Vielfachheit* angibt. Für einen Beweis dieses *Satzes von Lidskii* sei auf (Gohberg et al. 1990), VII.6 oder (Meise und Vogt 1992), 16.33 verwiesen, für Spuren im Rahmen von Banachräumen auf (König 1986), 4.a oder (Pietsch 1987), Chapter 4.

Aufgabe 12.18

a) Es seien $K \subseteq \mathbb{R}^n$ kompakt und $\kappa \in \mathcal{C}(K^2)$ ein stetiger Kern mit einer Entwicklung

$$\kappa(t,s) = \sum_{k=1}^{\infty} a_k(t)\, b_k(s) \quad \text{und} \quad \sum_{k=1}^{\infty} \| a_k \|_{\sup} \| b_k \|_{\sup} < \infty \qquad (12.50)$$

für Funktionen $a_k, b_k \in \mathcal{C}(K)$. Zeigen Sie $S_\kappa \in S_1(L_2(K))$ und die *Spurformel*

$$\operatorname{tr} S_\kappa = \int_K \kappa(s,s)\, ds \qquad (12.51)$$

für den Integraloperator S_κ.

b) Verifizieren Sie eine Entwicklung (12.50) für einen Kern $\kappa \in \mathcal{C}_{2\pi}^2 \mathcal{C}(\mathbb{R} \times [-\pi, \pi])$.

c) Beweisen Sie die Spurformel (12.51) für einen Kern $\kappa \in \Lambda_{2\pi}^\alpha \mathcal{C}(\mathbb{R} \times [-\pi, \pi])$ und $\alpha > \frac{1}{2}$.

HINWEIS. Approximieren Sie $\kappa \in \mathcal{C}([-\pi, \pi], \Lambda_{2\pi}^\alpha)$ mittels Theorem 2.7 durch Kerne in $\mathcal{C}[-\pi, \pi] \otimes \Lambda_{2\pi}^\alpha$ und beachten Sie (12.46) und (12.42).

Unbeschränkte Operatoren

13

Fragen

1. Definieren Sie mittels einer unbeschränkten Folge $(a_j)_{j \in \mathbb{N}_0}$ einen linearen Diagonaloperator auf einem geeigneten Definitionsbereich in ℓ_2. Wie sieht dessen Spektrum aus? Geben Sie „den adjungierten" Operator an.
2. Definieren Sie mittels einer auf einer offenen Menge $\Omega \subseteq \mathbb{R}^n$ unbeschränkten stetigen Funktion $a \in \mathcal{C}(\Omega)$ einen linearen Multiplikationsoperator auf einem geeigneten Definitionsbereich in $L_2(\Omega)$. Wie sieht dessen Spektrum aus? Geben Sie „den adjungierten" Operator an.

In diesem letzten Kapitel des Buches stellen wir *unbeschränkte* lineare Operatoren, speziell *selbstadjungierte Operatoren in Hilberträumen* vor. Diese Konzepte wurden von J. von Neumann um 1929 entwickelt; sie sind grundlegend für eine *mathematische Formulierung der Quantenmechanik* und für eine *Spektraltheorie linearer Differentialoperatoren*.

Wie bereits auf S. 73 und S. 56 ausgeführt, kann man weder die *Heisenbergsche Vertauschungsrelation* $PQ - QP = \frac{\hbar}{i} I$ noch lineare Differentialoperatoren im Rahmen *beschränkter* linearer Operatoren auf einem Hilbertraum H (oder einem Banachraum) realisieren; dies gelingt aber mittels *unbeschränkter* linearer Operatoren mit einem echt in H enthaltenen Definitionsbereich.

Die Grundlagen der Spektraltheorie lassen sich auf Operatoren mit *abgeschlossenen Graphen* erweitern; dieses wichtige Konzept untersuchen wir in Abschn. 13.1. Anschließend betrachten wir nur noch lineare Operatoren in Hilberträumen. In Abschn. 13.2 führen wir *adjungierte Operatoren* ein und untersuchen im nächsten Abschnitt *symmetrische* und *selbstadjungierte Operatoren*. Für selbstadjungierte Operatoren mit *kompakten Resolventen* liefert Theorem 12.5 eine *Spektralzerlegung*

© Springer-Verlag GmbH Deutschland 2018
W. Kaballo, *Grundkurs Funktionalanalysis*,
https://doi.org/10.1007/978-3-662-54748-9_13

$$Ax = \sum_{j=0}^{\infty} \lambda_j \langle x | e_j \rangle e_j \quad \text{für } x \in D(A),$$

wobei für die Folge der *reellen Eigenwerte* $| \lambda_j | \to \infty$ für $j \to \infty$ gilt und die *Eigenvektoren* $\{e_j\}_{j \in \mathbb{N}_0}$ eine Orthonormalbasis des Hilbertraums bilden.

In den darauffolgenden Abschnitten stellen wir Anwendungen dieses Spektralsatzes vor. In Abschn. 13.4 zeigen wir einen *Entwicklungssatz* für *reguläre Sturm-Liouville-Randwertprobleme* für gewöhnliche Differentialgleichungen 2. Ordnung und beweisen die *Asymptotik* $\lambda_j \sim j^2$ für die Eigenwerte. Im nächsten Abschnitt lösen wir *Evolutionsgleichungen* $\dot{x} = -Ax$, $x(0) = x_0 \in D(A)$ für selbstadjungierte Operatoren A mit kompakten Resolventen und *höchstens endlich vielen negativen Eigenwerten*. Im letzten Abschn. 13.6 beschreiben wir kurz die Rolle der selbstadjungierten Operatoren in der *Quantenmechanik* und skizzieren Lösungen von *Schrödinger-Gleichungen.*

13.1 Abgeschlossene Operatoren

Wir beginnen mit grundlegenden Definitionen:

Lineare Operatoren und Graphen

Es seien X, Y Banachräume über $\mathbb{K} = \mathbb{R}$ oder $\mathbb{K} = \mathbb{C}$.

a) Ein linearer *Operator* von X nach Y ist eine lineare Abbildung $T : D(T) \to Y$ mit einem Unterraum $D(T) \subseteq X$ als Definitionsbereich. Mit $R(T) \subseteq Y$ bezeichnen wir das Bild von T. Im Fall $X = Y$ nennen wir T einen *Operator in* X.

b) Ein Operator U von X nach Y heißt *Erweiterung* von T, falls $D(T) \subseteq D(U)$ und $Ux = Tx$ für $x \in D(T)$ gilt; wir schreiben dann $T \subseteq U$.

c) Mit $\Gamma(T) := \{(x, Tx) \mid x \in D(T)\} \subseteq X \times Y$ bezeichnen wir, wie auf S. 175, den *Graphen* von T. Durch

$$\tau : D(T) \to \Gamma(T), \quad \tau x := (x, Tx),$$

wird eine *lineare Isomorphie* von $D(T)$ auf den Graphen $\Gamma(T)$ definiert.

d) Auf dem Produktraum $X \times Y$ verwenden wir die ℓ_2-Norm

$$\| (x, y) \|^2 := \| x \|^2 + \| y \|^2, \quad (x, y) \in X \times Y;$$

im Fall von Hilberträumen X, Y ist dann auch $X \times Y$ ein Hilbertraum. Auf dem Vektorraum $D(T)$ definieren wir die *Graphennorm* durch

$$\| x \|_T^2 := \| x \|^2 + \| Tx \|^2, \quad x \in D(T), \tag{13.1}$$

und führen die Bezeichnung

$$D_T := (D(T), \| \; \|_T) \tag{13.2}$$

für den durch die Graphennorm normierten Raum $D(T)$ ein. Damit wird die obige Isomorphie τ zu einer *Isometrie*

$$\tau : D_T \to \Gamma(T), \quad \tau x := (x, Tx). \tag{13.3}$$

Die Inklusion

$$i : D_T \to X, \quad ix := x, \tag{13.4}$$

und der Operator $T : D_T \to Y$ sind offenbar stetig.

e) Ein Operator T von X nach Y heißt *abgeschlossen*, falls sein Graph $\Gamma(T)$ in $X \times Y$ abgeschlossen ist. Nach dem *Satz vom abgeschlossenen Graphen* 8.10 ist ein abgeschlossener Operator mit $D(T) = X$ automatisch stetig.

f) Ein Operator T von X nach Y heißt *abschließbar*, falls der Abschluss $\overline{\Gamma(T)}$ des Graphen ebenfalls ein Graph in $X \times Y$ ist.

Wir formulieren zunächst äquivalente Bedingungen für die Abgeschlossenheit eines Operators:

Satz 13.1
Es seien X, Y Banachräume. Für einen Operator T von X nach Y sind äquivalent:

(a) T ist abgeschlossen.

(b) Für eine Folge (x_n) in $D(T)$ mit $x_n \to x$ in X und $Tx_n \to y$ in Y folgt $x \in D(T)$ und $Tx = y$.

(c) Der normierte Raum D_T ist vollständig.

BEWEIS. „(a) $\Leftrightarrow$ (b)": Für eine Folge (x_n) in $D(T)$ gilt $x_n \to x$ in X und $Tx_n \to y$ in Y genau dann, wenn $(x_n, Tx_n) \to (x, y)$ in $X \times Y$ gilt. Somit ist $\Gamma(T)$ genau dann abgeschlossen, wenn dies stets $(x, y) \in \Gamma(T)$, also die Aussage von (b) impliziert.

„(a) $\Leftrightarrow$ (c)": Aufgrund der Isometrie $D_T \cong \Gamma(T)$ gemäß (13.3) ist D_T genau dann vollständig, wenn dies auf $\Gamma(T)$ zutrifft, wenn also $\Gamma(T)$ in dem vollständigen Raum $X \times Y$ abgeschlossen ist. $\Diamond$

Multiplikationsoperatoren
Es seien $\Omega \subseteq \mathbb{R}^n$ offen und $a \in \mathcal{C}(\Omega)$ eine stetige, i. a. *unbeschränkte* Funktion. Als erstes Beispiel betrachten wir den *Multiplikationsoperator* $M_a : f \mapsto af$ in $L_2(\Omega)$ mit Definitionsbereich

$$D(M_a) := \{ f \in L_2(\Omega) \mid \textstyle\int_\Omega |a(t)f(t)|^2 \, dt < \infty \}. \tag{13.5}$$

Offenbar besteht $D(M_a)$ aus allen Äquivalenzklassen messbarer Funktionen auf Ω mit

$$\|f\|_{M_a}^2 = \int_\Omega |f(t)|^2 (1 + |a(t)|^2)\, dt < \infty,$$

und daher ist $D_{M_a} = L_2(\Omega, (1 + |a|^2)\, dt)$ ein Hilbertraum. Der Operator M_a ist also *abgeschlossen*.

Diagonaloperatoren

Nun sei $a = (a_j)_{j \in \mathbb{N}_0}$ eine beliebige Folge. Als „diskretes Analogon" zu einem Multiplikationsoperator betrachten wir in ℓ_2 den *Diagonaloperator* $\Delta_a = \mathrm{diag}(a_j) : (x_j) \mapsto (a_j x_j)$ mit Definitionsbereich

$$D(\Delta_a) := \{ x = (x_j) \in \ell_2 \mid \sum_{j=0}^\infty |a_j x_j|^2 < \infty \}. \tag{13.6}$$

Dann ist auch $D_{\Delta_a} = \ell_2((1 + |a|^2)^{1/2})$ ein Hilbertraum (vgl. Aufgabe 6.9), und der Operator Δ_a ist ebenfalls *abgeschlossen*.

Für abgeschlossene Operatoren gilt die folgende Variante von Satz 8.9:

Satz 13.2
Es seien X, Y Banachräume und $T : D(T) \to Y$ ein abgeschlossener Operator mit

$$\exists\, \gamma > 0\ \forall\, x \in D(T) : \ \|Tx\| \geq \gamma \|x\|. \tag{13.7}$$

Dann ist T injektiv, und das Bild $R(T)$ ist abgeschlossen.

BEWEIS. Aus (13.7) folgt $(1 + \gamma)\|Tx\| \geq \gamma (\|Tx\| + \|x\|) \geq \gamma \|x\|_T$, und nach Satz 8.9 ist das Bild des beschränkten linearen Operators $T : D_T \to Y$ abgeschlossen. Die Injektivität von T ist klar.   ◊

Ein Differentialoperator

a) Über einem kompakten Intervall $J = [a, b]$ betrachten wir den Differentialoperator $T : f \mapsto f'$ mit Definitionsbereich $D(T) = \mathcal{C}^1(J)$ im Banachraum $\mathcal{C}(J)$. Für die Folge $(f_n(t) := \frac{1}{n} \sin n(t - a))$ gilt $\|f_n\|_{\sup} \to 0$, aber $(f_n'(t) = \cos n(t - a))$ und somit $\|Tf_n\|_{\sup} = 1 \not\to 0$; der Operator $T : (D(T), \|\ \|_{\sup}) \to \mathcal{C}(J)$ ist also *unstetig*.

b) Es ist jedoch T ein *abgeschlossener* Operator in $\mathcal{C}(J)$, da $\mathcal{C}^1(J)$ unter der zu $\|\ \|_{\mathcal{C}^1}$ äquivalenten Graphennorm vollständig ist. Dies ergibt sich auch aus Satz 13.1 (b): Für eine Folge (f_n) in $\mathcal{C}^1(J)$ mit $f_n \to f$ in $\mathcal{C}(J)$ und $f_n' \to g$ in $\mathcal{C}(J)$ folgt $f \in \mathcal{C}^1(J)$ und $f' = g$ (vgl. etwa [Kaballo 2000], 22.14 für eine etwas schärfere Aussage).

c) Im Hilbertraum $L_2(J)$ dagegen ist T *nicht* abgeschlossen, da man für eine Folge (f_n) in $\mathcal{C}^1(J)$ aus $f_n \to f$ in $L_2(J)$ und $f_n' \to g$ in $L_2(J)$ nicht $f \in \mathcal{C}^1(J)$ schließen kann.

Der Operator ist jedoch *abschließbar;* zum Nachweis dieser Tatsache verwenden wir den folgenden

Satz 13.3

Es seien X, Y Banachräume. Für einen Operator T von X nach Y sind äquivalent:

(a) T ist abschließbar.

(b) Für eine Folge (x_n) in $D(T)$ mit $x_n \to 0$ in X und $Tx_n \to y$ in Y folgt $y = 0$.

(c) Die stetige Fortsetzung $\widehat{i} : \widehat{D_T} \to X$ der Inklusion (13.4) auf die Vervollständigung von D_T ist injektiv.

BEWEIS. „(a) $\Rightarrow$ (b)": In (b) gilt $(0, y) \in \overline{\Gamma(T)}$, also $y = 0$, da $\overline{\Gamma(T)}$ ein Graph ist.

„(b) $\Rightarrow$ (a)": Für $(x, y) \in \overline{\Gamma(T)}$ und $(x, y') \in \overline{\Gamma(T)}$ gibt es Folgen (x_n, y_n) und (x'_n, y'_n) in $\Gamma(T)$ mit $(x_n, y_n) \to (x, y)$ und $(x'_n, y'_n) \to (x, y')$. Dann ist $(x_n - x'_n)$ eine Folge in $D(T)$ mit $x_n - x'_n \to 0$ in X und $T(x_n - x'_n) \to y - y'$ in Y. Aus (b) folgt dann $y - y' = 0$, und folglich ist $\overline{\Gamma(T)}$ ein Graph.

„(a) $\Leftrightarrow$ (c)": Der Operator τ aus (13.3) lässt sich zu einer *surjektiven Isometrie*

$$\widehat{\tau} : \widehat{D_T} \to \overline{\Gamma(T)}$$

auf die Vervollständigung von D_T fortsetzen. Mit der *Projektion*

$$\pi : X \times Y \to X, \quad \pi(x, y) := x,$$

gilt $i = \pi \tau$ und somit auch $\widehat{i} = \pi \widehat{\tau}$. Daher ist $\widehat{i}$ genau dann injektiv, wenn dies auf $\pi|_{\overline{\Gamma(T)}}$ zutrifft, und dies ist genau dann der Fall, wenn $\overline{\Gamma(T)}$ ein Graph ist. $\diamond$

Beachten Sie bitte, dass die stetige Fortsetzung eines injektiven linearen Operators auf den Abschluss oder die Vervollständigung von dessen Definitionsbereich i. a. *nicht* injektiv ist, vgl. dazu S. 48 und Aufgabe 5.9.

Abschluss von Operatoren

a) Für einen abschließbaren Operator T von X nach Y ist also $\overline{\Gamma(T)}$ der Graph eines Operators $\overline{T}$ von X nach Y, und dieser *Abschluss* $\overline{T}$ von T ist offenbar die *minimale abgeschlossene Erweiterung* von T.

b) Für ein Paar $((x, y)$ in $X \times Y$ gilt genau dann $(x, y) \in \Gamma(\overline{T}) = \overline{\Gamma(T)}$, wenn es eine Folge $((x_n, Tx_n))$ in $\Gamma(T)$ mit $(x_n, Tx_n) \to (x, y)$ in $X \times Y$ gibt. Somit gilt

$$D(\overline{T}) = \{x \in X \mid \exists\, D(T) \ni x_n \to x \text{ mit } (Tx_n) \text{ konvergent in } Y\} \quad \text{und} \quad (13.8)$$

$$\overline{T}(x) = \lim_{n \to \infty} Tx_n \quad \text{für } x \in D(\overline{T}) \quad (13.9)$$

und (x_n) wie in (13.8); wegen der Abschließbarkeit von T hängt dieser Limes nicht von der Wahl der Folge (x_n) ab.

Abschluss eines Differentialoperators

a) Für den auf S. 300 betrachteten Differentialoperator $T : f \mapsto f'$ in $L_2[a,b]$ stimmt die *Graphennorm* wegen

$$\| f \|_T^2 \; = \; \| f \|_{L_2}^2 + \| f' \|_{L_2}^2 \; = \; \| f \|_{W_2^1}^2$$

auf $D(T) = \mathcal{C}^1[a,b]$ mit der *Sobolev-Norm* $\| \;\; \|_{W_2^1}$ überein; die Vervollständigung $\widehat{D_T}$ ist also der Sobolev-Hilbertraum $W_2^1(a,b)$.

b) Wir haben auf S. 106 gezeigt, dass die Abbildung $\widehat{i} : \widehat{D_T} = W_2^1(a,b) \to L_2[a,b]$ injektiv ist; somit ist T abschließbar nach Satz 13.3 (c). Dies ergibt sich auch aus Satz 13.3 (b): Es sei (f_n) eine Folge in $\mathcal{C}^1[a,b]$ mit $f_n \to 0$ in $L_2[a,b]$ und $f_n' \to g$ in $L_2[a,b]$. Für jede Testfunktion $\varphi \in \mathcal{D}(a,b)$ gilt dann

$$\int_a^b g(t)\,\varphi(t)\,dt \; = \; \lim_{n\to\infty} \int_a^b f_n'(t)\,\varphi(t)\,dt \; = \; - \lim_{n\to\infty} \int_a^b f_n(t)\,\varphi'(t)\,dt \; = \; 0\,,$$

und Satz 5.9 impliziert $g = 0$.

c) Für $f \in D(\overline{T})$ gibt es eine Folge (f_n) in $\mathcal{C}^1[a,b]$ mit $f_n \to f$ und $f_n' \to \overline{T}f$ in $L_2[a,b]$. Für jede Testfunktion $\varphi \in \mathcal{D}(a,b)$ gilt dann

$$\int_a^b \overline{T}f(t)\,\varphi(t)\,dt = \lim_{n\to\infty} \int_a^b f_n'(t)\,\varphi(t)\,dt = - \lim_{n\to\infty} \int_a^b f_n(t)\,\varphi'(t)\,dt = - \int_a^b f(t)\,\varphi'(t)\,dt\,,$$

und daher ist $\overline{T}f = f'$ die *schwache Ableitung* von f. Es folgt $D(\overline{T}) \subseteq \mathcal{W}_2^1(a,b)$, und aufgrund des Approximationssatzes 5.12 gilt sogar $D(\overline{T}) = \mathcal{W}_2^1(a,b)$.

Summen, Produkte und Inverse von Operatoren

a) Bei der Definition von Summen und Produkten von Operatoren ist natürlich auf die Definitionsbereiche zu achten. Für Operatoren T und S von X nach Y setzen wir

$$D(T + S) := D(T) \cap D(S) \quad \text{und} \quad (T + S)x := Tx + Sx \quad \text{für} \; x \in D(T + S)\,.$$

b) Für einen weiteren Operator U von Y nach Z sei

$$D(UT) := \{x \in D(T) \mid Tx \in D(U)\} \quad \text{und} \quad (UT)x := UTx \quad \text{für} \; x \in D(UT)\,.$$

c) Für einen *injektiven* Operator T definieren wir den *inversen Operator* von Y nach X einfach durch $D(T^{-1}) := R(T)$ und $T^{-1}y := x$ für $y = Tx$; dann gilt offenbar $R(T^{-1}) = D(T)$. Für die Isometrie

$$V : X \times Y \to Y \times X\,, \quad V(x,y) := (y,x)\,, \tag{13.10}$$

gilt dann $\Gamma(T^{-1}) = V\Gamma(T)$; somit ist T^{-1} genau dann abgeschlossen, wenn dies auf T zutrifft.

Nun können wir die grundlegenden Begriffe der Spektraltheorie für unbeschränkte Operatoren einführen:

Spektrum und Resolvente

Es sei T ein Operator in einem Banachraum X. Die *Resolventenmenge* von T wird definiert durch

$$\rho(T) := \{\lambda \in \mathbb{C} \mid \lambda I - T : D(T) \to X \text{ bijektiv, } (\lambda I - T)^{-1} \text{ beschränkt}\} ; \qquad (13.11)$$

ihr Komplement $\sigma(T) := \mathbb{C}\backslash\rho(T)$ heißt *Spektrum* von T. Die *Resolvente* wird auf $\rho(T)$ definiert durch $R_T(\lambda) := (\lambda I - T)^{-1} \in L(X)$.

Satz 13.4

Es sei T ein abgeschlossener *Operator im Banachraum X.*

a) Für $\lambda \in \mathbb{C}$ ist auch $\lambda I - T$ abgeschlossen.

b) Die Resolventenmenge von T ist gegeben durch

$$\rho(T) := \{\lambda \in \mathbb{C} \mid \lambda I - T : D(T) \to X \text{ ist bijektiv}\} . \qquad (13.12)$$

Sie ist offen *in $\mathbb{C}$, und die* Resolvente $R_T : \rho(T) \to L(X)$ *ist holomorph.*

BEWEIS. a) Es sei (x_n) eine Folge in $D(\lambda I - T) = D(T)$ mit $x_n \to x$ in X und $(\lambda I - T)x_n \to y$ in X. Dann folgt $Tx_n \to \lambda x - y$, also $x \in D(T) = D(\lambda I - T)$ und $Tx = \lambda x - y$, also $(\lambda I - T)x = y$.

b) Es sei $\mu \in \mathbb{C}$, sodass $\mu I - T : D(T) \to X$ bijektiv ist. Da D_T und X Banachräume sind und $\mu I - T : D_T \to X$ stetig ist, ist auch die Inverse $(\mu I - T)^{-1} : X \to D_T$ stetig aufgrund des Satzes vom inversen Operator 8.8. Insbesondere hat man $\mu \in \rho(T)$ und $R_T(\mu) \in L(X)$.

Nun sei $\lambda \in \mathbb{C}$ mit $|\lambda - \mu| < \|R_T(\mu)\|^{-1}$. Nach Satz 4.1 ist dann auch

$$\lambda I - T = (\lambda - \mu)I + \mu I - T = [(\lambda - \mu)R_T(\mu) + I](\mu I - T) : D(T) \to X$$

ein bijektiver Operator von $D(T)$ nach X, und man hat $\lambda \in \rho(T)$. Weiter ist

$$(\lambda I - T)^{-1} = (\mu I - T)^{-1} \sum_{k=0}^{\infty} (-1)^k R_T(\mu)^k (\lambda - \mu)^k$$

für $|\lambda - \mu| < \|R_T(\mu)\|^{-1}$, und somit ist die Resolvente holomorph.   ◊

Abb. 13.1 Die Funktionen f_k

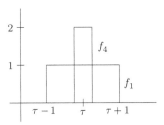

Für abgeschlossene Operatoren T und $\lambda \in \rho(T)$ ist also $(\lambda I - T)^{-1} : X \to D_T$ stetig, insbesondere also auch stetig als Operator von X nach X. Mit der *Resolventen* $R_T(\lambda) \in L(X)$ ist im Folgenden immer der letztere Operator gemeint. Dann ist also $R_T : \rho(T) \to L(X)$ holomorph; der Beweis des Satzes zeigt auch, dass sogar die Funktion $(\cdot I - T)^{-1} : \rho(T) \to L(X, D_T)$ holomorph ist.

Beispiele

a) Für den Diagonaloperator Δ_a in ℓ_2 aus (13.6) ist offenbar a_j ein Eigenwert mit dem Einheitsvektor e_j als Eigenvektor; daher gilt $\overline{\{a_j \mid j \in \mathbb{N}_0\}} \subseteq \sigma(\Delta_a)$. Für $\lambda \in \mathbb{C} \backslash \overline{\{a_j \mid j \in \mathbb{N}_0\}}$ gibt es $\delta > 0$ mit $|\lambda - a_j| \geq \delta$ für alle $j \in \mathbb{N}_0$; der Operator $\mathrm{diag}(\frac{1}{\lambda - a_j})$ ist daher auf ℓ_2 beschränkt. Somit gilt:

$$\sigma(\Delta_a) = \overline{\{a_j \mid j \in \mathbb{N}_0\}} \quad \text{und} \quad R_{\Delta_a}(\lambda) = \mathrm{diag}(\tfrac{1}{\lambda - a_j}) \text{ für } \lambda \in \rho(\Delta_a). \tag{13.13}$$

b) Für den Multiplikationsoperator M_a in $L_2(\Omega)$ aus (13.5) gilt analog zu a)

$$\sigma(M_a) = \overline{a(\Omega)} \quad \text{und} \quad R_{M_a}(\lambda) = M_{(\lambda - a)^{-1}} \text{ für } \lambda \in \rho(M_a). \tag{13.14}$$

Die Inklusion „$\subseteq$" ergibt sich wie in a). Für einen Punkt $\lambda = a(\tau) \in a(\Omega)$ betrachten wir die Funktionen $f_k := k^{n/2} \chi_k$, wobei χ_k die charakteristische Funktion der Kugel $B_k := B_{1/k}(\tau)$ ist (vgl. Abb. 13.1). Dann ist $\|f_k\|_{L_2}^2 = \int_{B_k} k^n \, dt = \omega_n$ das Volumen der n-dimensionalen Einheitskugel, und man hat

$$\| (\lambda - M_a) f_k \|_{L_2}^2 = \int_{B_k} |\lambda - a(t)|^2 \, k^n \, dt \leq \omega_n \sup_{t \in B_k} |\lambda - a(t)|^2 \to 0;$$

daher kann keine Abschätzung $\| (\lambda - M_a) f \| \geq c \|f\|$ mit einer Konstanten $c > 0$ gelten, und man hat $\lambda \in \sigma(M_a)$. Beachten Sie bitte, dass $\lambda = a(\tau) \in a(\Omega)$ nicht unbedingt ein Eigenwert von M_a sein muss.

Für eine in $\mathbb{C}$ dichte Folge $a = (a_j)_{j \in \mathbb{N}_0}$ gilt $\rho(\Delta_a) = \emptyset$ nach (13.13), ganz im Gegensatz zum Fall beschränkter linearer Operatoren. Umgekehrt kann auch $\sigma(T) = \emptyset$ gelten:

Beispiele

a) Wie auf S. 300 betrachten wir den abgeschlossenen Differentialoperator $T : f \mapsto f'$ mit $D(T) = \mathcal{C}^1[a,b]$ in $\mathcal{C}[a,b]$. Wegen $(\lambda I - T)e^{\lambda t} = 0$ ist jeder Punkt $\lambda \in \mathbb{C}$ ein Eigenwert von T, und daher ist $\rho(T) = \emptyset$.

b) Jetzt betrachten wir die Einschränkung T_0 von T auf den Definitionsbereich $D(T_0) := \{f \in \mathcal{C}^1[a,b] \mid f(a) = 0\}$. Die Eigenfunktionen $e^{\lambda t}$ aus a) liegen dann nicht in $D(T_0)$. Im Gegensatz zu a) ist der abgeschlossene Operator $\lambda I - T_0 : D(T_0) \to \mathcal{C}[a,b]$ für alle $\lambda \in \mathbb{C}$ bijektiv, da das *Anfangswertproblem*

$$-\dot{x}(t) + \lambda x(t) = g(t), \quad x(a) = 0,$$

für jede Funktion $g \in \mathcal{C}[a,b]$ eine eindeutige Lösung $f \in \mathcal{C}^1[a,b]$ hat (vgl. Abschn. 4.2). Folglich gilt $\sigma(T_0) = \emptyset$.

Wir wenden nun Theorem 11.14 über das Spektrum *kompakter* linearer Operatoren auf die Untersuchung gewisser unbeschränkter Operatoren mit nicht leerer Resolventenmenge an.

Satz 13.5

Es seien T ein abgeschlossener Operator in einem Banachraum X und $\mu \in \rho(T)$. Dann sind äquivalent:

(a) Die Einbettung $i : D_T \to X$ ist kompakt.

(b) Die Resolvente $R_T(\mu) : X \to X$ ist kompakt.

BEWEIS. „(a) $\Rightarrow$ (b)": Es ist $(\mu I - T)^{-1} : X \to D_T$ stetig und daher die Resolvente $R_T(\mu) = i(\mu I - T)^{-1} : X \to X$ nach (a) kompakt.

„(b) $\Rightarrow$ (a)": Es ist $\mu I - T : D_T \to X$ stetig und daher $i = R_T(\mu)(\mu I - T) : D_T \to X$ nach (b) kompakt. $\diamond$

Ist also *eine* Resolvente $R_T(\mu) \in L(X)$ kompakt, so gilt dies für *alle* Resolventen $R_T(\lambda) \in L(X)$, $\lambda \in \rho(T)$. Operatoren, die die in diesem Satz formulierten Eigenschaften besitzen, heißen *Operatoren mit kompakten Resolventen* oder, aufgrund von Satz 13.6 unten, *Operatoren mit diskretem Spektrum*.

Beispiele

a) Ein Beispiel eines solchen Operators ist der Operator T_0 aus Teil b) des letzten Beispiels, da ja die Einbettung $i : \mathcal{C}^1[a,b] \to \mathcal{C}[a,b]$ kompakt ist.

b) Für eine Folge $a = (a_j)_{j \in \mathbb{N}_0}$ mit $|a_j| \to \infty$ für $j \to \infty$ ist nach Aufgabe 6.10 die Einbettung $\ell_2((1 + |a|^2)^{1/2}) \to \ell_2$ kompakt. Somit besitzt der Diagonaloperator Δ_a eine kompakte Resolvente, da nach (13.13) ja auch $\rho(\Delta_a) \neq \emptyset$ gilt. In diesem Fall ist $\sigma(\Delta_a)$ sogar eine Folge ohne Häufungspunkt in $\mathbb{C}$. Dies gilt allgemein:

Satz 13.6

Es sei T ein abgeschlossener Operator mit kompakten Resolventen in einem Banachraum X. Dann ist das Spektrum $\sigma(T)$ höchstens abzählbar ohne Häufungspunkt in $\mathbb{C}$.

BEWEIS. Es gibt einen Punkt $\mu \in \rho(T)$, sodass die Resolvente $R_T(\mu) \in K(X)$ kompakt ist. Für $\lambda \in \mathbb{C}$ gilt

$$\lambda I - T \; = \; (\mu I - T) + (\lambda - \mu)I \; = \; (I - (\mu - \lambda)R_T(\mu))\,(\mu I - T)\,,$$

und für $\lambda \neq \mu$ ergibt sich daraus

$$\lambda \in \sigma(T) \;\Leftrightarrow\; \tfrac{1}{\mu - \lambda} \in \sigma(R_T(\mu))\,. \tag{13.15}$$

Nach Theorem 11.14 ist $\sigma(R_T(\mu))$ höchstens abzählbar mit $\{0\}$ als einzig möglichem Häufungspunkt, und daraus folgt die Behauptung.   ◇

Nach Beispiel b) auf S. 305 kann $\sigma(T) = \emptyset$ gelten; nach (13.15) ist dies genau dann der Fall, wenn $\sigma(R_T(\mu)) = \{0\}$ ist, d. h. wenn die Resolvente $R_T(\mu)$ *quasinilpotent* ist. In diesem Fall sind dann sogar alle Resolventen von T quasinilpotent.

13.2 Adjungierte Operatoren

Ab jetzt betrachten wir nur noch Operatoren zwischen Hilberträumen H, G. Das Skalarprodukt auf dem Hilbertraum $H \times G$ ist gegeben durch

$$\langle (x_1, y_1) | (x_2, y_2) \rangle \; = \; \langle x_1 | x_2 \rangle_H + \langle y_1 | y_2 \rangle_G\,.$$

Konstruktion adjungierter Operatoren

a) Es seien H, G Hilberträume und $T : D(T) \to G$ ein Operator von H nach G. Ist für ein $y \in G$ die Linearform $x \mapsto \langle Tx | y \rangle$ *stetig* auf $D(T)$, so kann sie nach Satz 3.7 zu einer stetigen Linearform auf $\overline{D(T)}$ fortgesetzt werden. Nach dem *Rieszschen Darstellungssatz* 7.3 gibt es dann genau einen Vektor $z \in \overline{D(T)}$ mit

$$\langle Tx | y \rangle \; = \; \langle x | z \rangle\,, \quad x \in D(T)\,.$$

b) Diese Formel gilt auch für jeden Vektor $z + n$ mit $n \in D(T)^{\perp}$; ein Vektor $z \in H$ ist also durch sie genau dann *eindeutig* bestimmt, wenn $D(T)^{\perp} = \{0\}$ ist, wenn also $D(T)$ in H *dicht* ist. In diesem Fall setzen wir

$$D(T^*) := \{ y \in G \mid x \mapsto \langle Tx | y \rangle \text{ ist stetig} \} \tag{13.16}$$

und definieren den *adjungierten Operator* $T^* : D(T^*) \to H$ zu T durch

$$\langle x | T^* y \rangle = \langle Tx | y \rangle, \quad x \in D(T), \ y \in D(T^*). \tag{13.17}$$

Beispiele

a) Der Diagonaloperator Δ_a in ℓ_2 aus (13.6) ist wegen $[e_j]_{j \in \mathbb{N}_0} \subseteq D(\Delta_a)$ dicht definiert. Für $x \in D(\Delta_a)$ und $y \in D(\Delta_{\bar{a}}) = D(\Delta_a)$ gilt

$$\langle \Delta_a x | y \rangle = \sum_{j=0}^{\infty} a_j x_j \, \overline{y_j} = \sum_{j=0}^{\infty} x_j \, \overline{\overline{a_j} y_j} = \langle x | \Delta_{\bar{a}} y \rangle,$$

und daher ist $\Delta_{\bar{a}} \subseteq \Delta_a^*$. Für $y \in D(\Delta_a^*)$ und $z := \Delta_a^* y \in \ell_2$ gilt dann

$$a_j \, \overline{y_j} = \langle \Delta_a e_j | y \rangle = \langle e_j | z \rangle = \overline{z_j}$$

für alle Einheitsvektoren e_j, und daher folgt $y \in D(\Delta_a) = D(\Delta_{\bar{a}})$ und $\Delta_{\bar{a}} = \Delta_a^*$.

b) Der Multiplikationsoperator M_a in $L_2(\Omega)$ aus (13.5) ist wegen $\mathcal{C}_c(\Omega) \subseteq D(M_a)$ dicht definiert , und es ist $M_a^* = M_{\bar{a}}$. In der Tat gilt zunächst

$$\langle M_a f | g \rangle = \int_\Omega a(t) f(t) \, \overline{g(t)} \, dt = \int_\Omega f(t) \, \overline{\overline{a(t)} g(t)} \, dt = \langle f | M_{\bar{a}} g \rangle$$

für $f \in D(M_a)$ und $g \in D(M_{\bar{a}}) = D(M_a)$, und dies zeigt $M_{\bar{a}} \subseteq M_a^*$. Umgekehrt sei nun $g \in D(M_a^*)$ und $h := M_a^* g \in L_2(\Omega)$. Dann gilt

$$\int_\Omega a(t) f(t) \, \overline{g(t)} \, dt = \langle M_a f | g \rangle = \langle f | h \rangle = \int_\Omega f(t) \, \overline{h(t)} \, dt \tag{13.18}$$

für alle $f \in D(M_a)$. Nun sei $K \subseteq \Omega$ kompakt und $\varphi \in L_2(K)$. Die durch 0 auf Ω fortgesetzte Funktion $\widetilde{\varphi}$ liegt dann in $D(M_a)$, und aus (13.18) folgt

$$\int_K a(t) \varphi(t) \, \overline{g(t)} \, dt = \int_\Omega a(t) \widetilde{\varphi}(t) \, \overline{g(t)} \, dt = \int_\Omega \widetilde{\varphi}(t) \, \overline{h(t)} \, dt = \int_K \varphi(t) \, \overline{h(t)} \, dt \,.$$

Dies zeigt $\overline{a(t)} g(t) = h(t)$ fast überall auf K und somit auch fast überall auf Ω. Folglich gilt $\bar{a} g \in L_2(\Omega)$ und somit $g \in D(M_{\bar{a}})$.

In ungünstigen Fällen kann $D(T^*) = \{0\}$ sein:

Beispiel

a) Es seien $\{e_k\}_{k \in \mathbb{N}_0}$ die Einheitsvektoren in ℓ_2 und $D(T) = [e_k]_{k \in \mathbb{N}_0}$. Für eine Indizierung $\{e_{ij}\}_{\mathbb{N}_0 \times \mathbb{N}_0}$ dieser Einheitsvektoren über $\mathbb{N}_0 \times \mathbb{N}_0$ definieren wir $T : D(T) \to \ell_2$ durch $Te_{kj} = e_k$, $k \in \mathbb{N}_0$, und lineare Fortsetzung.

b) Nun sei $y = (y_k)_{k \in \mathbb{N}_0} \in D(T^*)$. Für $k, j \in \mathbb{N}$ gilt

$$\langle e_{kj} | T^* y \rangle = \langle Te_{kj} | y \rangle = \langle e_k | y \rangle = \overline{y_k}.$$

Nach der Besselschen Ungleichung ist aber $\sum_{j=1}^{\infty} |\langle e_{kj}|T^*y\rangle|^2 < \infty$, und somit gilt $\overline{y_k} = \lim_{j\to\infty} \langle e_{kj}|T^*y\rangle = 0$ für alle $k \in \mathbb{N}_0$. Folglich ist $D(T^*) = \{0\}$.

Der Operator T aus dem letzten Beispiel ist *nicht abschließbar* aufgrund des folgenden Resultats:

Satz 13.7

a) Ein adjungierter Operator $T^* : D(T^*) \to H$ ist stets abgeschlossen.

b) Es ist $D(T^*)$ genau dann dicht in G, wenn T abschließbar ist.

c) Für abschließbare Operatoren gilt $\overline{T}^* = T^*$ und $T^{**} = \overline{T}$.

BEWEIS. Ähnlich wie in (13.10) verwenden wir die Isometrie

$$U : G \times H \to H \times G, \quad U(y,x) := (-x,y); \tag{13.19}$$

a) ergibt sich dann sofort aus der Formel

$$U(\Gamma(T^*)) = \Gamma(T)^{\perp}. \tag{13.20}$$

Für $x \in D(T)$ und $v \in D(T^*)$ gilt $\langle(x,Tx)|(-T^*v,v)\rangle = 0$ nach (13.17). Ist umgekehrt $(u,v) \in \Gamma(T)^{\perp}$ gegeben, so gilt $\langle x|u\rangle + \langle Tx|v\rangle = 0$ für $x \in D(T)$. Dies bedeutet $v \in D(T^*)$ und $T^*v = -u$, und es folgt $(u,v) = (-T^*v,v) = U(v,T^*v) \in U(\Gamma(T^*))$.

b) „$\Rightarrow$": Es sei (x_n) eine Folge in $D(T)$ mit $x_n \to 0$ in H und $Tx_n \to y$ in G. Für $z \in D(T^*)$ gilt dann

$$\langle y|z\rangle = \lim_{n\to\infty} \langle Tx_n|z\rangle = \lim_{n\to\infty} \langle x_n|T^*z\rangle = 0,$$

und wegen der Dichtheit von $D(T^*)$ in G muss $y = 0$ sein.

„$\Leftarrow$": Für $z \in D(T^*)^{\perp}$ gilt $(z,0) \in \Gamma(T^*)^{\perp}$ und somit (vgl. Aufgabe 7.19)

$$(0,z) \in U(\Gamma(T^*)^{\perp}) = (U\Gamma(T^*))^{\perp} = \Gamma(T)^{\perp\perp} = \overline{\Gamma(T)}$$

nach (13.20) und (7.15). Da nun $\overline{\Gamma(T)}$ ein Graph ist, folgt $z = 0$, und somit ist $D(T^*)$ dicht in G.

c) Aus (13.20) ergibt sich weiter

$$U(\Gamma(T^*)) = \Gamma(T)^{\perp} = \overline{\Gamma(T)}^{\perp} = \Gamma(\overline{T})^{\perp} = U(\Gamma(\overline{T}^*))$$

und damit $\Gamma(\overline{T}^*) = \Gamma(T^*)$.

Schließlich wenden wir Aussage (13.20) auf T^* an. Der Isometrie U aus (13.19) entspricht

$$W : H \times G \to G \times H, \quad W(x,y) := (-y,x) = -U^{-1}(x,y).$$

Damit ergibt sich $W(\Gamma(T^{**})) = \Gamma(T^*)^\perp$ mittels (13.20), also

$$\Gamma(T^{**}) = W^{-1}(\Gamma(T^*)^\perp) = (W^{-1}\Gamma(T^*))^\perp = (U\Gamma(T^*))^\perp = \Gamma(T)^{\perp\perp} = \overline{\Gamma(T)}$$

und somit die Behauptung $T^{**} = \overline{T}$.   ◊

Adjungierten- und Inversenbildung sind in folgendem Sinne miteinander verträglich:

Satz 13.8

Es sei T ein injektiver *Operator von H nach G mit* $\overline{D(T)} = H$ *und* $\overline{D(T^{-1})} = G$. *Dann existiert* $(T^*)^{-1}$, *und es ist* $(T^*)^{-1} = (T^{-1})^*$.

BEWEIS. a) Es sei $y \in D(T^*)$ mit $T^*y = 0$. Dann gilt $\langle Tx|y \rangle = \langle x|T^*y \rangle = 0$ für alle $x \in D(T)$, also $\langle z|y \rangle = 0$ für alle $z \in R(T)$. Da aber $R(T) = D(T^{-1})$ in G dicht ist, folgt $y = 0$. Somit ist T^* injektiv, und $(T^*)^{-1}$ existiert.

b) Nun seien $v = Tu \in D(T^{-1}) \subseteq G$ und $x = T^*y \in D((T^*)^{-1}) \subseteq H$. Dann gilt

$$\langle T^{-1}v|x \rangle = \langle u|T^*y \rangle = \langle Tu|y \rangle = \langle v|(T^*)^{-1}x \rangle ;$$

daher ist $v \mapsto \langle T^{-1}v|x \rangle$ stetig, und man hat $x \in D((T^{-1})^*)$ sowie $(T^{-1})^*x = (T^*)^{-1}x$. Dies zeigt $(T^*)^{-1} \subseteq (T^{-1})^*$.

c) Nun sei umgekehrt $x \in D((T^{-1})^*) \subseteq H$ und $y = (T^{-1})^*x \in G$. Für einen Vektor $v = Tu \in D(T^{-1}) \subseteq G$ folgt $\langle T^{-1}v|x \rangle = \langle v|y \rangle$; man hat also $\langle u|x \rangle = \langle Tu|y \rangle$ für alle $u \in D(T)$. Dies zeigt $y \in D(T^*)$ und $x = T^*y \in R(T^*) = D((T^*)^{-1})$.   ◊

Satz 7.6 gilt auch für unbeschränkte Operatoren:

Satz 13.9

Es sei T ein abschließbarer Operator von H nach G mit dichtem Definitionsbereich. Dann gilt

$$R(T)^\perp = N(T^*) \quad und \quad R(T^*)^\perp = N(\overline{T}) \quad sowie \tag{13.21}$$

$$\overline{R(T)} = N(T^*)^\perp \quad und \quad \overline{R(T^*)} = N(\overline{T})^\perp. \tag{13.22}$$

BEWEIS. a) Für $y \in N(T^*)$ gilt $\langle Tx|y \rangle = \langle x|T^*y \rangle = 0$ für alle $x \in D(T)$, also $y \in R(T)^\perp$. Ist umgekehrt $y \in R(T)^\perp$, so ist $x \mapsto \langle Tx|y \rangle (= 0)$ stetig auf $D(T)$, also $y \in D(T^*)$ und $T^*y = 0$. Dies zeigt die erste Gleichung in (13.21). Damit folgt auch die zweite Gleichung wegen $R(T^*)^\perp = N(T^{**}) = N(\overline{T})$ aufgrund von Satz 13.7 c).

b) Aussage (13.22) folgt sofort aus (13.21) durch Bildung von Orthogonalkomplementen (vgl. Formel (7.15)).   ◊

Die Formeln (13.22) liefern im Fall abgeschlossener Bildräume wie in Abschn. 7.3 Informationen über die Lösbarkeit linearer Gleichungen $Tx = y$ und $T^*v = u$. Im Fall abgeschlossener Operatoren ist die Abgeschlossenheit der Bilder von T und von T^* sogar *äquivalent*. Dieses wichtige Resultat geht auf S. Banach (1929) und F. Hausdorff (1932) zurück und gilt auch für abgeschlossene lineare Operatoren mit dichtem Definitionsbereich zwischen *Banachräumen* und ihre *dualen* Operatoren. Im Fall reflexiver Räume lässt sich der Beweis ähnlich wie für Hilberträume führen, für den allgemeinen Fall findet man einen Beweis in (Kato 1966), IV.5.13, vgl. auch (Meise und Vogt 1992), Satz 9.4 oder (Rudin 1973), 4.14 für den Fall beschränkter Operatoren sowie (Kaballo 2014), Abschn. 9.2 für den Fall abgeschlossener linearer Operatoren zwischen *Frécheträumen*.

Satz 13.10 (vom abgeschlossenen Bild)

Es seien H, G Hilberträume. Für einen abgeschlossenen Operator von H nach G mit $\overline{D(T)} = H$ sind äquivalent:

(a) $R(T)$ *ist abgeschlossen in G.*

(b) $R(T) = N(T^*)^{\perp}$.

(c) $R(T^*) = N(T)^{\perp}$.

(d) $R(T^*)$ *ist abgeschlossen in H.*

BEWEIS. Die Äquivalenzen „(a) $\Leftrightarrow$ (b)" und „(c) $\Leftrightarrow$ (d)" folgen aus Formel (13.22).

„(a) $\Rightarrow$ (c)": Es sei $x \in N(T)^{\perp}$ gegeben. Wie in Beweisteil b) von Satz 9.13 können wir durch

$$\varphi : v \mapsto \langle u|x \rangle \quad \text{für} \quad u \in D(T) \text{ und } v = Tu$$

eine Linearform auf $R(T)$ definieren. Diese ist stetig, da D_T und $R(T)$ Hilberträume sind und somit die Surjektion $T : D_T \to R(T)$ nach Theorem 8.7 eine *offene Abbildung* ist. Nach dem *Rieszschen Darstellungssatz* 7.3 gibt es nun genau ein $y \in R(T) \subseteq G$ mit $\varphi(v) = \langle v|y \rangle$ für alle $v \in R(T)$. Dies bedeutet

$$\langle Tu|y \rangle = \langle u|x \rangle \quad \text{für alle} \quad u \in D(T),$$

also $y \in D(T^*)$ und $x = T^*y \in R(T^*)$.

„(d) $\Rightarrow$ (a)": Nach der soeben bewiesenen Implikation „(a) $\Rightarrow$ (d)" folgt aus der Abgeschlossenheit von $R(T^*)$ die von $R(T^{**}) = R(T)$ aufgrund von Satz 13.7 c).   ◇

13.3   Symmetrische und selbstadjungierte Operatoren

Ein linearer Operator in einem Hilbertraum H mit dichtem Definitionsbereich lässt sich mit seinem adjungierten Operator vergleichen:

Definitionen

Es sei H ein Hilbertraum. Ein Operator A in H mit $\overline{D(A)} = H$

a) heißt *symmetrisch,* falls $A \subseteq A^*$ gilt,

b) heißt *selbstadjungiert,* falls $A = A^*$ ist.

Beispiele und Bemerkungen

a) Für einen Multiplikationsoperator M_a in $L_2(\Omega)$ sind wegen $M_a^* = M_{\bar{a}}$ die Eigenschaften „symmetrisch" und „selbstadjungiert" äquivalent; sie sind genau dann erfüllt, wenn a reellwertig ist. Dies gilt entsprechend auch für einen Diagonaloperator Δ_a in ℓ_2 wegen $\Delta_a^* = \Delta_{\bar{a}}$.

b) Ein Operator A in H mit $\overline{D(A)} = H$ ist also genau dann symmetrisch, falls gilt

$$\langle Ax|y\rangle = \langle x|Ay\rangle \quad \text{für } x, y \in D(A). \tag{13.23}$$

Insbesondere ist dann also $\langle Ax|x\rangle \in \mathbb{R}$ für alle $x \in D(A)$.

c) Eine Einschränkung A_1 eines symmetrischen Operators A auf einen dichten Unterraum von $D(A)$ ist ebenfalls symmetrisch. Wegen $A_1 \subseteq A \subseteq A^* \subseteq A_1^*$ ist eine echte Einschränkung A_1 nie selbstadjungiert.

d) Nach Satz 13.7 a) ist ein selbstadjungierter Operator A abgeschlossen.

e) Ein symmetrischer Operator A in H ist stets abschließbar. Dies folgt sofort aus Satz 13.7 b), kann aber auch leicht direkt gezeigt werden (Aufgabe 13.6). Nach Satz 13.7 c) gilt dann $\overline{A}^* = A^*$ und $A^{**} = \overline{A}$. Aus $A \subseteq A^*$ folgt mit Satz 13.7 a) auch $\overline{A} \subseteq A^* = \overline{A}^*$, und daher ist auch $\overline{A}$ symmetrisch. Dies ergibt sich natürlich auch leicht aus (13.8) und (13.9).

f) Für einen symmetrischen Operator A in H gilt

$$\| (\lambda I - A)x \| \geq | \operatorname{Im} \lambda | \|x\|, \quad x \in D(A), \ \lambda \in \mathbb{C}. \tag{13.24}$$

Dies folgt wie in (7.33): Für $\lambda = \alpha + i\beta \in \mathbb{C}$ und $x \in D(A)$ hat man

$$\| (\lambda I - A)x \| \|x\| \geq | \langle (\lambda I - A)x|x\rangle | = | \langle (\alpha I - A)x|x\rangle + \langle i\beta x|x\rangle |$$
$$\geq |\beta| \|x\|^2$$

wegen $\langle (\alpha I - A)x|x\rangle \in \mathbb{R}$. Für $\operatorname{Im} \lambda \neq 0$ ist daher der Operator $\lambda I - A$ *injektiv.* Nach Satz 13.2 besitzt er auch ein *abgeschlossenes Bild,* falls er *abgeschlossen* ist. Er ist jedoch i. a. nicht surjektiv, denn es gilt:

Satz 13.11

Es sei A ein symmetrischer Operator in H.

a) Ist $R(\lambda I - A) = R(\bar{\lambda} I - A) = H$ für ein $\lambda \in \mathbb{C}$, so ist A selbstadjungiert.

b) Ist $N(\lambda I - A^*) = N(\bar{\lambda} I - A^*) = \{0\}$ für ein $\lambda \in \mathbb{C}\backslash\mathbb{R}$, so ist $\overline{A}$ selbstadjungiert.

BEWEIS. a) Es sei $y \in D(A^*)$. Für $x \in D(A)$ gilt

$$\langle (\lambda I - A)x|y \rangle = \lambda \langle x|y \rangle - \langle Ax|y \rangle = \langle x|\bar{\lambda}y \rangle - \langle x|A^*y \rangle = \langle x|(\bar{\lambda}I - A^*)y \rangle .$$

Da $\bar{\lambda}I - A$ surjektiv ist, gibt es $z \in D(A)$ mit $(\bar{\lambda}I - A^*)y = (\bar{\lambda}I - A)z$, und es folgt

$$\langle (\lambda I - A)x|y \rangle = \langle x|(\bar{\lambda}I - A)z \rangle = \langle (\lambda I - A)x|z \rangle .$$

Da auch $\lambda I - A$ surjektiv ist, impliziert dies $y = z \in D(A)$.

b) Für $\lambda \in \mathbb{C}\backslash\mathbb{R}$ sind $R(\lambda I - \overline{A})$ und $R(\bar{\lambda}I - \overline{A})$ nach (13.24) abgeschlossen. Die Behauptung folgt daher aus a) und der ersten Formel in (13.22). $\Diamond$

Für *selbstadjungierte* Operatoren gilt in Erweiterung von Satz 7.10:

Satz 13.12

Es sei A ein selbstadjungierter *Operator in H.*

a) Dann gilt $\sigma(A) \subseteq \mathbb{R}$.

b) Für $Im\,\lambda \neq 0$ sind die Resolventen $R_A(\lambda)$ normal; man hat $R_A(\lambda)^* = R_A(\bar{\lambda})$ und

$$\| R_A(\lambda) \| \leq \tfrac{1}{|Im\,\lambda|} , \quad Im\,\lambda \neq 0 . \tag{13.25}$$

BEWEIS. a) Es sei $\lambda \in \mathbb{C}\backslash\mathbb{R}$. Der Operator $\lambda I - A$ ist nach Satz 13.7 a) abgeschlossen und nach (13.24) injektiv mit abgeschlossenem Bild. Weiter gilt

$$R(\lambda I - A)^\perp = N(\bar{\lambda}I - A^*) = N(\bar{\lambda}I - A) = \{0\}$$

wiederum nach (13.24). Somit ist $\lambda \in \rho(A)$, und man hat $\sigma(A) \subseteq \mathbb{R}$.

b) Die Aussage $R_A(\lambda)^* = R_A(\bar{\lambda})$ folgt wegen $(\lambda I - A)^* = (\bar{\lambda}I - A^*) = (\bar{\lambda}I - A)$ aus Satz 13.8, und daraus ergibt sich die Normalität dieser Resolventen. Schließlich folgt (13.25) sofort aus (13.24). $\Diamond$

Ein Differentialoperator

a) Wir haben auf S. 302 den (schwachen) Differentialoperator $\overline{T} : f \mapsto f'$ in $L_2[a,b]$ mit $D(\overline{T}) = \mathcal{W}_2^1(a,b)$ als Abschluss des Differentialoperators $T : f \mapsto f'$ in $L_2[a,b]$ mit $D(T) = \mathcal{C}^1[a,b]$ konstruiert; $\overline{T}$ ist also ein *abgeschlossener* Operator. Da $\mathcal{W}_2^1(a,b)$ stetig in $\mathcal{C}[a,b]$ eingebettet ist, ist

$$D(A) := \{f \in \mathcal{W}_2^1(a,b) \mid f(a) = f(b) = 0\} \tag{13.26}$$

ein abgeschlossener Unterraum von $W_2^1(a,b)$, und daher ist auch der durch $Af := if'$ auf $D(A)$ definierte Operator in $L_2[a,b]$ nach Satz 13.1 *abgeschlossen*.

b) Für $f, g \in W_2^1(a,b)$ liefert partielle Integration (vgl. (5.36))

$$\int_a^b if' \, \overline{g} \, dt - \int_a^b f \, \overline{ig'} \, dt = if\overline{g}\big|_a^b \, ; \tag{13.27}$$

daher ist A *symmetrisch*. Formel (13.27) besagt aber

$$\langle Af | g \rangle = \langle f | ig' \rangle$$

für alle $f \in D(A)$ und alle $g \in W_2^1(a,b)$; daher hat man $W_2^1(a,b) \subseteq D(A^*)$ und $A^*g = ig'$ für $g \in W_2^1(a,b)$. Der Operator A ist also *nicht selbstadjungiert*.

c) Wir zeigen nun $D(A^*) = W_2^1(a,b)$: Für $g \in D(A^*)$ setzen wir $h := A^*g \in L_2[a,b]$. Für eine *Testfunktion* $\varphi \in \mathcal{D}(a,b)$ ergibt sich mittels (13.27)

$$\int_a^b i\varphi' \, \overline{g} \, dt = \langle A\varphi | g \rangle = \langle \varphi | A^*g \rangle = \langle \varphi | h \rangle = \int_a^b \varphi \, \overline{h} \, dt, \quad \text{also}$$

$ig' = h$ im schwachen Sinn, und dies bedeutet $g \in W_2^1(a,b)$.

d) Nach (13.26) ist also $\dim {}^{D(A^*)}\!/_{D(A)} = 2$. Wir suchen nun *selbstadjungierte Erweiterungen* $\widetilde{A}$ von A. Aus $A \subseteq \widetilde{A}$ folgt sofort $\widetilde{A} = \widetilde{A}^* \subseteq A^*$, also $A \subseteq \widetilde{A} \subseteq A^*$. Der Definitionsbereich $D(\widetilde{A})$ muss also ein $D(A)$ enthaltender Unterraum von $D(A^*) = W_2^1(a,b)$ der Kodimension 1 sein. Weiter muss für $f, g \in D(\widetilde{A})$ nach (13.27) $f\overline{g}(b) = f\overline{g}(a)$ gelten. Dies kann durch eine *Randbedingung* $f(b) = \gamma f(a)$ erreicht werden, wobei wegen $f\overline{g}(b) = \gamma \overline{\gamma} f\overline{g}(a)$ offenbar $\gamma \overline{\gamma} = 1$ gelten muss. Selbstadjungierte Erweiterungen von A sind also für $\gamma \in \mathbb{C}$ mit $|\gamma| = 1$ gegeben durch

$$D(\widetilde{A}_\gamma) := \{f \in W_2^1(a,b) \mid f(b) = \gamma f(a)\} \quad \text{und} \quad \widetilde{A}_\gamma f = if' \text{ für } f \in D(\widetilde{A}_\gamma). \tag{13.28}$$

Die Einbettungen $i_\gamma : D_{\widetilde{A}_\gamma} \to L_2[a,b]$ der Definitionsbereiche der Operatoren $\widetilde{A}_\gamma$ in $L_2[a,b]$ sind kompakt; es handelt sich also um Operatoren mit kompakten Resolventen. Allgemein liefert Theorem 12.5 für *selbstadjungierte Operatoren mit kompakten Resolventen* die folgende *Spektralzerlegung*:

Theorem 13.13 (Spektralsatz)

Es sei $A : D(A) \to H$ ein selbstadjungierter Operator mit kompakten Resolventen im Hilbertraum H.

a) Es gibt eine Folge $(\lambda_j)_{j \in \mathbb{N}_0}$ in $\mathbb{R}$ mit $|\lambda_j| \to \infty$ für $j \to \infty$ und eine Orthonormalbasis $\{e_j\}_{j \in \mathbb{N}_0}$ von H, sodass

$$D(A) = \{x \in H \mid \sum_{j=0}^\infty \lambda_j^2 \, |\langle x | e_j \rangle|^2 < \infty\} \tag{13.29}$$

und die folgende Entwicklung gelten:

$$Ax = \sum_{j=0}^{\infty} \lambda_j \langle x|e_j \rangle \, e_j \quad \text{für } x \in D(A). \tag{13.30}$$

b) Für $x \in D(A)$ *konvergiert die in* H *geltende Fourier-Entwicklung* $x = \sum_{j=0}^{\infty} \langle x|e_j \rangle \, e_j$
unbedingt im Hilbertraum D_A.

c) Weiter ist $\sigma(A) = \{\lambda_j\}_{j=0}^{\infty}$ *und* $N(\lambda_j I - A) = [e_i \mid \lambda_i = \lambda_j]$ *für* $j \in \mathbb{N}_0$.

BEWEIS. a) Nach Satz 13.12 gilt $i \in \rho(A)$, und die Resolvente $R_A(i)$ ist *kompakt* und *normal*. Nach Theorem 12.5 gibt es also eine komplexe Nullfolge $(\mu_j)_{j \in \mathbb{N}_0}$ und ein Orthonormalsystem $\{e_j\}_{j \in \mathbb{N}_0}$ in H mit der Entwicklung

$$R_A(i) \, y = \sum_{j=0}^{\infty} \mu_j \langle y|e_j \rangle \, e_j, \quad y \in H. \tag{13.31}$$

Da $R_A(i)$ injektiv ist, muss $\{e_j\}_{j \in \mathbb{N}_0}$ eine Orthonormal*basis* von H und $\mu_j \neq 0$ für alle $j \in \mathbb{N}_0$ sein. Weiter ist (vgl. Aufgabe 12.2)

$$D(A) = R(R_A(i)) = \{x \in H \mid \sum_{j=0}^{\infty} \frac{1}{|\mu_j|^2} \, |\langle x|e_j \rangle|^2 < \infty\}, \tag{13.32}$$

und man hat

$$R_A(i)^{-1} x = \sum_{j=0}^{\infty} \frac{1}{\mu_j} \langle x|e_j \rangle \, e_j, \quad x \in D(A).$$

Wegen $Ax = ix - (iI - A)x = ix - R_A(i)^{-1}x$ für $x \in D(A)$ folgt

$$Ax = \sum_{j=0}^{\infty} (i - \frac{1}{\mu_j}) \langle x|e_j \rangle \, e_j, \quad x \in D(A),$$

und somit (13.30) mit $\lambda_j := i - \frac{1}{\mu_j}$. Weiter ergibt sich (13.29) aus (13.32) und

$$\sum_{j=0}^{\infty} \frac{1}{|\mu_j|^2} \, |\langle x|e_j \rangle|^2 < \infty \Leftrightarrow \sum_{j=0}^{\infty} |\lambda_j|^2 \, |\langle x|e_j \rangle|^2 < \infty.$$

b) Für $x \in D(A)$ sei $y = R_A(i)^{-1}x \in H$. Da $(iI - A)^{-1} : H \to D_A$ stetig ist, folgt aus der unbedingten Konvergenz der Entwicklung $y = \sum_{j=0}^{\infty} \langle y|e_j \rangle \, e_j$ in H und (13.31) die unbedingte Konvergenz der Entwicklung

$$x = (iI - A)^{-1} y = \sum_{j=0}^{\infty} \langle y|e_j \rangle \, (iI - A)^{-1} e_j = \sum_{j=0}^{\infty} \mu_j \langle y|e_j \rangle \, e_j = \sum_{j=0}^{\infty} \langle x|e_j \rangle \, e_j$$

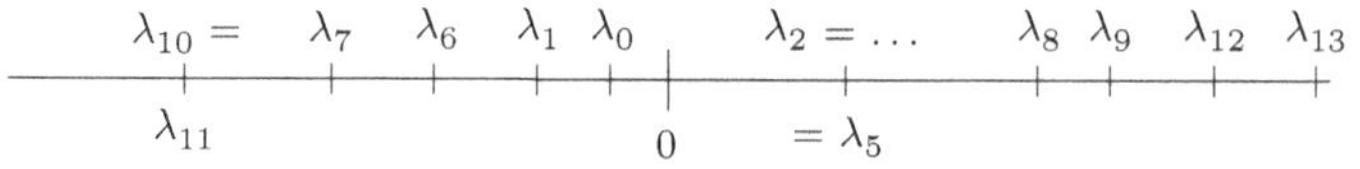

$$\lambda_{10} = \quad \lambda_7 \quad \lambda_6 \quad \lambda_1 \; \lambda_0 \qquad \lambda_2 = \ldots \qquad \lambda_8 \; \lambda_9 \quad \lambda_{12} \; \lambda_{13}$$

$$\lambda_{11} \qquad\qquad\qquad\qquad 0 \qquad = \lambda_5$$

Abb. 13.2 Spektrum eines selbstadjungierten Operators mit kompakten Resolventen

im Hilbertraum D_A (sie muss bzgl. $\| \; \|_A$ nicht orthogonal sein).

c) Der Rest des Beweises verläuft wie der von Satz 12.2: Wegen (13.30) gilt

$$\| (\mu I - A)x \|^2 = \sum_{i=0}^{\infty} | \mu - \lambda_i |^2 \, | \langle x | e_i \rangle |^2 \quad \text{für } x \in D(A). \tag{13.33}$$

Für $\mu \in \mathbb{R} \setminus \{ \lambda_i \mid i \in \mathbb{N}_0 \}$ gibt es $\varepsilon > 0$ mit $| \mu - \lambda_i | \geq \varepsilon$ für alle $i \in \mathbb{N}_0$. Aus (13.33) ergibt sich

$$\| (\mu I - A)x \|^2 \geq \varepsilon^2 \, \| x \|^2 \quad \text{für } x \in D(A);$$

folglich ist $\mu I - A$ *injektiv* und hat ein *abgeschlossenes* Bild. Weiter ist $R(\mu I - A)^{\perp} = N(\mu I - A) = \{0\}$ und somit $\mu \in \rho(A)$. Für $\mu = \lambda_j$ schließlich liefert (13.33)

$$(\lambda_j I - A)x = 0 \Leftrightarrow \langle x | e_i \rangle = 0 \quad \text{für } \lambda_i \neq \lambda_j. \qquad\qquad \Diamond$$

13.4 Reguläre Sturm-Liouville-Probleme

In diesem Abschnitt wenden wir den Spektralsatz auf *Rand-Eigenwertprobleme* für lineare Differentialgleichungen an. Solche Probleme treten in der *klassischen Physik* auf, etwa in Verbindung mit *Diffusion* (vgl. Abschn. 13.5) oder *Wellenausbreitung*, aber auch in der *Quantenmechanik* (vgl. Abschn. 13.6). Wir beschränken uns hier auf den einfachen Fall von *Sturm-Liouville-Operatoren*

$$Lu := -(pu')' + qu \tag{13.34}$$

über einem kompakten Intervall $[a, b]$. Für die Koeffizienten nehmen wir

$$q \in \mathcal{C}([a,b], \mathbb{R}) \quad \text{und} \quad p \in \mathcal{C}^1([a,b], \mathbb{R}) \quad \text{mit } p_- := \min_{s \in [a,b]} p(s) > 0 \tag{13.35}$$

an; wegen $p_- > 0$ heißen solche Probleme *regulär.*

In Abschn. 10.5 haben wir mit *Variationsmethoden* bereits *Existenzsätze für inhomogene Gleichungen* $Lu = f$ unter *Randbedingungen* gezeigt. Insbesondere gibt es im

Fall $q \geq 0$ zu jedem $f \in L_2[a, b]$ eine Lösung $u \in \mathcal{W}_2^2(a, b)$ von $Lu = f$, die die *Dirichlet-Randbedingungen*

$$u(a) = u(b) = 0 \tag{13.36}$$

erfüllt. Diese Aussage folgt auch aus dem Spektralsatz, genauer aus dem Entwicklungssatz 13.18 unten (vgl. Folgerung b) auf S. 321). Es sei darauf hingewiesen, dass der für den Spektralsatz entscheidende Satz 12.3 ebenfalls mit einem *Variationsargument* bewiesen werden kann (Lemma 12.4).

Definitionsbereiche und Symmetrie

a) Als Definitionsbereich des Operators L aus (13.34) im Hilbertraum $L_2[a, b]$ können wir den Sobolev-Raum $D(L) = \mathcal{W}_2^2(a, b)$ nehmen.

b) Für Funktionen $u, v \in \mathcal{W}_2^2(a, b)$ liefert partielle Integration gemäß (5.36)

$$
\begin{aligned}
\langle Lu | v \rangle &= - \int_a^b (pu')' \, \bar{v} \, ds + \int_a^b qu\bar{v} \, ds \\
&= - pu'\bar{v} \big|_a^b + \int_a^b pu'\bar{v}' \, ds + \int_a^b u \, \overline{qv} \, ds \\
&= - pu'\bar{v} \big|_a^b + up\bar{v}' \big|_a^b - \int_a^b u\overline{(pv')'} \, ds + \int_a^b u \, \overline{qv} \, ds, \quad \text{also}
\end{aligned}
$$

$$\langle Lu | v \rangle = \langle u | Lv \rangle + p(u\bar{v}' - u'\bar{v}) \big|_a^b. \tag{13.37}$$

Der Operator L ist also nicht symmetrisch, wohl aber seine *Einschränkung* L_0 auf den in $\mathcal{W}_2^2(a, b)$ abgeschlossenen Definitionsbereich

$$D(L_0) := \{ u \in \mathcal{W}_2^2(a, b) \mid u(a) = u'(a) = u(b) = u'(b) = 0 \}. \tag{13.38}$$

Wir zeigen nun, dass die Graphennorm von L auf $D(L) = \mathcal{W}_2^2(a, b)$ zur Sobolev-Norm $\| \ \|_{W_2^2}$ äquivalent ist. Dies ergibt sich aus dem folgenden

Satz 13.14

Zu $\varepsilon > 0$ gibt es eine Zahl $C > 0$, sodass für alle Funktionen $u \in \mathcal{W}_2^2(a, b)$ gilt

$$\| u' \|_{L_2} \leq \varepsilon \| u'' \|_{L_2} + C \| u \|_{L_2}. \tag{13.39}$$

BEWEIS. a) Wir zeigen zunächst die Abschätzung

$$\forall \, \varepsilon > 0 \, \exists \, C > 0 \, \forall \, u \in \mathcal{W}_2^2(a, b) : \ \| u \|_{W_2^1} \leq \varepsilon \| u \|_{W_2^2} + C \| u \|_{L_2}. \tag{13.40}$$

Andernfalls gibt es $\varepsilon > 0$ und eine Folge (u_n) in $\mathcal{W}_2^2(a, b)$ mit $\| u_n \|_{W_2^2} = 1$ und

$$\| u_n \|_{W_2^1} > \varepsilon + n \| u_n \|_{L_2}.$$

Aufgrund der *Kompaktheit* der Einbettung $\mathcal{W}_2^2(a,b) \rightarrow \mathcal{W}_2^1(a,b)$ hat (u_n) in $\mathcal{W}_2^1(a,b)$ eine konvergente Teilfolge mit Limes $u \in \mathcal{W}_2^1(a,b)$. Für diesen Limes folgt einerseits $\| u \|_{\mathcal{W}_2^1} \geq \varepsilon$ und andererseits wegen $n \| u_n \|_{L_2} \leq \| u_n \|_{\mathcal{W}_2^1} \leq 1$ aber auch $\| u \|_{L_2} = 0$; dies ist ein Widerspruch, da die Einbettung $\mathcal{W}_2^1(a,b) \rightarrow L_2[a,b]$ *injektiv* ist. Abschätzung (13.40) ist damit gezeigt.

b) Aus (13.40) ergibt sich wegen der Äquivalenz von ℓ_2 - und ℓ_1 -Norm auf $\mathbb{K}^3$

$$\| u' \|_{L_2} \leq \varepsilon \| u'' \|_{L_2} + \varepsilon \| u' \|_{L_2} + \varepsilon \| u \|_{L_2} + C \| u \|_{L_2},$$

und für $0 < \varepsilon < \frac{1}{2}$ folgt daraus die Behauptung (13.39). $\diamond$

Abschätzung (13.39) gilt auch für die sup-Norm von u'; eine abstrakte Fassung als *Lemma von Ehrling* wurde in Aufgabe 11.8 formuliert. Man kann Satz 13.14 auch ohne Kompaktheits-Argument über beliebigen Intervallen beweisen, vgl. (Weidmann 1994), Satz 6.26. Nun folgt:

Satz 13.15

a) *Die Graphennorm des Operators L aus (13.34) auf $D(L) = \mathcal{W}_2^2(a,b)$ ist zur Sobolev-Norm $\| \ \|_{W_2^2}$ äquivalent.*

b) *Die Operatoren L und L_0 sind abgeschlossen.*

BEWEIS. a) Es ist $\| Lu \|_{L_2} \leq C \| u \|_{W_2^2}$ für $u \in D(L) = \mathcal{W}_2^2(a,b)$ klar. Nach Satz 13.14 müssen wir noch $\| u'' \|_{L_2}^2$ durch die Graphennorm $\| u \|_L$ abschätzen: Zunächst gilt $\| u'' \|_{L_2}^2 \leq \frac{1}{p_-^2} \int_a^b |pu''|^2\, ds$. Wiederum nach Satz 13.14 hat man eine Abschätzung $\| p'u' \|_{L_2} \leq \frac{p_-}{2} \| u'' \|_{L_2} + C \| u \|_{L_2}$, und es folgt

$$\| u'' \|_{L_2} \leq \tfrac{1}{p_-} (\| -pu'' - p'u' \|_{L_2} + \| p'u' \|_{L_2}), \quad \text{also}$$
$$\tfrac{1}{2} \| u'' \|_{L_2} \leq \tfrac{1}{p_-} (\| -pu'' - p'u' + qu \|_{L_2}) + C_1 \| u \|_{L_2} \leq C_2 \| u \|_L.$$

b) ergibt sich sofort aus a) und der Vollständigkeit von $\mathcal{W}_2^2(a,b)$. $\diamond$

Nun zeigen wir einfache *Regularitätsaussagen*:

Satz 13.16

a) *Für $m \in \mathbb{N}_0$ setzen wir $q \in \mathcal{C}^m([a,b],\mathbb{R})$ und $p \in \mathcal{C}^{m+1}[a,b]$ mit $p > 0$ für die Koeffizienten des Differentialoperators voraus. Gilt dann $L\phi = g$ im schwachen Sinn für Funktionen $\phi, g \in \mathcal{W}_2^m(a,b)$, so folgt $\phi \in \mathcal{W}_2^{m+2}(a,b)$.*

b) *Nun nehmen wir sogar $q, p \in \mathcal{C}^\infty([a,b],\mathbb{R})$ und $p > 0$ an. Für eine Funktion $\phi \in L_2[a,b]$ gelte $L\phi = g \in \mathcal{C}^\infty[a,b]$ oder $L\phi = \lambda\phi$ für eine Zahl $\lambda \in \mathbb{C}$ im schwachen Sinn. Dann folgt $\phi \in \mathcal{C}^\infty[a,b]$.*

BEWEIS. a) Zunächst hat man $-(p\phi')' = g - q\phi \in \mathcal{W}_2^m(a,b)$, also $p\phi' \in \mathcal{W}_2^{m+1}(a,b)$ und dann auch $\phi' \in \mathcal{W}_2^{m+1}(a,b)$. Daraus ergibt sich schließlich $\phi \in \mathcal{W}_2^{m+2}(a,b)$.

b) Es ist $\mathcal{C}^\infty[a,b] = \bigcap\limits_{m=0}^{\infty} \mathcal{W}_2^m(a,b)$ aufgrund des Sobolevschen Einbettungssatzes 5.14. Aus $\phi \in L_2[a,b]$ folgt mittels a) zunächst $\phi \in \mathcal{W}_2^2(a,b)$, dann $\phi \in \mathcal{W}_2^4(a,b)$ usw., also $\phi \in \mathcal{W}_2^m(a,b)$ für alle $m \in \mathbb{N}_0$. $\Diamond$

Eine Regularitätsvoraussetzung an Lf impliziert also eine noch stärkere Regularität der Funktion f; alle *Eigenfunktionen* von L sind im Fall von $\mathcal{C}^\infty$-Koeffizienten automatisch $\mathcal{C}^\infty$-Funktionen auf $[a,b]$ inklusive des Randes. Regularitätssätze für *partielle* Differentialgleichungen sind wesentlich schwieriger; wir verweisen dazu etwa auf (Kaballo 2014), Abschn. 5.4 und die dort zitierte Literatur.

Ab jetzt setzen wir wieder nur $q \in \mathcal{C}([a,b], \mathbb{R})$ und $p \in \mathcal{C}^1[a,b]$ mit $p > 0$ für die Koeffizienten des Differentialoperators voraus.

Satz 13.17
a) Es gilt $L_0^* = L$ für den Operator L aus (13.34) und seine Einschränkung L_0 auf $D(L_0)$ aus (13.38).

b) Für $\alpha, \beta \in \mathbb{R}$ erhält man selbstadjungierte Fortsetzungen $L_{\alpha,\beta}$ von L_0 durch Einschränkung von L auf die Definitionsbereiche

$$D(L_{\alpha,\beta}) := \{u \in \mathcal{W}_2^2(a,b) \mid R_a u = R_b u = 0\} \tag{13.41}$$

mit den Randoperatoren

$$R_a u := u(a) \sin\alpha + u'(a) \cos\alpha, \quad R_b u := u(b) \sin\beta + u'(b) \cos\beta. \tag{13.42}$$

BEWEIS. a) Aus (13.37) folgt $\langle Lu|v\rangle = \langle u|Lv\rangle$ für $u \in D(L_0)$ und $v \in D(L)$, also die Inklusion $L \subseteq L_0^*$. Umgekehrt sei nun $v \in D(L_0^*)$ und $g = L_0^* v \in L_2[a,b]$. Dann gilt

$$\int_a^b L\varphi\, v\, ds = \int_a^b \varphi\, g\, ds \quad \text{für alle } \varphi \in \mathcal{D}(a,b),$$

also $Lv = g$ im schwachen Sinn. Aus dem Regularitätssatz 13.16 a) für $m = 0$ ergibt sich dann $v \in \mathcal{W}_2^2(a,b) = D(L)$.

b) Aufgrund von (13.37) ist $L_{\alpha,\beta}$ symmetrisch; daher gilt

$$D(L_0) \subseteq D(L_{\alpha,\beta}) \subseteq D(L_{\alpha,\beta}^*) \subseteq D(L_0^*) = D(L).$$

Wegen $\dim {}^{D(L)}\!/_{D(L_{\alpha,\beta})} = 2$ und $\dim {}^{D(L_{\alpha,\beta})}\!/_{D(L_0)} = 2$ folgt daraus offenbar $D(L_{\alpha,\beta}^*) = D(L_{\alpha,\beta})$ und daher $L_{\alpha,\beta}^* = L_{\alpha,\beta}$. $\Diamond$

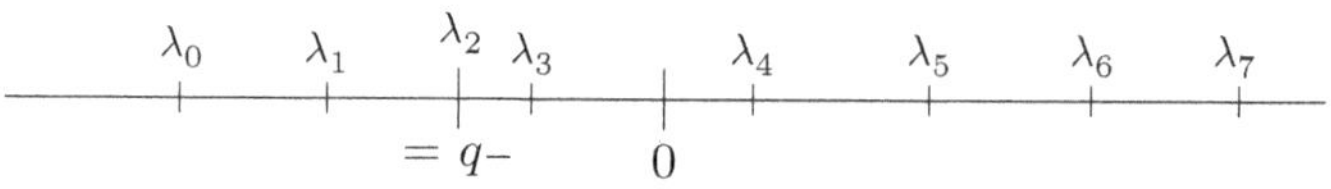

Abb. 13.3 Spektrum eines selbstadjungierten Sturm-Liouville-Operators $L_{\alpha,\beta}$

Der Definitionsbereich der selbstadjungierten Operatoren $L_{\alpha,\beta}$ wird also durch *getrennte Randbedingungen* fixiert. Es gilt (vgl. Abb. 13.3):

Theorem 13.18 (Entwicklungssatz)

a) *Jeder selbstadjungierte Sturm-Liouville-Operator $L_{\alpha,\beta}$ aus Satz 13.17 besitzt* kompakte Resolventen.

b) *Es gibt* höchstens endlich viele negative Eigenwerte; *alle Eigenwerte* $\lambda_0 \leq \lambda_1 \leq \ldots$ sind einfach, *und es gilt* $\lambda_j \to \infty$ *für* $j \to \infty$.

c) *Die entsprechenden normierten Eigenfunktionen* $\{\phi_j\}_{j\in\mathbb{N}_0}$ *bilden eine Orthonormalbasis von* $L_2[a,b]$. *Sie liegen im Raum* $\mathcal{W}_2^2(a,b)$ *und erfüllen die Randbedingungen* $R_a\phi_j = R_b\phi_j = 0$. *Man hat*

$$Lu = \sum_{j=0}^{\infty} \lambda_j \langle u|\phi_j \rangle \, \phi_j \quad \text{in } L^2[a,b] \quad \text{für } u \in D(L_{\alpha,\beta}). \tag{13.43}$$

d) *Für* $u \in D(L_{\alpha,\beta}) \subseteq \mathcal{W}_2^2(a,b)$ *konvergiert die Entwicklung*

$$u(s) = \sum_{j=0}^{\infty} \langle u|\phi_j \rangle_{L_2} \, \phi_j(s) \tag{13.44}$$

unbedingt in $\mathcal{W}_2^2(a,b)$ *sowie zusammen mit der Reihe der ersten Ableitungen auch absolut-gleichmäßig auf* $[a,b]$.

BEWEIS. a) folgt sofort aus Satz 13.5, da die Einbettung von $\mathcal{W}_2^2(a,b)$ in $L_2[a,b]$ kompakt ist.

b) Für $u \in D(L_0)$ (vgl. (13.38)) liefert partielle Integration gemäß (5.36) wie vor (13.37)

$$\langle Lu|u \rangle = -\int_a^b (pu')' \, \bar{u} \, ds + \int_a^b qu\bar{u} \, ds = -pu'\bar{u}\big|_a^b + \int_a^b pu'\bar{u}' \, ds + \int_a^b q|u|^2 \, ds,$$

$$\langle Lu|u \rangle = \int_a^b p|u'|^2 \, ds + \int_a^b q|u|^2 \, ds \geq q_- \|u\|_{L_2}^2 \tag{13.45}$$

mit $q_- := \min\{q(s) \mid s \in [a,b]\}$. Gibt es nun drei Eigenwerte $\rho_1 \leq \rho_2 \leq \rho_3 < q_-$ von $L_{\alpha,\beta}$ mit zugehörigen orthonormierten Eigenfunktionen ψ_1, ψ_2, ψ_3, so gilt

$$\langle Lu|u \rangle = \sum_{k=1}^{3} \rho_k \, |\langle u|\psi_k \rangle|^2 \leq \rho_3 \|u\|^2 \quad \text{für } u \in W := [\psi_1, \psi_2, \psi_3].$$

Da aber $D(L_0)$ Kodimension 2 in $D(L_{\alpha,\beta})$ hat, ist $D(L_0) \cap W \neq \{0\}$, und man hat einen Widerspruch. Folglich kann $L_{\alpha,\beta}$ höchstens zwei Eigenwerte unterhalb von q_- haben und hat somit wegen $|\lambda_j| \to \infty$ höchstens endlich viele negative Eigenwerte.

Die Aussage $\lambda_j \to \infty$ für $j \to \infty$ folgt nun sofort aus Theorem 13.13. Es bleibt zu zeigen, dass alle Eigenwerte einfach sind. Wegen $\dim N(\lambda_j I - L) = 2$ ergibt sich dies einfach daraus, dass es stets Lösungen von $Lu = \lambda_j u$ mit z. B. $R_a u \neq 0$ gibt.

c) folgt unmittelbar aus Theorem 13.13 und dem Regularitätssatz 13.16.

d) Wiederum nach Theorem 13.13 konvergiert die Entwicklung (13.44) unbedingt in $D_{L_{\alpha,\beta}}$, also in $\mathcal{W}_2^2(a,b)$. Die Aussagen über absolut-gleichmäßige Konvergenz zeigen wir nun ähnlich wie für die Entwicklung (12.21) von Integraloperatoren:

Für $u \in D(L_{\alpha,\beta})$ sei $f := (iI - L)u \in L_2[a,b]$; nach (13.43) gilt dann

$$\langle f|\phi_j \rangle = (i - \lambda_j) \langle u|\phi_j \rangle = \frac{1}{\mu_j} \langle u|\phi_j \rangle, \quad j \in \mathbb{N}_0,$$

mit den Eigenwerten $\{\mu_j\}$ der Resolventen $R = R_{L_{\alpha,\beta}}(i)$. Es folgt

$$\sum_{j=n}^{m} |\langle u|\phi_j \rangle \phi_j(s)| = \sum_{j=n}^{m} |\langle f|\phi_j \rangle \mu_j \phi_j(s)| = \sum_{j=n}^{m} |\langle f|\phi_j \rangle R\phi_j(s)|$$
$$\leq (\sum_{j=0}^{\infty} |R\phi_j(s)|^2)^{\frac{1}{2}} (\sum_{j=n}^{m} |\langle f|\phi_j \rangle|^2)^{\frac{1}{2}}.$$

Da die Resolvente $R : L_2[a,b] \to \mathcal{W}_2^2(a,b)$ und die Einbettung $i : \mathcal{W}_2^2(a,b) \to \mathcal{C}^1[a,b]$ stetig sind, wird für $s \in [a,b]$ durch $\delta_s : h \mapsto Rh(s)$ eine stetige Linearform auf $L_2[a,b]$ definiert mit $\|\delta_s\| \leq \|iR\|$. Nach dem Rieszschen Darstellungssatz 7.3 gilt $Rh(s) = \langle h|g_s \rangle$ mit einer Funktion $g_s \in L_2[a,b]$ mit $\|g_s\| \leq \|iR\|$. Somit folgt

$$\sum_{j=0}^{\infty} |R\phi_j(s)|^2 = \sum_{j=0}^{\infty} |\langle \phi_j|g_s \rangle|^2 \leq \|g_s\|^2 \leq \|iR\|^2$$

aufgrund der Besselschen Ungleichung. Es gilt also

$$\sup_{s \in [a,b]} \sum_{j=n}^{m} |\langle u, \phi_j \rangle \phi_j(s)| \leq \|iR\| (\sum_{j=n}^{m} |\langle f|\phi_j \rangle|^2)^{\frac{1}{2}},$$

und wegen $\sum_{j=0}^{\infty} |\langle f|\phi_j \rangle|^2 < \infty$ ist damit die absolut-gleichmäßige Konvergenz der Entwicklung (13.44) bewiesen.

Die gleichmäßige Konvergenz der Reihe $\sum_{j=0}^{\infty} |\langle u, \phi_j \rangle_{L_2} \phi_j'(s)|$ der Absolutbeträge der Ableitungen ergibt sich genauso, da für $s \in [a,b]$ auch durch $\delta_s' : h \mapsto (Rh)'(s)$ eine stetige Linearform auf $L_2[a,b]$ mit $\|\delta_s'\| \leq \|iR\|$ definiert wird. $\Diamond$

Folgerungen

a) Sind die Randbedingungen so gewählt, dass stets $-pu'\bar{u}\big|_a^b \geq 0$ ist, so gilt (13.45) für *alle* $u \in D(L_{\alpha,\beta})$, und man hat $q_- \leq \lambda_0$ für den kleinsten Eigenwert des Operators. Dies ist insbesondere der Fall für die *Dirichlet-Randbedingungen* (13.36) oder auch für die *Neumann-Randbedingungen*

$$u'(a) = u'(b) = 0. \tag{13.46}$$

b) Für eine Eigenfunktion ϕ zum Eigenwert $\lambda_0 = q_-$ muss nach (13.45) $\int_a^b p|\phi'|^2 ds = 0$, also $\phi' = 0$, gelten. Eine Randbedingung $u(a) = 0$ oder $u(b) = 0$ erzwingt dann $\phi = 0$ und somit $q_- < \lambda_0$. Insbesondere ist im Fall $q(s) \geq 0$ der Operator

$$L_{\pi/2,\pi/2} : \{u \in \mathcal{W}_2^2(a,b) \mid u(a) = u(b) = 0\} \rightarrow L_2[a,b]$$

unter den Dirichlet-Randbedingungen (13.36) *bijektiv.*

Asymptotik der Eigenwerte

a) Nach (12.43) liegt die Sobolev-Einbettung $i_2 : \mathcal{W}_2^2(a,b) \rightarrow L_2[a,b]$ in den Schatten-Klassen S_p mit $p > \frac{1}{2}$. Wie im Beweis von Satz 13.5 ergibt sich für $R = R_{L_{\alpha,\beta}}(i)$ sofort auch $R = i_2(iI - L_{\alpha,\beta})^{-1} \in S_p(L_2[a,b])$ für $p > \frac{1}{2}$. Dies bedeutet $\sum_{j=0}^{\infty} |\mu_j|^p < \infty$ für die Eigenwerte des *normalen* kompakten Operators R und somit

$$\sum_{\lambda_j \neq 0} |\lambda_j|^{-p} < \infty \quad \text{für} \quad p > \tfrac{1}{2}. \tag{13.47}$$

b) Aussage (13.47) kann wesentlich verschärft werden: Die Folge (λ_j) verhält sich *asymptotisch wie j^2*; genauer gilt die Aussage

$$\exists\, 0 < c \leq C \,\exists\, j_0 \in \mathbb{N}_0 \,\forall\, j \geq j_0 \,:\, cj^2 \leq \lambda_j \leq Cj^2. \tag{13.48}$$

Wir zeigen (13.48) zunächst für ein spezielles

Beispiel

a) Wie betrachten den speziellen Sturm-Liouville-Operator $\Lambda u := -u''$, also den Fall $p(s) = 1$ und $q(s) = 0$ in (13.34). Mit $\lambda = \omega^2$ ist die allgemeine Lösung der Differentialgleichung $-u'' = \omega^2 u$ für $\omega \neq 0$ gegeben durch

$$u(s) = A\cos\omega(s-a) + B\sin\omega(s-a), \quad A, B \in \mathbb{C}.$$

Mit $\ell := b - a$ erhalten wir aus den Randbedingungen $A\sin\alpha + B\omega\cos\alpha = 0$ sowie $(A\cos\omega\ell + B\sin\omega\ell)\sin\beta + (-A\omega\sin\omega\ell + B\omega\cos\omega\ell)\cos\beta = 0$, also das lineare System

$$A\sin\alpha + B\omega\cos\alpha = 0,$$

$$A(\cos\omega\ell\sin\beta - \omega\sin\omega\ell\cos\beta) + B(\sin\omega\ell\sin\beta + \omega\cos\omega\ell\cos\beta) = 0.$$

b) Die Eigenwerte $\lambda = \omega^2 \neq 0$ sind also die Quadrate der Nullstellen ω der Determinante dieses Systems, und diese sind gegeben durch eine Bedingung

$$(P + Q\omega^2) \sin \omega \ell + R\omega \cos \omega \ell = 0 \tag{13.49}$$

mit Zahlen $P, Q, R \in \mathbb{R}$. Für $P = Q = 0$ bedeutet dies einfach $\cos \omega \ell = 0$, also $\omega = \omega_j = \frac{\pi}{2\ell}(2j + 1)$, $j \in \mathbb{Z}$. Für $(P, Q) \neq (0,0)$ ist (13.49) äquivalent zu

$$\tan \omega \ell = -\frac{R\omega}{P + Q\omega^2} . \tag{13.50}$$

c) Da die Eigenwerte $\lambda = \omega^2$ *reell* sind, muss ω reell oder rein imaginär sein. Für rein imaginäre $\omega = i\phi$ ist (13.50) äquivalent zu

$$\tanh \phi \ell = -\frac{R\phi}{P - Q\phi^2} =: f(\phi) . \tag{13.51}$$

Da auf beiden Seiten ungerade Funktionen stehen, ist mit ϕ auch $-\phi$ eine Lösung von (13.51), und beide liefern den Eigenwert $\lambda = -\phi^2 < 0$. Nach Beweisteil b) von Theorem 13.18 gibt es *höchstens zwei negative Eigenwerte* von $\Lambda_{\alpha, \beta}$. Dies zeigt auch Abb. 13.4: Neben $\phi = 0$ besitzt Gleichung (13.51) für $f_0(\phi) = -\frac{1}{\phi}$ und $f_1(\phi) = c\phi$ mit $c \leq 0$ keine Lösung, für $f_2(\phi) = c\phi$ mit $c > 0$ eine positive Lösung sowie für $f_3(\phi) = \frac{30\phi}{60 + \phi^2}$ zwei positive Lösungen.

d) Für reelle ω sind ebenfalls beide Seiten von (13.50) ungerade; es sind also wieder nur positive Lösungen interessant. Wegen der π-Periodizität des Tangens gibt es genau eine Lösung $\ell\omega_j \in ((j - \frac{1}{2})\pi, (j + \frac{1}{2})\pi)$ für große j (vgl. Abb. 13.5). Somit gilt (13.48), genauer sogar

$$\lim_{j \to \infty} \frac{\lambda_j}{j^2} = \frac{\pi^2}{(b-a)^2} . \tag{13.52}$$

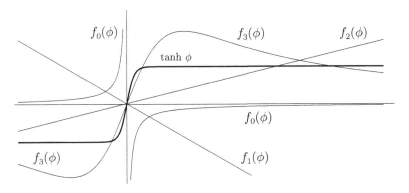

Abb. 13.4 Lösungen von $\tanh \phi = f_j(\phi)$ für vier Funktionen f_j

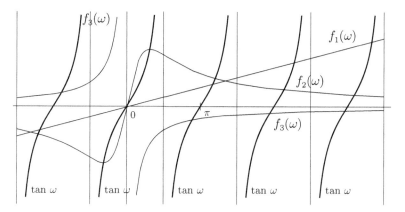

Abb. 13.5 Lösungen von $\tan\omega = f_j(\omega)$ mit $f_1(\omega) = c\omega$, $f_2(\omega) = \frac{6\pi\omega}{4+\pi^2\omega^2}$, $f_3(\omega) = -\frac{2}{\pi\omega}$

Aussage (13.48) für allgemeine Sturm-Liouville-Operatoren führen wir auf ihre Gültigkeit für $\Lambda_{\alpha,\beta}$ zurück. Dabei benutzen wir die folgende Variante des MiniMax-Prinzips:

Satz 13.19

Es seien A,B selbstadjungierte Operatoren mit diskretem Spektrum in einem Hilbertraum H mit $D(A) = D(B)$ und äquivalenten Graphennormen. Weiter gelte $\sigma(A) \subseteq (0,\infty)$, $\sigma(B) \subseteq (0,\infty)$ und

$$\langle Ax|x\rangle \;\le\; \langle Bx|x\rangle \quad \text{für alle } x \in D \subseteq D(A) = D(B) \tag{13.53}$$

für einen in $D_A = D_B$ abgeschlossenen Unterraum D der Kodimension $d \in \mathbb{N}_0$. Für die Eigenwerte von A und B gilt dann

$$\exists\, C \ge 0\; \forall\, j \in \mathbb{N}_0 \;:\; \lambda_j(B) \;\le\; C\,\lambda_{j+d}(A). \tag{13.54}$$

BEWEIS. a) Die Resolventen $R_A = R_A(0)$ und $R_B = R_B(0)$ existieren und sind kompakte positive Operatoren mit den Eigenwerten $(\frac{1}{\lambda_j(A)})$ und $(\frac{1}{\lambda_j(B)})$. Aufgrund von $\|x\| = \|R_A A x\| \le \|R_A\|\,\|Ax\|$ und $\|x\| \le \|R_B\|\,\|Bx\|$ für $x \in D(A) = D(B)$ folgt aus der Äquivalenz der Graphennormen eine Abschätzung

$$\exists\, 0 < \gamma_1 \le \gamma_2 \;\forall\, x \in D(A) = D(B) \;:\; \gamma_1\,\|Ax\| \le \|Bx\| \le \gamma_2\,\|Ax\|. \tag{13.55}$$

b) Nun sei $j \in \mathbb{N}_0$. Nach dem MiniMax-Prinzip 12.6 gibt es einen abgeschlossenen Unterraum V von H der Kodimension j mit

$$\lambda_j(B)^{-1} \;=\; \max\{\langle R_B y|y\rangle \mid \|y\| \le 1,\, y \in V\}.$$

Der in $D_B = D_A$ abgeschlossene Raum $W := R_B V$ ist dort von der Kodimension j. Es folgt $\text{codim}(W \cap D) \le j + d$, und $U := A(W \cap D)$ ist ein abgeschlossener Unterraum von H der Kodimension $\le j + d$. Daher folgt nach 12.6 und (13.53)

$$
\begin{aligned}
\lambda_j(B)^{-1} &= \max \{\langle x | Bx \rangle \mid \|Bx\| \le 1\,, x \in W\} \\
&\ge \max \{\langle x | Bx \rangle \mid \|Bx\| \le 1\,, x \in W \cap D\} \\
&\ge \max \{\langle x | Ax \rangle \mid \|Bx\| \le 1\,, x \in W \cap D\} \\
&\ge \gamma_2^{-2} \max \{\langle x | Ax \rangle \mid \|Ax\| \le 1\,, x \in W \cap D\} \\
&= \gamma_2^{-2} \max \{\langle R_A y | y \rangle \mid \|y\| \le 1\,, y \in U\} \\
&\ge \gamma_2^{-2} \lambda_{j+d}(A)^{-1}\,. \qquad\qquad\qquad\qquad\qquad\qquad\qquad \Diamond
\end{aligned}
$$

Nun können wir beweisen:

Satz 13.20

Für die Eigenwerte (λ_j) eines selbstadjungierten Sturm-Liouville-Operators $L_{\alpha,\beta}$ wie in Theorem 13.18 gilt Aussage (13.48):

$$
\exists\, 0 < c \le C \,\exists\, j_0 \in \mathbb{N}_0 \,\forall\, j \ge j_0 \,:\, cj^2 \le \lambda_j \le Cj^2\,.
$$

BEWEIS. Für $u \in D(L_0)$ gilt wie in (13.45)

$$
\langle Lu | u \rangle = \int_a^b p\,|u'|^2\,ds + \int_a^b q\,|u|^2\,ds \quad \text{und} \quad \langle \Lambda u | u \rangle = \int_a^b |u'|^2\,ds\,,
$$

und daraus ergibt sich für alle $r > 0$

$$
\langle (p_- \Lambda + (r + q_-)I)u | u \rangle \le \langle (L + rI)u | u \rangle \le \langle (p_+ \Lambda + (r + q_+)I)u | u \rangle\,.
$$

Für genügend großes $r > 0$ können wir Satz 13.19 anwenden. Wegen $\text{codim}\,D(L_0) = 2$ ergibt sich dann (13.48) aus der Gültigkeit dieser Formel für $\Lambda_{\alpha,\beta}$ gemäß (13.52) sowie

$$
\lambda_j(L_{\alpha,\beta} + rI) \le C_1\, \lambda_{j+2}(p_- \Lambda_{\alpha,\beta} + (r + q_-)I) \quad \text{und}
$$

$$
\lambda_{j-2}(p_+ \Lambda_{\alpha,\beta} + (r + q_+)I) \le C_2\, \lambda_j(L_{\alpha,\beta} + rI)\,. \qquad\qquad\qquad \Diamond
$$

Im Fall $p = 1$ gilt sogar Aussage (13.52)

$$
\lim_{j \to \infty} \frac{\lambda_j}{j^2} = \frac{\pi^2}{(b-a)^2}\,,
$$

vgl. dazu Aufgabe 13.13. Aus den Eigenwerten kann dann also die Länge des zugrunde liegenden Intervalls rekonstruiert werden.

13.5 Evolutionsgleichungen

In diesem Abschnitt wenden wir den Spektralsatz 13.13 auf *partielle* Differentialgleichungen an, die man auch als *gewöhnliche* Differentialgleichungen mit Werten in einem Hilbertraum interpretieren kann. Als Beispiel betrachten wir ein physikalisches Phänomen:

Wärmeleitung in einem dünnen Draht

a) Einen Draht repräsentieren wir durch ein kompaktes Intervall $J = [a, b]$. Bezeichnen wir mit $u(s, t)$ die *Temperatur* an der Stelle $s \in J$ zur Zeit $t \in \mathbb{R}$, so erfüllt die Funktion u die *Wärmeleitungsgleichung*

$$\partial_t u(s, t) \;=\; \alpha \, \partial_s^2 u(s, t) \tag{13.56}$$

mit der *Temperaturleitfähigkeit* $\alpha > 0$. Unter geeigneten *Randbedingungen,* z. B. den Neumann-Randbedingungen (13.46) $u'(a) = u'(b) = 0$, soll dann aus der Kenntnis der Temperaturverteilung $u(s, 0) = A(s)$ zur Zeit $t = 0$ die Temperaturverteilung $u(s, t)$ zu anderen Zeitpunkten bestimmt werden.

b) Mit dem speziellen Sturm-Liouville-Operator $\Lambda u = -u''$ lässt sich dieses Problem als *Anfangswertproblem*

$$\dot{u}(t) \;=\; -\alpha \, \Lambda_{0,0} u, \quad u(0) = u_0 \in D(\Lambda_{0,0}) \tag{13.57}$$

für eine gewöhnliche Differentialgleichung bezüglich der Zeitvariablen t mit Werten im Hilbertraum $L_2[a, b]$ schreiben.

Anfangswertprobleme für Evolutionsgleichungen

a) Allgemeiner sind Probleme

$$\dot{x}(t) \;=\; Cx(t), \quad x(0) = x_0 \in D(C), \tag{13.58}$$

mit einem i. a. unbeschränkten linearen Operator C in einem Hilbertraum (oder Banachraum) interessant. Wir betrachten hier nur den Fall $C = \gamma A$ mit $\gamma \in \mathbb{C}$ und einem *selbstadjungierten* Operator A mit *diskretem Spektrum* und der Spektralzerlegung (13.30). Untersuchungen allgemeiner Evolutionsgleichungen findet man etwa in (Gohberg et al. 1990), Kap. XIX oder (Werner 2007), VII.4.

b) Für eine $\mathcal{C}^1$-Lösung $x : I \to D(A)$ von (13.58) auf einem Intervall mit $0 \in I$ setzen wir $x_j(t) := \langle x(t) | e_j \rangle$ für $j \in \mathbb{N}_0$ und erhalten

$$\dot{x}_j(t) \;=\; \langle \dot{x}(t) | e_j \rangle \;=\; \langle \gamma A x(t) | e_j \rangle \;=\; \gamma \langle x(t) | A e_j \rangle \;=\; \gamma \lambda_j x_j(t).$$

Zusammen mit $x_j(0) = \langle x_0 | e_j \rangle$ liefert dies

$$x_j(t) = e^{\gamma \lambda_j t} \langle x_0 | e_j \rangle \, ; \tag{13.59}$$

es gibt also *höchstens* eine Lösung des Problems (13.58).

c) Im Fall $\gamma = -\frac{i}{\hbar}$ ist Problem (13.58) die für die Quantenmechanik grundlegende *Schrödinger-Gleichung;* darauf gehen wir im nächsten Abschnitt ein.

d) Hier behandeln wir den Fall $\gamma = -1$; aufgrund von b) ist dann

$$x(t) := S(t)x_0 := \sum_{j=0}^{\infty} e^{-\lambda_j t} \langle x_0 | e_j \rangle \, e_j \, , \quad x_0 \in D(A) \, , \tag{13.60}$$

ein Kandidat für die Lösung. Die Reihe konvergiert für $t \geq 0$ gegen ein Element in $D(A)$, falls A nur *endlich viele negative Eigenwerte* besitzt; dies ist z. B. für einen Sturm-Liouville-Operator $L_{\alpha,\beta}$ der Fall.

Satz 13.21

Es sei A ein selbstadjungierter Operator mit diskretem Spektrum und der Spektralzerlegung (13.30) mit höchstens endlich vielen negativen Eigenwerten.

a) Für $t > 0$ konvergiert die Reihe $\sum\limits_{j=0}^{\infty} e^{-\lambda_j t} \langle \cdot | e_j \rangle \, e_j$ aus (13.60) in der Operatornorm gegen einen kompakten selbstadjungierten Operator $S(t) \in K(H)$. Mit $S(0) = I$ gilt

$$S(t + t') = S(t) \, S(t') \quad \text{für } t, t' \geq 0 \, . \tag{13.61}$$

b) Für $t \geq 0$ und $x_0 \in D(A)$ gilt auch $x(t) := S(t)x_0 \in D(A)$, und man hat

$$\dot{x}(t) = -Ax(t) \, , \quad d. h. \quad \lim_{h \to 0} \| \tfrac{x(t+h)-x(t)}{h} + Ax(t) \| = 0 \, .$$

BEWEIS. a) Die ersten Aussagen ergeben sich sofort aus Satz 12.2, und weiter gilt für alle $x \in H$

$$S(t)S(t') \, x = S(t) \sum_{j=0}^{\infty} \langle e^{-\lambda_j t'} x | e_j \rangle \, e_j = \sum_{j=0}^{\infty} e^{-\lambda_j t} \langle e^{-\lambda_j t'} x | e_j \rangle \, e_j = S(t + t') \, x \, .$$

b) Wir wählen $j_0 \in \mathbb{N}$ mit $\lambda_j \geq 0$ für $j \geq j_0$; dann gilt

$$\sum_{j=j_0}^{\infty} | \lambda_j |^2 \, | e^{-\lambda_j t} \langle x_0 | e_j \rangle |^2 \leq \sum_{j=j_0}^{\infty} | \lambda_j |^2 \, | \langle x_0 | e_j \rangle |^2 < \infty$$

und somit $x(t) \in D(A)$ für $t > 0$. Für $t, t + h \geq 0$ ist

$$\tfrac{x(t+h)-x(t)}{h} + Ax(t) = \sum_{j=0}^{\infty} \delta_j(t, h) \, e_j \quad \text{mit}$$

$$\delta_j(t,h) = \left(\frac{e^{-\lambda_j(t+h)} - e^{-\lambda_j t}}{h} + \lambda_j e^{-\lambda_j t}\right) \langle x_0 | e_j \rangle = \frac{1}{h} \int_0^h (1 - e^{-\lambda_j s})\, ds\, \lambda_j\, e^{-\lambda_j t} \langle x_0 | e_j \rangle .$$

Zu $\varepsilon > 0$ gibt es $j_1 \geq j_0$ mit $\sum\limits_{j=j_1}^{\infty} |\lambda_j|^2 |\langle x_0 | e_j \rangle|^2 \leq \varepsilon^2$, also $\sum\limits_{j=j_1}^{\infty} |\delta_j(t,h)|^2 \leq \varepsilon^2$. Schließ-

lich gibt es $\delta > 0$, sodass für $0 \leq h \leq \delta$ auch $\sum\limits_{j=0}^{j_1-1} |\delta_j(t,h)|^2 \leq \varepsilon^2$ ist, und daraus folgt die

Behauptung. $\Diamond$

Für $t < 0$ ist die Reihe in (13.60) für $x_0 \in [e_j]_{j\geq0}$ konvergent, für allgemeinere Anfangs-werte $x_0 \in D(A)$ aber i. a. *divergent*. Das Anfangswertproblem (13.58) lässt sich also für $t < 0$ nicht ohne Weiteres lösen.

Operator-Halbgruppen

a) Es ist naheliegend, die Lösungsoperatoren $S(t)$ aus (13.60) als *Exponentialfunk-tionen* $S(t) = e^{-At}$ *des Operators* A aufzufassen. Funktionen von Operatoren werden im Aufbaukurs und in vielen der im Literaturverzeichnis angegebenen Lehrbücher der Funktionalanalysis systematisch untersucht.

b) Wegen (13.61) bilden die Operatoren $\{S(t) \mid t \geq 0\}$ eine *Operator-Halbgruppe*. Diese ist *stark stetig* wegen

$$\| S(h)x - S(0)x \| = \| S(h)x - x \| \to 0 \quad \text{für } h \to 0^+ \text{ und } x \in H. \tag{13.62}$$

Dies folgt wie im Beweis von Satz 13.21, ebenso auch $\lim\limits_{h\to0} \| S(t+h) - S(h) \| = 0$ für $t > 0$ (vgl. Aufgabe 13.15).

Diffusionsgleichungen

a) Hat der Operator aus Satz 13.21 nur Eigenwerte ≥ 0, so ist die Evolutionsgleichung in (13.58) eine *Diffusionsgleichung*. In diesem Fall hat die Halbgruppe einen Limes für $t \to \infty$: Es sei $P_0 : x \mapsto \sum\limits_{\lambda_j=0} \langle x | e_j \rangle\, e_j$ die orthogonale Projektion auf den endlich-dimensionalen Eigenraum $N(A)$ von A zum Eigenwert 0. Mit dem kleinsten positiven Eigenwert $\mu > 0$ hat man dann

$$\| S(t)x - P_0 x \|^2 = \sum\limits_{\lambda_j \geq \mu} e^{-2\lambda_j t} |\langle x | e_j \rangle|^2 \leq e^{-2\mu t} \| x \|^2$$

und somit $\lim\limits_{t\to\infty} \| S(t) - P_0 \| = 0$.

b) Ein Beispiel für diese Situation ist etwa die *Wärmeleitungsgleichung* (13.56). In diesem Fall strebt die Temperaturverteilung für $t \to \infty$ gegen die *konstante* Temperatur, die durch den *Mittelwert* der Anfangs-Temperaturverteilung gegeben ist.

13.6   Selbstadjungierte Operatoren und Quantenmechanik

In diesem letzten Abschnitt skizzieren wir kurz den allgemeinen *Spektralsatz für selbst-adjungierte Operatoren* und die Rolle dieser Operatoren in der Quantenmechanik. Die folgenden Formulierungen der Grundbegriffe dieser Theorie entstanden durch Abstraktion aus den von E. Schrödinger und W. Heisenberg 1925/26 entwickelten Grundlagen. Die in den folgenden Punkten c) und d) erläuterte *statistische Interpretation* der Quantenmechanik geht auf M. Born (1926) zurück. Eine wesentlich ausführlichere Darstellung des Themas findet man in (Triebel 1972), Kap. VII, vgl. auch (Kaballo 2014), Abschn. 16.3.

Zustände und Observable

a) Ein (reiner) *Zustand eines quantenmechanischen Systems* wird durch einen Einheits-vektor $x \in H$ in einem separablen Hilbertraum H beschrieben. Dabei beschreiben alle Vektoren αx mit $|\alpha| = 1$ den gleichen Zustand.

b) Eine *beobachtbare Größe* oder *Observable* eines quantenmechanischen Systems wird durch einen selbstadjungierten Operator im Hilbertraum H beschrieben.

c) Die Menge aller möglichen *Messergebnisse* einer Observablen A ist durch das *Spektrum* $\sigma(A) \subseteq \mathbb{R}$ gegeben. Für einen Zustand $x \in D(A)$ ist die Zahl $\langle Ax|x \rangle \in \mathbb{R}$ der *Mittelwert* oder *Erwartungswert* von A in x. Die Quantenmechanik sagt jedoch das Messergebnis i. a. *nicht exakt* voraus, sondern gibt „nur" Wahrscheinlichkeiten dafür an, dass dieses in eine vorgegebene (Borel-messbare) Teilmenge des Spektrums fällt.

d) Zur weiteren Erläuterung besitze A ein *diskretes Spektrum* und die Spektralzerlegung (13.30). Es seien $\{\mu_k\}_{k \in \mathbb{N}_0}$ die Menge der *verschiedenen* Eigenwerte von A und

$$P_k x := \sum_{\lambda_j = \mu_k} \langle x|e_j \rangle \, e_j \qquad (13.63)$$

die orthogonalen Projektionen auf die Eigenräume $N(\mu_k I - A)$ von A. Dann gilt $\sum_{k=0}^{\infty} \| P_k x \|^2 = 1$ für alle Zustände, und es ist $\| P_k x \|^2$ die Wahrscheinlichkeit dafür, dass die Messung der Observablen A im Zustand x den Wert μ_k liefert. Für einen *Eigenvektor* e_j von A liefert die Messung insbesondere *sicher* den Wert μ_k.

Die *zeitliche Entwicklung* eines quantenmechanischen Systems wird beschrieben durch

Hamilton-Operator und Schrödinger-Gleichung

a) Zu einem quantenmechanischen System gehört ein eindeutig bestimmter selbstadjungierter Operator, der *Hamilton-Operator* $\mathcal{H}$. Ist $x(t) \in D(\mathcal{H})$ der Zustand des Systems zur Zeit $t \in \mathbb{R}$, so gilt die *Schrödinger-Gleichung*

$$\dot{x}(t) = -\frac{i}{\hbar} \mathcal{H} x(t), \quad x(0) = x_0 \in D(\mathcal{H}), \qquad (13.64)$$

mit der *Planckschen Konstanten* $2\pi\hbar > 0$ und einem Anfangszustand $x_0 \in D(\mathcal{H})$. Dies ist eine *Evolutionsgleichung*, die wegen des Faktors i ein wesentlich anderes Verhalten als eine Diffusionsgleichung zeigt.

b) Ein Teilchen im Raum wird in der klassischen Physik durch *Ortskoordinaten* x_1, x_2, x_3 und zugehörige *Impulse* p_1, p_2, p_3 sowie die die *Energie* repräsentierende *Hamilton-Funktion* $H(x_j, p_j)$ beschrieben. In der *Schrödinger-Darstellung* der Quantenmechanik erklärt man den *Ortsoperator* Q_j als *Multiplikationsoperator* $Q_j := M_{x_j}$ mit der Funktion x_j im Hilbertraum $L_2(\mathbb{R}^3)$ (vgl. die Seiten 304 und 307) und den *Impulsoperator* P_j durch den *Differentialoperator* $P_j := -i\hbar \frac{\partial}{\partial x_j}$. Der *Hamilton-Operator* ergibt sich durch „formales Einsetzen" der Operatoren Q_j und P_j in die Hamilton-Funktion.

Beispiel

Ein Teilchen der Masse $m > 0$ bewege sich in einem äußeren Kraftfeld $F = -\operatorname{grad} V$ mit Potential V. Die Energie ist dann gegeben durch $\frac{m}{2}\dot{x}^2 + V(x)$, die Hamilton-Funktion also durch $H(x_j, p_j) = \frac{p^2}{2m} + V(x)$. Der *Hamilton-Operator* sollte also durch die Formel

$$\mathcal{H}u(x) = -\frac{\hbar^2}{2m}\,\Delta u(x) + V(x)\,u(x) \tag{13.65}$$

mit dem Laplace-Operator $\Delta = \sum_{j=1}^{3} \frac{\partial^2}{\partial x_j^2}$ gegeben sein.

Aus Ausdrücken wie (13.65) ist nun ein *selbstadjungierter* Operator zu bilden. Die Überlegungen in Abschn. 13.4 für einfache eindimensionale Fälle zeigen, dass dies eine schwierige Aufgabe sein kann; wir verweisen dazu auf (Weidmann 1994). Anschließend ist die *Spektralzerlegung* des selbstadjungierten Operators zu berechnen, und mit deren Hilfe gelingt dann eine

Lösung der Schrödinger-Gleichung

a) Es sei $\mathcal{H}$ ein Hamilton-Operator mit *diskretem Spektrum* und einer Spektralzerlegung (13.30). Ähnlich wie in (13.60) wird dann die Schrödinger-Gleichung (13.64) gelöst durch

$$x(t) := U(t)x_0 := e^{-i\frac{t}{\hbar}\mathcal{H}}x_0 := \sum_{j=0}^{\infty} e^{-i\frac{\lambda_j}{\hbar}t}\, \langle x_0 | e_j \rangle \, e_j, \quad x_0 \in D(\mathcal{H}). \tag{13.66}$$

Dies zeigt man wie im Beweis von Satz 13.21.

b) Im Gegensatz zu Abschn. 13.5 muss über die Lage der Eigenwerte des Hamilton-Operators nichts vorausgesetzt werden. Die Reihe in (13.66) konvergiert für alle $t \in \mathbb{R}$ punktweise auf H gegen den Operator $U(t) = e^{-i\frac{t}{\hbar}\mathcal{H}}$. Dieser ist offenbar *unitär*; daher hat man keine Konvergenz in der Operatornorm.

c) Es ist $\{U(t) \mid t \in \mathbb{R}\}$ eine *stark stetige Operatorgruppe*, d. h. es gilt $\lim_{h \to 0} U(t+h)x = U(t)x$ für alle $t \in \mathbb{R}$ und $x \in H$, und wie in den Formeln (13.61) und (7.43) hat man

$$U(0) = I, \quad U(t+t') = U(t)\,U(t'), \quad t, t' \in \mathbb{R}. \tag{13.67}$$

Die Bedeutung von Spektralzerlegungen selbstadjungierter Operatoren für die Quantenmechanik sollte nun deutlich geworden sein; wir haben solche allerdings nur für Operatoren mit *diskretem Spektrum* hergeleitet. Daher geben wir noch einen Ausblick auf den *allgemeinen* Spektralsatz für selbstadjungierte Operatoren:

Spektralmaße und -integrale

a) Wir starten noch einmal mit dem Spektralsatz 13.13 für Operatoren A mit diskretem Spektrum. Wie in (13.63) seien P_k die orthogonalen Projektionen auf die Eigenräume $N(\mu_k I - A)$ von A. Die Formeln (13.29) und (13.30) lauten dann so:

$$D(A) = \{x \in H \mid \sum_{k=0}^{\infty} \mu_k^2 \langle P_k x | x \rangle < \infty\} \quad \text{und} \tag{13.68}$$

$$Ax = \sum_{k=0}^{\infty} \mu_k P_k x \quad \text{für } x \in D(A). \tag{13.69}$$

b) Wegen $\sum_{k=0}^{\infty} \| P_k x \|^2 < \infty$ für $x \in H$ konvergiert die Reihe $\sum_{k \in J} P_k$ für jede Indexmenge $J \subseteq \mathbb{N}_0$ punktweise unbedingt auf H, und $P_J := \sum_{k \in J} P_k$ ist die orthogonale Projektion auf den Raum $[R(P_k)]_{k \in J}$. Wegen $\| P_k \| = 1$ für alle k hat man für unendliche J *keine* Konvergenz in der Operatornorm.

c) Für eine Menge $\delta \subseteq \mathbb{R}$ definieren wir orthogonale Projektionen

$$E(\delta) := E_A(\delta) := \sum_{\mu_k \in \delta} P_k. \tag{13.70}$$

Dies definiert ein *(orthogonales) Spektralmaß* $E : \mathfrak{P}(\mathbb{R}) \to L(H)$ auf der Potenzmenge von $\mathbb{R}$, d. h. es gilt (δ^c bezeichnet das Komplement einer Menge δ in $\mathbb{R}$):

① $E(\mathbb{R}) = I$,   ② $E(\delta^c) = I - E(\delta)$ für $\delta \subseteq \mathbb{R}$,

③ $E(\delta)^* = E(\delta)$ für $\delta \subseteq \mathbb{R}$,   ④ $E(\delta \cap \eta) = E(\delta) E(\eta)$ für $\delta, \eta \subseteq \mathbb{R}$,

⑤ $E(\delta)x = \sum_{n=1}^{\infty} E(\delta_n)x$ für disjunkte Vereinigungen $\delta = \bigcup_{n=1}^{\infty} \delta_n$.

Diese Eigenschaften sind leicht nachzurechnen (vgl. Aufgabe 13.17). Für jeden Vektor $x \in H$ ist insbesondere $\mu_x : \delta \mapsto \langle E(\delta)x|x \rangle$ ein *diskretes positives Maß* auf $\mathbb{R}$ mit $\mu_x(\sigma(A)) = \mu_x(\mathbb{R}) = 1$. Die Formeln (13.68) und (13.69) können dann so formuliert werden:

$$D(A) = \{x \in H \mid \int_{-\infty}^{\infty} \lambda^2 d\langle E(\lambda)x|x \rangle < \infty\} \quad \text{und} \tag{13.71}$$

$$Ax = \int_{-\infty}^{\infty} \lambda \, dE(\lambda)x \quad \text{für } x \in D(A). \tag{13.72}$$

d) Wie in (13.71) und (13.72) lassen sich *Spektralintegrale* für beliebige Spektralmaße und messbare Funktionen auf σ-Algebren erklären; die Einzelheiten wollen wir hier nicht mehr ausführen. Damit können wir den allgemeinen *Spektralsatz für selbstadjungierte Operatoren* formulieren, der für beschränkte selbstadjungierte Operatoren von D. Hilbert (1906) und für den allgemeinen Fall von J. von Neumann (1929) stammt:

Theorem 13.22 (Spektralsatz)
Es sei $A : D(A) \to H$ ein selbstadjungierter Operator im Hilbertraum H. Dann gilt $\sigma(A) \subseteq \mathbb{R}$. Es existiert genau ein Spektralmaß $E : \mathfrak{B}(\mathbb{R}) \to L(H)$ auf den Borel-Mengen von $\mathbb{R}$ mit $E(\sigma(A)) = I$ sowie

$$D(A) = \{ x \in H \mid \int_{\sigma(A)} \lambda^2 \, \langle dE(\lambda)x|x \rangle < \infty \} \quad und$$
$$Ax = \int_{-\infty}^{\infty} \lambda \, dE(\lambda)x \quad für \ x \in D(A).$$

Der Begriff „Borel-Menge" wird in Abschn. A.3.5 des Anhangs erklärt. Einen Beweis des Spektralsatzes findet man in den meisten Lehrbüchern der Funktionalanalysis, unterschiedliche Varianten z. B. in (Gohberg et al. 1990), (Meise und Vogt 1992), (Weidmann 1994) und (Kaballo 2014).

Messergebnisse in der Quantenmechanik

Es seien A eine Observable und $x \in H$ ein Zustand. Dann ist $\mu_x := \delta \mapsto \langle E(\delta)x|x \rangle$ ein *positives Maß* auf den *Borel-Mengen* von $\mathbb{R}$ mit $\mu_x(\mathbb{R}) = \mu_x(\sigma(A)) = 1$. Für eine Borel-Menge $\delta \subseteq \mathbb{R}$ ist $\mu_x(\delta) = \langle E(\delta)x|x \rangle = \| E(\delta)x \|^2$ die Wahrscheinlichkeit dafür, dass die Messung der Observablen A im Zustand x einen Wert in der Menge δ liefert.

Beispiele

Es seien $\Omega \subseteq \mathbb{R}^n$ offen, $a \in \mathcal{C}(\Omega, \mathbb{R})$ und $M_a : f \mapsto af$ der *selbstadjungierte Multiplikationsoperator* in $L_2(\Omega)$ aus (13.5). Für eine Borel-Menge $\delta \subseteq \mathbb{R}$ ist dann $E(\delta) = M_{\chi_{a^{-1}(\delta)}}$ der Multiplikationsoperator mit der charakteristischen Funktion der Borel-Menge $a^{-1}(\delta)$. Insbesondere ist $\| E(\delta)f \|^2 = \int_{a^{-1}(\delta)} |f(s)|^2 \, ds$ die Wahrscheinlichkeit dafür, dass die Messung der Observablen M_a im Zustand $f \in L_2(\Omega)$ einen Wert in der Menge δ liefert.

Evolution quantenmechanischer Systeme und Hamilton-Operator

a) Der Hamilton-Operator $\mathcal{H}$ habe eine Spektralzerlegung wie in Theorem 13.22. Die Schrödinger-Gleichung (13.64) wird dann gelöst durch

$$x(t) = e^{-i\frac{t}{\hbar}\mathcal{H}}x_0 = \int_{-\infty}^{\infty} e^{-i\frac{t}{\hbar}\lambda} \, dE(\lambda)x_0 \quad für \ x_0 \in D(\mathcal{H}). \tag{13.73}$$

Die Evolution des Systems wird wieder durch die stark stetige unitäre Operatorgruppe $U : t \mapsto e^{-i\frac{t}{\hbar}\mathcal{H}}$ beschrieben.

b) Umgekehrt kann man bei der Begründung der Quantenmechanik auch von dieser Tatsache ausgehen und dann die *Existenz eines Hamilton-Operators mathematisch beweisen*. Nach einem Resultat von M.H. Stone (1932) besitzt nämlich jede stark stetige unitäre

Gruppe $U : \mathbb{R} \to L(H)$ einen „*infinitesimalen Erzeuger*", d. h. es gibt einen eindeutig bestimmten selbstadjungierten Operator $\mathcal{H}$ in H mit $U(t) = e^{-i\frac{t}{\hbar}\mathcal{H}}$ für alle $t \in \mathbb{R}$. Dieser ist gegeben durch $\mathcal{H}x = i\hbar \lim\limits_{h\to 0} \frac{U(h)x-x}{h}$ und dann der Hamilton-Operator des Systems. Einen Beweis des Satzes von Stone findet man etwa in (Kaballo 2014), Theorem 16.8.

13.7   Aufgaben

Aufgabe 13.1
Ein linearer Operator T in ℓ_2 wird definiert durch $D(T) := [e_j]_{j\in\mathbb{N}_0}$ und

$$T(x_0, x_1, \ldots, x_n, 0, 0, \ldots) = (\sum_{j=0}^{n}(j+1)x_j, x_1, \ldots, x_n, 0, 0, \ldots).$$

Zeigen Sie $D(T^*) = \{y = (y_j) \in \ell_2 \mid y_0 = 0\}$ und $T^*y = y$ für $y \in D(T^*)$.

Aufgabe 13.2
Es sei $(a_{ij})_{i,j\in\mathbb{N}_0}$ eine unendliche Matrix.

a) Zeigen Sie, dass durch

$$Ax := (\sum_{j=0}^{\infty} a_{ij}x_j)_{i\in\mathbb{N}_0} \quad \text{für } x = (x_j)_{j\in\mathbb{N}_0}$$

ein linearer Operator in ℓ_2 definiert wird und geben Sie dessen maximalen Definitionsbereich an.

b) Nun gelte $\sum\limits_{i=1}^{\infty} |a_{ij}|^2 < \infty$ für alle $j \in \mathbb{N}_0$. Zeigen Sie $[e_j]_{j\in\mathbb{N}_0} \subseteq D(A)$. Setzen Sie $A_0 := A|_{[e_j]}$ und zeigen Sie, dass A_0^* der gemäß a) zur adjungierten Matrix $(\overline{a_{ji}})$ gebildete Operator $A^\times$ ist.

c) Nun gelte auch $\sum\limits_{j=1}^{\infty} |a_{ij}|^2 < \infty$ für alle $i \in \mathbb{N}_0$. Zeigen Sie, dass $A = (A^\times)_0^*$ abgeschlossen ist.

d) Es sei B ein symmetrischer Operator in ℓ_2 mit $[e_j]_{j\in\mathbb{N}_0} \subseteq D(B)$. Zeigen Sie, dass B eine Einschränkung eines Operators A wie in c) ist.

Aufgabe 13.3
Es sei T ein abschließbarer Operator von X nach Y. Zeigen Sie:

a) Mit den stetigen Fortsetzungen $\widehat{T} : \widehat{D_T} \to Y$ und $\widehat{i} : \widehat{D_T} \to X$ von $T : D_T \to Y$ und der Inklusion $i : D_T \to X$ auf die Vervollständigung des Definitionsbereichs von T bezüglich der Graphennorm gilt

$$D(\overline{T}) = \widehat{i}\,\widehat{D_T} \quad \text{und} \quad \overline{T}(\widehat{i}\widehat{x}) = \widehat{T}\widehat{x} \quad \text{für } \widehat{i}\widehat{x} \in D(\overline{T}).$$

b) Für den auf S. 300 betrachteten Differentialoperator $T : f \mapsto f'$ in $L_2[a,b]$ mit $D(T) = \mathcal{C}^1[a,b]$ gilt $\mathcal{W}_2^1(a,b) = D(\overline{T}) = \widehat{i\,\widehat{D}_T} = \widehat{i}\,W_2^1(a,b)$ in Übereinstimmung mit Folgerung b) auf S. 107.

Aufgabe 13.4

Beweisen Sie die Resolventengleichung (4.16) für abgeschlossene lineare Operatoren in Banachräumen.

Aufgabe 13.5

Es seien T und S lineare Operatoren in einem Hilbertraum H.

a) Es gelte $\overline{D(T+S)} = H$. Zeigen Sie $T^* + S^* \subseteq (T+S)^*$. Wann gilt sogar Gleichheit?

b) Nun seien $D(T)$, $D(S)$ und $D(TS)$ dicht in H. Zeigen Sie $S^*T^* \subseteq (TS)^*$. Wann gilt sogar Gleichheit?

Aufgabe 13.6

a) Beweisen Sie mittels Satz 13.1 (b), dass adjungierte Operatoren stets abgeschlossen sind.

b) Beweisen Sie mittels Satz 13.3 (b), dass symmetrische Operatoren stets abschließbar sind.

c) Es sei T ein dicht definierter Operator im Hilbertraum H mit Re $\langle x|Tx \rangle \geq 0$ für alle $x \in D(T)$. Zeigen Sie, dass T abschließbar ist.

Aufgabe 13.7

a) Es sei T ein linearer Operator in einem Banachraum X mit $\rho(T) \neq \emptyset$. Zeigen Sie, dass T abgeschlossen ist.

b) Es sei A ein symmetrischer Operator in einem Hilbertraum H. Zeigen Sie, dass A genau dann einen abgeschlossen Graphen besitzt, wenn $R(iI - A)$ abgeschlossen ist.

Aufgabe 13.8

Es sei A ein injektiver Operator in einem Hilbertraum H mit $\overline{D(A)} = H$. Zeigen Sie, dass A genau dann selbstadjungiert ist, wenn dies auf A^{-1} zutrifft.

Aufgabe 13.9

Es sei T ein abgeschlossener dicht definierter Operator im Hilbertraum H. Zeigen Sie $\sigma(T^*) = \{\bar{\lambda} \mid \lambda \in \sigma(T)\}$.

Aufgabe 13.10

Es seien H, G Hilberträume und T ein Operator von H nach G mit $\overline{D(T)} = H$.

a) Es gelte $D(T^*) = G$. Zeigen Sie, dass T^* und T stetig sind.

b) Nun sei zusätzlich T abgeschlossen. Zeigen Sie $D(T) = H$.

Aufgabe 13.11

Durch $A : f \mapsto if'$ wird ein Operator in $L_2(0, \infty)$ mit Definitionsbereich

$$D(A) := \{f \in \mathcal{W}_2^1(0, \infty) \mid f(0) = 0\}$$

definiert (vgl. Aufgabe 5.15). Zeigen Sie, dass A symmetrisch und abgeschlossen ist. Besitzt A eine selbstadjungierte Erweiterung?

Aufgabe 13.12

Berechnen Sie explizit die Spektralzerlegung der Operatoren

a) $\widetilde{A}_\gamma$ aus (13.28),

b) $\Lambda : u \mapsto -u''$ bei Dirichlet- und bei Neumann-Randbedingungen.

Aufgabe 13.13

Verschärfen Sie Satz 13.20 zu

$$\frac{\pi^2}{(b-a)^2 p_+} \;\leq\; \liminf \frac{\lambda_j}{j^2} \;\leq\; \limsup \frac{\lambda_j}{j^2} \;\leq\; \frac{\pi^2}{(b-a)^2 p_-}$$

mit $p_- := \min\limits_{s \in [a,b]} p(s)$ und $p_+ := \max\limits_{s \in [a,b]} p(s)$.

HINWEIS. Der Multiplikationsoperator $M_q : \mathcal{W}_2^2[a, b] \to L_2[a, b]$ ist kompakt, und daher gilt $\| qu \| \leq \varepsilon \, \| \Lambda u \|$ auf Unterräumen D genügend hoher Kodimension.

Aufgabe 13.14

a) Zeigen Sie, dass *gekoppelte* Randbedingungen

$$u(b) \;=\; \gamma \, u(a) \quad \text{und} \quad u'(b) \;=\; \gamma \, u'(a) \quad \text{mit } \gamma \in \mathbb{C} \text{ und } |\gamma| = 1$$

mittels (13.34) selbstadjungierte Sturm-Liouville-Operatoren L_γ definieren. Zeigen Sie für diese einen Entwicklungssatz und bestimmen Sie die Asymptotik der Eigenwerte. Sind diese stets einfach?

b) Bestimmen Sie im periodischen Fall $\gamma = 1$ die Spektralzerlegung von $\Lambda_1 : u \mapsto -u''$ explizit und lösen Sie die entsprechende *Wärmeleitungsgleichung* in einem *Ring*.

Aufgabe 13.15

a) Beweisen Sie (13.62) und $\lim\limits_{h \to 0} \| S(t + h) - S(h) \| = 0$ für $t > 0$ für die auf S. 327 untersuchten Operator-Halbgruppen.

b) Verifizieren Sie die Aussagen über die Lösung der Schrödinger-Gleichung auf S. 329.

Aufgabe 13.16

Beweisen Sie die Eigenschaften ①–⑤ des in (13.70) definierten Spektralmaßes.

Aufgabe 13.17

Zeigen Sie, dass in dem Beispiel auf S. 331 durch $E(\delta) = M_{\chi_{a^{-1}(\delta)}}$ ein Spektralmaß definiert wird.

Aufgabe 13.18

Durch $P : f \mapsto -i\hbar f'$ wird ein Impulsoperator in $L_2(\mathbb{R})$ mit Definitionsbereich $D(P) = \mathcal{W}_2^1(\mathbb{R})$ definiert (vgl. Aufgabe 5.15). Zeigen Sie, dass P selbstadjungiert ist und berechnen Sie das Spektrum von P.

Aufgabe 13.19

Es seien A eine Observable und $x \in D(A)$ ein Zustand. Die Zahl

$$\delta(A, x) := \| Ax - \langle Ax | x \rangle x \|$$

heißt *Streuung* von A in x.

a) Zeigen Sie, dass genau dann $\delta(A, x) = 0$ gilt, wenn x ein Eigenvektor von A ist.

b) Für zwei Observable A, B heißt $[A, B] := AB - BA$ der *Kommutator* von A und B. Zeigen Sie für einen Zustand $x \in D(A) \cap D(B)$ mit $Ax \in D(B)$ und $Bx \in D(A)$:

$$\delta(A, x)\,\delta(B, x) \geq \tfrac{1}{2} \, | \, \langle [A, B] x | x \rangle \, | \,.$$

c) Für Orts- und Impulsoperator gilt die *Heisenbergsche Vertauschungsrelation* $[P, Q] \subseteq \frac{\hbar}{i} I$. Folgern Sie die *Heisenbergsche Unschärferelation*

$$\delta(P, x)\,\delta(Q, x) \geq \tfrac{\hbar}{2} \,.$$

Ort und Impuls sind also nicht gleichzeitig exakt messbar.

Anhang A

A.1 Lineare Algebra

In diesem ersten Anhang erläutern wir einige Konzepte und Resultate der Linearen Algebra, die in diesem Buch verwendet werden.

Vektorräume

a) Ein *Vektorraum E* über dem Körper $\mathbb{K} = \mathbb{R}$ der reellen Zahlen oder dem Körper $\mathbb{K} = \mathbb{C}$ der komplexen Zahlen ist eine nichtleere Menge E mit einer *Addition* $+ : E \times E \to E$ und einer *Skalarmultiplikation* $\cdot : \mathbb{K} \times E \to E$, sodass die folgenden Eigenschaften gelten:

① $(x + y) + z = x + (y + z)$ für $x, y, z \in E$,

② Es gibt (genau einen) Vektor $0 \in E$ mit $x + 0 = x$ für $x \in E$,

③ Zu $x \in E$ gibt es (genau einen) Vektor $-x \in E$ mit $x + (-x) = 0$,

④ $x + y = y + x$ für $x, y \in E$,

⑤ $\lambda(x + y) = \lambda x + \lambda y$ und $(\lambda + \mu)x = \lambda x + \mu x$ für $x, y \in E$ und $\lambda, \mu \in \mathbb{K}$,

⑥ $(\lambda\mu)x = \lambda(\mu x)$ für $x \in E$ und $\lambda, \mu \in \mathbb{K}$,

⑦ $1x = x$ für $x \in E$.

Die Eigenschaften ① – ④ bedeuten, dass $(E, +)$ eine *kommutative Gruppe* ist.

b) Wesentliche Beispiele sind die Räume $\mathcal{F}(M, \mathbb{K})$ aller Funktionen von einer Menge M nach $\mathbb{K}$, wobei Addition und Skalarmultiplikation *punktweise* definiert werden.

c) Eine nichtleere Teilmenge $V \subseteq E$ heißt *Unterraum* von E, falls für $x, y \in V$ und $\lambda \in \mathbb{K}$ auch $\lambda x + y \in V$ gilt.

Lineare Abbildungen

a) Es seien E, F Vektorräume über $\mathbb{K}$. Eine Abbildung $T : E \to F$ heißt *linear*, falls $T(\lambda x + y) = \lambda T(x) + T(y)$ für $x, y \in V$ und $\lambda \in \mathbb{K}$ gilt. Der *Nullraum* oder *Kern*

© Springer-Verlag GmbH Deutschland 2018
W. Kaballo, *Grundkurs Funktionalanalysis*,
https://doi.org/10.1007/978-3-662-54748-9

$N(T) = T^{-1}\{0\}$ von T ist ein Unterraum von E, das *Bild* („*Range*") $R(T) = T(E)$ von T ist ein Unterraum von F.

b) Die Menge $\mathcal{L}(E,F)$ aller linearen Abbildungen von E nach F ist wieder ein Vektorraum mit den Operationen $(T + S)x := Tx + Sx$ und $(\lambda T)x := \lambda(Tx)$ für $T, S \in \mathcal{L}(E,F)$ und $\lambda \in \mathbb{K}$. Der Raum $E^* := \mathcal{L}(E,\mathbb{K})$ aller *Linearformen* auf E heißt *algebraischer Dualraum* von E.

c) Ist $T \in \mathcal{L}(E,F)$ *bijektiv*, so ist auch $T^{-1} : F \to E$ linear, und T heißt dann *Isomorphismus* von E auf F. Durch

$$\iota_E(x)(x^*) := x^*(x) \quad \text{für } x \in E, x^* \in E^*$$

wird ein Isomorphismus $\iota_E : E \to E^{**}$ von E auf einen Unterraum des *algebraischen Bidualraums* $E^{**} \subseteq \mathcal{F}(E^*,\mathbb{K})$ definiert. Insbesondere ist also jeder Vektorraum isomorph zu einem Unterraum eines Funktionenraums $\mathcal{F}(M,\mathbb{K})$.

Lineare Hüllen

Für eine nichtleere Menge $M \subseteq E$ in einem Vektorraum E wird mit $[M]$ die *lineare Hülle*, d.h. der Durchschnitt aller M umfassenden Unterräume von E, bezeichnet. Es ist $[M] = \{\sum_{j=1}^{n} \lambda_j x_j \mid n \in \mathbb{N}, x_j \in M, \lambda_j \in \mathbb{K}\}$ die Menge aller *Linearkombinationen* von Vektoren aus M.

Lineare Unabhängigkeit

Eine nichtleere Menge $M \subseteq E$ heißt *linear unabhängig*, falls für $n \in \mathbb{N}$, $x_j \in M$ und $\lambda_j \in \mathbb{K}$ gilt:

$$\sum_{j=1}^{n} \lambda_j x_j = 0 \ \Rightarrow \ \lambda_1 = \ldots = \lambda_n = 0; \tag{A.1.1}$$

alle anderen Mengen heißen *linear abhängig*.

Basen und Dimension

a) Eine nichtleere Menge $B \subseteq E$ heißt *Basis* von E, falls sie linear unabhängig ist und $[B] = E$ gilt. Dies ist genau dann der Fall, wenn jeder Vektor $x \in E$ eine *eindeutige* Darstellung $x = \sum_{j=1}^{n} \lambda_j b_j$ mit $b_j \in B$ hat.

b) Ein Vektorraum E besitze eine *endliche* Basis $\{b_1, \ldots, b_n\}$. Dann ist jede Menge von $(n + 1)$ Vektoren $\{x_j = \sum_{i=1}^{n} a_{ij} b_i\}_{j=1}^{n+1}$ linear abhängig. In der Tat hat das zu (A.1.1) äquivalente lineare System

$$\sum_{j=1}^{n+1} \lambda_j \sum_{i=1}^{n} a_{ij} b_i = 0 \ \Leftrightarrow \ \sum_{j=1}^{n+1} a_{ij} \lambda_j = 0 \quad \text{für } i = 1, \ldots, n$$

von n Gleichungen für $(n+1)$ Unbekannte eine Lösung $(\lambda_1, \ldots, \lambda_{n+1}) \neq (0, \ldots, 0)$, was man mithilfe des *Gaußschen Algorithmus* einsieht.

c) Besitzt also E eine endliche Basis, so hat *jede* Basis von E die gleiche Anzahl von Vektoren, und diese heißt dann die *Dimension* des Raumes. Man setzt noch $\dim\{0\} = 0$ und $\dim E = \infty$, falls E eine unendliche linear unabhängige Menge enthält. Man kann unendliche Dimensionen auch nach ihrer *Kardinalität* unterscheiden (vgl. [Köthe 1966], § 7.4), was wir hier aber nicht benötigen.

Satz A.1.1

Es sei B_0 eine linear unabhängige Menge in einem Vektorraum $E \neq \{0\}$. Dann gibt es eine Basis B von E mit $B_0 \subseteq B$. Insbesondere besitzt E eine Basis.

Im Fall $[B_0] \neq E$ gibt es $x_1 \in E \setminus [B_0]$. Dann ist $B_1 := B_0 \cup \{x_1\}$ linear unabhängig. Ist $[B_1] \neq E$, so gibt es $x_2 \in E \setminus [B_1]$, und $B_2 := B_1 \cup \{x_2\}$ ist linear unabhängig. Im Fall $[B_2] \neq E$ gibt es $x_3 \in E \setminus [B_2]$, und man fährt so fort, „bis die so konstruierte linear unabhängige Menge den Raum E aufspannt".

Wie in Satz 6.8 und auf S. 188 kann dieses „naive" Erweiterungsargument mithilfe *transfiniter Induktion* oder des *Zornschen Lemmas* präzisiert werden; beide Instrumente der Mengenlehre sind äquivalent zu deren *Auswahl-Axiom* (vgl. auch [Köthe 1966], § 2.2).

Halbgeordnete Mengen

Eine *Halbordnung* ist eine Relation $\prec$ auf einer Menge M mit den Eigenschaften

① $x \prec x$, ② $x \prec y$ und $y \prec z$ $\Rightarrow$ $x \prec z$, ③ $x \prec y$ und $y \prec x$ $\Rightarrow$ $x = y$.

Ein Element $s \in M$ heißt *obere Schranke* von $A \subseteq M$, falls $a \prec s$ für alle $a \in A$ gilt. Eine Menge $C \subseteq M$ heißt *total geordnet* oder *Kette*, falls für $x, y \in C$ stets $x \prec y$ oder $y \prec x$ gilt. Schließlich heißt ein Element $m \in M$ *maximal*, falls aus $m \prec x$ stets $x = m$ folgt. Damit können wir nun formulieren:

Lemma A.1.2 (Zorn)

Es sei $(M, \prec)$ eine halbgeordnete Menge, in der jede Kette eine obere Schranke hat. Dann besitzt M ein maximales Element.

Beweis von Satz A.1.1

Die Menge $\mathfrak{A}$ aller linear unabhängigen Teilmengen $A \subseteq E$ von E mit $B_0 \subseteq A$ ist bezüglich der Inklusion halbgeordnet. Für eine Kette $\mathfrak{C}$ in $\mathfrak{A}$ ist die Menge $S := \bigcup \{C \mid C \in \mathfrak{C}\}$ linear unabhängig: Für Vektoren $x_1, \ldots, x_n \in S$ gibt es $C_j \in \mathfrak{C}$ mit $x_j \in C_j$. Da $\mathfrak{C}$ eine Kette ist, gibt es $C_0 \in \mathfrak{C}$ mit $C_j \subseteq C_0$ und somit $x_j \in C_0$ für $j = 1, \ldots, n$. Daher sind die Vektoren $x_1, \ldots, x_n \in S$ linear unabhängig. Dies gilt dann auch für S, und somit ist S eine obere Schranke von $\mathfrak{C}$. Nach dem Zornschen Lemma hat dann $\mathfrak{A}$ ein maximales Element $B \in \mathfrak{A}$. Gibt es $x \in E \setminus [B]$, so ist die Menge $B \cup \{x\}$ linear unabhängig, und man hat einen Widerspruch. Somit ist $[B] = E$, und B ist eine Basis von E mit $B_0 \subseteq B$. $\Diamond$

Äquivalenzrelationen

a) Eine *Äquivalenzrelation* $\sim$ auf einer Menge M liegt vor, wenn die folgenden Eigenschaften gelten:

$①$ $x \sim x$, $②$ $x \sim y \Rightarrow y \sim x$, $③$ $x \sim y$ und $y \sim z \Rightarrow x \sim z$.

b) Durch $\tilde{x} = \{y \in M \mid y \sim x\}$ werden entsprechende *Äquivalenzklassen* definiert. Wegen $x \in \tilde{x}$ sind diese nicht leer, und ihre Vereinigung ist ganz M. Zwei Äquivalenzklassen $\tilde{x}$ und $\tilde{y}$ sind *disjunkt* oder gleich: Aus $z \in \tilde{x} \cap \tilde{y}$ folgt nämlich wegen $③$ sofort $\tilde{x} = \tilde{y}$.

c) Umgekehrt sei $M = \bigcup_{i \in I} M_i$ eine disjunkte Vereinigung von Teilmengen M_i. Durch

$$x \sim y \; :\Leftrightarrow \; \exists\, i \in I \; : \; x, y \in M_i$$

wird dann eine Äquivalenzrelation auf M definiert, und es gilt $\tilde{x} = M_i$ für $x \in M_i$.

Beispiel

Es sei $m \in \mathbb{N}$ eine natürliche Zahl. Durch

$$a \sim b \; :\Leftrightarrow \; b - a \text{ ist in } \mathbb{Z} \text{ durch } m \text{ teilbar}$$

wird eine Äquivalenzrelation auf der Menge $\mathbb{Z}$ der ganzen Zahlen definiert. Die Menge $\mathbb{Z}_m = \{\tilde{0}, \tilde{1}, \ldots, \widetilde{m-1}\}$ der Äquivalenzklassen hat genau m Elemente; eine solche Äquivalenzklasse besteht aus Zahlen, die bei Division durch m jeweils den gleichen Rest liefern. Man sieht sofort

$$a \sim a' \text{ und } b \sim b' \Rightarrow a + b \sim a' + b' \text{ und } ab \sim a'b';$$

daher kann man Addition und Multiplikation auf $\mathbb{Z}_m$ definieren durch

$$\tilde{a} + \tilde{b} := \widetilde{a+b}, \quad \tilde{a}\tilde{b} := \widetilde{ab}.$$

Durch diese Operationen wird $\mathbb{Z}_m$ ein *Ring*, für *Primzahlen* $m \in \mathbb{N}$ sogar ein *Körper*. Rechnungen mit *Kongruenzen* „*modulo m*", d. h. mit den Restklassen in $\mathbb{Z}_m$, sind eine wichtige Methode in der Zahlentheorie.

Quotientenräume und Komplemente

a) Quotientenräume werden in Kap. 1 ausführlich erklärt. Für einen Unterraum $V \subseteq E$ eines Vektorraumes E wird durch

$$x \sim y \; :\Leftrightarrow \; x - y \in V$$

eine *Äquivalenzrelation* auf E defininiert; die *Äquivalenzklassen*

$$\tilde{x} := \pi x := \{y \in E \mid y \sim x\} \; = \; x + V \; = \; \{x + v \mid v \in V\} \quad \text{für } x \in E$$

sind affine Unterräume von E „parallel" zu V (vgl. Abb. 1.6) und bilden den *Quotienten-raum* $Q := {}^E/_V$. Die *Quotientenabbildung* $\pi : x \mapsto \tilde{x}$ ist eine *lineare Surjektion* von E auf Q.

b) *Direkte Summen* werden auf S. 143 erklärt. Ein Unterraum W von E heißt *Komplement* eines Unterraumes V von E, falls $E = V \oplus W$ gilt.

Satz A.1.3

Jeder Unterraum V von E besitzt ein Komplement, und dieses ist isomorph zu ${}^E/_V$.

BEWEIS. a) Wir wählen mittels Satz A.1.1 eine Basis B von V und erweitern diese zu einer Basis $B \cup B'$ von E. Für $W = [B']$ gilt dann offenbar $E = V \oplus W$.

b) Die Einschränkung der Quotientenabbildung $\pi : E \rightarrow {}^E/_V$ auf W ist *bijektiv*: Für $w \in W$ folgt aus $\pi w = 0$ sofort $w \in V$ und somit $w = 0$ wegen $V \cap W = \{0\}$. Zu $q \in {}^E/_V$ existiert $x = v + w \in E$ mit $q = \pi x$, und wegen $\pi v = 0$ folgt $q = \pi w$. $\Diamond$

Insbesondere sind *alle* Komplemente eines Unterraumes V von E zueinander isomorph. Gilt also dim $W_1 = m \in \mathbb{N}$ für *ein* Komplement von V, so folgt dim $W = m$ für *alle* Komplemente von V.

A.2   Metrische Räume und Kompaktheit

In diesem Anhang erläutern wir einige Grundbegriffe der Topologie im Rahmen metrischer Räume. Eine ausführlichere Darstellung findet man etwa in (Kaballo 1997), Kap. 1.

Metrische Räume

werden in Abschn. 1.1 eingeführt. Wesentliche Beispiele sind Teilmengen *normierter* Räume. Ein „exotisches" Beispiel einer Metrik ist die durch

$$d(x, y) := \left\{ \begin{array}{ll} 0 & , \quad x = y \\ 1 & , \quad x \neq y \end{array} \right.$$

auf einer beliebigen Menge M definierte *diskrete Metrik;* diese ist gelegentlich zur Konstruktion von Gegenbeispielen nützlich.

Stetige Funktionen

Es seien M, N metrische Räume. Eine Abbildung $f : M \rightarrow N$ heißt *stetig* in $a \in M$, falls eine der folgenden äquivalenten Bedingungen erfüllt ist (vgl. Abb. A.2.1):

$$\forall \, \varepsilon > 0 \, \exists \, \delta > 0 \, \forall \, x \in M \, : \, d(x, a) < \delta \implies d(f(x), f(a)) < \varepsilon, \qquad (A.2.1)$$

Abb. A.2.1 Stetigkeit einer
Abbildung

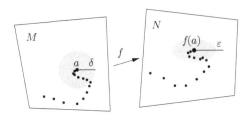

$$\forall \varepsilon > 0 \, \exists \, \delta > 0 \, : \, f(U_\delta(a)) \subseteq U_\varepsilon(f(a)), \tag{A.2.2}$$

$$x_n \to a \Rightarrow f(x_n) \to f(a) \quad \text{für jede Folge } (x_n) \text{ in } M. \tag{A.2.3}$$

Weiter heißt f *stetig auf M*, falls f in jedem Punkt von M stetig ist. $\mathcal{C}(M,N)$ bezeichnet die Menge aller stetigen Abbildungen von M nach N.

Gleichmäßige Konvergenz

Es seien M, N metrische Räume. Eine Folge von Funktionen $f_n : M \to N$ *konvergiert gleichmäßig* auf M gegen $f : M \to N$, falls gilt:

$$\forall \, \varepsilon > 0 \, \exists \, n_0 \in \mathbb{N} \, \forall \, n \geq n_0 \, \forall \, x \in M \, : \, d(f_n(x), f(x)) < \varepsilon. \tag{A.2.4}$$

Im Gegensatz zur *punktweisen* Konvergenz muss also $n_0 = n_0(\varepsilon)$ *unabhängig von* $x \in M$ wählbar sein. Bei gleichmäßiger Konvergenz vererbt sich die Stetigkeit auf die Grenzfunktion:

Satz A.2.1
Es seien M, N metrische Räume, und die Funktionenfolge (f_n) in $\mathcal{F}(M,N)$ konvergiere gleichmäßig auf M gegen $f \in \mathcal{F}(M,N)$. Sind dann alle f_n stetig in $a \in X$, so gilt dies auch für die Grenzfunktion f.

BEWEIS. Zu $\varepsilon > 0$ gibt es nach (A.2.4) ein $n_0 \in \mathbb{N}$ mit $d(f_n(x), f(x)) < \varepsilon$ für $n \geq n_0$ und $x \in X$. Da f_{n_0} in a stetig ist, gibt es $\delta > 0$ mit $d(f_{n_0}(x), f_{n_0}(a)) < \varepsilon$ für $d(x, a) < \delta$. Für diese x folgt dann auch

$$d(f(x), f(a)) \leq d(f(x), f_{n_0}(x)) + d(f_{n_0}(x), f_{n_0}(a)) + d(f_{n_0}(a), f(a)) < 3\varepsilon. \qquad \Diamond$$

Gleichmäßige Stetigkeit

a) Es seien M, N metrische Räume. Eine Abbildung $f : M \to N$ heißt *gleichmäßig stetig auf M*, falls gilt:

$$\forall \, \varepsilon > 0 \, \exists \, \delta > 0 \, \forall \, x_1, x_2 \in M \, : \, d(x_1, x_2) < \delta \Rightarrow d(f(x_1), f(x_2)) < \varepsilon. \tag{A.2.5}$$

Gleichmäßige Stetigkeit bedeutet also, dass in der Stetigkeitsbedingung (A.2.1) für alle Punkte die *gleiche* Zahl $\delta = \delta(\varepsilon) > 0$ gewählt werden kann.

b) Gleichmäßig stetige Abbildungen sind natürlich stetig; auf kompakten Räumen M gilt auch die Umkehrung dieser Aussage (Satz A.2.9). Die Funktionen $t \mapsto \frac{1}{t}$ auf $(0, 1)$ oder $t \mapsto t^2$ auf $[0, \infty)$ sind stetig, aber nicht gleichmäßig stetig.

c) Gleichmäßig stetige Abbildungen bilden Cauchy-Folgen wieder in Cauchy-Folgen ab; für nur stetige Abbildungen ist dies i. a. nicht richtig.

Satz A.2.2

Es seien M ein metrischer Raum und $A \subseteq M$. Die Distanzfunktion *(vgl. (1.26))*

$$d_A : M \to \mathbb{R}, \quad d_A(x) := \inf\{d(x,a) \mid a \in A\} \ \textit{für} \ x \in M,$$

ist gleichmäßig stetig auf M.

BEWEIS. Es seien $x, y \in M$ mit $d(x, y) > 0$ und $\varepsilon > 0$. Wir wählen $a \in A$ mit $d(x, a) < d_A(x) + \varepsilon d(x, y)$ und erhalten

$$d_A(y) \leq d(y, a) \leq d(y, x) + d(x, a) \leq d_A(x) + (1 + \varepsilon)\, d(x, y),$$

also $d_A(y) - d_A(x) \leq (1 + \varepsilon)\, d(x, y)$. Nun vertauschen wir die Rollen von x und y und erhalten mit $\varepsilon \to 0$

$$| d_A(x) - d_A(y) | \ \leq \ d(x, y). \quad \Diamond \tag{A.2.6}$$

Offene und abgeschlossene Mengen

Es seien M ein metrischer Raum und $A \subseteq M$. Die folgenden Begriffe werden in Abb. A.2.2 veranschaulicht:

a) $A \subseteq M$ heißt *offen*, wenn zu jedem $a \in A$ ein $\varepsilon > 0$ mit $U_\varepsilon(a) \subseteq A$ existiert.

b) Die größte offene Teilmenge von A ist gegeben durch das *Innere*

$$A^\circ \ = \ \{a \in A \mid \exists\, \varepsilon > 0 \ : \ U_\varepsilon(a) \subseteq A\} \tag{A.2.7}$$

von A; somit ist A genau dann offen, wenn $A = A^\circ$ gilt.

c) Der *Abschluss* einer Menge $A \subseteq M$ ist gegeben durch

Abb. A.2.2 Punkte
$a \in A^\circ$, $r_1 \in \partial A \cap A$,
$r_2 \in \partial A \backslash A$, $b \notin \overline{A}$

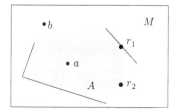

$$\overline{A} = \{x \in M \mid \forall\, \varepsilon > 0 \,:\, U_\varepsilon(a) \cap A \neq \emptyset\}\,; \qquad\qquad\qquad (A.2.8)$$

die Menge A heißt *abgeschlossen,* wenn $A = \overline{A}$ gilt. Dies ist genau dann der Fall, wenn für jede Folge (a_n) in A aus $a_n \to x \in M$ bereits $x \in A$ folgt. Es ist $\overline{A}$ die kleinste abgeschlossene Obermenge von A.

d) Der *Rand* von A in M ist gegeben durch $\partial A = \overline{A}\backslash A^\circ$; er ist stets abgeschlossen. Man hat dann $\overline{A} = A \cup \partial A$ und $A^\circ = A\backslash\partial A$.

e) Offene Kugeln $U_\varepsilon(a)$ sind natürlich offen in M, abgeschlossene Kugeln $B_\varepsilon(a)$ sind abgeschlossen. Mengen, die ihren Rand *teilweise* enthalten, sind weder offen noch abgeschlossen, so etwa halboffene Intervalle in $\mathbb{R}$.

f) Neben anschaulichen Beispielen wie in Abb. A.2.2 gibt es auch unanschaulichere: In $\mathbb{R}$ gilt z. B. $\mathbb{Q}^\circ = \emptyset$ und $\overline{\mathbb{Q}} = \partial\mathbb{Q} = \mathbb{R}$. In einem Raum M mit diskreter Metrik ist jede Teilmenge offen und abgeschlossen.

g) Die Begriffe „offen" und „abgeschlossen" sind, im Gegensatz zur Vollständigkeit oder Kompaktheit, *relativ* zu einem Oberraum erklärt. So ist etwa $(-1, 1]$ in $M = \mathbb{R}$ weder offen noch abgeschlossen, in $M = (-\infty, 1]$ jedoch offen und in $M = (-1, \infty)$ abgeschlossen. Beide Eigenschaften können also beim Übergang zu einem größeren Oberraum verloren gehen.

Im nächsten Abschnitt benötigen wir die Tatsache, dass offene Mengen im $\mathbb{R}^n$ abzählbare disjunkte Vereinigungen gewisser *halboffener Würfel* sind. Genauer gilt mit

$$\mathfrak{W}_m := \{\, W = \prod_{j=1}^{n} [2^{-m} a_j, 2^{-m}(a_j + 1)) \mid a_j \in \mathbb{Z}\,\}, \quad m \in \mathbb{N}_0 \,:$$

Satz A.2.3
Jede offene Menge $D \subseteq \mathbb{R}^n$ ist eine abzählbare disjunkte Vereinigung von Würfeln aus $\mathfrak{W} := \bigcup \{\mathfrak{W}_m \mid m \in \mathbb{N}_0\}$.

BEWEIS. (vgl. Abb. A.2.3). a) Für festes $m \in \mathbb{N}_0$ sind die Würfel aus $\mathfrak{W}_m$ *disjunkt,* und man hat $\bigcup \{W \mid W \in \mathfrak{W}_m\} = \mathbb{R}^n$.

Abb. A.2.3 Würfel $W_j \in \mathfrak{W}_j$
für Indizes $j = 0$ und $j = 1$

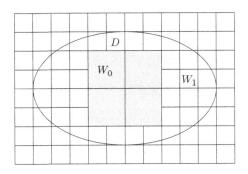

b) Für $j > k$, $W \in \mathfrak{W}_j$ und $W' \in \mathfrak{W}_k$ gilt stets $W \subseteq W'$ oder $W \cap W' = \emptyset$.

c) Wir setzen $\Phi_0 := \{W \in \mathfrak{W}_0 \mid W \subseteq D\}$ und rekursiv

$$\Phi_m := \{W \in \mathfrak{W}_m \mid W \subseteq D \setminus \bigcup \{W' \mid W' \in \Phi_0 \cup \ldots \cup \Phi_{m-1}\}\}.$$

Dann ist $\Phi := \bigcup_{m=0}^{\infty} \Phi_m$ ein abzählbares System *disjunkter* Würfel aus $\mathfrak{W}$, die alle in D enthalten sind.

d) Es bleibt $D = \bigcup \{W \mid W \in \Phi\}$ zu zeigen. Zu einem Punkt $a \in D$ gibt es $\varepsilon > 0$ mit $\{x \in \mathbb{R}^n \mid \|x - a\|_{\infty} < \varepsilon\} \subseteq D$. Für $2^{-j} < \varepsilon$ gibt es $W \in \mathfrak{W}_j$ mit $a \in W$ und $W \subseteq D$. Nach Konstruktion gilt dann $W \in \Phi_j$ oder $W \subseteq W'$ für ein $W' \in \Phi_k$ mit $0 \le k \le j - 1$, und daraus folgt die Behauptung. $\Diamond$

Satz A.2.4

a) Eine Menge $A \subseteq M$ in einem metrischen Raum M ist genau dann abgeschlossen, wenn ihr Komplement $A^c = M \backslash A$ offen ist.

b) M und $\emptyset$ sind offen und abgeschlossen.

c) Beliebige Vereinigungen und endliche Durchschnitte offener Mengen sind offen.

d) Beliebige Durchschnitte und endliche Vereinigungen abgeschlossener Mengen sind abgeschlossen.

Dies ist mittels der Definitionen leicht einzusehen. Die Beispiele $\bigcap_{n=1}^{\infty}(-\frac{1}{n}, \frac{1}{n}) = \{0\}$ und $\bigcup_{n=1}^{\infty}[\frac{1}{n}, 1] = (0, 1]$ zeigen, dass *unendliche* Durchschnitte offener Mengen i. a. *nicht* offen und *unendliche* Vereinigungen abgeschlossener Mengen i. a. *nicht* abgeschlossen sind.

Es gelten folgende Charakterisierungen der Stetigkeit von Abbildungen:

Satz A.2.5

Es seien M, N metrische Räume. Für eine Abbildung $f : M \to N$ sind äquivalent:

(a) f ist stetig auf M.

(b) Für alle $A \subseteq M$ gilt $f(\overline{A}) \subseteq \overline{f(A)}$.

(c) Für abgeschlossene Mengen $B \subseteq N$ ist $f^{-1}(B)$ in M abgeschlossen.

(d) Für offene Mengen $D \subseteq N$ ist $f^{-1}(D)$ in M offen.

BEWEIS. „(a) $\Rightarrow$ (b)": Zu $x \in \overline{A}$ gibt es eine Folge (a_n) in A mit $a_n \to x$. Es folgt $f(a_n) \to f(x)$ und somit $f(x) \in \overline{f(A)}$.

„(b) $\Rightarrow$ (c)": Für $A := f^{-1}(B)$ gilt $f(\overline{A}) \subseteq \overline{f(A)} \subseteq \overline{B} = B$, und daraus folgt $\overline{A} \subseteq f^{-1}(B) = A$.

„(c) $\Rightarrow$ (d)" ergibt sich durch Komplementbildung.

„(d) $\Rightarrow$ (a)": Es seien $a \in M$ und $\varepsilon > 0$. Nach (d) ist $f^{-1}(U_{\varepsilon}(f(a)))$ in M offen; somit gibt es $\delta > 0$ mit $U_{\delta}(a) \subseteq f^{-1}(U_{\varepsilon}(f(a)))$, und es gilt (A.2.2). $\Diamond$

Die Begriffe *Kompaktheit* und *Präkompaktheit* werden zu Beginn von Kap. 2 eingeführt und diskutiert. Wir geben nun Beweise einiger dort formulierter Aussagen:

Satz A.2.6
Es seien M, N metrische Räume und $f : M \to N$ stetig. Ist M kompakt, so auch $f(M) \subseteq N$.

BEWEIS. Es sei (y_n) eine Folge in $f(M)$. Wir wählen $x_n \in M$ mit $f(x_n) = y_n$. Da M kompakt ist, hat (x_n) eine Teilfolge $x_{n_j} \to x \in M$. Da f stetig ist, folgt $y_{n_j} = f(x_{n_j}) \to f(x) \in f(M)$ und somit die Behauptung. $\Diamond$

Satz A.2.7
Es seien M, N metrische Räume und M kompakt. Ist $f : M \to N$ stetig und injektiv, so ist auch die Umkehrabbildung $f^{-1} : f(M) \to M$ stetig.

BEWEIS. Es sei $A \subseteq M$ abgeschlossen. Nach Satz A.2.5 ist dann zu zeigen, dass $(f^{-1})^{-1}(A) = f(A)$ in $f(M)$ abgeschlossen ist. Mit M ist aber A kompakt, und nach Satz A.2.6 gilt dies auch für $f(A)$. Insbesondere ist $f(A)$ abgeschlossen in $f(M)$. $\Diamond$

Satz A.2.8
Es seien M ein kompakter metrischer Raum, Y ein normierter Raum und $f : M \to Y$ stetig. Dann ist f beschränkt. Im Fall $Y = \mathbb{R}$ besitzt f ein Maximum und ein Minimum, d. h. es gilt:

$$\exists\, x_1, x_2 \in M \ \forall\, x \in M : f(x_1) \leq f(x) \leq f(x_2). \tag{A.2.9}$$

BEWEIS. Es ist $f(M)$ nach Satz A.2.6 kompakt, insbesondere also beschränkt. Im Fall $Y = \mathbb{R}$ besitzt daher $f(M)$ ein Supremum und ein Infimum, und wegen der Abgeschlossenheit der Menge $f(M)$ sind diese sogar Maximum und Minimum. $\Diamond$

Satz A.2.9
Es seien M, N metrische Räume, M kompakt und $f : M \to N$ stetig. Dann ist f gleichmäßig stetig.

BEWEIS. Ist (A.2.5) nicht richtig, so gilt:

$$\exists\, \varepsilon > 0 \ \forall\, n \in \mathbb{N} \ \exists\, x_n, y_n \in M : d(x_n, y_n) < \tfrac{1}{n}, \quad d(f(x_n), f(y_n)) \geq \varepsilon.$$

Nun hat (x_n) eine Teilfolge $x_{n_j} \to a \in M$; wegen $d(x_n, y_n) < \tfrac{1}{n}$ gilt auch $y_{n_j} \to a$. Da f in a stetig ist, gilt $f(x_{n_j}) \to f(a)$ und auch $f(y_{n_j}) \to f(a)$, und wir erhalten den Widerspruch

$$d(f(x_{n_j}), f(y_{n_j})) \ \leq \ d(f(x_{n_j}), f(a)) + d(f(a), f(y_{n_j})) \to 0. \qquad \Diamond$$

Satz A.2.10

Ein metrischer Raum M ist genau dann präkompakt, wenn jede Folge in M eine Cauchy-Teilfolge besitzt.

BEWEIS. „⇐ ": Für ein $\varepsilon > 0$ gebe es kein endliches ε-Netz. Dann können wir rekursiv eine Folge (x_n) in M wählen, für die stets

$$x_{n+1} \in M \setminus (U_\varepsilon(x_1) \cup \cdots \cup U_\varepsilon(x_n)),$$

also $d(x_n, x_m) \geq \varepsilon$ für $n \neq m$ gilt. Offenbar besitzt (x_n) keine Cauchy-Teilfolge.

„⇒ ": Es sei (x_n) eine Folge in M. Zu $\varepsilon = 1$ gibt es Punkte $\{a_1, \ldots, a_r\} \subseteq M$ mit $M \subseteq U_1(a_1) \cup \ldots \cup U_1(a_r)$; folglich gibt es mindestens ein $\ell \in \{1, \ldots, r\}$, sodass $x_n \in U_1(a_\ell)$ für unendlich viele Indizes $n \in \mathbb{N}$ gilt. Somit existiert eine Teilfolge $(x_n^{(1)})$ von (x_n) mit $d(x_n^{(1)}, x_m^{(1)}) \leq 2$. Genauso finden wir eine Teilfolge $(x_n^{(2)})$ von $(x_n^{(1)})$ mit $d(x_n^{(2)}, x_m^{(2)}) \leq 1$, und entsprechend rekursiv Teilfolgen $(x_n^{(k+1)})$ von $(x_n^{(k)})$ mit $d(x_n^{(k+1)}, x_m^{(k+1)}) \leq 2^{-k+1}$. Wie im Beweis von Lemma 2.3 bilden wir nun die *Diagonalfolge* $(x_n^*) := (x_n^{(n)})$. Da $(x_n^*)_{n \geq k}$ Teilfolge von $(x_n^{(k)})$ ist, gilt offenbar $d(x_n^*, x_m^*) \leq 2^{-k+2}$ für $n, m \geq k$, d. h. (x_n^*) ist eine Cauchy-Teilfolge von (x_n).   ◇

Den *Durchmesser* einer Menge A in einem metrischen Raum M definieren wir durch

$$\Delta(A) := \sup \{d(x, y) \mid x, y \in A\} \in [0, \infty].$$

Satz A.2.11

Ein metrischer Raum M ist genau dann folgenkompakt, wenn er überdeckungskompakt ist.

BEWEIS. „⇐ ": Es sei (x_n) eine Folge in M. Gibt es zu $x \in M$ keine gegen x konvergente Teilfolge von (x_n), so gibt es $\delta = \delta(x) > 0$, sodass $x_n \in U_\delta(x)$ für höchstens endlich viele Indizes $n \in \mathbb{N}$ gilt. Ist dies nun für alle $x \in M$ der Fall, so kann die offene Überdeckung $\mathfrak{U} := \{U_{\delta(x)}(x) \mid x \in M\}$ von M keine endliche Teilüberdeckung besitzen.

„⇒ ": Nun sei $\mathfrak{U}$ eine offene Überdeckung von M.

① Eine Menge $D \subseteq M$ heiße „*dick*" (bezüglich $\mathfrak{U}$), falls D in keiner Menge aus $\mathfrak{U}$ enthalten ist. Für $n \in \mathbb{N}$ seien nun $D_n \subseteq M$ dicke Mengen mit $0 \leq \Delta(D_n) < \frac{1}{n}$. Wir wählen $x_n \in D_n$; wegen der Folgenkompaktheit von M besitzt die Folge (x_n) eine konvergente Teilfolge $x_{n_j} \to x \in M$. Nun gibt es $U_0 \in \mathfrak{U}$ und $\delta > 0$ mit $U_{2\delta}(x) \subseteq U_0$. Ist nun $j \in \mathbb{N}$ so groß, dass $x_{n_j} \in U_\delta(x)$ und $\frac{1}{n_j} < \delta$ gilt, so folgt wegen $\Delta(D_{n_j}) < \frac{1}{n_j} < \delta$ der Widerspruch $D_{n_j} \subseteq U_{2\delta}(x) \subseteq U_0$.

② Nach ① gibt es $\lambda > 0$, sodass alle Mengen mit Durchmesser $< \lambda$ in einer Menge aus $\mathfrak{U}$ enthalten sind. Nach Satz A.2.10 ist M präkompakt; zu $\varepsilon := \frac{\lambda}{3}$ gibt es also endlich viele Punkte $a_1, \ldots, a_r \in M$ mit $M \subseteq U_\varepsilon(a_1) \cup \ldots \cup U_\varepsilon(a_r)$. Wegen $\Delta(U_\varepsilon(a_j)) \leq 2\varepsilon < \lambda$ gibt es dann $U_j \in \mathfrak{U}$ mit $U_\varepsilon(a_j) \subseteq U_j$, und daraus ergibt sich sofort $M \subseteq U_1 \cup \ldots \cup U_r$.   ◇

Nach dem Beweis von Satz A.2.11 gibt es zu jeder offenen Überdeckung $\mathfrak{U}$ eines kompakten Raumes M eine Zahl $\lambda > 0$, sodass alle Mengen mit Durchmesser $< \lambda$ in einer Menge aus $\mathfrak{U}$ enthalten sind. Eine solche Zahl $\lambda > 0$ heißt *Lebesgue-Zahl* der Überdeckung $\mathfrak{U}$.

Halbstetige Funktionen wurden auf S. 232 eingeführt. Das folgende Resultat ist wichtig für die Integrationstheorie (vgl. Satz A.3.3):

Satz A.2.12 (Dini)
Es seien M ein kompakter metrischer Raum und (f_n) eine Folge oberhalbstetiger Funktionen auf M mit $f_1 \geq f_2 \geq \ldots \geq 0$ und $f_n \to 0$ punktweise auf M. Dann gilt $f_n \to 0$ gleichmäßig.

BEWEIS. Es sei $\varepsilon > 0$. Zu $x \in M$ gibt es $n_x \in \mathbb{N}$ mit $f_{n_x}(x) < \varepsilon$. Da die Funktion f_{n_x} oberhalbstetig ist, gibt es eine offene Umgebung $U(x)$ von x mit $f_{n_x}(y) < \varepsilon$ für alle $y \in U(x)$. Die offene Überdeckung $\{U(x) \mid x \in M\}$ von M besitzt eine endliche Teilüberdeckung; es gibt also $a_1, \ldots, a_r \in M$ mit $M \subseteq \bigcup_{j=1}^{r} U(a_j)$. Für $n_0 := \max_{j=1}^{r} n_{a_j}$ und $n \geq n_0$ gilt dann $0 \leq f_n(x) < \varepsilon$ für alle $x \in M$ aufgrund der Monotonie-Bedingung. $\Diamond$

A.3   Maße und Integrale

Es gibt verschiedene Zugänge zur Integrationstheorie; in diesem Anhang stellen wir einen „funktionalanalytischen" Zugang recht ausführlich vor. Zuvor wollen wir zwei andere Zugänge knapp skizzieren.

Wie in Abschn. 1.3 nehmen wir zunächst an, dass bereits ein *Maß* auf einer σ-*Algebra* gegeben ist:

Maßräume
a) Es sei Ω eine Menge. Ein System Σ von Teilmengen von Ω heißt σ-*Algebra*, falls gilt:

$$\text{①}\ \Omega \in \Sigma, \quad \text{②}\ E \in \Sigma \Rightarrow E^c := \Omega \backslash E \in \Sigma, \quad \text{③}\ \{E_k\}_{k \in \mathbb{N}} \subseteq \Sigma \Rightarrow E := \bigcup_{k=1}^{\infty} E_k \in \Sigma.$$

Die Elemente von Σ heißen (Σ)-*messbare Mengen*. Offenbar gilt auch $\emptyset \in \Sigma$, und Σ ist auch stabil unter der Bildung abzählbarer Durchschnitte.

b) Eine Abbildung $\mu : \Sigma \to [0, \infty]$ heißt *(positives) Maß* auf Σ, wenn sie σ-*additiv* ist, d. h. wenn für eine *disjunkte* Folge $(E_k)_{k \in \mathbb{N}}$ in Σ und $E := \bigcup_{k=1}^{\infty} E_k$ gilt:

$$\mu(E) = \sum_{k=1}^{\infty} \mu(E_k).$$

Das Tripel (Ω, Σ, μ) heißt dann *Maßraum,* den man oft kurz als Ω schreibt.

c) Ein einfaches Beispiel ist das *Zählmaß* auf einer Menge Ω, das *jeder* Teilmenge von Ω die Anzahl ihrer Elemente zuordnet.

Einfache Funktionen

a) Für eine Menge $M \subseteq \Omega$ wird die *charakteristische Funktion* von M definiert durch
$\chi_M : t \mapsto \begin{cases} 1 & , \quad t \in M \\ 0 & , \quad t \notin M \end{cases}$. Der Raum der *einfachen Funktionen* auf Ω bezüglich Σ
ist gegeben durch die lineare Hülle $\mathcal{E} = \mathcal{E}(\Omega, \Sigma) = [\chi_E \mid E \in \Sigma]$. Jede Funktion $\epsilon \in \mathcal{E}$
lässt sich in der Form

$$\epsilon = \sum_{j=1}^{r} \alpha_j \, \chi_{E_j} \tag{A.3.1}$$

mit *disjunkten* Mengen $E_j \in \Sigma$ schreiben.

c) Für eine Funktion $\epsilon \in \mathcal{E}$ wie in (A.3.1) mit $\epsilon \geq 0$ setzt man

$$\int_{\Omega} \epsilon \, d\mu := \sum_{j=1}^{r} \alpha_j \, \mu(E_j) \in [0, \infty] \tag{A.3.2}$$

mit der Konvention „$0 \cdot \infty = 0$“.

Messbare und integrierbare Funktionen

a) Es sei Y ein metrischer Raum. Eine Funktion $f : \Omega \to Y$ heißt (Σ)-*messbar,* wenn $f^{-1}(D) \in \Sigma$ für jede offene Menge $D \subseteq Y$ gilt. Mit $\mathcal{M} = \mathcal{M}(\Omega, \Sigma)$ bezeichnen wir den Raum der (Σ)-messbaren Funktionen von Ω nach $\mathbb{C}$.

b) Für eine messbare Funktion $f : \Omega \to [0, \infty)$ definiert man durch

$$\int_{\Omega} f \, d\mu := \sup \{ \textstyle\int_{\Omega} \epsilon \, d\mu \mid \epsilon \in \mathcal{E}, \, 0 \leq \epsilon \leq f \} \in [0, \infty] \tag{A.3.3}$$

das *Integral* von f bezüglich des Maßes μ.

c) Eine messbare Funktion $f \in \mathcal{M}$ heißt *integrierbar,* wenn $\int_{\Omega} |f| \, d\mu < \infty$ gilt. In diesem Fall schreiben wir

$$f = u_1 - u_2 + i(u_3 - u_4) \quad \text{mit } 0 \leq u_j \in \mathcal{M} \tag{A.3.4}$$

und setzen

$$\int_{\Omega} f \, d\mu := \int_{\Omega} u_1 \, d\mu - \int_{\Omega} u_2 \, d\mu + i(\textstyle\int_{\Omega} u_3 \, d\mu - \int_{\Omega} u_4 \, d\mu) \in \mathbb{C}. \tag{A.3.5}$$

Mit $\mathcal{L}_1(\mu) = \mathcal{L}_1(\Omega, \Sigma, \mu)$ bezeichnen wir die Menge der integrierbaren Funktionen auf Ω. Diese ist ein Vektorraum, und das Integral ist eine *positive Linearform* auf $\mathcal{L}_1(\mu)$.

Eine ausführliche Darstellung des soeben skizzierten Zugangs zum Integralbegriff findet man in (Rudin 1974).

Interessante Beispiele von σ-Algebren und Maßen sind nicht offensichtlich, lassen sich aber aus „realistischen Vorgaben" *konstruieren*. Dazu zwei wichtige Beispiele:

Lebesgue-Maß

Ein *Quader* $Q = \prod_{j=1}^{n} I_j$ in $\mathbb{R}^n$ ist ein Produkt von Intervallen, wobei auch einpunktige I_j zugelassen sind. Das „anschauliche" Volumen ist gegeben durch das Produkt der Längen dieser Intervalle:

$$\lambda(Q) := \prod_{j=1}^{n} |I_j| \in [0, \infty]. \tag{A.3.6}$$

Zu konstruieren ist dann eine Fortsetzung von λ zu einem Maß auf einer σ-Algebra in $\mathbb{R}^n$. Unter der Zusatzannahme der Translationsinvarianz existiert im Wesentlichen genau ein solches Maß, das *Lebesgue-Maß* $\lambda = \lambda^n$ auf $\mathbb{R}^n$.

Produktmaß

Gegeben seien zwei Maßräume $(\Omega_1, \Sigma_1, \mu_1)$ und $(\Omega_2, \Sigma_2, \mu_2)$. Zu konstruieren ist das *Produktmaß* $\mu = \mu_1 \times \mu_2$ auf dem Produkt $\Omega = \Omega_1 \times \Omega_2$ mit

$$\mu(E_1 \times E_2) := \mu_1(E_1)\,\mu_2(E_2) \quad \text{für } E_j \in \Sigma_j. \tag{A.3.7}$$

Die beiden Konstruktionsaufgaben können mit einer auf C. Carathéodory (1914) zurückgehenden Erweiterungsmethode gelöst werden. Das Lebesgue-Maß auf $\mathbb{R}^n$ ist dann das n-fache Produkt von Lebesgue-Maßen auf $\mathbb{R}$. Weiter kann für eine messbare Funktion $0 \leq f \in \mathcal{M}(\Omega, \Sigma)$ das Integral an Stelle von (A.3.3) dann auch durch

$$\int_\Omega f\,d\mu := (\mu \times \lambda^1)(\{(t, s) \in \Omega \times \mathbb{R} \mid 0 \leq s \leq f(t)\}) \in [0, \infty],$$

d. h. durch das „Volumen unter dem Graphen von f" definiert werden (vgl. Abb. A.3.1). Eine ausführliche Darstellung dieses Zugangs zur Maß- und Integrationstheorie findet man in (Storch und Wiebe 1993). Für weitreichende moderne Methoden zur Maßerweiterung verweisen wir auf (König 1997).

Abb. A.3.1 Volumen unter einem Graphen

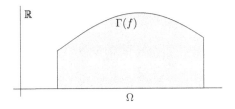

Fortsetzung elementarer Integrale

Wir wollen hier nun eine andere, mehr „funktionalanalytische" Methode ausführlicher skizzieren. Ausgehend von elementaren Daten wie in den obigen beiden Beispielen konstruieren wir zuerst das Integral mittels Satz 3.7 und erhalten daraus das Maß durch Integration charakteristischer Funktionen. Wir folgen im Wesentlichen den Darstellungen in (Hoffmann und Schäfke 1992) und (Kaballo 1999).

Prä-Ringe und Inhalte

a) Es sei Ω eine Menge. Ein System $\mathfrak{P}$ von Teilmengen von Ω heißt *Prä-Ring*, falls für $A, B \in \mathfrak{P}$ die Differenzmenge $A \backslash B$ endliche disjunkte Vereinigung von Mengen aus $\mathfrak{P}$ ist.

b) Ein System $\mathfrak{P}$ ist genau dann ein Prä-Ring in Ω, wenn $\emptyset \in \mathfrak{P}$ gilt und zu Mengen $A_1, \dots, A_r \in \mathfrak{P}$ *disjunkte* Mengen $C_1, \dots, C_s \in \mathfrak{P}$ existieren, sodass jedes A_j die (disjunkte) Vereinigung gewisser C_k ist. Diese Aussage heißt *Zerlegungseigenschaft* von $\mathfrak{P}$, vgl. Abb. A.3.2.

c) Für ein System $\mathfrak{P}$ in Ω bezeichnen wir mit $\mathfrak{R}(\mathfrak{P})$ das System aller endlichen disjunkten Vereinigungen von Mengen aus $\mathfrak{P}$. Das System $\mathfrak{P}$ ist genau dann ein Prä-Ring in Ω, wenn $\mathfrak{R}(\mathfrak{P})$ ein *Ring* von Mengen in Ω ist, d. h. wenn für $A, B \in \mathfrak{R}(\mathfrak{P})$ auch $A \cap B$, $A \cup B$ und $A \backslash B$ in $\mathfrak{R}(\mathfrak{P})$ liegen. Die Aussagen b) und c) sind leicht einzusehen.

d) Eine Abbildung $\mu : \mathfrak{P} \to [0, \infty)$ heißt *Inhalt* auf $\mathfrak{P}$, wenn sie *additiv* ist, d. h. wenn für *disjunkte* Mengen $A_1, \dots, A_r \in \mathfrak{P}$ und $A := \bigcup_{k=1}^{r} A_k \in \mathfrak{P}$ gilt:

$$\mu(A) = \sum_{k=1}^{r} \mu(A_k).$$

e) Beachten Sie, dass ein Inhalt im soeben definierten Sinn stets *endliche* Werte hat. Für ein Maß μ auf einer σ-Algebra Σ erhält man einen Inhalt durch Einschränkung auf den Ring $\Sigma_e(\mu) := \{A \in \Sigma \mid \mu(A) < \infty\}$, der nur im Fall $\mu(\Omega) < \infty$ mit Σ übereinstimmt.

Beispiele

a) Das System $\mathfrak{Q}$ aller beschränkten Quader in $\mathbb{R}^n$ ist ein Prä-Ring, und das „anschauliche" Volumen $\lambda : \mathfrak{Q} \to [0, \infty)$ aus (A.3.6) ist ein Inhalt.

b) Für zwei Maßräume $(\Omega_1, \Sigma_1, \mu_1)$ und $(\Omega_2, \Sigma_2, \mu_2)$ ist das System

$$\mathfrak{P} := \{A_1 \times A_2 \mid A_j \in \Sigma_j \text{ mit } \mu_j(A_j) < \infty\}$$

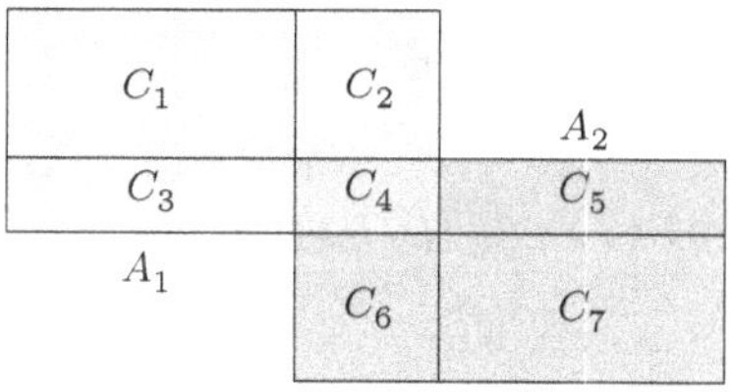

Abb. A.3.2 Zerlegungen

aller Produktmengen endlichen Maßes ein Prä-Ring (vgl. Abb. A.3.2), und durch (A.3.7) wird ein Inhalt $\mu : \mathfrak{P} \to [0, \infty)$ definiert.

Treppenfunktionen

a) Der Raum der *Treppenfunktionen* auf Ω bezüglich $\mathfrak{P}$ ist gegeben durch $\mathcal{T} = \mathcal{T}(\Omega, \mathfrak{P}) = [\chi_A \mid A \in \mathfrak{P}]$. Aus $\phi \in \mathcal{T}$ folgt auch $|\phi| \in \mathcal{T}$.

b) Für $\phi = \sum_{j=1}^{r} \alpha_j \chi_{A_j}$ mit $A_j \in \mathfrak{P}$ ist das elementare Integral

$$I_\mu(\phi) := \int_\Omega \phi \, d\mu := \sum_{j=1}^{r} \alpha_j \mu(A_j) \in \mathbb{C} \tag{A.3.8}$$

aufgrund der Zerlegungseigenschaft von Prä-Ringen *wohldefiniert*. Es liefert eine *positive Linearform* $I = I_\mu : \mathcal{T}(\Omega, \mathfrak{P}) \to \mathbb{C}$ mit $|I(\phi)| \leq I(|\phi|)$ für $\phi \in \mathcal{T}$.

c) Für eine Menge $M \subseteq \Omega$ gilt $\chi_M \in \mathcal{T} \Leftrightarrow M \in \mathfrak{R}(\mathfrak{P})$, und daher hat man auch $\mathcal{T} = \mathcal{T}(\Omega, \mathfrak{R}(\mathfrak{P}))$. Durch $\mu_R(M) := \int_\Omega \chi_M \, d\mu$ wird μ zu einem Inhalt auf $\mathfrak{R}(\mathfrak{P})$ fortgesetzt.

d) Für eine Funktion $f : \Omega \to \mathbb{C}$ bezeichnen wir mit $\mathrm{tr} f := \{ t \in \Omega \mid f(t) \neq 0 \}$ den *Träger* von f. Für $\phi \in \mathcal{T}$ gilt $\mathrm{tr} \phi \in \mathfrak{R}(\mathfrak{P})$. Beachten Sie, dass im Fall eines metrischen Raumes Ω der auf S. 29 definierte Träger $\mathrm{supp} f$ der Abschluss von $\mathrm{tr} f$ in Ω ist.

Nun soll das elementare Integral mittels Satz 3.7 auf einen größeren *vollständigen* Funktionenraum $\mathcal{L}_1(\Omega, \mathfrak{P}, \mu)$ fortgesetzt werden; dafür ist die Wahl einer *geeigneten Halbnorm* wesentlich. Für eine Menge $\mathcal{F}$ von $\mathbb{C}$-wertigen Funktionen bezeichnen wir mit $\mathcal{F}^+$ die Menge der Funktionen in $\mathcal{F}$ mit Werten in $[0, \infty)$.

Definitionen

a) Eine Reihe $\sum \phi_k$ von positiven Treppenfunktionen $\phi_k \in \mathcal{T}^+$ heißt μ-*Majorante* einer Funktion $f : \Omega \to \mathbb{C}$, falls

$$\sum_{k=1}^{\infty} I(\phi_k) < \infty \quad \text{und} \quad |f(t)| \leq \sum_{k=1}^{\infty} \phi_k(t) \tag{A.3.9}$$

für die $t \in \Omega$ gilt, für die diese Reihe konvergiert. Die Zahl $\sum_{k=1}^{\infty} I(\phi_k) \geq 0$ heißt dann μ-*Obersumme* von f.

b) Mit $\mathcal{L} = \mathcal{L}(\Omega, \mathfrak{P}, \mu)$ bezeichnen wir die Menge aller Funktionen $f : \Omega \to \mathbb{C}$, für die eine μ-Majorante existiert.

c) Für $f \in \mathcal{L}$ wird die μ-*Halbnorm* oder μ-*Integralnorm* definiert als Infimum aller μ-Obersummen:

$$\|f\|_\mu := \int_\Omega^* |f(t)| \, d\mu := \inf \left\{ \sum_{k=1}^{\infty} I_\mu(\phi_k) \mid \sum \phi_k \text{ ist } \mu\text{-Majorante von } f \right\}. \tag{A.3.10}$$

Bemerkungen

a) Die zweite Bedingung in (A.3.9) ist im Fall der Divergenz von $\sum\limits_{k=1}^{\infty} \phi_k(t)$ automatisch erfüllt. Wegen $\sum\limits_{k=1}^{\infty} I(\phi_k) < \infty$ kann diese Reihe allerdings höchstens auf einer *Nullmenge* divergent sein, vgl. Satz A.3.4.

b) Für eine Funktion $f : \Omega \to \mathbb{C}$ gilt $f \in \mathcal{L} \Leftrightarrow |f| \in \mathcal{L}$ und $\|f\|_\mu = \||f|\|_\mu$ in diesem Fall. Die Existenz einer μ-Majorante zu f ist eine reine *Wachstumsbedingung* an f und impliziert keinerlei Glattheitseigenschaften.

c) Für $f \in \mathcal{L}$ und eine beschränkte Funktion $g : \Omega \to \mathbb{C}$ gilt auch $fg \in \mathcal{L}$ und

$$\int_{\Omega}^{*} |f(t)g(t)|\, d\mu \leq \|g\|_{\sup} \int_{\Omega}^{*} |f(t)|\, d\mu. \qquad (A.3.11)$$

d) Es ist $\mathcal{L}$ ein Vektorraum, auf dem durch (A.3.10) eine Halbnorm definiert wird. Wichtig ist die folgende *„abzählbare Version"* der Dreiecks-Ungleichung:

Satz A.3.1

Es seien (g_k) *eine Folge in* $\mathcal{L}$ *mit* $\sum\limits_{k=1}^{\infty} \|g_k\|_\mu < \infty$ *und* $f : \Omega \to \mathbb{C}$ *eine Funktion mit* $|f(t)| \leq \sum\limits_{k=1}^{\infty} |g_k(t)|$ *für alle* $t \in \Omega$. *Dann folgt auch* $f \in \mathcal{L}$, *und man hat* $\|f\|_\mu \leq \sum\limits_{k=1}^{\infty} \|g_k\|_\mu$.

BEWEIS. Zu $\varepsilon > 0$ hat $g_k \in \mathcal{L}$ eine μ-Majorante $\sum_j \phi_j^{(k)}$ mit $\sum\limits_{j=1}^{\infty} I(\phi_j^{(k)}) \leq \|g_k\|_\mu + \frac{\varepsilon}{2^k}$. Es folgt $|f| \leq \sum\limits_{k=1}^{\infty} |g_k| \leq \sum\limits_{k=1}^{\infty} \sum\limits_{j=1}^{\infty} \phi_j^{(k)}$ und $\sum\limits_{k=1}^{\infty} \sum\limits_{j=1}^{\infty} I(\phi_j^{(k)}) \leq \sum\limits_{k=1}^{\infty} \|g_k\|_\mu + \varepsilon$. Daraus folgt die Behauptung mit $\varepsilon \to 0$ durch Anordnen der Doppelreihen positiver Terme zu einfachen Reihen. $\Diamond$

Nullmengen und Nullfunktionen

a) Eine Menge $N \subseteq \Omega$ heißt μ-*Nullmenge*, falls für ihre charakteristische Funktion $\|\chi_N\|_\mu = 0$ gilt. Mit $\mathfrak{N} = \mathfrak{N}(\Omega, \mathfrak{P}, \mu)$ bezeichnen wir das System aller Nullmengen in Ω.

b) Eine Eigenschaft gilt μ-*fast überall* (μ-*f. ü.*) auf Ω, falls sie außerhalb einer μ-Nullmenge gilt.

c) Wegen Satz A.3.1 sind *abzählbare Vereinigungen* von Nullmengen wieder Nullmengen.

d) Ist $h \in \mathcal{L}_1$ mit $\|h\|_\mu = 0$, so gilt $h = 0$ fast überall. Für $N := \{t \in \Omega \mid h(t) \neq 0\}$ gilt in der Tat $\chi_N \leq \sum\limits_{k=1}^{\infty} |h|$ und somit $\|\chi_N\|_\mu = 0$ aufgrund von Satz A.3.1.

e) Umgekehrt seien N eine Nullmenge und $h : N \to \mathbb{C}$ eine beliebige Funktion. Für die durch 0 auf ganz Ω fortgesetzte Funktion gilt dann $|h| \leq \sum_{k=1}^{\infty} \chi_N$ und somit $\|h\|_{\mu} = 0$ wiederum nach Satz A.3.1. Wie in (1.18) bezeichnen wir den Raum der *Nullfunktionen* mit $\mathcal{N} = \mathcal{N}(\Omega, \mathfrak{P}, \mu) = \{f : \Omega \to \mathbb{C} \mid f(t) = 0 \ \mu\text{-f.ü.}\}$.

f) Satz A.3.1 gilt auch dann, wenn die Abschätzung $|f(t)| \leq \sum_{k=1}^{\infty} |g_k(t)|$ nur für *fast alle* $t \in \Omega$ vorausgesetzt wird; um dies einzusehen, ändert man f auf der Ausnahmemenge einfach zu 0 ab.

Zur Fortsetzung des Integrals $I_{\mu} : \mathcal{T} \to \mathbb{C}$ auf den Abschluss von $\mathcal{T}$ in $\mathcal{L}$ gemäß Satz 3.7 benötigen wir eine *Stetigkeitsabschätzung*. Dazu gilt der folgende

Satz A.3.2
Für einen Inhalt μ auf einem Prä-Ring $\mathfrak{P}$ in einer Menge Ω sind äquivalent:

(a) Der Inhalt μ ist σ -additiv auf dem Prä-Ring $\mathfrak{P}$.

(b) Der Inhalt μ_R ist σ -additiv auf dem Ring $\mathfrak{R}(\mathfrak{P})$.

(c) Für jede Folge (M_n) in $\mathfrak{R}(\mathfrak{P})$ mit $M_{n+1} \subseteq M_n$ für $n \in \mathbb{N}$ und $\bigcap_{n=1}^{\infty} M_n = \emptyset$ gilt $\mu_R(M_n) \to 0$.

(d) Für jede monoton fallende punktweise gegen 0 konvergente Folge $\phi_n \downarrow 0$ in $\mathcal{T}$ gilt $I_{\mu}(\phi_n) \to 0$.

(e) Es gilt $|I_{\mu}(\phi)| \leq \|\phi\|_{\mu}$ für alle $\phi \in \mathcal{T}$.

(f) Es gilt die Aussage

$$|I_{\mu}(\phi)| \leq I_{\mu}(|\phi|) = \|\phi\|_{\mu} \quad \text{für alle} \ \phi \in \mathcal{T}. \tag{A.3.12}$$

BEWEIS. „(a) $\Rightarrow$ (b)" ergibt sich leicht mittels Zerlegungen.

„(b) $\Rightarrow$ (c)": Mit $D_j := M_j \backslash M_{j+1}$ gilt $\sum_{j=1}^{\infty} \mu_R(D_j) = \mu_R(M_1) < \infty$, und daraus folgt

$$\mu_R(M_n) = \sum_{j=n}^{\infty} \mu_R(D_j) \to 0.$$

„(c) $\Rightarrow$ (d)": Zu $\varepsilon > 0$ sei $M_n := \{t \in \Omega \mid \phi_n(t) > \varepsilon\} \in \mathfrak{R}(\mathfrak{P})$. Dann gilt $M_{n+1} \subseteq M_n$ und $\bigcap_{n=1}^{\infty} M_n = \emptyset$, nach (c) also $\mu_R(M_n) \to 0$. Weiter ist $\phi_n \leq \varepsilon \chi_{\operatorname{tr} \phi_1} + \|\phi_1\|_{\sup} \chi_{M_n}$ und somit

$$I(\phi_n) \leq \varepsilon \mu_R(\operatorname{tr} \phi_1) + \|\phi_1\|_{\sup} \mu_R(M_n) \leq \varepsilon (\mu_R(\operatorname{tr} \phi_1) + \|\phi_1\|_{\sup})$$

für genügend große $n \geq n_0$.

„(d) $\Rightarrow$ (e)": Es sei $|\phi(t)| \leq \sum_{k=1}^{\infty} \phi_k(t)$ für $\phi_k \in \mathcal{T}^+$ und $\sum_{k=1}^{\infty} I(\phi_k) < \infty$. Für die

Funktionen $\psi_n := \min\{\sum_{k=1}^{n} \phi_k, |\phi|\} \in \mathcal{T}^+$ gilt dann $0 \leq |\phi| - \psi_n \downarrow 0$, nach (d) also

$$|I(\phi)| \leq I(|\phi|) = \lim_{n \to \infty} I(\psi_n) \leq \sum_{k=1}^{\infty} I(\phi_k).$$

„(e) $\Rightarrow$ (f)": Die umgekehrte Ungleichung $\|\phi\|_\mu \leq I(|\phi|)$ ist klar nach (A.3.10).

„(f) $\Rightarrow$ (a)" wird sich aus dem Satz von B. Levi A.3.4 in Satz A.3.9 ergeben. $\Diamond$

Die obigen Äquivalenzen sind (Hoffmann und Schäfke 1992) entnommen, ebenso der kurze Beweis des folgenden wichtigen Resultats:

Satz A.3.3
Für das „anschauliche" Volumen $\lambda : \mathfrak{Q} \to [0, \infty)$ auf den beschränkten Quadern des $\mathbb{R}^n$ sind die Bedingungen (a)–(f) aus Satz A.3.2 erfüllt.

BEWEIS. a) Wir zeigen Bedingung (d) für $n = 1$; der Fall $n \in \mathbb{N}$ ergibt sich daraus leicht mittels Bemerkung c) über Produktmaße auf S. 365 durch Induktion.

b) Es sei also $\phi_n \downarrow 0$ eine monoton fallende Folge von Treppenfunktionen, die auf $\mathbb{R}$ punktweise gegen 0 konvergiert. Es gibt ein kompaktes Intervall $[a, b] \subseteq \mathbb{R}$ mit $\mathrm{tr}\,\phi_n \subseteq [a, b]$ für alle $n \in \mathbb{N}$ und $C > 0$ mit $0 \leq \phi_n \leq C$ für alle $n \in \mathbb{N}$.

c) Es sei $\varepsilon > 0$. Wir wählen *offene* Intervalle I_k mit $\sum_{k=1}^{\infty} \lambda(I_k) < \frac{\varepsilon}{C}$, die die Sprungstellen aller ϕ_n enthalten. Dabei sollen $I_1, \ldots, I_{k_1}$ die Sprungstellen von ϕ_1 enthalten, $I_{k_1+1}, \ldots, I_{k_2}$ diejenigen von ϕ_2 usw. Nun setzen wir $J_n := I_1 \cup \ldots \cup I_{k_n}$ und $\psi_n := \phi_n \cdot (1 - \chi_{J_n}) \in \mathcal{T}$ (vgl. Abb. A.3.3).

d) Dann gilt noch $\psi_n \downarrow 0$ und $\int_{\mathbb{R}} \phi_n(t)\,d\lambda \leq \int_{\mathbb{R}} \psi_n(t)\,d\lambda + \varepsilon$ für alle $n \in \mathbb{N}$. Die Funktionen ψ_n sind *oberhalbstetig*, und daher liefert der *Satz von Dini* A.2.12 $\|\psi_n\|_{\sup} \to 0$. Somit gibt es $n_0 \in \mathbb{N}$ mit $\int_{\mathbb{R}} \phi_n(t)\,d\lambda \leq \int_{\mathbb{R}} \psi_n(t)\,d\lambda + \varepsilon \leq 2\varepsilon$ für $n \geq n_0$, also $\int_{\mathbb{R}} \phi_n(t)\,d\lambda \to 0$. $\Diamond$

Integrierbare Funktionen
Es sei μ ein Inhalt auf einem Prä-Ring $\mathfrak{P}$ mit Eigenschaft (A.3.12).

Abb. A.3.3 Funktionen ϕ_1
und ψ_1

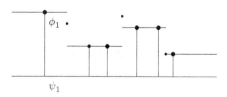

a) Der Raum $\mathcal{L}_1 = \mathcal{L}_1(\Omega, \mathfrak{P}, \mu)$ der μ-integrierbaren Funktionen auf Ω wird definiert als Abschluss von $\mathcal{T}(\Omega, \mathfrak{P}, \mu)$ in $(\mathcal{L}(\Omega, \mathfrak{P}, \mu), \| \ \|_\mu)$. Eine Funktion $f \in \mathcal{L}$ liegt also genau dann in $\mathcal{L}_1$, wenn es eine Folge (ψ_j) in $\mathcal{T}$ gibt mit $\| f - \psi_j \|_\mu \to 0$.

b) Nach Satz 3.7 hat das Integral I_μ eine eindeutig bestimmte stetige lineare Fortsetzung $\overline{I_\mu} : \mathcal{L}_1(\Omega, \mathfrak{P}, \mu) \to \mathbb{C}$ mit $\| \overline{I_\mu} \| = 1$; wir schreiben

$$\int_\Omega f \, d\mu := \int_\Omega f(t) \, d\mu(t) := \overline{I_\mu}(f) \quad \text{für } f \in \mathcal{L}_1.$$

Aus $f \in \mathcal{L}_1$ folgt stets auch $|f| \in \mathcal{L}_1$, und wegen (A.3.12) gilt

$$\int_\Omega |f(t)| \, d\mu(t) = \int_\Omega^* |f(t)| \, d\mu(t) = \| f \|_\mu \quad \text{für } f \in \mathcal{L}_1.$$

Beispiele

a) Das Integral $\overline{I_\lambda} : \mathcal{L}_1(\mathbb{R}^n, \mathfrak{Q}, \lambda) \to \mathbb{C}$ auf $\mathbb{R}^n$ heißt *Lebesgue-Integral*.

b) Es sei $f \in \mathcal{C}_c(\mathbb{R}^n)$ eine stetige Funktion mit kompaktem Träger supp $f \subseteq Q \in \mathfrak{Q}$ (vgl. S. 31). Da f *gleichmäßig* stetig ist (vgl. Satz A.2.9), gibt es eine Folge (ψ_j) in $\mathcal{T}(\mathbb{R}^n, \mathfrak{Q}, \lambda)$ mit $\| f - \psi_j \|_{\sup} \to 0$, also auch $\| f - \psi_j \|_\lambda \le \lambda(Q) \| f - \psi_j \|_{\sup} \to 0$. Somit gilt $\mathcal{C}_c(\mathbb{R}^n) \subseteq \mathcal{L}_1(\mathbb{R}^n, \mathfrak{Q}, \lambda)$.

c) Es ist $\mathcal{T}$ dicht in $\mathcal{L}_1$ nach Definition. Für $Q \in \mathfrak{Q}$ und $\varepsilon > 0$ gibt es offenbar $\varphi \in \mathcal{C}_c(\mathbb{R}^n)$ mit $\int_{\mathbb{R}^n} |\chi_Q - \varphi| \, d\lambda < \varepsilon$ (vgl. Abb. A.3.4) und daher ist auch $\mathcal{C}_c(\mathbb{R}^n)$ *dicht in* $\mathcal{L}_1(\mathbb{R}^n, \mathfrak{Q}, \lambda)$.

Konvergenzsätze

Im Folgenden sei μ stets ein Inhalt auf einem Prä-Ring $\mathfrak{P}$ mit Eigenschaft (A.3.12). Die *Konvergenzsätze* der Integrationstheorie beruhen auf dem bereits durch Satz A.3.1 vorbereiteten

Satz A.3.4 (B. Levi)

Es sei (g_k) *eine Folge in* $\mathcal{L}(\Omega, \mathfrak{P}, \mu)$ *mit* $\sum\limits_{k=1}^{\infty} \int_\Omega^* |g_k(t)| \, d\mu < \infty$. *Dann gilt:*

a) Die Reihe $\sum\limits_{k=1}^{\infty} |g_k(t)|$ *konvergiert* μ-*fast überall.*

Abb. A.3.4 Approximation von $\chi_{[a,b]}$

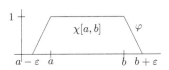

b) *Es sei* $g : \Omega \to \mathbb{C}$ *eine Funktion mit* $g(t) = \sum\limits_{k=1}^{\infty} g_k(t)$ μ*-fast überall. Dann gelten*

$g \in \mathcal{L}(\Omega, \mathfrak{P}, \mu)$ *und* $\| g - \sum\limits_{k=1}^{n} g_k \|_{\mu} \to 0$.

c) *Gilt* $g_k \in \mathcal{L}_1(\Omega, \mathfrak{P}, \mu)$ *für alle* $k \in \mathbb{N}$, *so folgt auch* $g \in \mathcal{L}_1(\Omega, \mathfrak{P}, \mu)$ *und*

$$\textstyle\int_{\Omega} g(t)\, d\mu \;=\; \sum\limits_{k=1}^{\infty} \int_{\Omega} g_k(t)\, d\mu.$$

BEWEIS. a) Für $D := \{ t \in \Omega \mid \sum\limits_{k=1}^{\infty} | g_k(t) | = \infty \}$ ist $\chi_D \le \sum\limits_{k=n+1}^{\infty} | g_k |$ für alle $n \in \mathbb{N}$, und

aus Satz A.3.1 folgt $\| \chi_D \|_{\mu} \le \sum\limits_{k=n+1}^{\infty} \| g_k \|_{\mu} \to 0$ für $n \to \infty$, also $\| \chi_D \|_{\mu} = 0$.

b) Nach Satz A.3.1 gilt $g \in \mathcal{L}$, und wegen $g - \sum\limits_{k=1}^{n} g_k = \sum\limits_{k=n+1}^{\infty} g_k$ μ-f. ü. ergibt sich auch

$\| g - \sum\limits_{k=1}^{n} g_k \|_{\mu} \le \sum\limits_{k=n+1}^{\infty} \| g_k \|_{\mu} \to 0$.

c) folgt sofort aus b) und der Stetigkeit des Integrals $\overline{I_{\mu}} : \mathcal{L}_1 \to \mathbb{C}$.   ◇

Folgerungen

a) Aus dem Satz von B. Levi ergibt sich mittels Satz 1.6 die *Vollständigkeit* der Räume $\mathcal{L}(\Omega, \mathfrak{P}, \mu)$ und $\mathcal{L}_1(\Omega, \mathfrak{P}, \mu)$ sowie der Räume $L(\Omega, \mathfrak{P}, \mu)$ und $L_1(\Omega, \mathfrak{P}, \mu)$ von Äquivalenzklassen modulo Nullfunktionen.

b) Weiter besitzt eine in $\mathcal{L}$ konvergente Folge eine fast überall konvergente Teilfolge, muss aber nicht selbst f. ü. konvergent sein.

c) Aus (A.3.10) und dem Satz von B. Levi ergibt sich

$$\textstyle\int_{\Omega}^{*} | f(t) | \, d\mu \;=\; \inf \{ \int_{\Omega} h(t)\, d\mu \mid |f| \le h \in \mathcal{L}_1 \} \quad \text{für } f \in \mathcal{L}. \tag{A.3.13}$$

Zum Beweis von „$\ge$" sei $\varepsilon > 0$ gegeben. Wir wählen $h = \sum\limits_{k=1}^{\infty} \phi_k$ für eine μ-Majorante

von f mit $\sum\limits_{k=1}^{\infty} I_{\mu}(\phi_k) \le \| f \|_{\mu} + \varepsilon$; nach Satz A.3.4 gilt dann $h \in \mathcal{L}_1$.

Das folgende Resultat ist im Wesentlichen eine Umformulierung des Satzes von B. Levi:

Satz A.3.5 (über monotone Konvergenz)

Es sei (f_n) *eine Folge reellwertiger* $\mathcal{L}_1$*-Funktionen, die* μ*-f. ü. monoton wächst und*

$$\sup_{n \in \mathbb{N}} \; \textstyle\int_{\Omega} f_n(t)\, d\mu =: C < \infty \tag{A.3.14}$$

erfüllt. Dann konvergiert $(f_n(t))$ μ *-f. ü. gegen eine Funktion* $f \in \mathcal{L}_1$ *, und es gilt*

$$\int_\Omega f(t)\,d\mu \;=\; \lim_{n\to\infty} \int_\Omega f_n(t)\,d\mu\,. \qquad\qquad (A.3.15)$$

BEWEIS. Wir setzen $g_1 := f_1$ und $g_k := f_k - f_{k-1}$ für $k \geq 2$. Für $n \in \mathbb{N}$ gilt dann

$$\sum_{k=1}^{n} \int_\Omega |\,g_k(t)\,|\,d\mu \;=\; \int_\Omega |f_1(t)\,|\,d\mu + \sum_{k=2}^{n} \int_\Omega (f_k - f_{k-1})(t)\,d\mu$$
$$= \int_\Omega |f_1(t)\,|\,d\mu + \int_\Omega f_n(t)\,d\mu - \int_\Omega f_1(t)\,d\mu$$
$$\leq 2\int_\Omega |f_1(t)\,|\,d\mu + C,$$

also $\displaystyle\sum_{k=1}^{\infty} \int_\Omega |\,g_k(t)\,|\,d\mu < \infty$. Wegen $f_n = \displaystyle\sum_{k=1}^{n} g_k$ folgt dann die Behauptung aus dem Satz von B. Levi.   ◇

Dieser Satz gilt entsprechend für monoton *fallende* Funktionenfolgen. Auf monotone Funktionenfolgen in $\mathcal{L}$ ist der Beweis nicht erweiterbar, da $\int_\Omega^*$ auf $\mathcal{L}^+$ *nicht additiv* ist.

Lemma A.3.6

Es seien $g \in \mathcal{L}_1(\mu, \mathbb{R})$ *und* (f_n) *eine Folge in* $\mathcal{L}_1(\mu, \mathbb{R})$ *mit* $g(t) \leq f_n(t)$ μ *-f. ü. für alle* $n \in \mathbb{N}$. *Dann existiert* μ *-f. ü.* $F(t) := \inf\limits_{n\in\mathbb{N}} f_n(t)$, *und man hat* $F \in \mathcal{L}_1(\mu)$.

BEWEIS. Es ist $F_n := \min\limits_{k=1}^{n} f_k \in \mathcal{L}_1(\mu)$, da dieser Raum mit f auch $|f|$ enthält. Nun gilt μ -fast überall $F_1 \geq F_2 \geq \ldots \geq g$, also auch $\int_\Omega F_n(t)\,d\mu \geq \int_\Omega g(t)\,d\mu > -\infty$ für alle $n \in \mathbb{N}$. Nach dem Satz über monotone Konvergenz existiert daher das Infimum $F(t) = \lim\limits_{n\to\infty} F_n(t) = \inf\limits_{n\in\mathbb{N}} f_n(t)$ μ -fast überall, und es gilt $F \in \mathcal{L}_1(\mu)$.   ◇

Lemma A.3.7 (Fatou)

Es sei (f_n) *eine Folge in* $\mathcal{L}_1(\mu, \mathbb{R})$ *mit*

$$\sup_{n\in\mathbb{N}} \int_\Omega f_n(t)\,d\mu =: C < \infty\,, \qquad\qquad (A.3.14)$$

und es gebe $g \in \mathcal{L}_1(\mu, \mathbb{R})$ *mit* $g(t) \leq f_n(t)$ μ *-f. ü. für alle* $n \in \mathbb{N}$. *Dann existiert* $f(t) := \liminf f_n(t)$ μ *-f. ü., es ist* $f \in \mathcal{L}_1(\mu)$, *und es gilt*

$$\int_\Omega f(t)\,d\mu \;\leq\; \liminf \int_\Omega f_n(t)\,d\mu\,. \qquad\qquad (A.3.16)$$

BEWEIS. Nach Lemma A.3.6 existiert μ -fast überall $F_n(t) := \inf\limits_{k\geq n} f_k(t)$, und es gilt $F_n \in \mathcal{L}_1(\mu, \mathbb{R})$. Wegen $F_n \leq f_n$ ist $\int_\Omega F_n(t)\,d\mu \leq C$ für alle $n \in \mathbb{N}$. Wegen $F_n \leq F_{n+1}$

existiert nach Satz A.3.5 $\lim\limits_{n\to\infty} F_n(t) = \liminf f_n(t) =: f(t)$ μ-f. ü., und man hat $f \in \mathcal{L}_1(\mu)$
sowie $\int_\Omega f(t)\,d\mu = \lim\limits_{n\to\infty} \int_\Omega F_n(t)\,d\mu \leq \liminf \int_\Omega f_n(t)\,d\mu$.   ◇

Die Ungleichung in (A.3.16) kann durchaus echt sein. Dazu setzt man einfach $f_{2n} = \chi_{[0,1]}$
und $f_{2n+1} = \chi_{[2,3]}$; dann gilt $\liminf f_n(t) = 0$ für alle $t \in \mathbb{R}$, aber $\int_{\mathbb{R}} f_n(t)\,dt = 1$ für alle
$n \in \mathbb{N}$.

Satz A.3.8 (von Lebesgue über majorisierte Konvergenz)

Es sei (f_n) eine Folge in $\mathcal{L}_1(\mu)$ mit $\mathcal{L}_1$ -Majorante, d. h.

$$\exists\, g \in \mathcal{L}_1(\mu) \,\forall\, n \in \mathbb{N} \;:\; |f_n(t)| \leq g(t) \;\; \mu - f.\ddot{u}. \tag{A.3.17}$$

Weiter existiere $\lim\limits_{n\to\infty} f_n(t) =: f(t)$ μ-fast überall. Dann folgen $f \in \mathcal{L}_1(\mu)$,

$$\lim\limits_{n\to\infty} \int_\Omega |f_n(t) - f(t)|\,d\mu = 0 \quad und \tag{A.3.18}$$

$$\lim\limits_{n\to\infty} \int_\Omega f_n(t)\,d\mu = \int_\Omega f(t)\,d\mu. \tag{A.3.15}$$

BEWEIS. Durch Anwendung des Lemmas von Fatou auf $(\mathrm{Re}\, f_n)$ und $(\mathrm{Im}\, f_n)$ erhält
man sofort $f \in \mathcal{L}_1(\mu)$. Wegen $-2g \leq -|f_n - f| \leq 0$ μ-f. ü. liefert dieses weiter
$0 \leq \liminf\left(-\int_\Omega |f_n(x) - f(x)|\,d\mu(x)\right)$, also (A.3.18) und dann auch (A.3.15).   ◇

Messbare Mengen und Funktionen

Es sei weiterhin μ ein Inhalt auf einem Prä-Ring $\mathfrak{P}$ mit Eigenschaft (A.3.12).

Integrierbare und messbare Mengen

a) Eine Menge $A \subseteq \Omega$ heißt $(\mu$-$)$ *integrierbar, $A \in \mathfrak{I} = \mathfrak{I}(\Omega, \mathfrak{P}, \mu)$, falls $\chi_A \in \mathcal{L}_1(\mu)$*
gilt; das Maß von A wird dann definiert durch

$$\mu(A) := \int_\Omega \chi_A(t)\,d\mu. \tag{A.3.19}$$

b) Eine Menge $E \subseteq \Omega$ heißt $(\mu$-$)$ *messbar, $E \in \mathfrak{M} = \mathfrak{M}(\Omega, \mathfrak{P}, \mu)$, falls für alle $A \in \mathfrak{I}$*
auch $A \cap E \in \mathfrak{I}$ gilt. Für $E \in \mathfrak{M} \backslash \mathfrak{I}$ setzen wir $\mu(E) = +\infty$.

Satz A.3.9

Es ist $\mathfrak{M}(\Omega, \mathfrak{P}, \mu)$ eine σ -Algebra in Ω , und μ ist ein Maß auf $\mathfrak{M}(\Omega, \mathfrak{P}, \mu)$.

BEWEIS. a) Es ist $\mathfrak{I}$ ein Ring: Für $A, B \in \mathfrak{I}$ sieht man leicht $\chi_{A \cap B} = \chi_A \cdot \chi_B \in \mathcal{L}_1$, und dann folgt auch $\chi_{A \cup B} = \chi_A + \chi_B - \chi_{A \cap B} \in \mathcal{L}_1$ und $\chi_{A \setminus B} = \chi_A - \chi_{A \cap B} \in \mathcal{L}_1$.

b) Offenbar gilt $\Omega \in \mathfrak{M}$. Für $E \in \mathfrak{M}$ und $A \in \mathfrak{I}$ hat man $E^c \cap A = A \setminus (A \cap E) \in \mathfrak{I}$, also auch $E^c \in \mathfrak{M}$.

c) Es seien (E_k) eine Folge in $\mathfrak{M}$, $E = \bigcup_{k=1}^{\infty} E_k$ und $A \in \mathfrak{I}$. Für $n \in \mathbb{N}$ betrachten wir $C_n := \bigcup_{k=1}^{n} (A \cap E_k) \in \mathfrak{I}$ sowie $D_n := C_n \setminus C_{n-1} \in \mathfrak{I}$ für $n \geq 2$. Mit $D_1 := C_1 = A_1$ gilt dann auch $A \cap E = \bigcup_{n=1}^{\infty} D_n$, wobei diese Vereinigung *disjunkt* ist. Daher folgt $\chi_{A \cap E} = \sum_{n=1}^{\infty} \chi_{D_n}$, und wegen $\sum_{n=1}^{m} \chi_{D_n} \leq \chi_A$ für alle $m \in \mathbb{N}$ ergibt sich $\chi_{A \cap E} \in \mathcal{L}_1$ aus dem Satz von B. Levi oder dem Satz über monotone Konvergenz.

d) Nun sei (E_k) eine *disjunkte* Folge in $\mathfrak{M}$ und $E = \bigcup_{k=1}^{\infty} E_k$; wie in c) gilt dann $\chi_E = \sum_{k=1}^{\infty} \chi_{E_k}$. Ist $\sum_{k=1}^{\infty} \mu(E_k) < \infty$, so folgen $E \in \mathfrak{I}$ und $\mu(E) = \sum_{k=1}^{\infty} \mu(E_k)$ aus dem Satz von B. Levi. Umgekehrt folgt aus $\mu(E) < \infty$ sofort auch $\sum_{k=1}^{n} \mu(E_k) \leq \mu(E)$ für alle $n \in \mathbb{N}$, also $\sum_{k=1}^{\infty} \mu(E_k) < \infty$. Somit ist μ σ-additiv auf $\mathfrak{M}$. $\diamond$

Wichtige Beispiele messbarer Mengen sind

Lebesgue-messbare Mengen

a) *Kompakte* Mengen $K \subseteq \mathbb{R}^n$ sind Lebesgue-integrierbar. Für die Funktionen

$$\eta_n : t \mapsto \begin{cases} 1 - n\, d_K(t) & , \quad d_K(t) < \frac{1}{n} \\ 0 & , \quad d_K(t) \geq \frac{1}{n} \end{cases} \qquad (A.3.20)$$

in $\mathcal{C}_c(\mathbb{R}^n) \subseteq \mathcal{L}_1(\mathbb{R}^n)$ gilt $\eta_n \downarrow \chi_K$ punktweise sowie $\int_{\mathbb{R}^n} \eta_n \, d\lambda \geq 0$; der *Satz über monotone Konvergenz* liefert also $\chi_K \in \mathcal{L}_1(\mathbb{R}^n)$.

b) *Abgeschlossene* Mengen $A = \bigcup_{n=1}^{\infty} (A \cap B_n(0))$ sind Lebesgue-messbar, und dies gilt dann auch für *offene* Mengen.

c) Insbesondere sind *stetige* Funktionen auf $\mathbb{R}^n$ *Lebesgue-messbar.*

Maßräume

Der in Satz A.3.9 konstruierte Maßraum $(\Omega, \mathfrak{M}, \mu)$ hat die folgenden beiden Eigenschaften:

a) Er ist *vollständig*, d. h. Teilmengen von Nullmengen in $\mathfrak{M}$ liegen ebenfalls in $\mathfrak{M}$ und sind Nullmengen. Dieser Begriff ist nicht mit dem der Vollständigkeit bei metrischen Räumen zu verwechseln!

b) Nach Definition gilt $\mathfrak{I} = \mathfrak{M}_e = \{A \in \mathfrak{M} \mid \mu(A) < \infty\}$. Eine Menge $E \subseteq \Omega$ liegt bereits dann in $\mathfrak{M}$, falls $A \cap E \in \mathfrak{M}$ für alle $A \in \mathfrak{M}_e$ gilt; daher nennen wir $\mathfrak{M}$ oder $(\Omega, \mathfrak{M}, \mu)$ *lokal definiert*.

c) Die Eigenschaften aus a) und b) gelten nicht für beliebige Maßräume (Ω, Σ, μ) : Für eine kompakte Menge $K \subseteq \mathbb{R}^n$ liefert die Einschränkung des Lebesgue-Maßes auf die σ-Algebra $\mathfrak{B}(K)$ der *Borel-Mengen* einen unvollständigen Maßraum (vgl. S. 371). Für eine überabzählbare Indexmenge I und das Zählmaß μ ist die in Aufgabe 9.9 c) betrachtete σ-Algebra $\Sigma := \{A \in \mathfrak{P}(I) \mid A$ abzählbar oder $I \backslash A$ abzählbar$\}$ in I nicht lokal definiert.

d) Wie auf S. 55 (vgl. auch Theorem 9.17) besitzt eine Menge $E \in \Sigma$ ein σ-endliches Maß, wenn E eine abzählbare Vereinigung von Mengen aus Σ_e ist. Der Maßraum (Ω, Σ, μ) heißt σ-*endlich*, wenn Ω ein σ-endliches Maß besitzt.

Wir untersuchen nun messbare Funktionen aus $\mathcal{M} = \mathcal{M}(\Omega, \Sigma)$ genauer, zunächst bezüglich einer beliebigen σ-Algebra Σ in Ω.

Satz A.3.10

a) Eine Funktion $f : \Omega \to \mathbb{R}$ ist genau dann messbar, wenn $f^{-1}((-\infty, \alpha)) \in \Sigma$ für alle $\alpha \in \mathbb{R}$ gilt.

b) Es seien $f_1, \ldots, f_n : \Omega \to \mathbb{R}$ messbar und $\Phi : \mathbb{R}^n \to \mathbb{C}$ stetig. Dann ist auch die Funktion $\varphi : \Omega \to \mathbb{C}$, $\varphi(t) := \Phi(f_1(t), \ldots, f_n(t))$, messbar.

c) Eine Funktion $f : \Omega \to \mathbb{C}$ ist genau dann messbar, wenn dies auf $\mathrm{Re}\, f$ und $\mathrm{Im}\, f$ zutrifft.

d) Aus $f, g \in \mathcal{M}$ folgen $f + g \in \mathcal{M}$, $f \cdot g \in \mathcal{M}$ und $|f| \in \mathcal{M}$.

e) Für eine Folge (f_n) in $\mathcal{M}(\Omega, \mathbb{R})$ existiere $g(t) := \inf_{n \geq 1} f_n(t)$ für alle $t \in \Omega$. Dann gilt auch $g \in \mathcal{M}$.

f) Für eine Folge (f_n) in $\mathcal{M}(\Omega, \mathbb{R})$ existiere $h(t) := \liminf_{n \geq 1} f_n(t)$ für alle $t \in \Omega$. Dann gilt auch $h \in \mathcal{M}$.

g) Eine Folge (f_n) in $\mathcal{M}$ konvergiere punktweise auf Ω gegen $f : \Omega \to \mathbb{C}$. Dann folgt auch $f \in \mathcal{M}$.

BEWEIS. a) Für $\beta \in \mathbb{R}$ ist $f^{-1}([\beta, \infty)) = \Omega \backslash f^{-1}((-\infty, \beta))$ messbar, daher auch $f^{-1}([\beta, \alpha)) = f^{-1}([\beta, \infty)) \cap f^{-1}((-\infty, \alpha))$ für $\beta < \alpha$. Somit folgt die Behauptung aus Satz A.2.3.

b) Es genügt, die Messbarkeit von $h : \Omega \to \mathbb{R}^n$, $h(t) := (f_1(t), \ldots, f_n(t))$, zu zeigen. Für einen halboffenen Würfel $W = \prod_{j=1}^{n} [\alpha_j, \beta_j)$ ist aber $h^{-1}(W) = \bigcap_{j=1}^{n} f_j^{-1}([\alpha_j, \beta_j))$ messbar, sodass die Behauptung wieder aus Satz A.2.3 folgt.

c) und d) ergeben sich sofort aus b).

e) Für $\alpha \in \mathbb{R}$ gilt $g^{-1}((-\infty, \alpha)) = \bigcup_{n=1}^{\infty} f_n^{-1}((-\infty, \alpha)) \in \Sigma$.

f) Nach e) sind die Funktionen $g_m := \inf_{n \geq m} f_n$ für alle $m \in \mathbb{N}$ messbar, und mit dem gleichen Argument ergibt sich auch die Messbarkeit von $f = \sup_{m \in \mathbb{N}} g_m$.

g) Nach c) kann man $f_n \in \mathcal{M}(\Omega, \mathbb{R})$ annehmen, und die Behauptung folgt aus f). $\Diamond$

Zusatz für vollständige Maßräume

Ist (Ω, Σ, μ) ein *vollständiger* Maßraum, so gelten die Aussagen e)–g) auch, wenn das Infimum, der Limes inferior bzw. der Limes nur μ-fast überall existieren. In e) gibt es dann eine μ-Nullmenge $A \subseteq \Omega$, sodass das Infimum auf A^c existiert. Mit $g(t) := 0$ für $t \in A$ und $\alpha \in \mathbb{R}$ ist dann $A^c \cap g^{-1}((-\infty, \alpha)) = \bigcup_{n=1}^{\infty}(A^c \cap f_n^{-1}((-\infty, \alpha))) \in \Sigma$ und $A \cap g^{-1}((-\infty, \alpha))$ eine Nullmenge, also ein Element von Σ.

Messbare Funktionen können durch einfache Funktionen approximiert werden:

Satz A.3.11

Zu einer Σ-messbaren Funktion $f : \Omega \to [0, \infty)$ gibt es eine Folge (ϵ_n) in $\mathcal{E} = \mathcal{E}(\Omega, \Sigma)$ mit

$$0 \leq \epsilon_1(t) \leq \ldots \leq \epsilon_n(t) \leq \ldots \to f(t), \quad t \in \Omega. \tag{A.3.21}$$

Ist f beschränkt, *so ist die Konvergenz* gleichmäßig.

BEWEIS. Es sei $A_{n,j} := \{t \in \Omega \mid \frac{j-1}{2^n} \leq f(t) < \frac{j}{2^n}\}$ und $B_n := \{t \in \Omega \mid f(t) \geq n\}$ für $n \in \mathbb{N}$ und $j = 1, \ldots, n2^n$. Wegen $A_{n,j}, B_n \in \Sigma$ folgt dann die Behauptung mit

$$\epsilon_n := \sum_{j=1}^{n2^n} \frac{j-1}{2^n} \chi_{A_{n,j}} + n \chi_{B_n}. \quad \Diamond \qquad\qquad \text{A.3.22}$$

Nun seien wieder μ ein Maß auf einem Prä-Ring $\mathfrak{P}$ in Ω und $(\Omega, \mathfrak{M}, \mu)$ der daraus konstruierte Maßraum.

Satz A.3.12

a) Es gilt $\mathcal{L}_1(\Omega, \mathfrak{P}, \mu) = \mathcal{L}(\Omega, \mathfrak{P}, \mu) \cap \mathcal{M}(\Omega, \mathfrak{M})$.

b) Es sei $g \in \mathcal{M}(\Omega, \mathfrak{M})$ μ-wesentlich beschränkt. Für $f \in \mathcal{L}_1(\mu)$ folgt dann auch $f \cdot g \in \mathcal{L}_1(\mu)$.

BEWEIS. a) „$\subseteq$": Zu $f \in \mathcal{L}_1$ gibt es $\psi_j \in \mathcal{T} \subseteq \mathcal{M}$ mit $\|f - \psi_j\|_\mu \leq 2^{-j}$. Nach dem Satz von B. Levi gilt dann $\psi_j \to f$ fast überall, und nach dem Zusatz zu Satz A.3.10 ist f messbar.

„$\supseteq$": Wegen (A.3.4) genügt es, die Inklusion für $f \geq 0$ zu zeigen. Zu $f \in \mathcal{L}$ gibt es nach (A.3.13) eine Funktion $h \in \mathcal{L}_1$ mit $f \leq h$. Wegen $f \in \mathcal{M}$ können wir (ϵ_n) in $\mathcal{E}$ wie in (A.3.21) definieren; wegen $0 \leq \epsilon_n \leq h$ muss dann auch $\varepsilon_n \in \mathcal{L}_1$ gelten. Somit folgt $f \in \mathcal{L}_1$ (und $\lim_{n \to \infty} \int_\Omega \epsilon_n(t) \, d\mu = \int_\Omega f(t) \, d\mu$) aus dem Satz über monotone Konvergenz.

b) Nach Satz A.3.10 d) ist $f \cdot g$ messbar, und nach (A.3.11) gilt auch $f \cdot g \in \mathcal{L}$.   ◊

Nach a) ist eine Funktion $f : \Omega \to \mathbb{C}$ also genau dann integrierbar, wenn die *Wachstums-bedingung* „$f \in \mathcal{L}$" und die *schwache Regularitätsbedingung* „$f \in \mathcal{M}$" erfüllt sind. Der Beweis zeigt auch, dass der auf S. 355 eingeführte Integralbegriff mit dem aus (A.3.3) und (A.3.5) übereinstimmt.

σ -Endlichkeit

a) Es sei $1 \leq p < \infty$. Für $f \in \mathcal{L}_p(\Omega, \mathfrak{M}, \mu)$ besitzt $|f|^p$ eine μ -Majorante, und daher ist der Träger $\mathrm{tr}\, f$ in einer abzählbaren Vereinigung von Mengen aus dem Prä-Ring $\mathfrak{P}$ enthalten, insbesondere also σ -endlich.

b) Für $A \in \mathfrak{J}$ gilt Aussage a) für $\chi_A \in \mathcal{L}_1$, und daher ist A in einer abzählbaren Vereinigung von Mengen aus $\mathfrak{P}$ enthalten. Somit besitzt $E \in \mathfrak{M}$ genau dann σ -endliches Maß, wenn E in einer abzählbaren Vereinigung von Mengen aus $\mathfrak{P}$ enthalten ist.

Satz A.3.13

Eine Funktion $f : \Omega \to \mathbb{C}$ ist genau dann fast überall punktweiser Limes einer Folge von Treppenfunktionen, wenn f messbar mit σ -endlichem Träger ist.

BEWEIS. „$\Rightarrow$" ist klar. Für „$\Leftarrow$" können wir $f \geq 0$ annehmen. Es gibt eine Folge (A_k) in $\mathfrak{J}$ mit $A_k \subseteq A_{k+1}$ und $\mathrm{tr}\, f \subseteq \bigcup_{k=1}^{\infty} A_k$. Dann gilt $f(t) = \lim_{k \to \infty} f_k(t)$ für $t \in \Omega$ mit $f_k := \min \{f, k\chi_{A_k}\}$. Wegen $f_k \in \mathcal{L}_1$ gibt es $\psi_k \in \mathcal{T}$ mit $\|f_k - \psi_k\|_\mu \leq 2^{-k}$. Nach dem Satz von B. Levi gilt $f_k - \psi_k \to 0$ fast überall und damit auch $\psi_k \to f$ fast überall.   ◊

Beispiel

Der Maßraum $(\mathbb{R}^n, \mathfrak{Q}, \lambda)$ ist σ -endlich wegen $\mathbb{R}^n = \bigcup_{k=1}^{\infty} B_k(0)$. Im Beweis von Satz A.3.13 kann man auch $\psi_k \in \mathcal{C}_c(\mathbb{R}^n)$ wählen; eine Funktion $f : \mathbb{R}^n \to \mathbb{C}$ ist also auch genau dann Lebesgue-messbar, wenn sie fast überall punktweiser Limes einer Folge von stetigen Funktionen mit kompaktem Träger ist.

Erweiterung von Maßräumen

a) Es sei (Ω, Σ, μ) ein vollständiger Maßraum; der Inhalt μ auf $\mathfrak{P} := \Sigma_e$ wird nach der Konstruktion in diesem Anhang zu einem Maß μ auf $\mathfrak{M}$ fortgesetzt. Offenbar gilt $\Sigma_e \subseteq \mathfrak{J}$. Für $A \in \mathfrak{J}$ ist $\chi_A \in \mathcal{L}_1$ nach Satz A.3.13 fast überall punktweiser Limes einer Folge aus $\mathcal{T}$. Mit dem Zusatz zu Satz A.3.10 folgt dann $\chi_A \in \mathcal{M}(\Omega, \Sigma)$ und $A \in \Sigma$. Folglich gilt $\Sigma_e = \mathfrak{J}$ und daher

$$\Sigma \subseteq \mathfrak{M} = \{E \subseteq \Omega \mid E \cap A \in \Sigma \text{ für alle } A \in \Sigma_e\}.$$

Mengen in $\mathfrak{M}$ mit σ -endlichem Maß liegen also in Σ. Da für $1 \leq p < \infty$ $\mathcal{L}_p$ -Funktionen σ -endliche Träger haben, folgt $\mathcal{L}_p(\Omega, \mathfrak{M}, \mu) = \mathcal{L}_p(\Omega, \Sigma, \mu)$ für $1 \leq p < \infty$.

b) Es gilt also genau dann $\mathfrak{M} = \Sigma$, wenn Σ lokal definiert ist; dies ist insbesondere der Fall für σ-endliche Maßräume (Ω, Σ, μ). Für die σ-Algebra in Aufgabe 9.9 c) (vgl. auch S. 360) gilt jedoch $\Sigma \neq \mathfrak{M} = \mathfrak{P}(I)$.

Nun zeigen wir die folgende „L_p-Version" des Satzes von B. Levi, aus der sich mittels Satz 1.6 die *Vollständigkeit* der Räume $\mathcal{L}_p(\Omega, \mathfrak{M}, \mu)$ und $L_p(\Omega, \mathfrak{M}, \mu)$ für $1 \leq p < \infty$, also ein Beweis von Theorem 1.5 ergibt.

Satz A.3.14

Es seien $1 \leq p < \infty$ und (g_k) eine Folge in $\mathcal{L}_p(\Omega, \mathfrak{M}, \mu)$ mit $\sum\limits_{k=1}^{\infty} \| g_k \|_{L_p} < \infty$. Dann konvergiert die Reihe $\sum\limits_{k=1}^{\infty} | g_k(t) |$ μ-fast überall, und die Reihe $\sum\limits_{k \geq 1} g_k$ konvergiert in $\mathcal{L}_p(\Omega, \mathfrak{M}, \mu)$.

BEWEIS. a) Für die Funktionen $h_n := (\sum\limits_{k=1}^{n} | g_k |)^p \in \mathcal{L}_1$ gilt $0 \leq h_n \leq h_{n+1}$ und

$$(\textstyle\int_{\Omega} h_n(t) \, d\mu)^{\frac{1}{p}} = \| \sum\limits_{k=1}^{n} | g_k | \|_{L_p} \leq \sum\limits_{k=1}^{\infty} \| g_k \|_{L_p} < \infty$$

für alle $n \in \mathbb{N}$ aufgrund der Minkowskischen Ungleichung. Nach dem Satz über monotone Konvergenz existiert $h(t) := \lim\limits_{n \to \infty} h_n(t)$ fast überall, und es ist $h \in \mathcal{L}_1$.

b) Es folgt $\sum\limits_{k=1}^{\infty} | g_k(t) | < \infty$ fast überall. Daher ist $g := \sum\limits_{k=1}^{\infty} g_k$ fast überall definiert und messbar nach dem Zusatz zu Satz A.3.10. Wegen $| g - \sum\limits_{k=1}^{n} g_k |^p \leq 2^p h \in \mathcal{L}_1$ liefert der Satz über majorisierte Konvergenz $\int_{\Omega} | g - \sum\limits_{k=1}^{n} g_k |^p \, d\mu \to 0$ für $n \to \infty$, also $\sum\limits_{k=1}^{\infty} g_k = g$ in $\mathcal{L}_p(\Omega, \mathfrak{M}, \mu)$. $\Diamond$

Weiter gelten die folgenden

Dichtheitsaussagen für L_p-Räume

a) Für $1 \leq p < \infty$ ist der Raum $\mathcal{T}$ *dicht* in $L_p(\mu)$: Dazu sei $f \in \mathcal{L}_p$ gegeben. Wegen (A.3.4) können wir $f \geq 0$ annehmen. Zu $f^p \in \mathcal{L}_1$ gibt es nach der Folgerung b) aus dem Satz von B. Levi eine Folge (ψ_n) in $\mathcal{T}$ mit $\psi_n \to f^p$ f.ü.. Wir können $\psi_n \geq 0$ und auch $\psi_n \leq h^p$ für eine μ-Majorante $h^p = \sum\limits_{k=1}^{\infty} \phi_k$ von f^p annehmen; andernfalls ersetzen wir ψ_n durch $\min\{\sum\limits_{k=1}^{n} \phi_k, \psi_n\}$. Für $\psi_n^{1/p} \in \mathcal{T}$ gilt dann $| f - \psi_n^{1/p} |^p \to 0$ f.ü. sowie $| f - \psi_n^{1/p} |^p \leq (f + h)^p \in \mathcal{L}_1$; der *Satz über majorisierte Konvergenz* liefert somit $\int_{\Omega} | f - \psi_n^{1/p} |^p \, d\mu \to 0$.

b) Im Fall $\mu = \lambda$ ergibt sich wie in Beispiel c) auf S. 356, dass für $1 \leq p < \infty$ auch $\mathcal{C}_c(\mathbb{R}^n)$ *dicht in* $\mathcal{L}_p(\mathbb{R}^n, \mathfrak{Q}, \lambda)$ ist.

Die Sätze von Fubini und Tonelli

Produktmaße

a) Für $j = 1, 2$ seien μ_j Inhalte auf den Prä-Ringen $\mathfrak{P}_j$ in den Mengen Ω_j. Es ist

$$\mathfrak{P} := \mathfrak{P}_1 \times \mathfrak{P}_2 := \{A_1 \times A_2 \mid A_j \in \mathfrak{P}_j\}$$

ein Prä-Ring in $\Omega := \Omega_1 \times \Omega_2$, und durch

$$\mu(A_1 \times A_2) := \mu_1(A_1) \cdot \mu_2(A_2) \quad \text{für } A_j \in \mathfrak{P}_j$$

wird ein Inhalt auf $\mathfrak{P}$ definiert.

b) Wie in (12.5) betrachten wir für $f : \Omega \to \mathbb{C}$ die *partiellen Funktionen*

$$f_t : s \mapsto f(t, s) \quad \text{und} \quad f^s : t \mapsto f(t, s) \quad \text{für } t \in \Omega_1, s \in \Omega_2.$$

Für $\phi \in \mathcal{T} := \mathcal{T}(\Omega, \mathfrak{P})$ gilt $\phi_t \in \mathcal{T}_2 := \mathcal{T}(\Omega_2, \mathfrak{P}_2)$ für alle $t \in \Omega_1$, und die Funktion $\Phi : t \mapsto \int_{\Omega_2} \phi_t(s) \, d\mu_2$ liegt in $\mathcal{T}_1 := \mathcal{T}(\Omega_1, \mathfrak{P}_1)$. Weiter gilt

$$\int_\Omega \phi(t, s) \, d\mu(t, s) = \int_{\Omega_1} \left(\int_{\Omega_2} \phi_t(s) \, d\mu_2(s) \right) d\mu_1(t), \qquad (A.3.23)$$

wobei man die Reihenfolge der Integrationen auch vertauschen kann. Diese Aussagen sind leicht nachzurechnen.

c) Sind μ_1 und μ_2 σ-additiv, so gilt dies auch für μ; damit haben wir also das (vollständige) *Produktmaß* $\mu = \mu_1 \times \mu_2$ konstruiert. In der Tat gilt Bedingung (d) von Satz A.3.2: Für $\phi_n \downarrow 0$ in $\mathcal{T}(\Omega, \mathfrak{P})$ gilt zunächst $\phi_{n\,t} \downarrow 0$ und daher $\int_{\Omega_2} \phi_n(t, s) \, d\mu_2(s) \downarrow 0$ für alle $t \in \Omega_1$ und dann auch $\int_{\Omega_1} \left(\int_{\Omega_2} f_t(s) \, d\mu_2(s) \right) d\mu_1(t) \downarrow 0$.

Nach dem folgenden Satz von Fubini gilt Formel (A.3.23) sogar für alle Funktionen in $\mathcal{L}_1(\Omega)$. Als Vorbereitung zeigen wir zunächst:

Lemma A.3.15

Für $f \in \mathcal{L}(\Omega)$ *gelten* $f_t \in \mathcal{L}(\Omega_2)$ *für fast alle* $t \in \Omega_1$ *und*

$$\int_{\Omega_1}^* \int_{\Omega_2}^* |f_t(s)| \, d\mu_2(s) \, d\mu_1(t) \leq \|f\|_\mu. \qquad (A.3.24)$$

BEWEIS. Zu $\varepsilon > 0$ gibt es eine Folge (ϕ_k) in $\mathcal{T}^+(\Omega)$ mit

$$|f(t,s)| \leq \sum_{k=1}^{\infty} \phi_k(t,s) \text{ und } \sum_{k=1}^{\infty} \int_{\Omega} \phi_k(t,s) \, d\mu(t,s) \leq \|f\|_{\mu} + \varepsilon.$$

Für die Funktionen $\Phi_k : t \mapsto \int_{\Omega_2} \phi_k(t,s) \, d\mu_2(s)$ in $\mathcal{T}^+(\Omega_1)$ gilt dann

$$\sum_{k=1}^{\infty} \int_{\Omega_1} \Phi_k(t) \, d\mu_1(t) = \sum_{k=1}^{\infty} \int_{\Omega} \phi_k(t,s) \, d\mu(t,s) \leq \|f\|_{\mu} + \varepsilon; \qquad (A.3.25)$$

nach dem Satz von B. Levi folgt daraus

$$\sum_{k=1}^{\infty} \Phi_k(t) < \infty \quad \text{für fast alle } t \in \Omega_1.$$

Wegen $|f_t(s)| \leq \sum_{k=1}^{\infty} \phi_{kt}(s)$ und $\sum_{k=1}^{\infty} I_{\mu_2}(\phi_{kt}) = \sum_{k=1}^{\infty} \Phi_k(t)$ ergibt sich für fast alle $t \in \Omega_1$

dann $f_t \in \mathcal{L}(\Omega_2)$ und $\int_{\Omega_2}^* |f_t(s)| \, d\mu_2(s) \leq \sum_{k=1}^{\infty} \Phi_k(t)$. Daraus folgt

$$\int_{\Omega_1}^* \int_{\Omega_2}^* |f_t(s)| \, d\mu_2(s) \, d\mu_1(t) \leq \sum_{k=1}^{\infty} \int_{\Omega_1} \Phi_k(t) \, d\mu_1(t) \leq \|f\|_{\mu} + \varepsilon$$

aufgrund von (A.3.25), und mit $\varepsilon \to 0$ folgt die Behauptung. $\qquad\qquad\diamond$

Satz A.3.16 (Fubini)

Auf $\Omega = \Omega_1 \times \Omega_2$ sei $\mu = \mu_1 \times \mu_2$ das Produktmaß der Maße μ_1 auf Ω_1 und μ_2 auf Ω_2. Für $f \in \mathcal{L}_1(\Omega)$ gilt dann $f_t \in \mathcal{L}_1(\Omega_2)$ für fast alle $t \in \Omega_1$. Die (fast überall definierte) Funktion $F : t \mapsto \int_{\Omega_2} f(t,s) \, d\mu_2(s)$ liegt in $L_1(\Omega_1)$, und man hat

$$\int_{\Omega} f(t,s) \, d\mu(t,s) = \int_{\Omega_1} F(t) \, d\mu_1(t) = \int_{\Omega_1} \left(\int_{\Omega_2} f(t,s) \, d\mu_2(s) \right) d\mu_1(t). \qquad (A.3.26)$$

BEWEIS. a) Es gibt eine Folge (ψ_j) in $\mathcal{T}(\Omega)$ mit $\|\psi_j - f\|_{\mu} \to 0$. Nach Lemma A.3.15 gilt $f_t \in \mathcal{L}(\Omega_2)$ für fast alle $t \in \Omega_1$, und man hat

$$\int_{\Omega_1}^* \int_{\Omega_2}^* |\psi_{jt}(s) - f_t(s)| \, d\mu_2(s) \, d\mu_1(t) \leq \|\psi_j - f\|_{\mu} \to 0$$

nach (A.3.24). Aufgrund von Folgerung b) aus dem Satz von B. Levi (vgl. S. 356) gilt dann für eine Teilfolge $\int_{\Omega_2}^* |\psi_{j_k t}(s) - f_t(s)| \, d\mu_2(s) \to 0$ für fast alle $t \in \Omega_1$, und dies impliziert $f_t \in \mathcal{L}_1(\Omega_2)$ für diese $t \in \Omega_1$.

b) Für die Funktionen $\Psi_{j_k} : t \mapsto \int_{\Omega_2} \psi_{j_k}(t,s) \, d\mu_2(s)$ in $\mathcal{T}(\Omega_1)$ gilt nun

$$\int_{\Omega_1}^* |\Psi_{j_k}(t) - F(t)| \, d\mu_1(t) \leq \int_{\Omega_1}^* \int_{\Omega_2}^* |\psi_{j_k t}(s) - f_t(s)| \, d\mu_2(s) \, d\mu_1(t) \to 0,$$

und daraus ergeben sich $F \in \mathcal{L}_1(\Omega_1)$ sowie

$$\int_{\Omega_1} F(t)\,d\mu_1(t) = \lim_{k\to\infty} \int_{\Omega_1} \Psi_{j_k}(t)\,d\mu_1(t)$$

$$= \lim_{k\to\infty} \int_{\Omega} \psi_{j_k}(t,s)\,d\mu(t,s) \;=\; \int_{\Omega} f(t,s)\,d\mu(t,s). \qquad \diamond$$

Bemerkungen

a) In (A.3.26) kann die Reihenfolge der Integrationen über Ω_2 und Ω_1 auch vertauscht werden.

b) Für $f \in \mathcal{L}_1(\Omega)$ gilt $f_t \in \mathcal{L}_1(\Omega_2)$ i. a. *nicht für alle* $t \in \Omega_1$. Dies zeigt z. B. einfach die charakteristische Funktion der s-Achse in $\mathbb{R}^2$.

c) Existiert für eine Funktion $f : \Omega \to \mathbb{C}$ das iterierte Integral in (A.3.26), so muss *nicht* $f \in \mathcal{L}_1(\Omega)$ gelten. Es gilt jedoch die folgende „Umkehrung" des Satzes von Fubini:

Satz A.3.17 (Tonelli)

Es seien $(\Omega_1, \mathfrak{M}_1, \mu_1)$ *und* $(\Omega_2, \mathfrak{M}_2, \mu_2)$ σ*-endliche Maßräume. Für eine messbare Funktion* $f \in \mathcal{M}(\Omega)$ *gelte* $f_t \in \mathcal{L}(\Omega_2)$ *für fast alle* $t \in \Omega_1$ *und*

$$\int_{\Omega_1}^* \int_{\Omega_2}^* |f_t(s)|\,d\mu_2(s)\,d\mu_1(t) < \infty. \tag{A.3.27}$$

Dann folgt $f \in \mathcal{L}_1(\Omega)$*, und es gilt Formel (A.3.26).*

BEWEIS. a) Wegen Satz A.3.11 b) ist nur $|f| \in \mathcal{L}_1(\Omega)$ zu zeigen.

b) Es gibt aufsteigende Folgen (A_{1k}) und (A_{2k}) in $\mathfrak{P}_1$ und $\mathfrak{P}_2$ mit $\Omega_1 = \bigcup_{k=1}^{\infty} A_{1k}$ und $\Omega_2 = \bigcup_{k=1}^{\infty} A_{2k}$; mit den Mengen $A_k := A_{1k} \times A_{2k} \in \mathfrak{P}$ gilt dann $A_k \subseteq A_{k+1}$ und $\Omega = \bigcup_{k=1}^{\infty} A_k$.

c) Für die Folge $f_k := \min\{|f|, k\chi_{A_k}\} \in \mathcal{L}_1(\Omega)$ gilt $f_k \uparrow |f|$. Der Satz von Fubini liefert

$$\int_{\Omega} f_k(t,s)\,d\mu(t,s) = \int_{\Omega_1} \int_{\Omega_2} f_k(t,s)\,d\mu_2(s)\,d\mu_1(t)$$

$$\leq \int_{\Omega_1}^* \int_{\Omega_2}^* |f(t,s)|\,d\mu_2(s)\,d\mu_1(t) < \infty,$$

und somit folgt $|f| \in \mathcal{L}_1(\Omega)$ aus dem Satz über monotone Konvergenz. $\diamond$

Beispiele

a) Es seien μ das Zählmaß und λ das Lebesgue-Maß auf $[0,1]$. Für die $(\mu \times \lambda)$-messbare Diagonale $\Delta := \{(t,t) \mid t \in [0,1]\}$ in $[0,1]^2$ hat man

$$\int_0^1 \int_0^1 \chi_\Delta \,d\mu\,d\lambda \;=\; 1 \quad \text{und} \quad \int_0^1 \int_0^1 \chi_\Delta \,d\lambda\,d\mu \;=\; 0.$$

Das Zählmaß ist *nicht* σ-endlich; ohne diese Voraussetzung ist also der Satz von Tonelli nicht richtig.

b) Nach W. Sierpiński (1920; vgl. [Gelbaum und Olmsted 2003], Beispiel 10.23) gibt es eine Funktion $h : \mathbb{R} \to \mathbb{R}$, deren *Graph* $\Gamma(h)$ *nicht Lebesgue-messbar* in $\mathbb{R}^2$ ist. Dann ist die Funktion $f := \chi_{\Gamma(h)}$ auf $\mathbb{R}^2$ nicht Lebesgue-messbar, obwohl $f_t \in \mathcal{L}_1(\mathbb{R})$ und $\int_{\mathbb{R}} f_t(s)\,ds = 0$ für alle $t \in \mathbb{R}$ gilt. Im Satz von Tonelli ist also auch die Voraussetzung der Messbarkeit von f wesentlich.

Messbare Mengen in Produkträumen

Es seien $(\Omega_1, \mathfrak{M}_1, \mu_1)$ und $(\Omega_2, \mathfrak{M}_2, \mu_2)$ σ-endliche Maßräume.

a) Für eine Menge $M \subseteq \Omega_1 \times \Omega_2$ definieren wir für $t \in \Omega_1$ und $s \in \Omega_2$ die *Schnittmengen*

$$M_t := \{s \in \Omega_2 \mid (t,s) \in M\}, \quad M^s := \{t \in \Omega_1 \mid (t,s) \in M\}. \tag{A.3.28}$$

Für $t \in \Omega_1$ gilt dann $(\chi_M)_t = \chi_{M_t}$; für eine Nullmenge $N \in \mathfrak{N}$ in Ω gilt daher $N_t \in \mathfrak{N}_2$ für fast alle $t \in \Omega_1$ aufgrund von Lemma A.3.15.

b) Für eine messbare Funktion $f \in \mathcal{M}(\Omega)$ gibt es eine Folge (ψ_j) in $\mathcal{T}(\Omega, \mathfrak{P})$ mit $\psi_j \to f$ μ-fast überall, und nach a) gilt dann auch $\psi_{jt} \to f_t$ μ_2-fast überall für μ_1-fast alle $t \in \Omega_1$. Folglich ist f_t für μ_1-fast alle $t \in \Omega_1$ messbar.

c) Für $E \in \mathfrak{M}$ folgt $E_t \in \mathfrak{M}_2$ für fast alle $t \in \Omega_1$, und die Sätze von Fubini und Tonelli liefern

$$\mu(E) = \int_{\Omega_1} \mu_2(E_t)\,d\mu_1(t), \tag{A.3.29}$$

falls $\mu(E) < \infty$ ist oder das Integral existiert *(Prinzip von Cavalieri.)* Insbesondere folgt $\mu(E) = \mu(F)$ bereits aus $\mu_2(E_t) = \mu_2(F_t)$ für fast alle $t \in \Omega_1$.

d) Für $E_1 \in \mathfrak{M}_1$ und $E_2 \in \mathfrak{M}_2$ gilt $E_1 \times E_2 \in \mathfrak{M}$ und $\mu(E_1 \times E_2) = \mu_1(E_1)\,\mu_2(E_2)$.

e) Wegen d) ist für eine messbare Funktion $f \in \mathcal{M}(\Omega_2)$ die Funktion $(t,s) \mapsto f(s)$ von zwei Variablen messbar auf Ω.

Integraloperatoren

Wir zeigen Satz 3.11 nun auch für Integraloperatoren

$$S := S_\kappa : f \mapsto (Sf)(t) := \int_\Omega \kappa(t,s) f(s)\,d\mu(s), \quad t \in \Omega, \tag{A.3.30}$$

mit messbaren Kernen $\kappa : \Omega \times \Omega \to \mathbb{K}$. In den Beweisen der Sätze A.3.19 und A.3.20 verwenden wir den Satz von Tonelli und müssen daher die σ-*Endlichkeit* des Maßraumes $(\Omega, \mathfrak{M}, \mu)$ voraussetzen. In der Situation von Satz A.3.18 ist S_κ sogar ein *Hilbert-Schmidt-Operator* (vgl. Satz 12.7 und Aufgabe 12.7).

Satz A.3.18

Für einen Kern $\kappa \in L_2(\Omega^2)$ gilt $S_\kappa \in L(L_2(\Omega^2))$ mit $\|S_\kappa\| \leq \|\kappa\|_{L_2(\Omega^2)}$.

BEWEIS. a) Nach dem Satz von Fubini gilt $\kappa_t \in L_2(\Omega)$ für fast alle $t \in \Omega$. Für $f \in L_2(\Omega)$ folgt mittels Schwarzscher Ungleichung $\kappa_t \cdot f \in L_1(\Omega)$ für diese t; daher ist $S_\kappa f(t)$ für fast alle $t \in \Omega$ definiert. Wiederum mittels Schwarzscher Ungleichung und Satz von Fubini ergibt sich

$$\int_\Omega^* |S_\kappa f(t)|^2 \, dt = \int_\Omega^* |\int_\Omega \kappa(t,s) f(s) \, ds|^2 \, dt$$
$$\leq \int_\Omega^* \left(\int_\Omega |\kappa(t,s)|^2 \, ds \int_\Omega |f(s)|^2 \, ds\right) dt \leq \|\kappa\|_{L_2}^2 \|f\|_{L_2}^2.$$

b) Zu zeigen bleibt die Messbarkeit der Funktion $S_\kappa f$. Für $A_j, B_j \in \mathfrak{M}_e$ und einen Kern $\psi = \sum_{j=1}^r \alpha_j \chi_{A_j \times B_j} \in \mathcal{T}(\Omega^2)$ ist dies wegen

$$S_\psi f = \sum_{j=1}^r \alpha_j \int_{B_j} f(s) \, d\mu(s) \, \chi_{A_j} \in \mathcal{T}(\Omega)$$

der Fall. Zu $\kappa \in L_2(\Omega^2)$ gibt es eine Folge (ψ_j) in $\mathcal{T}(\Omega^2)$ mit $\|\kappa - \psi_j\|_{L_2} \leq 2^{-j}$ (vgl. S. 364), und aus der Abschätzung in a) folgt $\int_\Omega^* |S_\kappa f(t) - S_{\psi_j} f(t)|^2 \, dt \leq 2^{-2j} \|f\|_{L_2}^2$. Der Satz von B. Levi impliziert nun $S_{\psi_j} f \to S_\kappa f$ fast überall und somit die Messbarkeit von $S_\kappa f$. $\diamond$

Satz A.3.19

Es sei $(\Omega, \mathfrak{M}, \mu)$ ein σ-endlicher Maßraum. Für einen messbaren Kern $\kappa \in \mathcal{M}(\Omega^2)$ gelte $\kappa^s \in \mathcal{L}_1(\Omega)$ für fast alle $s \in \Omega$ und

$$\|\kappa\|_{SI} := ess\text{-}sup_{s \in \Omega} \int_\Omega |\kappa(t,s)| \, d\mu(t) < \infty.$$

Dann gilt $S_\kappa \in L(L_1(\Omega^2))$ mit $\|S_\kappa\| \leq \|\kappa\|_{SI}$.

BEWEIS. Für $f \in L_1(\Omega)$ ist die Funktion $\kappa(t,s) f(s)$ über Ω^2 messbar und wegen

$$\int_\Omega^* \int_\Omega^* |\kappa(t,s) f(s)| \, d\mu(t) \, d\mu(s) \leq \|\kappa\|_{SI} \cdot \|f\|_{L_1} < \infty$$

sogar integrierbar aufgrund des Satzes von Tonelli. Nach dem Satz von Fubini existiert daher $S_\kappa f(t)$ für fast alle $t \in \Omega$, es ist $Sf \in L_1(\Omega)$, und man hat die Abschätzung $\|S_\kappa f\|_{L_1} \leq \|\kappa\|_{SI} \cdot \|f\|_{L_1}$. $\diamond$

Satz A.3.20

Es seien $1 < p < \infty$ und $\frac{1}{p} + \frac{1}{q} = 1$. Für einen messbaren Kern $\kappa \in \mathcal{M}(\Omega^2)$ über einem σ-endlichen Maßraum $(\Omega, \mathfrak{M}, \mu)$ gelte $\kappa^s, \kappa_t \in \mathcal{L}_1(\Omega)$ für fast alle $s \in \Omega$ und $t \in \Omega$ sowie $\|\kappa\|_{SI} < \infty$ und

$$\|\kappa\|_{ZI} := ess\text{-}sup_{t \in \Omega} \int_\Omega |\kappa(t,s)| \, d\mu(s) < \infty.$$

Dann gilt $S_\kappa \in L(L_p(\Omega^2))$ *mit* $\| S_\kappa \| \le \| \kappa \|_{ZI}^{1/q} \| \kappa \|_{SI}^{1/p}$.

BEWEIS. a) Nach dem Beweis von Satz A.3.19 ist die Funktion $\kappa(t,s) |f(s)|^p$ über Ω^2 integrierbar; wegen

$$| \kappa(t,s) | \, | f(s) | \le | \kappa(t,s) |^{\frac{1}{q}} (| \kappa(t,s) |^{\frac{1}{p}} | f(s) |)$$

und der Hölderschen Ungleichung existiert $S_\kappa f(t)$ für fast alle $t \in \Omega$, und für diese $t \in \Omega$ hat man

$$| S_\kappa f(t) | \le \| \kappa \|_{ZI}^{1/q} (\textstyle\int_\Omega | \kappa(t,s) | \, | f(s) |^p \, ds)^{1/p} .$$

b) Nun zeigen wir die Messbarkeit der Funktion $S_\kappa f$. Dazu schreiben wir $\Omega = \bigcup\limits_{j=1}^{\infty} \Omega_j$ mit $\Omega_j \in \mathfrak{M}_e$ und beachten $L_p(\Omega_j) \subseteq L_1(\Omega_j)$. Wiederum nach dem Beweis von Satz A.3.19 ist die Funktion $\kappa(t,s) f(s)$ über $\Omega \times \Omega_j$ integrierbar, und die Funktionen

$$S_j f(t) := \int_{\Omega_j} \kappa(t,s) f(s) \, ds$$

liegen in $L_1(\Omega)$. Wegen $S_j f(t) \to S_\kappa f(t)$ für fast alle $t \in \Omega$ folgt dann $S_\kappa f \in \mathcal{M}(\Omega)$.

c) Wie im Beweis von Satz 3.11 ergibt sich nun aus a) mit dem Satz von Fubini

$$\int_\Omega | S_\kappa f(t) |^p \, d\mu(t) \le \| \kappa \|_{ZI}^{p/q} \int_\Omega \int_\Omega | \kappa(t,s) | \, | f(s) |^p \, d\mu(s) \, d\mu(t)$$

$$\le \| \kappa \|_{ZI}^{p/q} \int_\Omega \int_\Omega | \kappa(t,s) | \, d\mu(t) \, | f(s) |^p \, d\mu(s)$$

$$\le \| \kappa \|_{ZI}^{p/q} \| \kappa \|_{SI} \int_\Omega | f(s) |^p \, d\mu(s). \qquad \Diamond$$

Der Rieszsche Darstellungssatz

In diesem letzten Abschnitt erläutern und beweisen wir den Rieszschen Darstellungssatz 9.18. Für einen kompakten metrischen Raum K betrachten wir zunächst

Positive Linearformen auf $\mathcal{C}(K)$.

a) Eine Linearform $\Lambda : \mathcal{C}(K) \to \mathbb{C}$ heißt *positiv*, wenn aus $f \ge 0$ auch $\Lambda(f) \ge 0$ folgt. Für $f \in \mathcal{C}(K, \mathbb{R})$ gilt dann auch $\Lambda(f) \in \mathbb{R}$, und aus $f \le g$ folgt $\Lambda(f) \le \Lambda(g)$. Weiter gilt

$$-\| f \| \le f \le \| f \| \Rightarrow -\| f \| \Lambda(1) \le \Lambda(f) \le \| f \| \Lambda(1),$$

und daher ist Λ automatisch *stetig* mit $\| \Lambda \| = \Lambda(1)$.

b) Wie in Abschn. A.3.1 definieren wir nun eine Λ -Halbnorm und die Räume $\mathcal{L}(K, \Lambda)$ sowie $\mathcal{L}_1(K, \Lambda)$. Wie in (A.3.12) gilt die *Stetigkeits-Abschätzung*

$$| \Lambda(\varphi) | \le \Lambda(| \varphi |) = \| \varphi \|_\Lambda \quad \text{für alle } \varphi \in \mathcal{C}(K). \tag{A.3.31}$$

In der Tat folgt aus $\varphi_n \downarrow 0$ in $\mathcal{C}(K, \mathbb{R})$ aus dem *Satz von Dini* A.2.12 sofort $\| \varphi_n \| \to 0$ und damit $\Lambda(\varphi_n) \to 0$. Dann folgt (A.3.31) wie im Beweis von „(d) $\Rightarrow$ (e)" von Satz A.3.2.

c) Nun lässt sich die Integrationstheorie über K bezüglich Λ genauso wie in den Abschn. A.3.1 bis A.3.4 entwickeln. Das mittels Λ konstruierte Maß μ ist vollständig und lokal definiert, und man hat $\mu(K) = \Lambda(1) = \| \Lambda \|$. An Stelle von K kann man auch einen *lokalkompakten* Raum M und eine positive Linearform $\Lambda : \mathcal{C}_c(M) \to \mathbb{C}$ zugrunde legen, wodurch man auch einen alternativen Zugang zum Lebesgue-Integral auf $\mathbb{R}^n$ erhält. Für Einzelheiten sei auf (Kaballo 1999) verwiesen.

Borel-Mengen und -Funktionen

a) Es sei $(K, \mathfrak{M}, \mu)$ der mittels Λ konstruierte Maßraum. Wie auf S. 360 sieht man, dass $\mathfrak{M}$ alle *kompakten* und *offenen* Teilmengen von K enthält.

b) Es sei Y ein metrischer Raum. Der Durchschnitt aller die offenen Mengen enthaltenden σ-Algebren in M ist die σ-Algebra $\mathfrak{B}(Y)$ aller *Borel-Mengen* in Y. Für einen kompakten Raum K ist $(K, \mathfrak{B}, \mu)$ ein i. a. *unvollständiger* Maßraum.

c) Nun seien Σ eine σ-Algebra in Ω, Y ein metrischer Raum und $f : \Omega \to Y$ eine Σ-messbare Funktion. Das System $\Sigma' := \{M \subseteq Y \mid f^{-1}(M) \in \Sigma\}$ ist eine σ-Algebra in Y, die die offenen Mengen enthält, und daher gilt $\mathfrak{B}(Y) \subseteq \Sigma'$.

d) Nun seien Z ein weiterer metrischer Raum, und $g : Y \to Z$ sei $\mathfrak{B}(Y)$-messbar. Für eine offene Menge $D \subseteq Z$ gilt dann $g^{-1}(D) \in \mathfrak{B}(Y)$, und mit c) folgt $(g \circ f)^{-1}(D) = f^{-1}(g^{-1}(D)) \in \Sigma$. Die Funktion $g \circ f : \Omega \to Z$ ist also Σ-messbar.

e) Insbesondere ist $\mathfrak{B}(K)$ unter *Homöomorphien* von K *invariant*. Dies gilt i. a. *nicht* für $\mathfrak{M}(K, \Lambda)$ (vgl. [Kaballo 1999], S. 36).

Lemma A.3.21

Zu $E \subseteq K$ und $\varepsilon > 0$ gibt es eine offene Menge $U \subseteq K$ mit $E \subseteq U$ und $\mu(U) < \| \chi_E \|_\Lambda + \varepsilon$, im Fall $E \in \mathfrak{M}$ sogar $\mu(U \backslash E) < \varepsilon$.

BEWEIS. Es sei $0 < \delta < 1$ mit $\frac{1}{1-\delta}(\| \chi_E \|_\Lambda + \delta) < \| \chi_E \|_\Lambda + \varepsilon$. Wir wählen eine Λ-Majorante $\sum_k \varphi_k$ von χ_E mit $\sum_{k=1}^{\infty} \Lambda(\varphi_k) \le \| \chi_E \|_\Lambda + \delta$; diese ist *unterhalbstetig*, und daher ist die Menge

$$U := \{x \in K \mid \sum_{k=1}^{\infty} \varphi_k(x) > 1 - \delta\}$$

offen in K. Offenbar gilt $E \subseteq U$ und $\chi_U \le \frac{1}{1-\delta} \sum_{k=1}^{\infty} \varphi_k$, also

$$\mu(U) \le \frac{1}{1-\delta} \sum_{k=1}^{\infty} \Lambda(\varphi_k) \le \frac{1}{1-\delta}(\| \chi_E \|_\Lambda + \delta) < \| \chi_E \|_\Lambda + \varepsilon.$$

Die letzte Aussage folgt dann sofort aus der Additivität des Maßes μ. $\Diamond$

Satz A.3.22

a) *Zu $E \in \mathfrak{M}$ und $\varepsilon > 0$ gibt es eine offene Menge U und eine abgeschlossene Menge C mit $C \subseteq E \subseteq U$ und $\mu(U \backslash C) < \varepsilon$.*

b) *Zu $E \in \mathfrak{M}$ gibt es Borel-Mengen E_i, $E_a \in \mathfrak{B}$ mit $E_i \subseteq E \subseteq E_a$ und $\mu(E_a \backslash E_i) = 0$.*

BEWEIS. a) Nach Lemma A.3.21 gibt es eine offene Menge U mit $E \subseteq U$ und $\mu(U \backslash E) < \frac{\varepsilon}{2}$. Genauso findet man eine offene Menge V mit $E^c \subseteq V$ und $\mu(V \backslash E^c) < \frac{\varepsilon}{2}$, und die Behauptung folgt mit $C := V^c$.

b) Zu $\varepsilon := \frac{1}{j}$ wählen wir Mengen U_j und C_j wie in a) und setzen $E_i := \bigcup_{j=1}^{\infty} C_j$ und $E_a := \bigcap_{j=1}^{\infty} U_j$. $\Diamond$

Satz A.3.22 impliziert

$$\mathfrak{M}(K, \Lambda) = \{B \cup N \mid B \in \mathfrak{B}(K), N \in \mathfrak{N}(K, \Lambda)\}. \tag{A.3.32}$$

Da $\mathfrak{B}(K)$ unabhängig von Λ definiert ist, ist also die σ-Algebra $\mathfrak{M}(K, \Lambda)$ durch das System ihrer Nullmengen eindeutig bestimmt.

Ein Maß auf einer $\mathfrak{B}$ enthaltenden σ-Algebra in einem metrischen Raum heißt *reguläres Borel-Maß*, wenn Satz A.3.22 gilt. Auch das Lebesgue-Maß λ auf $\mathbb{R}^n = \bigcup_{k=1}^{\infty} B_k(0)$ ist ein reguläres Borel-Maß. Der folgende Satz gilt daher auch für Lebesgue-messbare Funktionen auf $\mathbb{R}^n$:

Satz A.3.23

a) *Es seien K ein kompakter metrischer Raum und $(K, \mathfrak{M}, \mu)$ der mittels Λ konstruierte Maßraum. Zu einer $\mathfrak{M}$-messbaren Funktion $f : K \to \mathbb{C}$ gibt es eine $\mathfrak{B}$-messbare Funktion $g : K \to \mathbb{C}$ mit $g = f$ μ-fast überall.*

b) *Zu einer $\mathfrak{M}$-messbaren Funktion f mit $|f| = 1$ μ-fast überall gibt es eine $\mathfrak{B}$-messbare Funktion h mit $h = f$ μ-fast überall und $|h(t)| = 1$ für alle $t \in K$.*

BEWEIS. a) Wegen (A.3.4) können wir $f \geq 0$ annehmen. Mit den einfachen Funktionen (ϵ_n) in $\mathcal{E}(K, \mathfrak{M})$ aus (A.3.21) und $\varepsilon_0 := 0$ gilt $f(t) = \sum_{j=1}^{\infty} (\varepsilon_j(t) - \varepsilon_{j-1}(t))$ für alle $t \in K$ und daher $f(t) = \sum_{k=1}^{\infty} \alpha_k \chi_{A_k}(t)$ für alle $t \in K$ mit geeigneten $\alpha_k \geq 0$ und Mengen $A_k \in \mathfrak{M}$. Nach Satz A.3.22 gibt es Borel-Mengen $B_k \in \mathfrak{B}(K)$ mit $B_k \subseteq A_k$ und $\mu(A_k \backslash B_k) = 0$. Wegen Satz A.3.10 gilt dann Behauptung a) mit $g(t) := \sum_{k=1}^{\infty} \alpha_k \chi_{B_k}(t)$ für $t \in K$.

b) Wir wählen g gemäß a). Dann ist $N := \{t \in K \mid |g(t)| \neq 1\}$ eine Borel-messbare μ-Nullmenge, und wir setzen $h := g \chi_{K \backslash N} + \chi_N$. $\Diamond$

Schließlich kommen wir zum Beweis des Rieszschen Darstellungssatzes 9.18.

Lemma A.3.24

Es seien K ein kompakter metrischer Raum und $F \in C(K)'$. Dann gibt es eine positive *Linearform Λ auf $C(K)$ mit $\| \Lambda \| = \| F \|$ und*

$$| F(\varphi) | \ \leq \ \Lambda(|\varphi|) \ \ \textit{für alle} \ \ \varphi \in C(K). \tag{A.3.33}$$

BEWEIS. a) Für $\varphi \in C(K)^+$ setzen wir

$$\Lambda(\varphi) := \ \sup \{| F(h)| \mid h \in C(K), \, |h| \leq \varphi\}.$$

Abschätzung (A.3.33) ist dann offenbar richtig.

b) Für $h \in C(K)$ mit $|h| \leq \varphi \in C(K)^+$ gilt $|F(h)| \leq \| F \| \, \| h \| \leq \| F \| \, \| \varphi \|$, also auch $| \Lambda(\varphi) | \leq \| F \| \, \| \varphi \|$. Weiter gelten $\Lambda(1) = \| F \|$ und $\Lambda(\alpha\varphi) = \alpha \Lambda(\varphi)$ für $\varphi \in C(K)^+$ und $\alpha \geq 0$.

c) Wir zeigen nun

$$\Lambda(\varphi + \psi) \ = \ \Lambda(\varphi) + \Lambda(\psi) \ \ \text{für} \ \ \varphi, \psi \in C(K)^+.$$

Dazu seien $h, g \in C(K)$ mit $|h| \leq \varphi$ und $|g| \leq \psi$. Wir wählen $\alpha, \beta \in \mathbb{K}$ mit $\alpha F(h) = | F(h) |$ und $\beta F(g) = | F(g) |$ und erhalten

$$| F(h) | + | F(g) | \ = \ \alpha F(h) + \beta F(g) \ = \ F(\alpha h + \beta g) \ \leq \ \Lambda(\varphi + \psi)$$

wegen $|\alpha h + \beta g| \leq |h| + |g| \leq \varphi + \psi$. Somit ist $\Lambda(\varphi) + \Lambda(\psi) \leq \Lambda(\varphi + \psi)$.

Umgekehrt sei nun $f \in C(K)$ mit $|f| \leq \varphi + \psi$. Wir betrachten die offene Menge $V := \{t \in K \mid \varphi(t) + \psi(t) > 0\}$ und definieren

$$h(t) := \frac{\varphi(t)f(t)}{\varphi(t) + \psi(t)}, \ \ g(t) := \frac{\psi(t)f(t)}{\varphi(t) + \psi(t)} \ \ \text{für} \ \ t \in V,$$

$h(t) := g(t) := 0$ für $t \notin V$. Dann gelten $h, g \in C(K), h + g = f$ sowie $|h| \leq \varphi$ und $|g| \leq \psi$, und daraus ergibt sich

$$| F(f) | \ = \ | F(h) + F(g) | \ \leq \ | F(h) | + | F(g) | \ \leq \ \Lambda(\varphi) + \Lambda(\psi),$$

also auch $\Lambda(\varphi + \psi) \leq \Lambda(\varphi) + \Lambda(\psi)$.

d) Wie in (A.3.4) können wir eine beliebige Funktion in $C(K)$ in der Form

$$\varphi \ = \ \varphi_1 - \varphi_2 + i(\varphi_3 - \varphi_4) \ \ \text{mit} \ \ \varphi_j \in C(K)^+$$

schreiben, und wegen b) und c) wird durch

$$\Lambda(\varphi) := \Lambda(\varphi_1) - \Lambda(\varphi_2) + i(\Lambda(\varphi_3) - \Lambda(\varphi_4))$$

eine positive Linearform auf $C(K)$ wohldefiniert. Damit ist das Lemma bewiesen. ◇

Beweis von Theorem 9.18

Es seien also K ein kompakter metrischer Raum und $F \in C(K)'$.

a) *Existenz* der Darstellung: Nach Lemma A.3.24 gibt es eine *positive* Linearform Λ auf $C(K)$ mit (A.3.33). Mittels Λ konstruieren wir ein reguläres positives Borel-Maß μ auf K mit $\mu(K) = \|\Lambda\| = \|F\|$ und

$$\Lambda(\varphi) = \int_K \varphi(t)\,d\mu, \quad \varphi \in C(K).$$

Wegen (A.3.33) hat man $|F(\varphi)| \leq \Lambda(|\varphi|) = \|\varphi\|_{L_1(\mu)}$. Da $C(K)$ in $L_1(K,\mu)$ dicht ist, hat F nach Satz 3.7 eine eindeutige Fortsetzung zu einer stetigen Linearform auf $L_1(K,\mu)$. Nach Theorem 10.11 gibt es $g \in L_\infty(K,\mu)$ mit $\|g\|_{L_\infty} \leq 1$ und

$$F(\varphi) = \int_K \varphi(t)\,g(t)\,d\mu \quad \text{für alle } \varphi \in C(K). \tag{A.3.34}$$

Wie in Satz 3.4 gilt $\|g\|_{L_1} = \|F\|$. Wegen

$$0 \leq \int_K (1 - |g|)\,d\mu = \mu(K) - \int_K |g|\,d\mu = \mu(K) - \|F\| = 0$$

muss schließlich $|g| = 1$ μ-fast überall gelten.

b) *Eindeutigkeit* der Darstellung: Nun gelte (A.3.34) und auch

$$F(\varphi) = \int_K \varphi(t)\,h(t)\,d\nu \quad \text{für alle } \varphi \in C(K) \tag{A.3.35}$$

mit einem regulären Borel-Maß ν auf K und einer Funktion $h \in L_\infty(K,\nu)$ mit $|h| = 1$ ν-fast überall. Wegen Satz A.3.23 können wir annehmen, dass g und h *Borel-messbar* sind und $|g(t)| = |h(t)| = 1$ für *alle* $t \in K$ gilt.

Für eine Borel-Menge $B \in \mathfrak{B}(K)$ betrachten wir die Borel-messbare Funktion $f = \bar{g}\chi_B$. Es gibt eine beschränkte Folge in $C(K)$, die $(\mu + \nu)$-fast überall gegen f konvergiert; aus (A.3.34), (A.3.35) und dem Satz über majorisierte Konvergenz folgt dann

$$\int_K \chi_B(t)\,\bar{g}(t)\,h(t)\,d\nu = \int_K \chi_B(t)\,|g(t)|^2\,d\mu = \mu(B). \tag{A.3.36}$$

Dies zeigt $\bar{g}(t)h(t) \geq 0$ ν-fast überall, und wegen $|g(t)| = |h(t)| = 1$ für alle $t \in K$ folgt $\bar{g}(t)h(t) = 1$, also $g(t) = h(t)$ ν-fast überall. Aus (A.3.36) folgt dann $\nu(B) = \mu(B)$ für alle $B \in \mathfrak{B}(K)$ und wegen der Regularität der Maße schließlich auch $\nu = \mu$. ◇

Literatur

Alt, H.W.: Lineare Funktionalanalysis. Springer, Berlin-Heidelberg-New York (1991)[2]

Appell, J., Väth M.: Elemente der Funktionalanalysis. Vieweg, Wiesbaden, (2005)

Behrends, E.: Maß - und Integrationstheorie. Springer, Berlin-Heidelberg-New York, (1987)

Blanchard, P., Brüning, E.: Direkte Methoden der Variationsrechnung. Springer, Wien, (1982)

Dobrowolski, M.: Angewandte Funktionalanalysis. Springer, Berlin-Heidelberg-New York, (2006)

Gelbaum, B., Olmsted, J.: Counterexamples in Analysis. Dover, New York, (2003)

Gohberg, I., Goldberg, S., Kaashoek, M.A.: Basic Classes of Linear Operators. Birkhäuser, Basel, (2003)

Gohberg, I., Goldberg, S., Kaashoek, M.A.: Classes of Linear Operators I. Birkhäuser, Basel, (1990)

Heuser, H.: Funktionalanalysis. Teubner, Stuttgart, (2006)[4]

Hirzebruch, F., Scharlau, W.: Einführung in die Funktionalanalysis. BI, Mannheim, (1991)

Hoffmann, D., Schäfke, F.W.: Integrale. BI, Mannheim, (1992)

Jarchow, H.: Locally Convex Spaces. Teubner, Stuttgart, (1981)

Kaballo, W.: Einführung in die Analysis I. Spektrum-Verlag, Heidelberg, (2000)[2]

Kaballo, W.: Einführung in die Analysis II. Spektrum-Verlag, Heidelberg, (1997)

Kaballo, W.: Einführung in die Analysis III. Spektrum-Verlag, Heidelberg, (1999)

Kaballo, W.: Aufbaukurs Funktionalanalysis und Operatortheorie. Springer Spektrum-Verlag, Heidelberg, (2014)

Kato, T.: Perturbation Theory for Linear Operators. Springer, Berlin-Heidelberg-New York, (1966)[2]

Katznelson, Y.: An Introduction to Harmonic Analysis. Dover, New York, (1976)[2]

König, H.: Measure and Integration. Springer, Berlin-Heidelberg-New York, (1997)

König, H.: Eigenvalue Distribution of Compact Operators. Birkhäuser, Basel, (1986)

Köthe, G.: Topologische lineare Räume I. Springer, Berlin-Heidelberg-New York, (1966)[2]

Lindenstrauß, J., Tzafriri, L.: Classical Banach Spaces. Springer Lecture Notes 338, (1973)

Lindenstrauß, J., Tzafriri, L.: Classical Banach Spaces I: Sequence Spaces. Springer, Berlin-Heidelberg-New York, (1977)

Meise, R., Vogt, D.: Einführung in die Funktionalanalysis. Vieweg, Wiesbaden, (1992)

Pietsch, A.: Eigenvalues and s-Numbers. Cambridge University Press, Cambridge, (1987)

Pietsch, A.: History of Banach Spaces and Linear Operators. Birkhäuser, Basel, (2007)

Reed, M., Simon, B.: Methods of Mathematical Physics I: Functional Analysis. Academic Press, New York, (1972)

Rudin, W.: Functional Analysis. McGraw Hill, New York, (1973)

Rudin, W.: Real and Complex Analysis. McGraw Hill, New York, (1974)[2]

Schröder, H.: Funktionalanalysis. Akademie-Verlag, Berlin, (1997)

Storch, U., Wiebe, H.: Lehrbuch der Mathematik III. BI, Mannheim, (1993)

© Springer-Verlag GmbH Deutschland 2018
W. Kaballo, *Grundkurs Funktionalanalysis*,
https://doi.org/10.1007/978-3-662-54748-9

Triebel, H.: Höhere Analysis. Deutscher Verlag der Wissenschaften, Berlin, (1972)

Walter, W.: Gewöhnliche Differentialgleichungen. Springer, Berlin-Heidelberg-New York, (2000)[7]

Weidmann, J.: Lineare Operatoren in Hilberträumen. Teubner, Stuttgart, (1994)

Werner, D.: Funktionalanalysis. Springer, Berlin-Heidelberg-New York, (2007)[6]

Woytaszcyk, P.: Banach Spaces for Analysts. Cambridge University Press, Cambridge, (1991)

Zygmund, A.: Trigonometric Series I, II. Cambridge University Press, Cambridge, (2002)[3]

(Die kleinen Exponenten bezeichnen die jeweilige Auflage eines Buches.)

Namenverzeichnis

A

Alaoglu, Leonidas (1914-1981), 231
Arzelà, Cesare (1847-1912), 28
Ascoli, Giulio (1843-1896), 28
Ascoli, Guido (1887-1957), 214
Atkinson, Frederick Valentine (1916-2002), 254, 256
Auerbach, Hermann (1901-1942), 60, 206

B

Baire, Louis (1874-1932), 166
Banach, Stefan (1892-1945), 5, 16, 47, 62, 74, 170, 174, 186, 188, 189, 203, 208, 239, 310
Bartle, Robert G. (1927-2003), 207
Bessel, Friedrich Wilhelm von (1784-1846), 123
Bohnenblust, Henri Frederic (1906-2000), 186
Bolzano, Bernhard (1781-1848), 24, 25
Bonic, Robert A. (*1933), 47
Borel, Emile (1871-1956), 371
Born, Max (1882-1970), 328
Borsuk, Karol (1905-1982), 47

C

Calkin, John Williams (1909-1964), 246
Cantor, Georg (1845-1918), 11
Carathéodory, Constantin (1873-1950), 350
Carleson, Lennart (*1928), 180
Cartan, Elie Joseph (1869-1951), 197
Cauchy, Augustin Louis (1789-1857), 5
Cavalieri, Bonaventura (ca. 1598-1647), 368
Cesàro, Ernesto (1859-1906), 94, 113

Clarkson, James Andrew (1906-1970), 220, 223
Courant, Richard (1888-1972), 275

D

Day, Marlon Marsh (1913-1992), 223
Dieudonné, Jean (1906-1993), 256
Dini, Ulisse (1845-1918), 110, 348
Dirichlet, Peter Gustav Lejeune- (1805-1859), 92, 97, 112, 177, 234, 321
Du Bois-Reymond, Paul (1831-1889), 179

E

Eberlein, William Frederick (1917-1986), 231
Eidelheit, Maks (1911-1943), 214
Enflo, Per (*1944), 250
Euler, Leonhard (1707-1783), 90, 126, 178, 234

F

Fatou, Pierre (1878-1929), 358
Fejér, Leopold (1880-1959), 94–96, 99, 126
Fischer, Ernst Sigismund (1875-1954), 275
Fourier, Jean Baptiste Joseph (1768-1830), 90, 91
Frampton, John M. (*1938), 47
Fredholm, Erik Ivar (1866-1927), 64, 65, 251, 261
Fubini, Guido (1879-1943), 366

G

Gelfand, Israel Moiseevich (1913-2009), 62, 69, 84, 293

© Springer-Verlag GmbH Deutschland 2018
W. Kaballo, *Grundkurs Funktionalanalysis*,
https://doi.org/10.1007/978-3-662-54748-9

Sachverzeichnis

© Springer-Verlag GmbH Deutschland 2018
W. Kaballo, *Grundkurs Funktionalanalysis*,
https://doi.org/10.1007/978-3-662-54748-9

Symbolverzeichnis

Mengen

A^c Komplementmenge, 169

$\overline{A}$ Abschluss von A, 343

A° Inneres von A, 344

∂A Rand von A, 344

$A + B$ Summe von Mengen, 18

αB Vielfaches einer Menge, 18

$B_r^M(a)$, $B_r(a)$, B abgeschlossene Kugeln, 5

$\mathfrak{B}(Y)$ System der Borel-Mengen, 371

$\operatorname{co} A$ konvexe Hülle, 5

$\mathfrak{E}(I)$ System der endlichen Teilmengen, 120

$\mathcal{F}^+$ Kegel der positiven Funktionen in $\mathcal{F}$, 352

$\Gamma(A)$ absolutkonvexe Hülle, 215

$\mathcal{H} \otimes A$ Tensorprodukt, 30

M_t, M^s Schnittmengen, 368

$\mathfrak{M}(\Omega, \mathfrak{P}, \mu)$ System der messbaren Mengen, 359

M° Polare, 219

$^\circ N$ Polare, 219

$\mathfrak{N}(\Omega, \mathfrak{P}, \mu)$ System der Nullmengen, 353

$\mathfrak{P}$ Prä-Ring, 351

$\Phi(X)$, $\Phi(X, Y)$ Menge der Fredholmoperatoren, 251

$\Phi_m(X)$, $\Phi_m(X, Y)$ Menge der Fredholmoperatoren vom Index m, 251

$\mathfrak{Q}$ Prä-Ring der Quader im $\mathbb{R}^n$, 355

$\rho(x)$ Resolventenmenge von x, 68

$\rho(T)$ Resolventenmenge von T, 303

$\sigma(x)$ Spektrum von x, 68

$\sigma(T)$ Spektrum von T, 303

$\operatorname{supp} f$, $\operatorname{tr} f$ Träger einer Funktion, 29, 120, 352

$U_r^M(a)$, $U_r(a)$, U offene Kugeln, 5

Vektorräume

$\mathcal{B}(M, Y) = \ell_\infty(M, Y)$ Raum der beschränkten Funktionen, 9

$\mathcal{BV}[a, b]$ Raum der Funktionen von beschränkter Variation, 115

c Raum der konvergenten Folgen, 9

c_0 Raum der Nullfolgen, 9

$\mathcal{C}(K, Y)$ Raum der stetigen Funktionen, 9

$\mathcal{C}_{2\pi}$ Raum der stetigen periodischen Funktionen, 90

$\mathcal{C}^m[a, b]$ Raum der $\mathcal{C}^m$-Funktionen, 105

$Ca(X) := L(X)/K(X)$ Calkin-Algebra, 246

$D(T)$ Definitionsbereich von T, 298

D_T Definitionsbereich von T unter Graphennorm, 299

$\mathcal{D}(a, b)$ Raum der Testfunktionen, 101

E^* algebraischer Dualraum, 338

$\mathcal{E}(\Omega, \Sigma)$ Raum der einfachen Funktionen, 349

$\mathcal{F}(M, E)$ Raum aller E-wertigen Funktionen, 30

$\mathcal{F}(X)$, $\mathcal{F}(X, Y)$ Raum der endlich-dimensionalen Operatoren, 30, 248

$H_{2\pi}^s$ Sobolev-Raum periodischer Funktionen, 128

$K(X)$, $K(X, Y)$ Raum der kompakten
    Operatoren, 244
$\ell_1(I, X)$ Raum der summierbaren Familien, 120
$\ell_2(I)$ Raum der quadratsummierbaren Familien,
    121
ℓ_2^s gewichteter Raum quadratsummierbarer
    Folgen, 129
ℓ_p Raum der p-summierbaren Folgen, 12
ℓ_∞ Raum der beschränkten Folgen, 9
$\mathcal{L}(\Omega, \mathfrak{P}, \mu)$ Raum der Funktionen mit
    μ-Majorante, 352
$\mathcal{L}_p(\Omega, \Sigma, \mu)$ Raum der p-summierbaren
    Funktionen, 12, 363
$L_p(\Omega, \Sigma, \mu)$ Raum der Äquivalenzklassen der
    p-summierbaren Funktionen, 15
$\mathcal{L}_\infty(\Omega, \mu)$ Raum der wesentlich beschränkten
    Funktionen, 12
$L_\infty(\Omega, \mu)$ Raum der Äquivalenzklassen der
    wesentlich beschränkten Funktionen, 12
$L(X)$, $L(X, Y)$ Raum der stetigen linearen
    Abbildungen, 40
$\mathcal{L}(E, F)$ Raum der linearen Abbildungen,
    338
$\Lambda^\alpha(K)$, $\lambda^\alpha(K)$ Räume Hölder-stetiger
    Funktionen, 33
$\Lambda^{m,\alpha}[a, b]$, $\lambda^{m,\alpha}[a, b]$ Räume von $\mathcal{C}^m$-
    Funktionen mit Hölder-Bedingungen,
    34
$\mathcal{M}(\Omega, \Sigma)$ Raum der messbaren Funktionen,
    349
$[M]$ lineare Hülle, 30, 338
$M^\perp$ Orthogonalkomplement, Annihilator, 121,
    191
$\mathbb{M}(m, n)$ Raum der $m \times n$-Matrizen, 51
$^\perp N$ Annihilator, 191
$\mathcal{N}(\Omega, \Sigma, \mu)$ Raum der Nullfunktionen, 14
$N(T)$ Kern des Operators T, 39
$R(T)$ Bild des Operators T, 39
$S_2(H, G)$ Raum der Hilbert-
    Schmidt-Operatoren,
    276
$S_p(H, G)$ Schatten-Klassen, 287
$V \oplus W$ direkte Summe, 144
$V \oplus_2 W$ orthogonale Summe, 144
$V \oplus_t W$ topologisch direkte Summe, 204
$W_p^m(a, b)$ Sobolev-Raum, 35
$\mathcal{W}_p^m(a, b)$ Sobolev-Raum, 104
$W_{p,2\pi}^m$ Sobolev-Raum periodischer Funktionen,
    128

X' Dualraum von X, 41
X'' Bidualraum von X, 192
$X/_V$ Quotientenraum, 17

Abbildungen

$A \geq 0$ positiver Operator, 274
χ_M charakteristische Funktion, 349
$\chi_T(\lambda)$ charakteristisches Polynom, 69
Δ_a, $\operatorname{diag}(a_j)$ Diagonaloperator, 70, 300
$\tilde{f}$ periodische Fortsetzung von f, 91
f^* Modifikation der Funktion f, 96
f_t, f^s partielle Funktionen, 277
$\mathcal{F} : H \to \ell_2(I)$ Fourier-Abbildung, 124
$g * f$, Faltung, 113
$g \star f$ Faltung periodischer Funktionen, 98
$\mathcal{H}$ Hamilton-Operator, 328
$\kappa^*(t, s)$ adjungierter Kern, 151
M_a Multiplikationsoperator, 83, 299
R_T Resolvente des Operators T, 303
R_x Resolvente des Elements x, 68
T' dualer Operator zu T, 191
T^* adjungierter Operator zu T, 148
$\overline{T}$ Abschluss des Operators T, 301
$\hat{T} : \hat{X} \to Y$ Faktorisierung von T, 173
$T \subseteq U$ Erweiterung des Operators T,
    298
$\langle x, x' \rangle$ Bilinearform auf $X \times X'$, 191
$\langle x | y \rangle$ Skalarprodukt, 117

Verschiedenes

$\alpha_j(T)$ Approximatioszahlen, 286
$c_j(T)$ Gelfand-zahlen, 293
$\operatorname{codim} V$ Kodimension von V, 251
$\dim V$ Dimension von V, 339
$D_x \Psi(t, x)$ partielle Funktionalmatrix, 77
ess–sup wesentliches Supremum, 12
$\hat{f}(k)$ Fourier-Koeffizient, 91
$[g]$ Lipschitz-Konstante, 74
$\hbar$ Plancksche Konstante, 328
$\operatorname{ind} T$ Index eines Fredholmoperators,
    251
$\int_\Omega f(t) \, d\mu(t)$ Integral, 356
$\langle k \rangle = (1 + |k|^2)^{1/2}$, 128
$\mathbb{M}(T)$ Matrix von T, 51, 140
$\operatorname{rk} F$ Rang des Operators F, 248
$\sigma_p(S)$ Schatten-Quasinorm, 287

Springer

Willkommen zu den Springer Alerts

- Unser Neuerscheinungs-Service für Sie:
  aktuell *** kostenlos *** passgenau *** flexibel

Springer veröffentlicht mehr als 5.500 wissenschaftliche Bücher jährlich in gedruckter Form. Mehr als 2.200 englischsprachige Zeitschriften und mehr als 120.000 eBooks und Referenzwerke sind auf unserer Online Plattform SpringerLink verfügbar. Seit seiner Gründung 1842 arbeitet Springer weltweit mit den hervorragendsten und anerkanntesten Wissenschaftlern zusammen, eine Partnerschaft, die auf Offenheit und gegenseitigem Vertrauen beruht.

Die SpringerAlerts sind der beste Weg, um über Neuentwicklungen im eigenen Fachgebiet auf dem Laufenden zu sein. Sie sind der/die Erste, der/die über neu erschienene Bücher informiert ist oder das Inhaltsverzeichnis des neuesten Zeitschriftenheftes erhält. Unser Service ist kostenlos, schnell und vor allem flexibel. Passen Sie die SpringerAlerts genau an Ihre Interessen und Ihren Bedarf an, um nur diejenigen Information zu erhalten, die Sie wirklich benötigen.

Mehr Infos unter: springer.com/alert

Printed in the United States
By Bookmasters